普通高等学校
建筑环境与能源应用工程系列教材

Building Environment
and Energy Engineering

传热学（第2版）

主 编 /罗 庆
副主编 /周根明 李新禹
主 审 /王厚华

重庆大学出版社

内容提要

本书在保持传统传热学体系的同时，将导热、对流和辐射部分各自分章讨论，内容包括：绪论、导热问题的数学描述、稳态导热、非稳态导热、导热问题数值解法、对流传热的基本方程、对流传热的求解方法、单相流体对流传热及其实验关联式、凝结传热与沸腾传热、热辐射的基本定律、辐射传热计算及传热和换热器。同时，书中配有大量且典型的例题、习题(答案)，帮助读者掌握和理解所学的知识。章节习题配有详细解题步骤及答案；书后附有真题试题及详解(请扫二维码)。

本书可作为建筑环境与能源应用工程专业的本科教学用书，也可供相关专业师生及工程技术人员参考。

图书在版编目(CIP)数据

传热学 / 罗庆主编. --2 版. --重庆 : 重庆大学出版社,2019.1
普通高等学校建筑环境与能源应用工程系列教材
ISBN 978-7-5689-1461-1

Ⅰ.①传… Ⅱ.①罗… Ⅲ.①传热学—高等学校—教材 Ⅳ.①TK124

中国版本图书馆 CIP 数据核字(2019)第 001075 号

普通高等学校建筑环境与能源应用工程系列教材
传热学
(第 2 版)
主 编 罗 庆
副主编 周根明 李新禹
主 审 王厚华
责任编辑：张 婷 版式设计：张 婷
责任校对：刘 刚 责任印制：张 策
*
重庆大学出版社出版发行
出版人：易树平
社址：重庆市沙坪坝区大学城西路 21 号
邮编：401331
电话：(023) 88617190 88617185(中小学)
传真：(023) 88617186 88617166
网址：http://www.cqup.com.cn
邮箱：fxk@cqup.com.cn (营销中心)
全国新华书店经销
重庆升光电力印务有限公司印刷
*
开本：787mm×1092mm 1/16 印张：22 字数：551千
2019 年 1 月第 2 版 2019 年 1 月第 6 次印刷
印数：7 131—9 100
ISBN 978-7-5689-1461-1 定价：49.00元

特别鸣谢单位

（排名不分先后）

天津大学
广州大学
湖南大学
东南大学
苏州大学
西华大学
江苏科技大学
中国矿业大学
华中科技大学
武汉科技大学
武汉理工大学
安徽工业大学
合肥工业大学
广东工业大学
福建工程学院
伊犁师范学院
西安交通大学
西安建筑科技大学
安徽建筑工业学院
重庆大学
江苏大学
南华大学
扬州大学
同济大学
东华大学
上海理工大学
南京工业大学
南京工程学院
南京林业大学
山东建筑大学
山东科技大学
天津工业大学
河北工业大学
重庆交通大学
重庆科技学院
中国人民解放军陆军勤务工程学院
江苏省制冷学会
江苏省建设工程造价管理总站

前　言（第2版）

为了适应建筑环境与设备工程（现“建筑环境与能源应用工程”）专业课程体系改革的需要，重庆大学出版社出版了以专业课程为主的“建筑环境与设备工程系列教材”（现“建筑环境与能源应用工程系列教材”）。本书的第一版正是在此背景下应运而生的，作为系列教材中的专业基础课程教材之一于2006年出版。第一版出版时，考虑到新增的专业平台课程“热质交换原理与设备”将“传热学”的部分内容纳入其中，因此本书第一版中相应内容做了调整，从而避免了课程间的重复性，以提高不同课程的教学效率。

在十多年的教学过程中，本书第一版逐渐显现出了一些不足之处，也被发现一些学科名词与国家标准存在出入的现象，有必要对其内容进行全面地提升和改进。因此，第二版对本书存在的问题和一些学科名词一并进行了修改和调整，以适应新形势下的教学需求。第二版仍然维持了原版的整体框架，全书分为“导热”“对流”“辐射”三个主体内容。由于三个部分的内容相对独立，为了突显出三个部分的相互关系和综合过程，本书在末章的内容和习题上突出了三种传热方式的综合作用，以便加深读者对不同传热方式的综合理解。

本人负责全书的再版修订，在修订过程中得到了重庆大学王厚华教授、江苏大学周根明教授等老师的大力协助，全书最后由王厚华教授负责审定。

由于作者水平有限，书中的错误和不足之处在所难免，恳请广大读者批评并提出修改意见。

编　者

2018年10月

前　言

进入新世纪以来，建筑环境与设备工程专业的课程体系发生了很大的改变，在专业课程与专业基础课程之间新增加了3门专业平台课程，"传热学"中的部分内容被纳入专业平台课程——"热质交换原理与设备"中。毫无疑问，课程体系的改革更加适应了专业的发展，减少了各课程间的相互重复，巩固了基本概念，提高了学习效率。为适应课程体系改革的需要，重庆大学出版社已出版了以专业课程为主的"建筑环境与设备工程系列教材"，本书即为系列教材中新增加的专业基础课教材之一。紧随教学改革不断发展的步伐，追踪传热学研究中不断取得的新成果，力求不断地满足建筑环境与设备工程专业对"传热学"教学的基本要求，是编写本书的基本目的。

本书的叙述遵循了传统的传热学体系，将导热、对流和辐射部分各自分章讨论。教学实践证明，分开讨论有助于对基本传热方式及其基本概念、基本理论和基本计算方法的掌握和理解，但对传热方式的综合作用往往容易脱节。因此，除绪论中已提出复合换热的概念外，第12章（传热和换热器）中以较多例题的形式分析了实际传热过程及其计算方法。随着计算机的普及应用，传热问题的数值计算方法起着越来越重要的作用，绝大部分工程传热问题在数学描述完整的情况下都可以获得数值解，但传热的数值计算已经超出了本书的范围。因此，本书中除导热问题给出了数值计算基础以外，更多地强调了数值解法的理论基础——详细地推演了导热和对流换热的各微分方程。学生在使用成熟软件进行数值计算时，对这些微分方程物理意义的理解是特别重要的。

正是由于数值解法的重要作用，本书中传统的对流换热微分方程分析解和积分方程组的建立与求解均加上了"＊"号作为选修内容，毕竟分析解法只能局限于求解部分简单对流换热问题。由于质交换及换热器中的部分内容已编入了《热质交换原理与设备》，为避免重复，本书中没有保留这部分内容。

本书导热部分（2~5章）由江苏科技大学周根明编写；辐射部分（10章、11章）由天津工业大学李新禹负责编写，刘树森和苏文编写了其中的部分内容；其余各章由重庆大学王厚华编写，全书由王厚华修改定稿。重庆大学廖光亚教授详细地审核了全书并提出了宝贵的修改意见，在此向廖光亚教授表示衷心的感谢。

由于作者水平有限、经验欠缺，编写时间短促，书中的错误和不足之处在所难免，恳请广大读者批评并提出修改意见。

编　者

2006年9月

目　录

1 绪 论

传热学是研究热量传递规律的一门科学。热量是能量的一种形式,故广义地说,传热学又可称作能量传递学。

凡是有温度差存在的地方,就有热量自发地从温度较高的区域或物体传递到温度较低的区域或物体。由于在自然界和生产过程中,温度差几乎处处存在,因此传热现象是自然界最普遍且最为人熟知的基本现象。

传热学的应用领域非常广泛。例如:各种锅炉和换热设备的设计和强化传热研究;化学工艺生产中,为维持化学工艺流程的温度而研制满足某种特殊要求的加热或冷却设备及余热回收设备;电子工业中,为解决超大规模集成电路或电子仪器的发热而需研究散热方法;机械制造工业中,测算和控制冷加工或热加工机件的温度场;核能、火箭等尖端技术中,也存在大量传热问题需要解决;太阳能、地热能和工业余热利用工程中,高效换热器的开发与设计,以及利用传热学知识指导强化传热和削弱传热达到节能目的;生物能源的开发与利用。另外,在农业、医学、地质、气象、环境保护等部门,无一不需要用到传热学。

近几十年来,传热学的研究成果对各领域的技术进步起了很大的促进作用,而传热学向各技术领域的渗透又推进了该学科的迅速发展。它的理论体系日趋完善,内容不断充实,已经成为现代科学技术中充满活力的主要基础学科之一。

传热学在建筑环境与能源应用工程专业中的应用也是非常普遍的。例如,锅炉、制冷、空调、供热、热力输配、燃气燃烧等,无一不涉及传热问题。又如,空调系统的设计中需要计算建筑物围护结构的热(冷)负荷,必须知道其热(冷)负荷的大小,才能采取相应的措施,供给一定的冷量或者热量,以满足室内温、湿度的要求。至于锅炉炉膛的烟气与水冷壁之间的传热计算、供热工程中热力管道的热损失计算、冷库的冷负荷计算、燃气燃烧时的火焰辐射计算等,均需要传热学的知识。此外,各类换热器的设计、选择及评价,地下建筑及人工气候室的热工计算与工况调节,有关供热通风、燃气燃烧等科研课题的研究等,均要求具备一定的传热学理论知识;特别是进入21世纪后,建筑节能问题已引起世界各国的高度重视,这也涉及削弱传热的问题。

传热学与工程热力学、流体力学,是建筑环境与能源应用工程专业最为重要的技术基础课程。在学习传热学时,应注意其与工程热力学的联系与区别。工程热力学研究能量传递及其转化规律,其传热量(Heat Transfer)与时间无关,记为 Q;传热学研究的是单位时间内传递的热量(Heat Flow),称为热流量,记为 Φ。需要引起注意的是,二者是不同的概念,本书对二者加以区别。

1.1 传热的基本方式

热量的传递过程是由导热、对流、辐射这 3 种基本方式组成的。例如,冬季房屋外墙的传热过程可分为以下几种,如图 1.1 所示。

①室内空气以对流传热(CV)的方式把热量传递到墙内壁面;同时,室内物体及其他壁面以辐射传热(R)的方式把热量传递到墙内壁面。

②墙内壁面以导热(CD)的方式把热量传递到墙外壁面。

③墙外壁面以对流传热和辐射传热的方式把热量传递到外界环境。

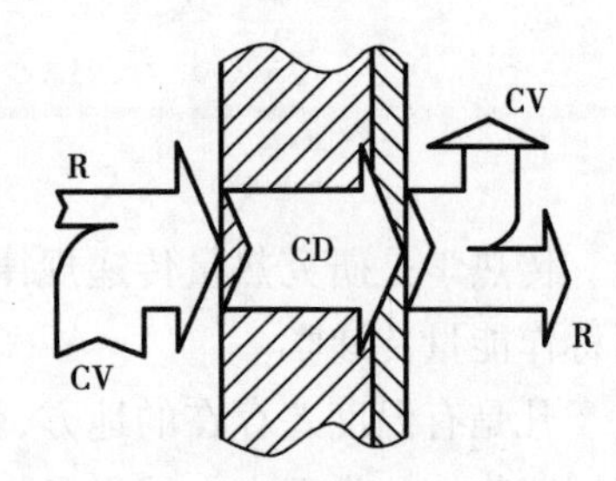

图 1.1 墙体的散热

再如,冬季人体热量的散发过程,仍然是以对流传热方式把热量散发给周围空气,以辐射传热方式把热量散发给周围环境。

分析以上两个例子可知,传热过程是由以上三种基本方式组成,要了解物体整个传热过程的规律,必须首先分析三种基本传热方式。因此,本书将对三种基本方式做简单介绍,并给出它们最基本的表达式。

1.1.1 导 热

导热又称为热传导,是指温度不同的物体各部分无相对位移或不同温度的物体直接紧密接触时,依靠物质内部分子、原子及自由电子等微观粒子的热运动而进行热量传递的现象。导热是物质的固有属性,热量由固体壁面的高温部分传递到低温部分的现象就属于导热。

导热可以发生在固体、液体及气体中,但在地球引力场的范围内,只要有温差存在,液体和气体因密度差的原因不可避免地要产生热对流,因而难以维持单纯的导热。因此,单纯的导热现象仅发生在密实的固体材料中。

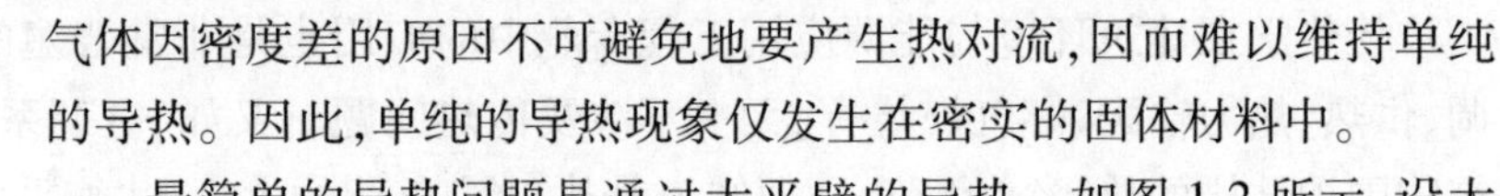

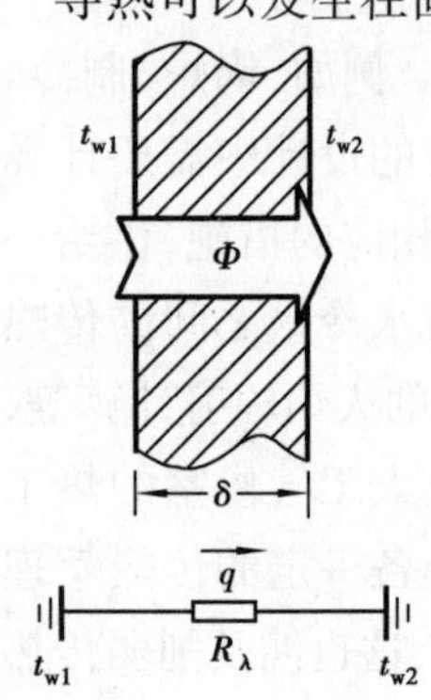

图 1.2 墙体导热

最简单的导热问题是通过大平壁的导热。如图 1.2 所示,设大平壁厚为 δ,侧表面积为 A,两壁面温度分别维持恒定的温度 t_{w1} 和 t_{w2},且 $t_{w1}>t_{w2}$,则通过该大平壁的导热量 Φ 应为:

$$\Phi \propto \frac{t_{w1} - t_{w2}}{\delta}A \tag{1.1}$$

引入比例系数 λ 后,式(1.1)可以写为:

$$\Phi = \lambda \frac{t_{w1} - t_{w2}}{\delta}A \tag{1.2}$$

该式称为傅里叶公式。式中,λ 为比例系数,称为导热系数或导热率,单位为 W/(m·℃),其物理意义是指单位厚度的物体具有单位温度差时,在单位时间内其通过单位面积上的导热量。λ 的大小反映了材料导热能力的强弱,不同的材料具有不同的 λ,因此 λ 是材料的物性之一,通常由实验测定。

工程计算常常利用单位面积的导热量。单位时间通过单位面积的导热量称为热流密度(也称为热流通量),记为 q,即:

$$q=\frac{\Phi}{A}=\frac{\lambda}{\delta}(t_{w1}-t_{w2})=\frac{t_{w1}-t_{w2}}{\delta/\lambda}=\frac{\Delta t}{R_\lambda} \tag{1.3}$$

式中 R_λ——单层平壁单位面积的导热热阻,$R_\lambda=\delta/\lambda$,$m^2\cdot$℃/W。

与电路欧姆定律 $I=\Delta U/R$ 比较,式(1.3)中 Δt 相当于电位差 ΔU;q 相当于电流 I;热阻 R_λ 相当于电阻 R。于是,单层平壁的导热问题可类似于电路来考虑,可做出模拟电路图(图 1.2 中已在平壁下面画出了模拟电路图),然后可仿照电路欧姆定律很方便地计算出 q 或 Φ。

1.1.2 热对流

依靠流体的运动,把热量从一处传递到另一处的现象称为热对流。传热学中常将热对流简称为对流,它是热量传递的基本方式之一。

热对流过程中,若单位时间内通过单位面积的流体质量流量为 M(单位为 kg/($m^2\cdot$s)),其温度由断面 1 处的 t_1 升高至断面 2 处的 t_2,则过程中两断面间传递的热量可由工程热力学中的稳定流动能量方程式确定:

$$q=M\left(\Delta h+\frac{1}{2}\Delta u^2+g\Delta Z\right) \tag{1.4}$$

式中 u——流体的速度,m/s;

ΔZ——断面 1,2 间的位置高差,m。大部分工程问题中,比动能 $\frac{1}{2}\Delta u^2$ 和比位能 $g\Delta Z$ 均远远小于比焓差 Δh,所以式(1.4)可简化为:

$$q=M\Delta h=Mc_p(t_2-t_1) \tag{1.5}$$

式中 c_p——比定压热容,J/(kg·℃)。

热对流仅发生在流体中,由于流体在运动的同时存在温差,流体微团之间或质点之间因直接接触而存在导热,因此热对流也同时伴随着导热。

工程上所遇到的实际传热问题常常不是单纯的热对流,而是流体与温度不同的固体壁面接触时所发生的传热过程,这种传热过程称为对流传热。

应注意,热对流与对流传热是两个完全不同的概念,其区别为:

①热对流是传热的三种基本方式之一,而对流传热不是传热的基本方式。

②对流传热是导热和热对流这两种基本方式的综合作用。

③对流传热必然具有流体与固体壁面间的相对运动。

传热学中,重点讨论的是对流传热问题。

对流传热过程是一个受多种因素影响的复杂过程,其基本计算公式是牛顿在 1701 年提出来的,称为牛顿冷却公式,表示为:

$$\Phi = h(t_w - t_f)A \tag{1.6}$$

$$q = h(t_w - t_f) \tag{1.7}$$

式中　h——对流表面传热系数(也称对流传热系数),$W/(m^2 \cdot ℃)$。

其意义为:流体与壁面温度差为1 ℃时,单位时间通过单位面积所传递的热量。h 的大小表征了对流传热的强弱,一切影响对流传热的因素均是影响 h 的因素。通过牛顿冷却公式,一个受多种因素影响的非常复杂的过程就可以表达得非常简单。利用该公式,把解决复杂问题的矛盾转移到求解表面传热系数 h,研究对流传热的问题因而转化为研究对流表面传热系数 h 的问题。

利用热阻概念,牛顿冷却公式可改写为:

$$q = \frac{t_w - t_f}{1/h} = \frac{\Delta t}{R_h} \tag{1.8}$$

式中　R_h——单位壁表面积上的对流传热热阻,$R_h = 1/h$,$m^2 \cdot ℃/W$。

1.1.3　热辐射

物体表面通过电磁波(或光子)来传递热量的过程称为热辐射。热辐射现象在日常生活中是常常可以感受到的。例如,我们打开冰箱门可以感受到凉飕飕的,冰箱内没有风扇,凉的感觉来自冷辐射;走向灼热的铁板,感受到的热则来自热辐射。

辐射是物质固有的本质之一。物质由分子、原子、电子等微观粒子组成,这些微观粒子受到振动和激发时就会产生交替的电场和磁场,释放出电磁波(或光子),电磁波以直线传播(类似于光),直到遇到其他物体,被这些物体中的微观粒子吸收。需要说明的是,各种各样的原因均会使微观粒子受到振动或激发,因而热辐射现象是普遍存在的。

热辐射具有以下3个特点:

①辐射能可以通过真空自由地传播而无须任何中间介质(与导热、对流完全不同)。

②一切物体只要具有温度(高于0 K),就能持续地发射出辐射能,同时也能持续地吸收来自其他物体的辐射能。

③热辐射不仅具有能量的传递,而且具有能量形式的转换,即热能—电磁能—热能。

由特点②可知,一切物体均具有发射辐射能和吸收辐射能的能力。工程上所关心的是某一物体与其他物体之间不断进行辐射和吸收的最终结果,它是高温物体支出多于收入,而低温物体收入多于支出。高温物体正是通过这种差额辐射把热量传递给了低温物体的。这种依靠辐射进行的热量传递过程,称为辐射传热。

同时,应注意热辐射与辐射传热的区别。

综上论述,辐射传热量实质上是一种差额辐射,即对某一物体而言:

$$\Phi = \Phi_{支} - \Phi_{收}$$

辐射传热量的计算需要引出许多重要的概念,其中辐射力 E 是重要概念之一。物体表面每单位面积在单位时间内对外辐射出去的全部能量,称为辐射力。根据斯蒂芬-玻尔茨曼定律,绝对黑体的辐射力为:

$$E_b = \sigma_b T^4 = C_b\left(\frac{T}{100}\right)^4 \tag{1.9}$$

式中 σ_b——斯蒂芬-玻尔茨曼常数,亦称黑体辐射常数,$\sigma_b = 5.67 \times 10^{-8}$ W/(m^2·K^4);

C_b——黑体的辐射系数,$C_b = 5.67$ W/(m^2·K^4);

T——热力学温度,K。

一切实际物体的辐射力均低于同温度下黑体的辐射力,对实际物体:

$$E = \varepsilon E_b = \varepsilon C_b \left(\frac{T}{100}\right)^4 \tag{1.10}$$

式中 ε——实际物体的发射率,或称黑度,其值为0~1。

最简单的辐射传热问题是两无限大平行平板间的辐射传热,当两平板表面的温度分别为 T_1 和 T_2,且 $T_1 > T_2$ 时,其辐射传热量的计算公式为:

$$q = C_{1,2}\left[\left(\frac{T_1}{100}\right)^4 - \left(\frac{T_2}{100}\right)^4\right] \tag{1.11}$$

$$\Phi = Aq = C_{1,2}\left[\left(\frac{T_1}{100}\right)^4 - \left(\frac{T_2}{100}\right)^4\right] A \tag{1.12}$$

式中 $C_{1,2}$——两板1,2间的系统辐射系数,或称为相当辐射系数。它取决于辐射表面的性质及状态,其值为0~5.67。

必须指出,在辐射传热的分析计算中也要用到辐射热阻的概念,但辐射热阻不能简单地表达,这将在第11章详细讨论。

1.2 传热过程

如前所述,导热、对流、辐射是传热的三种基本方式,实际传热过程是由这三种基本方式(有时也只有两种基本方式)组成的。为了对传热过程有一个基本认识,首先分析大平壁的传热过程。

设有一块由同种均质材料组成的大平壁,壁厚为 δ,壁高度和宽度远大于其厚度,可认为热流方向与壁面垂直。壁体导热系数为 λ,壁侧表面积为 A,壁两侧分别具有温度为 t_{f1} 的热流体及温度为 t_{f2} 的冷流体。两侧对流表面传热系数分别为 h_1 和 h_2,且两侧壁表面温度未知,现分别假设为 t_{w1} 和 t_{w2},如图1.3所示。设各点温度恒定不变,传热过程处于稳态过程,现分析通过平壁传递的热量。按图1.1的分析方法,整个传热过程分3段,用下列三式表示:

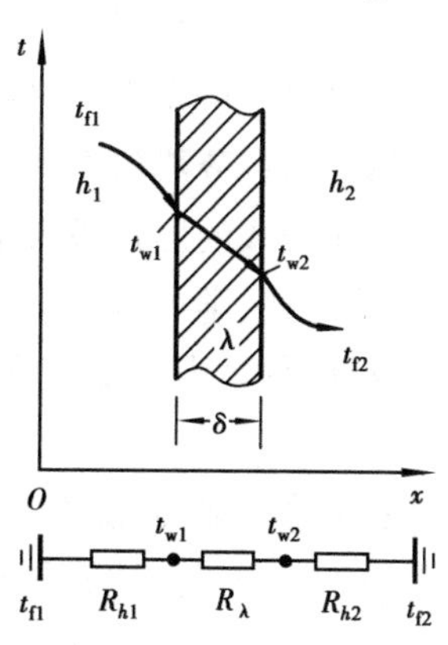

图1.3 两流体间的传热过程

壁左侧,热流体与壁面间对流传热,其热流密度按式(1.7)计算为:

$$q = h_1(t_{f1} - t_{w1}) = \frac{t_{f1} - t_{w1}}{R_{h1}}$$

该热量以导热方式从壁左侧传递到右侧,按式(1.3)计算:

$$q = \frac{\lambda}{\delta}(t_{w1} - t_{w2}) = \frac{t_{w1} - t_{w2}}{R_\lambda}$$

壁右侧,壁面与冷流体间对流传热,热流密度为:

$$q = h_2(t_{w2} - t_{f2}) = \frac{t_{w2} - t_{f2}}{R_{h2}}$$

稳态时,传进壁的热量=传出壁的热量;否则,壁温将随内能变化而发生变化,与稳态的假设不符合。因此,上述三式描述的是同一热量,q=常数。

改写上述三式为:

$$\begin{cases} t_{f1} - t_{w1} = qR_{h1} \\ t_{w1} - t_{w2} = qR_\lambda \\ t_{w2} - t_{f2} = qR_{h2} \end{cases}$$

三式相加,消去 t_{w1},t_{w2},整理后得:

$$t_{f1} - t_{f2} = q(R_{h1} + R_\lambda + R_{h2})$$

则

$$q = \frac{t_{f1} - t_{f2}}{R_{h1} + R_\lambda + R_{h2}} = \frac{\Delta t}{\sum R} \tag{1.13}$$

其中,总热阻 $\sum R = R_{h1} + R_\lambda + R_{h2} = \frac{1}{h_1} + \frac{\delta}{\lambda} + \frac{1}{h_2}$。

工程中,将式(1.13)常写为:

$$q = k(t_{f1} - t_{f2}) \tag{1.14}$$

或

$$\Phi = qA = k(t_{f1} - t_{f2})A \tag{1.15}$$

$$k = \frac{1}{\sum R} = \frac{1}{\frac{1}{h_1} + \frac{\delta}{\lambda} + \frac{1}{h_2}} \tag{1.16}$$

其中,k 称为传热系数,它表明冷热流体温差 1 ℃时,单位时间通过单位面积所传递的热量。k 是反映传热过程强弱的指标,从式(1.16)中可以看出 k 是总热阻($\sum R$)的倒数。由于总热阻是传热过程中各项分热阻之和,因此减小总热阻可增大传热系数 k,达到强化传热的目的;增大总热阻可减小传热系数 k,达到削弱传热的目的。式(1.13)已表示成了欧姆定律的形式,总热阻为各分热阻之和,完全符合电路欧姆定律关于串联电路电阻叠加的原理。在专业课程中,上述公式的形式最为常见。

综上所述,学习传热学的目的概括起来就是:认识传热规律;计算各种情况下的传热量或传热过程中物体内的温度分布;学习强化传热和削弱传热的方法;能对传热现象进行理论分析及实验研究。

【例 1.1】 某冷藏库外墙保温材料厚 150 mm,它所采用的保温材料导热系数为 0.03 W/(m·K),忽略墙体砌体层热阻,墙壁内、外两侧的对流表面传热系数分别为:h_1 = 5 W/(m^2·K),h_2 = 15 W/(m^2·K),两侧空气的温度分别为 t_{f1} = 5 ℃和 t_{f2} = 30 ℃。金属保护层设置在外表面上,并且忽略金属保护层的导热热阻,试计算该壁的各项热阻、传热系数以及热流密度。

【解】 单位壁面积各项热阻分别为：

$$R_{h1}=\frac{1}{h_1}=\frac{1}{5}\ \text{m}^2\cdot\text{K/W}=0.2\ \text{m}^2\cdot\text{K/W}$$

$$R_{\lambda}=\frac{\delta}{\lambda}=\frac{0.15}{0.03}\ \text{m}^2\cdot\text{K/W}=5\ \text{m}^2\cdot\text{K/W}$$

$$R_{h2}=\frac{1}{h_2}=\frac{1}{15}\ \text{m}^2\cdot\text{K/W}=0.067\ \text{m}^2\cdot\text{K/W}$$

单位面积的传热总热阻为各分热阻之和：

$$\sum R=R_{h1}+R_{\lambda}+R_{h2}=(0.2+5+0.067)\text{m}^2\cdot\text{K/W}=5.267\ \text{m}^2\cdot\text{K/W}$$

传热系数：

$$k=\frac{1}{\sum R}=\frac{1}{5.267}\ \text{W/(m}^2\cdot\text{K)}=0.19\ \text{W/(m}^2\cdot\text{K)}$$

热流密度为：

$$q=k\Delta t=0.19\times(30-5)\text{W/(m}^2\cdot\text{K)}=4.75\ \text{W/m}^2$$

本例的传热总热阻接近于保温材料的导热热阻，而墙壁的传热系数将主要由壁体保温材料的导热系数所决定，可见保温层导热热阻是主要热阻。因此，要提高保温性能，主要是要改进保温材料，采用低导热系数的保温材料可有效地减少热损失。单独计算各项热阻，有助于了解各热阻的差异和分析传热过程中的问题，这是传热计算常用的方法。

【例 1.2】 20 ℃的空气掠过宽为 0.5 m，长 1 m，外表面温度为 140 ℃的钢板，其对流表面传热系数为 25 W/(m²·℃)，此外有 500 W 的热流量通过辐射从表面散失。钢板厚 25 mm，其导热系数为 40 W/(m·℃)，试求钢板内表面温度。

【解】 热量以导热方式从钢板内表面传递到外表面，外表面以辐射传热的方式把 500 W 的热流量散发到周围环境，同时空气以对流传热的方式把另一部分热量带走。

钢板外表面散发的总热流密度为：

$$q=(\text{对流传热量}\ q_{\text{c}})+(\text{辐射传热量}\ q_{\text{r}})$$

其中

$$q_{\text{r}}=\frac{500\ \text{W}}{A}=\frac{500}{0.5\times1}\ \text{W/m}^2=1\ 000\ \text{W/m}^2$$

$$q_{\text{c}}=h(t_{\text{w2}}-t_{\text{f}})=25\times(140-20)\text{W/m}^2=3\ 000\ \text{W/m}^2$$

$$q=(1\ 000+3\ 000)\text{W/m}^2=4\ 000\ \text{W/m}^2$$

导热量可从式(1.3)计算得出：

$$q=\frac{\Delta t}{R_{\lambda}}=\frac{t_{\text{w1}}-t_{\text{w2}}}{\delta/\lambda}$$

所分析的问题为稳态问题，因此导热量应等于从钢板外表面散发的总热量，由此可求出钢板内表面温度为：

$$t_{\text{w1}}=t_{\text{w2}}+qR_{\lambda}=140\ ℃+\frac{4\ 000\times25\times10^{-3}}{40}\ ℃=142.5\ ℃$$

本例的传热过程在工程中是常见的，钢板外表面的散热量为对流传热量和辐射传热量之和。我们把既存在对流传热又存在辐射传热的传热现象称为复合传热，详细的分析见本书第 12 章。

习　题

1. 热量、热流量与热流密度有何联系与区别?
2. “热对流”与“对流传热”是否为同一现象? 试以实例说明。对流传热是否属于基本的传热方式?
3. 用水壶将盛装的开水放在地面上慢慢地冷却,开水以哪些方式散发热量? 打开水壶盖和盖上水壶盖,开水的冷却速度有何区别?
4. 夏季在维持 20 ℃的空调教室内听课,穿单衣感觉很舒适,而冬季在同样温度的同一教室内听课却必须穿绒衣。假设湿度不是影响的因素,试从传热的观点分析这种反常的“舒适温度”现象。
5. 用厚度为 δ 的 2 块薄玻璃组成的具有空气夹层的双层玻璃窗和用厚度为 2δ 的一块厚玻璃组成的单层玻璃窗传热效果有何差别? 试分析存在差别的原因。
6. 举例说明例 1.2 中的复合传热现象。
7. 图 1.2 中,壁内的温度变化用连接 t_{w1} 和 t_{w2} 的直线表示,即壁内温度分布呈线性规律。若 t_{w1} 和 t_{w2} 保持不变,什么情况下温度分布非线性?
8. 长 5 m、高 3 m、厚 250 mm 的普通黏土砖墙,在冬季供暖的情况下,如果室内外表面温度分别为 15 ℃和−5 ℃,黏土砖的导热系数为 0.81 W/(m·℃),试求通过该砖墙的热损失? 如已知墙外壁与大气间的表面传热系数为 10 W/(m²·℃),求大气温度?
9. 上题中,如果采用膨胀珍珠岩配置轻质混凝土浇铸制成的墙板[λ=0.1 W/(m·℃)]代替黏土砖墙,设二者厚度相等,室内外表面温度保持不变,热损失减少了多少?
10. 一炉子的炉墙厚 13 cm,总面积为 20 m²,平均导热系数为 1.04 W/(m·℃),内外壁温分别为 520 ℃,50 ℃。试计算通过炉墙的热损失。如果燃煤的发热值为 2.09×10^4 kJ/kg,问每天因热损失要用掉多少千克煤?
11. 竖直管道高 20 m,管内径为 15 mm,进口温度为 25 ℃的冷水经管道后被加热到40 ℃,冷水的质量流量为 0.25 kg/s,水的比定压热容为 4.174 kJ/(kg·℃)。试求:①水的加热量? ②若考虑位能,水的总能量增大多少? ③设管内壁温度为 55 ℃,水的平均温度取进、出口平均值,求表面传热系数。
12. 在一次测定空气横向外掠单根圆管的对流传热实验中,得到下列数据:管壁平均温度 t_{w1}=69 ℃,空气加热前后平均温度 t_f=20 ℃,管子外径 d=14 mm,加热段长 80 mm,输入加热段的功率为8.5 W。如果全部热量通过对流传热传给空气,求此时的对流传热系数。
13. 求传热过程的总热阻、传热系数、散热量和内外表面温度。已知:δ=360 mm,室外温度 t_{f2}=−10 ℃,室内温度 t_{f1} = 18 ℃,墙的 λ = 0.61 W/(m·K),内壁表面传热系数 h_1 = 8.7 W/(m²·K),外壁 h_2=24.5 W/(m²·K)。

14. 两平行大平壁 A 和 B 构成一空气夹层。平壁 A 厚 12 mm,壁体材料的导热系数为 1.2 W/(m·℃),外表面温度为 42 ℃,内表面温度为 40 ℃;平壁 B 内表面温度为 17 ℃,两壁面表面间的系统辐射系数 $C_{1,2}=3.96$。求两壁内表面间的辐射传热量和夹层内空气与表面间的自然对流传热量。

15. 一玻璃窗,尺寸为 60 mm×30 mm,厚为 4 mm。冬天,室内及室外温度分别为 20 ℃,-20 ℃,内表面的自然对流表面传热系数为 10 W/(m^2·℃),外表面的强迫对流表面传热系数为 50 W/(m^2·℃)。玻璃的导热系数为 0.78 W/(m·℃)。试求通过玻璃窗的热损失。

第 1 章习题详解

2

导热问题的数学描述

传热学的主要任务是求解热量传递速率和温度变化速率,对应于导热问题就是求解物体内部的热流场和温度场。这就需要在深刻领悟导热机理前提下,寻求对各种具体问题的数学求解方法。

由前文叙述可知,传热过程常常伴随多种传热方式,纯粹的导热过程只能发生在结构密实的固体之中。导热理论是从宏观角度研究物体的热现象,热能是微观粒子运动的宏观属性,研究对象所涉及的最小几何尺度远大于微观粒子尺度。因此,认为导热物体内部满足连续性介质假设,亦即导热物体内部温度场在数学上可微。

在许多工程实践和科学研究中,导热是经常遇到的问题,如墙壁中的热量传递、热网地下埋管的热损失等。本章将从温度场出发,首先引出导热基本定律的一般数学表达式,借以热力学第一定律进一步导出导热微分方程式(它是所有导热物体的温度变化必须满足的微分方程),最后对求解微分方程的定解条件进行简要的说明。

2.1　基本概念及傅里叶定律

2.1.1　基本概念

1)温度场

温度场是物体中各点温度的集合。温度场是标量场,是空间和时间的函数,根据导热物体的几何形状可建立直角坐标、柱坐标、球坐标形式。

对于直角坐标系,其温度场形式为:

$$t = f(x, y, z, \tau) \tag{2.1}$$

式中　t——温度;

x, y, z——直角坐标系空间坐标;

τ——时间。

根据温度场在时间坐标上的不同属性,温度场可分为下列 2 类:一类是温度不随时间发生变化的稳态(定常)温度场$\left(\dfrac{\partial t}{\partial \tau}=0\right)$,如设备正常运行工况下的温度场,稳态温度场可表示为$t=f(x,y,z)$;另一类是温度随时间发生变化的非稳态温度场$\left(\dfrac{\partial t}{\partial \tau}\neq 0\right)$,如设备启动与停止过程中的温度场,式(2.1)为非稳态温度场表达式。

另外,根据温度场在空间坐标上的不同属性,温度场可分为下列 3 类:物体中各点温度只在一个坐标方向变化的一维温度场(如果温度场不随时间变化,此时的温度场可表示为 $t=f(x)$,它是温度场中最简单的一种情况,如壁面温度均匀且高宽远大于其厚度的大墙壁内的导热问题就可以认为是一维导热);物体中各点温度在 2 个坐标方向变化的二维温度场;物体中各点温度在 3 个坐标方向变化的三维温度场。

2)等温面、等温线与热流线

为了形象地表示物体内的温度场,常使用等温面(线)来表示。等温面是由温度场中同一瞬间温度相同点所组成的面。等温线是等温面上的线,一般指等温面与某一平面的交线。

为了在平面内清晰地表示一组等温面,常用不同的等温面与同一平面相交所得的一簇等温线来表示。等温线的疏密程度反映温度变化率的大小,进而反映出不同区域导热热流密度的大小。它们或者是物体中完全封闭的曲面(线),或者就中止于物体的边界上。导热物体除满足连续性假设外,在同一时刻任何给定点只可能有一个温度值,所以等温面(线)在物体内连续且互不相交。

热流线(热量迁移线)是处处与等温面(线)相垂直的线。物体中各点热流矢量与通过该点的热流线相切,所以在垂直于热流线方向(等温线上)无热流。

在任意时刻,标绘出物体中的所有等温面(线),就给出了物体内的温度分布情况,亦即给出了物体的温度场。所以,习惯上物体的温度场用等温面图或等温线图来表示,如图 2.1 所示。

3)温度梯度

函数在某点沿某一方向对距离的变化率称为函数在该方向的方向导数:

$$\left.\frac{\partial t}{\partial s}\right|_{M_0}=\lim_{M\to M_0}\frac{t(M)-t(M_0)}{\overline{MM_0}} \tag{2.2}$$

若在温度场中某点 M_0 处,存在一个矢量 $\boldsymbol{G}$,其方向指向该点方向导数最大的方向,其大小等于该点最大的方向导数,则矢量 $\boldsymbol{G}$ 称为温度场在 M_0 点的温度梯度,记作:$\mathrm{grad}t=\boldsymbol{G}$。

自等温面上的某点出发,沿不同方向到达另一等温面时,将发现单位距离的温度变化,即温度的变化率,具有不同的数值。以该点法线方向的温度变化率最大,即温度梯度是该点处等温面法线方向上的温度变化率 $\partial t/\partial n$ 与法线方向上单位矢量 $\boldsymbol{n}$ 的乘积,$\mathrm{grad}t=\boldsymbol{n}\dfrac{\partial t}{\partial n}$,如图 2.2 所示。

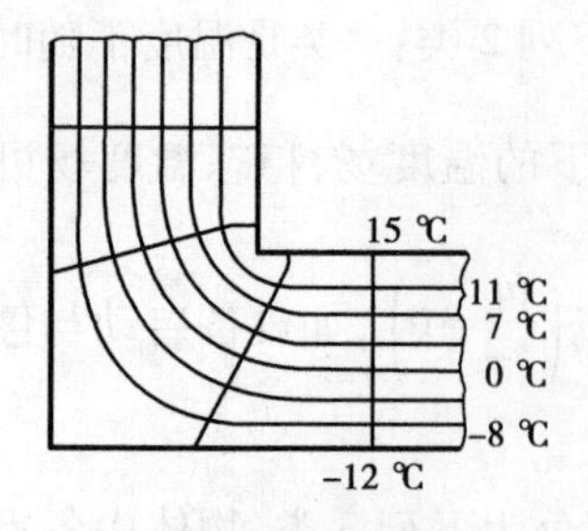

图 2.1　墙壁拐角处的温度场与热流场

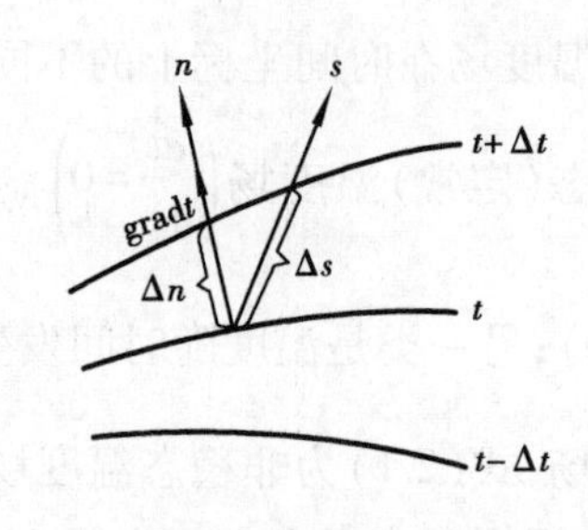

图 2.2　温度梯度

温度梯度的性质:

①方向导数等于梯度在该方向上的投影。

②每点梯度都垂直于该点等温面,并指向温度值增大的方向。

2.1.2　傅里叶定律

在工程技术中,导热物体中热流密度矢量与温度梯度的关系可表示为:

$$\boldsymbol{q} = -\lambda\ \mathrm{grad}t \tag{2.3}$$

式中　$\boldsymbol{q}$——热流密度矢量,$\mathrm{W/m^2}$;

λ——导热系数,$\mathrm{W/(m \cdot K)}$。

式(2.3)是大量实践经验的总结,表明等温面法线方向上的热流密度与温度梯度成正比,负号表示热量总是传向温度降低的方向,这就是 1822 年由傅里叶提出的导热基本定律表达式,亦称傅里叶定律。

根据温度梯度的性质和热流密度的定义,导热物体中某一方向的热流量与该方向的方向导数有如下关系:

$$\Phi_x = -\lambda A \frac{\partial t}{\partial x};\quad \Phi_y = -\lambda A \frac{\partial t}{\partial y};\quad \Phi_z = -\lambda A \frac{\partial t}{\partial z} \tag{2.4}$$

式中　A——面积,$\mathrm{m^2}$。

式(2.4)表明:在导热现象中,通过给定截面的热流量(热流在截面法线方向的分量)正比于该截面(不一定是等温面)法线方向上的温度变化率(方向导数)和截面面积,而热量传递的方向则与温度升高的方向相反。

傅里叶定律确定了热流密度矢量和温度梯度的关系。因此,要确定热流密度矢量的大小,就必须知道温度梯度,亦即知道物体内的温度场。

2.2　导热系数

导热系数的定义式由傅里叶定律的数学表达式给出:

$$\lambda = \frac{\boldsymbol{q}}{-\mathrm{grad}t} \tag{2.5}$$

定义:导热系数是物体导热能力的量度,数值上等于单位温度梯度作用下的热流密度。

工程计算采用的各种物质的导热系数的数值都是用专门实验测定出来的。近年来,除了继续采用一些稳态测量方法之外,非稳态测量方法有了很大发展[1]。一些常用物质的导热系数值列于表 2.1 中。更详细的资料可以查阅文献[2,3]。

从微观角度看,物质导热能力的大小主要取决于两个方面的因素:物质的微观结构和作用粒子。微观结构主要有:晶体(单晶,多晶)、非晶体(无定型固体)、液体(有序性次于固体)、气体(有序性次于液体)。作用微观粒子主要有:分子、原子、电子、声子、光子、磁子等。一般情况下,微观结构的有序性越好,作用粒子的种类和数量越多,导热能力越强。

物质状态不同,其导热机理不同:气体依靠分子热运动和相互碰撞来传递热量;非导电固体通过晶格结构的振动来传递热量;液体依靠不规则的弹性振动传递热量。同一种物质由于状态发生变化,必将引起分子或原子间的距离变化,导热机理也随之发生变化,导热系数将不会相同。一般说来,同一种物质固态时导热系数最大,液态时次之,气态时最小。例如,标准大气压力下 0 ℃时的冰、水和水蒸气的导热系数分别为 2.22,0.55,0.018 3 W/(m·K)。不论金属或非金属,它的晶体比它的无定形态具有较好的导热性能;金属导热主要靠自由电子运动传递热量,其导热系数要比非金属大得多。但加入其他元素后,由于这些元素阻碍了自由电子运动,而使其导热系数大大下降。例如,常温下纯铜的导热系数为 387 W/(m·K),而含有 30%锌的黄铜的导热系数为 109 W/(m·K)。另外,金属加工过程也会造成晶格的缺陷,所以化学成分相同的金属,导热系数也会因加工情况有所不同。各类物质导热系数的数值,如图 2.3 所示。

表 2.1 273 K 时物质的 λ 值

材 料	λ /[W·(m·K)$^{-1}$]	材 料	λ /[W·(m·K)$^{-1}$]	材 料	λ /[W·(m·K)$^{-1}$]
金属固体		石英(平行于轴)	19.1	一氯甲烷(CH_3Cl)	0.178
银(最纯的)	427	刚玉石(Al_2O_3)	10.4	二氧化碳(CO_2)	0.105
铜(纯的)	398	大理石	2.78	氟利昂-12(CF_2Cl_2)	0.072 8
铝(纯的)	236	冰(H_2O)	2.22	气 体	
锌(纯的)	121	熔凝石英	1.91	氢气	0.175
铁(纯的)	81.1	硼硅酸耐热玻璃	1.05	氦气	0.141
锡(纯的)	67	液 体		空气	0.024 3
铅(纯的)	35.3	水银	8.21	戊烷	0.012 8
非金属固体		水	0.552	三氯甲烷	0.006 6
方镁石(MgO)	41.6	二氧化硫(SO_2)	0.211		

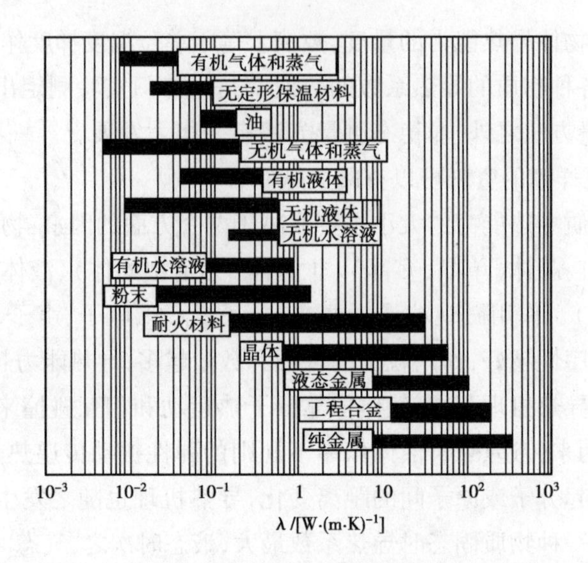

图 2.3　各类物质导热系数的范围

从宏观角度看物体的导热能力还与其结构和状态有关,几个主要影响因素如下:

(1)多孔材料的折合密度

多孔材料内含有不流动的气体物质(一般为空气),由于气体物质的低导热性,多孔材料常用于隔热保温。若过于密实,空隙中的气体被赶跑,导热系数会加大。若过于蓬松,空隙中气体的对流作用增强,也会使导热系数加大。所以,为了得到较小的导热系数,多孔材料应有一个适中的折合密度。

(2)多孔材料的含水率

多孔材料因其内含空气而常用于隔热保温,但由于多孔的原因,很容易吸收水分,一旦受潮就大大影响隔热效果。因为水汽取代了孔隙中的空气,所以使多孔材料的表观导热系数① 增加很多。另外,低温条件下,含水材料中的水会结冰,而冰的导热系数为空气的几十倍,故结冰将使材料导热系数大大增加。所以,保温材料在安装施工中要注意防水、防潮;对于空调制冷装置的隔热材料,不仅要防止雨水的浸泡,还要适当增加保温材料的厚度或选用性能好(λ 越低越好)的保温材料,防止表面温度低于空气露点温度而结露和结冰,从而引起的材料保温性能的下降。

(3)温度

导热的机理是微观粒子动能的传递,物质导热能力的大小还与其热力学状态有关,由于导热过程伴随着温度的变化,所以温度的影响尤为重要。在一定温度范围内,可认为导热系数是温度的线性函数,即:

$$\lambda = \lambda_0(1 + bt) \tag{2.6}$$

式中　t——温度;

λ_0——某参考温度下的导热系数;

b——实验常数。

① 表观导热系数:建筑材料及保温材料多为多孔材料,严格地说,这类材料不应视为连续介质,其内部的传热过程为导热、对流及辐射共同作用的复杂过程。但当孔隙的大小和物体的总几何尺寸相比较小时,可近似地认为它们是连续介质,其传热过程视为导热过程,按连续介质折算的导热系数称为表观导热系数或折算导热系数。

不同物质导热系数的差异是由于物质构造上的差别和导热机理的不同所致。对于气体物质,传递热能的微观粒子主要是分子,温度的升高会加剧分子的热运动,所以其导热系数随着温度的升高而增大;对于液体物质,其导热系数与液体的密度和分子量有关。对于金属固体,传递热能的微观粒子主要是自由电子,类似金属的导电机理,晶格随温度升高而振动加剧,干扰了自由电子的运动,使导热系数下降;对于非金属固体,其导热主要是依靠晶格的振动来实现,它们的导热系数随温度的升高而增大。

对于建筑环境与能源应用工程专业所涉及的建筑材料和隔热保温材料,其导热系数为0.025~3.0 W/(m·K),并且随温度的升高而增大。我国国家标准规定[4],平均温度不高于350 ℃的条件下,导热系数不大于0.12 W/(m·K)的材料称为保温材料。岩棉制品、膨胀珍珠岩、矿渣棉、泡沫塑料、膨胀蛭石、微孔硅酸钙制品等都属于这类材料。国产保温材料导热系数可参考文献[5,6]。这些材料基本都是多孔体或纤维性材料。

表2.2给出一些建筑、保温材料导热系数和密度的数值,以供参考。

表2.2 建筑、保温材料的导热系数和密度的数值

材料名称	t/℃	ρ/(kg·m^{-3})	λ/[W·(m·K)$^{-1}$]
膨胀珍珠岩散料	25	60~300	0.021~0.062
岩棉制品	20	80~150	0.035~0.038
膨胀蛭石	20	100~130	0.051~0.07
石棉绳	—	590~730	0.1~0.21
微孔硅酸钙	50	82	0.049
粉煤灰砖	27	458~589	0.12~0.22
矿渣棉	30	207	0.058
软木板	20	105~437	0.044~0.079
木丝纤维板	25	245	0.048
云　母	—	290	0.58
硬泡沫塑料	30	29.5~56.3	0.041~0.048
软泡沫塑料	30	41~162	0.043~0.056
铝箔间隔层(5层)	21	—	0.042
红砖(营造状态)	25	1 860	0.87
红　砖	30	1 560	0.49
水　泥	35	1 900	0.30
混凝土板	37	1 930	0.79
瓷　砖	37	2 090	1.1
玻　璃	45	2 500	0.65~0.71
聚苯乙烯	30	24.7~37.8	0.04~0.043

分析材料的导热性能时,还应区分各向同性材料和各向异性材料。在式(2.3)和式(2.4)中隐含着一个条件,即导热系数值在各个不同方向是相同的。这种导热系数与方向无关的材料称为各向同性材料。但是,有一些材料,如木材、石墨等,它们的各向结构不同,因此在不同方向上的导热系数也有很大差别,这些材料称为各向异性材料。对于各向异性材料,导热系数值须指明方向才具有意义。本书只介绍各向同性材料的导热,有关各向异性材料的导热,读者可参考文献[7~9]。

2.3 导热微分方程式及定解条件

2.3.1 导热微分方程式

傅里叶定律揭示了连续温度场内任意一处的热流密度与温度梯度的关系。对于一维稳态导热问题可直接利用傅里叶定律积分求解,求出导热热流量。但是,由于傅里叶定律未能揭示各点温度及其相邻点温度之间的关系,以及此刻温度与下一时刻温度的关系,对于多维稳态导热和一维及多维非稳态导热问题都不能直接利用傅里叶定律积分求解。

为了建立描述物体温度场的数学表达式,就必须在傅里叶定律的基础上,结合热力学第一定律——能量守恒定律,把物体内各点的温度关联起来,建立起导热物体内部温度场的通用微分方程,亦即导热微分方程。

为了简化分析过程,在连续性假设条件基础上,进一步假设导热物体常物性,即物体的密度 ρ,比热容 c,导热系数 λ 均为常量,并假定物体内具有均匀内热源。例如,化学反应时放出反应热、电阻通电发热等,这时内热源为正值;又例如,化学反应时吸收热量、熔化过程中吸收物理潜热等,这时内热源为负值。通常用单位体积单位时间内所发出的热量 $\dot{\Phi}$ 表示内热源的强度(W/m^3)。

根据导热物体的形状建立坐标系,在坐标系中分割出一微元体作为研究对象,根据能量守恒与转化定律,分析其热量平衡关系,在单位时间内通过边界导入与导出所得的净热量,加上内热源的发热量,应等于微元体内能的增加量。

对于直角坐标系所描述的物体,微元体如图 2.4 所示。

由傅里叶定律知:

x 方向导入微元体的热量:

$$\Phi_x = -\lambda \frac{\partial t}{\partial x} \mathrm{d}y\mathrm{d}z$$

x 方向导出微元体的热量:

$$\Phi_{x+\mathrm{d}x} = -\lambda \frac{\partial}{\partial x}\left(t + \frac{\partial t}{\partial x}\mathrm{d}x\right) \mathrm{d}y\mathrm{d}z$$

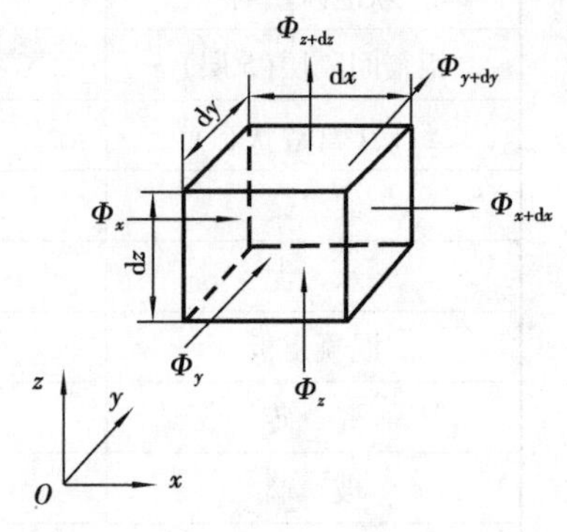

图 2.4 微元体导热分析

x 方向导入微元体的净热量：

$$\Phi_x - \Phi_{x+dx} = \lambda \frac{\partial^2 t}{\partial x^2} dxdydz \tag{1}$$

同理，

$$\Phi_y - \Phi_{y+dy} = \lambda \frac{\partial^2 t}{\partial y^2} dxdydz \tag{2}$$

$$\Phi_z - \Phi_{z+dz} = \lambda \frac{\partial^2 t}{\partial z^2} dxdydz \tag{3}$$

导入微元体的总净热量：

$$\Phi_d = \lambda \left(\frac{\partial^2 t}{\partial x^2} + \frac{\partial^2 t}{\partial y^2} + \frac{\partial^2 t}{\partial z^2} \right) dxdydz = \lambda \nabla^2 t dxdydz$$

微元体内热源生成热：

$$\Phi_r = \dot{\Phi} dxdydz \tag{4}$$

式中　$\dot{\Phi}$——内热源强度，W/m^3。

微元体内能增量（显热）：

$$\Phi_e = \rho c \frac{\partial t}{\partial \tau} dxdydz \tag{5}$$

由能量守恒定律：

$$\Phi_d + \Phi_r = \Phi_e \tag{2.7}$$

$$\lambda \nabla^2 t + \dot{\Phi} = \rho c \frac{\partial t}{\partial \tau}$$

整理得常物性非稳态有内热源的导热微分方程：

$$\frac{\partial t}{\partial \tau} = a \nabla^2 t + \frac{\dot{\Phi}}{\rho c} \tag{2.8}$$

式中，拉普拉斯算子$\nabla^2 t = \frac{\partial^2 t}{\partial x^2} + \frac{\partial^2 t}{\partial y^2} + \frac{\partial^2 t}{\partial z^2}$。

$a = \lambda / \rho c$ 称为热扩散率，又叫导温系数，单位是 m^2/s。它是物性参数，分子代表导热能力，分母代表容热能力，表征物体被加热或冷却时，物体内部温度趋向均匀一致的能力，因而有热扩散率的名称。在同样的加热条件下，物体的热扩散率的数值越大，物体内部各处的温度差别越小。a 的物理意义还可以从另一个角度来加以说明，即从温度的角度看，a 值越大，材料中温度变化传播得越迅速。所以，a 也是材料传播温度变化能力大小的指标，并因此有导温系数之称。常见材料热扩散率：木材 $a = 1.5 \times 10^{-7}\ m^2/s$；钢 $a = 1.25 \times 10^{-5}\ m^2/s$；银 $a = 2 \times 10^{-4}\ m^2/s$。木材比钢材的热扩散率小近 100 倍，所以木材一端着火而另一端仍保持“不烫手”的温度。

热扩散率只对非稳态过程才有意义，因为稳态过程温度不随时间变化，热容大小对导热过程没有影响，所以热扩散率也就不起作用。热扩散率和导热系数是两个不同的物理量，前者综合了材料的导热能力和单位体积的热容量值，而后者仅指材料的导热能力。导热系数小的材料热扩散率不一定小，如气体的导热系数比金属小得多，但热扩散率与金属相当，详见表 2.3。

表 2.3　常温下各类材料的导热系数和热扩散率[10]

材　料	$\lambda/[\mathrm{W\cdot(m\cdot K)^{-1}}]$	$a/(10^{-6}\ \mathrm{m^2\cdot s^{-1}})$
金　属	4~420	3~165
非金属(少数例外)	0.17~70	0.1~0.6
液体(非金属)	0.05~0.68	0.08~0.16
气　体	0.01~0.20	15~165
普通隔热材料	0.04~0.12	0.16~1.60

常物性导热微分方程式的几种形式如下：

有内热源：

非稳态：$$\frac{\partial t}{\partial \tau}=a\nabla^2 t+\frac{\dot{\Phi}}{\rho c} \tag{2.9a}$$

稳态：$$\lambda\nabla^2 t+\dot{\Phi}=0 \tag{2.9b}$$

无内热源：

非稳态：$$\frac{\partial t}{\partial \tau}=a\nabla^2 t \tag{2.9c}$$

稳态：$$\nabla^2 t=0 \tag{2.9d}$$

在许多实际导热问题中，把导热系数当作常量是容许的。然而，在一些特殊场合必须把导热系数作为温度的函数处理，这类问题称为变导热系数导热问题。在直角坐标系中，非稳态、有均匀内热源及变导热系数的导热微分方程式形式如下：

$$\rho c\frac{\partial t}{\partial \tau}=\frac{\partial}{\partial x}\left(\lambda\frac{\partial t}{\partial x}\right)+\frac{\partial}{\partial y}\left(\lambda\frac{\partial t}{\partial y}\right)+\frac{\partial}{\partial z}\left(\lambda\frac{\partial t}{\partial z}\right)+\dot{\Phi} \tag{2.10}$$

当所分析的对象为轴对称物体(圆柱、圆筒或圆球)时，采用圆柱坐标系或圆球坐标系更为方便。这时，采用类似的分析方法或者通过坐标变换，如图 2.5 所示。可以将式(2.10)转换为圆柱坐标系或圆球坐标系的公式，详细推导可以参阅文献[11]，有兴趣的读者也可自行推导。

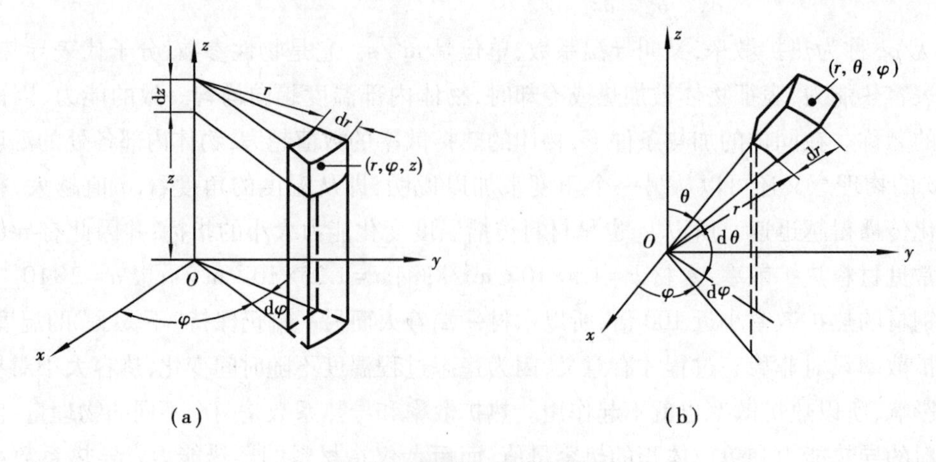

图 2.5　圆柱和圆球坐标系

对于圆柱坐标系，导热微分方程为：

$$\rho c \frac{\partial t}{\partial \tau} = \frac{1}{r} \frac{\partial}{\partial r}\left(\lambda r \frac{\partial t}{\partial r}\right) + \frac{1}{r^2} \frac{\partial}{\partial \varphi}\left(\lambda \frac{\partial t}{\partial \varphi}\right) + \frac{\partial}{\partial z}\left(\lambda \frac{\partial t}{\partial z}\right) + \dot{\Phi} \tag{2.11}$$

对于圆球坐标系，导热微分方程为：

$$\rho c \frac{\partial t}{\partial \tau} = \frac{1}{r^2} \frac{\partial}{\partial r}\left(\lambda r^2 \frac{\partial t}{\partial r}\right) + \frac{1}{r^2 \sin^2\theta} \frac{\partial}{\partial \varphi}\left(\lambda \frac{\partial t}{\partial \varphi}\right) + \frac{1}{r^2 \sin\theta} \frac{\partial}{\partial \theta}\left(\lambda \sin\theta \frac{\partial t}{\partial \theta}\right) + \dot{\Phi} \tag{2.12}$$

2.3.2　定解条件

导热微分方程式是根据热力学第一定律和傅里叶定律所建立起来的描写物体的温度随空间和时间变化的关系式，它全然没有涉及某一特定导热过程的具体特点，所以导热微分方程式是描写导热过程共性的数学表达式。求解导热问题，实质上归结为对导热微分方程式的求解。为了获得某一具体导热问题的温度分布，还必须给出用以表征该特定问题的一些附加条件。这些使微分方程获得适合某一特定问题的解的附加条件，称为定解条件。从数学角度来看，求解导热微分方程式可以获得方程式的通解。然而，对于特定的导热过程不仅要得到通解，而且还要得到既满足导热微分方程式又满足该过程的附加条件的特定解。因此，一个完整导热问题的数学描述包含导热微分方程式与定解条件。前者说明导热问题所具有的共性，后者说明特定导热问题的个性。

一般地说，定解条件有以下 2 项：

1）时间条件

说明在时间上过程进行的特点。稳态导热过程没有时间条件，因为过程的进行不随时间发生变化。对于非稳态导热过程，应该说明某一时刻导热物体内的温度分布，如以该时刻作为时间起始点，则称为初始条件。它可以表示为：

$$t\big|_{\tau=0} = f(x, y, z) \tag{2.13}$$

初始条件可以是各种各样的空间分布。例如，加热或冷却一个物体时，在过程开始时刻，物体的各部分具有相同的温度，那么初始条件表示式可以简化为：

$$t\big|_{\tau=0} = t_0 = \text{常数}$$

2）边界条件

人们所研究的物体总是和周围环境有某种程度的联系，它往往就是物体内导热过程发生的原因。因此，边界条件就是指导热物体边界处的温度或表面传热情况。常见的边界条件可归纳为以下 3 类：

①第一类边界条件：已知物体边界上任何时刻的温度分布，即：

$$t\big|_{s} = t_w \tag{2.14}$$

式中下标 s 表示边界面，t_w 是温度在边界面的给定值。此类边界条件最简单的例子就是恒壁温，即 t_w = 常数；对于非稳态导热过程，若边界上温度随时间而变化，还应给出 $t_w = f(\tau)$ 的函数关系。

对于二维或三维稳态温度场，它的边界面超过 2 个，这时应逐个按边界面给定它们的温度值或温度分布。

②第二类边界条件：已知物体边界上任何时刻的热流密度或温度变化率，即：

$$q\big|_s = q_w \text{ 或 } -\left.\frac{\partial t}{\partial n}\right|_s = \frac{q_w}{\lambda} \tag{2.15}$$

式中，q_w 是给定通过边界面 s 的热流密度。此类边界条件最简单的典型例子就是恒热流，规定边界上的热流密度保持定值，即 q_w = 常数。对于非稳态导热过程，若边界面上热流密度是随时间变化的，还应给出 $q_w = f(\tau)$ 的函数关系。

若某一个边界面是绝热的，根据傅里叶定律，该边界面上温度变化率数值等于零，即$\left.\frac{\partial t}{\partial n}\right|_s = 0$。

③第三类边界条件：已知任何时刻物体边界与周围流体间的对流表面传热系数 h 及周围流体温度 t_f。

由牛顿冷却定律：$q\big|_s = h(t\big|_s - t_f)$

由傅里叶定律：$q\big|_s = -\lambda \left.\frac{\partial t}{\partial n}\right|_s$

于是，第三类边界条件可以表示为：

$$\left.\frac{\partial t}{\partial n}\right|_s = -\frac{h}{\lambda}(t\big|_s - t_f) \tag{2.16}$$

对于稳态导热过程，h 和 t_f 不随时间而变化；对于非稳态导热过程，h 和 t_f 可以是时间的函数，这时还要给出它们和时间的具体函数关系。应该指出的是，式(2.16)中的已知条件是 h 和 t_f，而$\left.\frac{\partial t}{\partial n}\right|_s$ 和$t\big|_s$ 都是未知的，这正是第三类边界条件与第一类、第二类边界条件的区别所在。

以上三类边界条件之间有一定的联系。在一定条件下，第三类边界条件可以转化成第一、第二类边界条件，当 $h/\lambda \to \infty$，可以得出 $t\big|_s = t_f$，转化为第一类边界条件；当 $h \to 0$，可以得出$\left.\frac{\partial t}{\partial n}\right|_s = 0$，即 $q\big|_s = 0$，此时边界面绝热，转化为特殊的第二类边界条件。

【例 2.1】 一厚度为 δ 的无限大平壁，平壁内有均匀内热源 $\dot{\Phi}$，将其放在温度为 t_f 的流体中，已知平壁的导热系数 λ，平壁表面与流体间的对流表面传热系数为 h，试写出该平壁稳态导热过程的数学描述。

【解】 由对称性可知，只要研究平壁的 1/2 即可。以平壁的中心为原点，建立直角坐标系。表达具有均匀内热源的无限大平壁稳态导热的微分方程式，由式(2.9b)可知：

$$\frac{d^2 t}{dx^2} + \frac{\dot{\Phi}}{\lambda} = 0$$

对于稳态导热没有初始条件，只有边界条件。由题意知边界条件如下：

$$x = 0, \quad \frac{dt}{dx} = 0$$

$$x=\frac{\delta}{2},\quad -\lambda\frac{\mathrm{d}t}{\mathrm{d}x}=h(t-t_{\mathrm{f}})$$

【例 2.2】 一根细长散热棒，以对流传热形式将热量散发到温度为 t_{f} 的流体中，已知棒的表面对流传热系数为 h，导热系数为 λ，长度为 l，横截面积为 A，截面周长为 P，根部温度为 t_0，棒端部与流体间的热流密度为 q_{w}。试写出导热微分方程及边界条件。

【解】 对于细长散热棒，假设温度只在杆长方向变化，这是一个一维稳态导热问题。

分析厚度为 dx 的微元段的导热：

$$\Phi_x=-\lambda A\frac{\mathrm{d}t}{\mathrm{d}x}$$

$$\Phi_{x+\mathrm{d}x}=-\lambda A\frac{\mathrm{d}}{\mathrm{d}x}\left(t+\frac{\mathrm{d}t}{\mathrm{d}x}\mathrm{d}x\right)$$

微元段净导热：

$$\Phi_{\mathrm{d}}=\Phi_x-\Phi_{x+\mathrm{d}x}=\lambda A\frac{\mathrm{d}^2t}{\mathrm{d}x^2}\mathrm{d}x$$

微元段散热量：

$$\Phi_{\mathrm{s}}=hP\mathrm{d}x(t-t_{\mathrm{f}})$$

由能量守恒定律：

$$\Phi_{\mathrm{d}}=\Phi_{\mathrm{s}}$$

导热微分方程：

$$\frac{\mathrm{d}^2t}{\mathrm{d}x^2}-\frac{Ph}{\lambda A}(t-t_{\mathrm{f}})=0$$

边界条件：

$$x=0,\quad t=t_0$$

$$x=l,\quad -\lambda\frac{\mathrm{d}t}{\mathrm{d}x}=q_{\mathrm{w}}$$

【分析与思考】 导热问题的数学描述，应把握问题的物理本质，从问题的简化分析入手，确定坐标系和微元体形式，灵活运用傅里叶定律和能量守恒定律推导数学关系。

对导热微分方程讨论如下：

(1)导热微分方程的适用范围

对于一般工程技术中发生的非稳态导热问题，其热流密度不很高而过程的作用时间又足够长，式(2.3)及式(2.10)~式 (2.12)是完全适用的。但在近年来所发展起来的高新技术中，有时会遇到在极短时间(如 $10^{-8}\sim10^{-10}$ s)内产生极大的热流密度的热量传递现象，如激光加工过程，对于这种在极短时间间隔(称为微尺度时间)内发生在固体中的热量传递现象，不能再用类似于式(2.3)及式(2.10)这样的方程来描述。另外，对于极低温度(接近于 0 K)时的导热问题，式(2.10)等也不再适用。这类导热问题称为非傅里叶导热过程，可参阅文献[8,12]。

(2)边界条件的确定

在确定某一个边界面的边界条件时，应根据物理现象本身在边界面的特点给定，不能对同一界面同时给出 2 种及 2 种以上的边界条件。有关边界条件的详细论述，可参阅文献[13,14]。

习 题

1. 试写出傅里叶定律的一般形式,并说明其中各个符号的意义。
2. 已知导热物体中某点在 x,y,z 三个方向上的热流密度分别为 q_x,q_y,q_z,如何获得该点的热流密度矢量?
3. 不同温度的等温面(线)不能相交,热流线能相交吗?热流线为什么与等温线垂直?
4. 根据对导热系数主要影响因素的分析,试说明在选择和安装保温隔热材料时要注意哪些问题。
5. 冰箱长期使用后外壳上易结露,这表明其隔热材料性能下降。你知道其道理吗?(提示:冰箱隔热材料用氟利昂发泡,长期使用后氟利昂会逸出,代之以空气。)
6. 导热系数 λ 和热扩散率 a 有何区别?
7. 试说明得出导热微分方程所依据的基本定律。
8. 试分别说明导热问题三种类型的边界条件。
9. 对于第一类边界条件的稳态导热问题,其温度分布与导热系数有没有关系?
10. 一维无限大平壁的导热问题,两侧给定的均为第二类边界条件,能否求出其温度分布,为什么?
11. 有人对二维矩形物体中的稳态、无内热源、常物性的导热问题进行了数值计算。矩形的一个边绝热,其余 3 个边均与温度为 t_f 的流体发生对流传热。能预测它所得到的温度场吗?
12. 在青藏铁路建设中,采用碎石路基可有效防止冻土区的冻胀和融降问题,为什么?
13. 一厚度为 40 mm 的无限大平壁,其稳态温度分布为:$t=180\ ℃-1\ 800x^2$。若平壁材料导热系数 $\lambda=50\ \mathrm{W/(m\cdot K)}$,试求:

    ①平壁两侧表面处的热流密度;

    ②平壁中是否有内热源?若有的话,它的强度是多大?
14. 从宇宙飞船伸出一根细长散热棒,以辐射传热形式将热量散发到温度为绝对零度的外部空间,已知棒的表面发射率为 ε,导热系数为 λ,长度为 l,横截面积为 A,截面周长为 P,根部温度为 T_0,试写出导热微分方程及边界条件。
15. 无内热源,常物性二维导热物体在某一瞬时的温度分布为 $t=2y^2\cos x$。试说明该导热物体在 $x=0,y=1$ 处的温度是随时间增加逐渐升高,还是逐渐降低。
16. 试推导圆柱坐标系和球坐标系的导热微分方程。已知物体的导热系数 λ、密度 ρ 和比热容 c 为常数,且物体内部有均匀稳定的内热源强度为 $\dot{\Phi}$。
17. 一具有内热源 $\dot{\Phi}$,外径为 r_0 的实心长圆柱体,向四周温度为 t_f 的环境散热,表面传热系数为 h。试列出圆柱体中稳态温度场的微分方程式及边界条件,并对 $\dot{\Phi}$ = 常数的情形进行求解。

18. 一圆筒体的内、外半径分别为 r_i 及 r_0，相应的壁温为 t_i 与 t_0，其导热系数与温度的关系可表示成 $\lambda=\lambda_0(1+bt)$ 的形式。试导出计算单位长度上导热热流量的表达式。

19. 一半径为 R 的实心球，初始温度为 t_0，突然将其放入液体温度为 t_f 的恒温槽内冷却，已知球的导热系数 λ，密度 ρ 和比热容 c，球壁表面与液体的表面传热系数为 h，试写出球体冷却过程的数学描述。

20. 设有如图 2.6 所示的一偏心环形空间，其中充满了某种储热介质（如石蜡类物质）。白天，从太阳能集热器中来的热水使石蜡熔化，夜里冷却水流过该芯管吸收石蜡的熔解热而使石蜡凝固。假设在熔解过程的开始阶段，环形空间石蜡的自然对流可以略而不计，内外管壁分别维持在均匀温度 t_1 及 t_2。试定性画出偏心圆环中等温线的分布。

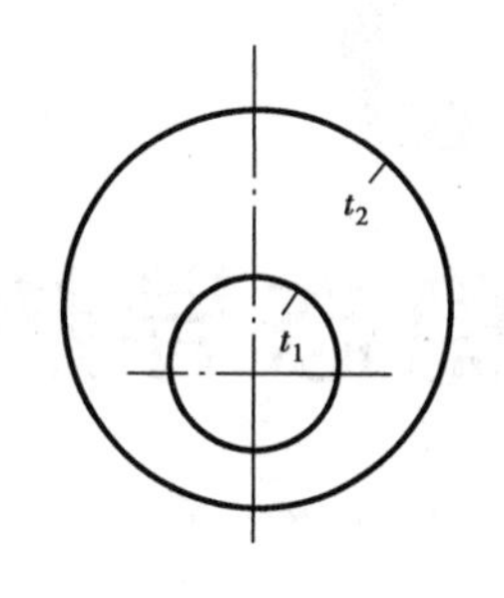

图 2.6

21. 写出无限长的长方柱体（$0\leqslant x\leqslant a, 0\leqslant y\leqslant b$）二维稳态导热问题完整的数学描述。长方柱体的导热系数为常数；内热源强度为 $\dot{\Phi}$；在 $x=0$ 处的表面绝热，$x=a$ 处表面吸收外界温度为 t_f 的流体的热量，$y=0$ 处的表面保持恒定温度 t_0，$y=b$ 处的表面对温度为 0 ℃的流体放出热量。

第 2 章习题详解

3 稳态导热

稳态导热问题的主要特征是物体中各点温度不随时间发生变化，即$\frac{\partial t}{\partial \tau}=0$。若物体的热物性为常数，导热微分方程式具有下列形式：

$$\lambda \nabla^2 t + \dot{\Phi} = 0 \tag{3.1}$$

在无均匀内热源（以下简称“内热源”）的情况下，式(3.1)简化为：

$$\nabla^2 t = 0 \tag{3.2}$$

温度在空间坐标上的分布决定导热问题的维数，同样的问题选择不同的坐标系会有不同的维数。维数越多，问题越复杂，所以应对具体问题具体分析，从主要因素着手，忽略次要因素，进行适当简化。工程上许多导热现象，可以归结为温度仅沿一个方向变化，而且是与时间无关的一维稳态导热过程。例如，通过房屋墙壁和长热力管道管壁的导热等。本章将针对各种边界条件，分析通过平壁和圆筒壁的一维稳态导热。此外，还将讨论肋壁的导热过程，对于二维稳态导热过程，本章只做简要的叙述。

3.1 通过平壁的导热

通过房屋墙壁、锅炉炉墙、汽轮机外壳和保温隔热层、增压空气冷却器的外壳的导热问题都可以看作平壁导热。

3.1.1 第一类边界条件下，通过平壁的导热

1) 单层平壁

①材料的导热系数λ为常数：如图3.1所示，已知平壁厚度为δ，平壁两侧分别保持不同的各自均匀一致的温度，且$t_{w1}>t_{w2}$，无内热源。若平壁的宽度和高度比厚度大得多，则称为大平壁，这时，可以认为沿高度与宽度2个方向的温度变化率很小，而只沿厚度方向发生变化，即一

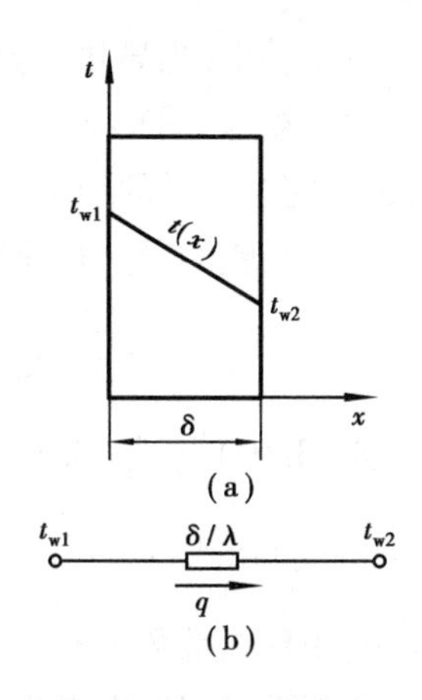

图 3.1 单层平壁的导热

维稳态导热。通过实际计算证实,当高度和宽度是厚度的 10 倍以上时,可近似地作为一维导热问题处理。

上述导热问题的数学表达式为:

$$\frac{\mathrm{d}^2 t}{\mathrm{d}x^2} = 0 \tag{3.3}$$

2 个边界面都给出第一类边界条件,即

$$\left.\begin{array}{l} x = 0, t = t_{w1} \\ x = \delta, t = t_{w2} \end{array}\right\} \tag{3.4}$$

式(3.3)和式(3.4)给出了这一导热问题的完整数学描写。求解这一组方程式,可以得到单层平壁中沿厚度方向的温度分布 $t=f(x)$ 的具体函数形式。

对式(3.3)二次积分得通解:

$$t = c_1 x + c_2 \tag{1}$$

将式(3.4)代入式(1)得待定常数:

$$c_2 = t_{w1}, c_1 = \frac{t_{w2} - t_{w1}}{\delta} \tag{2}$$

将式(2)代入式(1)得到单层平壁中的线性温度分布:

$$t = t_{w1} - \frac{t_{w1} - t_{w2}}{\delta} x \text{ 或 } \frac{t - t_{w1}}{t_{w2} - t_{w1}} = \frac{x}{\delta} \tag{3.5}$$

已知温度分布后,可以由傅里叶定律求得通过单层平壁的导热热流密度:

$$q = -\lambda \frac{\mathrm{d}t}{\mathrm{d}x} = -\lambda \frac{t_{w2} - t_{w1}}{\delta} = \lambda \frac{t_{w1} - t_{w2}}{\delta} \tag{3.6}$$

热流量:

$$\Phi = \lambda A \frac{t_{w1} - t_{w2}}{\delta} \tag{3.7}$$

②导热系数随温度呈线性变化:即 $\lambda = \lambda_0(1+bt)$,定解条件与上述的相同。

该导热问题完整的数学描述为:

$$\frac{\mathrm{d}}{\mathrm{d}x}\left(\lambda \frac{\mathrm{d}t}{\mathrm{d}x}\right) = 0$$

$$x = 0, t = t_{w1}$$

$$x = \delta, t = t_{w2}$$

求解上述方程式可以得到温度分布:

$$\left(t + \frac{1}{2}bt^2\right) = \left(t_{w1} + \frac{1}{2}bt_{w1}^2\right) - \frac{t_{w1} - t_{w2}}{\delta}\left[1 + \frac{1}{2}b(t_{w1} + t_{w2})\right] x \tag{3.8}$$

式(3.8)可以改写为:

$$\left(t + \frac{1}{b}\right)^2 = \left(t_{w1} + \frac{1}{b}\right)^2 - \left[\frac{2}{b} + (t_{w1} + t_{w2})\right] \frac{t_{w1} - t_{w2}}{\delta} x \tag{3.9}$$

不难看出,当导热系数随温度呈线性变化时,平壁内的温度分布是二次曲线,如图3.2所示。当导热系数为常数时,式(3.8)简化为与式(3.5)完全一样的结果。

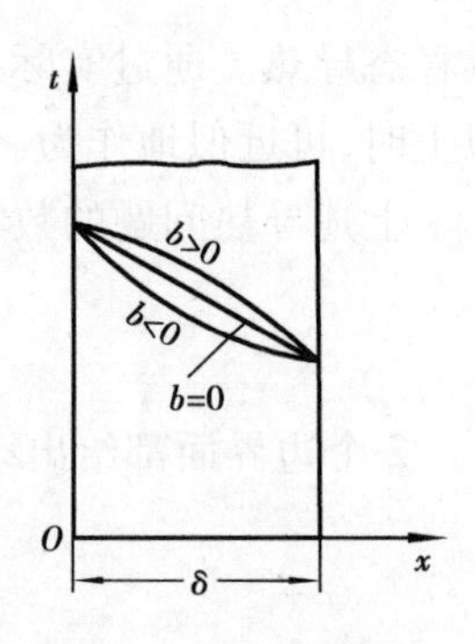

图 3.2 变导热系数时平壁内的温度分布

通过平壁的导热热流密度为:

$$q = \frac{t_{w1} - t_{w2}}{\delta}\lambda_0\left[1 + \frac{1}{2}b(t_{w1} + t_{w2})\right] \tag{3.10}$$

式(3.10)与式(3.6)对比可以看到,若以平壁的平均温度 $t = \frac{1}{2}(t_{w1}+t_{w2})$ 按式(2.6)计算导热系数,平壁导热的热流密度、热流量仍可以利用导热系数为常数时的式(3.6)和式(3.7)计算。

③下面对绪论中提到的热阻的概念做进一步论述。

热量转移是自然界中的一种转移过程,与自然界中的其他转移过程,如电量的转移、动量的转移、质量的转移有类似之处。各种转移过程的共同规律性可归结为:

$$过程中的转移量 = \frac{过程的动力}{过程的阻力}$$

在电工学中,这种规律性就是众所周知的欧姆定律,即 $I=U/R$。

在平壁导热中,与之相对应的表达式可以从式(3.6)、式(3.7)的下列改写形式中得出:

$$q = \frac{\Delta t}{\delta/\lambda}, \Phi = \frac{\Delta t}{\delta/(\lambda A)} \tag{3.11}$$

这种形式有助于更清楚地理解式中各项的物理意义。式中:Φ 和 q 为导热过程的转移量;Δt 为转移过程中的动力;分母为转移过程中的阻力即热阻,如图 3.1(b)所示。其中,$\delta/(\lambda A)$ 是整个平壁的导热热阻 $R_{\lambda t}$;δ/λ 是单位面积平壁的导热热阻,即面积热阻 R_λ。

热阻概念的建立对复杂热转移过程的分析带来很大的便利。例如,可以借用比较熟悉的串、并联电路电阻的计算公式来计算热转移过程的合成热阻(或称总热阻)。在推导多层平壁的导热公式时,可以利用串联电阻叠加得到总电阻的原则。需注意的是,如导热时严重偏离一维稳态导热或物体内有内热源时,热阻串并联规律不再适用。

2)多层平壁

工程中的传热壁面常常是由多层平壁组成的,如表层要考虑外观、防腐、抗老化、防水等因素,内层要考虑耐温、与所接触的介质相容等因素,整个壁面还要考虑强度、能耗、制造成本等问题。例如,采用耐火材料层、保温材料层和外加钢质护板组成的锅炉炉墙;房屋的墙壁,以砖为主体砌成,内有白灰层,外抹水泥砂浆。

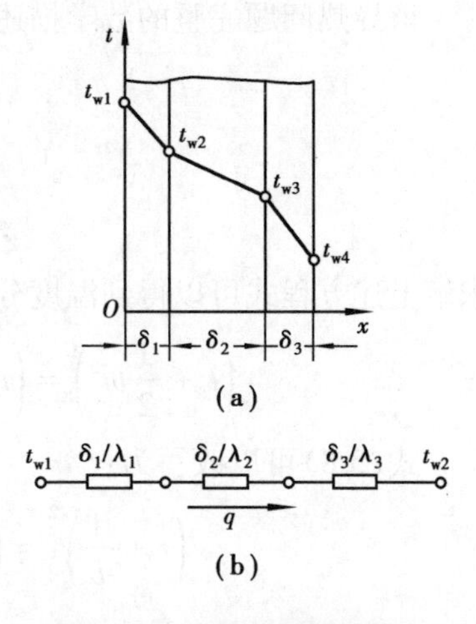

图 3.3 多层平壁的导热

图 3.3 表示由 3 层不同材料组成的多层无限大平壁。各层的厚度分别为 $\delta_1, \delta_2, \delta_3$;导热系数分别为 $\lambda_1, \lambda_2, \lambda_3$,且均为常数。已知多层平壁的两侧表面分别维持均匀稳定的温度 t_{w1} 和 t_{w4}。要求确定 3 层平壁中的温度分布和通过平壁

的导热量。

若各层之间紧密地结合,则彼此接触的两表面具有相同的温度。设 2 个接触面的温度分别为 t_{w2} 和 t_{w3}。在稳态情况下,通过各层的热流密度 q 是相等的。

由单层平壁导热公式得:

$$q = \frac{\lambda_1}{\delta_1}(t_{w1} - t_{w2}) = \frac{1}{R_{\lambda,1}}(t_{w1} - t_{w2})$$

$$q = \frac{\lambda_2}{\delta_2}(t_{w2} - t_{w3}) = \frac{1}{R_{\lambda,2}}(t_{w2} - t_{w3})$$

$$q = \frac{\lambda_3}{\delta_3}(t_{w3} - t_{w4}) = \frac{1}{R_{\lambda,3}}(t_{w3} - t_{w4})$$

式中　$R_{\lambda,i}$——第 i 层平壁单位面积导热热阻,$R_{\lambda,i}=\delta_i/\lambda_i$。

整理上式,消去未知的 t_{w2} 和 t_{w3} 后,可得:

$$q = \frac{t_{w1} - t_{w4}}{\dfrac{\delta_1}{\lambda_1} + \dfrac{\delta_2}{\lambda_2} + \dfrac{\delta_3}{\lambda_3}} = \frac{t_{w1} - t_{w4}}{\sum\limits_{i=1}^{3} R_{\lambda,i}} \tag{3.12}$$

式(3.12)与串联电路的情形相类似,总热阻由各单层平壁的导热热阻串联叠加而成。对于 n 层平壁导热,可以直接写出:

$$q = \frac{t_{w1} - t_{w,n+1}}{\sum\limits_{i=1}^{n} R_{\lambda,i}} \tag{3.13}$$

式中　$t_{w1}-t_{w,n+1}$——n 层平壁的总温差;

$\sum\limits_{i=1}^{n} R_{\lambda,i}$——平壁单位面积的总热阻。

因为在每一层中温度分布分别都是直线规律,所以在整个多层平壁中,温度分布将是一折线。层与层之间接触面的温度,可以通过式(3.13)求得,对于 n 层多层平壁,第 i 层与第 $i+1$ 层之间接触面的温度 $t_{w,i+1}$ 为:

$$t_{w,i+1} = t_{w,1} - q(R_{\lambda,1} + R_{\lambda,2} + \cdots + R_{\lambda,i}) \tag{3.14}$$

各层直线斜率与该层导热系数的关系由 $\dfrac{q}{\lambda_i} = \dfrac{t_{w,i}-t_{w,i+1}}{\delta_i}$ 可知:在 q 不变的情况下,λ_i 值越大,直线的斜率越小。

【例 3.1】　一炉墙厚为 24 cm,导热系数为 1.2 W/(m・K),在外表面上覆盖了一层厚 12 cm、导热系数为 0.12 W/(m・K)的保温材料。已知炉墙内表面和保温层外表面的温度分别为 750 ℃及 50 ℃,试确定通过单位面积炉墙的热损失。

【解】　本题是一个双层平壁稳态导热问题,由式(3.13)得:

$$q = \frac{t_{w1} - t_{w,n+1}}{\sum\limits_{i=1}^{n} R_{\lambda,i}} = \frac{750 - 50}{\dfrac{0.24}{1.2} + \dfrac{0.12}{0.12}}\ \text{W/m}^2 = 583.33\ \text{W/m}^2$$

3.1.2　第三类边界条件下通过平壁的导热

1) 单层平壁

如图 3.4 所示，设一厚度为 δ 的单层平壁，无内热源，平壁的导热系数 λ 为常数。壁两侧边界面均给出第三类边界条件，即已知 $x=0$ 处界面侧流体的温度 t_{f1}，对流表面传热系数 h_1；$x=\delta$ 处界面侧流体的温度 t_{f2}，对流表面传热系数 h_2。这种两侧为第三类边界条件的导热过程，实际上就是热流体通过平壁传热给冷流体的传热过程。但平壁的导热过程仍用式(3.3)描写，目的在于求第三类边界条件下平壁内的温度分布及热流量，即

$$\frac{\mathrm{d}^2 t}{\mathrm{d}x^2}=0 \tag{3}$$

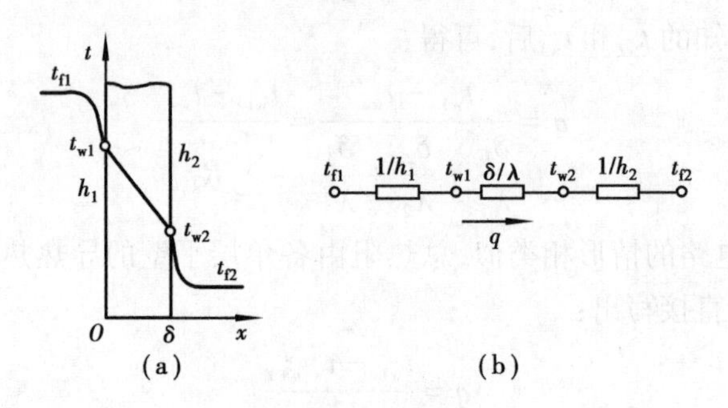

图 3.4　单层平壁的传热

按式(2.16)，壁两侧的第三类边界条件表达式为：

$$\left.\begin{aligned} -\lambda\left.\frac{\mathrm{d}t}{\mathrm{d}x}\right|_{x=0} &= h_1\left(t_{f1}-t\left|_{x=0}\right.\right) \\ -\lambda\left.\frac{\mathrm{d}t}{\mathrm{d}x}\right|_{x=\delta} &= h_2\left(t\left|_{x=\delta}\right.-t_{f2}\right) \end{aligned}\right\} \tag{4}$$

如前所述，对于常物性的稳态平壁导热问题，求解得到平壁内的$\frac{\mathrm{d}t}{\mathrm{d}x}$为常数，由式(3.5)得：

$$\frac{\mathrm{d}t}{\mathrm{d}x}=-\frac{t_{w1}-t_{w2}}{\delta} \tag{5}$$

很明显，式(4)中的$t|_{x=0}$就是 t_{w1}，$t|_{x=\delta}$就是 t_{w2}，于是应用傅里叶定律表达式，改写上述式(4)和式(5)，并按传热过程的顺序排列，得：

$$\begin{aligned} q|_{x=0} &= h_1(t_{f1}-t_{w1}) \\ q &= \frac{\lambda}{\delta}(t_{w1}-t_{w2}) \\ q|_{x=\delta} &= h_2(t_{w2}-t_{f2}) \end{aligned} \tag{6}$$

在稳态导热过程中，$q|_{x=0}=q=q|_{x=\delta}$。联立求解式(6)，消去未知的 t_{w1} 和 t_{w2}，可得热流体通过平壁传给冷流体的热流密度、热流量分别为：

$$q=\frac{t_{f1}-t_{f2}}{\dfrac{1}{h_1}+\dfrac{\delta}{\lambda}+\dfrac{1}{h_2}} \tag{3.15a}$$

$$\Phi=\frac{t_{f1}-t_{f2}}{\dfrac{1}{h_1A}+\dfrac{\delta}{\lambda A}+\dfrac{1}{h_2A}} \tag{3.15b}$$

$$q=k(t_{f1}-t_{f2})$$

$$\Phi=k(t_{f1}-t_{f2})A \tag{3.16}$$

式(3.16)就是绪论中的传热过程方程式,k 为传热系数。应用热阻的概念,可知传热过程的热阻等于热流体、冷流体与壁面之间对流传热的热阻与平壁导热热阻之和,它与串联电路电阻的计算方法相类似。

求得热流密度和热流量后,利用改写的边界条件式(6),即可求得壁温 t_{w2} 和 t_{w3},平壁中的温度分布也就可求得。

2)多层平壁

若平壁是由几层不同材料组成的多层平壁,因为多层平壁的总热阻等于各层热阻之和,于是热流体经多层平壁传递给冷流体的热流密度和热流量可直接写出:

$$q=\frac{t_{f1}-t_{f2}}{\dfrac{1}{h_1}+\sum\limits_{i=1}^{n}\dfrac{\delta_i}{\lambda_i}+\dfrac{1}{h_2}} \tag{3.17}$$

$$\Phi=\frac{t_{f1}-t_{f2}}{\dfrac{1}{h_1}+\sum\limits_{i=1}^{n}\dfrac{\delta_i}{\lambda_i}+\dfrac{1}{h_2}}A \tag{3.18}$$

【例 3.2】 火车玻璃窗由两层厚为 5 mm 的玻璃及其间的空气间隙所组成,空气间隙厚度为 6 mm,玻璃窗的尺寸为 100 cm×80 cm。冬天车内外温度分别为 20 ℃及-20 ℃,内表面的自然对流表面传热系数为 10 W/(m^2·K),外表面的受迫对流表面传热系数为50 W/(m^2·K),玻璃的导热系数为0.78 W/(m·K),空气的导热系数为0.024 4 W/(m·K)。试确定该玻璃窗的热损失及玻璃窗内、外表面的温度(不考虑空气间隙中的自然对流)。

【解】 由式(3.18)得:

$$\Phi_1=\frac{t_{f1}-t_{f2}}{\dfrac{1}{h_1}+\dfrac{2\delta_1}{\lambda_1}+\dfrac{\delta_2}{\lambda_2}+\dfrac{1}{h_2}}A$$

$$=1\times0.8\times\frac{20-(-20)}{\dfrac{1}{10}+\dfrac{2\times0.005}{0.78}+\dfrac{0.006}{0.024\,4}+\dfrac{1}{50}}\ \text{W}=84.5\ \text{W}$$

由式(6)可计算玻璃窗内表面温度:

$$t_{w1}=t_{f1}-\frac{\Phi}{A}\frac{1}{h_1}=\left(20-\frac{84.5}{1\times0.8}\times\frac{1}{10}\right)\ ℃=9.44\ ℃$$

外表面温度：

$$t_{w2}=t_{f2}+\frac{\Phi}{A}\frac{1}{h_2}=\left(-20+\frac{84.5}{1\times0.8}\times\frac{1}{50}\right)\ ℃=-17.89\ ℃$$

3.2 通过复合平壁的导热

前一节讨论的无限大平壁或多层无限大平壁的每一层，都是同一种材料组成的。工程上还会遇到另一类型的平壁，它们沿宽度或厚度方向都是由不同材料组合而成，如图 3.5 所示的空斗墙、空斗填充墙、空心板墙和夹心板墙等，这种结构的平壁称为复合平壁。

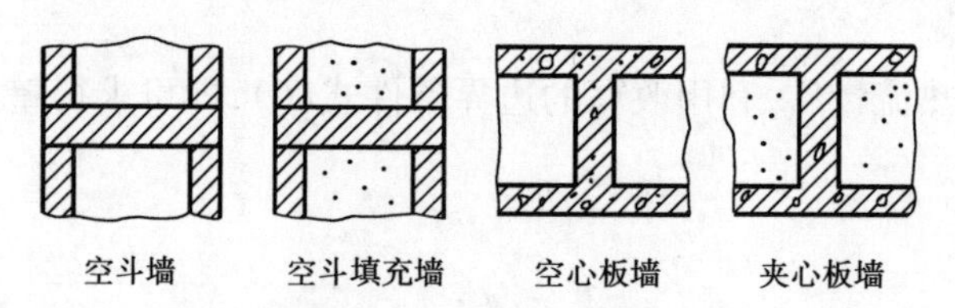

图 3.5 复合平壁图

对于无限大平壁，温度场度是一维的。而在复合平壁中，由于不同材料的导热系数不相等，严格地说，复合平壁的温度场是二维的甚至是三维的。但是，当组成复合平壁的各种不同材料的导热系数相差不是很大时，仍可近似地当作一维导热问题处理，使问题的求解大为简化。这时，通过复合平壁的导热量仍可按下式计算：

$$\Phi=\frac{\Delta t}{\sum R_\lambda}\tag{3.19}$$

式中 Δt——复合平壁两侧表面的总温度差；

$\sum R_\lambda$——复合平壁的总导热热阻。

式(3.19)形式是简单了，问题就归结为如何确定复合平壁的总导热热阻。在具体的工程实践中，可以根据复合平壁的组合情况，采用不同的方法来计算 $\sum R_\lambda$。例如，对于图 3.6(a)所示的复合平壁，当其中 B,C,D 三部分的导热系数相差不大时，可以设想把 A 和 E 两层也分别划分为与 B,C 和 D 相应的 3 部分，形成 3 个并列的多层平壁，即 A_1BE_1,A_2CE_2,A_3DE_3。应用并、串联电路电阻的计算方法，参看图 3.6(b)所示的复合平壁导热的热阻网络图。3 个并列的多层平壁的导热热阻，按串联热阻计算，分别为：$R_{\lambda A_1}+R_{\lambda B}+R_{\lambda E_1}$，$R_{\lambda A_2}+R_{\lambda C}+R_{\lambda E_2}$，$R_{\lambda A_3}+R_{\lambda D}+R_{\lambda E_3}$。

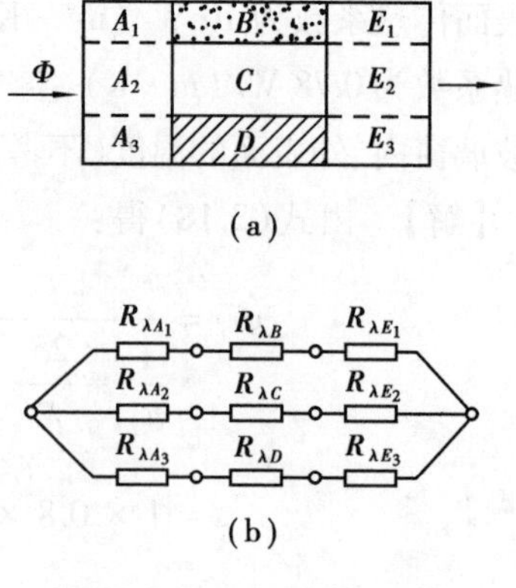

图 3.6 复合平壁的导热

复合平壁的总导热热阻,按并联热阻计算应为:

$$\sum R_\lambda = \frac{1}{\frac{1}{R_{\lambda A_1} + R_{\lambda B} + R_{\lambda E_1}} + \frac{1}{R_{\lambda A_2} + R_{\lambda C} + R_{\lambda E_2}} + \frac{1}{R_{\lambda A_3} + R_{\lambda D} + R_{\lambda E_3}}}$$

式中,热阻的角码表示该热阻是复合平壁内指定单元的热阻,如单元 A_1 的热阻 $R_{\lambda A_1}$,按该单元的厚度和面积用热阻公式计算。对于其他各种不同组合情况的复合平壁导热,原则上可以参考上述示例进行计算。

如果复合平壁的各种材料的导热系数相差较大时,应按二维或三维温度场计算,作为近似的简便方法,可按上述串、并联热阻方法计算总热阻后再加以修正。

关于复合平壁的导热计算,工程上还有其他方法,读者可参考文献[1]。

【例 3.3】 一建筑物的墙壁由如图 3.7(a)所示的空心砖砌成。该砖混凝土导热系数为 0.75 W/(m·K),空气当量导热系数(考虑对流影响时的导热系数)为 0.3 W/(m·K),设温度只沿墙壁厚度 x 方向变化,室内温度为 20 ℃,对流表面传热系数为 8 W/(m^2·K);室外温度为−15 ℃,对流表面传热系数为 15 W/(m^2·K),求通过每块砖的导热量。

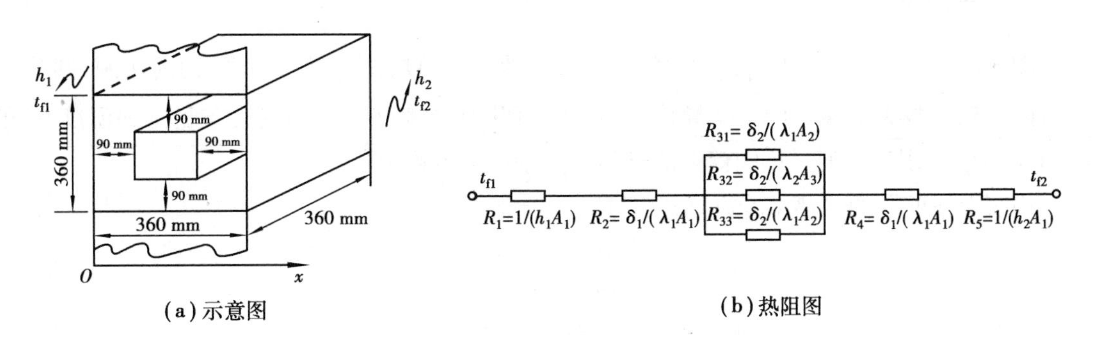

(a)示意图　　(b)热阻图

图 3.7　例 3.3 附图

【解】 该导热过程的热阻分析图,如图 3.7(b)所示。图中各量:

$$R_1 = \frac{1}{h_1 A_1} = \frac{1}{8 \times (0.36 \times 0.36)}\ \text{K/W} = 0.96\ \text{K/W}$$

$$R_2 = \frac{\delta_1}{\lambda_1 A_1} = \frac{0.09}{0.75 \times (0.36 \times 0.36)}\ \text{K/W} = 0.93\ \text{K/W} = R_4$$

$$R_{31} = \frac{\delta_2}{\lambda_1 A_2} = \frac{0.18}{0.75 \times (0.36 \times 0.09)}\ \text{K/W} = 7.4\ \text{K/W} = R_{33}$$

$$R_{32} = \frac{\delta_2}{\lambda_2 A_3} = \frac{0.18}{0.3 \times (0.36 \times 0.18)}\ \text{K/W} = 9.26\ \text{K/W}$$

$$R_5 = \frac{1}{h_2 A_2} = \frac{1}{15 \times (0.36 \times 0.36)}\ \text{K/W} = 0.51\ \text{K/W}$$

故

$$R_3 = \frac{1}{\frac{1}{R_{31}} + \frac{1}{R_{32}} + \frac{1}{R_{33}}} = 2.64\ \text{K/W}$$

每块砖的导热量：

$$\Phi = \frac{\Delta t}{R} = \frac{20 - (-15)}{0.96 + 0.93 + 2.64 + 0.93 + 0.51}\ \text{W} = 5.86\ \text{W}$$

3.3 通过圆筒壁的导热

3.3.1 第一类边界条件下通过圆筒壁的导热

由于圆筒受力均匀，强度高，制造方便，工程中常用圆筒壁作为传热壁面，如热力管道、锅筒、传热管、热交换器及其外壳等。这些圆筒壁通常其长度远大于壁厚，沿轴向的温度变化可以忽略不计。内、外壁面温度是均匀的，温度场是与轴对称的。所以，在分析此类导热问题时，采用圆柱坐标系更为方便，而壁内温度仅沿坐标 r 方向发生变化，即一维稳态温度场。

1）单层圆筒壁

图 3.8 表示一内半径为 r_1，外半径为 r_2，长度为 l 的单层圆筒壁（$l \gg r$），无内热源，圆筒壁材料的导热系数 λ 为常数的稳态导热问题。圆筒壁内、外表面分别维持均匀稳定的温度 t_{w1} 和 t_{w2}，且$t_{w1} > t_{w2}$。现确定通过该圆筒壁的导热量及壁内的温度分布。

描写上述问题的导热微分方程式(2.12)可简化为：

$$\frac{\mathrm{d}}{\mathrm{d}r}\left(r\frac{\mathrm{d}t}{\mathrm{d}r}\right) = 0 \tag{3.20}$$

定解条件：内外表面都是第一类边界条件，即：

$$\begin{cases} r = r_1, t = t_{w1} \\ r = r_2, t = t_{w2} \end{cases} \tag{3.21}$$

式(3.20)和式(3.21)分别给出了这一导热问题的完整数学描写。结合边界条件求解微分方程式，就可以得到圆筒壁沿半径方向的温度分布 $t=f(r)$ 的具体函数关系式。

式(3.20)可通过直接积分法求解：

$$r\frac{\mathrm{d}t}{\mathrm{d}r} = c_1 \tag{1}$$

再次积分得到式(3.20)的通解：

$$t = c_1 \ln r + c_2 \tag{2}$$

式中，c_1，c_2 是待定的积分常数。

将式(3.21)代入式(2)可以求得：

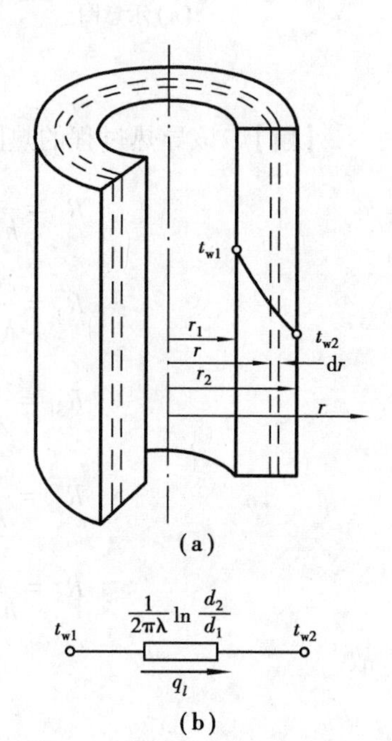

图 3.8 单层圆筒壁的导热

$$
\begin{cases}
c_1 = \dfrac{t_{w1} - t_{w2}}{\ln \dfrac{r_1}{r_2}} \\
c_2 = \dfrac{t_{w2}\ln r_1 - t_{w1}\ln r_2}{\ln \dfrac{r_1}{r_2}}
\end{cases} \tag{3}
$$

将式(3)代入式(2),整理得到圆筒壁中的温度分布:

$$
t = t_{w1} - (t_{w1} - t_{w2})\frac{\ln \dfrac{r}{r_1}}{\ln \dfrac{r_2}{r_1}} \quad 或 \quad \frac{t - t_{w1}}{t_{w2} - t_{w1}} = \frac{\ln \dfrac{r}{r_1}}{\ln \dfrac{r_2}{r_1}} \tag{3.22a}
$$

若几何尺寸采用圆筒壁直径,式(3.22a)可写为:

$$
t = t_{w1} - (t_{w1} - t_{w2})\frac{\ln \dfrac{d}{d_1}}{\ln \dfrac{d_2}{d_1}} \tag{3.22b}
$$

从上式可以看出,与平壁中的线性温度分布不同,圆筒壁中温度分布是对数曲线。已知温度分布后,可以根据傅里叶定律求得通过圆筒壁的导热热流量。对式(3.22a)求导,得圆筒壁径向温度梯度为:

$$
\frac{dt}{dr} = \frac{t_{w2} - t_{w1}}{\ln \dfrac{r_2}{r_1}}\frac{1}{r} \tag{3.23}
$$

即圆筒壁内的温度梯度$\dfrac{dt}{dr}$与半径 r 成反比。不同半径 r 处的热流密度并不相等。在稳态情况下,通过长度为 l 的圆筒壁的导热热流量 Φ 是常量,不随半径而异。根据傅里叶定律,它可以表示为:

$$
\Phi = 2\pi\lambda l\frac{t_{w1} - t_{w2}}{\ln \dfrac{r_2}{r_1}} \tag{3.24a}
$$

或

$$
\Phi = 2\pi\lambda l\frac{t_{w1} - t_{w2}}{\ln \dfrac{d_2}{d_1}} \tag{3.24b}
$$

根据热阻的定义,将上式改写为:

$$
\Phi = \frac{t_{w1} - t_{w2}}{\dfrac{1}{2\pi\lambda l}\ln \dfrac{d_2}{d_1}} \tag{3.25}
$$

式中 $\dfrac{1}{2\pi\lambda l}\ln \dfrac{d_2}{d_1}$ —— 长度为 l 的圆筒壁的导热热阻。

工程上为了计算方便,常采用单位管长热流量 q_l,W/m:

$$q_l = \frac{\Phi}{l} = \frac{t_{w1} - t_{w2}}{\dfrac{1}{2\pi\lambda}\ln\dfrac{d_2}{d_1}} \tag{3.26}$$

式中 $\dfrac{1}{2\pi\lambda}\ln\dfrac{d_2}{d_1}$ ——单位长度圆筒壁的导热热阻 $R_{\lambda l}$,m·K/W。

2)多层圆筒壁

与多层平壁一样,对于由不同材料构成的多层圆筒壁,其导热热流量可由总温差和总热阻来计算。运用串联热阻叠加原理,可得通过 n 层圆筒壁的导热热流量 Φ 和单位管长热流量 q_l:

$$\Phi = \frac{t_{w1} - t_{w,n+1}}{\dfrac{1}{2\pi l}\sum\limits_{i=1}^{n}\dfrac{1}{\lambda_i}\ln\dfrac{d_{i+1}}{d_i}} \tag{3.27}$$

$$q_l = \frac{t_{w1} - t_{w,n+1}}{\dfrac{1}{2\pi}\sum\limits_{i=1}^{n}\dfrac{1}{\lambda_i}\ln\dfrac{d_{i+1}}{d_i}} \tag{3.28}$$

多层圆筒壁各层之间接触面的温度 $t_{w2},\cdots,t_{wn}$,可以采用类似于多层平壁的方法计算。

3.3.2 第三类边界条件下通过圆筒壁的导热

1)单层圆筒壁

如图3.9所示,其内外半径分别为 r_1 和 r_2,长度为 l 的单层圆筒壁($l \gg r$),无内热源,圆筒壁材料的导热系数 λ 为常数。圆筒壁内、外表面均给出第三类边界条件,即:已知 $r=r_1$ 一侧流体的温度为 t_{f1},对流表面传热系数为 h_1;$r=r_2$ 一侧流体的温度为 t_{f2},对流表面传热系数为 h_2,且 $t_{f1}>t_{f2}$。求圆筒壁中的温度分布及单位管长的热流量。该问题完整的数学描述为:

$$\left.\begin{aligned}
&\frac{\mathrm{d}}{\mathrm{d}r}\left(r\frac{\mathrm{d}t}{\mathrm{d}r}\right) = 0\\
&-\lambda\left.\frac{\mathrm{d}t}{\mathrm{d}r}\right|_{r=r_1} = h_1(t_{f1} - t|_{r=r_1})\\
&-\lambda\left.\frac{\mathrm{d}t}{\mathrm{d}r}\right|_{r=r_2} = h_2(t|_{r=r_2} - t_{f2})
\end{aligned}\right\} \tag{4}$$

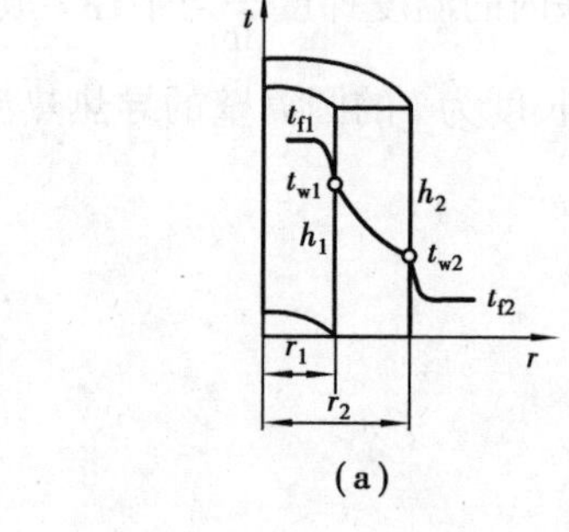

(a)

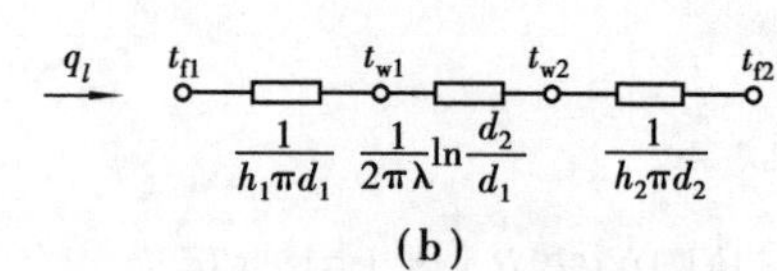

(b)

图3.9 单层圆筒壁的传热

这种两侧面均为第三类边界条件的导热过程,实际上就是热流体通过圆筒壁传热给冷流体的传热过程。前已述及,对于常物性的稳态圆筒壁导热问题,求解得到圆筒壁内的温度梯度为:

$$\frac{\mathrm{d}t}{\mathrm{d}r}=\frac{t_{w2}-t_{w1}}{\ln\frac{r_2}{r_1}}\frac{1}{r} \tag{5}$$

很明显,式(4)中$t|_{r=r_1}=t_{w1}$,$t|_{r=r_2}=t_{w2}$,应用傅里叶定律表达式$q_l=-\lambda\frac{\mathrm{d}t}{\mathrm{d}r}2\pi r$,改写式(4)和式(5),并按传热过程的顺序排列它们,则:

$$q_l|_{r=r_1}=h_1 2\pi r_1(t_{f1}-t_{w1})$$

$$q_l=\frac{t_{w1}-t_{w2}}{\frac{1}{2\pi\lambda}\ln\frac{r_2}{r_1}} \tag{6}$$

$$q_l|_{r=r_2}=h_2 2\pi r_2(t_{w2}-t_{f2})$$

在稳态传热过程中,$q_l|_{r=r_1}=q_l=q_l|_{r=r_2}$。联立求解式(6),消去未知的$t_{w1}$和$t_{w2}$,可以得到热流体通过单位管长圆筒壁传给冷流体的热流量:

$$q_l=\frac{t_{f1}-t_{f2}}{\frac{1}{h_1 2\pi r_1}+\frac{1}{2\pi\lambda}\ln\frac{r_2}{r_1}+\frac{1}{h_2 2\pi r_2}} \tag{3.29a}$$

或

$$q_l=\frac{t_{f1}-t_{f2}}{\frac{1}{h_1\pi d_1}+\frac{1}{2\pi\lambda}\ln\frac{d_2}{d_1}+\frac{1}{h_2\pi d_2}} \tag{3.29b}$$

类似于通过平壁的传热过程,单位管长的热流量也可以用传热系数k_l来表示:

$$q_l=k_l(t_{f1}-t_{f2}) \tag{3.30}$$

k_l表示冷、热流体之间温差为1 ℃时,单位时间通过单位长度圆筒壁的传热量,单位是W/(m·K)。对比式(3.29)和式(3.30),得到通过单位长度圆筒壁传热过程的热阻为:

$$R_{\lambda l}=\frac{1}{k_l}=\frac{1}{h_1\pi d_1}+\frac{1}{2\pi\lambda}\ln\frac{d_2}{d_1}+\frac{1}{h_2\pi d_2} \tag{3.31}$$

所以,通过圆筒壁传热过程的热阻等于冷、热流体与壁面之间对流传热的热阻与圆筒壁导热热阻之和,它与串联电路电阻的计算方法相类似。求得单位长度热流量后,利用式(3)可求得圆筒壁两侧的壁温t_{w1}和t_{w2},于是圆筒壁中的温度分布即可求出。

2)多层圆筒壁

若圆筒壁是由n层不同材料组成的多层圆筒壁,因为多层圆筒壁的总热阻等于各层圆筒壁热阻之和,于是热流体流经单位长度多层圆筒壁传给冷流体的热流量可以直接写出:

$$q_l=\frac{t_{f1}-t_{f2}}{\frac{1}{h_1\pi d_1}+\sum_{i=1}^{n}\frac{1}{2\pi\lambda}\ln\frac{d_{i+1}}{d_i}+\frac{1}{h_2\pi d_{n+1}}} \tag{3.32}$$

$$q_l=k_l(t_{f1}-t_{f2})$$

其中 $k_l = \dfrac{1}{\dfrac{1}{h_1 \pi d_1} + \sum\limits_{i=1}^{n} \dfrac{1}{2\pi\lambda_i}\ln\dfrac{d_{i+1}}{d_i} + \dfrac{1}{h_2 \pi d_{n+1}}}$

【例 3.4】 在一根外径为 100 mm 的热力管道外包覆 2 层绝热材料,一种材料的导热系数为 0.08 W/(m·K),另一种为 0.1 W/(m·K),两种材料的厚度都取为 50 mm。管外侧壁温保持 120 ℃不变,保温层外与 25 ℃的流体接触,对流表面传热系数为 30 $W/(m^2·K)$,把导热系数小的材料紧贴管壁,试求通过该热力管道每米管长的热损失。

【解】 由已知条件得到:

$d_1 = 100$ mm,$d_2 = (100+2\times50)$ mm $= 200$ mm,$d_3 = (200+2\times50)$ mm $= 300$ mm,$\lambda_1 = 0.08$ W/(m·K),$\lambda_2 = 0.1$ W/(m·K),$h_2 = 30$ $W/(m^2·K)$,$t_{f2} = 25$ ℃,$t_{w1} = 120$ ℃。

由式(3.28)和式(3.32)可得:

$$q_l = \frac{t_{w1} - t_{f2}}{\dfrac{1}{2\pi\lambda_1}\ln\dfrac{d_2}{d_1} + \dfrac{1}{2\pi\lambda_2}\ln\dfrac{d_3}{d_2} + \dfrac{1}{h_2\pi d_3}}$$

$$= \frac{120 - 25}{\dfrac{1}{2\pi\times0.08}\ln\dfrac{0.2}{0.1} + \dfrac{1}{2\pi\times0.1}\ln\dfrac{0.3}{0.2} + \dfrac{1}{30\pi\times0.3}} \text{ W/m} = 46.12 \text{ W/m}$$

3.3.3 临界热绝缘直径

为了减少管道的散热损失,采用在管道外侧覆盖隔热保温层或称热绝缘层的办法。但是,覆盖保温层是不是在任何情况下都能减少热损失,怎样正确地选择保温材料,这些问题的解决需要进一步分析覆盖保温层后管道总热阻的变化。根据式(3.32)可导出热流体通过管道壁和保温层传给冷流体传热过程的总热阻:

$$R_l = \frac{1}{h_1\pi d_1} + \frac{1}{2\pi\lambda_1}\ln\frac{d_2}{d_1} + \frac{1}{2\pi\lambda_{ins}}\ln\frac{d_x}{d_2} + \frac{1}{h_2\pi d_x} \tag{3.33}$$

式中 d_1, d_2——管道的内径和外径;

λ_1——管道材料的导热系数;

d_x——保温层的外径;

λ_{ins}——保温层材料的导热系数。

对于热、冷流体之间的传热过程,给定的是第三类边界条件,h_1 和 h_2 分别是热流体和冷流体与壁面之间的表面传热系数(在有辐射传热的情况下,该表面传热系数还包括了热辐射的因素)。

当针对某一管道进行分析时,管道的内、外径和材料都是给定的,所以式(3.33)中前两项热阻的数值已定。在选定了保温材料后,R_l 表达式中后两项热阻的数值随保温层外径 d_x 而变化。当加厚保温层时,d_x 增大,$\dfrac{1}{2\pi\lambda_{ins}}\ln\dfrac{d_x}{d_2}$随之增大,而保温层外侧的$\dfrac{1}{h_2\pi d_x}$随之减小。所以,覆盖保温层后管道总热阻的变化取决于增加表面积后所引起的对流传热热阻减小的程度及保温层导热热阻增加的程度,即二者的相对大小。

图 3.10(a)给出了总热阻 R_l 和构成 R_l 各项热阻随保温层外径 d_x 的变化。可以看到,总热阻 R_l 随着 d_x 的增大,先逐渐减小,然后逐渐增大,具有极小值。对应于这一变化,通过管道壁和保温层传热过程的单位管长热流量 q_l 随着 d_x 的增大,先逐渐增大,然后逐渐减小,具有一极大值,参看图 3.10(b)。对应于总热阻 R_l 为极小值时的保温层外径称为临界热绝缘直径 d_c,取 $dR_l/dd_x=0$。则可导得这个特定 d_c 值的表达式,即:

$$\frac{dR_l}{d(d_x)}=\frac{1}{\pi d_x}\left(\frac{1}{2\lambda_{ins}}-\frac{1}{h_2 d_x}\right)=0$$

得

$$d_x=d_c=\frac{2\lambda_{ins}}{h_2} \tag{3.34}$$

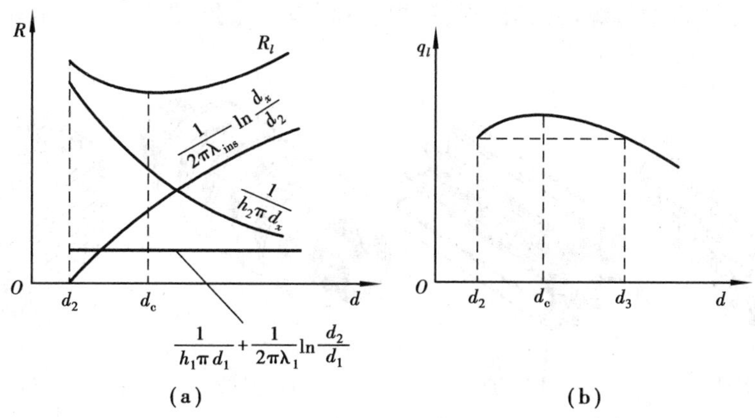

图 3.10 临界热绝缘直径

因此在管道外覆盖保温层时,必须注意,如果管道外径 d_2 小于临界热绝缘直径 d_c,保温层外径 d_x 在 d_2 和 d_3 范围内,管道的热流量反而比没有保温层时更大,直到保温层直径大于 d_3,才开始起到保温层减少热损失的作用,见图 3.10(b)。所以,只有当管道外径大于临界热绝缘直径时,覆盖保温层才一定能有效地起到减少热损失的作用。

对一般动力保温管道来说,是否有必要考虑临界热绝缘直径问题呢?让我们取代表性的数值来分析。取 $\lambda_{ins}=0.1$ W/(m·K),$h_2=9$ W/(m^2·K),得 $d_c=22$ mm。一般情况下,动力保温管道外径均大于此值。所以,在供热通风工程中,很少需要注意临界热绝缘直径的问题。

从式(3.34)可以看出,d_c 与 λ_{ins} 和管道保温层外侧的 h_2 有关。所以,选用不同的保温层材料可以改变 d_c 的数值。我们在分析 d_c 时,是在假定 h_2 为常数的情况下进行的,实际上 h_2 还与直径之值有关。关于临界热绝缘直径的进一步分析,可参考文献[4,3]。

3.4 通过肋壁的导热

在工程上使用的一些换热设备中,传热表面常常做成带肋(又叫伸展体、翅片)的形式。所谓肋片,是指依附于基础表面上的扩展表面。如汽车水箱,电机外壳,空调系统的蒸发器、冷凝器,蒸汽锅炉的空气预热器、省煤器,大功率管的散热器等。这是因为肋壁用加大表面积

(A)的办法来降低对流传热的热阻$\left(R_h=\frac{1}{hA}\right)$,起到增强传热的作用。对于传热过程,如果固体壁两侧与流体之间的对流表面传热系数相差悬殊,很明显,在对流表面传热系数较小的那一侧,对流传热的热阻就比较大。在对流表面传热系数不变的情况下,要降低对流传热热阻,就必须扩大对流传热面积。因此,常常在对流表面传热系数较小的一侧,采用加肋的形式,用增大表面积的办法来降低串联热阻的最大项以强化传热。

任何改变传热途径中占主导地位的那部分热阻都会对总的传热效果带来明显的影响。如果固体壁两侧与流体之间的表面传热系数都很小,也可以在两侧都采用肋壁以增强传热的效果。肋壁的形状有针肋、直肋、环肋、大套片等,如图 3.11 所示。肋片可以由管子整体铸造、轧制或切削制作,也可以通过焊接(如碰焊、锡焊、高频焊)、胀接、缠绕、嵌套金属薄片并经加工而成。

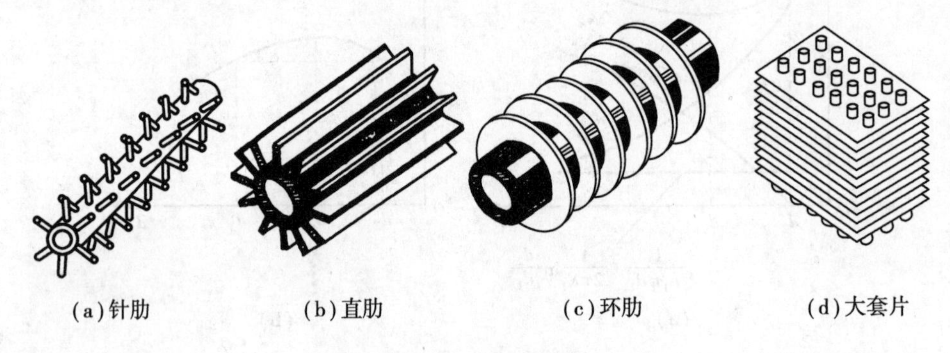

图 3.11 肋壁示例

通过肋片的导热有个特点,就是在肋片伸展的方向上有表面的对流传热及辐射散热,因而肋片中沿导热热流传递的方向上热流量是不断变化的。肋片分析的主要任务是确定肋片沿高度(导热热流量传递)方向的温度分布和肋片的散热热流量。至于整个肋壁上肋片的数量、肋片间距以及肋片表面的位置与流体运动的方向间的关系等问题将在后续章节进行分析。

本节首先介绍具有代表性的一种等截面肋片——细长杆稳态导热的微分方程及其通解;再介绍不同定解条件下细长杆的温度分布及其对应的导热热流量的计算;接着介绍如何利用肋片效率计算变截面肋片(环肋、三角肋等)的导热量;最后给出了肋化对传热是否有利的判据。

3.4.1 肋片的导热

1)细长杆的导热

如图 3.12 所示,在肋基面上伸出一均质等截面细长杆,杆的横截面积为 A,截面周长为 U。肋基与周围流体温度分别为 t_0 和 t_f,细长杆材料的导热系数 λ 及其与流体的对流表面传热系数 h 保持不变。现确定细长杆沿高度方向的温度分布 $t(x)$ 和通过细长杆的散热量 Φ。

(1)分析推导微分方程式

在细长杆高度方向上,即沿 x 方向,热量以导热方式从肋基导入,随后热量除了以导热方式继续沿 x 方向传递以外,同时还通过对流传热从细长杆表面向周围流体散热。由于细长杆

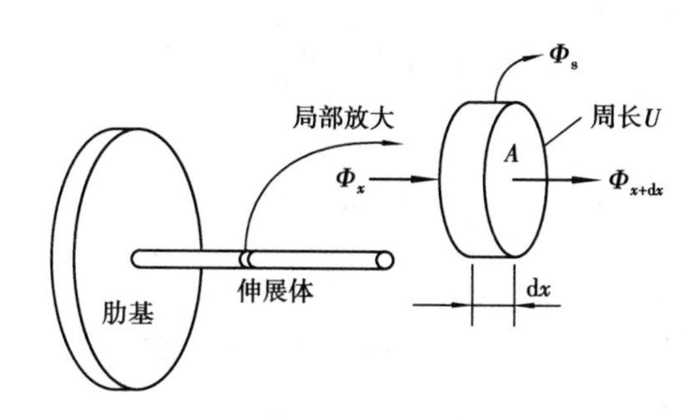

图 3.12 伸展体导热的微元段分析

金属材料的 λ 值比较大,高度 H 比直径 d 大很多($hd/\lambda \ll 0.1$),可近似地认为细长杆任意横截面上的温度均匀一致,即近似地认为细长杆内的温度分布是沿 x 方向的一维稳态温度场,所以只在杆高方向截取一微元段 dx 进行分析。

为了简化分析(使微分方程齐次化),用过余温度 θ 进行计算。所谓过余温度,是指某点温度与某一定值温度(基准温度)之差,此处定义未受散热影响的流体温度 t_f 为基准温度。即 $\theta=t-t_f$。

下面介绍微元段能量平衡分析。

导入微元段热量:
$$\Phi_x=-\lambda\frac{\mathrm{d}\theta}{\mathrm{d}x}A$$

导出微元段热量:
$$\Phi_{x+\mathrm{d}x}=-\lambda\frac{\mathrm{d}}{\mathrm{d}x}\left(\theta+\frac{\mathrm{d}\theta}{\mathrm{d}x}\mathrm{d}x\right)A$$

微元段对流放热量:
$$\Phi_s=hU\mathrm{d}x\theta$$

由热平衡得:

$$\lambda A\frac{\mathrm{d}^2\theta}{\mathrm{d}x^2}\mathrm{d}x=hU\theta\mathrm{d}x$$

即
$$\frac{\mathrm{d}^2\theta}{\mathrm{d}x^2}-\frac{hU}{\lambda A}\theta=0$$

令
$$\frac{hU}{\lambda A}=m^2$$

得
$$\frac{\mathrm{d}^2\theta}{\mathrm{d}x^2}-m^2\theta=0 \tag{3.35}$$

其通解为:

$$\theta=c_1\mathrm{e}^{mx}+c_2\mathrm{e}^{-mx} \tag{3.36}$$

(2)不同情况下的定解条件及特解

①无限高细杆。

定解条件:

$$\begin{cases}x=0,\theta=\theta_0\\ x\to\infty,\theta=0\end{cases}$$

代入式(3.36),求得积分常数为:

$$\begin{cases} c_1 = 0 \\ c_2 = \theta_0 \end{cases}$$

得特解:

$$\theta = \theta_0 e^{-mx} \tag{3.37}$$

基部温度变化率:

$$\left.\frac{d\theta}{dx}\right|_{x=0} = -m\theta_0 e^{-mx}\big|_{x=0} = -m\theta_0 \tag{3.38}$$

细杆散热量:

$$\Phi = -\lambda A\left.\frac{d\theta}{dx}\right|_{x=0} = \lambda A m\theta_0 = \theta_0\sqrt{hU\lambda A} \tag{3.39}$$

杆内过余温度分布,如图 3.13 所示。θ 随 x 成指数关系下降,其下降速率取决于 m 值。

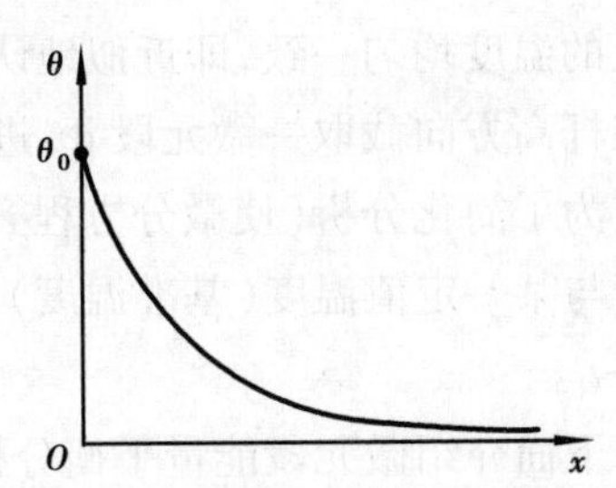

图 3.13　无限高细杆过余温度曲线

②有限高细杆并考虑杆端的散热。

定解条件:

$$\begin{cases} x = 0, \theta = \theta_0 \\ x = H, -\lambda\left.\frac{d\theta}{dx}\right|_{x=H} = h_H\theta_H \end{cases}$$

代入式(3.36),求得积分常数为:

$$\begin{cases} c_1 = \theta_0 \dfrac{\left(1 - \dfrac{h_H}{m\lambda}\right)e^{-mH}}{e^{mH} + e^{-mH} + \dfrac{h_H}{m\lambda}\left(e^{mH} - e^{-mH}\right)} \\ c_2 = \theta_0 \dfrac{\left(1 + \dfrac{h_H}{m\lambda}\right)e^{mH}}{e^{mH} + e^{-mH} + \dfrac{h_H}{m\lambda}\left(e^{mH} - e^{-mH}\right)} \end{cases}$$

得特解(杆内过余温度分布):

$$\theta = \theta_0 \frac{\mathrm{ch}[m(H - x)] + \dfrac{h_H}{m\lambda}\mathrm{sh}[m(H - x)]}{\mathrm{ch}(mH) + \dfrac{h_H}{m\lambda}\mathrm{sh}(mH)} \tag{3.40}$$

根部温度变化率:

$$\left.\frac{d\theta}{dx}\right|_{x=0} = \frac{-m\theta_0\left[\mathrm{th}(mH) + \dfrac{h_H}{m\lambda}\right]}{1 + \dfrac{h_H}{m\lambda}\mathrm{th}(mH)} \tag{3.41}$$

细杆散热量:

$$\Phi = -\lambda A \frac{\mathrm{d}\theta}{\mathrm{d}x}\bigg|_{x=0} = \lambda A m \theta_0 \frac{\mathrm{th}(mH) + \dfrac{h_H}{m\lambda}}{1 + \dfrac{h_H}{m\lambda}\mathrm{th}(mH)} \tag{3.42}$$

③肋端绝热的有限高细杆。

定解条件：

$$\begin{cases} x = 0, \theta = \theta_0 \\ x = H, \dfrac{\mathrm{d}\theta}{\mathrm{d}x}\bigg|_{x=H} = 0 \end{cases}$$

代入式(3.36)，求得积分常数为：

$$\begin{cases} c_1 = \theta_0 \dfrac{\mathrm{e}^{-mH}}{\mathrm{e}^{mH} + \mathrm{e}^{-mH}} \\ c_2 = \theta_0 \dfrac{\mathrm{e}^{mH}}{\mathrm{e}^{mH} + \mathrm{e}^{-mH}} \end{cases}$$

得特解（杆内过余温度分布）：

$$\theta = \theta_0 \frac{\mathrm{ch}[m(H - x)]}{\mathrm{ch}(mH)} \tag{3.43}$$

杆端温度（$x=H$）：

$$\theta_H = \theta_0 \frac{1}{\mathrm{ch}(mH)} \tag{3.44}$$

根部温度变化率：

$$\frac{\mathrm{d}\theta}{\mathrm{d}x}\bigg|_{x=0} = -m\theta_0 \frac{\mathrm{sh}[m(H - x)]}{\mathrm{ch}(mH)}\bigg|_{x=0} = -m\theta_0 \mathrm{th}(mH) \tag{3.45}$$

细杆散热量：

$$\Phi = -\lambda A \frac{\mathrm{d}\theta}{\mathrm{d}x}\bigg|_{x=0} = \lambda A m \theta_0 \mathrm{th}(mH) = \frac{hU}{m}\theta_0 \mathrm{th}(mH) \tag{3.46}$$

对于一般工程计算，特别是薄而高的肋片，忽略端部散热可以获得实用上足够精确的结果。在必须考虑肋片端部散热的少数场合，更详细的理论解可以参看文献[5~7]。式(3.46)较式(3.42)简单得多，在必须考虑肋后端部散热的场合，也可应用式(3.46)计算，将端部散热面积折算为侧面面积，而把端面认为是绝热的。例如，对于片厚为 δ 的直肋：H 值换成 $H' = H + \delta/2$，对于直径为 d 的直肋：H 值换成 $H' = H + d/4$。

上述分析是近似地认为肋片温度场是一维的，对于大多数实际应用的肋片，当 $Bi = h\delta/\lambda \leq 0.05$ 时，这种近似分析引起的误差不超过 1%。但是当肋片变得短而厚时，必须考虑沿肋片厚度方向的温度变化，即肋片内的温度场是二维的，在这种情形下，上述计算式已不再适用。此外，在分析中假定对流表面传热系数在整个表面上是均匀不变的，而实际上沿整个肋表面的表面传热系数常常是不均匀的，此时，一方面，可以按照其平均值来计算；另一方面，如果该系数在整个表面上出现严重的不均匀，应用上述公式会带来较大的误差，则问题的求解可以采用第 5 章介绍的数值方法来进行计算。

还应指出,上述肋片表面的散热量中没有考虑辐射传热的影响,但在有些场合,必须要考虑辐射传热的因素。有关这方面的详细资料,可参看文献[8]。

2)等厚度直肋

如图 3.14 所示,由于$\delta \ll L$,则:

$$U = 2(\delta + L) \approx 2L$$

$$m = \sqrt{\frac{hU}{\lambda A}} \approx \sqrt{\frac{h2L}{\lambda L\delta}} = \sqrt{\frac{2h}{\lambda\delta}} \tag{3.47}$$

代入细杆端部绝热的计算式(3.43)和式(3.46)可计算 θ 和 Φ 值。

【例 3.5】 热力管道上安装的温度计必须带有套管,以保护温度传感器。一测温套管 $d=10$ mm,$\delta=1.0$ mm,$H=120$ mm。设气流的真实温度是150 ℃,与套管间的对流表面传热系数为 $h=50$ W/(m^2·K),管道壁温 $t_0=25$ ℃。试计算用钢做成套管的温度计读数是多少?取钢的导热系数为 50 W/(m·K)。

【解】 由于温度计的感温泡与套管顶部直接接触,可以认为温度计的读数就是套管顶端的壁面温度 t_H。套管中每一截面上的温度可以认为是相等的,因而温度计套管可以看成是截面积为 $\pi d\delta$ 的一等截面直肋。

由

$$m=\sqrt{\frac{hU}{\lambda A}}=\sqrt{\frac{h\pi d}{\lambda\pi d_m\delta}}=\sqrt{\frac{50\times0.01}{50\times0.009\times0.001}}\ \text{m}^{-1}=33.33\ \text{m}^{-1}$$

$$mH=33.33\ \text{m}^{-1}\times0.12\ \text{m}=4$$

$$\theta=\frac{\theta_0}{\text{ch}(mH)}=\frac{25-150}{\text{ch}\ 4}\ ℃=-4.58\ ℃$$

$$t=\theta+t_f=(-4.58+150)\ ℃=145.42\ ℃$$

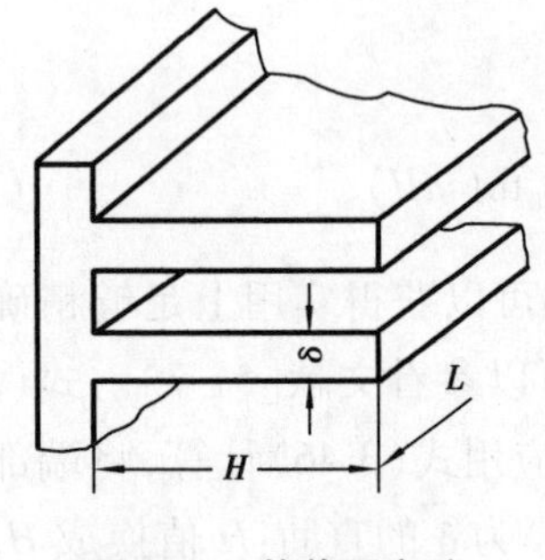

图 3.14 等截面直肋

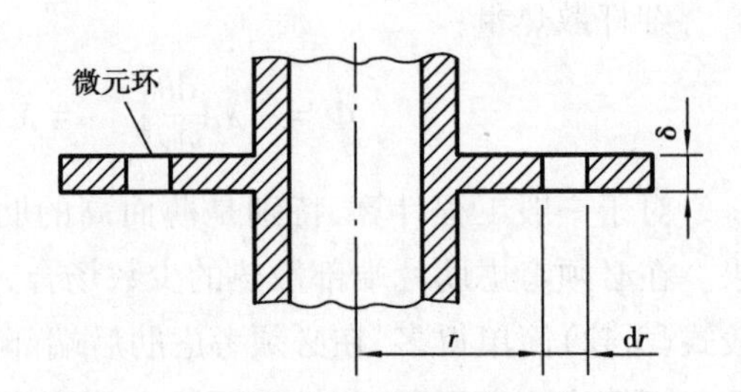

图 3.15 微元环导热分析

3)等厚度环肋

如图 3.15 所示,环肋是一变截面(肋高方向截面变化)肋片。

分析微元环:

导入微元环热量:

$$\Phi_r = -\lambda 2\pi r\delta\frac{d\theta}{dr}$$

导出微元环热量：

$$\Phi_{r+\mathrm{d}r}=-\lambda 2\pi(r+\mathrm{d}r)\delta\frac{\mathrm{d}}{\mathrm{d}r}\left(\theta+\frac{\mathrm{d}\theta}{\mathrm{d}r}\mathrm{d}r\right)$$

微元环对流放热量： $\Phi_s=4h\pi r\mathrm{d}r\theta=4\pi h\theta r\mathrm{d}r$

由热平衡：

$$\Phi_r-\Phi_{r+\mathrm{d}r}=\Phi_s$$

忽略高阶无穷小后可得：

$$r\frac{\mathrm{d}^2\theta}{\mathrm{d}r^2}+\frac{\mathrm{d}\theta}{\mathrm{d}r}-\frac{2h}{\lambda\delta}\theta r=0$$

$$r^2\frac{\mathrm{d}^2\theta}{\mathrm{d}r^2}+r\frac{\mathrm{d}\theta}{\mathrm{d}r}-m^2r^2\theta=0$$

上述方程为贝塞尔方程，其解不能用初等函数表示，在数理方程中引出一特殊的贝塞尔函数，计算复杂。关于变截面肋片导热问题求解的数学方法可以参考文献[4,5]，工程上为简化计算引入肋效率概念。

3.4.2 肋片效率及散热量计算

肋片表面温度是沿肋高方向逐渐降低的，肋片表面的平均温度必然低于肋基的温度，肋片与流体之间的温差以及肋片表面热流密度均沿肋高方向逐渐降低，散热量与肋高不成正比。肋片效率是衡量肋片散热有效程度的指标，它定义为在肋片表面平均温度 t_m 下，肋片的实际散热量 Φ 与假定整个肋片表面都处在肋基温度 t_0 时的理想散热量 Φ_0 的比值，用符号 η_f 表示。即：

$$\eta_f=\frac{\Phi}{\Phi_0}=\frac{hUH(t_m-t_t)}{hUH(t_0-t_t)}=\frac{\theta_m}{\theta_0} \tag{3.48}$$

η_f 是一个小于 1 的数值。当 $t_m=t_0$ 时，$\eta_f=1$，这相当于肋片材料的导热系数为无穷大时的理想情况。所以一切影响 t_m 数值的因素，包括肋片材料的导热系数 λ，肋片表面与周围介质之间的表面传热系数 h，肋片的几何形状和尺寸（U,A,H 等）都会影响肋片效率 η_f。

对于等截面直肋，表面的平均过余温度为：

$$\theta_m=\frac{1}{H}\int_0^H\theta\mathrm{d}x=\frac{1}{H}\int_0^H\theta_0\frac{\mathrm{ch}[m(H-x)]}{\mathrm{ch}(mH)}\mathrm{d}x=\frac{\theta_0}{mH}\mathrm{th}(mH)$$

代入式(3.48)得：

$$\eta_f=\frac{\mathrm{th}(mH)}{mH} \tag{3.49}$$

图 3.16 给出了函数$\frac{1}{\mathrm{ch}(mH)}$的值。从图中可以看出，$\frac{1}{\mathrm{ch}(mH)}$的值随 mH 增加而减小。结合式（3.44）可知，mH 数值大的肋片，其肋端过余温度较低，肋片表面的平均温度较低，肋片的效率也比较低。所以，在肋片高度一定的情况

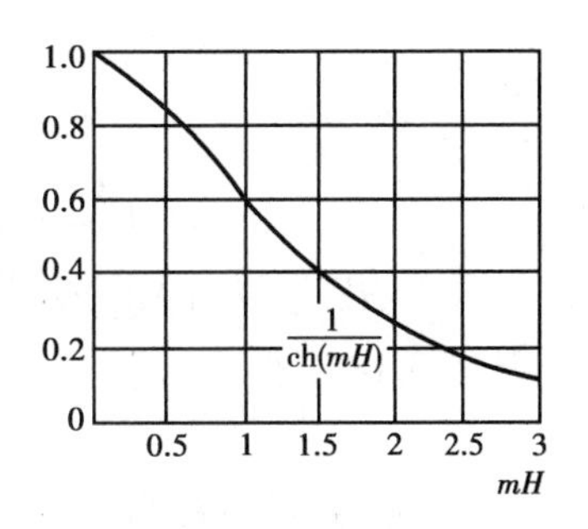

图 3.16 双曲函数的数值

下,选用较小的 m 值有利,即肋片应选用导热系数大的材料;在肋片导热系数 λ 和肋片表面传热系数 h 都给定的条件下,$m=\sqrt{hU/\lambda A}$ 的数值随 U/A 的降低而减小,而 U/A 取决于肋片的形状和尺寸,采用变截面肋片,如抛物形肋、三角形肋等,可减小 U/A 提高 η_f。一般认为 $\eta_f>80\%$ 的肋片是经济实用的。

其他形式的肋片都有各自相应的肋片效率,对于理论计算较为困难的肋片,用实验或较为复杂的数学手段得到肋效率,将 η_f 与 mH 的关系绘制成算图以供查用。图 3.17 和图 3.18 分别给出了三角形直肋和等厚度环肋的肋片效率曲线。肋片散热量用 $\Phi=\Phi_0\eta_f$ 计算。即由肋片形状及参数计算或查图得到肋片效率 η_f,由肋片表面积和传热条件计算理想散热量 Φ_0,最后算得肋片的实际散热量。

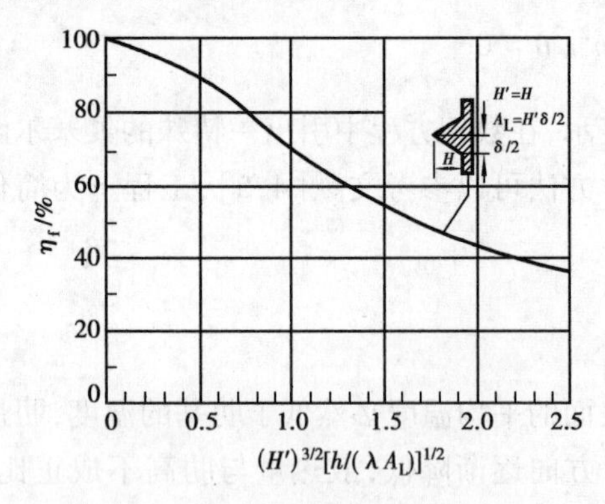

图 3.17 三角形直肋的效率曲线

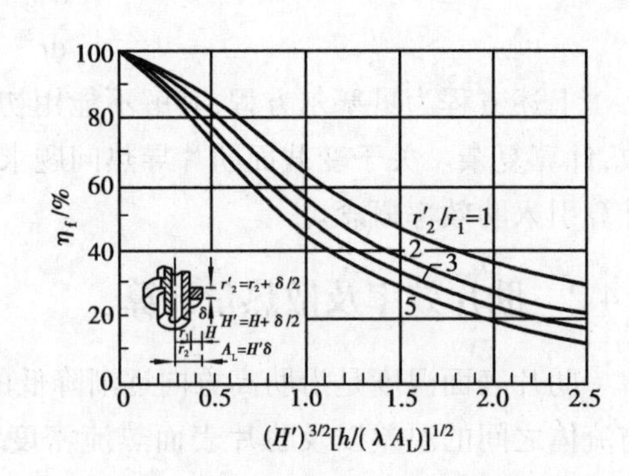

图 3.18 等厚度环肋的效率曲线

【例 3.6】 为强化传热,在外径为 32 mm 的管子上缠绕了铝制等厚度的环肋。肋片高度为 15.5 mm,厚度为 1 mm。假设肋基温度为 150 ℃,周围流体温度为 25 ℃,铝的导热系数为 208 W/(m·K),肋片的对流表面传热系数 $h=70$ W/(m^2·K)。试计算每片肋片的实际散热量。

【解】 此题可先利用图 3.18 求取肋片效率,所需参数如下:

$$H'=H+\frac{\delta}{2}=\left(15.5+\frac{1}{2}\right)\text{ mm}=16\text{ mm}$$

$$r_1=\frac{32}{2}\text{ mm}=16\text{ mm}$$

$$r_2=r_1+H=(16+15.5)\text{ mm}=31.5\text{ mm};\quad r'_2=r_2+\frac{\delta}{2}=32\text{ mm}$$

$$\frac{r'_2}{r_1}=\frac{32}{16}=2$$

$$A_L=H'\delta=0.016\times0.001\text{ m}^2=1.6\times10^{-5}\text{ m}^2$$

$$(H')^{3/2}[h/(\lambda A_L)]^{1/2}=(0.016)^{3/2}[70/(208\times1.6\times10^{-5})]^{1/2}=0.293\ 5$$

从图 3.18 查得:

$$\eta_f=0.9$$

肋片的理想散热量为:

$$\Phi_0=2\pi(r'^2_2-r_1^2)h(t_0-t_f)$$

$$= 2\pi \times [(0.032)^2 - (0.016)^2] \times 70 \times (150 - 25)\ \text{W}$$
$$= 44\ \text{W}$$

每片肋片的实际散热量为：

$$\Phi = \Phi_0 \eta_f = 44 \times 0.90\ \text{W} = 39.6\ \text{W}$$

3.4.3 肋化对传热有利的判据

实践中发现，并不是在任何情况下加肋片都能强化传热，使得传热量增加，有时加肋片反而会使传热量减少。那么何时加肋对传热有利呢？让我们以无限高细杆为例，做如下分析：

传热表面 A 未加肋时的散热量为：

$$\Phi_y = hA\theta_0$$

由式(3.39)得加肋后的最大散热量为：

$$\Phi = \lambda Am\theta_0$$

由以上两式可以推出：

$$\frac{\Phi_y}{\Phi} = \frac{h}{\lambda m} = \sqrt{\frac{hA}{\lambda U}} = \sqrt{\frac{hl}{\lambda}}$$

式中　l——定型尺寸，$l = A/U$。

即：在 $hl/\lambda = Bi < 1$ 时，肋化对传热有利。其中，Bi 称为毕渥数，是一个表示导热物体内外热阻之比的无量纲准则数。特征尺度 l 是肋片断面面积与周长之比，对于矩形直肋，$l = \delta/2$，对于圆形直肋，$l = r/2$。

又由于式(3.39)是在一维稳态导热的假设条件下导得，考虑到实际肋片内并不是严格的一维稳态导热，所以判据条件应加以修正。

为什么加肋有时对传热有利，使传热得到强化；有时对传热不利，反而削弱传热呢？因为，加肋片时一方面使表面传热热阻减小，另一方面增加了本身的导热热阻，与覆盖保温层后的管道类似，加肋后总热阻的变化取决于增加表面积后所引起的对流传热热阻减小的程度及导热热阻增加的程度的相对大小。当 B_i 较小时，导热热阻的增加量小于表面热阻的减小量，总热阻随之减小，此时对传热有利；反之，则对传热不利。

3.5 通过接触面的导热

本章在分析多层平壁的一维稳态导热时，假定层间接触良好，层间接触面上没有温度降落。事实上，当导热过程在 2 个直接接触的固体之间进行时，由于固体表面凹凸不平，两固体只是部分的而不是完全的面接触，如图 3.19 所示。在两固体接触表面间的大部分空隙都充满导热系数很小的介质（如空气等），这就会给导热过程带来额外的热阻，在界面上产生一定的温度降落。这种由于接触表面间的不密实（气隙）而产生的附加热阻叫作接触热阻，它的存在对传热十分不利。按照接触热阻的定义，界面接触热阻可表示为：

$$R_c = \frac{t_{2A} - t_{2B}}{q} = \frac{\Delta t_c}{q} \tag{3.50}$$

式中 Δt_c——界面上的温差；

q——界面上的热流密度。

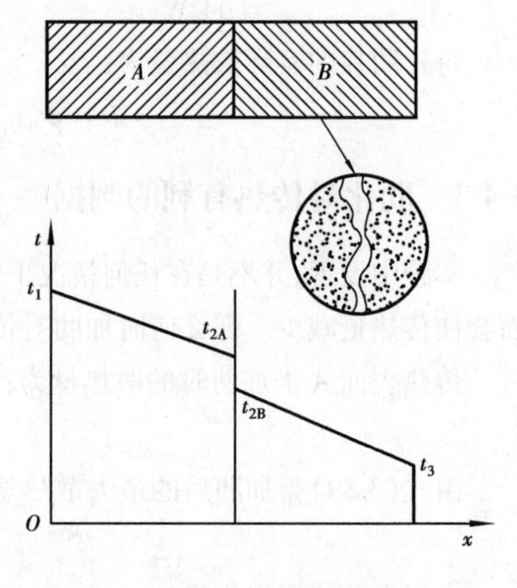

图 3.19 接触热阻

表面粗糙度是产生并影响接触热阻的主要因素。此外，接触热阻还与接触面上的挤压压力，两固体表面的材料硬度是否匹配等因素有关。为了降低接触热阻可以采用以下一些措施：通过研磨接触表面降低其粗糙度；增加接触面上的挤压压力（如胀接）；在接触面之间衬以导热系数大而硬度低的软金属（如紫铜片或银箔）；在接触面上涂硅油或导热姆使其填充空隙，以代替空气来降低接触热阻。从机械加工的角度我们还可以通过焊接接触面以降低接触热阻。对于需要强化传热的情形，接触热阻是有害的。在圆管上缠绕金属带以形成环肋或在管束间套以金属薄片形成管片式换热器时，采用胀管或浸镀锡液的操作都是为了有效地减少肋片根部的接触热阻。

以上是结合实验研究对接触热阻所做的定性分析。由于接触热阻的情况复杂，所以还未能从理论上阐明它的规律，也未有完全可靠的计算公式。表 3.1 给出了几种接触面的接触热阻值，详细资料可参考文献[8]。

表 3.1 不同接触面的接触热阻值

接触表面状况	粗糙度 /μm	温度 /℃	压力 /MPa	接触热阻 /(m²·K·W⁻¹)
304 不锈钢，磨光，空气	1.14	20	4~7	5.28×10^{-4}
416 不锈钢，磨光，空气	2.54	90~200	0.3~2.5	2.64×10^{-4}
416 不锈钢，磨光，中间夹 0.025 mm 厚黄铜片	2.54	30~200	0.7	3.52×10^{-4}
铝，磨光，空气	2.54	150	1.2~2.5	0.88×10^{-4}
铝，磨光，空气	0.25	150	1.2~2.5	0.18×10^{-4}
铝，磨光，中间夹 0.025 mm 厚黄铜片	2.54	150	1.2~20	1.23×10^{-4}
铜，磨光，空气	1.27	20	1.2~20	0.07×10^{-4}
铜，磨光，真空	0.25	30	0.7~7	0.88×10^{-4}

3.6 二维稳态导热

当实际导热物体中某一方向的温度变化率远远大于其他 2 个方向的变化率时,导热问题的分析可以采用一维模型。当物体中 2 个或 3 个方向的温度变化率具有相同数量级时,则必须采用多维导热问题的分析方法。房间墙角的传热量,热网地下埋设管道的热损失和短肋片的导热等问题都是二维稳态导热问题,有些情况下甚至是三维稳态导热。

求解二维稳态导热的方法主要有分析解法和数值解法。对于无内热源,常物性介质中的二维稳态导热过程,其导热微分方程式为:

$$\frac{\partial^2 t}{\partial x^2} + \frac{\partial^2 t}{\partial y^2} = 0$$

在几何形状及边界条件都比较简单的情况下,上述导热微分方程可以得到分析解,有关求解方法和求解结果可以参阅文献[9]。对于几何形状和相应边界条件比较复杂的物体,有效的求解方法是数值计算,数值解法将留待第 5 章讨论。

对于某些问题,计算的目的仅在于获得 2 个等温面之间的导热热流量,此时为了便于工程设计计算,可以采用形状因子方法。形状因子将涉及物体几何形状和尺寸的有关因素归纳在一起。通过平壁及圆筒壁一维问题导热量的计算式(3.7)和式(3.24)可见,2 个等温面间导热热流量总是可以表示为:

$$\Phi = \lambda S(t_1 - t_2) \tag{3.51}$$

式中 t_1, t_2——导热物体 2 个边界的温度;

S——形状因子,单位是 m。

理论分析表明,对于二维或三维问题中 2 个等温表面间的导热热流量计算,式(3.51)依然成立。

为了说明形状因子的概念,可以将上述多维导热问题简化为在热流方向上截面不断变化的一维导热问题,由傅里叶定律:

$$\Phi = -\lambda A(x)\frac{\mathrm{d}t}{\mathrm{d}x}$$

$$\int_{x_1}^{x_2} \frac{\Phi}{A(x)}\mathrm{d}x = -\int_{t_1}^{t_2} \lambda\,\mathrm{d}t = \lambda(t_1 - t_2)$$

与式(3.51)对比,可以得出形状因子:

$$S = \frac{1}{\displaystyle\int_{x_1}^{x_2} \frac{\mathrm{d}x}{A(x)}} \tag{3.52}$$

从以上 2 式可以看出,计算 2 个等温表面的物体之间的导热热流量时,不同形状和尺寸物体的差异就归纳体现在形状因子中。

工程中常见的许多复杂结构的导热问题,已经用分析的方法或数值方法解出了其形状因子的表达式,部分结构列于表 3.2 中,更多的结果参见文献[9,10]。使用时需注意,形状因子仅适用于计算发生在2个等温表面之间的导热热流量。表3.2最后一个例子是一个极端的情形,其中等温面已退化为一点。

表3.2　几种几何条件下导热过程的形状因子

导热过程		示意图	S	使用条件
地下埋管	水平埋管		$S=\dfrac{2\pi l}{\mathrm{arch}(2H/d)}$	$l\gg d, H\leqslant 1.5d$
			$S=\dfrac{2\pi l}{\ln(4H/d)}$	$H>2d$
			$S=\dfrac{2\pi l}{\ln\left(\dfrac{2l}{d}\right)\left\{1-\dfrac{\ln[l/(2H)]}{\ln(2l/d)}\right\}}$	$l\gg H, H\gg d$
	垂直埋管	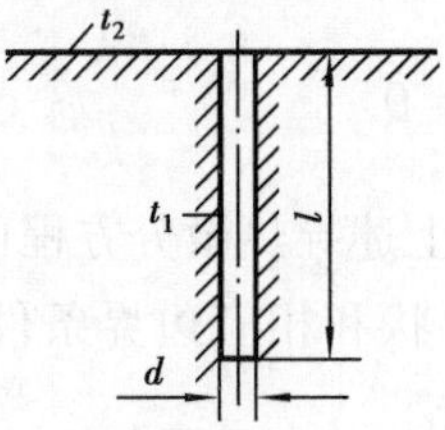	$S=\dfrac{2\pi l}{\ln\dfrac{4l}{d}}$	$d\ll l$
	等间距等管径埋管	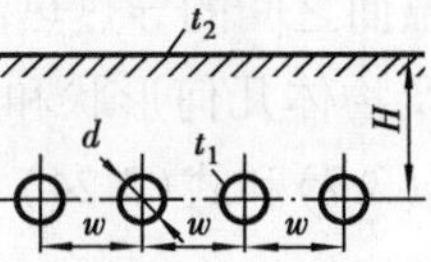	$S=\dfrac{2\pi l}{\ln\left(\dfrac{2w}{\pi d}\mathrm{sh}\dfrac{2\pi H}{w}\right)}$	$H>d, d\ll l, l\geqslant w$ l 为管子长度
	地下深埋两圆管道间的导热	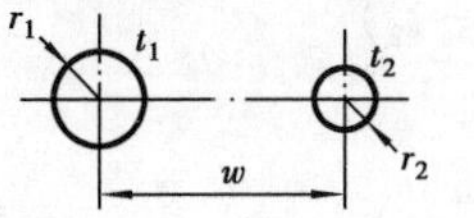	$S=\dfrac{2\pi l}{\mathrm{ch}^{-1}\dfrac{w^2-r_1^2-r_2^2}{2r_1r_2}}$	$l\gg r_1, r_1>r_2$ $l\geqslant w$
圆管外包方形隔热层		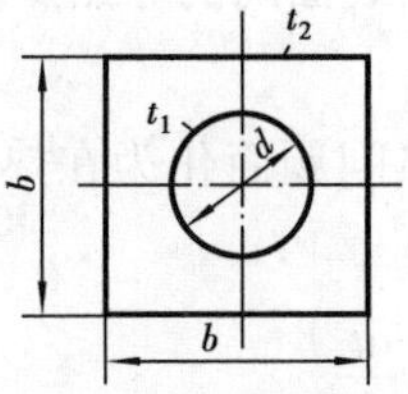	$S=\dfrac{2\pi l}{\ln\left(1.08\dfrac{b}{d}\right)}$	$l\gg d$ $b>d$
通过两垂直平壁相交构成的棱柱的导热(炉墙与交边)		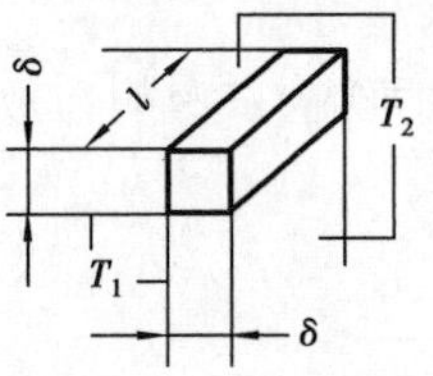	$S=0.54l$	内部尺寸$>\dfrac{1}{5}\delta$
三块相互垂直的平壁相交构成的顶角的导热(炉墙交角)		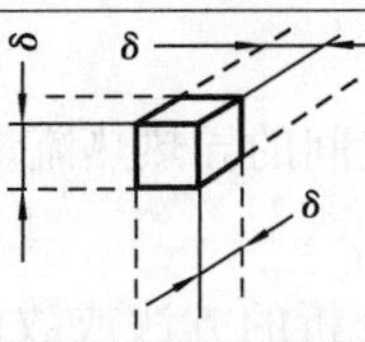	$S=0.15\delta$	内部尺寸$>\dfrac{1}{5}\delta$

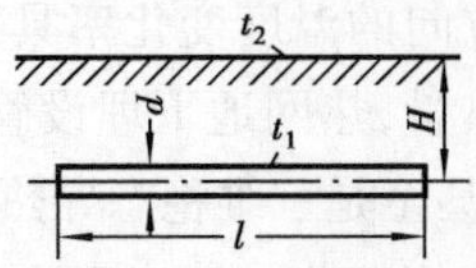

【例 3.7】 长度为 200 m,外径为 200 mm 的一热力管道,埋设在地下 0.5 m 深处。已知管壁外表面温度为 60 ℃,地表面温度为 5 ℃,土壤的导热系数为 0.8 W/(m·K),试求该管道的热力损失。

【解】 利用表 3.2 给出的形状因子进行计算。由于 $H>2d$,形状因子为:

$$S=\frac{2\pi l}{\ln(4H/d)}=\frac{2\pi\times 200}{\ln(4\times 0.5/0.2)}\ \text{m}=545.75\ \text{m}$$

热损失按式(3.51)计算:

$$\Phi=\lambda S(t_1-t_2)=0.8\times 545.47\times(60-5)\ \text{W}=24\ 013\ \text{W}$$

习 题

1. 发生在一短圆柱中的导热问题,在哪些情形下可以按一维问题来处理?
2. 扩展表面中的导热问题可以按一维问题处理的条件是什么?有人认为只要扩展表面细长,就可按一维问题处理,这种观点对吗?
3. 在寒冷的北方地区,建房用砖采用实心砖还是多孔的空心砖好,为什么?
4. 冰箱冷冻室内结霜使冰箱耗电量增加,试分析这是什么原因?
5. 平壁与圆筒壁材料相同、厚度相同,在两侧表面温度相同条件下,圆筒内表面积等于平壁表面积,试问哪种情况下导热量大?
6. 冬天,房顶上结霜的房屋保暖性能好还是不结霜的好?
7. 有 2 根直径不同的蒸汽管道,外表面敷设厚度相同、材料相同的绝热层。若两管道绝热层内外表面温度分别相同,试问二者每米管长的热损失是否相同?
8. 如果圆筒壁外表面温度 t_0 比内表面温度 t_i 高,请定性绘制出壁内的温度分布曲线。
9. 工程上采用加肋片来强化传热。问:何时一侧加肋,何时两侧同时加肋?
10. 肋片高度增加引起两种效果:肋效率下降及散热表面积增加。因而有人认为,随着肋片高度的增加会出现一个临界高度,超过这个高度后,肋片散热量反而会下降。试分析这一观点是否正确。
11. 随着肋片的高度增加,换热器的体积、质量增加,传热量也在增加,考虑上述因素应如何确定肋片高度?如果不考虑经济性,肋片是否越高越好?
12. 用热电偶测量某物体的壁面温度,为使测量更加准确,试说明在敷设热电偶时应注意什么问题?
13. 采用套管式温度计测量流体温度为什么会产生测温误差?如何减小测温误差?
14. 一厚为 20 cm 的平壁,一侧绝热,另一侧暴露于温度为 30 ℃的流体中,内热源 $\Phi=0.3\times 10^6\ \text{W/m}^3$。对流表面传热系数为 450 W/($\text{m}^2$·K),平壁的导热系数为 30 W/(m·K)。试确定平壁中的最高温度及其位置。
15. 有一厚为 20 mm 的平面墙,导热系数为 1.3 W/(m·K)。为使单位面积墙的热损失不超过 500 W,在外表面上覆盖了一层导热系数为 0.12 W/(m·K)的保温材料。已知复合壁两侧的温度分别为 750 ℃及 45 ℃,试确定此时保温层的厚度。

16. 一冷藏室的墙由钢皮、矿渣棉及石棉板三层叠合构成,各层的厚度依次为 1,150,10 mm;导热系数分别为 45,0.07,0.1 W/(m·K)。冷藏室的有效传热面积为 40 m^2,室内外气温分别为 -2 ℃及 30 ℃,室内、外壁面的表面传热系数可分别按 3 W/(m^2·K)及 10 W/(m^2·K)计算。为维持冷藏室温度恒定,试确定冷藏室内的冷却排管每小时需带走的热量。
17. 冷藏箱壁由 2 层铝板中间夹一层厚 100 mm 的矿棉组成,内外壁面的温度分别为 -5 ℃和 25 ℃,矿棉的导热系数为 0.06 W/(m·K)。求散冷损失的热流密度 q。大气水分渗透使矿棉变湿,且内层结冰,设含水层和结冰层的导热系数分别为 0.2 W/(m·K)和 0.5 W/(m·K),问冷藏箱的冷损失增加多少?(含水层和结冰层厚度未知)
18. 假定人对冷热的感觉以皮肤表面的热损失作为衡量依据。设人体脂肪层的厚度为 3 mm,其内表面温度为 36 ℃且保持不变。无风条件下,裸露的皮肤外表面与空气的表面传热系数为 15 W/(m^2·K);有风时,表面传热系数为 50 W/(m^2·K),人体脂肪层的导热系数为 0.2 W/(m·K)。试确定:
 ①要使无风天的感觉与有风天气温 -15 ℃时的感觉一样,则无风天气温是多少?
 ②在同样是 -15 ℃的气温下,无风和刮风天,人皮肤单位面积上的热损失之比是多少?
19. 为测量某种材料的导热系数随温度的变化规律,取厚度为 50 mm 的无限大平壁试样,稳态时测得:材料两侧的温度分别为 100 ℃和 20 ℃,中心面的温度为 50 ℃,热流密度为 500 W/m^2,试确定 $\lambda=\lambda_0(1+bt)$ 关系式中的常数 λ_0 和 b。
20. 外径为 50 mm 的蒸汽管道外,包覆有厚为 40 mm 、平均导热系数为 0.11 W/(m·K)的矿渣棉,其外为厚 45 mm,平均导热系数为 0.12 W/(m·K)的煤灰泡沫砖。绝热层外表面温度为 50 ℃。试检查矿渣棉与煤灰泡沫砖交界面处温度是否超过允许值 300 ℃?另,增加煤灰泡沫砖的厚度对热损失及交界面处的温度有什么影响?蒸汽管道的表面温度取为 400 ℃。
21. 一蒸汽锅炉炉膛中的蒸发受热面管壁受到温度为 1 000 ℃的烟气加热,管内沸水温度为 200 ℃,烟气与受热面管子外壁间的复合表面传热系数为 100 W/(m^2·K),沸水与内壁间的对流表面传热系数为 5 000 W/(m^2·K),管子外径为 52 mm,壁厚 6 mm,管壁导热系数为 42 W/(m·K)。试计算下列三种情况下受热面单位长度上的热负荷和管壁平均温度:
 ①传热表面无垢;
 ②外表面结了一层厚为 1 mm 的烟灰,$\lambda=0.08$ W/(m·K);
 ③内表面上有一层厚为 1 mm 的水垢,$\lambda=1$ W/(m·K)。
22. 某管道外径为 $2r$,外壁温度为 t_1,外包两层厚度均为 $\delta(\delta_2=\delta_3=r)$、导热系数分别为 λ_2 和 λ_3 $(\lambda_2=2\lambda_3)$ 的保温材料,外层外表面温度为 t_2。如果将 2 层保温材料的位置对调,其他条件不变,保温情况如何变化?由此能得出什么结论?
23. 一外径 $d_0=0.3$ m 的水蒸气管道,水蒸气温度为 400 ℃。管道外包了一层厚 0.065 m 的材料 A,测得其外表面温度为 40 ℃,但材料 A 的导热系数数据无法可查。为了知道热损失情况,在材料 A 外又包了一层厚 0.02 m,导热系数 $\lambda_B=0.2$ W/(m·K)的材料 B。测得材料 B 的外表面温度为 30 ℃,内表面温度为 180 ℃。试推算未包材料 B 时的热损失和材料 A 的导热系数 λ_A。
24. 在我国南方某地建一室内制冷装置,其工作温度为 -40 ℃,采用微孔硅酸钙制品做隔热材料。该地最热月份的平均温度为 30 ℃,相对湿度为 85%,对应的露点 t_s = 27.4 ℃。该装置的管道外径为 108 mm。设计时取绝热材料层外表面温度比露点高 1.5 ℃,绝热材料层外表面传热系数为 8.14 W/(m² · K)。求隔热层厚度 δ。

25. 有一批置于室外的液化石油气储罐,内直径为 2 m,通过使制冷剂流经罐外厚为 1 cm 的夹层来维持罐内的温度为-40 ℃。夹层外是厚度为 30 cm 的保温层,保温材料的导热系数为 0.1 W/(m · K)。在夏天的恶劣条件下,环境温度为 40 ℃,保温层外表面与环境间的复合传热表面传热系数可达 30 W/(m² · K)。试确定为维持液化气-40 ℃的温度,对各球罐所必须配备的制冷设备的容量。(罐内对流传热热阻,夹层钢板热阻均忽略不计)

26. 试计算下面两种尺寸相同的等厚直肋的肋效率,肋高 H = 25 mm,厚度 δ = 1 mm,对流表面传热系数 h = 35 W/(m² · K):

①铝肋:导热系数 λ = 207 W/(m · K);

②钢肋:导热系数 λ = 41.5 W/(m · K)。

27. 在外径为 25 mm 的管壁上装有铝制的等厚度环肋,相邻肋片中心线之间的距离 s = 5 mm,环肋高 H = 12.5 mm,厚 δ = 0.8 mm。管壁温度 t_w = 200 ℃,流体温度 t_f = 90 ℃,管基及肋片与流体之间的表面传热系数为 110 W/(m² · K)。试确定单位肋片管(包括肋片及基管部分)的散热量,已知纯铝:λ = 237 W/(m · K)。

28. 为测定某金属的导热系数,做了如下实验。取直径为 20 mm 的金属长棒,一端放入炉中加热,另一端伸到 20 ℃的空气中,空气与棒之间的表面传热系数为 12 W/(m² · K)。达到热稳态后,在相距 100 mm 的两截面上测得温度分别为 t_1 = 120 ℃, t_2 = 60 ℃。试确定该金属的导热系数。

29. 一根外径为 25 mm,外表面温度为 120 ℃的管子上,沿周向均匀布置 12 根纵肋。肋厚为 2. 5 mm,肋高 19 mm。肋片导热系数为 111 W/(m · K),空气温度为 27 ℃,对流表面传热系数为 20 W/(m² · K)。试求加肋后该管的传热量与未加肋时传热量之比。

30. 为测定管道内蒸汽的温度,在管道壁安装了套管温度计,套管直径为 20 mm,长度为 70 mm,壁厚 2 mm,套管材料导热系数为 46.5 W/(m · K),蒸汽管道壁温为 50 ℃,蒸汽与套筒间的对流传热表面传热系数为 116 W/(m² · K)。若温度计指示温度为 155 ℃,试确定蒸汽的真实温度。

31. 利用对比法求材料导热系数。将直径相同的 A,B 两种材料做成的细长杆置于同一流体中,流体温度为 25 ℃。将两杆安装于温度为 100 ℃同一表面上。同时测得离开该表面相同距离的两杆上的温度分别为 t_A = 75 ℃, t_B = 65 ℃。已知材料 A 的导热系数为200 W/(m · K),求材料 B 的导热系数。

32. 如图 3.20 所示,试计算通过一立方体墙角的热损失,已知每面墙厚 300 mm,导热系数为 0.8 W/(m · K),内、外壁温分别为 400 ℃及 50 ℃。如果 3 面墙的内壁温度 t_{11}, t_{12}, t_{13} 各不相等,但均高于外壁温度,试提出一个估算热损失范围的方法。

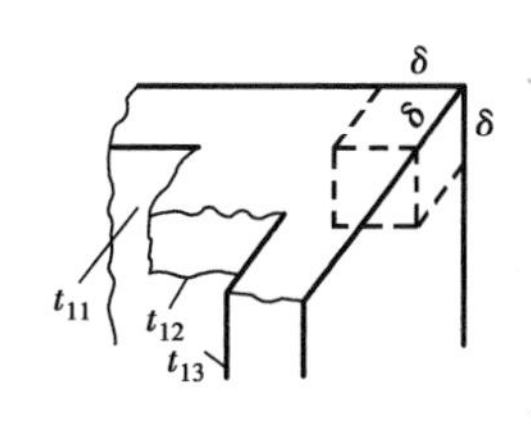

图 3.20

33. 一冰箱的冷冻室可看成外形尺寸为 0.5 m×0.75 m×0.75 m 的立方体,其中顶面尺寸为 0.75 m×0.75 m。冷冻室顶面及 4 个侧面用同样厚度的发泡塑料保温，其导热系数为 0.02 W/(m·K)；冷冻室的底面可近似地认为是绝热的。冷冻室内壁温度为-10 ℃，外壁护板温度为 30 ℃。设护板很薄且与发泡塑料接触良好。试估算发泡塑料要多厚才可限制冷量损失在 45 W 以下。

34. 外径为 60 mm，表面温度为 200 ℃的蒸汽管道，外绝缘层为边长为 100 mm 的正方形截面，绝热材料导热系数为 0.1 W/(m·K)，绝热层外表面温度为 50 ℃。试计算每米管长的热损失。若用同样多的材料做成圆形截面，热损失又是多少？

第 3 章习题详解

4 非稳态导热

在前面讨论的导热问题中，温度场不随时间变化，称为稳态导热。但是在自然界中和工程上的许多导热问题的温度场是随时间而变化的，这种导热称为非稳态导热。许多工程实际中的非稳态导热问题需要确定物体内部的温度场随时间的变化，或确定其内部温度场到达某一限定值所需的时间。例如，在设备启动、停车或间歇运行等过程中，温度场和热流随时间发生变化，急剧的温度变化会使部件因热应力而受到破坏，因此需要确定物体内部的瞬时温度场。

对建筑环境与能源应用工程专业而言，经常遇到非稳态导热问题。例如：室外空气温度和太阳辐射的周期性变化所引起房屋围护结构（墙壁、屋顶等）温度场随时间的变化；采暖设备间歇供暖时引起墙内温度随时间的变化。

与稳态导热一样，求解非稳态导热问题的关键，在于确定其温度场及在一段时间间隔内物体所传递热量的计算。本章从介绍非稳态导热的基本概念入手，求解无限大平壁、半无限大物体和其他形状物体的非稳态导热，对集总参数法的使用及其判别条件做了详细介绍，最后简要阐述周期性非稳态导热的现象。

4.1 非稳态导热的基本概念

根据物体温度随着时间的推移而变化的特性，非稳态导热可以分为 2 类：物体的温度随时间作周期性变化的非稳态导热和物体的温度随时间的推移逐渐趋近于恒定值的瞬态非稳态导热。影响非稳态导热过程的因素有物体的导热性能（用导热系数 λ 来衡量）、物体的储热性能（用比热容 c 或比热容量 ρc 来衡量）、边界条件和内热源强度等。

首先，分析瞬态导热过程。它是非稳态导热问题中最为广泛也是很重要的一类，对于此类问题瞬时温度分布是很重要的，如图 4.1 所示。一个无限大平壁，初始为均匀的温度 t_0，某一时刻左壁面突然受到一温度为 t_1 的恒温热源的加热，而右侧仍与温度为 t_0 的空气接触。该平壁内非稳态温度场的变化过程为：首先，物体紧挨高温表面部分的温度很快上升，而其余部分仍保持原来的温度，如图 4.1(a)所示。随着时间的推移，温度变化波及的范围不断扩大，以致在一定时间以后,右侧表面的温度也逐渐升高。最终达到稳态时,温度分布保持恒定,如图 4.1(a)中曲线 AF(λ 为常数时,此曲线为直线)所示。

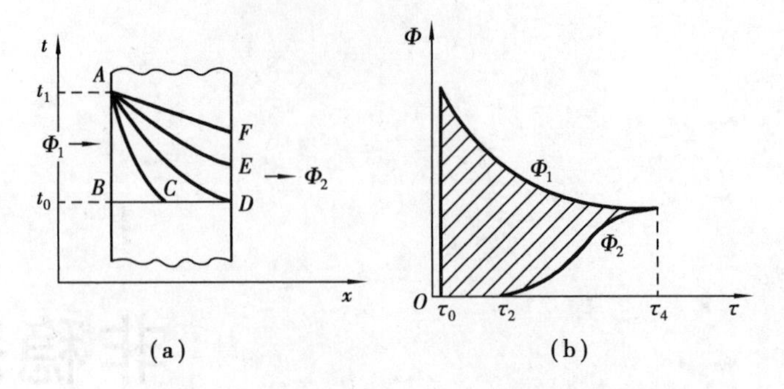

图 4.1　非稳态导热过程的温度变化(a)和导热量的变化(b)

τ_2—D 点温度发生变化的时刻,从 τ_2 开始进入正规状况阶段；τ_4—到达新的稳态阶段的时刻

以上分析表明,平壁内非稳态温度场的变化过程主要有两个特点:

①温度分布随时间的变化,存在 3 个阶段,即初始阶段、正规状况阶段和新的稳态阶段。当温度变化到达右壁面之前(如曲线 A—C—D),右侧还未参与传热,保持着初始温度 t_0,此时物体内部温度可以分为 2 个区间,即非稳态导热规律控制区 A—C 和初始温度控制区 C—D,称这段时间为初始阶段。在该阶段中,初始条件影响较大。当温度变化到达右壁面时,右侧开始参与传热,这时初始温度分布的影响逐渐消失,非稳态导热过程进入正规状况阶段。在该阶段中,边界条件和本身性质影响较大。理论上,经过无限长时间以后,物体内部的温度分布会趋向于稳态,事实上经过一段时间后,物体各处的温度就可近似地认为已达到新的稳态。

②热流方向上热流量处处不等。因为物体各处温度随时间变化而引起内能的变化,在热量传递路径中,一部分热量要转变成为物体的内能,所以热流方向上各处的热流量并不相等。图 4.1(b)中阴影部分就代表了平壁被加热过程中所积聚的能量。

下面分析周期性的非稳态导热。周期性的非稳态导热是在供热和空调工程中经常遇到的一种情况。例如,由于太阳辐射,在一个季节内,室外空气温度 t_f 可以看成以 24 h 为周期变化的,相应的会导致围护结构外表面温度 $t|_{x=0}$ 也以 24 h 为周期进行变化,只是在时间上滞后一个相位,如图 4.2(a)所示。这时尽管空调房间室内温度维持稳定,墙内各处的温度受室外温度周期性变化的影响,也会以同样的周期进行变化,参看图 4.2(b)。图中 2 条虚线分别表示墙内各处温度变化的最高值和最低值,斜线表示墙内各处温度周期性波动的平均值。如果将某一时刻 τ_x 墙内各处的温度连接起来,就可得到 τ_x 时刻墙内的温度分布。

上述分析表明,在周期性非稳态导热问题中,一方面物体内各处的温度按一定的振幅随时间周期地波动;另一方面,同一时刻物体内的温度分布在空间坐标上也是周期性波动的。对于内燃机汽缸壁受燃气冲刷的情况,周期极短,为几分之一秒,温度波动只在很浅的表层,一般作为稳态处理。

在建筑环境与能源应用工程专业的热工计算中,这 2 类非稳态导热问题都会遇到,其目的就是要求出温度分布和热流密度随时间和空间的变化规律。非稳态导热的求解方法主要有 2 类。对于几何结构简单的问题,可以通过建立相应的微分方程,在一定初始条件和边界条件下,求出其精确解;而对于大多数结构较复杂的问题,往往要依赖其他方法,如数值解、图解、类

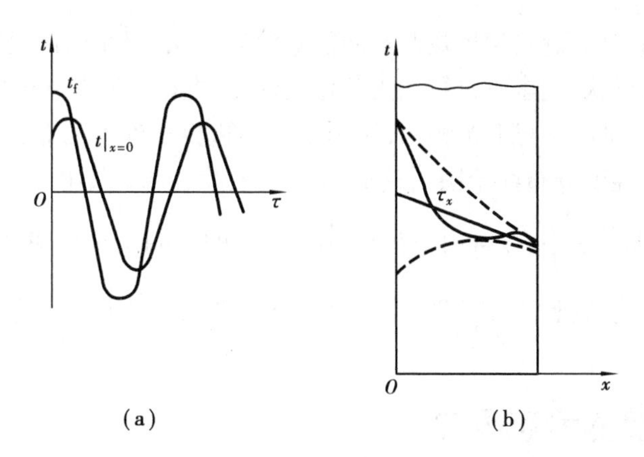

图 4.2 周期性导热的基本概念

比解、实验解。

最后讨论工程中一类典型的非稳态导热问题,即物体处于恒温介质(热容很大)第三类边界条件(对流传热)的非稳态导热问题,如热处理过程中物体的加热和冷却等。为了说明这类问题物体中的温度变化特性与边界条件参数的关系,先分析如下简单情况。

设一块导热系数为 λ,厚为 2δ,初始温度为 t_0 的金属平板,突然置于温度为 t_f 的流体中进行冷却,金属板与流体的表面传热系数为 h。板中的温度场变化会有三种可能的情形,如图4.3所示。

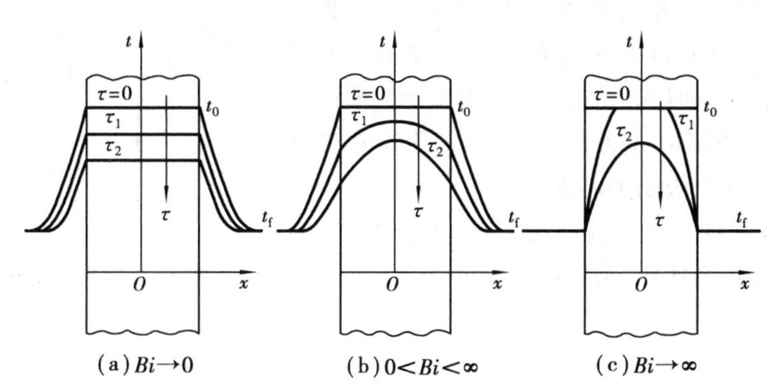

图 4.3 *Bi* 对应的非稳态温度分布形式

出现以上三种不同的温度分布情况,是因为这类非稳态导热的温度场的变化主要取决于2个面积热阻:内部导热热阻 δ/λ 和外部对流传热热阻 $1/h$。下面引入表征2个热阻比值的无量纲准则数(毕渥数):

$$Bi=\frac{\delta/\lambda}{1/h}=\frac{h\delta}{\lambda} \tag{4.1}$$

毕渥数、雷诺数这一类表示某一类物理现象或物理过程特征的无量纲数称为特征数,又称准则数。出现在特征数定义式中的几何尺度称为特征长度,一般用符号 l 表示。在学习一个新的特征数时,读者应掌握其定义及其物理含义。对于平板模型是以其半厚 δ 作为特征长度的,取 $l=\delta$,可以写成 $Bi=hl/\lambda$。

图 4.3(a)中 $Bi\to 0$,即$\dfrac{\delta}{\lambda}\ll\dfrac{1}{h}$,内部导热热阻 δ/λ 可以忽略,因而可以认为金属板内部各

点任意时刻都具有均匀的温度,温度场与空间位置没有关系,只是时间的单值函数,这样就可以不考虑物体的几何形状,使求解过程大大简化,这就是将在 4.5 节中介绍的集总参数法。图 4.3(b)中 $0<Bi<\infty$ 时,即 δ/λ 与 $1/h$ 相当,属于第三类边界条件下的非稳态导热问题。此时,金属板中不同时刻的温度分布介于图 4.3(a)(c)之间,将在 4.2 节中介绍温度场的求解过程。图 4.3(c)中 $Bi\to\infty$,即 $\frac{\delta}{\lambda}\gg\frac{1}{h}$,外部对流传热热阻 $1/h$ 可以忽略,可以说从初始时刻起,金属板表面就具有与流体相同的温度 t_f,问题从第三类边界条件转化为第一类边界条件。

4.2 无限大平壁的瞬态导热

本节将详细地分析推导无限大平壁在对流传热边界条件下,即第三类边界条件下,加热或冷却时的分析解,并介绍由分析解得到的诺谟图。通过对这一问题分析解的推导,为其他边界条件下分析解的学习打下一定基础。

4.2.1 分析解法

如图 4.4 所示,设一初始温度为 t_0 厚度为 2δ 的无限大平壁突然置于温度为 t_f 的流体中进行冷却,金属板材料的导热系数 λ 和热扩散率 a 均为常数,且金属板两侧表面与流体的对流表面传热系数为 h。由于两侧的冷却情况相同,故板内的温度分布是对称的,采用直角坐标系,坐标轴的原点建在板的中心处。

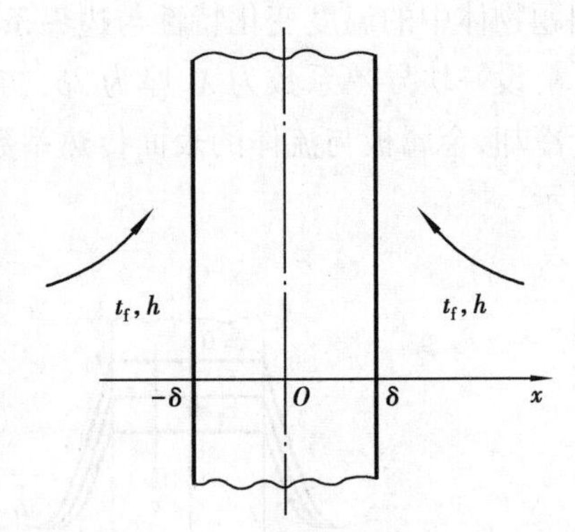

图 4.4 无限大平板对称受热

先建立数学模型,这是一维非稳态无内热源导热问题,为了使微分方程齐次化,采用过余温度 $\theta=t-t_f$。

导热微分方程:
$$\frac{\partial\theta}{\partial\tau}=a\frac{\partial^2\theta}{\partial x^2}\quad \tau>0,0<x<\delta \tag{4.2}$$

初始条件:
$$\tau=0,\ \theta=\theta_0\quad 0\leqslant x\leqslant\delta \tag{4.3}$$

边界条件:
$$x=0,\ \frac{\partial\theta}{\partial x}=0\quad \tau>0 \tag{4.4}$$

$$x=\pm\delta,\quad -\lambda\frac{\partial\theta}{\partial x}=h\theta\quad \tau>0 \tag{4.5}$$

因为在微分方程和定解条件中,温度以及温度的各阶导数项的系数不再是温度的函数,所以这里微分方程及定解条件都是线性的。

应用分离变量法求解这一问题,假设:
$$\theta(x,\tau)=X(x)T(\tau) \tag{1}$$

将式(1)代入式(4.2)整理得:
$$\frac{T'(\tau)}{aT(\tau)}=\frac{X''(x)}{X(x)} \tag{2}$$

式(2)左边是τ的函数,右边是x的函数,所以只有等号两边同时等于同一个常数才有解,设该常数为μ,则:

$$\frac{1}{aT(\tau)}\frac{\mathrm{d}T(\tau)}{\mathrm{d}\tau}=\mu \tag{3}$$

$$\frac{1}{X(x)}\frac{\mathrm{d}^2X(x)}{\mathrm{d}x^2}=\mu \tag{4}$$

对式(3)两边积分,得:

$$T(\tau)=c_1\exp(a\mu\tau) \tag{5}$$

式(5)中c_1是积分常数。分析常数μ的取值范围:若μ取正值,$T(\tau)$将随着τ的增大而急剧增大,当τ值很大时,$T(\tau)$将趋于无限大,$\theta(x,\tau)$也将趋于无限大,实际上$\theta(x,\tau)$应该随着τ值的增大而趋于零,所以μ不应该取正值;若μ取零值,$T(\tau)$将等于常数,$\theta(x,\tau)$将不随时间发生变化,这也是不符合实际的。因此,常数μ只能取负值,设$\mu=-\varepsilon^2$。则式(5)和式(4)可以写成以下形式:

$$T(\tau)=c_1\exp(-a\varepsilon^2\tau) \tag{6}$$

$$\frac{1}{X(x)}\frac{\mathrm{d}^2X(x)}{\mathrm{d}x^2}=-\varepsilon^2 \tag{7}$$

式(7)的通解为:

$$X(x)=C_2\cos(\varepsilon x)+C_3\sin(\varepsilon x) \tag{8}$$

将式(6)和式(8)代回式(1),得

$$\begin{aligned}\theta(x,\tau)&=[c_2\cos(\varepsilon x)+c_3\sin(\varepsilon x)]c_1\exp(-a\varepsilon^2\tau)\\&=[A\cos(\varepsilon x)+B\sin(\varepsilon x)]\exp(-a\varepsilon^2\tau)\end{aligned} \tag{4.6}$$

常数$A=c_1c_2$,$B=c_1c_3$和ε可以由初始条件和边界条件确定。

应用边界条件式(4.4),得:

$$\left.\frac{\partial\theta}{\partial x}\right|_{x=0}=[-A\varepsilon\sin(0)+B\varepsilon\cos(0)]\exp(-a\varepsilon^2\tau)=0 \tag{9}$$

即

$$B\varepsilon\exp(-a\varepsilon^2\tau)=0$$

由式(9)得到系数$B=0$。

所以,式(4.6)变成:

$$\theta(x,\tau)=A\cos(\varepsilon x)\exp(-a\varepsilon^2\tau) \tag{10}$$

应用边界条件式(4.5),得:

$$-\lambda[-A\varepsilon\sin(\varepsilon\delta)]\exp(-a\varepsilon^2\tau)=hA\cos(\varepsilon\delta)\exp(-a\varepsilon^2\tau)$$

即

$$\lambda\varepsilon\sin(\varepsilon\delta)=h\cos(\varepsilon\delta)$$

$$\lambda\varepsilon\tan(\varepsilon\delta)=h \tag{11}$$

将式(11)两边同乘以δ,整理得:

$$\varepsilon\delta\tan(\varepsilon\delta)=h\delta/\lambda \tag{12}$$

为了方便起见,令$\varepsilon\delta=\beta$,则式(12)可以写成:

$$Bi/\beta = \tan\beta \tag{4.7}$$

式(4.7)称为特征方程,可以看出这是个超越方程,从图4.5知,其特征根β是曲线$y_1=\tan\beta$和$y_2=Bi/\beta$的交点。$y_1=\tan\beta$是以π为周期的函数,所以y_1和y_2的交点有无穷多个,也就是说式(4.7)有无穷多个特征根$\beta_1,\beta_2,\cdots,\beta_n$。由于特征根$\beta$与准则数$Bi$有关,其特点:随着$Bi$的增加,每一个$\beta$也相应地增大,且有$Bi\to\infty,\beta_1\to\pi/2$和$Bi\to0,\beta_1\to0$。

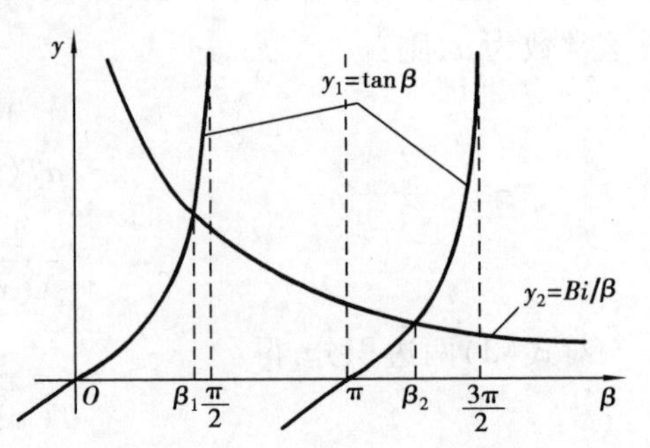

图4.5 超越方程求解示意图

表4.1列出了Bi数从0增大到∞时,式(4.7)的前6个特征根。

表4.1 特征方程式(4.7)的部分根

Bi	β_1	β_2	β_3	β_4	β_5	β_6
0	0	3.141 6	6.283 2	9.424 8	12.566 4	15.708
0.001	0.031 6	3.141 9	6.283 3	9.424 9	12.566 5	15.708
0.01	0.099 8	3.144 8	6.284 8	9.425 8	12.567 2	15.708 6
0.1	0.311 1	3.173 1	6.299 1	9.435 4	12.574 3	15.714 3
0.5	0.653 3	3.292 3	6.361 6	9.477 5	12.606	15.739 7
1	0.860 3	3.425 6	6.437 3	9.529 3	12.645 3	15.771 3
5	1.313 8	4.033 6	6.909 6	9.892 8	12.935 2	16.010 7
10	1.428 9	4.305 8	7.228 1	10.200 3	13.214 2	16.259 4
50	1.54	4.620 2	7.701 2	10.783 2	13.866 6	16.951 9
100	1.555 2	4.665 8	7.776 4	10.887 1	13.998 1	17.109 3
∞	1.570 8	4.712 4	7.854	10.995 6	14.132 7	17.278 8

在给定Bi准则数的条件下,对于每一个特征根,式(10)都对应一个温度分布的特解,即:

$$\begin{aligned}\theta_1(x,\tau) &= A_1\cos(\varepsilon_1 x)\exp(-a\varepsilon_1^2\tau)\\ \theta_2(x,\tau) &= A_2\cos(\varepsilon_2 x)\exp(-a\varepsilon_2^2\tau)\\ &\vdots\\ \theta_n(x,\tau) &= A_n\cos(\varepsilon_n x)\exp(-a\varepsilon_n^2\tau)\end{aligned} \tag{13}$$

因为以上特解是利用式(4.2)、式(4.4)和式(4.5)求得的,所以不论系数$A_1,A_2,\cdots,A_n$取何值,式(13)都能够满足式(4.2)、式(4.4)和式(4.5),但不能满足式(4.3)。因为式(4.2)和它的边界条件都是线性的,即式(4.2)、式(4.4)和式(4.5)中温度和温度的各阶导数项的系数不再取决于温度,所以式(13)中无穷多个特解的线性叠加就是方程$\theta(x,\tau)$的解[1]。所以:

$$\theta(x,\tau)=\sum_{n=1}^{\infty}A_n\cos(\varepsilon_n x)\exp(-a\varepsilon_n^2\tau) \tag{14}$$

式中，ε_n 可以根据 β_n 确定，利用式(4.3)中 $\tau=0,\theta=\theta_0$，可以求得系数 A_n。

式(14)可简化为：

$$\theta_0=\sum_{n=1}^{\infty}A_n\cos(\varepsilon_n x)=\sum_{n=1}^{\infty}A_n\cos\left(\beta_n\frac{x}{\delta}\right) \tag{15}$$

式(15)两边同乘以因子 $\cos\left(\beta_m\frac{x}{\delta}\right)$，并在 $0\leqslant x\leqslant\delta$ 内积分，得：

$$\theta_0\int_0^{\delta}\cos\left(\beta_m\frac{x}{\delta}\right)\mathrm{d}x=\int_0^{\delta}\sum_{n=1}^{\infty}A_n\cos\left(\beta_n\frac{x}{\delta}\right)\cos\left(\beta_m\frac{x}{\delta}\right)\mathrm{d}x \tag{16}$$

因为特征函数具有正交性[2]，即：

$$\int_0^{\delta}\cos\left(\beta_n\frac{x}{\delta}\right)\cos\left(\beta_m\frac{x}{\delta}\right)\mathrm{d}x=\begin{cases}0 & m\neq n\\ \int_0^{\delta}\cos^2\left(\beta_n\frac{x}{\delta}\right)\mathrm{d}x & m=n\end{cases}$$

式(16)可以简化成：

$$\theta_0\int_0^{\delta}\cos\left(\beta_n\frac{x}{\delta}\right)\mathrm{d}x=A_n\int_0^{\delta}\cos^2\left(\beta_n\frac{x}{\delta}\right)\mathrm{d}x \tag{17}$$

于是：

$$A_n=\frac{\theta_0\int_0^{\delta}\cos\left(\beta_n\frac{x}{\delta}\right)\mathrm{d}x}{\int_0^{\delta}\cos^2\left(\beta_n\frac{x}{\delta}\right)\mathrm{d}x}=\theta_0\frac{2\sin\beta_n}{\beta_n+\sin\beta_n\cos\beta_n} \tag{18}$$

将式(18)代入式(14)，得：

$$\theta(x,\tau)=\theta_0\sum_{n=1}^{\infty}\frac{2\sin\beta_n}{\beta_n+\sin\beta_n\cos\beta_n}\cos\left(\beta_n\frac{x}{\delta}\right)\exp\left(-\beta_n^2\frac{a\tau}{\delta^2}\right) \tag{4.8}$$

式中 $a\tau/\delta^2$——无量纲参数，$Fo=a\tau/\delta^2$，称为傅里叶准则，表征非稳态导热过程的无量纲时间。

所以，式(4.8)可以写成无量纲形式：

$$\begin{aligned}\frac{\theta(x,\tau)}{\theta_0}&=2\sum_{n=1}^{\infty}\exp(-\beta_n^2 Fo)\frac{\sin\beta_n\cos\left(\beta_n\frac{x}{\delta}\right)}{\beta_n+\sin\beta_n\cos\beta_n}\\&=f\left(Fo,\beta_n,\frac{x}{\delta}\right)\end{aligned} \tag{4.9}$$

由式(4.7)知，$\beta_n=f(Bi)$，所以分析解的实质是下列无量纲参数方程：

$$\frac{\theta}{\theta_0}=f\left(Fo,Bi,\frac{x}{\delta}\right) \tag{4.10}$$

如果利用计算机编写程序来求解大平板内部的温度分布，其计算步骤见图4.6。

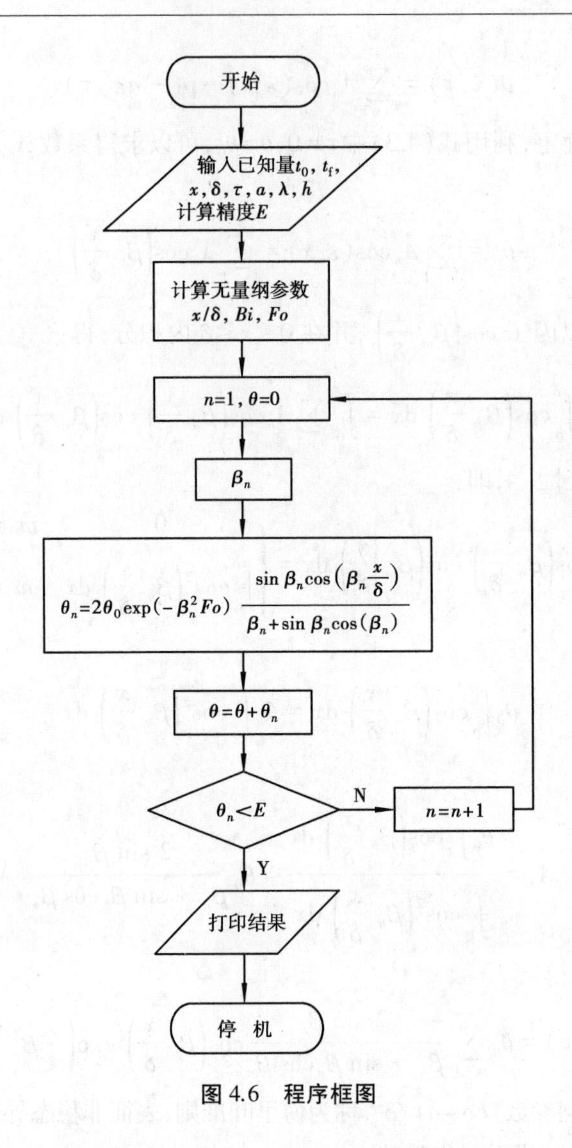

图 4.6 程序框图

4.2.2 分析解讨论

上述分析解的应用范围可以做如下推广：

①式(4.9)和式(4.10)都是在第三类边界条件下无限大平壁冷却时得到的解，保持过余温度 $\theta=t-t_f$ 的定义不变，这些公式对于加热过程仍是正确的；

②从无限大平壁非稳态导热的数学描述式(4.2)—式(4.5)可以看出，分析式(4.9)也适用于一侧绝热另一侧为第三类边界条件的厚度为 δ 的平壁；

③当固体表面与流体间的表面传热系数 h 趋于无穷大时，固体的表面温度就趋近于流体温度。所以，$Bi\to\infty$ 时的分析解就是物体表面温度发生一突然变化后保持不变时的解，即第一类边界条件下的解。

关于第一类和第二类边界条件下无限大平壁加热或冷却过程分析解的详细资料，可参阅本章参考文献[3~5]。

物体中各点的过余温度随时间τ的增加而减小，因为 $Fo=\dfrac{a\tau}{\delta^2}$与$\tau$成正比，所以物体中各点

的过余温度随 Fo 的增加而减小。在 Fo 相同的条件下,Bi 的影响可以从两方面来说明:一方面 Bi 数越大,意味着物体表面上的传热条件越强,导致物体的中心温度越迅速地接近周围介质的温度。在极限情况 $Bi\to\infty$ 下,相当于在过程开始瞬间物体表面就达到了周围介质的温度,物体中心温度的变化也最迅速。另一方面,Bi 数的大小还决定物体内部温度的扯平程度。当 $Bi\to 0$ 时,可以采用忽略物体内部热阻的简化分析即后面介绍的集总参数法来进行计算。

因此,介质温度恒定的第三类边界条件下的分析解,在 $Bi\to\infty$ 的极限情况下转化为第一类边界条件下的解,而在 $Bi\to 0$ 的极限情况下则与集总参数法的解相同。

4.2.3 Fo 准则对温度分布的影响

分析式(4.9),由于特征值 $\beta_1,\beta_2,\cdots,\beta_n$ 是数值递减的数列,所以在式(4.9)中级数后面项与其前面项相比,所起作用越来越小,特别是当 Fo 比较大时,级数收敛很快。计算表明,当 $Fo\geqslant 0.2$时,采用该级数的第一项与采用完整的级数计算平壁中心温度的差别小于 1%。此时分析解简化为:

$$\frac{\theta(x,\tau)}{\theta_0}=\frac{2\sin\beta_1}{\beta_1+\sin\beta_1\cos\beta_1}\exp(-\beta_1^2 Fo)\cos\left(\beta_1\frac{x}{\delta}\right)\tag{4.11}$$

平板中心无量纲过余温度($x=0$):

$$\frac{\theta_m(\tau)}{\theta_0}=\frac{2\sin\beta_1}{\beta_1+\sin\beta_1\cos\beta_1}\exp(-\beta_1^2 Fo)\tag{4.12}$$

由式(4.12)除式(4.11)得:

$$\frac{\theta(x,\tau)}{\theta_m(\tau)}=\cos\left(\beta_1\frac{x}{\delta}\right)\tag{4.13}$$

式(4.13)表明各点过余温度与中心过余温度的比值已与时间无关,即初始温度的影响已经消失,进入前面所介绍的正规状况阶段。类似的有:

$$\frac{\theta_1(x_1,\tau)}{\theta_2(x_2,\tau)}=\frac{\cos\left(\beta_1\frac{x_1}{\delta}\right)}{\cos\left(\beta_1\frac{x_2}{\delta}\right)}\tag{4.14}$$

式(4.14)表明,虽然物体中各点温度随时间变化,但物体中各点过余温度之比与时间无关,这是正规状况阶段的重要特点。确认正规状况阶段的存在具有很重要的工程意义,因为工程技术中关心的非稳态导热过程往往处于正规状况阶段,此时的计算可以采用式(4.11)。

假定已经进入正规状况阶段,下面来计算 $0\sim\tau$时间段内传递的热量:

平板与流体达到热平衡时,总的传热量为:

$$Q_0=\rho cV\theta_0\tag{4.15}$$

τ时刻未传递的热量(称为剩余热量):

$$Q_y=\rho c\int_V\theta\mathrm{d}V=\rho cV\bar{\theta}\tag{4.16}$$

那么,$0\sim\tau$时间间隔内的传热量为:

$$Q=Q_0-Q_y\Rightarrow\frac{Q}{Q_0}=1-\frac{Q_y}{Q_0}=1-\frac{\bar{\theta}}{\theta_0}\tag{4.17}$$

$$\frac{\bar{\theta}}{\theta_0}=\frac{1}{V}\int_V\frac{\theta}{\theta_0}\mathrm{d}V=\frac{1}{A\delta}\int_0^{\delta}\frac{\theta}{\theta_0}A\mathrm{d}x$$

$$= \frac{1}{\delta}\int_0^{\delta} \frac{2\sin\beta_1}{\beta_1+\sin\beta_1\cos\beta_1}\exp(-\beta_1^2 Fo)\cos\left(\beta_1\frac{x}{\delta}\right)\mathrm{d}x \tag{19}$$

$$= \frac{2\sin\beta_1}{\beta_1+\sin\beta_1\cos\beta_1}\exp(-\beta_1^2 Fo)\,\frac{\sin\beta_1}{\beta_1}$$

所以
$$Q = Q_0\left[1-\frac{2\sin^2\beta_1}{\beta_1(\beta_1+\sin\beta_1\cos\beta_1)}\exp(-\beta_1^2 Fo)\right] \tag{4.18}$$

下面分析正规状况阶段的规律。将式(4.11)两边取对数，得：

$$\ln\theta(x,\tau) = \ln\left[\theta_0\frac{2\sin\beta_1}{\beta_1+\sin\beta_1\cos\beta_1}\cos\left(\beta_1\frac{x}{\delta}\right)\right]-\beta_1^2 Fo \tag{4.19}$$

式(4.19)右边第一项只与 β_1 和 x 有关，或者说只与边界条件和物体中给定的某个位置 x 有关，若用 K 表示这一项，则 $K=f(Bi,x/\delta)$，那么，对于给定的第三类边界条件和给定的某个位置，K 应该是常数，式(4.19)可以表示为：

$$\ln\theta = K\left(Bi,\frac{x}{\delta}\right)-m\tau \tag{4.20}$$

式中，$m=\beta_1^2\dfrac{a}{\delta^2}$。

可以证明，在 $Fo \geqslant 0.2$ 时，不仅无限大平板的温度具有式(4.20)的变化规律，其他形状的物体温度也具有类似的变化规律，它们之间的区别只表现在 K 这一项中。由式(4.20)也可以看出，当满足 $Fo \geqslant 0.2$ 条件时，物体在给定的条件下冷却或加热，物体中给定 x 处的过余温度的对数值将随时间线性变化，如图 4.7 所示。图中 τ^* 对应于 $Fo=0.2$的时间。当$\tau>\tau^*$时，过余温度的对数值随时间按线性规律变化，即到达了正规状况阶段。

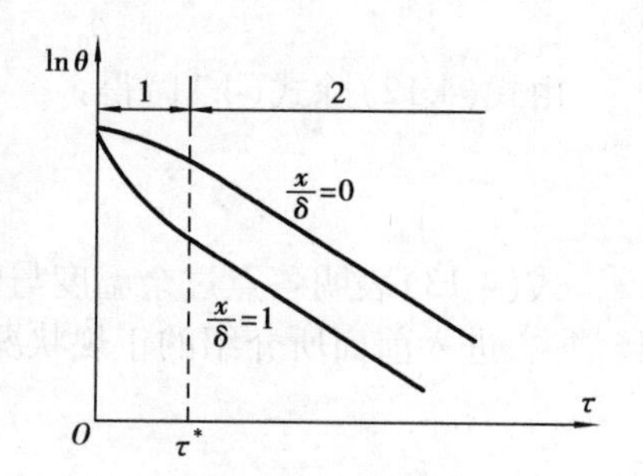

图 4.7　正规状况阶段的特点

另外，将式(4.20)两边对时间求导，得：

$$\frac{1}{\theta}\frac{\partial\theta}{\partial\tau} = -m = -\beta_1^2\frac{a}{\delta^2} \tag{4.21}$$

m 是过余温度对时间的相对变化率，称为冷却率(或加热率)，进入正规状况阶段以后，m 与时间和空间都无关，仅取决于物性参数、形状、尺寸以及表面的第三类边界条件。掌握该规律后，我们不仅可以简化计算瞬态导热过程，而且还可以利用正规状况阶段中物体温度变化的规律测定物体材料的热物性参数[5,6]。

为便于非稳态导热物体处于正规状况阶段时的温度场及所交换的热量的计算，除了直接应用式(4.11)、式(4.18)等来计算外，还可以采用近似拟合公式[7]或诺谟图。

工程技术界广泛采用按分析解的级数第一项绘制的一些图线(诺谟图)，其中用以确定温度分布的图线称为海斯勒(Heisler)图[8]。无限大平板的诺谟图见图 4.8~图 4.10。图 4.8 是根据式(4.12)绘制的，给出了 θ_m/θ_0 随 Fo 和 Bi 变化的曲线；图 4.9 是根据式(4.13)绘制的，给出了 θ/θ_m 随 x/δ 和 Bi 变化的曲线，由此可以确定平板中任意一点过余温度与中心过余温度的比值；图 4.10 是 Q/Q_0 随 Fo 和 Bi 变化的曲线。即：

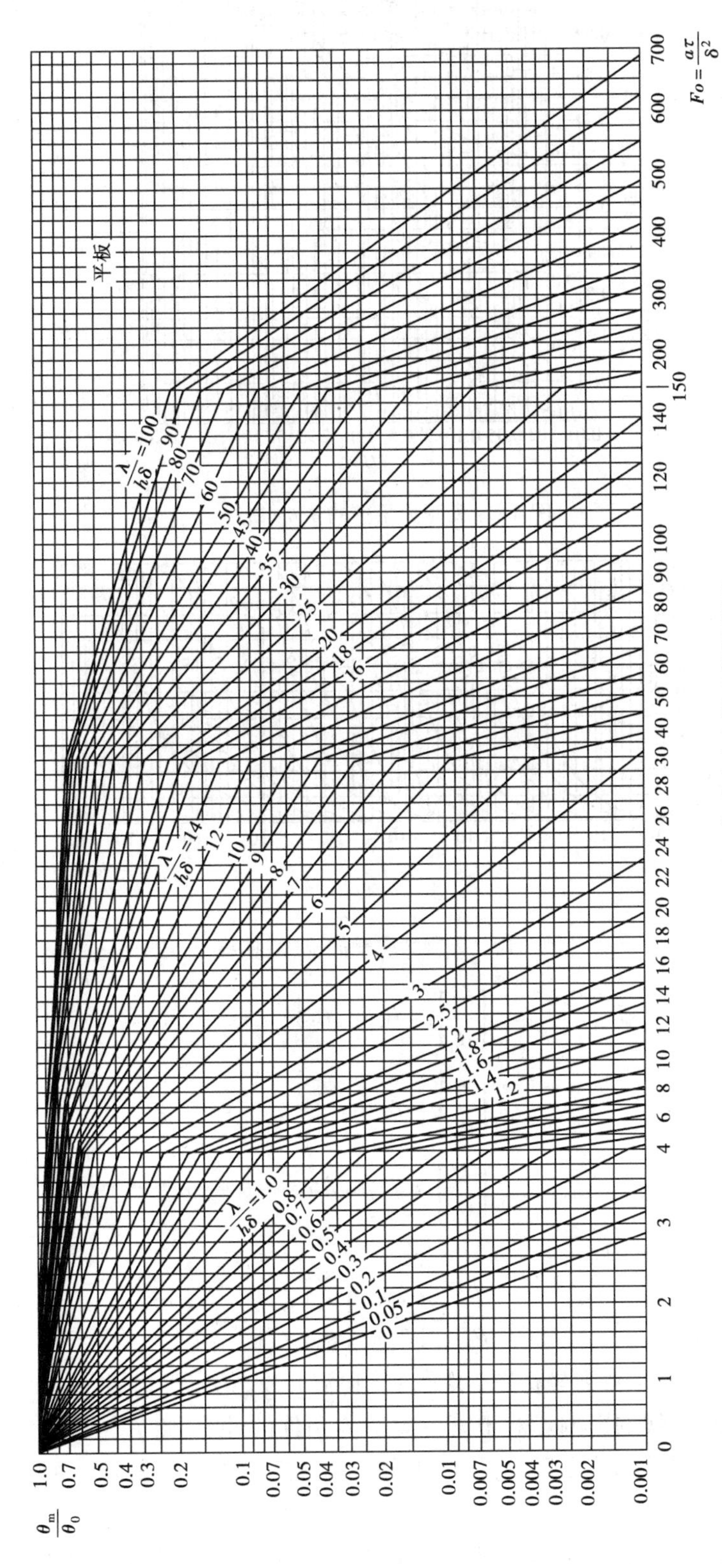

图4.8　无限大平壁中心温度的诺谟图

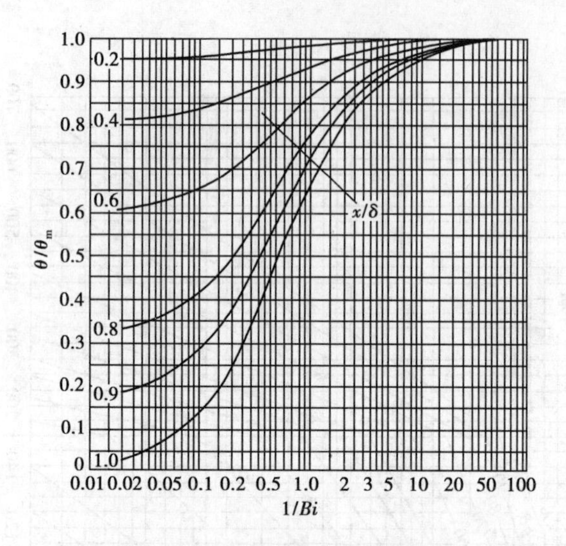

图 4.9　无限大平壁的 θ/θ_m 曲线

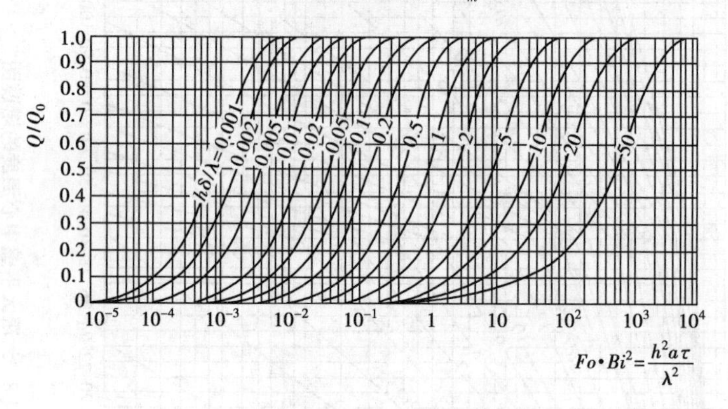

图 4.10　无限大平壁的 Q/Q_0 曲线

$$
\begin{aligned}
&\left[\frac{\theta_m}{\theta_0}\right] = f(Fo,Bi)\\
&\left[\frac{\theta}{\theta_m}\right] = f\left(Bi,\frac{x}{\delta}\right)\\
&\left[\frac{Q}{Q_0}\right] = f(Fo,Bi)
\end{aligned}
\tag{4.22}
$$

平壁中任意一点的 θ/θ_0 值为：

$$
\frac{\theta}{\theta_0} = \left[\frac{\theta}{\theta_m}\right]\left[\frac{\theta_m}{\theta_0}\right] \tag{4.23}
$$

需要指出，诺谟图是半对数坐标图，仅适用于恒温介质，第三类边界条件的情况，且其计算的准确度受到有限的图线的影响。对于第一类边界条件的计算，将 $\beta_1 = \pi/2$ 代入式(4.11)即可。随着近代计算技术的迅速发展，直接应用分析解或近似拟合公式计算的方法将日益受到重视。

【例 4.1】　一块厚度为 5 cm，初始温度 250 ℃的铝板，突然置入 30 ℃的水中冷却，铝板的表面传热系数 $h = 350\ \text{W}/(\text{m}^2\cdot\text{K})$。已知铝板的导热系数为 $\lambda = 215\ \text{W}/(\text{m}\cdot\text{K})$，密度 $\rho =$

2 700 kg/m^3，比热容 c=950 J/(kg · K)。试求 5 min 后板中心的温度，距壁面 1.5 cm 深处的温度，以及这段时间内平板每平方米面积的散热量。

【解】 由于对称性，只研究铝板的 1/2，将坐标原点建立在铝板中心处。根据铝板的热物性参数求平壁的热扩散率：

$$a=\frac{\lambda}{\rho c}=\frac{215}{2\ 700\times 950}\ \mathrm{m^2/s}=8.4\times 10^{-5}\mathrm{m^2/s}$$

确定傅里叶准则和毕渥准则：

$$Fo=\frac{a\tau}{\delta^2}=\frac{8.4\times 10^{-5}\times 5\times 60}{(0.025)^2}=40.32$$

$$Bi=\frac{h\delta}{\lambda}=\frac{350\times 0.025}{215}=0.040\ 7$$

$$1/Bi=24.57$$

对于平壁中心，即 x=0。查图 4.8 得：

$$\theta_m/\theta_0=0.2$$

平壁中心温度：

$$t_m=0.2\theta_0+t_f=[0.2\times(250-30)+30]\ ℃=74\ ℃$$

距壁面 1.5 cm 处，即：

$$x=(0.025-0.015)\ \mathrm{m}=0.01\ \mathrm{m}$$

$$x/\delta=\frac{0.01}{0.025}=0.4$$

查图 4.9 得：　$\theta/\theta_m=0.99$

所以：　$t_x=0.99\theta_m+t_f=[0.99\times(74-30)+30]\ ℃=73.6\ ℃$

平板每平方米面积上总的传热量：

$$Q_0=2\delta\rho c\theta_0=0.05\times 2\ 700\times 950\times(250-30)\ \mathrm{J/m^2}=2.82\times 10^7\ \mathrm{J/m^2}$$

$$Fo\cdot Bi^2=\frac{h^2a\tau}{\lambda^2}=\frac{350^2\times 8.4\times 10^{-5}\times 5\times 60}{215^2}=0.066\ 8$$

查图 4.10 可得：　$Q/Q_0=0.7$

所以：　$Q=0.7Q_0=0.7\times 2.82\times 10^7\mathrm{J/m^2}=1.97\times 10^7\mathrm{J/m^2}$

4.3　半无限大物体的瞬态导热

半无限大物体是非稳态导热研究中的一个特有的概念。所谓半无限大物体，几何上是指只有一个边界面，从 x=0 的界面向 x 正方向及其他 2 个坐标(y,z)方向无限延伸的物体。严格意义上的半无限大物体是不存在的，然而，工程上有些物体的导热现象可以看成半无限大物体，比如地面的受热或受冷向地下的传递过程。事实上，对于一定厚度的大平板，如果一面加热或冷却，在所考虑的时间内，平板另一面还未受到加热或冷却的影响，仍然保持着初始的温度；那么，它也可以被当作半无限大物体来处理。

建筑环境与能源应用工程专业经常遇到地下建筑物刚建成时的预热和人工气候室的初调节问题等,这2种非稳态导热过程都属于半无限大物体的瞬态导热问题,而且在导热过程中加热量或冷却量是一个常数,壁温则是随时间变化的。这类过程属于第二类边界条件,即常热流密度下的非稳态导热过程。本节重点介绍半无限大物体常热流密度作用下的分析解和它在工程中的应用。半无限大物体非稳态导热问题其他2类边界条件下的分析解可参阅文献[9,10]。

半无限大均质物体,在常热流密度作用下,取过余温度 $\theta=t-t_0$(t_0 是半无限大物体的初始温度),则非稳态导热过程的完整数学描述如下:

微分方程:
$$\frac{\partial\theta}{\partial\tau}=a\frac{\partial^2\theta}{\partial x^2} \tag{1}$$

初始条件:
$$\tau=0,\qquad \theta=0 \tag{2}$$

边界条件:
$$\begin{cases} x=0, & q_{\mathrm{w}}=-\lambda\left.\dfrac{\partial\theta}{\partial x}\right|_{x=0}=\text{常数} \\ x\to\infty, & \theta=0 \end{cases} \tag{3}$$

经数学分析,可以得到半无限大物体内过余温度的表达式[11]:

$$\theta(x,\tau)=\frac{2q_{\mathrm{w}}}{\lambda}\sqrt{a\tau}\ \operatorname{ierfc}\left(\frac{x}{2\sqrt{a\tau}}\right) \tag{4.24}$$

令 $u=\dfrac{x}{2\sqrt{a\tau}}$,$\operatorname{ierfc}\left(\dfrac{x}{2\sqrt{a\tau}}\right)=\operatorname{ierfc}(u)$,它是高斯误差补函数的一次积分,也可表述为:

$$\operatorname{ierfc}(u)=\int_u^{\infty}\operatorname{erfc}(u)\,\mathrm{d}u=\frac{1}{\sqrt{\pi}}\exp(-u^2)-u\operatorname{erfc}(u) \tag{4.25}$$

其中,erfc(u)是高斯误差补函数,即:

$$\operatorname{erfc}(u)=1-\operatorname{erf}(u)=1-\frac{2}{\sqrt{\pi}}\int_0^u\exp(-u^2)\,\mathrm{d}u \tag{4.26}$$

式(4.24)表示的半无限大物体内的温度分布,如图4.11所示。从图示中可以看到,在表面热流密度 q_{w} 作用下,半无限大物体的表面温度在加热过程中随时间增大;半无限大物体中的温度变化在某一厚度范围内比较明显。例如,在 τ_1 时刻 $x=\delta(\tau_1)$ 处,物体的过余温度已渐近于零,在 τ_2 时刻 $x=\delta(\tau_2)$ 处,物体的过余温度亦渐近于零。$\delta(\tau)$ 称为渗透厚度,它是随时间变化的,它反映在所考虑的时间范围内,界面上热作用的影响所波及的厚度。在实际工程中,对于一个有限厚度的物体,在所考虑的时间范围内,若渗透厚度小于本身的厚度,这时可以认为该物体是一个半无限大物体。在常热流密度边界条件下,假定物体中的温度分布是3次曲线,则半无限大物体中的渗透厚度,可用近似的分析解法[11]得:

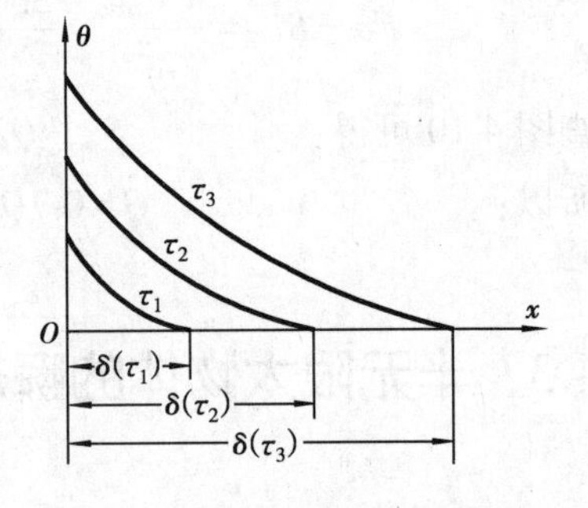

图4.11 常热流密度边界条件下半无限大物体内的温度分布

$$\delta(\tau)=\sqrt{12a\tau}=3.46\sqrt{a\tau} \tag{4.27}$$

当 $x=0$ 时，$\mathrm{ierfc}(0)=1/\sqrt{\pi}$，从式(4.24)可得半无限大物体表面温度为：

$$\theta_w(\tau)=\frac{2q_w}{\lambda}\sqrt{\frac{a\tau}{\pi}} \tag{4.28}$$

式(4.28)也可改写为：

$$q_w=\lambda\frac{t_w-t_0}{2\sqrt{\frac{a\tau}{\pi}}}=\lambda\frac{t_w-t_0}{1.13\sqrt{a\tau}} \tag{4.29}$$

在实际工程中，如地下建筑物四周壁面可看作半无限大物体，在预热期中，壁面温度随着加热时间的延长而上升，根据预热要求的壁面温度和规定的加热时间，预热期的加热负荷按式(4.29)计算。

4.4 其他形状物体的非稳态导热

4.4.1 无限长圆柱体和球体

圆柱体与球体是工程中常见的另外两种简单的典型几何形体。它们的一维(温度仅在半径方向发生变化)非稳态导热问题，分别采用圆柱和球坐标系，也可用分离变量法获得用无穷级数表示的精确解，有关详细资料可参考文献[12,13]。这些解也可表示为 $Bi=hR/\lambda$，$Fo=a\tau/R^2$ 和 r/R 的函数，即：

$$\theta/\theta_0=f\left(Bi,Fo,\frac{r}{R}\right)$$

其中，Bi 和 Fo 准则中的特征长度，对于无限长圆柱体和球体采用半径 R。

无限长圆柱体非稳态导热和圆球非稳态导热的诺谟图，见参考文献[4,6,8]。利用这些图可以求出无限长圆柱体和圆球内的温度场和某一段时间内吸收或放出的热量。

4.4.2 无限长直角柱体、有限长圆柱体和六面体

前面讨论过的无限大平壁、无限长圆柱体和球体的加热和冷却问题都是一维非稳态导热问题，工程上遇到的非稳态导热不仅仅是一维的，在很多情况下是二维或三维的，如无限长直角柱体，有限长圆柱体等。这些非稳态导热问题也可由各自的导热微分方程和定解条件求解，但求解难度较大，详细内容可参阅文献[14,15]。上述二维和三维导热物体可由一维导热问题相交而成，利用一维问题的解可进一步确定一些二维和三维非稳态导热问题的温度场。

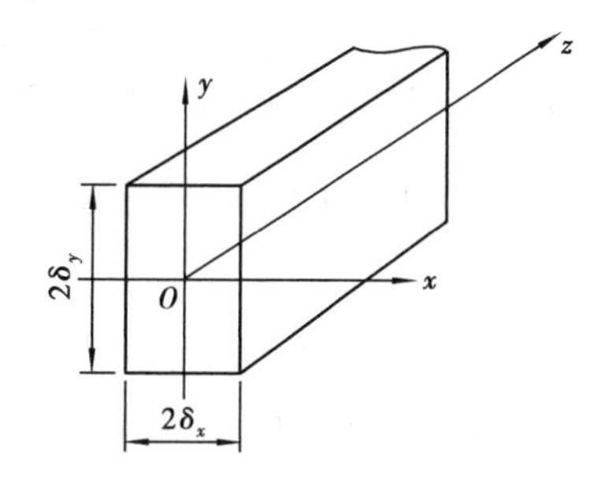

图 4.12 两无限大平壁垂直相交形成的直角柱体

如图 4.12 所示，截面为 $2\delta_x\times2\delta_y$ 无限长直角柱体可以看成是厚度为 $2\delta_x$ 和厚度 $2\delta_y$ 的 2 块无限大平壁垂直相交而成。可以证明，无限长直角柱体的无量纲温度场是这 2 块无限大平壁无量纲温度场的乘积[16]，即：

$$\frac{\theta(x,y,\tau)}{\theta_0}=\frac{\theta(x,\tau)}{\theta_0}\frac{\theta(y,\tau)}{\theta_0} \tag{4.30}$$

式中 θ_0——初始过余温度；

$\theta(x,y,\tau)$——直角柱体中任一点(x,y)处在τ时刻的过余温度；

$\theta(x,\tau)$，$\theta(y,\tau)$——厚度$2\delta_x$和$2\delta_y$两块无限大平壁中距平壁中心分别为x和y处在τ时刻的过余温度。

$\theta(x,\tau)$和$\theta(y,\tau)$利用前述一维无限大平壁非稳态导热方法求得，再利用式(4.30)就可以得到无限长直角柱体加热或冷却时的温度分布。

应用这一方法时，应保持无限大平壁的初始条件和边界条件与所求无限长直角柱体的初始条件和边界条件一致；否则，证明的前提条件不存在，当然就不能应用这一方法。

类似地对长度为$2l$和半径为R的短圆柱体，可把它看成是半径为R的无限长圆柱体和厚度为$2l$的无限大平壁垂直相交得到。短圆柱体的温度分布可表述为：

$$\frac{\theta(r,x,\tau)}{\theta_0}=\frac{\theta(r,\tau)}{\theta_0}\frac{\theta(x,\tau)}{\theta_0} \tag{4.31}$$

边长为$2\delta_x$，$2\delta_y$和$2\delta_z$的正六面体，可看成由3块厚度分别为$2\delta_x$，$2\delta_y$和$2\delta_z$的无限大平壁彼此垂直相交形成的，其温度分布为：

$$\frac{\theta(x,y,z,\tau)}{\theta_0}=\frac{\theta(x,\tau)}{\theta_0}\frac{\theta(y,\tau)}{\theta_0}\frac{\theta(z,\tau)}{\theta_0} \tag{4.32}$$

此类物体在加热和冷却过程中吸收或放出的热量，可由组成该物体的无限大平壁及无限长圆柱体的相应项求得，有关具体计算公式请参阅文献[17]。

【例4.2】 一初始温度为25 ℃的正立方体人造木块被置于425 ℃的环境中。已知木块的边长为0.1 m，材料是各向同性的，$\lambda=0.65\ \mathrm{W/(m\cdot K)}$，$\rho=810\ \mathrm{kg/m^3}$，$c=2\ 550\ \mathrm{J/(kg\cdot K)}$。木块的6个表面对称受热，对流表面传热系数为$h=15\ \mathrm{W/(m^2\cdot K)}$。经过3 h 10 min 20 s后，木块局部地区开始着火。试推算此种材料的着火温度。

【解】 本题是三维非稳态导热问题，立方体可以看成3个无限大平板的交集。对于厚为0.1 m的无限大平板：

$$Bi=\frac{h\delta}{\lambda}=\frac{15\times 0.05}{0.65}=1.154$$

$$Fo=\frac{a\tau}{\delta^2}=\frac{\lambda\tau}{\rho c\delta^2}=\frac{0.65\times 11\ 420}{810\times 2\ 550\times 0.05^2}=1.437\ 5$$

因为$Fo>0.2$，可以利用式(4.11)计算。

当$Bi=1.154$时，解超越方程$\tan\beta=\dfrac{Bi}{\beta}$得$\beta_1=0.906$。于是：

$$\sin\beta_1=0.787\ 0$$

$$\cos\beta_1=0.616\ 9$$

对于平壁表面即$x=\delta$处，由式(4.11)得：

$$\frac{\theta_\delta}{\theta_0}=\frac{2\sin\beta_1}{\beta_1+\sin\beta_1\cos\beta_1}\exp(-\beta_1^2 Fo)\cos\left(\beta_1\frac{x}{\delta}\right)=$$

$$\frac{2\times0.787\ 0}{0.906+0.787\ 0\times0.616\ 9}\exp(-0.906^2\times1.437\ 5)\cos\left(0.906\ \frac{x}{\delta}\right)=0.214\ 4$$

对于边长为 0.1 m 的立方体,其顶角温度为:

$$\frac{\theta}{\theta_0}=\left(\frac{\theta_\delta}{\theta_0}\right)^3=0.214\ 4^3=0.009\ 86$$

$$\theta=0.009\ 86\theta_0=0.009\ 86\times(25-425)\ ℃=-3.94\ ℃$$

$$t=\theta+t_f=(-3.94+425)\ ℃=421.06\ ℃$$

4.5 集总参数法

当物体内部的导热热阻远小于其表面的对流传热热阻时,物体内的温度场趋于一致,可以认为整个物体在同一瞬间均处于同一温度下。此时,物体内部的温度场只是时间的函数,而与空间位置和几何形状无关(零维)。因此,物体温度可用其任意一点的温度表示,而将该物体的质量和热容量等视为集中在这一点,这种简化分析方法称为集总参数法。

设有一任意形状的固体,其体积为 V,表面积为 A,并具有均匀的初始温度 t_0。在初始时刻,突然将它置于温度恒为 t_f 的流体中,设 $t_0>t_f$。物体与流体之间的对流表面传热系数 h 及物体的物性参数(ρ,c 等)均保持常数。假设此问题可应用集总参数法,求物体温度随时间的变化关系。

为使微分方程齐次化,取过余温度 $\theta=t-t_f$。因为物体内能变化量等于表面对流传热量,所以微分方程可表示为:

$$V\rho c\frac{d\theta}{d\tau}=-hA\theta \tag{4.33}$$

初始条件: $\tau=0,\quad \theta=\theta_0$

分离变量并积分,得:

$$\int_{\theta_0}^{\theta}\frac{d\theta}{\theta}=\int_0^{\tau}-\frac{hA}{\rho cV}d\tau$$

即

$$\frac{\theta}{\theta_0}=\exp\left(-\frac{hA}{\rho cV}\tau\right)=\exp\left(-\frac{\tau}{\tau_c}\right) \tag{4.34}$$

式中,$\tau_c=\dfrac{\rho cV}{hA}$,具有时间的量纲,所以称为时间常数。下面从 2 个角度来分析时间常数的物理意义:

①由(4.33)可得:

$$\left.\frac{d\theta}{d\tau}\right|_{\tau=0}=-\frac{\theta_0}{\tau_c}$$

即

$$\tau_c=-\frac{\theta_0}{\left(\dfrac{d\theta}{d\tau}\right)_{\tau=0}} \tag{4.35}$$

时间常数τ_c表明内部热阻可以忽略的物体突然被加热和冷却时，它以初始温度变化速率从初始温度t_0变化到周围流体温度t_f所需要的时间，见图4.13。

②由(4.34)得：

当$\tau=\tau_c$时 $$\theta/\theta_0=e^{-1}=0.368 \tag{4.36}$$

即当时间$\tau=\tau_c$时，物体的过余温度已经达到了初始过余温度值的36.8%，可参看图4.14。在用热电偶测定流体温度的场合，热电偶的时间常数是说明热电偶对流体温度变动响应快慢的指标。显然，时间常数越小，热电偶越能迅速反映出流体温度的变动。$\tau=-\tau_c\ln\dfrac{\theta}{\theta_0}$说明时间常数越大，平衡所需时间也越长。时间常数的大小取决于以下两个因素：物体本身的热容量ρcV和物体表面传热条件hA。热容量越大，温度变化得越慢；表面传热条件越好，单位时间内传递的热量越多。ρcV和hA的比值反映了这两种影响的综合结果。

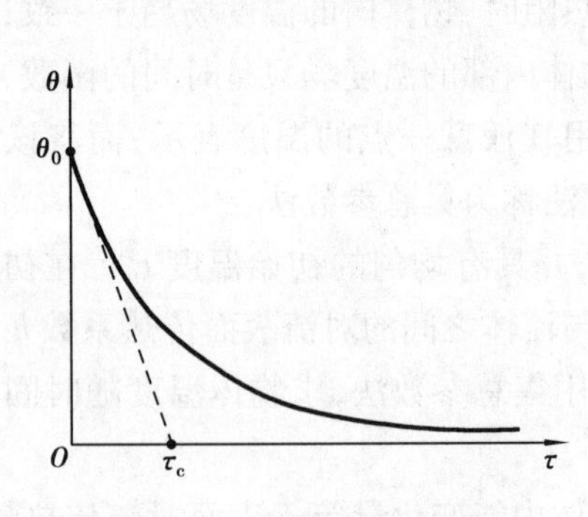

图4.13 θ-τ曲线及时间常数τ_c

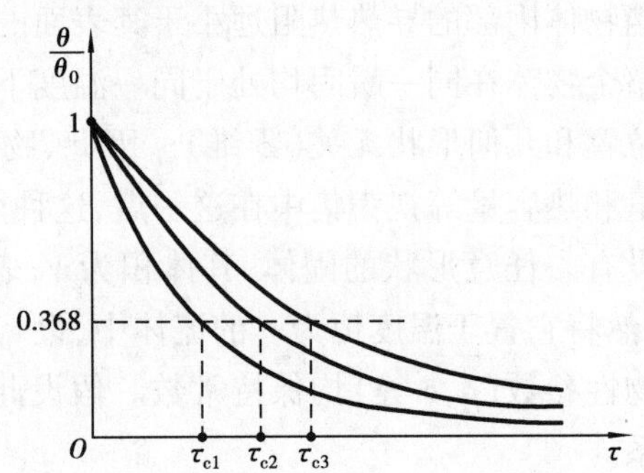

图4.14 不同物体的温度变化曲线和时间常数

式(4.34)右边指数项可改写为：

$$\frac{hA}{\rho cV}\tau=\frac{h}{\lambda}\frac{V}{A}\frac{\lambda}{\rho c}\frac{\tau}{(V/A)^2}=\frac{hL}{\lambda}\frac{a\tau}{L^2}=Bi_VFo_V$$

即 $$\theta=\theta_0\exp(-Bi_VFo_V) \tag{4.37}$$

式中 Bi_V——以体面比V/A为特征长度的毕渥准则数；

Fo_V——以体面比V/A为特征长度的傅里叶准则数。

可见，解的形式可以表示为无量纲参数方程，即无量纲过余温度与毕渥数和傅里叶数之间的关系。式(4.34)和式(4.37)表明，当采用集总参数法简化分析非稳态导热问题时，物体中的过余温度随时间成指数关系变化，开始时，变化较快，随后逐渐减弱，如图4.13所示。

非稳态导热过程的交换热(吸热或放热)可由物体表面对流传热量的积分计算。所以，根据式(4.34)还可以求出从初始时刻到某一瞬间为止的时间间隔内，物体与流体交换的热量。即：

$$\begin{aligned}Q_\tau&=\int_0^\tau\Phi\mathrm{d}\tau=\int_0^\tau hA\theta\mathrm{d}\tau\\&=hA\theta_0\int_0^\tau\exp\left(-\frac{hA}{\rho cV}\tau\right)\mathrm{d}\tau=\rho cV\theta_0\left[1-\exp\left(-\frac{hA}{\rho cV}\tau\right)\right]\end{aligned} \tag{4.38}$$

可见，当$\tau\to\infty$时，$Q_\tau\to\rho cV\theta_0$为物体的最大传热量，即为物体相对于恒温介质的热容量，此时过程传热量也可理解为物体最大传热量与残留热容量的差值。

最后来讨论毕渥数 Bi_V 及傅里叶数 Fo_V 的物理意义。4.1 节已经指出，毕渥数具有内部单位导热面积上的导热热阻与单位表面积上的对流传热热阻（即外部热阻）之比的意义。Bi_V 数越小，意味着内热阻越小或外热阻越大，这时采用集总参数法分析的结果就越接近实际情况。傅里叶数的物理意义可以理解为 2 个时间间隔相除所得的无量纲时间，即 $Fo_V=\frac{\tau}{L^2/a}$，分子 τ 是从边界上开始发生热扰动的时刻起到所计算时刻为止的时间间隔；分母 L^2/a 可以视为使边界上发生的有限大小的热扰动穿过一定厚度的固体层扩散到 L^2 的面积上所需的时间。显然，在非稳态导热过程中，这一无量纲时间越大，热扰动越深入地传播到物体内部，因而物体内各点的温度越接近周围介质的温度。

经过分析，工程上对于形如平壁、柱体和圆球这一类物体的非稳态导热问题，当 $Bi<0.1$ 时，物体中心温度与表面温度的差别不大于 5%，温度接近均匀一致。此时，可适用集总参数法进行简化分析。当采用 V/A 作为特征长度时，使用集总参数法的判别条件为 $Bi_V \leqslant 0.1M$，其中 M 值与物体几何形状有关，其具体数值见表 4.2。

表 4.2　几种物体的 M 值

物体形状	体面比	M
平板（2δ 厚）	δ	1
圆　柱	$R/2$	1/2
球	$R/3$	1/3

【例 4.3】　一块厚 20 mm 的钢板，加热到 500 ℃后置于 20 ℃的空气中冷却。设冷却过程中钢板两侧面的平均对流表面传热系数为 80 W/(m²·K)，钢板的导热系数为 45 W/(m·K)，热扩散率为 $1.37\times10^{-5}\,m^2/s$。试确定使钢板冷却到 30 ℃时所需的时间。

【解】　对于厚度为 2δ 的平板，$V/A=\delta=0.01$

同时：

$$Bi_V=\frac{h(V/A)}{\lambda}=80\times\frac{0.01}{45}=0.018<0.1$$

故本题可采用集总参数法求解。

$$Fo_V=\frac{a\tau}{(V/A)^2}=\frac{1.37\times10^{-5}\tau}{0.01^2}=0.137\,\tau$$

$$\theta_0=(500-20)℃=480\ ℃$$

$$\theta=(30-20)℃=10\ ℃$$

根据：

$$\theta=\theta_0\exp(-Bi_V Fo_V)$$

$$480\exp(-0.018\times0.137\tau)=10$$

得：

$$\tau=\frac{\ln 48}{0.017\,77\times0.137}\ \mathrm{s}=1\,590\ \mathrm{s}$$

4.6 周期性非稳态导热

4.6.1 周期性非稳态导热现象

在供热通风工程中经常会遇到周期性变化的非稳态导热现象,例如建筑外围护结构就处在室外空气温度周期变化及太阳辐射周期变化的影响下。空气温度的变化周期是24 h,一般室外气温在14:00—15:00达到最高,而到了4:00—5:00达到最低;太阳辐射则在白天12 h之内变化较大。工程上把室外空气与太阳辐射两者对围护结构的共同作用,用一个假想的温度 t_e 来衡量,这个 t_e 称为室外综合温度。下面以某工厂的屋顶为例来说明其内外表面的温度变化与室外综合温度的关系。如图4.15所示,图中3条曲线分别表示室外综合温度 t_e,屋顶外表面温度 t_{w1} 和屋顶内表面温度 t_{w2} 的变化。从实测数据中可以看到,在室外综合温度的周期波动下,围护结构内外表面都产生周期性的波动,如把波动的平均值求出,那么波动最大值与平均值之差称为波动振幅,用 A 来表示,即 $A=t_{max}-t_m$。

从图4.15可以看出,室外空气综合温度的振幅 $A_e=t_e^{max}-t_e^m=37.1$ ℃,屋顶外表面温度振幅为 $A_{w1}=t_{w1}^{max}-t_{w1}^m=28.6$ ℃,屋顶内表面温度振幅为 $A_{w2}=t_{w2}^{max}-t_{w2}^m=4.9$ ℃,振幅是逐层减小的,这种现象称为温度波的衰减。从图4.15还可以看出,不同地点温度最大值出现的时间也是不同的,t_e^{max} 出现在12:00,t_{w1}^{max} 出现在13:00左右,t_{w2}^{max} 出现在16:00左右,这种最大值出现时间逐层推迟现象称为时间的延迟。温度波的衰减和延迟现象在日常生活中是经常遇到的。例如,夏季晚上人们喜欢在室外乘凉,这是因为晚上室外气温已经下降,而对室内影响还需经历一段延迟时间,尤其西晒房间西墙内表面温度最大值在22:00左右出现。

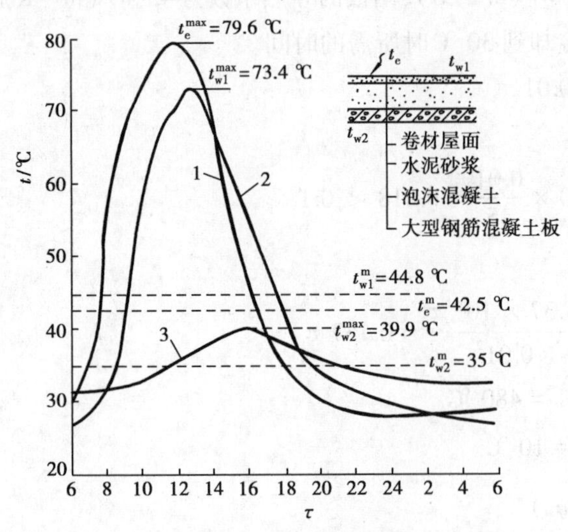

图4.15 某工厂室外综合温度与屋顶内外表面温度变化实例图

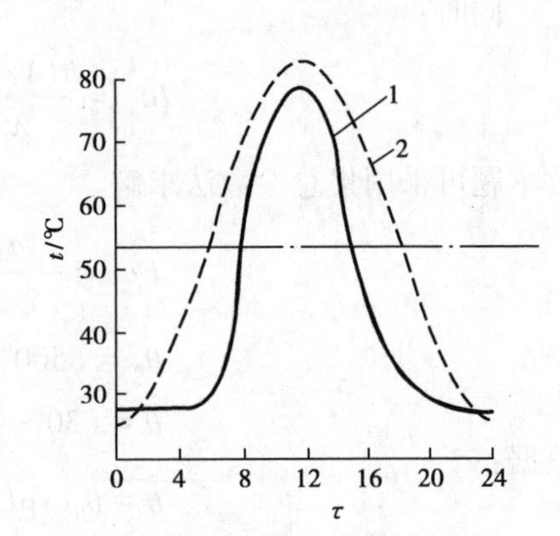

图4.16 实测室外空气综合温度波与简谐波的比较

1—实测的温度波曲线;2—简谐波曲线

任何连续的周期性波动曲线都可以用多项余弦函数叠加组成,即用傅里叶级数表示。实测数据说明,室外空气综合温度的周期性波动规律可以视为一简单的简谐波曲线。如果把实测的温度波曲线与简谐波曲线相比较,可以看出它们很接近,见图 4.16。所以,工程中经常用简谐波来进行分析计算。

4.6.2 半无限大物体在周期性边界条件下的温度波

周期性变化的边界条件有 2 个主要特点:由于边界条件是周期性变化的,使得物体中各处的温度也处于周期性的变化中,所以不存在初始条件;另外,边界条件可以看作是一个简谐波。

基于以上特点,对于均质的半无限大物体在周期性变化的边界条件下的温度场,取过余温度 $\theta=t-t_m$,t_m 是周期变化的平均温度,其完整的数学描述为:

导热微分方程
$$\frac{\partial\theta}{\partial\tau}=a\frac{\partial^2\theta}{\partial x^2}\tag{4.39}$$

边界条件
$$\theta(0,\tau)=A_w\cos\frac{2\pi}{T}\tau\tag{4.40}$$

式中 T——波动周期,s;

A_w——物体表面温度波振幅。

应用分离变量法[11],求解式(4.39)并代入边界条件式(4.40),可以得到温度场:

$$\theta(x,\tau)=A_w\exp\left(-\sqrt{\frac{\pi}{aT}}\,x\right)\cos\left(\frac{2\pi}{T}\tau-x\sqrt{\frac{\pi}{aT}}\right)\tag{4.41}$$

从以上的表达式可以看出,温度场具有图 4.15 所看到的特点:

(1)温度波的衰减

任意平面 x 处温度波的振幅不再是表面处的 A_w,而变成了 $A_x=A_w\exp\left(-\sqrt{\frac{\pi}{aT}}\,x\right)$,即随着 x 的增大,振幅是衰减的,如图 4.17 所示。这反映了物体材料对温度波的阻尼作用。振幅衰减的程度用衰减度来表示,即:

$$\nu=\frac{A_w}{A_x}=\exp\left(x\sqrt{\frac{\pi}{aT}}\right)\tag{4.42}$$

值得注意的是,地面不同深度温度的波动也具有此特点,深度越深,振幅衰减越大。因此,当深度足够大时,温度波动振幅就衰减到可以忽略不计的程度。这种深度下的地温就可认为终年保持不变,称为等温层。工程上常把建在等温层内的建筑物称为深埋地下建筑,把建在等温层以上的建筑称为浅埋地下建筑,二者的热工计算具有较大的差别。而且由于温度波的衰减,在气候寒冷的地区,距地面一定深度以下,土壤的最低温度都会保持在 0 ℃以上,不会冻结。该深度以上的土壤称为本地区的永冻层,该深度以下的土壤称为本地区的不冻层。这在工程施工中具有较大意义。

(2)温度波的延迟

从式(4.41)还可以看出,任意平面 x 处温度达到最大值的时间比表面温度达到最大值的时间落后一个相位角 φ,如图 4.17 所示。延迟时间用 ξ 来表示,则:

$$\xi = \frac{x\sqrt{\dfrac{\pi}{aT}}}{\dfrac{2\pi}{T}} = \frac{1}{2}x\sqrt{\frac{T}{a\pi}} \tag{4.43}$$

(3)总结

由以上分析可知,半无限大物体表面和内部不同平面 x 处的温度随时间 τ 都按一定周期的简谐波规律变化。若把同一时刻不同地点的温度绘制在 θ-x 坐标中,它也是一个周期性变化的温度波,而且这个波的振幅是衰减的,如图 4.18 所示。图中的点划线代表振幅衰减的情形,其中 x_0 是半无限大物体中温度波的波长即同一时刻温度分布曲线上相角相同的两相邻平面之间的距离。图中还给出了 2 个不同时刻半无限大物体中的温度波,τ_2 时刻虚线所示的温度波比 τ_1 时刻实线所示的温度波向深度 x 方向移动了一段距离。

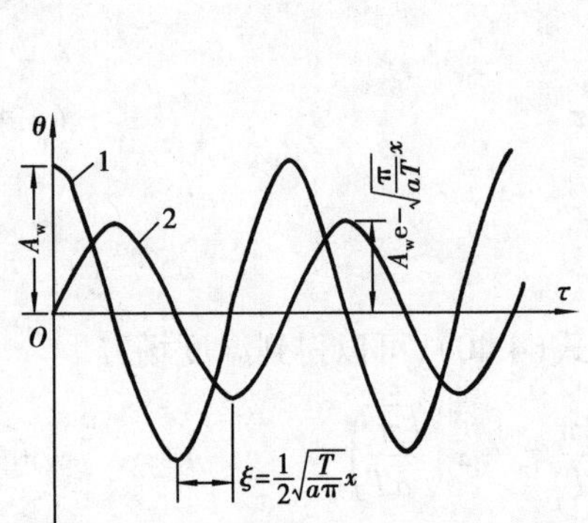

图 4.17 半无限大物体任意位置的温度波

1—表面温度波;2—x 处温度波

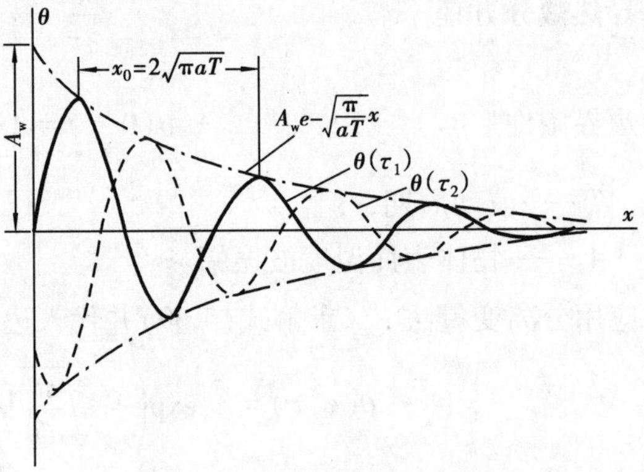

图 4.18 半无限大物体的温度波

4.6.3 周期性变化的热流波

周期性变化边界条件下,半无限大物体表面的热流密度也必然是周期性地从表面传入或传出的。根据傅里叶定律,热流密度可以表示为:

$$q_{w,\tau} = -\lambda \left.\frac{\partial\theta}{\partial x}\right|_{w,\tau} \tag{1}$$

对式(4.41)求导,并令 $x=0$,则得:

$$\left.\frac{\partial\theta}{\partial x}\right|_{w,\tau} = -A_w\sqrt{\frac{\pi}{aT}}\left(\cos\frac{2\pi}{T}\tau - \sin\frac{2\pi}{T}\tau\right) \tag{2}$$

将式(2)代入式(1),得:

$$q_{w,\tau} = \lambda A_w\sqrt{\frac{2\pi}{aT}}\left(\cos\frac{2\pi}{T}\tau + \frac{\pi}{4}\right) \tag{4.44}$$

可见,物体表面的热流密度也是按简谐波规律变化的,并且比表面温度波提前了一个相位 $\pi/4$,或者说提前了 1/8 个周期,如图 4.19 所示。表面热流密度波的振幅 A_q 可以写为:

$$A_q = \lambda A_w\sqrt{\frac{2\pi}{aT}} = A_w\sqrt{\frac{2\pi\rho c\lambda}{T}}$$

令 $s=\dfrac{A_q}{A_w}$，得：

$$s=\sqrt{\frac{2\pi\rho c\lambda}{T}} \tag{4.45}$$

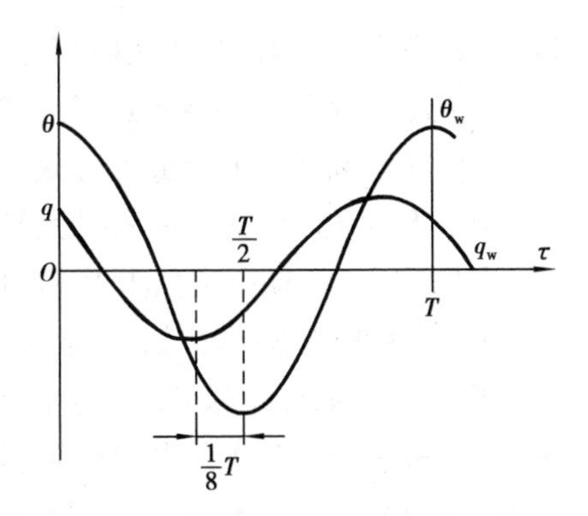

图 4.19　半无限大物体表面的热流密度波

s 称为材料的蓄热系数，它表示当物体表面温度波振幅为 1 ℃时，导入物体的最大热流密度，它代表了物体向与其接触的高温物体吸热的能力。其数值与材料的热物性以及波动的周期有关。附录 1 给出各种不同材料的蓄热系数，其右下角的角码表示周期，如 s_{24} 就是周期为 24 h 材料的蓄热系数。如果有 2 种表面温度（低于人体温度）相同、材料不同的地面，一种是木地板的，另一种是大理石的，当人赤脚在地面上行走时，感到木地板地面比大理石地面暖和些，这是因为木地板的蓄热系数小，因而从皮肤吸取的热量少的缘故。

习　题

1. 什么叫非稳态导热的正规状况阶段？这一阶段有什么特点？
2. 试说明“无限大”平板的物理概念，并举出 1 或 2 个可以按无限大平板处理的非稳态导热问题。
3. 有人认为，当非稳态导热过程经历时间很长时，采用诺谟图计算所得的结果是错误的。理由是：这个图表明，物体中各点的过余温度的比值仅与几何位置及 Bi 有关，而与时间无关。但当时间趋于无限大时，物体中各点的温度应趋近流体温度，所以二者是有矛盾的。你是否同意这种看法，说明其理由。
4. 什么是“半无限大”的物体？半无限大物体的非稳态导热存在正规状况阶段吗？
5. 什么是非稳态导热问题的乘积解法，它的使用条件是什么？
6. 本章的讨论都是对物性为常数的情形做出的，对物性是温度函数的情形，应怎样获得其非稳态导热的温度场？
7. 结合非稳态导热分析解的形式，分析导温系数在非稳态导热中的作用。
8. 由导热微分方程可见，非稳态导热只与热扩散率有关，而与导热系数无关。对吗？（提示：导热的完整数学描述为导热微分方程和定解条件。）
9. 试说明 Bi 的物理意义。$Bi\to 0$ 及 $Bi\to\infty$ 各代表什么样的传热条件？有人认为，$Bi\to 0$ 代表了绝热工况，是否赞同这一观点，为什么？
10. 试说明集总参数法的物理概念及数学上处理的特点。
11. 什么叫时间常数？试分析测量恒定的流体温度时 τ_c 对测量准确度的影响。
12. 在用热电偶测定气流的非稳态温度场时，怎样才能改善热电偶的温度响应特性？
13. 在某厂生产的测温元件说明书上，标明该元件的时间常数为 1 s。从传热学角度考虑，认为此值可信吗？

14. 一块无限大平板,单侧表面积为A,初温为t_0,一侧表面受温度为t_f,表面传热系数为h的气流冷却,另一侧受到恒定热流密度q_w的加热,内部热阻可以忽略。试列出物体内部的温度随时间变化的微分方程式并求解之。设其他几何参数及物性参数已知。

15. 设有5块厚30 mm的无限大平板,各用银、铜、钢、玻璃及软木做成,初始温度均匀,为20 ℃,2个侧面突然上升到60 ℃,试计算使中心温度上升到56 ℃时各板所需的时间。5种材料的热扩散率依次为170×10^{-6},103×10^{-6},12.9×10^{-6},0.59×10^{-6},$0.155\times10^{-6}\ m^2/s$。由此计算可以得出什么结论?

16. 设一根长为l的棒有均匀初始温度t_0,此后使其两端各维持在恒定的温度$t_1(x=0)$及$t_2(x=1)$,并且$t_2>t_1>t_0$。棒的四周保持绝热。试画出棒中温度分布随时间变化的示意性曲线及最终的温度分布曲线。

17. 在一无限大平板的非稳态导热过程中,测得某一瞬间在板的厚度方向上的3点A,B,C处的温度分别为$t_A=180$ ℃,$t_B=130$ ℃,$t_C=90$ ℃,A与B及B与C各相隔1 cm,材料的热扩散率$a=1.1\times10^{-5}\ m^2/s$。试估计在该瞬间B点温度对时间的瞬时变化率。该平板的厚度远大于A,C之间的距离。

18. 厚8 mm的瓷砖被堆放在室外货场上,并与−15 ℃的环境处于热平衡。此后把它们搬入25 ℃的室内。为了加速升温过程,每块瓷砖被分散地搁在墙旁。设此时瓷砖两面与室内环境的表面传热系数为4.4 W/(m²·K)。为防止瓷砖脆裂,需待其温度上升到10 ℃以上才可操作,问需等待多少时间?已知瓷砖的$a=7.5\times10^{-7}\ m^2/s$,$\lambda=1.1$ W/(m·K)。如瓷砖厚度增加1倍,其他条件不变,问等待时间又为多少?

19. 位于寒冷地区的一大直径输油管的外径为1 m,壁厚45 mm,油管外侧绝热良好。未送油前油管温度为−20 ℃,然后80 ℃的热油突然流经该油管,与内壁间的表面传热系数$h=400$ W/(m²·K)。试确定:①输油5 min后油管外表面的温度;②输油5 min后内表面的瞬时热流密度;③输油5 min内油管单位长度上所吸收的热量。输油管的物性为:$\lambda=43$ W/(m·K),$a=1.17\times10^{-5}\ m^2/s$。

20. 用常功率平面热源法对材料的导热系数进行测定,所测试件可被视为一半无限大物体。平面热源的功率为60 W/m²。如试件初始温度为15 ℃,通电加热后,经过300 s试件与平面热源接触表面处温度测得为20 ℃,经过360 s,测得距平面热源0.015 m处试件的温度为16.67 ℃。试求该材料的导热系数。

21. 冬天,太阳对地面的辐射热流密度为600 W/m²,河面冰层对太阳光的吸收率假定为0.6,冰层很厚,但初始温度仍均匀为−15 ℃。试问太阳照射多久以后冰层表面才开始融化。

*22. 医学知识告诉我们:人体组织的温度等于、高于48 ℃的时间不能超过10 s,否则该组织内的细胞就会死亡。今有一劳动保护部门需要获得这样的资料,即人体表面接触到60,70,80,90 ℃及100 ℃的热表面后,皮肤下烧伤深度随时间而变化的情况。试利用非稳态导热理论做出上述烧伤深度随时间变化的曲线。人体组织可看成各向同性材料,人体组织:$\lambda=0.635$ W/(m·K),$a=15.3\times10^{-6}\ m^2/s$,$c=4\ 174$ J/(kg·K),$\rho=992\ kg/m^3$。计算的最大时间为5 min,为简化分析,这里可假定一接触到热表面,人体表面温度就上升到了热表面的温度。

*23. 俗语说:"冰冻三尺,非一日之寒。"试根据下列数据计算冬天冰冻"三尺"需几天。设土

壤原来温度为 4 ℃,受寒流影响,土壤表面突然下降到 -10 ℃,土壤物性:λ = 0.6 W/(m · K),a=0.194×10^{-6} m^2/s,且 λ 和 a 不随冰冻变化。

*24. 在温度为 250 ℃的烘箱中烤山芋。可以将山芋看作直径为 5 cm 的球,初始温度为 20 ℃,已知山芋的导热系数为 6.48 W/(m · K),热扩散率为 1.57×10^{-6} m^2/s,比热容为 4 174 J/(kg · K),密度为 988 kg/m^3。试估算烘烤 20 min 后山芋的温度,取表面传热系数为 20 W/(m^2 · K)。

*25. 初始温度为 28 ℃,直径为 80 mm 的橘子放在冰箱里,冰箱中空气的温度为 3 ℃,空气与橘子间表面传热系数为 8 W/(m^2 · K)。试计算橘子中心温度降至 8 ℃所需的时间。已知橘子的导热系数为 0.599 W/(m · K),热扩散率为 14.3×10^{-6} m^2/s,比热容为 4 183 J/(kg · K),密度为 998 kg/m^3。

*26. 在太阳能集热器中采用直径为 100 mm 的鹅卵石作为储存热量的媒介,其初始温度为 20 ℃。从太阳能集热器中引来 70 ℃的热空气吹过鹅卵石,空气与鹅卵石之间的表面传热系数为 25 W/(m^2 · K)。试问 3 h 后鹅卵石的中心温度为多少? 1 kg 鹅卵石的储热量是多少? 已知鹅卵石的导热系数为 2.2 W/(m · K),热扩散率为 11.3×10^{-7} m^2/s,比热容为 780 J/(kg · K),密度为 2 500 kg/m^3。

27. 某种耐火砖体的导热系数为 1.12 W/(m · K),热扩散率为 0.5×10^{-6} m^2/s。初始温度均匀为 40 ℃,经与 650 ℃的高温气体接触 100 h 后,求下列三种不同砖体形状情况下的温度:
①厚度为 1 m 的无限大平壁的中心温度;
②截面为 1 m×1 m 方形柱体的中心温度;
③1 m×1 m×1 m 立方体的中心温度,其中一壁面绝热。
上述三种情况下,壁面与高温气体间的复合表面传热系数均为 80 W/(m^2 · K)。

*28. 一易拉罐饮料从 30 ℃的室温中移入 5 ℃的冰箱冷藏室中冷却。假设罐中饮料的自然对流可以忽略,罐的直径为 50 mm,高 120 mm,其外表面与冷藏室环境的表面传热系数为 10 W/(m^2 · K),罐壳的热阻可以忽略不计。已知饮料的导热系数为0.599 W/(m · K),热扩散率为 14.3×10^{-6} m^2/s,比热容为 4 183 J/(kg · K),密度为 998 kg/m^3,试计算为把饮料冷却到 10 ℃所需的时间。

29. 材料相同、初温相同且满足集总参数法条件的金属薄板,细圆柱体和小球置于同一介质中加热,若薄板厚度与细圆柱体直径和小球直径相等,问当它们被加热到相同温度时所需时间之比。

30. 一初始温度为 t_0 的固体,被置于室温为 t_f 的房间中。物体表面的发射率为 ε,表面与空气间的表面传热系数为 h。物体的体积为 V,参与传热的面积为 A,比热容和密度分别为 c 及 ρ。物体的内热阻可略而不计,试列出物体温度随时间变化的微分方程式。

31. 一球形热电偶接点,设计时要求该接点与流体接触后在 1 s 内能使其过余温度迅速下降至初始过余温度的 5%。设该接点与流体间的表面传热系数为 57 W/(m^2 · K),试计算球形接点的最大允许半径。已知接点材料的物性:ρ=8 000 kg/m^3,c=418 J/(kg · K),λ=52 W/(m · K)。

32. 直径为 12 mm,初始温度为 900 ℃的钢球,突然被放置于温度为 25 ℃,表面传热系数为 40 W/(m^2 · K)的空气中冷却。已知钢球的物性如下:λ = 40 W/(m · K),ρ =

7 800 kg/m^3,c=600 J/(kg·K)。试确定钢球中心温度被冷却到 120 ℃所需的时间。

33. 一种火焰报警器采用低熔点的金属丝作为传感元件,当该导线受火焰或高温烟气的作用而熔断时报警系统即被触发。报警系统导线的熔点为 500 ℃,λ=210 W/(m·K),ρ=7 200 kg/m^3,c=420 J/(kg·K),初始温度为 25 ℃。问当它突然受到 650 ℃烟气加热后,为在 1 min 内发出报警信号,导线直径应限在多大以下?设复合传热的表面传热系数为20 W/(m^2·K)。

34. 一热电偶的$\rho cV/A$=2.094 kJ/(m^2·K),初始温度为 20 ℃,后将其置于 320 ℃的气流中。试计算在气流与热电偶之间的表面传热系数为 58 W/(m^2·K)及 116 W/(m^2·K)的两种情形下,热电偶的时间常数,并画出两种情形下热电偶读数的过余温度随时间变化的曲线。

35. 有一小型浸没式热水器,体积为 1.6×10^{-5} m^3,外表面积为 3.2×10^{-3} m^2。热水器由物性为:ρ=8 940 kg/m^3,λ=260 W/(m·K),c=420 J/(kg·K)的金属制成,消耗功率40 W。热水器浸在水中,所以不会超过熔点 538 ℃。由于操作人员疏忽,热水器未浸在水中而是在空气中就接通电源。假设空气与热水器间的表面传热系数恒为11.4 W/(m^2·K),试计算热水器达到熔点所需的时间、空气温度 t_f 和初始温度 t_0。

36. 体温计的水银泡长 1 cm,直径为 7 mm。体温计自酒精溶液中取出时,由于酒精蒸发,体温计水银泡维持 18 ℃。护士将体温计插入病人口中,水银泡表面的当量传热系数为 100 W/(m^2·K)。如果测温误差要求不超过 0.2 ℃,求体温计插入病人口中后,至少要多长时间才能将体温计从体温为 40 ℃的病人口中取出。水银泡的当量物性值为:ρ=8 000 kg/m^3,c=430 J/(kg·K)。

37. 在冬季,某个地方,一天内大地表面最高温度为 8 ℃,最低温度为-4 ℃。已知土壤的λ=0.6 W/(m·K),a=0.194×10^{-6} m^2/s。问地表下 0.1 m 和 0.5 m 处的最高、最低温度为多少?达到最高温度的时间滞后为多少?

第 4 章习题详解

5 导热问题数值解法

导热问题的精确求解手段是分析解,从前面两章的分析来看,数学分析法只能求解一些简单的导热问题,但在很多情况下,几何形状、微分方程及定解条件的复杂性使得分析解非常困难,甚至不可能得到。在这种情况下,建立在有限差分和有限元方法基础上的数值计算法是求解导热问题十分有效的方法。随着计算机技术的不断发展,其容量的不断扩大,使得计算速度更快,计算方法也在不断发展,计算机已成为解决工程计算的有力工具,所以推动了用数值计算方法求解传热问题,并逐步形成了传热学的一个分支——计算传热学(数值传热学)[1,2]。

在传热学中,数值计算首先用于导热问题,且发展较快,很多复杂的导热问题通过数值计算都可得到满意的结果。这些数值计算方法包括有限差分法、有限元法等。本章着重介绍有限差分法,对有限元法做简要介绍,并说明了有限差分法与有限元法的区别及应用场合,最后以导热问题为例来阐述数值计算的基本思想和计算步骤。对流传热、辐射传热和总传热过程也能用数值计算求解,有关详细资料可参考文献[1~5]。

5.1 有限差分法

数值求解的基本思想可概括为:用有限个离散点(节点)上物理量的集合代替在时间、空间上连续的物理量场,按物理属性建立各节点的代数方程并求解,来获得离散点上被求物理量的集合。

有限差分法就是把物体分割为有限数目的网格单元,这样把一个原来在空间和时间上连续的物理量场,转化为在其定义域内有限个离散点上的物理量,用这些离散点上的物理量的集合来代替该物理量场的连续分布。

例如,对于一维温度场,可用多点折线代替光滑的温度曲线,即用有限小量代替无限小量。用差分代替微分,可以将微分方程转化为有限差分方程,如图 5.1 所示。

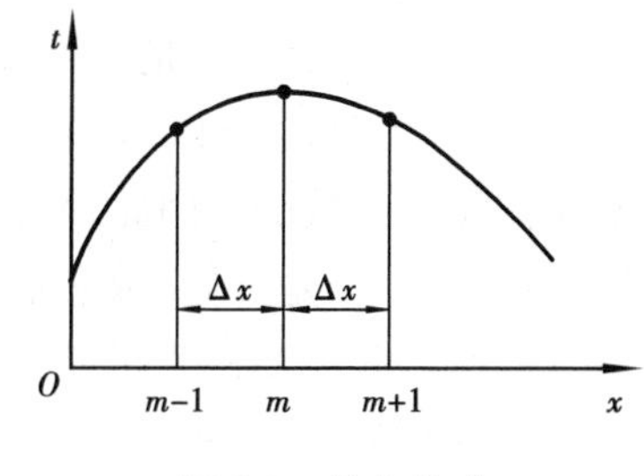

图 5.1 差分格式

由微分的定义
$$\frac{\mathrm{d}t}{\mathrm{d}x} = \lim_{\Delta x \to 0} \frac{\Delta t}{\Delta x} \tag{1}$$

当 Δx 为较小的有限尺度时,微分可近似表达为:
$$\frac{\mathrm{d}t}{\mathrm{d}x} \approx \frac{\Delta t}{\Delta x} \tag{2}$$

差分格式又分为向前差分、向后差分和中心差分。

向前差分:
$$\frac{\mathrm{d}t}{\mathrm{d}x} \approx \frac{t_{m+1} - t_m}{\Delta x} \tag{3}$$

向后差分:
$$\frac{\mathrm{d}t}{\mathrm{d}x} \approx \frac{t_m - t_{m-1}}{\Delta x} \tag{4}$$

中心差分:
$$\frac{\mathrm{d}t}{\mathrm{d}x} \approx \frac{t_{m+1} - t_{m-1}}{2\Delta x} \tag{5}$$

对于二维导热问题,沿 x 方向和沿 y 方向分别按间距 Δx 和 Δy,用一系列与坐标轴平行的网格线,将求解区域分割成许多小的矩形网格,称为子区域,如图 5.2(a)所示。网格线的交点称为节点,各节点的位置用(m,n)表示,m 表示沿 x 方向节点的顺序号,n 表示沿 y 方向节点的顺序号。相邻两节点的距离 Δx 或 Δy,称为步长。网格沿 x 方向和 y 方向是等步长的,称为均匀网格,如图 5.2(b)所示。实际上,根据需要网格也可以是不均匀的。网格线与物体边界的交点,称为边界节点。

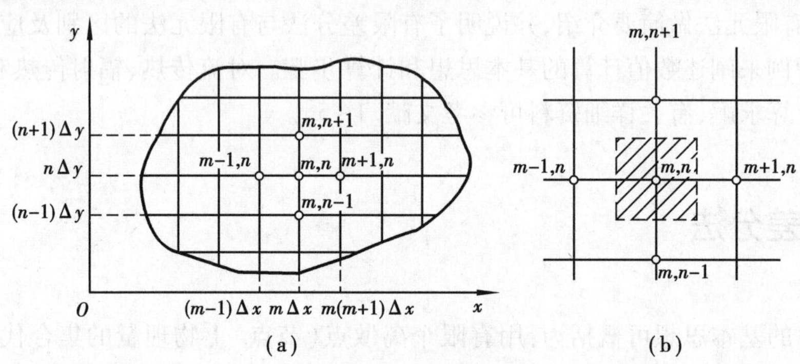

图 5.2　二维物体中的网格

显然,我们的目的就是要根据导热微分方程确定物体内各网格节点的温度。每一个节点都可以看作是以它为中心的一个小区域的代表,如图 5.2(b)所示,这个小区域称为元体。每一个节点的温度就代表了它所在的元体的温度,即用差分方法求得的温度只是各节点的温度值,在空间是不连续的。因此,网格划分越细密,节点越多,不连续的节点温度的集合越逼近真实的温度分布。但是,网格越细密,解题花费的时间越多。对于非稳态导热问题,除了空间上进行网格划分外,还要把时间分割成许多间隔。非稳态导热问题的求解就从初始时间出发,依次求得不同时刻物体中各节点的温度值。时间间隔越小,所得结果越精确。

5.2 有限元法

有限元法是最近几十年发展起来的一门数值分析技术,是借助计算机解决场问题的近似计算方法。它运用离散的概念,使整个问题由整体连续到分段连续;由整体解析转化为分段解析,从而使数值法与解析法互相结合,互相渗透,形成一种新的数值计算方法。有限元法把整个求解域离散成为有限个子域,每一子域内运用变分法,即利用与原问题中微分方程相等价的变分原理来进行推导,从而使原问题的微分方程组退化到代数联立方程组,得到数值解。

有限元法最初被用来研究复杂的飞机结构中的应力,它将弹性理论、计算数学和计算机软件有机地结合在一起;后来由于这一方法的灵活、快速和有效性,使其迅速发展成为求解各领域的数理方程的一种通用的近似计算方法。目前,有限元法不但被应用于固体力学、流体力学等领域,同样也被应用到热传导、电磁学、声学等领域,可以求解各类场的分布问题,如流体场、温度场、电磁场等的稳态和瞬态问题。

有限元法和差分法都是常用的数值计算方法,差分法计算模型可给出其基本方程的逐点近似值,即差分网格上的点,对于不规则的几何形状和不规则的特殊边界条件差分法就难以应用了。有限元法把求解区域看作由许多小的在节点处互相连接的子域(或单元)所构成,其模型给出基本方程的子域的近似解。由于子域可以被分割成各种形状和大小不同的尺寸,所以它能够很好地适应复杂的几何形状、复杂的材料特性和复杂的边界条件。而且它有成熟的大型软件系统支持,所以,有限元法已成为一种非常受欢迎的、应用极广的数值计算方法。有关有限元法的更多介绍,读者可参阅有关文献[6,7]。

我国已引进的有限元软件有:SAP, ADINA, ANSYS, I-DEAS, FLUENT, MSC/NASTRAN, ASKA 等。有些程序具备了前后处理功能。这样不仅解题的速度提高了,还极大地方便了使用者。

5.3 稳态导热的数值计算

建立离散方程的方法基本上有 2 种,即差分代微分法和热平衡法。前者在 5.1 节中已经介绍了,但当导热系数是温度的函数或内热源分布不均匀时,使用该方法会产生麻烦。热平衡法是指对于某节点代表的单元而言,根据能量守恒定律写出热平衡式,对于无内热源的稳态导热,从各个方向流入该单元体的热流量的代数和应该等于零。即使导热系数是温度的函数或内热源分布不均匀,对于每个节点写出热平衡关系也是比较简单的,这是热平衡法的优点。

以常物性、无内热源的二维稳态导热为例,其微分方程为:

$$\frac{\partial^2 t}{\partial x^2} + \frac{\partial^2 t}{\partial y^2} = 0 \tag{6}$$

5.3.1 内部节点离散方程的建立

如图 5.3 所示，(m,n)节点与周围节点之中点(即E,W,N,S点)的一阶差分可以表示为：

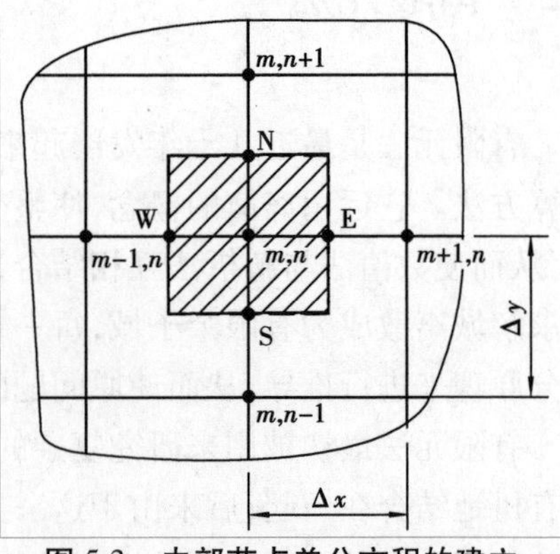

图 5.3　内部节点差分方程的建立

$$\left.\frac{\partial t}{\partial x}\right|_{m+1/2,n} \approx \frac{t_{m+1,n}-t_{m,n}}{\Delta x} \quad (\text{E 点})$$

$$\left.\frac{\partial t}{\partial x}\right|_{m-1/2,n} \approx \frac{t_{m,n}-t_{m-1,n}}{\Delta x} \quad (\text{W 点})$$

$$\left.\frac{\partial t}{\partial y}\right|_{m,n+1/2} \approx \frac{t_{m,n+1}-t_{m,n}}{\Delta y} \quad (\text{N 点})$$

$$\left.\frac{\partial t}{\partial y}\right|_{m,n-1/2} \approx \frac{t_{m,n}-t_{m,n-1}}{\Delta y} \quad (\text{S 点})$$

那么，(m,n)节点的二阶差分(即一阶差分的差分)可以表示为：

$$\left.\frac{\partial^2 t}{\partial x^2}\right|_{m,n} \approx \frac{\left.\frac{\partial t}{\partial x}\right|_{m+1/2,n}-\left.\frac{\partial t}{\partial x}\right|_{m-1/2,n}}{\Delta x} = \frac{t_{m+1,n}+t_{m-1,n}-2t_{m,n}}{(\Delta x)^2} \tag{5.1}$$

$$\left.\frac{\partial^2 t}{\partial y^2}\right|_{m,n} \approx \frac{\left.\frac{\partial t}{\partial y}\right|_{m,n+1/2}-\left.\frac{\partial t}{\partial y}\right|_{m,n-1/2}}{\Delta y} = \frac{t_{m,n+1}+t_{m,n-1}-2t_{m,n}}{(\Delta y)^2} \tag{5.2}$$

将式(5.1)和式(5.2)代入式(6)，可以得到(m,n)节点的差分方程：

$$\frac{t_{m+1,n}+t_{m-1,n}-2t_{m,n}}{(\Delta x)^2}+\frac{t_{m,n+1}+t_{m,n-1}-2t_{m,n}}{(\Delta y)^2}=0 \tag{5.3}$$

如网格划分是均匀的，即 $\Delta x=\Delta y$，式(5.3)简化为：

$$t_{m,n}=\frac{1}{4}(t_{m+1,n}+t_{m-1,n}+t_{m,n+1}+t_{m,n-1}) \tag{5.4}$$

5.3.2 边界节点离散方程的建立

对于第一类边界条件，因为边界节点的温度是给定的，即：

$$t_{m,n}=C \tag{5.5}$$

它直接以数值的形式参加到与边界节点的相邻的内节点的离散方程中。对于第二类或第三类边界条件应根据给定的具体条件，针对边界节点所在的网格单元写出热平衡式，建立其边界节点的温度离散方程。

如图 5.4 所示，右平直边界给定第二类边界条件，即已知边界节点处的热流密度 q_w，并且设 q_w 流入为正。用热平衡法导出边界节点热平衡方程为：

$$\lambda\Delta y\frac{t_{m-1,n}-t_{m,n}}{\Delta x}+\lambda\frac{\Delta x}{2}\frac{t_{m,n+1}-t_{m,n}}{\Delta y}+\lambda\frac{\Delta x}{2}\frac{t_{m,n-1}-t_{m,n}}{\Delta y}+\Delta y q_w=0 \tag{5.6}$$

如果取均匀网格，即 $\Delta x=\Delta y$，则有：

$$t_{m,n}=\frac{1}{4}(t_{m,n+1}+t_{m,n-1})+\frac{1}{2}\left(t_{m-1,n}+\frac{\Delta y}{\lambda}q_w\right) \tag{5.7}$$

同样以右平直边界为例,如图5.5所示,给定第三类边界条件,即已知边界外流体温度t_f及边界处的对流表面传热系数h,用热平衡法导出边界节点热平衡方程为:

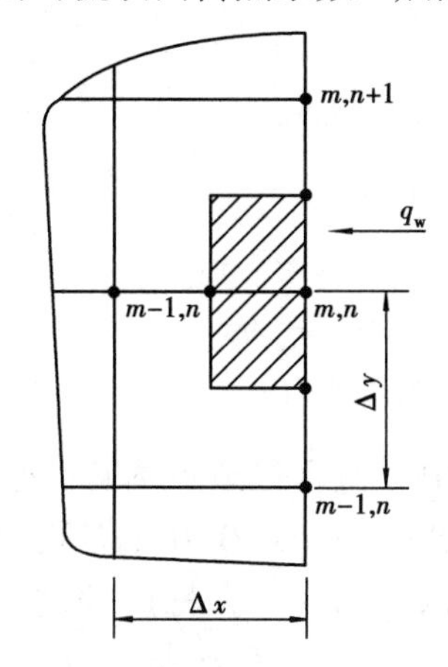

图5.4 第二类边界条件的边界节点

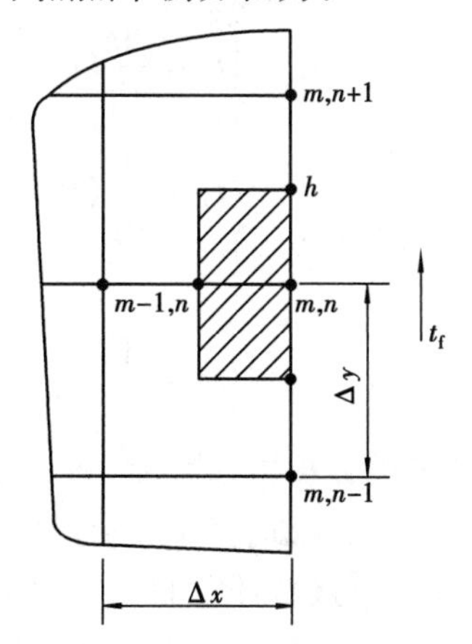

图5.5 第三类边界条件的边界节点

$$\lambda \Delta y \frac{t_{m-1,n} - t_{m,n}}{\Delta x} + \lambda \frac{\Delta x}{2} \frac{t_{m,n+1} - t_{m,n}}{\Delta y} + \lambda \frac{\Delta x}{2} \frac{t_{m,n-1} - t_{m,n}}{\Delta y} + \Delta y h(t_f - t_{m,n}) = 0 \quad (5.8)$$

如果取均匀网格$\Delta x = \Delta y$,式(5.8)简化为:

$$t_{m,n} = \frac{2t_{m-1,n} + t_{m,n+1} + t_{m,n-1} + \dfrac{2h\Delta y}{\lambda}t_f}{2\left(2 + \dfrac{h\Delta y}{\lambda}\right)} = \frac{t_{m,n+1} + t_{m,n-1} + 2(t_{m-1,n} + Bit_f)}{2(2 + Bi)} \quad (5.9)$$

式中 Bi——以步长$\Delta x = \Delta y$为特征尺度的毕渥准则,称为网格毕渥数。

对于其他位置和形状的边界节点,参照上述方法即可写出边界节点方程,参考文献[8,9]。

5.3.3 方程组的求解

如前所述,可以写出任意内节点和边界节点的离散方程,设有n个未知节点,就可以得到n个线性代数方程。

线性方程组求解的方法分为直接解法和迭代法两大类。直接解法是指通过有限次运算获得代数方程精确解的方法,如矩阵求逆、高斯消元等,由于这一方法所需的计算机内存较大,所以只适合于未知量较少的场合。迭代法是先对要计算的场做出假设(设定初场),在迭代计算过程中不断予以改进,直到计算前的假定值与计算后的结果相差小于允许值为止,称为迭代计算已经收敛。它是目前比较普遍的求解方法,下面简单介绍迭代法求解代数方程组的过程。

用迭代法求解线性方程组时,首先将节点温度$t_{m,n}$按顺序$1,2,\cdots,n$编号。于是,方程组可写成下列形式:

$$\begin{cases} a_{11}t_1 + a_{12}t_2 + \cdots + a_{1n}t_n = b_1 \\ a_{21}t_1 + a_{22}t_2 + \cdots + a_{2n}t_n = b_2 \\ \vdots \\ a_{n1}t_1 + a_{n2}t_2 + \cdots + a_{nn}t_n = b_n \end{cases} \quad (5.10a)$$

其中，$a_{ij}(i=1,2,\cdots,n;j=1,2,\cdots,n)$及$b_i(i=1,2,\cdots,n)$是已知的系数（设均不为零）及常数。将式（5.10a）改写成关于$t_1,t_2,\cdots,t_n$的显式形式（迭代方程），如：

$$\begin{cases} t_1 = \dfrac{1}{a_{11}}(b_1 - a_{12}t_2 - \cdots - a_{1n}t_n) \\ t_2 = \dfrac{1}{a_{22}}(b_2 - a_{21}t_1 - a_{23}t_3 - \cdots - a_{2n}t_n) \\ \vdots \\ t_n = \dfrac{1}{a_{nn}}(b_n - a_{n1}t_1 - a_{n2}t_2 - \cdots - a_{n,n-1}t_{n-1}) \end{cases} \tag{5.10b}$$

从5.3.2节的分析可以看出，每一个节点的离散方程中只包含该节点本身的温度和它相邻各节点的温度，所以式（5.10）中很多项的系数等于零。此外，式（5.10）中的常数项与内热源和边界条件有关。接着任意假定一组节点温度的初始值，以$t_1^0,t_2^0,\cdots,t_n^0$表示，将这些初值代入式（5.10）就可以得到一组新的节点温度值，以$t_1^1,t_2^1,\cdots,t_n^1$表示，再次将$t_1^1,t_2^1,\cdots,t_n^1$代入式（5.10），又可以得到一组新的节点温度值，以$t_1^2,t_2^2,\cdots,t_n^2$表示，这样反复迭代，直到前后2次迭代各节点温度差值的最大值小于规定的误差，此时称为已达到迭代收敛，迭代计算中止。为了加速迭代过程的收敛，一般用高斯—赛德尔迭代法，它的特点是每次迭代总是用节点温度的最新值代入方程中。例如，第k次迭代得到t_1^{k+1}以后，就用t_1^{k+1}来计算t_2^{k+1}而不用t_1^k。高斯—赛德尔迭代法的计算过程是按一定程序循环进行的，所以它是计算机常用的方法之一。

判断迭代是否收敛的准则一般有以下3种：

$$\max\left|t_m^{k+1} - t_m^k\right| \leqslant \varepsilon \tag{5.11a}$$

$$\max\left|\frac{t_m^{k+1} - t_m^k}{t_m^k}\right| \leqslant \varepsilon \tag{5.11b}$$

$$\max\left|\frac{t_m^{k+1} - t_m^k}{t_{\max}^k}\right| \leqslant \varepsilon \tag{5.11c}$$

其中，上角标表示迭代次数，$t_{\max}^k$为第k次迭代计算所得的计算区域中的最大值。允许的相对误差$\varepsilon=10^{-6}\sim10^{-3}$，视具体情况而定。

值得注意的是，即使是同一个代数方程组，如果选用的迭代公式不合适，则可能导致发散。对于常物性导热问题所组成的离散方程组，迭代公式的选择应使每一个迭代变量的系数总是大于或等于该式中其他变量系数绝对值的代数和，此时用迭代法求解代数方程一定收敛。这一条件在数学上称为主对角线占优（简称对角占优）。对于式（5.10b）而言，这一条件可表示为：

$$\frac{|a_{12}| + |a_{13}| + \cdots + |a_{1n}|}{a_{11}} \leqslant 1,$$

$$\frac{|a_{21}| + |a_{23}| + \cdots + |a_{2n}|}{a_{22}} \leqslant 1,$$

$$\vdots$$

$$\frac{|a_{n1}| + |a_{n2}| + \cdots + |a_{n,n-1}|}{a_{nn}} \leqslant 1$$

需注意的是，在用热平衡法导出离散方程时，如果选用导出该方程的中心节点的温度作为迭代变量，则上述条件必满足，迭代一定收敛。

【例 5.1】 一各向同性材料的方形物体，其导热系数为常量。已知各边界的温度如图5.6所示，且 $\Delta x=\Delta y$。试用高斯—赛德尔迭代求其内部网格节点 1,2,3,4 的温度。

【解】 这是一个二维稳态导热问题。对于物体内部每个网格节点的温度，式(5.10)仍然适用，即：

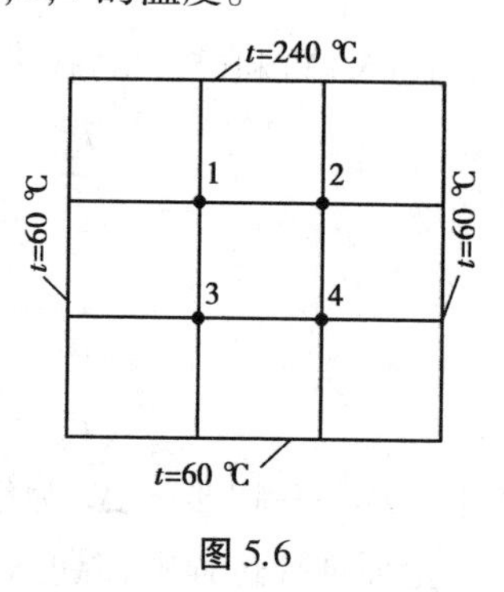

图 5.6

$$\begin{cases} t_1^{(1)} = \dfrac{1}{4}(240 + 60 + t_2^{(0)} + t_3^{(0)}) \\ t_2^{(1)} = \dfrac{1}{4}(240 + 60 + t_1^{(1)} + t_4^{(0)}) \\ t_3^{(1)} = \dfrac{1}{4}(60 + 60 + t_1^{(1)} + t_4^{(0)}) \\ t_4^{(1)} = \dfrac{1}{4}(60 + 60 + t_2^{(1)} + t_3^{(1)}) \end{cases}$$

开始时，假设取 $t_1^{(0)}=t_2^{(0)}=120$ ℃；$t_3^{(0)}=t_4^{(0)}=80$ ℃。代入上式进行迭代，第 1~5 次迭代值汇总于下表：

迭代次数	t_1/℃	t_2/℃	t_3/℃	t_4/℃
0	120	120	80	80
1	125	126.25	81.25	81.875
2	126.875	127.19	82.19	82.345
3	127.345	127.42	82.42	82.46
4	127.46	127.48	82.48	82.49
5	127.49	127.495	82.495	82.50

其中，第 4 次与第 5 次迭代的相对偏差按式(5.11b)计算已小于 10^{-3}，迭代终止。

5.4 非稳态导热的数值计算

非稳态导热问题中温度不仅是空间的函数，还是时间的函数，所以非稳态导热问题的数值解还要涉及温度对时间的差分。以常物性、无内热源的一维非稳态导热问题为例，其微分方程为：

$$\frac{\partial t}{\partial \tau} = a\frac{\partial^2 t}{\partial x^2} \tag{5.12}$$

5.4.1 内部节点离散方程的建立

与稳态导热相同，式(5.12)的右边项：

$$\frac{\partial^2 t}{\partial x^2} \approx \frac{t_{m+1}^{(p)} + t_{m-1}^{(p)} - 2t_m^{(p)}}{(\Delta x)^2} \tag{5.13}$$

式中,上标 p 表示时间顺序号,t_m^p 表示节点 m 在$(p)\Delta\tau$时刻的温度。

对时间向前差分,式(5.12)的左边项:

$$\frac{\partial t}{\partial \tau} \approx \frac{t_m^{(p+1)} - t_m^{(p)}}{\Delta \tau} \tag{5.14a}$$

式(5.13)和(5.14a)代入微分方程(5.12)得内部节点离散方程:

$$\frac{t_m^{(p+1)} - t_m^{(p)}}{\Delta \tau} = a\frac{t_{m+1}^{(p)} + t_{m-1}^{(p)} - 2t_m^{(p)}}{(\Delta x)^2}$$

$$t_m^{(p+1)} = \frac{a\Delta\tau}{(\Delta x)^2}(t_{m+1}^{(p)} + t_{m-1}^{(p)}) + \left(1 - \frac{2a\Delta\tau}{(\Delta x)^2}\right)t_m^{(p)} \tag{5.15a}$$

$$t_m^{(p+1)} = Fo(t_{m+1}^{(p)} + t_{m-1}^{(p)}) + (1 - 2Fo)t_m^{(p)}$$

式中 Fo——以步长 Δx 为特征长度的傅里叶准则,称为网格傅里叶数。

上面推导过程中,温度对时间的一阶导数,采用的是向前差分,这样我们可以从已知的初始温度出发逐个计算出不同时刻物体中的温度分布。因为节点温度(未来温度)可以直接利用现实温度以显函数的形式表示,所以式(5.15a)称为显式差分格式。在显式差分中,为了加快计算的进程而调整 Δx 和 $\Delta\tau$的大小时,必须考虑其稳定性(指 Δx 和 $\Delta\tau$选择不合适时,其数值解不收敛),可以证明,对于一维非稳态导热,保证求解收敛的稳定性条件为:

$$1 - 2Fo \geqslant 0$$

即

$$Fo \leqslant \frac{1}{2}$$

因为,当 $Fo>\frac{1}{2}$时,式(5.15a)中 $t_m^{(p)}$ 的系数为负数,这样不同时刻的计算值就会有波动,将会出现十分不合理的情况。

若温度对时间的一阶导数,采用向后差分,即:

$$\frac{\partial t}{\partial \tau} \approx \frac{t_m^{(p)} - t_m^{(p-1)}}{\Delta \tau} \tag{5.14b}$$

将式(5.13)及式(5.14b)代入式(5.12),得:

$$\left(1 + 2\frac{a\Delta\tau}{\Delta x^2}\right)t_m^p = \frac{a\Delta\tau}{\Delta x^2}(t_{m+1}^p + t_{m-1}^p) + t_m^{p-1}$$

等价写为:

$$\left(1 + 2\frac{a\Delta\tau}{\Delta x^2}\right)t_m^{(p+1)} = \frac{a\Delta\tau}{\Delta x^2}(t_{m-1}^{(p+1)} + t_{m+1}^{(p+1)}) + t_m^{(p)} \tag{5.15b}$$

$$(1 + 2Fo)t_m^{(p+1)} = Fo(t_{m-1}^{(p+1)} + t_{m+1}^{(p+1)}) + t_m^{(p)}$$

从式(5.15b)看出,该式并不能直接根据$(p)\Delta\tau$时刻的温度分布计算$(p+1)\Delta\tau$时刻的温度分布,因为式中等号右侧还包括待求的$(p+1)\Delta\tau$时刻的节点温度。只有在已知$(p)\Delta\tau$时刻的各节点温度情形下,列出$(p+1)\Delta\tau$时刻各节点的离散方程,联立求解节点差分方程组才能得出$(p+1)\Delta\tau$时刻各节点的温度。这种差分格式称为隐式差分格式。因为它是联立求解节点差分方程组得出的各节点温度,所以这种计算是无条件稳定的,Δx 和 $\Delta\tau$ 的选取可以任意独立而不受限制,但是不同的 Δx 和 $\Delta\tau$ 的选取将影响计算结果的准确程度。有关隐式差分格式的其他内容,读者可参阅文献[10~12]。

5.4.2 边界节点离散方程的建立

对于第一类边界条件,边界节点的温度是已知的或随时间变化的,但变化规律已知。即:

$$t_0^{(p)} = t_{w1}, t_N^{(p)} = t_{w2} \tag{5.16}$$

式中,下标代表边界不同节点的空间位置,上标代表不同的时刻。

可是对第二类或第三类边界条件,则应根据边界上给出的具体条件写出热平衡关系以建立边界节点离散方程。边界节点的离散方程也分显式格式和隐式格式 2 种,在这里,我们只介绍显示格式,有关隐式格式的讨论,读者可参考文献[10~12]。

同样,以常物性、无内热源的一维非稳态导热问题为例。如图 5.7 所示,第二类边界条件,给定左边界边界节点处的热流密度 q_w,并且设 q_w 流入为正。用热平衡法(即传入节点的热流等于该节点所代表控制体的内能变化率)导出边界节点 t_0 热平衡方程为:

$$\lambda A \frac{t_1^{(p)} - t_0^{(p)}}{\Delta x} + q_w A = \rho c V \frac{t_0^{(p+1)} - t_0^{(p)}}{\Delta\tau} \tag{5.17}$$

$$\lambda \frac{t_1^{(p)} - t_0^{(p)}}{\Delta x} + q_w = \rho c \frac{\Delta x}{2} \frac{t_0^{(p+1)} - t_0^{(p)}}{\Delta\tau}$$

$$\begin{aligned} t_0^{(p+1)} &= \frac{2\lambda\Delta\tau}{\rho c(\Delta x)^2}(t_1^{(p)} - t_0^{(p)}) + \frac{2\Delta\tau}{\rho c\Delta x}q_w + t_0^{(p)} \\ &= 2Fot_1^{(p)} + (1 - 2Fo)t_0^{(p)} + \frac{2\Delta\tau}{\rho c\Delta x}q_w \end{aligned} \tag{5.18}$$

对于对称受热平板中心或绝热条件:

$$\frac{\partial t}{\partial x} = 0 \tag{5.19}$$

如果在边界的外侧假想一个与 1 节点相同的节点-1,那么在绝热边界条件下也可以取中心差分:

$$\frac{t_1^{(p)} - t_{-1}^{(p)}}{2\Delta x} = 0, \text{则 } t_1^{(p)} = t_{-1}^{(p)} \tag{5.20}$$

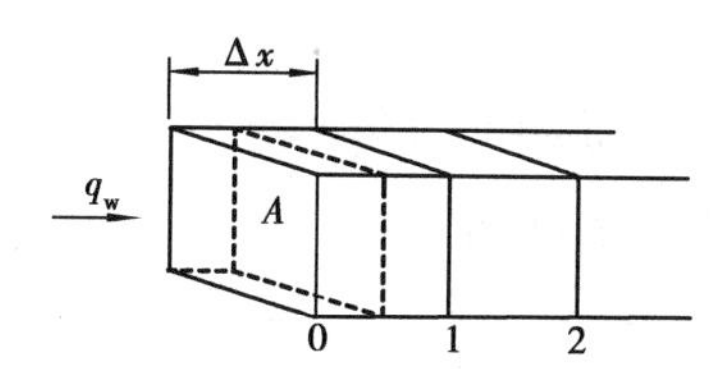

图 5.7 一维非稳态问题第二类边界条件的边界节点

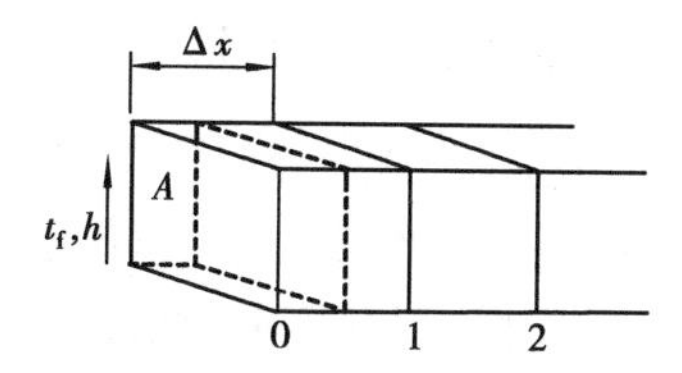

图 5.8 一维非稳态问题第三类边界条件的边界节点

如图 5.8 所示的第三类边界条件,给定左边界外流体温度 t_f 及边界处的对流表面传热系数 h,用热平衡法导出边界节点 t_0 热平衡方程为:

$$\lambda A \frac{t_1^{(p)} - t_0^{(p)}}{\Delta x} + hA(t_f - t_0^{(p)}) = \rho c V \frac{t_0^{(p+1)} - t_0^{(p)}}{\Delta \tau} \tag{5.21}$$

$$\lambda \frac{t_1^{(p)} - t_0^{(p)}}{\Delta x} + h(t_f - t_0^{(p)}) = \rho c \frac{\Delta x}{2} \frac{t_0^{(p+1)} - t_0^{(p)}}{\Delta \tau}$$

$$\begin{aligned} t_0^{(p+1)} &= \frac{2\lambda \Delta \tau}{\rho c (\Delta x)^2}(t_1^{(p)} - t_0^{(p)}) + \frac{2\Delta \tau}{\rho c \Delta x} h(t_f - t_0^{(p)}) + t_0^{(p)} \\ &= 2Fo t_1^{(p)} + (1 - 2Fo) t_0^{(p)} + \frac{2\lambda \Delta \tau}{\rho c (\Delta x)^2} \frac{h \Delta x}{\lambda}(t_f - t_0^{(p)}) \\ &= 2Fo t_1^{(p)} + [1 - 2Fo(1 + Bi)] t_0^{(p)} + 2Fo Bi t_f \end{aligned} \tag{5.22}$$

类似于内节点显式格式的稳定性一样,式(5.18)和式(5.22)中 $t_0^{(p)}$ 的系数也必须大于或等于零,否则数值解是不稳定的。对于第二类边界条件,式(5.18)的稳定条件是 $Fo \leqslant \frac{1}{2}$,对于第三类边界条件,式(5.22)的稳定条件是 $Fo \leqslant \frac{1}{2Bi+2}$,显然该式给出的 $\Delta\tau$ 较小。由于边界节点与内节点的离散方程必须选择相同的 $\Delta\tau$,所以对于第三类边界条件,应用显式格式求数值解时,它的稳定性条件要用 $Fo \leqslant \frac{1}{2Bi+2}$。

非稳态导热问题求数值解的初始条件分为 2 类。对于均匀温度场,即:

$$t_{0\sim n}^{(0)} = t_0 \tag{5.23}$$

而对于非均匀温度场其初始条件为:

$$t_0^{(0)} = t_0, t_1^{(0)} = t_1, \cdots, t_N^{(0)} = t_N \tag{5.24}$$

5.4.3 离散方程的求解

在应用显式格式时,数值计算的过程比较简单,将所有节点按顺序编号,并按节点所在位置和具体边界条件写出所有节点的离散方程。按所需的稳定性条件,确定合适的步长 Δx,$\Delta\tau$。一般地,首先根据精度要求和计算所用时间选取 Δx,再根据稳定性条件选取 $\Delta\tau$。由物性参数 ρ, c, λ 和表面传热系数 h,可以求得准则数 Fo, Bi;初值 $t_n^{(0)}$, $n=0,1,2,\cdots,N$ 已知(由初始条件确定),由各点初值根据前面推导的计算式可以计算 $t_n^{(1)}$, $t_n^{(2)}$, …

下面以左边界绝热,右边界为第三类边界条件的一维非稳态导热为例:

左边界: $t_0 = t_1^{(p)}$ (5.25)

内部节点: $t_n^{(p+1)} = Fo(t_{n+1}^{(p)} + t_{n-1}^{(p)}) + (1-2Fo) t_n^{(p)} \quad n=1,2,\cdots,N-1$ (5.26)

右边界: $t_N^{(p+1)} = 2Fo\, t_{N-1}^{(p)} + [1-2Fo(1+Bi)] t_N^{(p)} + 2Fo\, Bi\, t_f$ (5.27)

节点温度计算过程,如图 5.9 所示:

【例 5.2】 一直径为 1 cm,长 4 cm 的钢制圆柱形肋片,如图 5.10 所示。初始温度为 25 ℃,其后,肋基温度突然升高到 200 ℃,同时温度为 25 ℃的气流横向掠过该肋片,肋端及侧面的表面传热系数均为 100 W/(m²·K)。试将该肋片等分成 4 段,并用有限差分法显式差分格式计算从开始加热时刻起相邻 6 个时刻上的温度分布,取 $\Delta\tau = 3.5$ s。已知 $\lambda = 43$ W/(m·K),$a = 1.333\times10^{-5}$ m²/s。

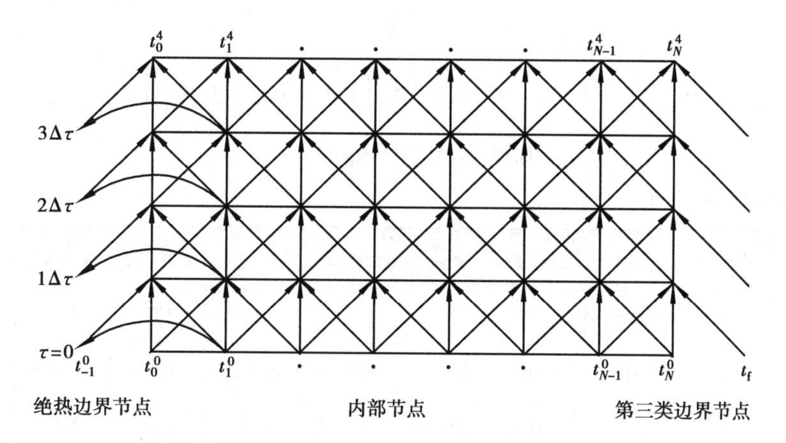

图 5.9 一维非稳态导热温度场计算过程示意图

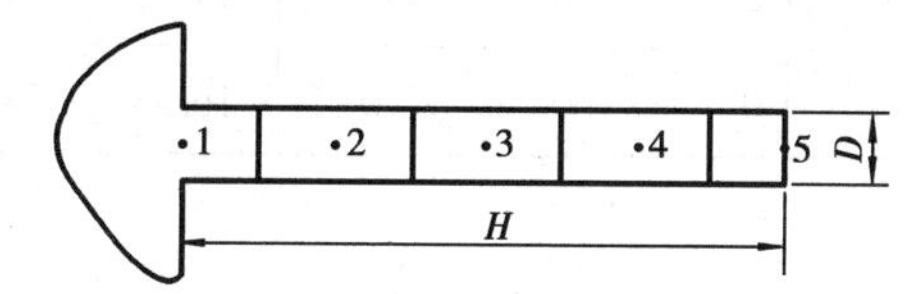

图 5.10 肋片及节点划分

【解】 $D=0.01\ \text{m}, H=0.04\ \text{m}, t_0=25\ ℃, t_1=200\ ℃, t_f=25\ ℃, h=100\ \text{W/(m}^2\cdot\text{K)}, \lambda=43\ \text{W/(m}\cdot\text{K)}, a=1.333\times10^{-5}\text{m}^2/\text{s}, \Delta x=0.01\ \text{m}, \Delta\tau=3.5\ \text{s}$。

$$Bi=\frac{h\Delta x}{\lambda}=\frac{100\times0.01}{43}=\frac{1}{43}$$

$$Fo=\frac{a\Delta\tau}{(\Delta x)^2}=\frac{1.333\times10^{-5}\times3.5}{0.01^2}=0.467$$

$$\frac{\Delta x}{D}=\frac{0.01}{0.01}=1$$

令 $\theta=t-t_f$,采用热平衡法列出各节点离散方程(自根部至端部顺序 1~5):

节点 2:

$$\lambda A\frac{\theta_1^{(p)}-\theta_2^{(p)}}{\Delta x}+\lambda A\frac{\theta_3^{(p)}-\theta_2^{(p)}}{\Delta x}-hU\Delta x\theta_2^{(p)}=\rho cA\Delta x\frac{\theta_2^{(p+1)}-\theta_2^{(p)}}{\Delta\tau}$$

$$\frac{U}{A}=\frac{4}{D}\Rightarrow Fo(\theta_1^{(p)}+\theta_3^{(p)}-2\theta_2^{(p)})-4FoBi\frac{\Delta x}{D}\theta_2^{(p)}=\theta_2^{(p+1)}-\theta_2^{(p)}$$

$$\theta_2^{(p+1)}=Fo(\theta_1^{(p)}+\theta_3^{(p)})+\left[1-2Fo\left(1+2Bi\frac{\Delta x}{D}\right)\right]\theta_2^{(p)}$$

$$=0.467(\theta_1^{(p)}+\theta_3^{(p)})+0.024\theta_2^{(p)}$$

同理:

$$\theta_3^{(p+1)}=0.467(\theta_2^{(p)}+\theta_4^{(p)})+0.024\theta_3^{(p)}$$

$$\theta_4^{(p+1)}=0.467(\theta_3^{(p)}+\theta_5^{(p)})+0.024\theta_4^{(p)}$$

节点 5:

$$\lambda A\frac{\theta_4^{(p)}-\theta_5^{(p)}}{\Delta x}-h\left(U\frac{\Delta x}{2}+A\right)\theta_5^{(p)}=\rho cA\frac{\Delta x}{2}\frac{\theta_5^{(p+1)}-\theta_5^{(p)}}{\Delta\tau}$$

整理得:

$$\theta_5^{(p+1)} = 2Fo\theta_4^{(p)} + \left[1 - 2Fo\left(1 + 2Bi\frac{\Delta x}{D} + Bi\right)\right]\theta_5^{(p)}$$
$$= 0.933\ 0\theta_4^{(p)} + 0.001\ 8\theta_5^{(p)}$$

将初始条件代入计算:

节　点	$\tau=0$	$\tau=3.5$	$\tau=7$	$\tau=10.5$	$\tau=14$	$\tau=17.5$	$\tau=21$
1	175	175	175	175	175	175	175
2	0	81.65	83.57	101.38	103.29	110.46	111.63
3	0	0	38.09	41.28	56.56	58.70	69.05
4	0	0	0	17.77	19.68	34.59	36.78
5	0	0	0	0	16.58	18.39	32.31

5.5 柱坐标系的有限差分方程

前面几节已经介绍了如何利用有限差分法求解某些矩形区域的导热问题,在这一节里我们将介绍如何用有限差分法求解非矩形区域的导热问题,着重介绍圆柱体内的稳态导热问题。同样,我们也可以用差分代微分法和热平衡法建立非矩形区域导热问题的离散方程。在这里,我们只介绍热平衡法,有关差分代微分法建立离散方程的内容读者可参阅文献[13]。

首先,分析常物性圆柱坐标系的一维稳态无内热源的导热问题,如图 5.11 所示。根据热平衡法可以导出内部节点的离散方程为:

$$\left(r_m - \frac{\Delta r}{2}\right)\Delta\beta\frac{t_{m-1} - t_m}{\Delta r} + \left(r_m + \frac{\Delta r}{2}\right)\Delta\beta\frac{t_{m+1} - t_m}{\Delta r} = 0 \qquad (\Delta\beta = 2\pi)$$

化简后得:

$$t_m = \frac{t_{m-1} + t_{m+1}}{2} + \frac{\Delta r}{4r_m}(t_{m+1} - t_{m-1}) \tag{5.28}$$

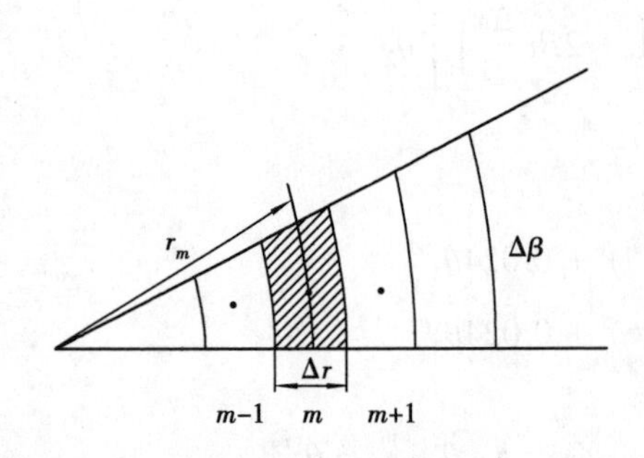

图 5.11　圆柱坐标系一维稳态导热内部节点

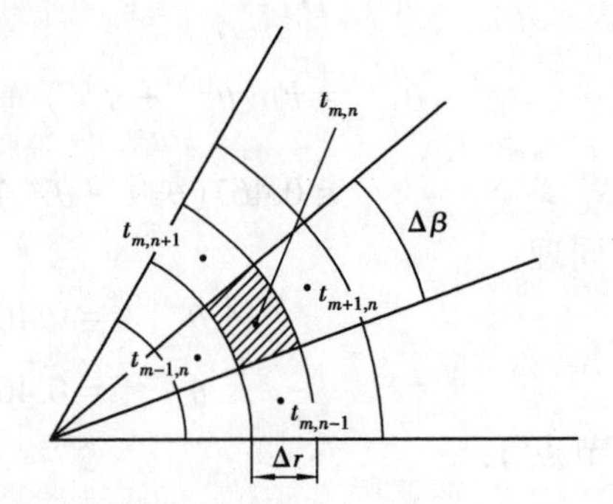

图 5.12　圆柱坐标系二维稳态导热内部节点

如图 5.12 所示,以常物性圆柱坐标系二维无内热源的导热问题为例。根据热平衡法写出内部节点的离散方程为:

$$\left(r_m - \frac{\Delta r}{2}\right)\Delta\beta\frac{t_{m-1,n} - t_{m,n}}{\Delta r} + \left(r_m + \frac{\Delta r}{2}\right)\Delta\beta\frac{t_{m+1,n} - t_{m,n}}{\Delta r} + \Delta r\frac{t_{m,n-1} - t_{m,n}}{r_m\Delta\beta} + \Delta r\frac{t_{m,n+1} - t_{m,n}}{r_m\Delta\beta} = 0$$

整理后得:

$$t_{m,n} = \frac{r_m\Delta\beta^2\left[\left(r_m - \frac{\Delta r}{2}\right)t_{m-1,n} + \left(r_m + \frac{\Delta r}{2}\right)t_{m+1,n}\right] + \Delta r^2(t_{m,n-1} + t_{m,n+1})}{2(r_m^2\Delta\beta^2 + \Delta r^2)} \tag{5.29}$$

习 题

1. 试简要说明对导热问题进行有限差分数值计算的基本思想与步骤。
2. 试说明用热平衡法对节点建立温度离散方程的基本思想。
3. 推导导热微分方程的步骤和过程与用热平衡法建立节点温度离散方程的过程十分相似,为什么前者得到的是精确描写,而由后者解出的却是近似解?
4. 对绝热边界条件的数值处理本章采用了哪些方法?试分析比较之。
5. 用高斯—赛德尔迭代法求解代数方程时,是否一定可以得到收敛的解?不能得出收敛的解时,是否因为初场的假设不合适而造成?
6. 有人对一阶导数$\left.\frac{\partial t}{\partial x}\right|_n^{(p)}$提出了以下表示式:

$$\left.\frac{\partial t}{\partial x}\right|_n^{(p)} \approx \frac{-3t_n^{(p)} + 5t_{n+1}^{(p)} - t_{n+2}^{(p)}}{2\Delta x^2}$$

   能否判断这一表达式是否正确,为什么?
7. 什么是显式格式?什么是显式格式计算中的稳定性问题?
8. 非稳态导热采用显式格式计算时会出现不稳定性,试述不稳定性的物理含义。如何防止这种不稳定性?
9. 如图 5.13 所示的圆截面直肋的一维稳态、无内热源、常物性导热问题,试分别列出内节点 m 和端部节点 M 的离散方程式。已知圆截面直径为 d。
10. 试将直角坐标中的常物性、无内热源的二维非稳态导热微分方程化为显式差分格式,并指出其稳定性(条件)($\Delta x \neq \Delta y$)。
11. 在图 5.14 所示的有内热源的二维导热区域中,一个界面绝热,一个界面等温(包括节点 4),其余 2 个界面与温度为 t_f 的流体对流传热,h 均匀,内热源强度为 $\dot{\Phi}$。试列出节点 1,2,5,6,9,10 的离散方程式。
12. 试用数值计算证实,对方程组

$$\begin{cases} x_1 + x_2 - 2x_3 = 1 \\ x_1 + 2x_2 + x_3 = 3 \\ 2x_1 + 2x_2 + x_3 = 5 \end{cases}$$

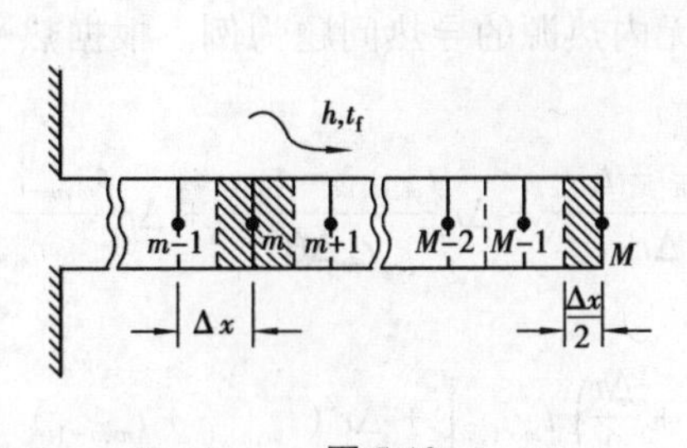

图 5.13

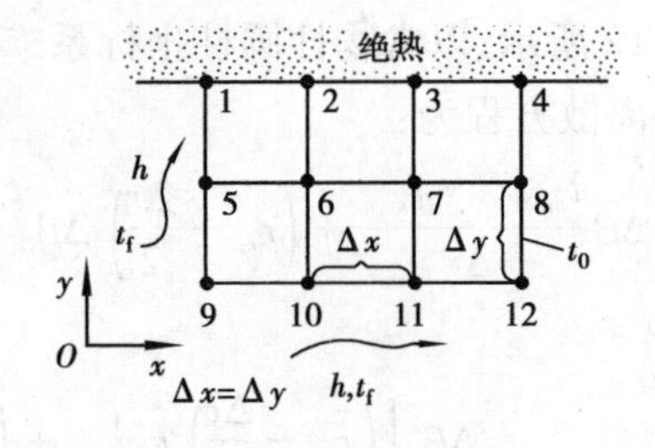

图 5.14

用高斯—赛德尔迭代法求解,其结果是发散的,并分析其原因。

13. 一等截面直肋,高 H,厚 δ,肋根温度为 t_0,流体温度为 t_f,表面传热系数为 h,肋片导热系数为 λ。将它均分成4个节点(见图5.15),并对肋端为绝热及对流边界条件(h 同侧面)的两种情况列出节点2,3,4的离散方程式。设 $H=45$ mm,$\delta=10$ mm,$h=50$ W/(m^2·K),$\lambda=50$ W/(m·K),$t_0=100$ ℃,$t_f=20$ ℃,计算节点2,3,4的温度(对于肋端的两种边界条件)。

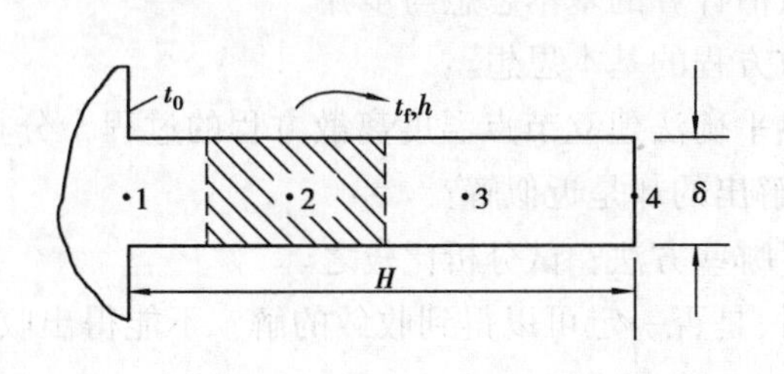

图 5.15

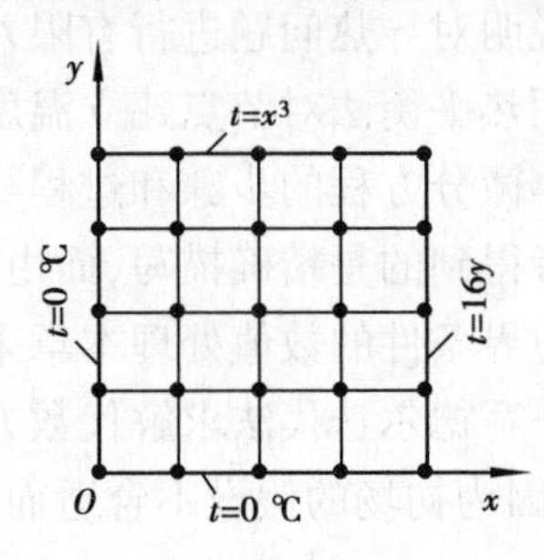

图 5.16

14. 如图5.16所示的边长为4个单位的正方形长柱体,边界条件为:$x=0$ 和 $y=0$ 的2个面的温度均为 $t=0$ ℃;沿 $y=4$ 的面上 $t=x^3$℃及沿 $x=4$ 的面上 $t=16y$ ℃。以 $\Delta x=\Delta y=1$ 单位计算正方形长柱体内稳态时的温度分布。

15. 锅炉汽包从冷态开始启动时,汽包壁温度随时间而变化。为控制热应力,需要计算汽包壁内的温度场。试用数值方法计算:当汽包内的饱和水温度上升的速率分别为1,3 ℃/min时,启动后10,20,30 min时汽包壁截面中的温度分布及界面中的最大温差。启动前,汽包处于100 ℃的均匀温度。汽包可视为一无限长的圆柱体,外表面绝热,内表面与水之间的对流传热十分强烈。汽包的内径 $R_1=0.9$ m,外径 $R_2=1.01$ m,热扩散率 $a=9.98\times10^{-6}$ m^2/s。

16. 有一砖墙厚 $\delta=0.3$ m,$\lambda=0.85$ W/(m·K),$\rho c=1.05\times10^6$ J/(m^3·K),室内温度 $t_{f1}=20$ ℃,$h_1=6$ W/(m^2·K)。起初该墙处于稳定状态,且内表面温度为15 ℃。后寒潮入侵,室外温度下降为 $t_{f2}=-10$ ℃,外墙表面传热系数 $h_2=35$ W/(m^2·K)。如果认为内墙温度下降0.1 ℃是可感到外界温度起变化的一个定量判据,问寒潮入侵后多少时间内墙才感知到?

17. 一冷柜,起初与环境处于热平衡状态,温度为20 ℃。后开启压缩机,冷冻室及冷柜门的内表面温度以均匀速度18 ℃/h下降。柜门尺寸为1.2 m×1.2 m。保温材料厚8 cm,$\lambda=0.02$ W/(m·K)。冰箱外表面包覆层很薄,热阻可忽略不计。柜门外受空气自然对流及与环境之间辐射的加热。自然对流可按下式计算:$h=1.55(\Delta t/H)^{1/4}$。其中,H 为门高,Δt 为壁面温度与环境温度之差。表面发射率 $\varepsilon=0.8$。通过柜门的导热可作为一维问题处理。试计算压缩机启动后2 h内的冷量损失。

18. 一厚 0.2 m,温度为 80 ℃的无限大平壁突然放入 300 ℃的环境中对称加热,壁面与环境的表面传热系数为 1 163 W/(m^2·K)。材料的导热系数为 50 W/(m·K),$a=1.39\times10^{-5}$ m^2/s。试用数值解法确定 15 min 和 30 min 时平壁内的温度分布。

19. 建筑物采暖的一种方式是在房间地板下设置热空气通道,如图 5.17 所示。设地板下混凝土层的一侧绝热,地面层温度 $t_2=30$ ℃。热空气通道截面尺寸为 150 mm×150 mm,并在混凝土层中对称布置,通道壁温保持为 $t_1=80$ ℃。试计算单位长度热空气通道的传热量,并从计算结果中整理出此种情形下 S 的值。

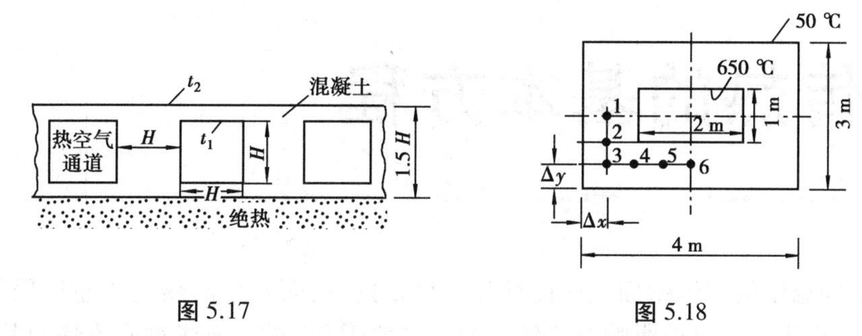

图 5.17　　　　图 5.18

20. 烟道墙内、外壁分别维持在 650 ℃和 50 ℃,墙体由导热系数为 1.4 W/(m·K)的材料砌成。墙体尺寸及 1/4 角的网格划分,如图 5.18 所示。试确定节点 1~6 的温度分布及通过每米长该墙的热流量。如果内壁的温度为 650 ℃,表面传热系数为 100 W/(m^2·K)的流体接触,而外壁的温度为 50 ℃,表面传热系数为 25 W/(m^2·K)的流体接触,试重新计算温度分布和散热量。

第 5 章习题详解

6

对流传热的基本方程

流体与不同温度的固体壁面直接接触时,因相对运动而发生的热量传递过程称为对流传热。本章中,我们将首先分析影响对流传热的各主要因素,建立描述对流传热的基本方程式,包括:对流传热过程微分方程式,连续性方程,动量方程和能量方程。这几个方程合在一起常被称为对流传热微分方程组,它是理论分析与实验研究求解单相流体对流传热的理论基础,对相变传热的分析同样具有指导意义。

6.1 对流传热概述

第1章已经讨论了热对流和对流传热。热对流,是指流体中的温度不同各部分之间,发生宏观相对运动和相互渗混所引起的热量传递现象,它只发生在运动着的流体中。当流体做宏观运动时,流体微观粒子的热运动引起的导热热量传递也始终存在,因此热对流必然与导热同时发生。也就是说,流体微团的运动和微观粒子的热运动所引起的两种形式的热量传递是相伴而进行的。

在工程应用中,最有实际意义的是对流传热问题,如各种换热器中冷、热流体掠过固体壁面的对流传热,采暖散热器中空气沿散热器表面的自然对流传热,冷凝器和蒸发器中制冷剂工质与固体表面间的相变传热等。值得注意的是,对流传热和热对流是完全不同的两个概念,其区别为:

①热对流是传热的三种基本方式之一,而对流传热不是传热的基本方式。

②对流传热是导热和热对流这两种基本传热方式的综合作用。

③对流传热必然具有流体与不同温度的固体壁面之间的相对运动。

1701年,牛顿提出了对流传热的基本计算式见式(1.7),即:

$$q = h(t_w - t_f) \tag{1.7}$$

或

$$\Phi = h(t_w - t_f)A$$

式(1.7)是历史上沿用下来的牛顿冷却定律的表达式。事实上,该公式并不是表述对流传热现象本质的物理定律,只能看作对流表面传热系数 h(又称对流传热系数)的定义式[1]。式中,h 的大小反映了对流传热的强弱。由于对流传热是热对流与导热这两种基本传热方式的综合作用,因此 h 就是这两种基本方式的综合强度指标,一切支配这两种方式的因素及其规律都会影响对流传热过程。可见,对流传热是一个非常复杂的物理现象。

利用牛顿冷却定律,把对流传热的问题集中到了求解 h 上,一切影响 h 的因素,均是影响对流传热的因素。

6.1.1 影响对流传热的主要因素

1)流态和流动的起因

由流体力学的知识可知,流体沿固体壁面的流动可以分为层流和湍流两种流态,过渡流介于层流和湍流之间,因涉及的壁面长度较小,常可以不加考虑。湍流时,由于涡旋扰动的原因,对流传递作用得到强化,传热较好,因此一般传热设备内流体的流态多为湍流。流态由雷诺数 Re 来判定,由实验结果可知,管内流动与管外流动的临界雷诺数 Re_{cr} 是不同的。理论分析与实验研究的结果均可证实,Re 越大,涡旋扰动越强烈,h 就越大。

如果流体的运动是由水泵、风机、水压头的作用所引起,则产生的热量传递过程称为受迫对流传热;如果流体的运动是由流体内部的温差产生的密度差所引起的,则产生的热量传递过程称为自然对流传热。一般说来,受迫对流的流速较自然对流高,因而它的对流表面传热系数也更高。例如,空气自然对流的表面传热系数为 5~25 W/(m^2 · K),而在受迫对流的情况下,可达 10~100 W/(m^2 · K)[2]。又如,房屋墙壁的外表面因受风力的影响,h 比内壁表面传热系数大 1 倍以上。因此,单相流体的对流传热问题分类为受迫对流传热与自然对流传热。

2)流体的热物理性质

流体的种类不同,其热物理性质也不同,即使是同种流体,其热物理性质也会随温度、压力的变化而变化。流体的热物理性质可通过物性参数表现出来。影响对流传热的物性参数有:导热系数,比热容,密度,黏度,体积膨胀系数等。以下分别讨论这些物性参数对对流传热的影响。

(1)导热系数 λ

流体的导热系数大,流体内部和流体与固体壁面之间的导热热阻就小,说明导热系数大的流体,其以导热方式传递热量的能力就强,因此对流传热强。例如,水的导热系数比同温度下空气的导热系数大 20 多倍,用水冷却物体比同温度下的空气快得多,导热系数大是主要原因之一。在对流传热中表现出来的是,同等条件下水的对流表面传热系数比空气的高。

(2)比热容量 ρc_p

密度与比定压热容的乘积称作比热容量,单位是 J/(m^3 · K),表示单位体积的流体容纳热量的能力。ρc_p 大的流体,单位体积内能够容纳更多的热量,从而以热对流的方式转移热量的能力就更大。例如,常温下水的 $\rho c_p \approx 4\ 180$ kJ/(m^3 · K),而空气的 $\rho c_p \approx 1.2$ kJ/(m^3 · K),二者相差悬殊,造成其对流传热强度的巨大差异,水的 h 可以达到 10^4 W/(m^2 · K),空气则只及它的 1/100。

(3)动力黏度 μ 及运动黏度 ν

黏度大的流体,容易在壁面上形成更厚的流动边界层,阻碍了流体的流动,且形成了一层热阻,从而减小了传热,因此 $\mu(\nu)$ 越大,h 越小。温度对黏度的影响较大,对于液体,黏度随温度的增加而降低,气体则相反。

动力黏度 μ 的定义式及其与运动黏度 ν 之间的关系为：

$$\mu = \frac{\tau}{\partial u / \partial y}$$

$$\nu = \frac{\mu}{\rho}$$

μ 的单位为 Pa · s 或 N · s/m^2，ν 的单位为 m^2/s。

(4)体积膨胀系数 α

工程热力学给出了体积膨胀系数 α 的定义式：

$$\alpha = \frac{1}{v}\left(\frac{\partial v}{\partial T}\right)_p = -\frac{1}{\rho}\left(\frac{\partial \rho}{\partial T}\right)_p$$

可见，α 表示定压下比体积 v 随温度 T 的变化率与比体积的比值。α 主要对自然对流传热产生影响。α 大的流体，同样温升的条件下，产生的浮升力更大，自然对流更强烈，因此表面传热系数 h 更大。

α 主要由实验测定，液体或蒸汽的 α 值可由附录 5 表中查得，对于理想气体，$\alpha = 1/T$。

3)传热表面的几何因素

几何因素涉及壁面尺寸、粗糙度、形状及与流体的相对位置，它影响流体在壁面上的流态、速度分布和温度分布，从而对传热产生影响。例如，湍流时，粗糙壁面有利于对流传热的强化，其传热规律与光滑壁面不同。流体管内受迫对流与流体横掠圆管的受迫对流不同。流体在管内流动时，其流动的发展受到管内空间的限制，称为内部流动问题；流体横掠圆管时，流体在圆管外流动，流动的发展不受外界的限制，称为外部流动问题。这两类不同流动问题的传热规律也是不同的。对于自然对流传热问题，固体壁面竖直、水平或倾斜放置时，其传热规律不同，即使是水平放置的同一固体壁面，热面朝上和热面朝下的流动与传热也不相同。固体壁面的尺寸大小亦直接影响流态和传热。

因此，无论是理论分析还是实验研究，对流传热问题均应分类解决。现就本书所涉及的典型类型对流传热问题分类如下：

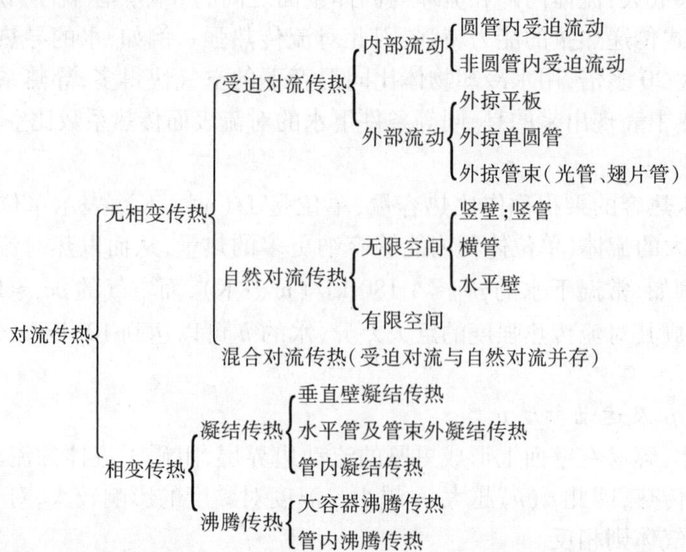

综上所述,对于无相变对流传热,影响 h 的众多因素可表示为:

$$h = f(u, t_w, t_f, \lambda, \rho, c_p, \mu, \alpha, l) \tag{6.1}$$

研究对流传热的主要目的是寻求不同条件下,式(6.1)的具体函数关系式。

6.1.2　定性温度与定型尺寸

流体的热物性参数具有相互影响和制约,在传热的场合,温度是影响物性参数的主要因素。在对流传热时,流体温度与壁面温度不等,从而导致流场中各处流体温度不同,因此热物性参数也处处不同。为减少式(6.1)中的变量,研究对流传热时,一般都要选择某一特征温度以确定物性参数,从而把物性参数作为常数处理。用以确定物性参数的这一特征温度称作定性温度。定性温度的选择依据传热情况而不同,主要有流体平均温度 t_f;壁表面温度 t_w;流体与壁面间的算术平均温度:$t_m = (t_f + t_w)/2$。

前已述,固体壁面的几何形状及尺寸对流动和传热将产生影响,对不同几何形状的壁面,产生决定性影响的几何尺寸不同。理论分析和实验研究中,采用对流动和传热有决定性影响的特征尺寸作为依据,这个特征尺寸称为定型尺寸。例如,管内流动以管内径作为定型尺寸,外掠平板以板长为定型尺寸,外掠单圆管以管外径为定型尺寸,外掠管束则要考虑管间的距离等。

6.1.3　对流传热过程微分方程式

当黏性流体掠过固体壁面时,由于流体黏性的作用,使得靠近壁面的区域流体速度沿壁面法线方向逐渐降低,形成了图 6.1 所示的速度分布曲线,紧贴壁面的流体将被滞止从而速度为零。设壁面处壁温为 $t_{w,x}$,远离壁面处流体的温度为 $t_{f,x}$,$t_{w,x} > t_{f,x}$。因此,有对流传热发生。紧贴壁面的流体,热量传递依靠导热方式,根据傅里叶定律,壁面 x 处的局部热流密度为:

$$q_x = -\lambda \left(\frac{\partial t}{\partial y}\right)_{w,x} \tag{1}$$

式中　$\left(\frac{\partial t}{\partial y}\right)_{w,x}$——壁面 x 处的温度梯度,K/m。

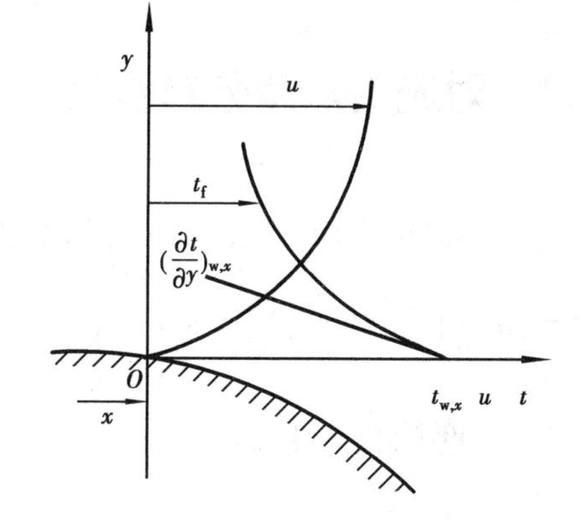

图 6.1　对流传热过程

若已知图 6.1 中描绘出来的温度分布,即可确定$\left(\frac{\partial t}{\partial y}\right)_{w,x}$。

另一方面,从整体观察,q_x 应为单位时间通过单位面积的对流传热量。由式(1.7)可知,这部分热量可表示为:

$$q_x = h_x (t_w - t_f)_x = h_x \Delta t_x \tag{2}$$

式中　h_x——壁面 x 处的局部对流表面传热系数,W/(m²·K)。

式(1)和式(2)表达的是同一热量,联立求解得:

$$h_x = -\frac{\lambda}{(t_w - t_f)_x}\left(\frac{\partial t}{\partial y}\right)_{w,x} = -\frac{\lambda}{\Delta t_x}\left(\frac{\partial t}{\partial x}\right)_{w,x} \tag{6.2}$$

对整个固体壁面而言,平均对流表面传热系数 h 可通过积分求得,即:

$$h = \frac{1}{A}\int_A h_x \mathrm{d}A \tag{6.3}$$

式(6.2)描述了局部表面传热系数与流体温度场的关系,称对流传热过程微分方程式。从该式可以看出,为了确定对流表面传热系数,必须知道给定点的壁面温度和流体内的温度分布,即必须知道温度场。然而,由于温度场与流体内的速度场是相关联的,必须先求解流体内的速度场。描写速度场的数学表达式是连续性方程和流体运动微分方程(又称动量方程)。描写温度场的数学表达式是能量方程。这样,以上 4 个方程式总称对流传热微分方程组(或称控制方程,Governing Equations)。该方程组是理论求解对流表面传热系数的基本方程,同时也是实验研究对流传热问题的理论基础。

如果把物性(如 ρ,λ,μ,ν)视为常数,理论分析求解对流表面传热系数的基本途径是:

①由连续性方程和动量微分方程结合定解条件求出速度场。

②由能量方程结合定解条件求出温度场。

③由式(6.2)求出局部对流表面传热系数。

由于物性视为常数,速度场和温度场可以分别求解,这类问题称为非耦合问题。如果物性是温度的函数,它们随温度变化而变化,则除了必须补充热物性随温度变化的关系式以外,由于速度场和温度场相互影响而必须联立求解,这类问题称为耦合问题。显然,耦合问题的求解将是非常复杂的。本书将只述及非耦合问题。

6.2 对流传热微分方程组

本节以常物性(即 λ,ρ,c_p 等均不随温度、压力等发生变化)不可压缩牛顿型黏性流体(服从$\tau=\mu\dfrac{\partial u}{\partial y}$的流体)掠过壁面的二维对流传热为例,来推导出方程组。

6.2.1 连续性方程式

在二维流场中任意点 (x,y) 处,取出边长分别为 $\mathrm{d}x,\mathrm{d}y$,z 方向为单位长度的微元体来分析问题。如图 6.2 所示,设 M 为质量流量,对不可压缩流体(ρ=常数),根据质量守恒定律,对微元体应有:

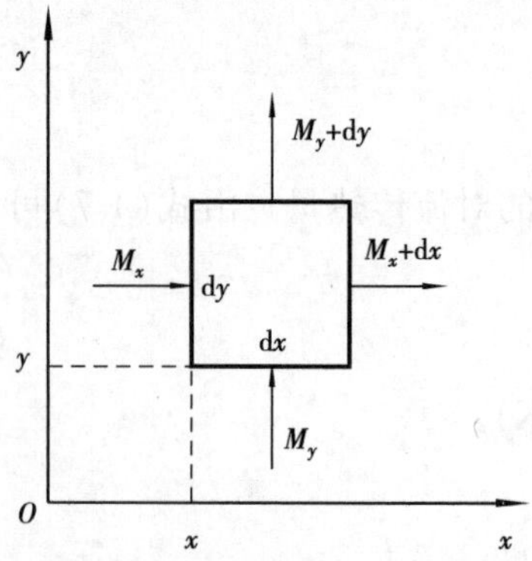

$$(M_x - M_{x+\mathrm{d}x}) + (M_y - M_{y+\mathrm{d}y}) = 0 \tag{1}$$

但

$$M_x = \rho u \mathrm{d}y$$

$$M_{x+\mathrm{d}x} = M_x + \frac{\partial M_x}{\partial x}\mathrm{d}x$$

$$M_x - M_{x+\mathrm{d}x} = -\frac{\partial M_x}{\partial x}\mathrm{d}x = -\rho\frac{\partial u}{\partial x}\mathrm{d}x\mathrm{d}y$$

同理:

$$M_y - M_{y+\mathrm{d}y} = -\rho\frac{\partial v}{\partial y}\mathrm{d}x\mathrm{d}y$$

图 6.2 微元体的质量守恒分析

代入质量守恒方程式(1),整理后得:

$$\frac{\partial u}{\partial x}+\frac{\partial v}{\partial y}=0 \tag{6.4}$$

式(6.4)是常物性不可压缩流体二维流动时的连续性方程式。

6.2.2　动量微分方程式

根据动量守恒定律,单位时间内作用于微元体上所有外力的总和等于微元体中流体动量的变化量。

作用于微元体上的外力包括体积力(如重力、离心力、电磁力等)和表面力(如静压力和黏性应力)。如图 6.3 所示,作用于微元体体积每一个表面上的黏性应力τ可以分解为法向应力和切向应力。τ用 2 个下标来说明:第一个下标表示该应力的作用面的法线方向,第二个下标表示该应力本身的方向。例如,τ_{xx}表示作用于 x 平面(注意,z 方向为单位长度),x 方向的法向应力;τ_{xy}表示作用于 x 平面,y 方向的切向应力。当然,静压力 p 应垂直于作用面。

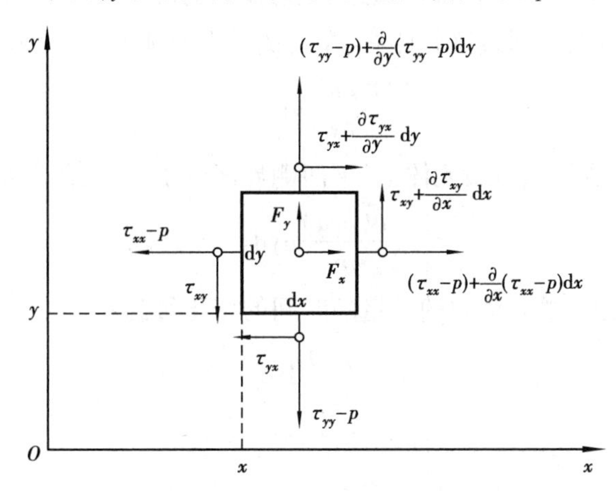

图 6.3　微元体上的外力作用

F_x 和 F_y 分别表示单位体积的体积力 F 在 x,y 方向上的分量,则 x 和 y 方向的体积力分别为:$F_x\mathrm{d}x\mathrm{d}y$,$F_y\mathrm{d}x\mathrm{d}y$。

如图 6.3 所示,x 方向上作用于微元体的外力应为该方向上表面力和体积力之和,即:

$$F_x\mathrm{d}x\mathrm{d}y-(\tau_{xx}-p)\mathrm{d}y+\left[(\tau_{xx}-p)+\frac{\partial}{\partial x}(\tau_{xx}-p)\mathrm{d}x\right]\mathrm{d}y-\tau_{yx}\mathrm{d}x+\left(\tau_{yx}+\frac{\partial \tau_{yx}}{\partial y}\mathrm{d}y\right)\mathrm{d}x$$

合并整理简化为:

$$\left(F_x-\frac{\partial p}{\partial x}+\frac{\partial \tau_{xx}}{\partial x}+\frac{\partial \tau_{yx}}{\partial y}\right)\mathrm{d}x\mathrm{d}y$$

同理,y 方向上作用于微元体上的外力:

$$\left(F_y-\frac{\partial p}{\partial y}+\frac{\partial \tau_{xy}}{\partial x}+\frac{\partial \tau_{yy}}{\partial y}\right)\mathrm{d}x\mathrm{d}y$$

单位时间内微元体中流体的动量变化量,是流出和流入微元体界面上的流体动量变化量和微元体内流体动量随时间的变化量之和。如图 6.4 所示,在 x 方向上,单位时间内流体通过左侧界面和右侧界面流入和流出微元体的动量分别为:$\rho u^2\mathrm{d}y$ 和 $\left[\rho u^2+\frac{\partial(\rho u^2)}{\partial x}\mathrm{d}x\right]\mathrm{d}y$。

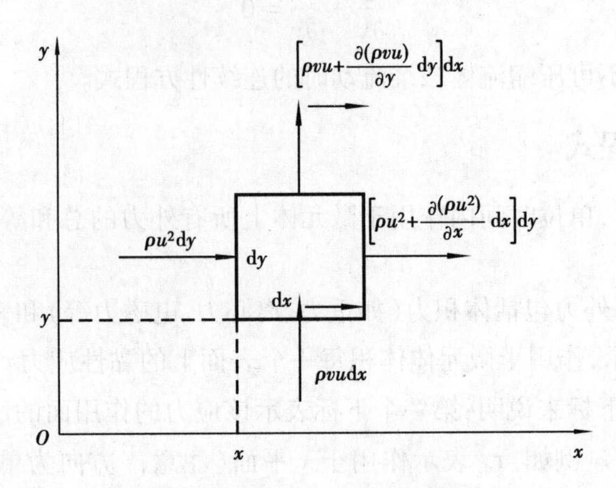

图 6.4 微元体的动量守恒分析

二者之差,就是 x 方向上通过微元体右、左两侧界面流体流出、流入动量的变化量:

$$\frac{\partial(\rho u^2)}{\partial x}\mathrm{d}x\mathrm{d}y$$

同理,在 x 方向上,流体通过微元体上、下两侧界面流出、流入的动量变化量为:

$$\frac{\partial(\rho vu)}{\partial y}\mathrm{d}y\mathrm{d}x$$

单位时间内 x 方向上,微元体内的动量随时间的变化量为:

$$\frac{\partial(\rho u)}{\partial \tau}\mathrm{d}x\mathrm{d}y$$

上述各项之和就是微元体中 x 方向的动量变化量,即:

$$\left[\frac{\partial(\rho u)}{\partial \tau}+\frac{\partial(\rho u^2)}{\partial x}+\frac{\partial(\rho vu)}{\partial y}\right]\mathrm{d}x\mathrm{d}y$$

展开上式并应用连续性方程式(6.4),注意到密度 ρ 为常数,该部分可以简化为:

$$\rho\left(\frac{\partial u}{\partial \tau}+u\frac{\partial u}{\partial x}+v\frac{\partial u}{\partial y}\right)\mathrm{d}x\mathrm{d}y$$

或利用全导数写为:

$$\rho\frac{\mathrm{D}u}{\mathrm{d}\tau}\mathrm{d}x\mathrm{d}y$$

注意:从数学上来看,x 方向的速度 $u=f(x,y,\tau)$ 的全导数应为:

$$\frac{\mathrm{D}u}{\mathrm{d}\tau}=\frac{\partial u}{\partial \tau}+\frac{\partial u}{\partial x}\frac{\mathrm{d}x}{\mathrm{d}\tau}+\frac{\partial u}{\partial y}\frac{\mathrm{d}y}{\mathrm{d}\tau}=\frac{\partial u}{\partial \tau}+u\frac{\partial u}{\partial x}+v\frac{\partial u}{\partial y}$$

根据动量守恒定律,单位时间内,x 方向上的动量变化量等于该方向上作用于微元体的合外力(即表面力与体积力之和),得:

$$\rho\frac{\mathrm{D}u}{\mathrm{d}\tau}=F_x-\frac{\partial p}{\partial x}+\frac{\partial \tau_{xx}}{\partial x}+\frac{\partial \tau_{yx}}{\partial y} \tag{6.5}$$

式(6.5)就是流体在 x 方向上的动量方程。类似地,可以得到 y 方向上的动量方程:

$$\rho \frac{\mathrm{D}v}{\mathrm{d}\tau} = F_y - \frac{\partial p}{\partial y} + \frac{\partial \tau_{xy}}{\partial x} + \frac{\partial \tau_{yy}}{\partial y} \tag{6.6}$$

对于常物性不可压缩牛顿型流体,流体力学已经证明[3,4]:

$$\tau_{xx} = 2\mu \frac{\partial u}{\partial x}, \tau_{yy} = 2\mu \frac{\partial v}{\partial y}, \tau_{xy} = \tau_{yx} = \mu\left(\frac{\partial u}{\partial y} + \frac{\partial v}{\partial x}\right) \tag{6.7}$$

将式(6.7)表示的各黏性应力代入动量方程,经整理后可得到:

$$\rho \frac{\mathrm{D}u}{\mathrm{d}\tau} = F_x - \frac{\partial p}{\partial x} + \mu\left(\frac{\partial^2 u}{\partial x^2} + \frac{\partial^2 u}{\partial y^2}\right) \tag{6.8}$$

$$\rho \frac{\mathrm{D}v}{\mathrm{d}\tau} = F_y - \frac{\partial p}{\partial y} + \mu\left(\frac{\partial^2 v}{\partial x^2} + \frac{\partial^2 v}{\partial y^2}\right) \tag{6.9}$$

(1)　(2)　(3)　　(4)

式(6.8)和式(6.9)分别称为 x 向和 y 向的纳维—斯托克斯(Navier-stokes)方程。推导方程时没有附加层流、湍流的条件,因此方程适用于层流和湍流流动,但用于湍流计算时速度和压力均采用瞬时值。式(6.8)和式(6.9)各有 4 项,分别以(1),(2),(3),(4)表示。4 项均有各自清晰的物理意义。其中,(1)项表示惯性力,即质量与加速度的乘积;(2)项表示体积力;(3)项表示压强梯度;(4)项表示黏性力。

对稳态流动

$$\frac{\partial u}{\partial \tau} = \frac{\partial v}{\partial \tau} = 0$$

当只有重力场作用时,第(2)项分别为 ρg_x 和 ρg_y。对于受迫流动,可忽略重力场的作用。对于自然流动,浮升力是流动产生的原因,式中的(2),(3)项可合并为浮升力项,详见第 8 章的推导。

6.2.3 能量微分方程式

能量微分方程式描述了流动流体的温度场。该方程式是根据热力学第一定律(能量守恒定律)推导出来的。推导过程中,假设流体为常物性不可压缩流体,且无内热源。

根据热力学第一定律,微元体的能量守恒表现为:单位时间内,流体以热对流的方式通过界面净携入微元体的净能量 $\mathrm{d}\Phi_{\mathrm{cv}}$,以导热方式通过界面传递入微元体的净热量 $\mathrm{d}\Phi_{\mathrm{cd}}$和作用在微元体上的外力对微元体内流体所做的净功 $\mathrm{d}W$ 之和,等于微元体内流体的总能量随时间的变化量 $\mathrm{d}E$,即:

$$\mathrm{d}\Phi_{\mathrm{cv}} + \mathrm{d}\Phi_{\mathrm{cd}} + \mathrm{d}W = \mathrm{d}E \tag{6.10}$$

以下对式(6.10)逐项进行详细分析。

1)以热对流方式携入微元体的净热量 $\mathrm{d}\Phi_{\mathrm{cv}}$

单位质量流体的总能量 e^0 由内能 e 和动能$\frac{1}{2}(u^2+v^2)$组成,即:

$$e^0 = e + \frac{1}{2}(u^2 + v^2) \tag{2}$$

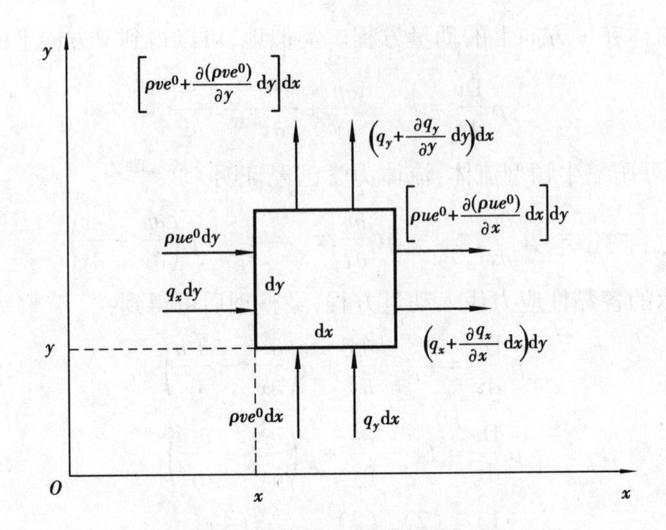

图 6.5　微元体的能量守恒分析

如图 6.5 所示，在 x 方向上，单位时间内流体以热对流方式通过左、右两侧界面流入和流出微元体的能量分别为：

$$\rho ue^0 dy \text{ 和} \left[\rho ue^0 + \frac{\partial(\rho ue^0)}{\partial x}dx\right] dy$$

二者之差就是 x 方向上单位时间内流体以热对流方式净携入微元体的净能量：

$$-\frac{\partial(\rho ue^0)}{\partial x}dxdy$$

同理，y 方向上单位时间内流体以热对流方式净携入微元体的净能量为：

$$-\frac{\partial(\rho ve^0)}{\partial y}dxdy$$

上述 2 项之和，即是单位时间内流体以热对流方式净携入微元体的净能量，即：

$$d\Phi_{cv} = -\left[\frac{\partial(\rho ue^0)}{\partial x} + \frac{\partial(\rho ve^0)}{\partial y}\right] dxdy = -\rho\left[\frac{\partial(ue^0)}{\partial x} + \frac{\partial(ve^0)}{\partial y}\right] dxdy \tag{3}$$

2）以导热方式传递入微元体的净热量 $d\Phi_{cd}$

x 方向上，单位时间内流体以导热方式通过左、右两侧界面导入和导出微元体的热量分别为：

$$q_x dy \text{ 和}\left(q_x + \frac{\partial q_x}{\partial x}dx\right) dy$$

二者之差，就是 x 方向上单位时间内流体以导热方式传递入微元体的净热量：

$$-\frac{\partial q_x}{\partial x}dxdy \tag{4}$$

根据傅里叶定律：$q_x = -\lambda \dfrac{\partial t}{\partial x}$，式（4）可写为：

$$\lambda \frac{\partial^2 t}{\partial x^2}dxdy$$

同理，y 方向上单位时间内流体以导热方式传递入微元体的净热量为：

$$\lambda \frac{\partial^2 t}{\partial y^2}\mathrm{d}x\mathrm{d}y$$

上述两项之和，就是单位时间内流体以导热方式传递入微元体的净热量：

$$\mathrm{d}\Phi_{\mathrm{cd}} = \lambda\left(\frac{\partial^2 t}{\partial x^2} + \frac{\partial^2 t}{\partial y^2}\right)\mathrm{d}x\mathrm{d}y \tag{5}$$

3）微元体内流体总能量随时间的变化量 dE

微元体内流体总能量随时间的变化量为：

$$\mathrm{d}E = \frac{\partial(\rho e^0)}{\partial \tau}\mathrm{d}x\mathrm{d}y = \rho\frac{\partial e^0}{\partial \tau}\mathrm{d}x\mathrm{d}y \tag{6}$$

将式（3）与式（5）及式（6）代入守恒方程式（6.10），移项整理后得：

$$\rho\left[\frac{\partial e^0}{\partial \tau} + \frac{\partial(ue^0)}{\partial x} + \frac{\partial(ve^0)}{\partial y}\right]\mathrm{d}x\mathrm{d}y = \lambda\left(\frac{\partial^2 t}{\partial x^2} + \frac{\partial^2 t}{\partial y^2}\right)\mathrm{d}x\mathrm{d}y + \mathrm{d}W$$

左边方括号里的 3 项可整理如下：

$$\left[\frac{\partial e^0}{\partial \tau} + u\frac{\partial e^0}{\partial x} + e^0\frac{\partial u}{\partial x} + v\frac{\partial e^0}{\partial y} + e^0\frac{\partial v}{\partial y}\right] = \left(\frac{\partial e^0}{\partial \tau} + u\frac{\partial e^0}{\partial x} + v\frac{\partial e^0}{\partial y}\right) + e^0\left(\frac{\partial u}{\partial x} + \frac{\partial v}{\partial y}\right) = \frac{\mathrm{D}e^0}{\mathrm{d}\tau}$$

整理过程中利用了连续性方程。因此，式（6.10）整理为：

$$\rho\frac{\mathrm{D}e^0}{\mathrm{d}\tau}\mathrm{d}x\mathrm{d}y = \lambda\left(\frac{\partial^2 t}{\partial x^2} + \frac{\partial^2 t}{\partial y^2}\right)\mathrm{d}x\mathrm{d}y + \mathrm{d}W \tag{7}$$

4）外力对微元体内流体所做的净功

最后分析单位时间内作用在微元体上的外力对微元体内流体所做的功 dW。功是由黏性应力、静压力和体积力完成的。方向与流体流动方向一致的力所做的功为正，相反则为负。如图 6.6 所示，x 方向上单位时间内上述力对微元体内流体所做的净功为：

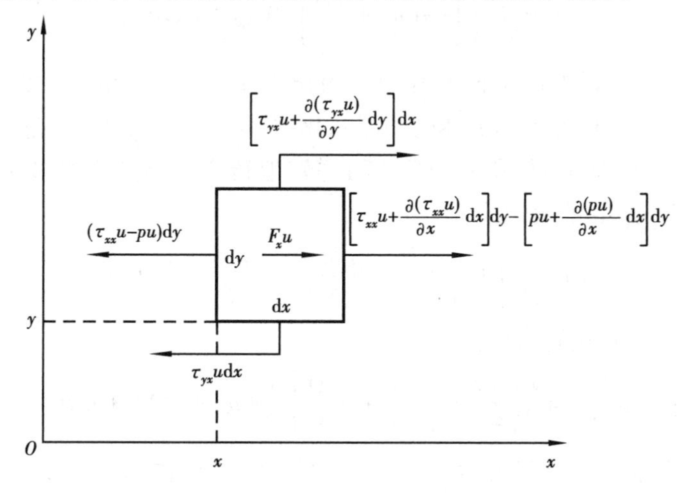

图 6.6　x 方向上外力所做的功

$$dW_x = \left[\frac{\partial(\tau_{xx}u)}{\partial x} + \frac{\partial(\tau_{yx}u)}{\partial y} - \frac{\partial(pu)}{\partial x} + F_x u \right] dxdy$$

同理,y 方向上的净功为:

$$dW_y = \left[\frac{\partial(\tau_{xy}v)}{\partial x} + \frac{\partial(\tau_{yy}v)}{\partial y} - \frac{\partial(pv)}{\partial y} + F_y v \right] dxdy$$

单位时间内,微元体上的外力对体内流体所做的净功为上述 2 项之和:

$$\begin{aligned} dW &= dW_x + dW_y \\ &= \left\{ \left[\frac{\partial(\tau_{xx}u)}{\partial x} + \frac{\partial(\tau_{yx}u)}{\partial y} \right] + \left[\frac{\partial(\tau_{xy}v)}{\partial x} + \frac{\partial(\tau_{yy}v)}{\partial y} \right] \right\} dxdy - \\ &\quad \left[\frac{\partial(pu)}{\partial x} + \frac{\partial(pv)}{\partial y} \right] dxdy + (F_x u + F_y v) dxdy \end{aligned} \tag{6.11}$$

将动量方程式(6.5)和式(6.6)分别乘以 u,v;再乘以单位厚度的微元体体积;然后相加可得:

$$\begin{aligned} \rho \frac{D}{d\tau}\left[\frac{1}{2}(u^2 + v^2) \right] dxdy &= \left[u\left(\frac{\partial \tau_{xx}}{\partial x} + \frac{\partial \tau_{yx}}{\partial y} \right) + v\left(\frac{\partial \tau_{xy}}{\partial x} + \frac{\partial \tau_{yy}}{\partial y} \right) \right] dxdy - \\ &\quad \left(u\frac{\partial p}{\partial x} + v\frac{\partial p}{\partial y} \right) dxdy + (F_x u + F_y v) dxdy \end{aligned} \tag{6.12}$$

式(6.11)与式(6.12)相减,得:

$$d\dot{W} - \rho \frac{D}{d\tau}\left[\frac{1}{2}(u^2 + v^2) \right] dxdy = \left[\left(\tau_{xx}\frac{\partial u}{\partial x} + \tau_{yx}\frac{\partial u}{\partial y} \right) + \left(\tau_{xy}\frac{\partial v}{\partial x} + \tau_{yy}\frac{\partial v}{\partial y} \right) \right] dxdy - p\left(\frac{\partial u}{\partial x} + \frac{\partial v}{\partial y} \right) dxdy \tag{8}$$

令

$$\mu\Phi = \left[\left(\tau_{xx}\frac{\partial u}{\partial x} + \tau_{yx}\frac{\partial u}{\partial y} \right) + \left(\tau_{xy}\frac{\partial v}{\partial x} + \tau_{yy}\frac{\partial v}{\partial y} \right) \right]$$

再注意到连续性方程式,式(8)可简化为:

$$dW = \rho \frac{D}{d\tau}\left[\frac{1}{2}(u^2 + v^2) \right] dxdy + \mu\Phi dxdy \tag{9}$$

可以看出,在满足假定的条件下,单位时间内作用在微元体上的外力做功可分为 2 部分,式(9)右边第 1 项表现为微元体内流体的动能变化率,第 2 项中 $\mu\Phi$ 称为耗散函数,它是单位时间内黏性应力对微元体内流体所做的功不可逆转地转变为热能的那部分,故 $\mu\Phi$ 又称为耗散热。将式(6.7)代入 $\mu\Phi$ 的表达式,得:

$$\mu\Phi = \mu\left[2\left(\frac{\partial u}{\partial x} \right)^2 + 2\left(\frac{\partial v}{\partial y} \right)^2 + \left(\frac{\partial u}{\partial y} + \frac{\partial v}{\partial x} \right)^2 \right] \tag{10}$$

将式(9)代入式(7),化简后得:

$$\rho \frac{De^0}{d\tau} = \lambda\left(\frac{\partial^2 t}{\partial x^2} + \frac{\partial^2 t}{\partial y^2} \right) + \rho \frac{D}{d\tau}\left[\frac{1}{2}(u^2 + v^2) \right] + \mu\Phi \tag{6.13}$$

式(6.13)即为能量方程的总能量表达式。在此基础上,可导出能量方程其他形式的表达式。

(1)内能表达式

由式(2)可得:

$$\frac{De^0}{d\tau}=\frac{De}{d\tau}+\frac{D}{d\tau}\left[\frac{1}{2}(u^2+v^2)\right]$$

代入式(6.13),整理后可得能量方程的内能表达式:

$$\rho\frac{De}{d\tau}=\lambda\left(\frac{\partial^2 t}{\partial x^2}+\frac{\partial^2 t}{\partial y^2}\right)+\mu\Phi \tag{6.14}$$

(2)焓表达式

有时用焓表达式比内能表达式更为方便,工程热力学定义焓(比焓)为:

$$h=e+\frac{p}{\rho}$$

$$\frac{Dh}{d\tau}=\frac{De}{d\tau}+\frac{1}{\rho}\frac{Dp}{d\tau} \tag{11}$$

将式(11)代入式(6.14),得:

$$\rho\frac{Dh}{d\tau}=\lambda\left(\frac{\partial^2 t}{\partial x^2}+\frac{\partial^2 t}{\partial y^2}\right)+\frac{Dp}{d\tau}+\mu\Phi \tag{6.15}$$

(3)温度表达式

能量方程的温度表达式是应用最多的一种形式,本书的分析全部采用温度表达式。温度表达式可直接由焓的表达式中导出。

焓是热力学状态参数,可表示为 $h=f(T,p)$,即:

$$dh=\left(\frac{\partial h}{\partial T}\right)_p dt+\left(\frac{\partial h}{\partial p}\right)_T dp=c_p dt+\left(\frac{\partial h}{\partial p}\right)_T dp \tag{12}$$

从热力学微分方程式[5]可得:

$$\left(\frac{\partial h}{\partial p}\right)_T=\frac{1}{\rho}\left[1+\frac{T}{\rho}\left(\frac{\partial \rho}{\partial T}\right)_p\right]=\frac{1}{\rho} \tag{13}$$

由于常物性的假设,$\rho=$常数,因此$\left(\frac{\partial \rho}{\partial T}\right)_p=0$。将式(13)代入式(12),取全导数后可得:

$$\frac{Dh}{d\tau}=c_p\frac{Dt}{d\tau}+\frac{1}{\rho}\frac{Dp}{d\tau} \tag{14}$$

代入式(6.15),得:

$$\rho c_p\frac{Dt}{d\tau}=\lambda\left(\frac{\partial^2 t}{\partial x^2}+\frac{\partial^2 t}{\partial y^2}\right)+\mu\Phi \tag{6.16}$$

式(6.16)即为能量方程的温度表达式。在工程实际问题中,当流体流速不大或者温差较小时,耗散热量远远小于导热量。实验证明[6],当埃克特(E.R.G.Eckert)数 $Ec=u_\infty^2/[c_p(t_\infty-t_w)]<1$ 时,耗散函数 $\mu\Phi$ 很小,完全可以忽略不计。例如,空气以 $u_\infty=300$ m/s 的速度掠过平壁,$t_\infty-t_w=100$ ℃,空气的 c_p 值近似取为 1 000 J/(kg·℃),$Ec=0.9$。由此可见,绝大部分工程实际问题均可忽略耗散热。忽略耗散热以后,能量方程为:

$$\frac{Dt}{d\tau}=a\left(\frac{\partial^2 t}{\partial x^2}+\frac{\partial^2 t}{\partial y^2}\right) \tag{6.17}$$

对于二维稳态流动:$\frac{\partial t}{\partial \tau}=0,\frac{Dt}{d\tau}=u\frac{\partial t}{\partial x}+v\frac{\partial t}{\partial y}$。则式(6.16)简化为:

$$u\frac{\partial t}{\partial x}+v\frac{\partial t}{\partial y}=a\left(\frac{\partial^2 t}{\partial x^2}+\frac{\partial^2 t}{\partial y^2}\right) \tag{6.18}$$

能量方程中出现了速度 u 和 v,可见对流传热时,温度场是受到速度场影响的。对于固体或者静止流体:$u,v=0$,能量方程式就转化为导热微分方程式。

6.3 定解条件

对流传热微分方程组描述了对流传热过程所具有的共性,是对对流传热过程的一般描述。该方程组是从一些最基本的物理定律出发经推导而得出的,它完全没有涉及过程的具体特点,例如,流体是在管内流动还是横掠管外;固体壁面的温度是恒定的还是变化的;是否稳态过程等。从数学角度来看,单凭这组微分方程式充其量只能得到通解,必须给出描述特定对流传热问题个性的条件才能得到特解。描述特定对流传热问题个性的条件称为定解条件。因此,一个具体给定的对流传热问题的数学描述应包括两方面内容:微分方程式和定解条件。

定解条件包含初始条件和边界条件。

①初始条件:说明过程开始时刻,速度场和温度场所具有的特点。稳态过程没有初始条件。

②边界条件:说明流体在求解域的边界上过程所具有的特点。在固体壁面上,流体速度的边界条件是无滑移条件,即认为由于流体黏性的滞止作用流体速度为零。如果界面非固体壁面,则应给出流体跨越该界面的速度分布。流体温度场的边界条件一般分为两类,分别称为第一类边界条件和第二类边界条件。

第一类边界条件给定的是流体在界面处的温度分布。若界面是固体壁面,这时考虑流体和固体在界面处温度分布是一致的,认为:

$$t\big|_{s}=t_{w} \tag{6.19}$$

式中,下标 s 表示边界面,t_w 是温度在边界面 s 的给定值。最简单的情况是 $t\big|_s=t_w=$常数,称为常壁温边界条件。

第二类边界条件给定的是界面处的热流密度。因为流体在固体壁面上流速为零,热量传递仅依靠导热,故第二类边界条件表示为:

$$q\big|_{s}=q_{w} \tag{6.20}$$

或

$$-\lambda\frac{\partial t}{\partial n}\bigg|_{s}=q_{w}$$

最简单的情况是 $q\big|_s=q_w=$常数,称为常热流边界条件。

如果界面不是固体壁面,如圆管的进口和出口壁面,则应给出流体在该界面的温度分布。长径比很大的圆管可认为是半无限大问题,只需给出进口截面的温度分布和速度分布。

以上方程组的推导采用了直角坐标系。应该指出,对于管内对流传热,采用圆柱坐标系更方便方程组的求解。附录 9 中给出了各方程式在圆柱坐标系中的表达形式。

综上所述,由于对流传热现象的复杂性和数学描述的高度非线性,用分析法求解对流传热问题是非常困难的。长期以来,在相似理论或量纲分析指导下进行实验研究一直是解决对流传热问题的主要手段。直到 1904 年德国科学家普朗特提出了著名的边界层理论,并用数量级分析方法对上述微分方程组进行合理简化后,其数学分析解才真正得以实现。只有一些简单几何形状和边界条件的层流稳态流动和对流传热问题可以得到精确解[7]。近年来,由于计算机的广泛使用,使得用数值计算方法求解一些复杂的三维湍流对流传热问题成为现实。

对流传热问题的求解有 4 种方法:分析法、数值法、类比法和实验法。无论哪种方法,对流传热微分方程组及其定解条件均是其分析和求解的理论基础。

习　题

1. 用水和同温空气冷却物体,为什么水的表面传热系数比空气大得多?
2. 叙述理论求解表面传热系数的基本途径。
3. 试就自然界和日常生活中的对流传热现象举例,说明哪些现象可以作为常壁温或者常热流边界条件来处理,哪些可以近似地按常壁温或者常热流边界条件处理?
4. 对流传热过程微分方程式与导热过程的第三类边界条件表达式两者有什么不同之处?
5. 试推导圆柱坐标系的二维连续性方程,假设流体为常物性不可压缩流体。
6. 以常物性不可压缩牛顿型黏性流体掠过壁面的二维对流传热为例,证明耗散函数的表达式为:

$$\mu\Phi = \mu\left[2\left(\frac{\partial u}{\partial x}\right)^2 + 2\left(\frac{\partial v}{\partial y}\right)^2 + \left(\frac{\partial u}{\partial y} + \frac{\partial v}{\partial x}\right)^2\right]$$

7. 常物性流体在两无限大平行平壁间做稳态层流运动,下平壁静止,上平壁在外力作用下做等速运动,速度为 u。试推导描述流体运动的动量方程。
8. 能量微分方程 $\frac{\mathrm{D}t}{\mathrm{d}\tau}=a\left(\frac{\partial^2 t}{\partial x^2}+\frac{\partial^2 t}{\partial y^2}\right)$ 与固体导热微分方程 $\frac{\partial t}{\partial \tau}=a\left(\frac{\partial^2 t}{\partial x^2}+\frac{\partial^2 t}{\partial y^2}\right)$ 二者有何区别?什么情况下能量微分方程可转化为固体导热微分方程?

第 6 章习题详解

7 对流传热的求解方法

对流传热问题的求解有4种方法:分析法、数值法、类比法和实验法。分析法包括微分方程组的分析解(精确解)和积分方程组的分析解(近似解),二者均与边界层理论有密切联系。数值法是近年来发展非常迅速的一种方法,现已成为一门独立的学科,该方法的引入促进了传热学研究的飞跃,有兴趣的读者可参阅文献[1,2]。类比法的基本思想是建立热量传递和动量传递之间的类比关系式,利用流体力学研究中积累的摩擦数据求解对流表面传热系数。由于实验研究探求对流传热规律仍是目前主要而实用的方法,而其他方法的求解结果是否正确仍需实验验证,故本章的另一重要内容是阐述指导实验研究的基本理论——相似理论。

7.1 边界层分析

7.1.1 流动边界层与热边界层

1)流动边界层

当速度为 u_∞ 的黏性流体掠过壁面时,会在壁面上产生摩擦,从而制动了流体的运动,使靠近壁面的流体速度降低,而直接贴附于壁面的流体实际上将停滞不动。若用流速仪来测量壁面法线方向(y 方向)离壁距离不同的各点 x 方向的速度 u,将得到如图7.1所示的速度分布曲线。它表明:从 $y=0$ 处 $u=0$ 开始,随着离壁距离的增加,u 将迅速地增大,经过一极薄的流体层,u 就充分接近主流速度 u_∞。随后,随着离壁距离的增加,u 则以非常缓慢渐近的方式增加。理论上只有 $y\to\infty$ 时,才能有 $u=u_\infty$,因此沿壁面法线方向 $u=u_\infty$ 的 y 值是不确定的,也无实际意义。故定义:以 $u/u_\infty=0.99$ 为外缘线,该外缘线到壁面间的流体薄层,称为流动边界层;任意 x 处,该外缘线上对应点至壁面间的垂直距离称为边界层厚度,记作 δ。由图7.1可以看出,δ 是随 x 增加而增加的。这样定义的边界层又称为有限边界层。这样定义的 δ 将是一个很小的值,如20 ℃的空气以 $u_\infty=10$ m/s 的速度外掠平壁,在距壁前缘 $x=100$ mm 和200 mm 处的

δ 分别为 1.8 mm 和 2.5 mm,说明 δ 相对于平壁尺寸只是一个很小的数。在这样薄的一层流体内,速度由 0 变化到接近等于主流速度 u_∞。可见,边界层内的平均速度梯度是很大的,而在紧靠壁面处,速度梯度还将远大于平均速度梯度。速度梯度大表明黏性应力大,根据牛顿黏性定律:

$$\tau = \mu \frac{\partial u}{\partial y} \tag{7.1}$$

式中 τ——黏性应力,N/m^2。

对于工业中常见的流体,如空气、天然气、水等,虽然它们的黏度较低,但因速度梯度大,边界层内也将显现较大的黏性应力。

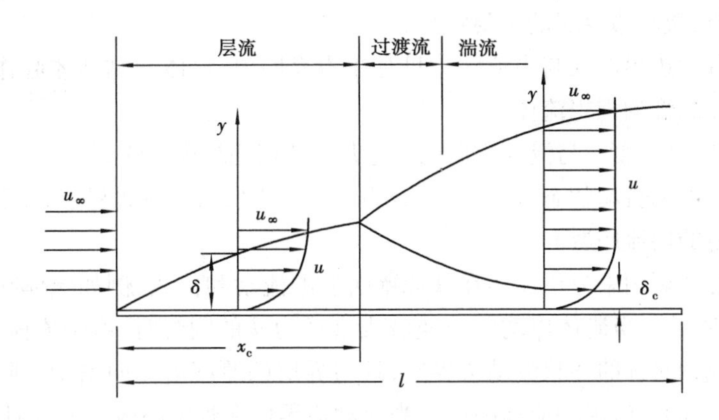

图 7.1 外掠平壁流动边界层

边界层以外,可认为流速 u 在 y 方向上不再变化,即$\frac{\partial u}{\partial y}=0$,称为主流区。于是,流场可划分为 2 个区域:边界层区和主流区。边界层区是流体黏性起作用的区域,流体的运动规律可用黏性流体运动微分方程式(即第 6 章中的动量方程式)描述;而在主流区,因$\frac{\partial u}{\partial y}=0$,$\tau=0$,则可视为无黏性的理想流体,欧拉方程是适用的。这是边界层概念的基本思想。

流体外掠平壁是边界层在壁面上形成和发展过程最典型的一种流动,其过程如图 7.1 所示。设流体以均匀流速 u_∞ 流进平壁前缘,此时 $\delta=0$,流进平壁后,由于低速层流体与高速层流体之间的摩擦依然存在,故壁面黏性应力的影响将逐渐地向流体内部传递,边界层也逐渐增厚。在距平壁前缘某一距离 x_c 以前,流体的流动保持层流,流体质点运动轨迹(流线)相互平行,呈一层一层的有秩序地滑动,称层流边界层。层流边界层的速度分布呈抛物线型。随着层流边界层的增厚,边界层速度梯度将变小,这种变化首先是边界层内的速度分布曲线靠近主流区的边缘部分开始趋于平缓,它导致壁面黏性力对边界层边缘部分的影响减弱,而惯性力的影响相对增强,进而促使层流边界层从它的边缘开始逐渐变得不稳定起来,自距前缘 x_c 起,层流即向湍流过渡,湍流区开始形成。由于湍流传递动量的能力比层流强,湍流流态将同时向外和向壁面扩展,使 δ 明显增厚:一方面将壁面黏性力传递到离壁更远一些的地方,将边界层向外扩展;另一方面,湍流又同时向壁面扩展,使得湍流区逐步扩大,这一区域称为过渡流。下游边界层流态最终完全变为湍流,在湍流区内流体质点沿主流方向的周围呈紊乱的不规则脉动,称为湍流边界层,层内速度分布呈幂函数型。由层流边界层向湍流边界层过渡的距离 x_c 称临界距离,x_c 由临界雷诺数 $Re_c=\frac{u_\infty x_c}{\nu}$确定。对于外掠平壁,$Re_c=3\times10^5\sim3\times10^6$,它取决于壁面的粗糙度和来流的湍流度。在表面粗糙和湍流度很大时,Re_c 甚至可以低于上述下限值。在边界层计算中,通常取 $Re_c=5\times10^5$。

研究表明,即使在湍流边界层中,紧贴壁面的一个极薄层内黏性应力仍起主导作用,这个极薄层称为湍流边界层的层流底层。卡门认为,在层流底层和湍流核心层之间还存在一过渡层。因此,按卡门的分层思想,湍流边界层沿壁面法线方向划分为 3 层,依次为层流底层、过渡层和湍流核心层。

综合上述分析,流动边界层的主要特征为:

①流场可划分为边界层区与主流区。只有在边界层内,流体的黏性才起作用;在主流区,可以认为流体是无黏性的理想流体。

②边界层极薄,其厚度 δ 与流动方向的平壁尺寸 l 相比是极小的。

③根据边界层内的流动状态,边界层可分为层流边界层与湍流边界层,而湍流边界层贴壁处仍存在一层极薄的层流底层。

边界层的概念亦可用来分析流体在其他壁面上的流动和传热,例如流体在管内的稳态受迫流动,如图 7.2 所示。当流体以均匀流速流入直径为 d 的圆管时,由于流体黏性的作用,流体在管壁面上形成轴对称的环状流动边界层,且边界层的厚度沿流向增加。随着流动边界层厚度的增加,无黏性的主流区相应地缩小。当流动边界层在管中心线处汇合时,边界层和黏性的影响扩展到管子的整个横截面,此时边界层厚度等于管半径。从管入口处到流动边界层汇合处的管长,称为流动入口段长度。边界层汇合以后,速度分布充分发展,沿流动方向不再发生变化,这时流体进入流动充分发展段。

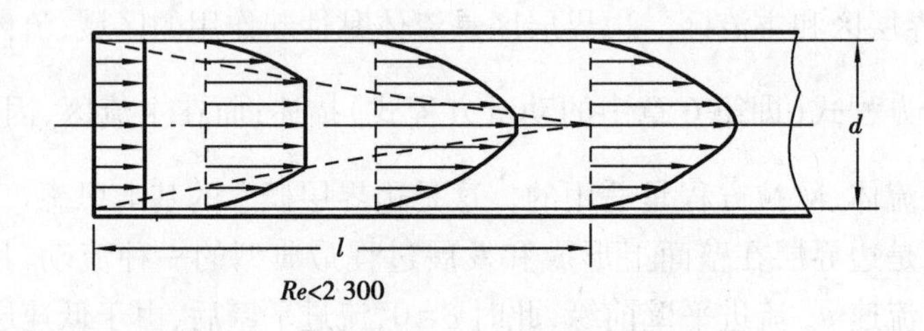

图 7.2　圆管内层流边界层的形成和发展

流体在管内流动的流态用以流体平均流速 u_m 计算的雷诺数 $Re_m=u_m d/\nu$ 来判定。$Re_m<$ 2 300为层流;$Re_m>10^4$ 为旺盛湍流;$2\ 300\leqslant Re_m\leqslant10^4$ 为过渡流。$Re_c=2\ 300$ 称为管流临界雷诺数。应当注意,$Re_m<2\ 300$ 时,流动入口段的边界层流动也是层流。$Re>2\ 300$ 时,流动入口段中边界层的发展具有自己的特点,开始是层流边界层,然后转变为湍流边界层。如果流体从一个大容器进入具有尖锐进口的管子,则$Re_m>10^4$时在管子的进口处形成漩涡,使层流边界层被迅速破坏,可认为从进口处开始即形成湍流边界层;当 $Re>5\times10^4$ 时,即使是光滑进口,实际上从管子进口处就已经是湍流边界层了。

若流体受迫横向外掠圆管,如图 7.3 所示,流体接触管面后,从两侧绕过,并形成边界层。

其特征是开始为层流边界层,进而转变为湍流,随后发生边界层脱离壁面的现象(称绕流脱体或称分离),出现涡流区。

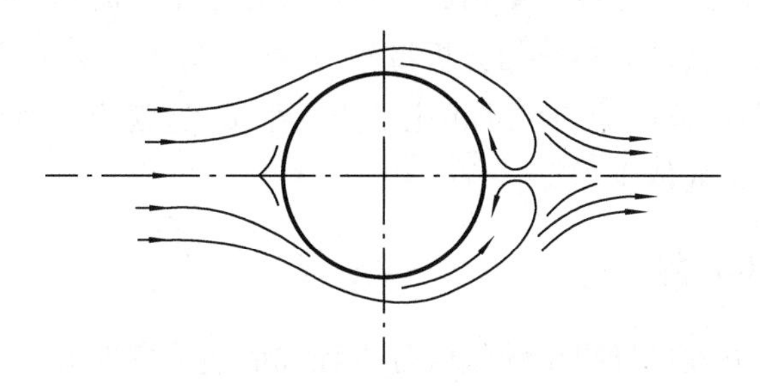

图 7.3 横向外掠圆管流动边界层

当流体沿竖直壁面自然对流时的边界层状况如图 7.4 所示时,由层流转变为湍流的竖壁高度取决于壁温与流体温度差和物性。

2)热边界层

正如流体掠过固体壁面时产生流动边界层那样,如果流体温度 t_f 和壁面温度 t_w 不同,具有均匀温度 t_f 的流体掠过壁面时将会在壁面附近产生热边界层。由于 t_f 可能大于 t_w,也可能小于 t_w,如图 7.5 所示,因此类似地定义热边界层为:以$\frac{t-t_w}{t_f-t_w}=0.99$为外缘线,该外缘线到壁面间的流体薄层称为热边界层;任意 x 处,该外缘线上对应点至壁面间的垂直距离称为热边界层厚度,记作 δ_t。这样定义的 δ_t 也是一个很小的值。在热边界层外,温度梯度小到可以忽略不计,可认为是等温区。在壁面上,流体温度等于壁面温度,因此壁面上具有最大的温度梯度。由于壁面与流体传热作用的不断影响,热边界层厚度 δ_t 也是沿流向增加的,如图 7.5 所示。热边界层和流动边界层均具有薄层的性质,但 δ_t 不一定等于 δ,它们之间的关系取决于流体的物性。

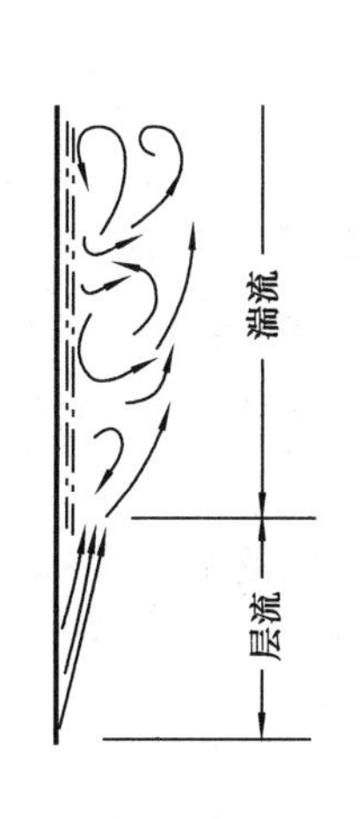

图 7.4 自然对流边界层

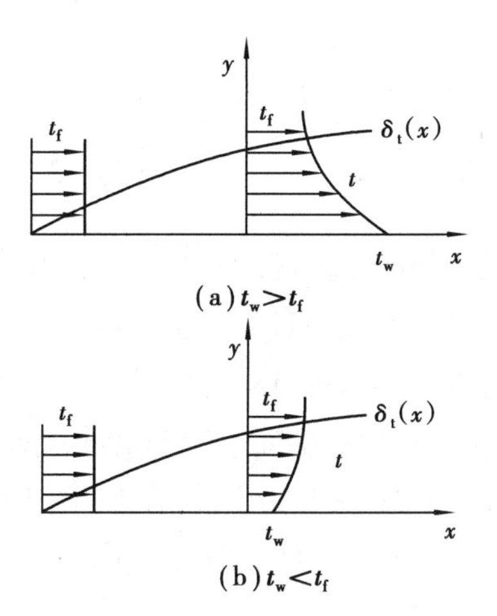

图 7.5 外掠平壁热边界层

热边界层内流体运动的状态对于对流传热起着决定性的影响。在层流流动的热边界层中，壁面法线方向上的热量传递方式主要是导热；在湍流流动的热边界层中，层流底层的热量传递依靠导热，而湍流核心层，速度脉动引起的对流混合是主要的热量传递方式。

边界层概念的引入使流动和传热的分析得到简化，可集中注意力于流动边界层和热边界层内，而边界层的厚度与物体的流向尺寸相比是个极小量，这就为应用数量级分析简化对流传热微分方程组提供了分析的依据。

7.1.2 边界层连续性方程

第6章中利用守恒方程推导得出的偏微分方程式描述了黏性流体中的流场和温度场。但是，这些高度非线性的偏微分方程式太复杂了，因而希望能够被简化以减少求解时的困难。普朗特提出的边界层理论，其最主要的价值之一就是为简化微分方程式创造了条件。根据边界层的特征，运用数量级分析的方法，将方程中的各量和各偏导数项的相对大小进行比较，从方程中将量级较大的保留下来，剔除量级相对小的量和偏导数项，从而得到边界层对流传热微分方程组，为理论分析求解创造条件。

本章中采用无量纲化的方法来进行数量级分析[3]，其基本思想是：若无量纲量 M，N 均在 0~1变化，我们可规定其数量级为1，记为 $M \sim O(1)$、$N \sim O(1)$（符号"~"表示"相当于"，$O(1)$ 表示其数量级为1）。显然，这样规定的数量级具有平均值的含义。一阶偏导数取其积分区间的平均值，可得：

$$\frac{\partial M}{\partial N} \sim \frac{1}{l}\int_0^l \frac{\partial M}{\partial N}\mathrm{d}N \sim O(1)$$

可以证明：二阶偏导数 $\frac{\partial^2 M}{\partial N^2}$ 取其积分区间的平均值，其数量级仍为 $O(1)$[4]。

为了分析方便，以常物性不可压缩流体掠过平壁的二维稳态流动为例进行数量级分析，其连续性方程为：

$$\frac{\partial u}{\partial x} + \frac{\partial v}{\partial y} = 0 \tag{7.2}$$

把 u,v,x,y 转变为下列无量纲量：

$$U = \frac{u}{u_\infty};\quad V = \frac{v}{u_\infty \Delta'};\quad X = \frac{x}{l};\quad Y = \frac{y}{l\Delta} \tag{1}$$

式中，u_∞ 是均匀的主流速度；l 是平壁的长度。由于 $0 \leqslant u \leqslant u_\infty$，$0 \leqslant x \leqslant l$，所以无量纲量 U，X 均 $\sim O(1)$。y 是边界层内各点离壁面的法向距离，$0 \leqslant y \leqslant \delta$，令 $\delta = l\Delta$，可见 $Y \sim O(1)$。由流动边界层的特征可知，$\delta \ll l$，则 $\Delta \ll \delta$，可见 Δ 是一个很小的量。与 $O(1)$ 比较，Δ 非常小，因此取 $\Delta \sim O(\Delta)$，$O(\Delta) \ll O(1)$。假定 y 方向的速度分量 v 的变化范围是 $0 \sim u_\infty \Delta'$，其中 Δ' 也是一个很小的量，那么 V 也在 0~1 变化，仍有 $V \sim O(1)$。

将式(1)代入式(7.2)，经整理后可得：

$$\frac{u_\infty}{l}\left(\frac{\partial U}{\partial X} + \frac{\Delta'}{\Delta}\frac{\partial V}{\partial Y}\right) = 0 \tag{2}$$

式中 $u_\infty/l \neq 0$，所以应有括号内的 2 项之和等于 0，即：

$$\frac{\partial U}{\partial X} + \frac{\Delta'}{\Delta}\frac{\partial V}{\partial Y} = 0 \tag{3}$$

前面已分析，各无量纲量的偏导数的数量级为 1，要保持流动为二维流动，必然有：

$$\frac{\Delta'}{\Delta} = 1; \quad \Delta = \Delta' \tag{4}$$

这样，式(3)可以写为：

$$\frac{\partial U}{\partial X} + \frac{\partial V}{\partial Y} = 0 \tag{7.3}$$

由式(7.3)可知，数量级分析没有简化和改变连续性方程的形式，但从分析中可知，$\Delta' = \Delta \ll \delta$。由于边界层增厚排挤掉的流体产生的 y 方向的流速 v 与边界层厚度 δ 是同一数量级的小量。式(7.3)转化为有量纲的形式仍为式(7.2)。

7.1.3　边界层动量方程

对于常物性不可压缩流体二维稳态流动，其动量方程为：

$$\rho\left(u\frac{\partial u}{\partial x} + v\frac{\partial u}{\partial y}\right) = -\frac{\partial p}{\partial x} + \mu\left(\frac{\partial^2 u}{\partial x^2} + \frac{\partial^2 u}{\partial y^2}\right) \tag{5}$$

$$\rho\left(u\frac{\partial v}{\partial x} + v\frac{\partial v}{\partial y}\right) = \rho g - \frac{\partial p}{\partial y} + \mu\left(\frac{\partial^2 v}{\partial x^2} + \frac{\partial^2 v}{\partial y^2}\right) \tag{6}$$

式中，体积力只考虑了 y 方向的重力。仍采用无量纲参数：

$$U = \frac{u}{u_\infty}; \quad V = \frac{v}{u_\infty \Delta}; \quad X = \frac{x}{l}; \quad Y = \frac{y}{l\Delta} \tag{7}$$

将式(7)代入式(5)，经整理后可得：

$$U\frac{\partial U}{\partial X} + V\frac{\partial U}{\partial Y} = -\frac{l}{\rho u_\infty^2}\frac{\partial p}{\partial x} + \frac{\mu}{\rho u_\infty l}\frac{1}{\Delta^2}\left(\Delta^2\frac{\partial^2 U}{\partial X^2} + \frac{\partial^2 U}{\partial Y^2}\right) \tag{8}$$

从式(8)可以看出：$\frac{\mu}{\rho u_\infty l} = \frac{1}{Re_l}$，$Re_l$ 表示以平壁长度 l 作为定型尺寸的雷诺数。令无量纲压力 $P = \frac{p}{\rho u_\infty^2}$，则：

$$\frac{\partial P}{\partial X} = \frac{l}{\rho u_\infty^2}\frac{\partial p}{\partial x}$$

这样，式(8)可以改写为：

$$U\frac{\partial U}{\partial X} + V\frac{\partial U}{\partial Y} = -\frac{\partial P}{\partial X} + \frac{1}{Re_l}\frac{1}{\Delta^2}\left(\Delta^2\frac{\partial^2 U}{\partial X^2} + \frac{\partial^2 U}{\partial Y^2}\right) \tag{9}$$

由于无量纲参数及其偏导数均 $\sim O(1)$，而 $\Delta \sim O(\Delta)$，则从物理意义上来看，边界层内的流动是由于流体的黏性引起的，因此在边界层内黏性力项必须考虑，且其数量级应和惯性力相等，即二者具有相等的数量级 $O(1)$。因此，有：

$$\frac{1}{Re_l}\frac{1}{\Delta^2}=1 \tag{10}$$

解得：

$$\Delta=1/\sqrt{Re_l} \tag{11}$$

式(11)说明 Δ 这个极小量与雷诺数有关，当 $Re_l=10^4$ 时，$\Delta=0.01$；$Re_l=10^3$ 时，$\Delta\approx0.03$。因此，当在 0~1 区间变化的无量纲参数取为 1 的数量级 $O(1)$ 时，取 $\Delta\sim O(\Delta)$，且 $O(1)\gg O(\Delta)$ 是合理的，这与普朗特提出的高雷诺数流动时形成边界层的理论分析是一致的。

从式(9)中还可以看出，黏性应力项中 $\Delta^2\dfrac{\partial^2 U}{\partial X^2}\ll\dfrac{\partial^2 U}{\partial Y^2}$，前者完全可以忽略不计。于是，经过数量级比较，式(9)可以改写为：

$$U\frac{\partial U}{\partial X}+V\frac{\partial U}{\partial Y}=-\frac{\partial P}{\partial X}+\frac{\partial^2 U}{\partial Y^2} \tag{7.4}$$

式(7.4)转变为有量纲的形式为：

$$u\frac{\partial u}{\partial x}+v\frac{\partial u}{\partial y}=-\frac{1}{\rho}\frac{\partial p}{\partial x}+\nu\frac{\partial^2 u}{\partial y^2} \tag{7.5}$$

式中　$\nu=\dfrac{\mu}{\rho}$，称为运动黏度。

同理，将无量纲参数式(7)和 $P=\dfrac{p}{\rho u_\infty^2}$ 代入式(6)，经整理后可得：

$$\Delta^2\left(U\frac{\partial V}{\partial X}+V\frac{\partial V}{\partial Y}\right)=\frac{gl}{u_\infty^2}\Delta-\frac{\partial P}{\partial Y}+\Delta^2\left(\Delta^2\frac{\partial^2 V}{\partial X^2}+\frac{\partial^2 V}{\partial Y^2}\right) \tag{12}$$

式中，$gl/u_\infty^2=Fr$ 也是个无量纲参数，它反映了重力和惯性力的相对大小，称为弗劳德数(Froude Number)。从式(12)可以容易地看出，忽略数量级小的量后得到：

$$\frac{\partial P}{\partial Y}=0$$

即

$$\frac{\partial p}{\partial y}=0 \tag{7.6}$$

这表明：y 方向的动量方程中各项相对于 x 方向动量方程式(7.4)中的各项都可以忽略不计。一般受迫对流时认为体积力对速度场的影响很小，忽略体积力项正是基于上述分析的结果。

式(7.6)所反映的情况是边界层的又一个重要特征，它表示在边界层中沿壁面法线方向(y 方向)的压力不发生变化，因而边界层中的压力只随 x 发生变化。所以，偏导数 $\partial p/\partial x$ 可改写为常导数 $\mathrm{d}p/\mathrm{d}x$，并可按边界层外缘处的 $\mathrm{d}p/\mathrm{d}x$ 计算，即按理想流体的伯努利方程计算：

$$p+\frac{1}{2}\rho u_\infty^2=常数 \tag{7.7}$$

所以

$$-\frac{\mathrm{d}p}{\mathrm{d}x}=\rho u_\infty\frac{\mathrm{d}u_\infty}{\mathrm{d}x}$$

这样，经数量级分析比较，边界层动量方程中只保留下了式(7.5)。将式(7.7)代入式

(7.5),得：

$$u\frac{\partial u}{\partial x}+v\frac{\partial u}{\partial y}=u_\infty\frac{\mathrm{d}u_\infty}{\mathrm{d}x}+\nu\frac{\partial^2 u}{\partial y^2} \tag{7.8}$$

式(7.8)与式(7.2)联立,求解未知数 u 和 v。由于方程组是封闭的,因此可以求解常物性不可压缩流体二维稳态流动的速度场。对于外掠平壁的二维稳态流动,如 u_∞ = 常数,$\frac{\mathrm{d}u_\infty}{\mathrm{d}x}=0$,式(7.8)可以进一步简化为：

$$u\frac{\partial u}{\partial x}+v\frac{\partial u}{\partial y}=\nu\frac{\partial^2 u}{\partial y^2} \tag{7.9}$$

7.1.4　边界层能量方程

对于常物性不可压缩流体二维稳态对流传热,当忽略耗散热时,式(6.16)可表示为：

$$\rho c_p\left(u\frac{\partial t}{\partial x}+v\frac{\partial t}{\partial y}\right)=\lambda\left(\frac{\partial^2 t}{\partial x^2}+\frac{\partial^2 t}{\partial y^2}\right) \tag{13}$$

仍采用无量纲参数：

$$U=\frac{u}{u_\infty};\quad V=\frac{v}{u_\infty\Delta};\quad X=\frac{x}{l}$$

定义无量纲温度 $\Theta=\frac{t-t_w}{t_f-t_w}$,在热边界层中,$\Theta$ 的变化范围仍然是 0~1。由于热边界层厚度 δ_t 不一定等于流动边界层厚度 δ,令 $\delta_t=l\Delta_t$,同理 $\delta_t\ll l$,$\Delta_t\ll\delta_t$,可见 Δ_t 也是一个很小的量。这样,定义：

$$Y=\frac{y}{l\Delta_t}$$

Y 变化的范围仍是 0~1。

将上述无量纲参数代入式(13),整理后得到：

$$U\frac{\partial\Theta}{\partial X}+\frac{\Delta}{\Delta_t}V\frac{\partial\Theta}{\partial Y}=\frac{\lambda}{\rho c_p u_\infty l}\frac{1}{\Delta_t^2}\left(\Delta_t^2\frac{\partial^2\Theta}{\partial X^2}+\frac{\partial^2\Theta}{\partial Y^2}\right) \tag{14}$$

$$\frac{\lambda}{pc_p u_\infty l}=\frac{a\nu}{u_\infty l\nu}=\left[\frac{u_\infty l}{\nu}\frac{\nu}{a}\right]^{-1}=(Re\cdot Pr)^{-1} \tag{15}$$

其中,$Pr=\nu/a$,是由流体的物性组成的无量纲参数,称为普朗特数,这样,式(14)可以写为：

$$U\frac{\partial\Theta}{\partial X}+\frac{\Delta}{\Delta_t}V\frac{\partial\Theta}{\partial Y}=\frac{1}{Re\cdot Pr}\frac{1}{\Delta_t^2}\left(\Delta_t^2\frac{\partial^2\Theta}{\partial X^2}+\frac{\partial^2\Theta}{\partial Y^2}\right) \tag{16}$$

对式(16)可分析如下：

①由数量级分析可知,Δ_t 是极小量,因此导热项中 $\Delta_t^2\frac{\partial^2\Theta}{\partial X^2}\ll\frac{\partial^2\Theta}{\partial Y^2}$,可以忽略不计。因此,式(16)可改写为：

$$U\frac{\partial\Theta}{\partial X}+\frac{\Delta}{\Delta_t}V\frac{\partial\Theta}{\partial Y}=\frac{1}{Re\cdot Pr}\frac{1}{\Delta_t^2}\frac{\partial^2\Theta}{\partial Y^2} \tag{17}$$

将式(17)转变为有量纲的形式,可写为:

$$u\frac{\partial t}{\partial x}+v\frac{\partial t}{\partial y}=a\frac{\partial^2 t}{\partial y^2} \tag{7.10}$$

式(7.10)即是边界层能量方程。在常物性条件下由式(7.2),式(7.8)求得速度场后,可利用该式求解温度场。

②$\Delta/\Delta_t=\delta/\delta_t$ 是流动边界层厚度和热边界层厚度的比值。Δ,Δ_t 均 $\sim O(\Delta)$,其比值可以大于、等于或者小于1,不容许忽略,但也不能简单视为1。此外,热边界层中的对流传热是导热和热对流这两种传热基本方式的综合作用,从数学角度来分析,导热项又是偏微分方程的最高阶项,所以从物理现象和数学角度看,导热项必须考虑,并且它应与方程中的最高数量级的项相同,因此又存在下述2种情况:

如 $\Delta/\Delta_t\geqslant1$。在这种情况下,式(16)中导热项的系数应等于 Δ/Δ_t,即:

$$\frac{\Delta}{\Delta_t}=\frac{1}{Re\cdot Pr}\frac{1}{\Delta_t^2}$$

从7.1.3节的分析已知 $\Delta=1/\sqrt{Re}$,所以上式可改写为:

$$\Delta_t=\frac{1}{(\sqrt{Re}\cdot Pr)} \tag{18}$$

$$\Delta/\Delta_t=Pr \tag{19}$$

可见,若要满足 $\Delta/\Delta_t\geqslant1$,条件只能是 $Pr\geqslant1$。这意味着,对于 $Pr\geqslant1$ 的流体,流动边界层的厚度 δ 大于或等于热边界层的厚度 δ_t。

如 $\Delta/\Delta_t<1$。在这种情况下,式(16)中对流项的最大系数为1,导热项的系数应等于1,即:

$$\frac{1}{Re\cdot Pr}\frac{1}{\Delta_t^2}=1$$

考虑到 $\Delta=1/\sqrt{Re}$,上式可改写为:

$$\Delta_t=\frac{1}{\sqrt{Re\cdot Pr}} \tag{20}$$

$$\frac{\Delta}{\Delta_t}=\sqrt{Pr} \tag{21}$$

可见,若要满足 $\Delta/\Delta_t<1$,条件只能是 $Pr<1$。这意味着,对于 $Pr<1$ 的流体,流动边界层的厚度 δ 小于热边界层的厚度 δ_t。

通过上述分析可以看出,普朗特数影响着流动边界层与热边界层之间的关系,从而对对流传热产生影响。前已述,$Pr=\nu/a$ 仅取决于流体的物性,同温同压下,不同的流体其 Pr 的数值是不相同的,对工程上常见的各种流体,按 Pr 数值的大小可以分为3类:$Pr\gg1$ 的流体,如油类;$Pr\approx1$ 的流体,如空气;$Pr\ll1$ 的流体,如液态金属。普朗特数的物理意义可以从其定义式中看出:式中,ν 反映了流体分子传递动量的能力,a 则反映流体分子扩散热量的能力,故 Pr 值的大小反映了流体的动量传递能力与热量传递能力比值的大小。

式(7.2)、式(7.8)、式(7.10)和式(6.2)总称为边界层对流传热微分方程组。该方程组虽然只适用于常物性不可压缩流体、无内热源的二维稳态低速流动对流传热,但推导时应用的边界层数量级分析及其基本概念对于掠过曲面的边界层流动和管内流动的入口段仍然适用。值得注意的是,应用边界层对流传热微分方程组时,一定要符合边界层分析的前提,即在固体壁面上流体的流动可分为边界层区和主流区,边界层的厚度相对于主流方向固体壁面的尺寸是个小量。当然,求解边界层对流传热微分方程组时亦需给出定解条件。有关边界层对流传热微分方程组的严格数学推导,可参阅文献[5-6]。

* 7.2 外掠平壁层流边界层微分方程组的分析解

采用数学方法,结合特定的定解条件直接对微分方程组分析求解,所获得的结果称为精确解。精确解是对流传热求解方法中最为理想的形式。外掠平壁层流边界层的对流传热问题是对流传热中最简单的情形,经数量级简化后的边界层对流传热微分方程组可以采用分析法求解。此外,平壁层流的分析解法也是其他层流问题分析求解的一种典型模式,即采用相似变量的转化方法。

7.2.1 外掠平壁层流边界层流动的分析解

常物性不可压缩流体以均匀流速 u_∞(u_∞ 为常数)外掠平壁层流流动时,在平壁表面形成层流边界层,如图 7.6 所示。根据 7.1 节的边界层分析,描述这一问题的连续性方程和动量方程分别为式(7.2)和式(7.9),即:

$$\frac{\partial u}{\partial x} + \frac{\partial v}{\partial y} = 0 \tag{1}$$

$$u\frac{\partial u}{\partial x} + v\frac{\partial u}{\partial y} = \nu\frac{\partial^2 u}{\partial y^2} \tag{2}$$

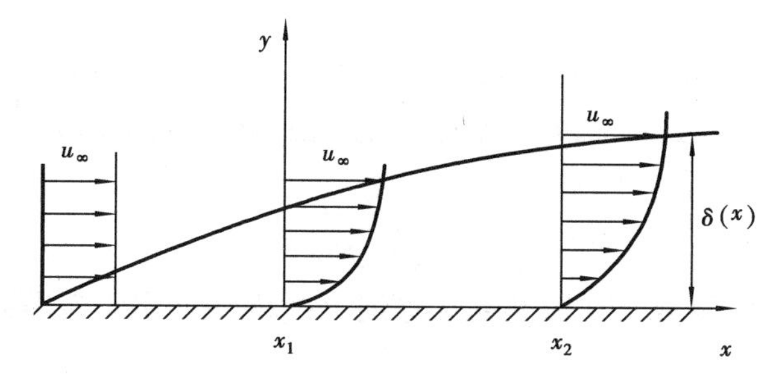

图 7.6 外掠平壁流动边界层

相应的边界条件为:

$$\left.\begin{aligned} y = 0: &\quad u = 0;\quad v = 0 \\ y \to \infty: &\quad u = u_\infty \end{aligned}\right\} \tag{3}$$

式(1)~式(3)即是这一流动问题完整的数学描述,联立求解可求得速度分布,即求得

$u(x,y)$ 和 $v(x,y)$。

引入流函数 ψ。根据 ψ 的定义：

$$u = \frac{\partial \psi}{\partial y}; \quad v = -\frac{\partial \psi}{\partial x} \tag{4}$$

代入式(1)和式(2)，得：

$$\frac{\partial^2 \psi}{\partial x \partial y} - \frac{\partial^2 \psi}{\partial y \partial x} \equiv 0 \tag{5}$$

$$\frac{\partial \psi}{\partial y}\frac{\partial^2 \psi}{\partial x \partial y} - \frac{\partial \psi}{\partial x}\frac{\partial^2 \psi}{\partial y^2} = \nu \frac{\partial^3 \psi}{\partial y^3} \tag{6}$$

连续性方程恒等于零而消失，因而由式(1)和式(2)联立求解 u,v 的问题转化为由一个动量方程式(6)求解一个未知函数 $\psi(x,y)$ 的问题，显然求解过程更加方便。

从图7.6可以看出，距平壁前缘不同距离 x_1 和 x_2 处，边界层内的速度分布并不相似，但沿流向速度分量 u 的分布都是从壁面处为零逐渐增大到 $y=\delta$ 处的 $u=u_\infty$。尽管 x_1 和 x_2 处对应的边界层厚度 $\delta(x_1)$ 和 $\delta(x_2)$ 并不相等，但比较不同 x 处的速度分布可以看出，随着 $\delta(x)$ 的变化，速度分布不是被伸展就是被压缩，都是从0变化到 u_∞。因而可以设想，如果采用无量纲速度 u/u_∞ 和无量纲坐标 $\eta=y/\delta(x)$，则就有可能使不同 x 处的 u/u_∞ 与 $y/\delta(x)$ 的关系变为相同，即寻找出如下函数关系式：

$$\frac{u}{u_\infty} = \Phi\left(\frac{y}{\delta}\right) \tag{7}$$

这种速度分布相同的函数关系称为相似解。

根据上节的边界层分析，$\delta=l\Delta$，但 $\Delta=1/\sqrt{Re_l}$，所以 $\delta=l/\sqrt{Re_l}$，选择 $\frac{\delta(x)}{x}=1/\sqrt{Re_x}$，则无量纲坐标可写为：

$$\eta = \frac{y}{\delta(x)} = \frac{y}{x}\sqrt{Re_x} = y\sqrt{\frac{u_\infty}{\nu x}} \tag{7.11}$$

注意到式(4)：

$$\frac{u}{u_\infty} = \frac{1}{u_\infty}\frac{\partial \psi}{\partial y} = \frac{1}{u_\infty}\frac{\partial \psi}{\partial \eta}\frac{\partial \eta}{\partial y} = \frac{1}{\sqrt{u_\infty \nu x}}\frac{\partial \psi}{\partial \eta} = \frac{\partial}{\partial \eta}\left(\frac{\psi}{\sqrt{u_\infty \nu x}}\right) \tag{8}$$

令

$$f = \frac{\psi}{\sqrt{u_\infty \nu x}}$$

由于 u/u_∞，η 都是无量纲参数，所以 f 也是无量纲参数，称为无量纲流函数。这样，速度分量 u 和 v 就可以用 f 表示。

若相似解存在，即式(7)表示的关系成立，则一定可以表示成下列形式：

$$\frac{u}{u_\infty} = \frac{\partial f}{\partial \eta} = \Phi(\eta) \tag{7.12}$$

显然，f 也是 η 的函数。布拉修斯(H.Blasius)[7]首先用上述无量纲参数(或称相似变量)得到了外掠平壁层流边界层流动的相似解。

为了利用相似变量f和η，将式(6)无量纲化，首先进行下列变量变化：

$$\left.\begin{aligned}
u &= -\frac{\partial\psi}{\partial y} = \frac{\partial\psi}{\partial f}\frac{\partial f}{\partial\eta}\frac{\partial\eta}{\partial y} = u_\infty f'(\eta) \\
v &= -\frac{\partial\psi}{\partial x} = -\frac{\partial}{\partial x}(f\sqrt{u_\infty\nu x}) \\
&= -\left(\frac{1}{2}\sqrt{\frac{u_\infty\nu}{x}}f + \sqrt{u_\infty\nu x}\frac{\partial f}{\partial\eta}\frac{\partial\eta}{\partial x}\right) = \frac{1}{2}\sqrt{\frac{u_\infty\nu}{x}}(\eta f' - f) \\
\frac{\partial u}{\partial x} &= \frac{\partial}{\partial x}[u_\infty f'(\eta)] = u_\infty f''(\eta)\frac{\partial\eta}{\partial x} = -\frac{u_\infty}{2x}\eta f''(\eta) \\
\frac{\partial u}{\partial y} &= u_\infty f''(\eta)\frac{\partial\eta}{\partial y} = u_\infty\sqrt{\frac{u_\infty}{\nu x}}f''(\eta) \\
\frac{\partial^2 u}{\partial y^2} &= u_\infty\sqrt{\frac{u_\infty}{\nu x}}f'''(\eta)\frac{\partial\eta}{\partial y} = \frac{u_\infty^2}{\nu x}f'''(\eta)
\end{aligned}\right\} \tag{7.13}$$

将式(7.13)中的各量代入动量方程式(2)，经整理后可得：

$$f''' + \frac{1}{2}ff'' = 0 \tag{7.14}$$

相应的边界条件式(3)改写为：

$$\left.\begin{aligned}
&\eta = 0:\ f = 0;\quad f' = 0 \\
&\eta\to\infty:\ f' = 1
\end{aligned}\right\} \tag{7.15}$$

式(7.14)是变量为η的三阶非线性常微分方程，称为布拉修斯方程。方程的变换过程表明，外掠平壁层流流动存在着相似关系，而所令的变量转换也正确地体现了这种相似。概括起来，相似解表明不同截面处流体的某种无量纲速度与无量纲坐标之间的关系是相同的。从数学上讲，就是通过相似变量的变换，可以把描述现象的偏微分方程转化为常微分方程，这样不但便于求解，而且求解结果亦具有通用性。

用分离变量法求解[8]式(7.14)，假定$z=f''(\eta)$，式(7.14)可改写为：

$$\frac{dz}{d\eta} + \frac{1}{2}f(\eta)z = 0 \tag{9}$$

积分得：

$$z = f''(\eta) = c_1\exp\left(-\frac{1}{2}\int_0^\eta f d\eta\right)$$

再积分得：

$$f'(\eta) = c_1\int_0^\eta\exp\left(-\frac{1}{2}\int_0^\eta f d\eta\right)d\eta + c_2 \tag{10}$$

代入边界条件式(7.15)，解得任意常数c_1，c_2分别为：

$$c_2 = 0$$

$$c_1 = \left[\int_0^\infty\exp\left(-\frac{1}{2}\int_0^\eta f d\eta\right)d\eta\right]^{-1}$$

将解得的 c_1, c_2 代入式(10),可得:

$$f'(\eta)=\frac{u}{u_\infty}=\frac{\int_0^\eta \exp\left(-\frac{1}{2}\int_0^\eta f\mathrm{d}\eta\right)\mathrm{d}\eta}{\int_0^\infty \exp\left(-\frac{1}{2}\int_0^\eta f\mathrm{d}\eta\right)\mathrm{d}\eta} \tag{7.16}$$

再次积分,并利用边界条件(7.15),可得:

$$f(\eta)=\frac{\int_0^\eta\left[\int_0^\eta \exp\left(-\frac{1}{2}\int_0^\eta f\mathrm{d}\eta\right)\mathrm{d}\eta\right]\mathrm{d}\eta}{\int_0^\infty \exp\left(-\frac{1}{2}\int_0^\eta f\mathrm{d}\eta\right)\mathrm{d}\eta} \tag{7.17}$$

式(7.16)和式(7.17)右边的积分式中都包含未知函数 $f(\eta)$,可以采用逐次逼近迭代法求解,也可以采用数值方法求解。表7.1给出了豪沃思(L.Howarth)[9]用数值积分得到的结果。求得 $f(\eta)$ 和 $f'(\eta)$ 后可利用式(7.13)求出 u 和 v,得到速度分布。图7.7给出了由计算值描绘的 u/u_∞, $v\sqrt{Re_x}/u_\infty$ 与 η 的关系曲线。

表7.1 外掠平壁层流边界层流动的相似解

η	$f(\eta)$	$f'(\eta)$	$f''(\eta)$	η	$f(\eta)$	$f'(\eta)$	$f''(\eta)$
0	0	0	0.332 06	4.0	2.305 76	0.955 52	0.064 24
0.4	0.026 56	0.132 77	0.331 47	5.0	3.283 29	0.991 55	0.015 91
0.8	0.106 11	0.264 71	0.327 39	6.0	4.279 64	0.998 98	0.002 40
1.2	0.237 95	0.393 78	0.316 59	7.0	5.279 26	0.999 92	0.000 22
1.6	0.420 32	0.516 76	0.296 67	8.0	6.279 23	1.000 00	0.000 01
2.0	0.650 03	0.629 77	0.266 75	8.4	6.679 23	1.000 00	0.000 00
3.0	1.396 82	0.846 05	0.161 36	8.8	7.079 23	1.000 00	0.000 00

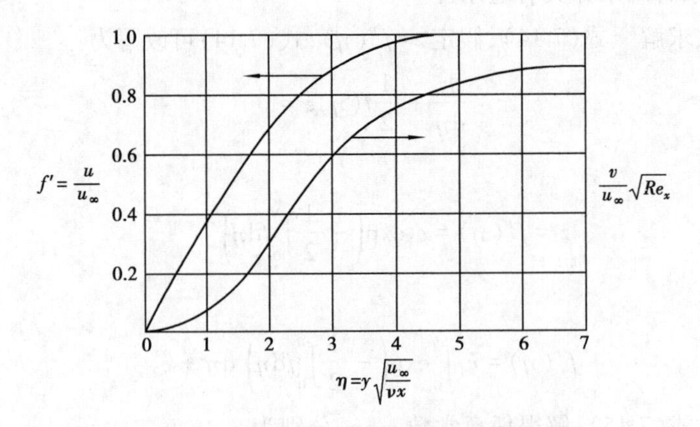

图7.7 外掠平壁层流边界层流动的速度分布

从表7.1中所列数值可知,当 $\eta=5.0$ 时,$f'=u/u_\infty=0.991\ 55$,由有限边界层的定义知,对应 $\eta=5.0$ 的 y 值即为边界层厚度 δ,即:

$$\eta = y\sqrt{\frac{u_\infty}{\nu x}}$$

得：

$$\delta = 5\sqrt{\frac{\nu x}{u_\infty}}$$

或

$$\frac{\delta}{x} = 5\ Re_x^{-1/2} \tag{7.18}$$

从式(7.18)可以看出，外掠平壁层流边界层流动的边界层厚度 δ 随 $x^{1/2}$ 而变化。

求得速度分布以后，可按定义求得壁面上的局部黏性应力 $\tau_{w,x}$。因为 $u = u_\infty f'(\eta)$，$\eta = y\sqrt{u_\infty/\nu x}$，所以：

$$\tau_{w,x} = \mu\frac{\partial u}{\partial y}\bigg|_{y=0,x} = \mu u_\infty\frac{\partial f'(\eta)}{\partial(\eta)}\bigg|_{\eta=0}\frac{\partial\eta}{\partial y} = \mu\frac{u_\infty^{3/2}}{\sqrt{\nu x}}f''(\eta)\bigg|_{\eta=0}$$

查表7.1，$f''(0) = 0.332$，于是：

$$\tau_{w,x} = 0.332\mu\frac{u_\infty^{3/2}}{\sqrt{\nu x}} \tag{7.19}$$

局部摩擦系数 $C_{f,x}$ 为：

$$C_{f,x} = \frac{\tau_{w,x}}{\frac{1}{2}\rho u_\infty^2} = 0.664Re_x^{-1/2} \tag{7.20}$$

对于长度为 l 的平壁，其平均摩擦系数 C_f 为：

$$C_f = \frac{1}{l}\int_0^l C_{f,x}dx = \frac{1}{l}\int_0^l Bx^{-1/2}dx = 2Bl^{-1/2} = 2C_{f,x}\bigg|_{x=l} = 1.328Re_l^{-1/2} \tag{7.21}$$

可见，全平壁长度上的平均摩擦系数是壁后端局部摩擦系数的2倍。式中，$C_{f,x} = Bx^{-1/2}$，B 为常数，是除了 $x^{-1/2}$ 以外的其他数的乘积。

上述分析解的结果与实验结果吻合得很好，说明相似解的理论与方法均是正确的。

7.2.2 外掠平壁层流边界层对流传热的分析解

通过分析解求得外掠平壁层流边界层的速度场后，可以进一步分析求解温度场，然后利用对流传热过程微分方程式(6.2)求出局部对流表面传热系数。仍然假定流体为常物性不可压缩流体，主流速度 u_∞，主流温度 t_f，壁温 t_w 均为常数，且 $t_f \neq t_w$。同时，流动边界层与热边界层在平壁前缘处同时开始形成，流体速度较小，可忽略耗散热。这一问题的数学描述见式(7.10)，边界条件为：

$$\left.\begin{aligned} y = 0: &\quad t = t_w \\ y \to \infty: &\quad t = t_f \end{aligned}\right\} \tag{11}$$

仍然采用相似变换的方法将偏微分方程转化为常微分方程。

定义无量纲温度为：

$$\Theta = \frac{t - t_w}{t_f - t_w} \tag{7.22}$$

则上述边界层能量微分方程可改写为：

$$u\frac{\partial \Theta}{\partial x}+v\frac{\partial \Theta}{\partial y}=a\frac{\partial^2 \Theta}{\partial y^2} \tag{12}$$

无量纲坐标 η 仍由式(7.11)给出，即：

$$\eta = y\sqrt{\frac{u_\infty}{\nu x}}$$

将式(12)中的各偏导数无量纲化：

$$\left.\begin{aligned}\frac{\partial \Theta}{\partial x}&=\frac{\partial \Theta}{\partial \eta}\frac{\partial \eta}{\partial x}=\Theta'(\eta)\left(-\frac{1}{2x}y\sqrt{\frac{u_\infty}{\nu x}}\right)=-\frac{\eta}{2x}\Theta'(\eta)\\ \frac{\partial \Theta}{\partial y}&=\frac{\partial \Theta}{\partial \eta}\frac{\partial \eta}{\partial y}=\sqrt{\frac{u_\infty}{\nu x}}\Theta'(\eta)\\ \frac{\partial^2 \Theta}{\partial y^2}&=\frac{u_\infty}{\nu x}\Theta''(\eta)\end{aligned}\right\} \tag{13}$$

将式(13)和式(7.13)中 u,v 的无量纲化表达式代入能量方程式(12)，整理后可得到：

$$\Theta''+\frac{1}{2}Prf\Theta'=0 \tag{7.23}$$

边界条件式(11)改写为：

$$\eta=0:\quad \Theta=0;\quad \eta\to\infty:\quad \Theta=1 \tag{7.24}$$

类似地，用与求解式(7.14)同样的方法，假定：

$$z=\Theta'=\frac{\mathrm{d}\Theta}{\mathrm{d}\eta}$$

则式(7.23)可以改写为：

$$\frac{\mathrm{d}z}{\mathrm{d}\eta}+\frac{1}{2}Prfz=0$$

积分上式得：

$$z=\frac{\mathrm{d}\Theta}{\mathrm{d}\eta}=c_1\exp\left(-\frac{Pr}{2}\int_0^\eta f\mathrm{d}\eta\right) \tag{14}$$

再积分得：

$$\Theta=c_1\int_0^\eta \exp\left(-\frac{Pr}{2}\int_0^\eta f\mathrm{d}\eta\right)\mathrm{d}\eta+c_2 \tag{15}$$

代入边界条件式(7.24)，解得任意常数 c_1,c_2 分别为：

$$c_2=0$$

$$c_1=\left[\int_0^\infty \exp\left(-\frac{Pr}{2}\int_0^\eta f\mathrm{d}\eta\right)\mathrm{d}\eta\right]^{-1}$$

将解得的 c_1,c_2 代入式(15)，得：

$$\Theta=\frac{\int_0^\eta \exp\left(-\frac{Pr}{2}\int_0^\eta f\mathrm{d}\eta\right)\mathrm{d}\eta}{\int_0^\infty \exp\left(-\frac{Pr}{2}\int_0^\eta f\mathrm{d}\eta\right)\mathrm{d}\eta} \tag{7.25}$$

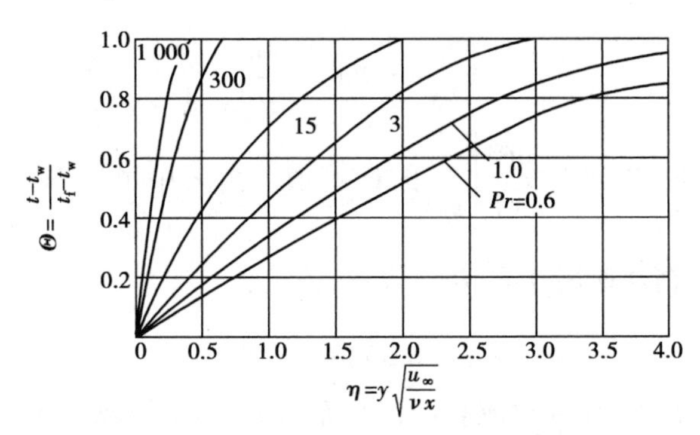

图 7.8 $\Theta=f(Pr,\eta)$关系曲线

采用数值积分的方法可以求出无量纲的温度分布。图 7.8 给出了由计算结果描绘的 $\Theta=f(Pr,\eta)$的关系曲线。对比式(7.25)和式(7.16)不难看出,当 $Pr=1$ 时,$f'(\eta)=\Theta(\eta)$,即:

$$\frac{u}{u_\infty}=\frac{t-t_w}{t_f-t_w}$$

这表明,当 $Pr=1$ 时,常物性不可压缩流体外掠平壁层流边界层的无量纲速度分布和无量纲温度分布彼此是可以类比的。事实上,对比式(7.14)、式(7.15)、式(7.23)、式(7.24)可以看出,当 $Pr=1$ 时,速度场的数学描述和温度场的数学描述形式完全相同,证明了无量纲的速度分布及温度分布规律是相似的,也说明了热量传递和动量传递的具有类似的规律。

在式(7.25)中直接利用布拉修斯方程(7.14)也可以得到同样的结论。证明如下:

将式(7.14)改写为:
$$f=-\frac{2f'''}{f''}$$

则
$$\int_0^\eta f\mathrm{d}\eta=-\int_0^\eta\frac{2f'''}{f''}\mathrm{d}\eta=-2\int_0^\eta\frac{\mathrm{d}f''}{f''}=-2\ln\frac{f''(\eta)}{f''(0)}=-2\ln\frac{f''(\eta)}{0.332}$$

将上式代入式(7.25),得:

$$\Theta=\frac{\int_0^\eta\exp\left(Pr\ln\frac{f''}{0.332}\right)\mathrm{d}\eta}{\int_0^\infty\exp\left(Pr\ln\frac{f''}{0.332}\right)\mathrm{d}\eta}=\frac{\int_0^\eta(f'')^{Pr}\mathrm{d}\eta}{\int_0^\infty(f'')^{Pr}\mathrm{d}\eta}$$

$f(\eta)$及各阶导数的值已列入表 7.1 中,因此对于任何 Pr 数均可求出 $\Theta(\eta)$。若 $Pr=1$,则:

$$\Theta=\frac{\int_0^\eta f''\mathrm{d}\eta}{\int_0^\infty f''\mathrm{d}\eta}=\frac{f'(\eta)-f'(0)}{f'(\infty)-f'(0)}=f'(\eta)=\frac{u}{u_\infty}$$

结论一致。

求出温度分布后就可以求 h_x 和 Nu_x 了。由式(6.2)得:

$$h_x=-\frac{\lambda}{(t_w-t_f)_x}\frac{\partial t}{\partial y}\bigg|_{y=0,x}$$

改写为:
$$\frac{h_x}{\lambda}=\frac{\partial\Theta}{\partial y}\bigg|_{y=0,x}=\frac{\mathrm{d}\Theta}{\partial\eta}\bigg|_{\eta=0}\sqrt{\frac{u_\infty}{\nu x}}$$

所以
$$Nu_x = \frac{h_x x}{\lambda} = Re_x^{1/2} \left.\frac{\mathrm{d}\Theta}{\mathrm{d}\eta}\right|_{\eta=0} \tag{7.26}$$

表 7.2 中给出了不同 Pr 数时$\left.\frac{\mathrm{d}\Theta}{\mathrm{d}\eta}\right|_{\eta=0}$ 的计算值。由表中可以看到，在 $Pr=0.6\sim15$ 内，$\left.\frac{\mathrm{d}\Theta}{\mathrm{d}\eta}\right|_{\eta=0}$ 的数值可以十分精确地用 $0.332Pr^{1/3}$ 表示，因此：

$$Nu_x = 0.332Re_x^{1/2}Pr^{1/3} \tag{7.27}$$

分析式(7.27)可以看出，局部对流表面传热系数 h_x 与 $x^{-1/2}$ 成正比。随着 x 的增大，边界层厚度增加，平壁表面上的温度梯度减小，h_x 按 $x^{-1/2}$ 的规律减小。以此推论，在平壁的前缘 $(x=0)$ 处，h_x 达到无限大。事实却不是如此，因为边界层分析是基于高 Re 数流动的特点，而在平壁前缘附近边界层方程已不适用，以致导致这一不合理的结论。

表 7.2　不同 Pr 数时外掠平壁层流热边界层$\left.\frac{\mathrm{d}\Theta}{\mathrm{d}\eta}\right|_{\eta=0}$ 的数值

Pr	0.6	0.7	0.8	0.9	1.0	1.1	1.3	7.0	10	15
$\left.\frac{\mathrm{d}\Theta}{\mathrm{d}\eta}\right|_{\eta=0}$	0.276	0.293	0.307	0.320	0.332	0.344	0.478	0.645	0.730	0.835
$0.332Pr^{1/3}$	0.280	0.295	0.308	0.321	0.332	0.343	0.479	0.635	0.715	0.819

对于长度为 l 的平壁，全壁长的平均对流表面传热系数 h 可积分求得：

$$h = \frac{1}{l}\int_0^l h_x \mathrm{d}x$$

将式(7.27)表示的 h_x 代入上式，可求得 $h=2h_{x=l}$，即平均对流表面传热系数是壁后端部 $x=l$ 处局部值的 2 倍。因此：

$$Nu = hl/\lambda = 0.664Re_l^{1/2}Pr^{1/3} \tag{7.28}$$

其中，$Nu=hl/\lambda$ 称为努谢尔特准则或努谢尔特数。$Nu_x=h_x x/\lambda$ 称局部努谢尔特准则。Nu 也是无量纲的，其大小反映了对流传热的强弱。

式(7.27)和式(7.28)亦可用斯坦登准则 $St_x=\frac{Nu_x}{Re_x Pr}=\frac{h_x}{\rho c_p u_\infty}$表示。即：

$$\left.\begin{aligned} St_x &= 0.332Re_x^{-1/2}Pr^{-2/3} \\ St &= 0.664Re_l^{-1/2}Pr^{-2/3} \end{aligned}\right\} \tag{16}$$

式中，平均斯坦登准则 $St=\frac{Nu}{Re\cdot Pr}$。式(16)与式(7.20)、式(7.21)分别比较，可得到：

$$\left.\begin{aligned} St_x\cdot Pr^{2/3} &= \frac{C_{\mathrm{f},x}}{2} \\ St\cdot Pr^{2/3} &= \frac{C_\mathrm{f}}{2} \end{aligned}\right\} \tag{7.29}$$

当 $Pr=1$ 时，得：

$$\left.\begin{aligned} St_x &= \frac{C_{f,x}}{2} \\ St &= \frac{C_f}{2} \end{aligned}\right\} \tag{7.30}$$

式(7.29)和式(7.30)把表面传热系数与摩擦系数联系在一起。这样,由流体力学研究中积累的摩擦数据可以求出表面传热系数。式(7.30)称为雷诺类比律,而式(7.29)称为柯尔朋(Colburn)类比律。

从7.1节边界层分析可知,当 $Pr \ll 1$ 时,$\delta \ll \delta_t$,可近似认为热边界层中的速度等于 u_∞,于是 $f' = u/u_\infty = 1$,即 $f=\eta$。在这种情况下,对式(7.25)可积分得:

$$\Theta = \frac{\int_0^\eta \exp\left(-\frac{1}{4}Pr \cdot \eta^2\right) d\eta}{\int_0^\infty \exp\left(-\frac{1}{4}Pr \cdot \eta^2\right) d\eta}$$

由于 $\int_0^\infty e^{-a^2x^2} dx = \frac{\sqrt{\pi}}{2a}$, 所以:

$$\int_0^\infty \exp\left(-\frac{1}{4}Pr \cdot \eta^2\right) d\eta = \frac{\sqrt{\pi}}{\sqrt{Pr}}$$

$$\left.\frac{d\Theta}{d\eta}\right|_{\eta=0} = \left.\frac{Pr^{1/2}}{\sqrt{\pi}}\exp\left(-\frac{1}{4}Pr \cdot \eta^2\right)\right|_{\eta=0} = \frac{Pr^{1/2}}{\sqrt{\pi}}$$

代入式(7.26),得:

$$Nu_x = \frac{1}{\sqrt{\pi}} Re_x^{1/2} Pr^{1/2} = 0.564 Re_x^{1/2} Pr^{1/2} \tag{7.31}$$

式(7.31)适用于 $Pr \ll 0.05$ 的液态金属。

上述采用无量纲表示的方程式称为准则方程式,计算时各准则中的物性均用边界层平均温度 $t_m = (t_f + t_w)/2$ 作为定性温度。

【例7.1】 20 ℃的水以1.32 m/s的速度外掠长250 mm的平板,壁温 $t_w = 60$ ℃。

①试求 $x = 250$ mm处下列各项局部值:$\delta, C_{f,x}, v_{max}, h_x, \left(\frac{\partial t}{\partial y}\right)_{w,x}$ 及全板平均 C_f, h,传热量 Φ(板宽为1 m);

②计算沿板长方向 δ, δ_t, h, h_x 的变化,并绘制曲线图显示其变化趋势。

【解】 以边界层平均温度为定性温度,$t_m = (t_f + t_w)/2 = (20+60)/2$ ℃ $= 40$ ℃,查附录5水的物性得:

$$\lambda = 0.635 \text{ W/(m·K)}; \nu = 0.659 \times 10^{-6} \text{ m}^2/\text{s}; Pr = 4.31$$

①$Re_x = \frac{u_\infty x}{\nu} = \frac{1.32 \times 0.25}{0.659 \times 10^{-6}} = 5.01 \times 10^5$,可近似地认为是层流。

$$\delta = 5.0 Re_x^{-1/2} x = 5 \times \frac{0.25}{\sqrt{5.01 \times 10^5}} \text{ m} = 1.77 \times 10^{-3} \text{ m}$$

$$C_{f,x} = 0.664 Re_x^{-1/2} = 0.664 \times (5.01 \times 10^5)^{-1/2} = 9.38 \times 10^{-4}$$

$$C_f = \frac{1}{x}\int_0^x C_{f,x}\mathrm{d}x = 2C_{f,x} = 2 \times 9.38 \times 10^{-4} = 1.88 \times 10^{-3}$$

v_{max} 为流动边界层外缘线上 y 方向的最大速度分量，$\eta = 5$ 时，由图 7.7 查得 $\frac{v_{max}}{u_\infty}\sqrt{Re_x} = 0.86$。因此：

$$v_{max} = 0.86 \times \frac{u_\infty}{\sqrt{Re_x}} = 0.86 \times \frac{1.32}{\sqrt{5.01 \times 10^5}} \text{ m/s} = 1.60 \times 10^{-3} \text{ m/s}$$

$$h_x = 0.332\frac{\lambda}{x}Re_x^{1/2}Pr^{1/3}$$

$$= 0.332\frac{0.635}{0.25}(5.01 \times 10^5)^{1/2} \times 4.31^{1/3} \text{ W/(m}^2 \cdot \text{K)} = 971 \text{ W/(m}^2 \cdot \text{K)}$$

$$h = 2h_x = 1\ 942 \text{ W/(m}^2 \cdot \text{K)}$$

$$\left(\frac{\partial t}{\partial y}\right)_{w,x} = -h_x\frac{\Delta t}{\lambda} = -971 \times \frac{(60-20)}{0.635} \text{ K/m} = -6.11 \times 10^4 \text{ K/m}$$

全板传热量：$\Phi = h(t_w - t_f)A = 1\ 942 \times (60-20) \times 0.25 \times 1 \text{ W} = 19\ 420 \text{ W}$

②下表仅列出 5 个局部点的计算结果(详细数据如图 7.9 所示)：

序号＼参数	x/mm	u_∞	Re_x	δ/mm	δ_t/mm	h_x	h
1	0	1.32	0	0	0	—	—
2	50	1.32	1.00×10^5	0.79	0.49	2 127	4 343
3	100	1.32	2.00×10^5	1.12	0.69	1 535	3 071
4	150	1.32	3.00×10^5	1.37	0.84	1 254	2 507
5	200	1.32	4.01×10^5	1.58	0.97	1 086	2 127
6	250	1.32	5.01×10^5	1.77	1.09	971	1 942

结合本例数据，可进一步思考的问题：关于对流传热问题的计算步骤，一般首先要由定性温度确定流体的热物性参数，再计算出 Re，据此才能确定流态，选定该条件下的计算式；关于边界层，题中的数据具体地反映了边界层厚度的数量级，即边界层厚度与平板的长度尺寸相比是一个很小的量级数值，而且，不论流体的种类及性质如何，只要 Re_x 相同，则边界层厚度随 x 的变化将完全一致；至于热边界层的厚度则还要受 Pr 数的影响，可以理解，如果流体黏度比较大，则它的 Pr 数也大，热边界层就更薄；从平板前端开始，局部表面传热系数随 x 增加而急剧降低。因此，在其他参数不变的情况下，平板越短，平均表面传热系数就越高，在很多情况下可以利用这一特点来强化传热。

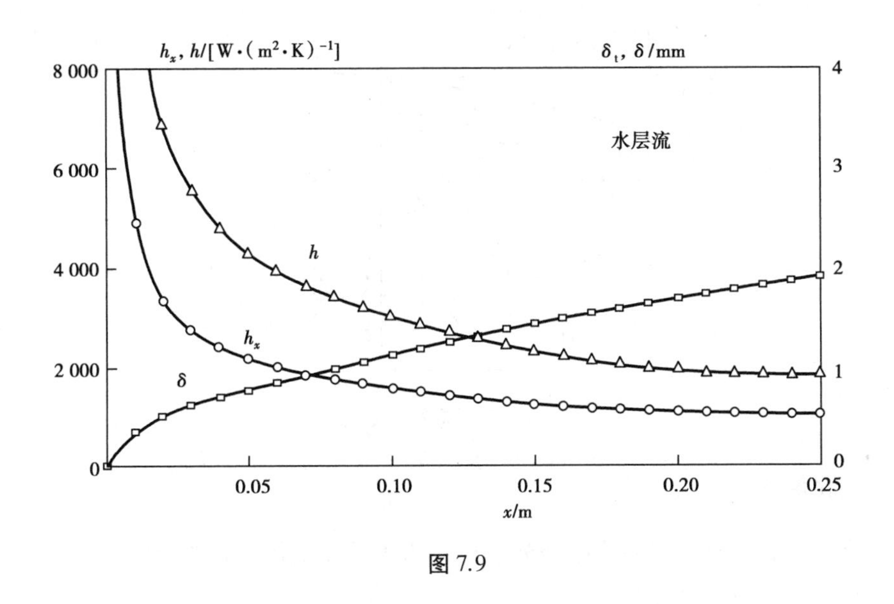

图 7.9

* 7.3 外掠平壁层流边界层积分方程组及求解

7.2 节中利用相似变量的变换方法，将描述流动和传热的偏微分方程转化成为常微分方程，求得了分析解(精确解)。应该指出，尽管利用边界层的特征已将对流传热微分方程组简化成为边界层对流传热微分方程组，但简化后的微分方程仍然只能针对简单层流问题获得分析解。对流传热问题的另外一种分析解法是求解边界层积分方程，由于在求解过程中经验地假定了满足边界条件的速度分布和温度分布，因此积分方程的分析解称为近似解。积分方程的求解比微分方程简便得多，而且适用范围更大，不仅适用于层流，而且适用于湍流。

外掠平壁边界层积分方程组的建立有两种方法：一种是将前述边界层微分方程沿边界层厚度积分，直接利用数学方法导出动量积分方程和能量积分方程。这种方法简捷方便，能从数学上说明微分方程和积分方程的等价性；另一种是在边界层中取控制体，利用质量、动量和能量守恒关系，推导出动量积分方程和能量积分方程。这种方法物理意义清晰，有助于对流动和传热机理的理解。本节采用第二种方法建立积分方程组。第一种方法可参考文献[3,10]。

7.3.1 边界层动量积分方程的建立和求解

图 7.10 为常物性不可压缩牛顿型流体二维稳态流动边界层，在壁面 x 处取控制体 $abcd$。控制体顶部为 bc 面(在流动边界层外缘线上)，底部为壁面 ad，ad 的长度为 dx，垂直于纸面方向(z 方向)取单位宽度。根据动量守恒定律，守恒方程可以写为，

$$\text{单位时间内：}\left[\text{作用在控制体上的合外力}\sum F\right]=\left[\text{流体的动量变化量}\ \Delta M\right] \tag{1}$$

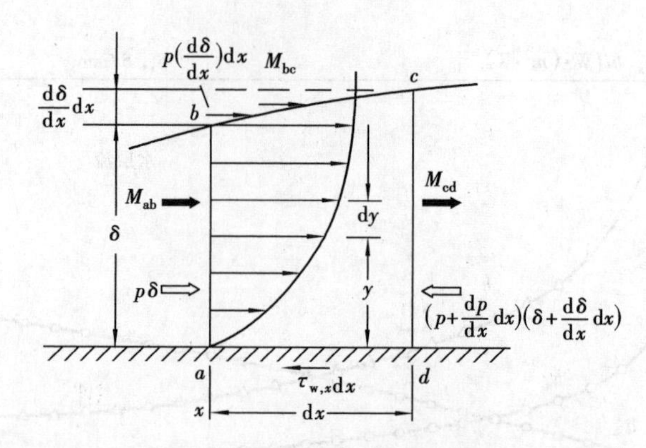

图 7.10　控制体的动量守恒

1) 动量变化量 ΔM

作用在控制体上的外力和动量已经标示在图 7.10 上面，由数量级分析已知 $v \ll u$，$\partial p/\partial y = 0$，所以 y 方向的动量和外力均忽略不计。

①M_{ab}。单位时间内从 ab 面流入控制体的流体所具有的动量应为流体的质流量 $\dot{m}_{ab}$ 与速度 u 的乘积。在边界层内离壁距离 y 处取微元厚度 dy 来进行分析，则：

$$\dot{m}_{ab} = \int_0^{\delta} \rho u dy \times 1 = \rho \int_0^{\delta} u dy \tag{2}$$

$$M_{ab} = \rho \int_0^{\delta} u^2 dy \tag{3}$$

②M_{cd}。单位时间内从 cd 面流出控制体的流体所具有的动量 M_{cd}，可在 M_{ab} 的基础上直接利用泰勒级数展开，当忽略二阶以后的高阶无穷小以后，可以得到：

$$M_{cd} = M_{ab} + \frac{dM_{ab}}{dx}dx = M_{ab} + \rho \frac{d}{dx}\left(\int_0^{\delta} u^2 dy\right) dx \tag{4}$$

③M_{bc}。对于稳态流动，且壁面 ad 上无流体流入和流出，根据质量守恒定律，有：

$$\dot{m}_{bc} + \dot{m}_{ab} = \dot{m}_{cd}$$

但 cd 面上流出控制体的质流量 $\dot{m}_{cd}$ 为：

$$\dot{m}_{cd} = \dot{m}_{ab} + \frac{d\dot{m}_{ab}}{dx}dx$$

所以，从曲面 bc 上流入控制体的质流量 $\dot{m}_{bc}$ 为：

$$\dot{m}_{bc} = \dot{m}_{cd} - \dot{m}_{ab} = \frac{d\dot{m}_{ab}}{dx}dx = \rho \frac{d}{dx}\left(\int_0^{\delta} u dy\right) dx \tag{5}$$

曲面 bc 上流体的速度是主流速度 u_∞，因此，单位时间内从 bc 面流入控制体的流体所具有的动量 M_{bc} 为：

$$M_{bc} = \rho u_\infty \frac{d}{dx}\left(\int_0^{\delta} u dy\right) dx \tag{6}$$

④ΔM。从流出控制体的流体动量中减去流入控制体的流体动量，其差额就等于流体动量

变化量,即:

$$\Delta M = M_{cd} - M_{ab} - M_{bc}$$

将(3),(4),(6)式代入上式,得:

$$\Delta M = \rho \frac{d}{dx}\left(\int_0^\delta u^2 dy\right) dx - \rho u_\infty \frac{d}{dx}\left(\int_0^\delta u dy\right) dx \tag{7}$$

设 $X=u_\infty$, $Y=\rho\int_0^\delta u dy$,则 $dY=\rho \frac{d}{dx}(\int_0^\delta u dy)\, dx$。利用微分法则,$XdY=d(XY)-YdX$,则式(7)右边第二项可改写为:

$$\rho u_\infty \frac{d}{dx}\left(\int_0^\delta u dy\right) dx = \rho \frac{d}{dx}\left(\int_0^\delta u_\infty u dy\right) dx - \rho \frac{du_\infty}{dx}\left(\int_0^\delta u dy\right) dx \tag{8}$$

将式(8)代入式(7),整理后可得:

$$\Delta M = -\rho \frac{d}{dx}\left[\int_0^\delta u(u_\infty - u) dy\right] dx + \rho \frac{du_\infty}{dx}\left(\int_0^\delta u dy\right) dx \tag{9}$$

2)x 方向的合外力 $\sum F_x$

作用在控制体上的外力已标注在图 7.10 中。与流动方向相同的力为正,相反为负。逐项写出这些外力:

①壁面 ad 上的黏性力:$-\tau_{w,x}dx$。

②ab 面与 cd 面上的压力差:$p\delta-\left(p+\frac{dp}{dx}dx\right)\left(\delta+\frac{d\delta}{dx}dx\right)$。

③顶面 bc 上的压力:$p\left(\frac{d\delta}{dx}\right) dx$。

注意到边界层外缘线以上为主流区,因此 bc 面上无黏性应力,且$\frac{\partial p}{\partial y}=0$。忽略高阶无穷小量$\left(\frac{dp}{dx}\right)\left(\frac{d\delta}{dx}\right) dxdx$ 以后,作用在控制体上的合外力为:

$$\sum F_x = -\tau_{w,x} dx - \delta\left(\frac{dp}{dx}\right) dx \tag{10}$$

3)边界层动量积分方程

将式(9)与式(10)代入动量守恒方程式(1),整理后得:

$$\rho \frac{d}{dx}\int_0^\delta u(u_\infty - u) dy - \rho \frac{du_\infty}{dx}\int_0^\delta u dy = \tau_{w,x} + \delta \frac{dp}{dx} \tag{11}$$

由伯努利方程得到:

$$\frac{dp}{dx} = -\rho u_\infty \frac{du_\infty}{dx}$$

所以

$$\delta \frac{dp}{dx} = -\rho u_\infty \frac{du_\infty}{dx}\int_0^\delta dy = -\rho \frac{du_\infty}{dx}\int_0^\delta u_\infty dy \tag{12}$$

将式(12)代入式(11),移项整理后得:

$$\rho\frac{\mathrm{d}}{\mathrm{d}x}\int_0^{\delta}u(u_{\infty}-u)\mathrm{d}y+\rho\frac{\mathrm{d}u_{\infty}}{\mathrm{d}x}\int_0^{\delta}(u_{\infty}-u)\mathrm{d}y=\tau_{\mathrm{w},x} \tag{7.32}$$

式(7.32)就是边界层动量积分方程式,它适用于常物性不可压缩流体边界层流动。推导时没有附加层流、湍流的条件,故它不仅适用于层流,也适用于湍流,只不过湍流时方程中的量应采用瞬时值。此式形式简单,容易积分求解,但求解时必须给出边界层内的速度分布函数 $u=f(y)$ 及黏性应力 $\tau_{\mathrm{w},x}$ 的表达式,而给出速度分布具有经验性,这就是积分方程的解称为近似解的原因。

4)外掠平壁层流边界层的厚度及摩擦系数

为了便利于与精确解的比较,仍以常物性不可压缩流体外掠平壁层流边界层为例,来说明边界层积分方程的应用。对于 u_{∞} = 常数的外掠平壁层流边界层流动,由于:

$$\frac{\mathrm{d}u_{\infty}}{\mathrm{d}x}=0;\qquad \tau_{\mathrm{w},x}=\mu\left(\frac{\partial u}{\partial y}\right)_{\mathrm{w},x}$$

代入式(7.32),积分方程可简化为:

$$\frac{\mathrm{d}}{\mathrm{d}x}\int_0^{\delta}u(u_{\infty}-u)\mathrm{d}y=\nu\left(\frac{\partial u}{\partial y}\right)_{\mathrm{w},x} \tag{7.33}$$

或改写为:

$$u_{\infty}^2\frac{\mathrm{d}}{\mathrm{d}x}\left[\delta\int_0^{\delta}\frac{u}{u_{\infty}}\left(1-\frac{u}{u_{\infty}}\right)\mathrm{d}\left(\frac{y}{\delta}\right)\right]=\nu\left(\frac{\partial u}{\partial y}\right)_{\mathrm{w},x} \tag{7.34}$$

为积分求解式(7.34),需补充速度分布函数。假定速度分布函数为:

$$\frac{u}{u_{\infty}}=a+b\left(\frac{y}{\delta}\right)+c\left(\frac{y}{\delta}\right)^2+d\left(\frac{y}{\delta}\right)^3 \tag{13}$$

应该指出,多项式中的最高次幂可以是二次幂、三次幂或者更高次幂,但假定的速度分布越接近于实际的速度分布,则计算的结果越准确,并非幂指数越高越好。还应指出,速度分布也可以假定为其他的函数形式,比如正弦函数的形式。由此可以看出,无论怎样假定的速度分布总是近似的,这正是积分方程求解结果的近似性所在。多项式中的待定系数 a,b,c,d 可以根据边界条件和补充边界条件确定。已知的边界条件为:

$$\left.\begin{aligned}&y=0:\quad u=0\\&y=\delta:\quad u=u_{\infty};\left(\frac{\partial u}{\partial y}\right)_{\delta}=0\end{aligned}\right\} \tag{14a}$$

补充的边界条件可由动量微分方程式(7.9)确定。分析式(7.9)可知:

$$y=0:\quad\left(\frac{\partial^2 u}{\partial y^2}\right)_{\mathrm{w}}=0 \tag{14b}$$

由式(14)确定多项式中的4个待定常数分别为:

$$a=0;b=\frac{3}{2};c=0;d=-\frac{1}{2} \tag{15}$$

将式(15)代入式(13),可得到满足边界条件的速度分布是:

$$\frac{u}{u_\infty} = \frac{3}{2}\left(\frac{y}{\delta}\right) - \frac{1}{2}\left(\frac{y}{\delta}\right)^3 \tag{7.35}$$

求得速度分布后，即可求出壁面 x 处的速度梯度为：

$$\left(\frac{\partial u}{\partial y}\right)_{w,x} = \frac{3}{2}\frac{u_\infty}{\delta} \tag{16}$$

将式(7.35)和式(16)代入式(7.34)，积分可得：

$$\frac{39}{280}u_\infty^2\frac{d\delta}{dx} = \frac{3}{2}\nu\frac{u_\infty}{\delta} \tag{17}$$

或

$$\delta\frac{d\delta}{dx} = \frac{140}{13}\frac{\nu}{u_\infty} \tag{18}$$

注意到 $x=0$ 时，$\delta=0$，将式(18)分离变量并积分

$$\int_0^\delta \delta d\delta = \frac{140}{13}\frac{\nu}{u_\infty}\int_0^x dx$$

积分后得：

$$\delta^2 = \frac{280}{13}\frac{\nu x}{u_\infty} \tag{19}$$

整理得：

$$\delta = 4.64\sqrt{\frac{\nu x}{u_\infty}} \tag{20}$$

或

$$\frac{\delta}{x} = 4.64Re_x^{-1/2} \tag{7.36}$$

由式(20)或式(7.36)可以求得距离平壁前缘任意 x 处层流边界层的厚度，它表明层流边界层的厚度 δ 随流动距离 $x^{1/2}$ 而增加。将求得的 δ 代入式(7.35)，边界层内的速度分布就完全确定了。

将式(20)代入式(16)，壁面上任意 x 处的黏性应力 $\tau_{w,x}$ 即可表示为：

$$\tau_{w,x} = 0.323\mu\frac{u_\infty^{3/2}}{\sqrt{\nu x}} \tag{7.37}$$

由摩擦系数的定义式可求得局部摩擦系数为：

$$C_{f,x} = \frac{\tau_{w,x}}{\frac{1}{2}\rho u_\infty^2} = 0.646Re_x^{-1/2} \tag{7.38}$$

对于长度为 l 的平壁，其平均摩擦系数为：

$$C_f = \frac{1}{l}\int_0^l C_{f,x}dx = 2C_{f,x=l} = 1.292Re_l^{-1/2} \tag{7.39}$$

式中，$Re_l = \frac{u_\infty l}{\nu}$ 为以板长 l 作为定型尺寸的雷诺数。

表 7.3 给出了动量积分方程近似解与动量微分方程精确解的数据对比，同时还给出了假

定不同速度分布时动量积分方程的近似解数据。可以看出,假定速度分布为三次多项式时得到的近似解最接近于精确解。

表 7.3 几种近似解与布拉修斯精确解的比较

速度分布	$\frac{\delta}{x}\sqrt{Re_x}$	$C_{f,x}\sqrt{Re_x}$
精确解	5.0	0.664
$\frac{u}{u_\infty}=2\left(\frac{y}{\delta}\right)-\left(\frac{y}{\delta}\right)^2$	5.48	0.727
$\frac{u}{u_\infty}=\frac{3}{2}\left(\frac{y}{\delta}\right)-\frac{1}{2}\left(\frac{y}{\delta}\right)^3$	4.64	0.646
$\frac{u}{u_\infty}=2\left(\frac{y}{\delta}\right)-2\left(\frac{y}{\delta}\right)^3+\left(\frac{y}{\delta}\right)^4$	5.83	0.686

7.3.2 边界层能量积分方程的建立与求解

用求解积分方程的方法分析了常物性不可压缩牛顿型流体外掠平壁层流边界层流动以后,可以进一步分析层流边界层的温度场,以及与温度场联系着的壁面与流体间的对流传热。仍在壁面 x 处的边界层中取控制体 $abcd$,如图 7.11 所示。为简化方程的推导,除假定流体为常物性不可压缩牛顿型流体、二维稳态流动以外,补充假定为:

①壁温 t_w,主流温度 t_f,主流速度 u_∞ 均等于常数;

②流体内无内热源,也不考虑耗散热;

③$Pr>1$,因此 $\delta>\delta_t$。

此外,由边界层数量级分析可知,$\frac{\partial^2 t}{\partial x^2}\ll\frac{\partial^2 t}{\partial y^2}$,因此推导中可忽略 x 方向导热。

1)控制体能量守恒方程

根据能量守恒定律,单位时间内传入控制体的热量等于传出控制体的热量。如图 7.11 所示,能量守恒方程可以写为:

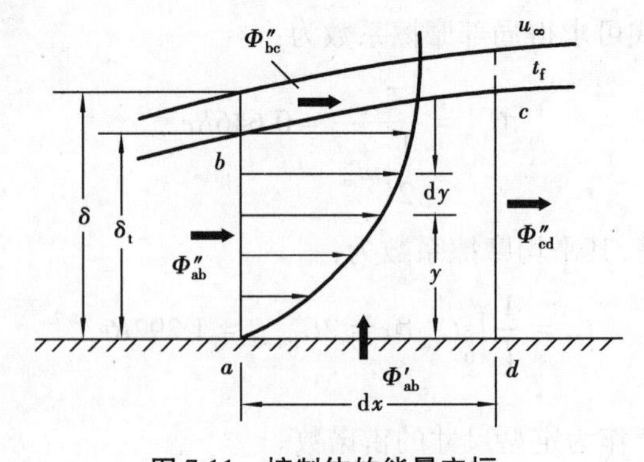

图 7.11 控制体的能量守恒

$$\Phi''_{ab}+\Phi''_{bc}+\Phi'_{ad}=\Phi''_{cd} \tag{21}$$

式中,上角标“″”表示流体以热对流方式带入(出)控制体的热量;“′”表示以导热方式传进控制体的热量。

逐一写出式(21)中的各项如下:

$$\Phi''_{ab}=\rho c_p\int_0^{\delta_t}ut\mathrm{d}y\times 1=\rho c_p\int_0^{\delta_t}ut\mathrm{d}y \tag{22}$$

用 δ_t 代替 δ(热边界层外为等温区,流体温度为 t_f),式(5)可以改写为:

$$\dot{m}_{bc}=\rho\frac{\mathrm{d}}{\mathrm{d}x}\left(\int_0^{\delta_t}u\mathrm{d}y\right)\mathrm{d}x$$

故

$$\Phi''_{bc}=\dot{m}_{bc}c_pt_f=\rho c_pt_f\frac{\mathrm{d}}{\mathrm{d}x}\left(\int_0^{\delta_t}u\mathrm{d}y\right)\mathrm{d}x \tag{23}$$

$$\Phi'_{ad}=-\lambda\left(\frac{\partial t}{\partial y}\right)_{w,x}\mathrm{d}x \tag{24}$$

$$\Phi''_{cd}=\Phi''_{ab}+\frac{\mathrm{d}\Phi''_{ab}}{\mathrm{d}x}\mathrm{d}x=\Phi''_{ab}+\rho c_p\frac{\mathrm{d}}{\mathrm{d}x}\left(\int_0^{\delta_t}ut\mathrm{d}y\right)\mathrm{d}x \tag{25}$$

2)边界层能量积分方程

将式(22)-式(25)代入能量守恒方程式(21),整理后可得:

$$\frac{\mathrm{d}}{\mathrm{d}x}\int_0^{\delta_t}u(t_f-t)\mathrm{d}y=a\left(\frac{\partial t}{\partial y}\right)_{w,x} \tag{7.40}$$

式(7.40)即为常物性不可压缩流体边界层能量积分方程,它与动量积分方程式(7.33)形式一致。

采用过余温度 $\theta=t-t_w$,$\theta_f=t_f-t_w$,式(7.40)可以改写为:

$$u_\infty\theta_f\frac{\mathrm{d}}{\mathrm{d}x}\int_0^{\delta_t}\frac{u}{u_\infty}\left(1-\frac{\theta}{\theta_f}\right)\mathrm{d}y=a\left(\frac{\partial\theta}{\partial y}\right)_{w,x} \tag{7.41}$$

式(7.41)是边界层能量积分方程的另一种表达形式。

3)外掠平壁层流热边界层厚度

把式(7.41)用于外掠平壁层流边界层传热,为使问题普遍化,假设热边界层的发展滞后于流动边界层。如图7.12所示,流体掠过平壁前缘时流动边界层即开始形成,在 x_0 的距离内壁温与流体温度相等,即等温流动。在 $x=x_0$ 处,壁温发生阶跃式突变,并等于 t_w。因此,热边界层从 x_0 处开始形成并逐渐发展。

仍然假定温度分布为一个三次多项式,即:

$$\frac{\theta}{\theta_f}=a+b\left(\frac{y}{\delta_t}\right)+c\left(\frac{y}{\delta_t}\right)^2+d\left(\frac{y}{\delta_t}\right)^3 \tag{26}$$

显然,假定的温度分布越接近真实的温度分布,其计算结果就越准确。多项式中的系数 a,b,c,d 可以根据边界条件和补充边界条件确定。已知的边界条件为:

$$\left.\begin{aligned}&y=0:\quad\theta=0\\&y=\delta_t:\quad\theta=\theta_f;\left(\frac{\partial\theta}{\partial y}\right)_{\delta_t}=0\end{aligned}\right\} \tag{27a}$$

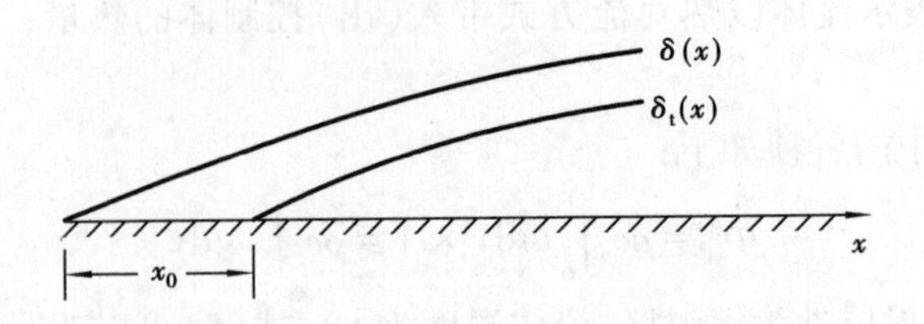

图 7.12 具有未加热起始段的热边界层

补充的边界条件可由式(7.10)确定。分析式(7.10)可得:

$$y=0:\quad \left(\frac{\partial^2\theta}{\partial y^2}\right)_{w,x}=0 \tag{27b}$$

由式(27)确定式(26)中的 4 个待定常数分别为:

$$a=0;b=\frac{3}{2};c=0;d=-\frac{1}{2} \tag{28}$$

将式(28)代入式(26)中,可得到满足边界条件的温度分布为:

$$\frac{\theta}{\theta_f}=\frac{3}{2}\left(\frac{y}{\delta_t}\right)-\frac{1}{2}\left(\frac{y}{\delta_t}\right)^3 \tag{7.42}$$

式(7.42)对 y 求一阶偏导数,得壁面处温度梯度

$$\left(\frac{\partial\theta}{\partial y}\right)_{w,x}=\frac{3}{2}\frac{\theta_f}{\delta_t} \tag{29}$$

由补充假定③知,$Pr>1$。因此,流动边界层厚度 δ 大于热边界层厚度 δ_t,热边界层淹没在流动边界层内。因此,求解能量积分方程时速度分布可以利用式(7.35),设 $\eta=\delta_t/\delta$,可知 $\eta<1$,将式(7.35)、式(7.42)和式(29)代入式(7.41),得:

$$u_\infty\theta_f\frac{\mathrm{d}}{\mathrm{d}x}\int_0^{\delta_t}\left[\frac{3}{2}\left(\frac{y}{\delta}\right)-\frac{1}{2}\left(\frac{y}{\delta}\right)^3\right]\left[1-\frac{3}{2}\left(\frac{y}{\delta_t}\right)+\frac{1}{2}\left(\frac{y}{\delta_t}\right)^3\right]\mathrm{d}y=\frac{3}{2}a\frac{\theta_f}{\delta_t}$$

令 $Y=\frac{y}{\delta_t}$,则$\frac{y}{\delta}=\frac{y}{\delta_t}\frac{\delta_t}{\delta}=Y\eta$,$\mathrm{d}y=\delta_t\mathrm{d}Y=\delta\eta\mathrm{d}Y$,将上式改写为:

$$\frac{\mathrm{d}}{\mathrm{d}x}\left[\eta\delta\int_0^1\left(\frac{3}{2}\eta Y-\frac{1}{2}\eta^3Y^3\right)\left(1-\frac{3}{2}Y+\frac{1}{2}Y^3\right)\mathrm{d}Y\right]=\frac{3}{2}\frac{a}{u_\infty\eta\delta} \tag{30}$$

式中,η 仅仅是 x 的函数。对上式直接积分得:

$$\frac{\mathrm{d}}{\mathrm{d}x}\left(\frac{3}{20}\eta^2\delta-\frac{3}{280}\eta^4\delta\right)=\frac{3}{2}\frac{a}{u_\infty\eta\delta} \tag{31}$$

由于 $\eta<1,\eta^4\ll1,\frac{3}{280}\eta^4\delta$ 完全可以忽略不计。故式(31)简化为:

$$\frac{1}{10}u_\infty\frac{\mathrm{d}}{\mathrm{d}x}(\eta^2\delta)=\frac{a}{\eta\delta}$$

或

$$\frac{1}{10}u_\infty\left(2\eta^2\delta^2\frac{\mathrm{d}\eta}{\mathrm{d}x}+\eta^3\delta\frac{\mathrm{d}\delta}{\mathrm{d}x}\right)=a \tag{32}$$

将式(18)和式(19)代入式(32),整理后得:

$$\eta^3+\frac{4}{3}x\frac{d\eta^3}{dx}=\frac{13}{14Pr} \tag{33}$$

将 η^3 视为变量,式(33)即为一阶线性常微分方程,其通解为

$$\eta^3=cx^{-3/4}+\frac{13}{14Pr} \tag{34}$$

边界条件为:

$$x=x_0:\quad \delta_t=0;\eta=0 \tag{35}$$

代入边界条件,可以确定积分常数:

$$c=-\frac{13}{14Pr}x_0^{3/4}$$

于是可得 η 的解的最终形式:

$$\eta=\frac{\delta_t}{\delta}=\frac{1}{1.025Pr^{1/3}}\left[1-\left(\frac{x_0}{x}\right)^{3/4}\right]^{1/3} \tag{7.43}$$

如 $x_0=0$,即热边界层与流动边界层同时发展,可得:

$$\eta=\frac{\delta_t}{\delta}=\frac{1}{1.025}Pr^{-1/3}\approx Pr^{-1/3} \tag{7.44}$$

式(7.43)和式(7.44)确定了外掠平壁层流边界层时热边界层和流动边界层的关系,已知 δ 后即可求得 δ_t。分析以上两式可得如下结论:

①对 $Pr=1$ 的流体,如热边界层与流动边界层同时发展,则 $\delta\approx\delta_t$。

②如 $Pr>1$,则 $\delta>\delta_t$。

③对 $Pr<1$ 的流体,因 $\eta=\frac{\delta_t}{\delta}>1$ 不符合原始假定,上述公式严格说已不能使用。但对 $Pr=0.6\sim1$ 的流体,式(31)中的 $\frac{3}{280}\eta^4\delta$ 与 $\frac{3}{20}\eta^2\delta$ 相比仍属极小量,可近似使用上述公式。

4)对流表面传热系数及准则关联式

由对流传热过程微分方程式(6.2)可求得局部对流表面传热系数,即:

$$h_x=-\frac{\lambda}{(t_w-t_f)_x}\left(\frac{\partial t}{\partial y}\right)_{w,x}$$

由式(29)知,$\left(\frac{\partial t}{\partial y}\right)_{w,x}=\left(\frac{\partial \theta}{\partial y}\right)_{w,x}=\frac{3}{2}\frac{\theta_f}{\delta_t}=\frac{3}{2}\frac{\theta_f}{\eta\delta}$,代入上式:

$$h_x=\frac{3}{2}\frac{\lambda}{\eta\delta} \tag{36}$$

将式(20)和式(7.44)代入上式,整理后得:

$$h_x=0.332Re_x^{1/2}Pr^{1/3}\frac{\lambda}{x} \tag{7.45}$$

整理成准则关联式为:

$$Nu_x=0.332Re_x^{1/2}Pr^{1/3} \tag{7.46a}$$

或

$$St_xPr^{2/3}=0.332Re_x^{-1/2} \tag{7.46b}$$

沿平壁长度 l 对 h_x 积分，得全壁面上平均对流表面传热系数的准则关联式为：

$$Nu = 0.664 Re_l^{1/2} Pr^{1/3} \tag{7.47a}$$

$$St Pr^{2/3} = 0.664 Re_l^{-1/2} \tag{7.47b}$$

这一结果与精确解的结果一致，但仅仅是巧合。用上述公式进行计算时，定性温度：$t_m = \frac{1}{2}(t_w + t_f)$；定型尺寸分别为 x 和 l 。

【例 7.2】 20 ℃的空气在常压下以 3 m/s 的速度掠过长为 1 m 的平板，壁温 $t_w = 60$ ℃。①求 $x = 200$ mm 和 400 mm 处的 δ 和 h_x；计算全板长的对流传热量 Φ（板宽设为 1 m）；②计算 $x = 200$ mm 和 400 mm 之间，进入边界层的质量流量 $\Delta\dot{m}$ 。速度分布由式(7.35)给出。

【解】 定性温度 $t_m = \frac{1}{2}(t_f + t_w) = \frac{1}{2}(20+60)$℃ $= 40$ ℃，查附录 4 的空气的物性参数 $\nu = 16.96\times10^{-6}\ \mathrm{m^2/s}$；$\rho = 1.128\ \mathrm{kg/m^3}$；$\lambda = 0.027\ 6$ W/(m·℃)；$Pr = 0.699$。

①$x = 200$ mm 处：

$$Re_x = \frac{u_\infty x}{\nu} = \frac{3\times0.2}{16.96\times10^{-6}} = 3.538\times10^4 < Re_c \quad \text{属层流}$$

$$\delta = 4.64\frac{x}{\sqrt{Re_x}} = \frac{4.64\times0.2}{\sqrt{3.538\times10^4}}\ \mathrm{mm} = 4.93\ \mathrm{mm}$$

$$h_x = 0.332\frac{\lambda}{x}Re_x^{1/2}Pr^{1/3}$$

$$= 0.332\times\frac{0.027\ 6}{0.2}\times\sqrt{3.538\times10^4}\times0.699^{1/3}\ \mathrm{W/(m^2\cdot℃)} = 7.65\ \mathrm{W/(m^2\cdot℃)}$$

②$x = 400$ mm 处：

$$Re_x = \frac{3\times0.4}{16.96\times10^{-6}} = 7.075\times10^4 < Re_c \quad \text{属层流}$$

类似地可求得：$\delta = 6.98$ mm；$h_x = 5.40$ W/(m²·℃)

$$Re_l = \frac{u_\infty l}{\nu} = \frac{3\times1}{16.96\times10^{-6}} = 1.768\ 9\times10^5 < Re_c \quad \text{仍属层流}$$

由式(7.47a)可得：

$$h = 0.664\frac{\lambda}{l}Re_l^{1/2}Pr^{1/3}$$

$$= 0.664\times\frac{0.027\ 6}{1}\times(176\ 890)^{1/2}\times0.699^{1/3}\ \mathrm{W/(m^2\cdot℃)}$$

$$= 6.84\ \mathrm{W/(m^2\cdot℃)}$$

$$\Phi = hA(t_w - t_f) = 6.84\times1\times1\times(60-20)\ \mathrm{W} = 273.6\ \mathrm{W}$$

③为了计算在 x 为 200 mm 和 400 mm 之间，从主流进入边界层的质量流量，只需要求出这 2 个 x 截面上的边界层内的质量流量之差就行了。任意 x 截面上进入边界层的质量流量为：

$$\dot{m}_x = \int_0^\delta \rho u \mathrm{d}y$$

代入式(7.35),得:

$$\dot{m}_x = \int_0^\delta \rho u_\infty \left[\frac{3}{2}\left(\frac{y}{\delta}\right) - \frac{1}{2}\left(\frac{y}{\delta}\right)^3\right] \mathrm{d}y = \frac{5}{8}\rho u_\infty \delta$$

因此,2 个 x 截面间,从主流进入边界层的质量流量为:

$$\Delta\dot{m} = \frac{5}{8}\rho u_\infty(\delta_{0.4} - \delta_{0.2})$$

$$= \frac{5}{8} \times 1.128 \times 3 \times (6.98 - 4.93) \times 10^{-3}\ \mathrm{kg/s} = 4.34 \times 10^{-3}\ \mathrm{kg/s}$$

7.4 动量传递与热量传递的类比

7.2 节中已经提到了类比的概念。对于外掠平壁层流边界层,式(7.9)和式(7.10)形式完全一致,且各自对应的边界条件也是相同的。说明边界层中的速度分布和温度分布具有类似的规律。通过边界层微分方程组的分析解,最后整理得出雷诺类比律(7.30)和柯尔朋类比律(7.29),说明热量传递和动量传递之间确实存在着某种联系。由于边界层中存在温度梯度,因此产生了热量的传递,传递的热量具体表现为热流密度 q。同时由于存在速度梯度,因此产生了动量传递,传递的动量具体表现为黏性应力 τ。如果边界层中存在浓度梯度,还会有传质现象发生。关于"三传"(传热、传质、传动量)问题的类比,有兴趣的读者可参阅文献[11-12],本节的分析中不考虑传质问题。同一运动着的流体,伴随着两种传递现象。如果能寻找出两种传递现象之间的联系,就可以通过 τ 反过来求 q。由于 $\tau = C_\mathrm{f}\dfrac{\rho u_\infty^2}{2}$,$q = h(t_\mathrm{w} - t_\mathrm{f})$,因此可以通过流体力学研究中积累的摩擦系数资料,反过来求对流传热中需要求解的对流表面传热系数。这就是类比的基本思想。

实际工程应用中,湍流比层流更为普遍,但是用分析解求解湍流传热遇到了很大的困难,迄今还不能依靠分析解解决实际的湍流传热问题。由于湍流中的动量传递和热量传递的基本机理都是流体微团的横向混合,因而在某些情况下,可以利用动量传递和热量传递的类比,由湍流摩擦系数推出湍流对流表面传热系数。

1874 年,雷诺首先指出了热量传递和动量传递之间存在着一定的联系。他在这方面做了大量的理论研究,并提出简单雷诺类比律。1910 年,普朗特进一步完善了雷诺的工作。卡门等人在前人研究的基础上提出了更为精细的类比关系式,推进了类比理论的发展。类比理论可用于层流、湍流及分离流(绕流脱体)。本节主要分析其在湍流中的应用。

7.4.1 湍流动量传递和热量传递

在湍流流动时,流体的运动是杂乱无章的,除了在主流方向的流动以外,流体微团还存在着横向混合和涡旋作用,称为湍流脉动。因此,湍流流场中质点的运动是极其复杂的。但在稳态下,如用较灵敏的测速仪测量,可以观察到某一空间固定点上速度随时间的变化,如图 7.13 所示。我们把流体微团在任意瞬间的真实速度称为瞬时速度,x 向和 y 向的瞬时速度分别记

为 u_τ 和 v_τ。

实验观察发现,瞬时速度总是围绕着某一平均值上下波动,这一平均值称为时均速度,分别记为 u 和 v(一般文献中记为 $\bar{u}$ 和 $\bar{v}$,以表示出与层流的区别)。

按照雷诺的时均法,时均速度定义为:

$$u = \frac{1}{\Delta\tau}\int_{\tau}^{\tau+\Delta\tau} u_\tau \, \mathrm{d}\tau \tag{1}$$

式中,$\Delta\tau$ 是时间间隔,它必须比湍流的脉动周期大很多,而比流动的不恒定的特征时间小得多。瞬时速度和时均速度之差,称为脉动速度,分别记为 u' 和 v'。这样,瞬时速度可以表示为:

$$\left.\begin{aligned} u_\tau &= u + u' \\ v_\tau &= v + v' \end{aligned}\right\} \tag{2}$$

湍流流场中的所有其他物理量如温度、压力等,均可采用式(2)的方式表示为:瞬时值=时均值+脉动值。

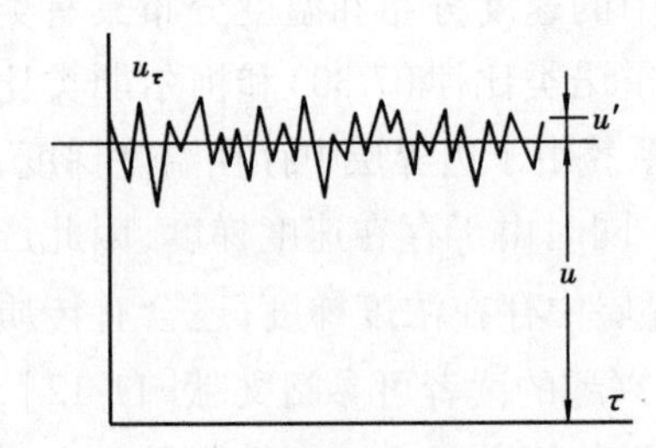

图 7.13 瞬时速度的变化图

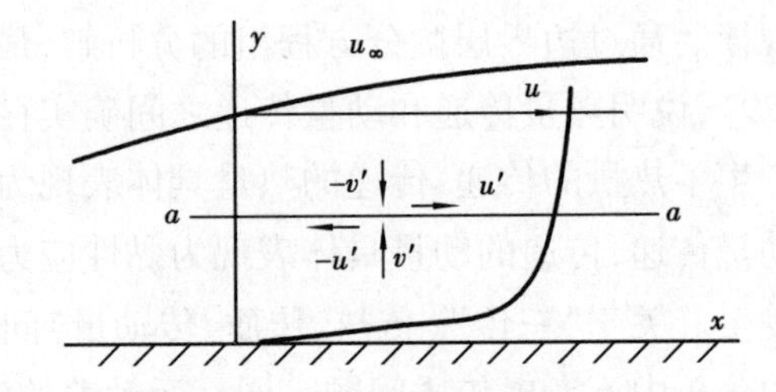

图 7.14 湍流动量传递原理

显然,对稳态流动,由式(1)可得:

$$\left.\begin{aligned} \overline{u'} &= \frac{1}{\Delta\tau}\int_{\tau}^{\tau+\Delta\tau} u' \mathrm{d}\tau = 0 \\ \overline{v'} &= \frac{1}{\Delta\tau}\int_{\tau}^{\tau+\Delta\tau} v' \mathrm{d}\tau = 0 \end{aligned}\right\} \tag{3}$$

但脉动值的乘积,或者平方的时均值不会为零,即:

$$\left.\begin{aligned} \overline{u'v'} &= \frac{1}{\Delta\tau}\int_{\tau}^{\tau+\Delta\tau} u'v' \mathrm{d}\tau \neq 0 \\ \overline{u'^2} &= \frac{1}{\Delta\tau}\int_{\tau}^{\tau+\Delta\tau} u'^2 \mathrm{d}\tau \neq 0 \\ \overline{v'^2} &= \frac{1}{\Delta\tau}\int_{\tau}^{\tau+\Delta\tau} v'^2 \mathrm{d}\tau \neq 0 \end{aligned}\right\} \tag{4}$$

为了分析由于湍流脉动引起的动量交换,在湍流边界层中取平行于壁面的一个平面 $a—a$ 来进行分析,如图 7.14 所示。因受壁面摩擦的影响,平面 $a—a$ 上部的时均速度将大于它下部的时均速度。当流体微团以 $-v'$ 向下脉动进入 $a—a$ 平面时,单位时间通过单位面积的质量(又称质流通量)为 $-\rho v'$,它释放动量对 $a—a$ 面的流体起拉曳作用,使之在 x 方向产生一正的脉动速度 u',因此,向下脉动传递的动量应是 $-\rho v'u'$。同理,若流体微团以 v' 向上脉动进入 $a—a$ 面时,其质流通量为$\rho v'$,它从$a—a$面接受动量,对$a—a$面的流体起滞迟作用,使之在x方向产生负的脉动速度$-u'$,故此脉动传递的动量仍然是$-\rho v'u'$。若取时间平均值,并记为:

$$\tau_t = -\rho \overline{v'u'} \tag{5}$$

则τ_t称为湍流应力,亦称为雷诺应力。

由于脉动值不便于计算和实验,通常把τ_t用类似于黏性应力计算式的形式表达出来,即:

$$\tau_t = -\rho \overline{v'u'} = \rho \nu_t \frac{du}{dy} \tag{6}$$

式中　ν_t——湍流动量扩散率(又称湍流运动黏度),可由实验测定,m^2/s;

$\frac{du}{dy}$——湍流时均速度梯度,1/s。

同理,对于湍流热量传递,设脉动的质流通量为$\rho v'$,而它引起的脉动温度为t',则湍流脉动传递的热量为$\rho c_p v't'$,同样取时均值,表示为:

$$q_t = \rho c_p \overline{v't'} \tag{7}$$

通常仿照傅里叶定律的形式表达为:

$$q_t = \rho c_p \overline{v't'} = -\rho c_p a_t \frac{dt}{dy} \tag{8}$$

式中　a_t——湍流热扩散率,可由实验测定,m^2/s;

$\frac{dt}{dy}$——湍流时均温度梯度,℃/m。

式(6)和式(8)中的ν_t,a_t分别与运动黏度ν和热扩散率a相对应。应该指出,ν和a取决于流体分子自身固有的特性,它们是流体的物性参数;而ν_t,a_t不仅与湍流脉动有关,而且还与时均流场有关,它们不是流体的物性参数。同理,可定义:

$$\mu_t = \rho \nu_t$$

$$Pr_t = \frac{\nu_t}{a_t}$$

式中　μ_t——湍流动力黏度,$N \cdot s/m^2$;

Pr_t——湍流普朗特数。

文献[12]的研究认为,Pr_t与Pr有关,但当Pr在0.7~100内时,可近似认为$Pr_t=1$。以空气(空气:$Pr \approx 0.7$)为工质的实验表明[8],Pr_t在整个边界层内是变化的:靠近壁面处$Pr_t>1$,远离壁面处$Pr_t<1$,但在整个边界层内可认为$Pr_t=1$。本节的分析中取$Pr_t=1$。

湍流流动传热时,除了湍流脉动传递动量和热量以外,流体分子本身还具有传递动量和热量的能力。因此,湍流总应力应为层流黏性应力τ_l与湍流应力τ_t之和,即:

$$\tau = \tau_l + \tau_t = \rho(\nu + \nu_t) \frac{du}{dy} \tag{7.48}$$

同理,湍流总热流密度应为层流热流密度(分子导热量)q_l和湍流热流密度q_t之和,即:

$$q = q_l + q_t = -\rho c_p (a + a_t) \frac{dt}{dy} \tag{7.49}$$

式(7.48)和式(7.49)是湍流动量传递和热量传递分析的基本关系式。

7.4.2 雷诺类比

在层流中,流体各流层间互不掺混,不存在涡旋引起的湍流脉动。因此,湍流运动黏度 ν_t 和湍流热扩散率 a_t 均等于0。式(7.48)与式(7.49)分别改写为:

$$\tau = \tau_l = \rho\nu\frac{du}{dy} = \mu\frac{du}{dy} \tag{9}$$

$$q = q_l = -\rho c_p a\frac{dt}{dy} = -\lambda\frac{dt}{dy} \tag{10}$$

式(10)除以式(9)得:

$$\frac{q}{\tau} = -\frac{\lambda}{\mu}\left(\frac{dt}{du}\right) = -\frac{\lambda}{\mu c_p}\left[\frac{d(\rho c_p t)/dy}{d(\rho u)/dy}\right] = -\frac{1}{Pr}\left[\frac{d(\rho c_p t)/dy}{d(\rho u)/dy}\right] \tag{11}$$

式中 $\frac{d(\rho c_p t)}{dy}$ ——热量(焓)梯度,它决定了热量交换的速率;

$\frac{d(\rho u)}{dy}$ ——动量梯度,它决定了动量交换的速率。

故式(11)表达了层流时热量传递和动量传递的类比关系。当 $Pr=1$ 时,得:

$$\frac{q}{\tau} = -c_p\frac{dt}{du} \tag{12}$$

对于湍流,雷诺假定湍流边界层内流体全部处于湍流状态,不存在层流底层。该假定称为雷诺一层结构湍流模型。在湍流中,流体微团的横向混合及其涡旋的强烈扰动是动量传递和热量传递的主要原因,分子的扩散作用相对非常微弱,即:

$$\nu_t \gg \nu; a_t \gg a$$

因此,式(7.48)、式(7.49)可以简化为:

$$\tau = \rho\nu_t\frac{du}{dy} \tag{13}$$

$$q = -\rho c_p a_t\frac{dt}{dy} \tag{14}$$

两式相除:

$$\frac{q}{\tau} = -c_p\frac{a_t}{\nu_t}\frac{dt}{du} = -\frac{c_p}{Pr_t}\frac{dt}{du}$$

当 $Pr_t=1$ 时

$$\frac{q}{\tau} = -c_p\frac{dt}{du} \tag{15}$$

式(15)为湍流动量传递和热量传递的雷诺类比方程,它与式(12)的形式完全一致。这说明,当 $Pr=1$ 和 $Pr_t=1$ 时,层流和湍流的两传(动量与热量传递)类比服从于同一类比方程。

对一层结构湍流模型,可近似地认为:

$$\frac{q}{\tau} = \frac{q_w}{\tau_w} = 常数 \tag{16}$$

将式(16)代入式(15),分离变量并积分,注意到速度由0到 u_∞,相应地温度由 t_w 到

t_f,得:

$$q_w = -\tau_w c_p \frac{t_f - t_w}{u_\infty} \tag{17}$$

把 $q_w = h(t_w - t_f)$ 及 $\tau_w = \frac{1}{2} C_f \rho u_\infty^2$ 代入式(17),得:

$$h = \frac{1}{2} \rho c_p u_\infty C_f$$

即

$$St = \frac{h}{\rho c_p u_\infty} = \frac{1}{2} C_f \tag{7.50a}$$

若推导过程中取局部对流表面传热系数 h_x 和局部摩擦系数 $C_{f,x}$,则:

$$St_x = \frac{1}{2} C_{f,x} \tag{7.50b}$$

式(7.50)以简单形式表达了湍流对流表面传热系数和摩擦系数间的关系,称简单雷诺类比律。这样,已知摩擦系数,即可求出表面传热系数。

雷诺类比律只适用于 $Pr = 1$ 的流体,当 $Pr \neq 1$ 时,柯尔朋提出用 $Pr^{2/3}$ 来修正 St 准则。即 $Pr \neq 1$ 时:

$$St \cdot Pr^{2/3} = \frac{1}{2} C_f \tag{7.51a}$$

局部

$$St_x Pr^{2/3} = \frac{1}{2} C_{f,x} \tag{7.51b}$$

式(7.51)称柯尔朋类比律,其结果与 7.2 节推导出来的结果一致。式(7.50)与式(7.51)的使用条件为:$Pr = 0.5 \sim 50$,定性温度 $t_m = (t_w + t_f)/2$。

雷诺类比律采用了简单的理想化的一层结构湍流模型,因此它的适用范围受到了很大的限制。在雷诺类比的基础上,普朗特把边界层划分为层流底层和湍流核心,称为两层结构湍流模型,并推导出了类比计算式。卡门更进一步地把边界层划分为层流底层、过渡层和湍流核心,称为三层结构湍流模型,推导出了更为精细的类比计算式。关于类比理论更深入的研究可参考文献[3,13]。

7.4.3 外掠平壁湍流传热

对于光滑平壁,由实验和理论分析确定的湍流局部摩擦系数的计算式为[14]

$$C_{f,x} = 0.059\ 2 Re_x^{-1/5} \tag{7.52}$$

它的适用范围为:$5 \times 10^5 \leqslant Re_l \leqslant 10^7$。将式(7.52)代入式(7.51b),得常壁温外掠平壁湍流局部对流表面传热系数关联式:

$$Nu_x = 0.029\ 6 Re_x^{4/5} Pr^{1/3} \tag{7.53}$$

若平壁长度为 l,则 $0 \sim x_c$ 距离内为层流,$x_c \sim l$ 距离内为湍流。全壁长范围内的平均对流表面传热系数须按层流段和湍流段以加权平均的方法求得,即:

$$h = \frac{x_c}{l} h_l + \left(1 - \frac{x_c}{l}\right) h_t$$

式中　h_l——层流段平均对流表面传热系数；

　　h_t——湍流段平均对流表面传热系数。

在给定局部对流表面传热系数的计算式后，可按积分方法求 h，即：

$$h = \frac{1}{l}\left(\int_0^{x_c} h_{x,l}\mathrm{d}x + \int_{x_c}^{l} h_{x,t}\mathrm{d}x\right) \tag{18}$$

式中，临界距离 x_c 由 $Re_c = 5\times10^5$ 确定；层流局部对流表面传热系数 $h_{x,l}$ 按式(7.45)计算。将式(7.45)与式(7.53)代入式(18)，积分整理后得到外掠平壁湍流平均对流传热准则关联式：

$$Nu = (0.037Re_l^{0.8} - 870)Pr^{1/3} \tag{7.54}$$

其适用范围为：$0.6 \leqslant Pr \leqslant 60$，$5\times10^5 \leqslant Re_l \leqslant 10^8$，定型尺寸为板长 l，定性温度 $t_m = (t_f + t_w)/2$。

【例 7.3】　20 ℃的空气在常压下以 35 m/s 的速度掠过长为 1 m 的平板，壁温 $t_w = 60$ ℃。取板宽度为 1 m，计算平板的平均对流表面传热系数和对流传热量。

【解】　$t_m = \frac{1}{2}(t_f + t_w) = \frac{1}{2}(20+60)$ ℃ $= 40$ ℃，查附录 4，空气的物性参数为：

$$\nu = 16.96\times10^{-6}\ \mathrm{m^2/s};\lambda = 0.027\ 6\ \mathrm{W/(m\cdot ℃)};Pr = 0.699$$

以板长 l 作为定型尺寸的雷诺数为：

$$Re_l = \frac{u_\infty l}{\nu} = \frac{35\times1}{16.96\times10^{-6}} = 2.06\times10^6 > 5\times10^5 = Re_c$$

属于湍流。可用式(7.54)计算：

$$\begin{aligned} Nu &= (0.037Re_l^{0.8} - 870)Pr^{1/3} \\ &= [0.037\times(2.06\times10^6)^{0.8} - 870]\times0.699^{1/3} = 2\ 920 \end{aligned}$$

$$h = \frac{Nu\lambda}{l} = \frac{2\ 920\times0.027\ 6}{1} = 80.6\ \mathrm{W/(m^2\cdot ℃)}$$

$$\Phi = hA(t_w - t_f) = 80.6\times1\times1\times(60-20)\ \mathrm{W} = 3\ 224\ \mathrm{W}$$

7.4.4　管内湍流受迫流动传热

类比理论可以用于不符合边界层定义的流动，如管内受迫流动的充分发展段。因此，它比边界层微分方程组的分析解适用的范围更为广泛。在缺乏经实验确定的传热准则关联式的情况下，采用类比公式进行计算可以获得较为满意的结果。

管内摩擦系数 f 的定义式与外掠平壁的摩擦系数 C_f 不同，当类比律应用于管内流动时需要做简单的修改。由流体力学的定义可知，管内压力降可以表示为：

$$\Delta p = f\frac{l}{d}\frac{\rho u_m^2}{2} \tag{19}$$

式中　d——管内直径，m；

　　l——管长，m；

　　u_m——管截面平均流速，m/s；

　　Δp——管两端的压力降，N/m²。

由图 7.15 可知，Δp 和 τ_w 的关系为：

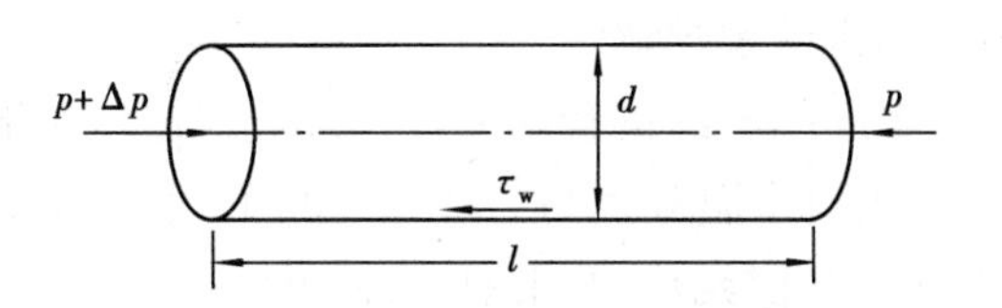

图 7.15 管内流动的力平衡关系

$$\tau_{\mathrm{w}} \pi d l = \Delta p \frac{\pi d^{2}}{4}$$

$$\tau_{\mathrm{w}} = \frac{d \Delta p}{4 l} \tag{20}$$

将式(19)代入式(20),得:

$$\tau_{\mathrm{w}} = \frac{f}{8} \rho u_{\mathrm{m}}^{2} \tag{21}$$

外掠平壁时,$\tau_{\mathrm{w}} = \frac{C_{\mathrm{f}}}{2} \rho u_{\infty}^{2}$,视 $u_{\infty} \approx u_{\mathrm{m}}$,可见:

$$\frac{C_{\mathrm{f}}}{2} = \frac{f}{8} \tag{22}$$

将式(22)代入(7.50a),得:

$$St = \frac{f}{8} \tag{7.55}$$

式(7.55)称为管内流动传热简单雷诺类比律,它把管内对流表面传热系数与摩擦系数联系起来,对 $Pr \approx 1$ 的流体(如气体),它的计算结果比较符合实验结果。如 $Pr \neq 1$,仍然可以采用柯尔朋类比律:

$$St Pr^{2/3} = \frac{f}{8} \tag{7.56}$$

式中,St 数和 Pr 数均采用流体平均温度 t_f 作为定性温度。

摩擦系数 f 可由实验测量 Δp 和 u_{m} 后,利用式(19)计算得出,也可利用经典的实验公式求出。对于光滑管,当 $Re = \frac{u_{\mathrm{m}} d}{\nu} < 10^{5}$ 时,布拉休斯给出了管内摩擦系数的计算式:

$$f = 0.316\,4 Re^{-1/4} \tag{23}$$

代入式(7.56),得到管内湍流传热的准则关联式:

$$St Pr^{2/3} = 0.039\,6 Re^{-1/4} \tag{7.57}$$

在更大的 Re 范围内,可以采用普朗特通用阻力公式来计算光滑管内的摩擦系数

$$\frac{1}{\sqrt{f}} = 2.035 \lg(Re\sqrt{f}) - 0.8 \tag{24}$$

它适用于 $Re < 3.4 \times 10^{6}$。

对于粗糙管壁,柯列勃洛克根据大量的工业管道实验资料,整理出了工业管道湍流过渡区曲线,并提出该曲线的方程为:

$$\frac{1}{\sqrt{f}} = -2 \lg\left(\frac{k_{\mathrm{s}}}{3.7 d} + \frac{2.51}{Re\sqrt{f}}\right) \tag{7.58}$$

式中 k_{s}——管壁粗糙点的平均高度,称绝对粗糙度,本书附录 11 中列出了若干常用粗糙管的 k_{s} 值,可供计算参考。

该公式不仅可适用于湍流过渡区,而且也可适用于湍流光滑区和湍流阻力平方区[15]。柯氏公式在国内外得到了极为广泛的应用。我国通风管道的设计计算,目前就是以柯氏公式为

基础的。柯氏公式及普朗特通用阻力公式宜采用计算机编程求解。

【例 7.4】 水以 0.5 m/s 的速度从 d = 25 mm, l = 5 m 的无缝钢管内流过,实测进、出口两端的压差 $\Delta p = 5.6\times10^3$ Pa。已知管壁温度为 80 ℃,进、出口水温分别为 20 ℃和 40 ℃,管壁绝对粗糙度 $k_s = 0.02$ mm。试用实测值和柯氏公式分别计算摩擦系数,并求对流表面传热系数 h。

【解】 本题为常壁温边界条件,流体平均温度 t_f 可取进、出口水温的平均值(见第 12 章)。因此:

$$t_f = \frac{1}{2}(20 + 40) = 30 \ ℃$$

查附录 5,得水的物性参数为:

$$\rho = 995.7 \ \mathrm{kg/m^3}; \lambda = 0.618 \ \mathrm{W/(m \cdot ℃)}; \nu = 0.805 \times 10^{-6} \ \mathrm{m^2/s}; Pr = 5.42;$$

$$c_p = 4.174 \times 10^3 \ \mathrm{J/(kg \cdot ℃)}$$

$$Re = \frac{u_m d}{\nu} = \frac{1.5 \times 25 \times 10^{-3}}{0.805 \times 10^{-6}} = 4.66 \times 10^4$$

属湍流,用实测值计算摩擦系数。由式(19)得:

$$f = \frac{\Delta p}{\dfrac{l}{d}\dfrac{\rho u_m^2}{2}} = \frac{2 \times 0.025 \times 5.6 \times 10^3}{5 \times 995.7 \times 1.5^2} = 0.025$$

用柯氏公式计算摩擦系数,可自行编制简单的计算机程序,求得 f = 0.023 7,二者误差为 5.2%。

由于 $Pr \neq 1$,采用式(7.56)求 h。

$$St = \frac{f}{8} Pr^{-2/3} = \frac{0.025}{8} \times 5.42^{-2/3} = 1.013 \times 10^{-3}$$

$$St = \frac{h}{\rho c_p u_m}$$

$$h = \rho c_p u_m St = 995.7 \times 4.174 \times 10^3 \times 1.5 \times 1.013 \times 10^{-3} \ \mathrm{W/(m^2 \cdot ℃)}$$

$$= 6\ 315 \ \mathrm{W/(m^2 \cdot ℃)}$$

7.5 相似理论基础[16]

在实物或模型上进行实验求解对流传热问题的方法,仍然是传热研究的主要和可靠手段。第 8 章推荐的对流表面传热系数计算式,大都是由实验确定或校核的。问题是如何在实物或模型中进行实验研究?一般地说,当影响因素比较少,或者允许采取某些简化措施的情况下,通常可在实验中变动一个量而设法固定其他量,以此逐个地研究各变量的影响,从而找到现象的变化规律。但对于对流传热现象,不仅影响因素多,而且有些影响因素相互制约,不能单独改变,例如改变温度,热物性也随之变化。类似这样的问题,如果采用逐个研究各变量的影响,实验将极难进行或者实验次数十分庞大,倘若设备尚处于研制阶段,没有实际设备可供进行实验,这种方法的缺点就更明显。因此,在如何通过实验寻找现象的规律以及推广应用实验结果等方面,用相似理论指导实验的方法得到了普遍的应用。

本节将以单相流体对流传热为例阐述相似理论的基本原理,并作为模型化实验的理论基础。

7.5.1 物理相似的基本概念

1)几何相似

"相似"是人们熟知的词,其概念源于几何学。如图7.16中的一组三角形所示,彼此几何相似,由几何关系,图形各对应边成比例,即:

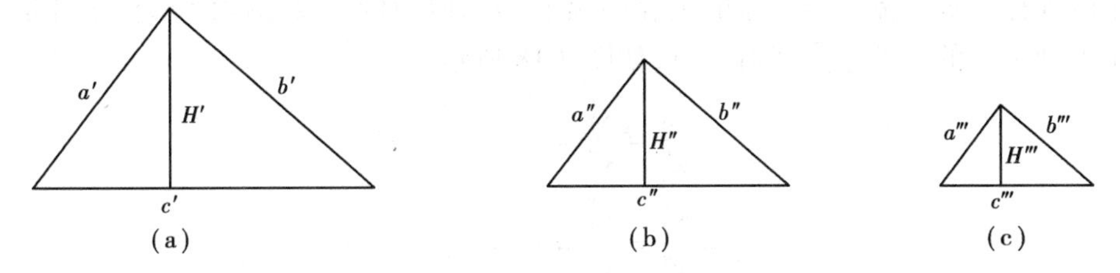

图7.16 相似三角形

$$\left.\begin{aligned}&\text{由图 7.16a 与图 7.16b 相似:}\frac{a'}{a''}=\frac{b'}{b''}=\frac{c'}{c''}=\frac{H'}{H''}=C_l'\\&\text{由图 7.16a 与图 7.16c 相似:}\frac{a'}{a'''}=\frac{b'}{b'''}=\frac{c'}{c'''}=\frac{H'}{H'''}=C_l''\end{aligned}\right\}\tag{1}$$

式中:C_l',C_l''是相似的比例常数,若把图7.16b的边长乘以C_l',则图7.16b变成了图7.16a;若将图7.16a的边长除以C_l'',就成了图7.16c,故C_l又称几何相似倍数(以下标l表示几何量)。

由式(1),若取同一图形对应边之比,则:

$$\frac{b'}{a'}=\frac{b''}{a''}=\frac{b'''}{a'''}=L_{\mathrm{A}}\tag{2a}$$

$$\frac{c'}{a'}=\frac{c''}{a''}=\frac{c'''}{a'''}=L_{\mathrm{B}}\tag{2b}$$

式(2)进一步表述了三角形相似的一个重要性质,即2个三角形相似时,不仅有式(1)所描述的相似性质,而且它们的$L_{\mathrm{A}}=\dfrac{b}{a}$,$L_{\mathrm{B}}=\dfrac{c}{a}$,数值必定分别相等。需注意的是,用式(2)可以论证,倘若2个三角形它们具备相同的L_{A}和L_{B}时,则必定相似。此时,由式(1)所表述的相似性质也都全部具备,即对应边成比例。所以,式(2)表达了三角形相似的充分和必要条件。L_{A}和L_{B}有判断2个三角形是否相似的作用,它们是无量纲的,称为几何相似准则。

2)物理现象相似

什么是物理现象相似?先用一些简单例子来阐明其概念。例如流体在圆管内稳态流动时速度场相似问题,如图7.17所示。2根圆管的半径(分别为R',R'')和管内流速均不相同,从两管半径方向取坐标点1,2,3,…(分别用"′"和"″"标记a,b管),它们离管芯的距离分别用r_1',r_1'';r_2',r_2'';…标记,若两管各r之比满足下列关系:

$$\frac{r'_1}{r''_1}=\frac{r'_2}{r''_2}=\frac{r'_3}{r''_3}=\cdots=\frac{r'}{r''}=\frac{R'}{R''}=C_l$$

则1′与1″;2′与2″;3′与3″…构成空间对应点。当这些对应点上的速度成比例,即:

$$\frac{u'_1}{u''_1}=\frac{u'_2}{u''_2}=\frac{u'_3}{u''_3}=\cdots=\frac{u'_{max}}{u''_{max}}=\frac{u'_m}{u''_m}=\frac{u'}{u''}=C_u$$

则两圆管内速度场相似(u_m 为平均速度;u_{max} 为最大速度)。

式中,C_l 为几何相似倍数;C_u 为速度场相似倍数。因此,所谓速度场相似,就是管内空间对应点上的速度成比例。图7.17中两管 $C_l=1.5$;$C_u=0.5$,已构成空间对应点上速度成比例,故它们的速度场相似,如果两管内的流体运动黏度相似倍数为0.75,则二者 Re 数相等。

再举两外掠平板对流传热现象的边界层温度场相似为例。设温度沿 x,y 方向变化,则凡坐标满足下列关系的点就是空间对应点,如图7.18所示。

$$\frac{x'_1}{x''_1}=\frac{x'_2}{x''_2}=\frac{x'_3}{x''_3}=\cdots=\frac{x'}{x''}=C_l$$

$$\frac{y'_1}{y''_1}=\frac{y'_2}{y''_2}=\frac{y'_3}{y''_3}=\cdots=\frac{y'}{y''}=C_l$$

所谓温度场相似,是指对应点上过余温度成比例,即:

$$\frac{\theta'_1}{\theta''_1}=\frac{\theta'_2}{\theta''_2}=\frac{\theta'_3}{\theta''_3}=\cdots=\frac{\theta'}{\theta''}=C_\theta$$

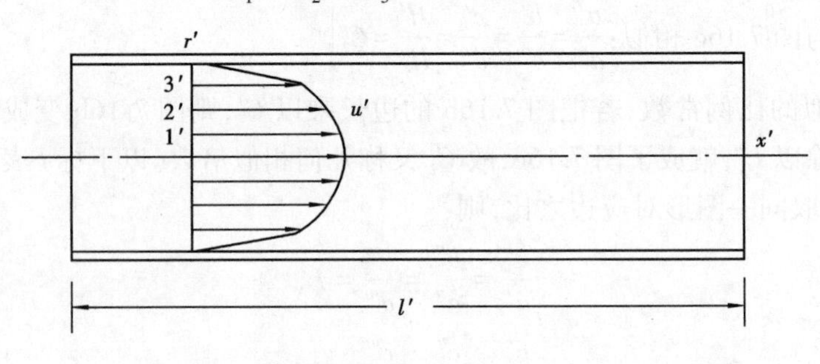

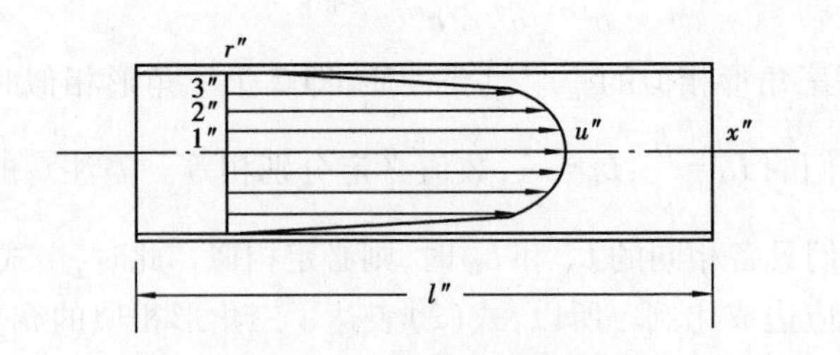

图7.17 圆管内速度场相似

式中过余温度 $\theta'=t'-t'_w$;$\theta''=t''-t''_w$。C_θ 称为温度场相似倍数。若把对应点上的 θ'' 乘以 C_θ,就得到相对应的 θ'。

但是,如果两个现象是随时间变化的非稳态温度场,则还须考虑温度随时间变化的相似,即必须是在时间对应瞬间,空间对应点上过余温度成比例,才能认为两者温度场相似。所谓对应瞬间即:

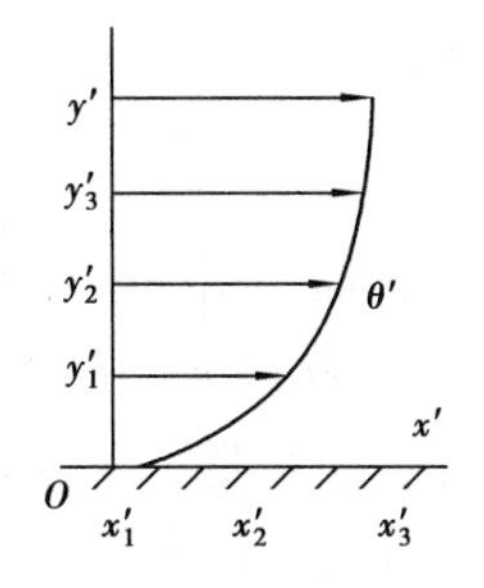

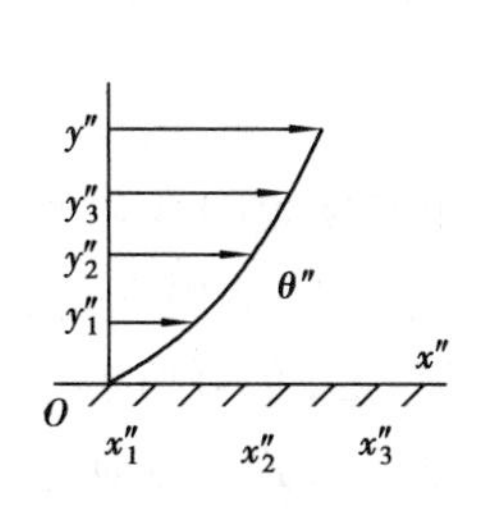

图 7.18　壁面边界层温度场相似

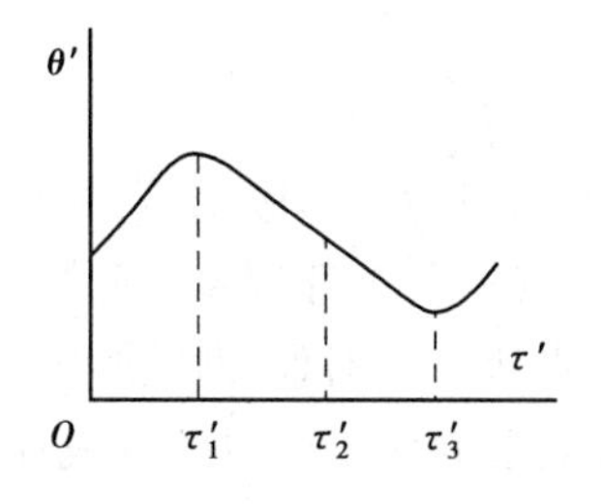

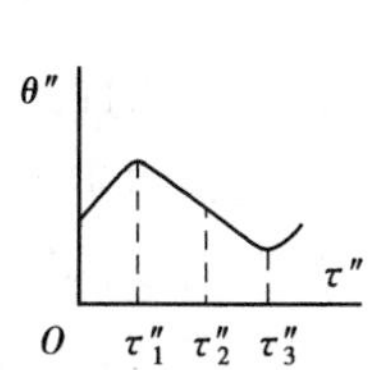

图 7.19　温度变化相似

$$\frac{\tau'_1}{\tau''_1}=\frac{\tau'_2}{\tau''_2}=\frac{\tau'_3}{\tau''_3}=\cdots=\frac{\tau'}{\tau''}=C_\tau$$

式中　C_τ——时间相似倍数。

如图 7.19 所示,它显示两现象的温度场在对应的瞬间发生了相似的变化,即温度随时间的变化规律相似(亦可用相应的函数关系表达)。

从以上二例,可以理解物理量相似的概念。显然,一个物理现象是许多影响因素的综合反映,就对流传热而言,影响因素将包括温度 t,速度 u,导热系数 λ,几何尺寸 l 等,而每个量在传热系统中都有相应的分布状况(场)。因此,若两对流传热现象相似,它们的温度场、速度场、黏度场、导热系数场、壁面几何形状……都应分别相似,即在对应瞬间对应点上各物理量分别成比例,亦即:

$$\frac{\tau'}{\tau''}=C_\tau;\frac{x'}{x''}=\frac{y'}{y''}=\frac{z'}{z''}=C_l;\quad\frac{\theta'}{\theta''}=C_\theta;$$

$$\frac{u'}{u''}=C_u;\quad\frac{\lambda'}{\lambda''}=C_\lambda;\quad\frac{\nu'}{\nu''}=C_\nu$$

$$\vdots$$

必须指出,由于各影响因素不是彼此孤立的,它们之间的关系是由描述该现象的微分方程来规定。因此,各相似倍数之间也必定有一特定的制约关系,它们的值不是随意取的,这在以后推导相似准则时,可以得到解释。

还要注意,物理现象类型很多,只有属于同一类型的物理现象,才有相似的可能性,也才能谈相似问题。所谓同类现象,是指那些用相同形式和内容的微分方程式(包括控制方程和单值性条件的方程)所描述的现象。例如,电场与温度场,虽然它们的微分方程相仿,但内容不同,不属同类现象。又如,对流传热现象中受迫对流传热与自然对流传热,虽然都是对流传热现象,但它们的微分方程的形式和内容有差异。再如,受迫外掠平板和外掠圆管,它们的控制方程相同,但几何条件不同,亦属不同类的现象。不同类,影响因素各异,显然不能建立相似关系[17]。

综上所述,影响物理现象的所有物理量场分别相似的总和,就构成了物理现象相似,在理解此问题时,应注意三点:

①必须是同类现象才能谈相似。

②由于描述现象的微分方程式的制约,物理量场的相似倍数间有特定的制约关系,体现这种制约关系,是相似原理的核心。

③注意物理量的时间性和空间性。

7.5.2 相似原理

在理解物理现象相似的基本概念后,再来探索相似现象间的相似原理,以便利用它解决本章开头提到的实验求解复杂物理现象的问题。因为用实物或模型进行对流传热的实验研究,由于变量太多,将会遇到3个困难:即实验中应测哪些量,是否所有的物理量都要测?实验的数据如何整理表达,众多的变量可以整理成什么函数关系式?如何应用实验结果解决实际问题(即如何把实验现象推广运用到实际现象或者说什么现象才可以应用该实验结果)?现在这3个问题都可以从相似原理中得到解决。

相似原理分3点表述了相似的性质、相似准则间的关系以及判别相似的条件。它们分别解决了实验中遇到的3个问题。这样,就可以用相似模型代替实际设备进行实验,从而大大简化了实验的规模,并使得从实验得到的结果能反映该类现象的规律,并推广应用于同类相似现象中去。

1)相似性质

如前述,两物理现象相似时,各物理量场分别相似,据此可以导出相似现象的一个重要性质:彼此相似的现象,它们的同名相似准则必定相等。

下面从稳态无相变对流传热过程来阐明相似准则是怎样导出的,为什么现象相似同名相似准则必定相等?

前几节已从微分方程、积分方程的求解中得出一些相似准则。而利用相似原理也可直接导出各相似准则。本节从单相流体对流传热微分方程组出发来导出相似准则。

用对流传热过程微分方程式(6.2)可分别写出现象a和b的表达式:

现象a:
$$h'\Delta t' = -\lambda'\left(\frac{\partial t'}{\partial y'}\right)_{\mathrm{w}} \tag{3}$$

现象b:
$$h''\Delta t'' = -\lambda''\left(\frac{\partial t''}{\partial y''}\right)_{\mathrm{w}} \tag{4}$$

在式(3)和式(4)中,局部对流表面传热系数用平均值代替,所得的结论是相同的。a,b相似,它们的各物理量场应分别相似,即:

$$\frac{h'}{h''} = C_h;\quad \frac{t'}{t''} = C_t;\quad \frac{y'}{y''} = C_l;\quad \frac{\lambda'}{\lambda''} = C_\lambda; \tag{5}$$

或
$$h' = C_h h'';\quad t' = C_t t'';\quad y' = C_l y'';\quad \lambda' = C_\lambda \lambda'' \tag{6}$$

将式(6)代入式(3),整理后得:

$$\frac{C_h C_l}{C_\lambda} h''\Delta t'' = -\lambda''\left(\frac{\partial t''}{\partial y''}\right)_{\mathrm{w}} \tag{7}$$

比较式(4)和式(7),既然a和b是彼此相似的现象,必然服从相同形式和相同内容的微分方程式,因此:

$$\frac{C_h C_l}{C_\lambda} = 1 \tag{8}$$

式(8)表示了两对流传热过程相似时相似倍数间的制约关系,即式(8)的关系必须等于1。再将式(5)代入式(8),即:

$$\frac{h'y'}{\lambda'}=\frac{h''y''}{\lambda''} \tag{9}$$

因为系统的几何量可以用传热面的定型尺寸表示,即$\frac{y'}{y''}=\frac{l'}{l''}=C_l$,故式(9)可改写为:

$$\frac{h'l'}{\lambda'}=\frac{h''l''}{\lambda''}$$

即

$$Nu'=Nu'' \tag{10}$$

式(10)表明,a,b 两对流传热现象相似,必然 hl/λ 数群保持相等。以上导出准则的方法称为相似分析。

采用同样的方法,可从边界层动量微分方程式(7.5)导出 Re。当两对流传热过程相似时,动量微分方程式中惯性力项与黏滞力项各物理量成比例,即

$$\frac{\mu'}{\mu''}=C_\mu;\frac{u'}{u''}=\frac{v'}{v''}=C_u;\frac{\rho'}{\rho''}=C_\rho;\frac{x'}{x''}=\frac{y'}{y''}=\frac{l'}{l''}=C_l$$

将各相似倍数代入式(7.5),采用式(7)与式(8)相同的方法将惯性力项与黏滞力项相比,得到

$$\frac{C_\rho C_u C_l}{C_\mu}(\text{惯性力项})\Big/\frac{C_u C_l}{C_\nu}(\text{黏滞力项})=1$$

得

$$\frac{C_\rho C_u C_l}{C_\mu}=1\quad\text{或}\quad\frac{C_u C_l}{C_\nu}=1 \tag{11}$$

则

$$\frac{u'l'}{\nu}=\frac{u''l''}{\nu''}$$

$$Re'=Re''$$

两现象流体运动相似,Re 相等。

同样方法,可从边界层能量微分方程式(7.10)的对流项与导热项相比中导出

$$\frac{u'l'}{a'}=\frac{u''l''}{a''}$$

即

$$Pe'=Pe''$$

两对流传热现象相似,贝克利准则 Pe 相等,即:

$$Pe=\frac{\nu}{a}\frac{ul}{\nu}=Pr\cdot Re \tag{12}$$

式中,$Pr=\frac{\nu}{a}$,即普朗特准则。

如果流体的运动是因温度差产生的浮升力而引起的,则亦可从动量微分方程式中导出反映浮升力影响的准则。这时,式(7.5)应经适当的改写,把浮升力用温度差表达出来。推导出来的自然对流运动微分方程式是[16]:

$$u\frac{\partial u}{\partial x}+v\frac{\partial u}{\partial y}=\nu\frac{\partial^2 u}{\partial y^2}+g\alpha\Delta t \tag{7.59}$$

用式(7.59)进行相似分析,从浮升力项($g\alpha\Delta t$)与黏滞力项相似倍数之比,并引用式(11)的关系后,可以得出一新的准则:

$$Gr=\frac{g\Delta t\alpha l^3}{\nu^2}$$

式中 Gr——格拉晓夫准则;

α——流体容积膨胀系数,K^{-1};

g——重力加速度,m/s^2;

l——壁面定型尺寸,m;

Δt——流体与壁面温度差,℃;

ν——运动黏度,m^2/s。

至此,由描述对流传热现象的各微分方程式导出了4个相似准则:Re,Pr,Gr 和 Nu。这几个准则是研究对流传热问题最常用的准则。根据相似的性质,在实验中就只需测量各准则中所包含的量,避免了测量的盲目性,解决了实验中应测量哪些量的问题。应该指出,相似准则还可以用其他方法导出,如量纲分析等方法,有兴趣的读者可参阅文献[18]。

相似准则都是从微分方程式导出的,都具有一定的物理意义,这在前述内容中已有说明,现再作若干补充。

雷诺准则:$Re=\frac{ul}{\nu}$,动量微分方程式中惯性力项和黏性力项相似倍数之比,它的大小表征了流体流动时惯性力与黏性力的相对大小,而流动是惯性力与黏性力相互矛盾和作用的结果。Re 数增大,说明惯性力作用的扩大,Re 的大小反映了流体的流态。

格拉晓夫准则:$Gr=\frac{g\Delta t\alpha l^3}{\nu^2}$,自然对流动量微分方程式中浮升力项和黏性力项相似倍数之比,表征浮升力与黏性力的相对大小,流体自然对流状态是浮升力与黏性力相互矛盾和作用的结果。Gr 的增长,表明浮升力作用的增长。在准则关联式中,Gr 表示自然对流流态对传热的影响。

普朗特准则:$Pr=\frac{\nu}{a}$,因为包含了流体的重要物性,又称物性准则。ν 反映流体分子传递动量的能力,a 则反映流体分子扩散热量的能力,故 Pr 值的大小反映了流体的动量传递能力与热量传递能力的相对大小。Pr 值越大,该流体传递动量的能力越大,根据 Pr 的大小,流体可分成3类:高 Pr 流体,如各种油类,黏度大而热扩散率小,像变压器油 $Pr_{100\,℃}=80$;低 Pr 流体,如液态金属,黏度小而热扩散率大,如水银 $Pr_{150\,℃}=0.016$;普通 Pr 流体,如空气、水等,Pr 处于 0.7~10,(水:$Pr_{100\,℃}=1.75$,空气:$Pr\approx0.7$)。因此,Pr 准则高度概括了所有流体的属性和分类。

努谢尔特准则,$Nu=hl/\lambda$,若在式(6.2)两边同乘以 l,略去角码 x,并引用无量纲过余温度 $\Theta=\frac{t-t_w}{t_f-t_w}$,经整理后得:

$$\frac{hl}{\lambda}=\left[\frac{\partial\left(\frac{t-t_w}{t_f-t_w}\right)}{\partial\left(\frac{y}{l}\right)}\right]_w=\left(\frac{\partial\Theta}{\partial Y}\right)_w$$

故 Nu 表征壁面法向无量纲过余温度梯度的大小，由此梯度反映了对流传热的强弱。

2）相似准则间的关系

由于描述现象的微分方程式表达了各物理量之间的函数关系，那么由这些量组成的准则应存在函数关系。由 7.1 节和 7.2 节得出的对流传热准则关联式已充分说明了这一点。于是根据相似准则所表征的现象，就可列出各类对流传热问题的准则关联式的组成。

对稳态无相变受迫对流传热，且当自然对流不可忽略时，准则关联式应由下列准则组成：

$$Nu = f(Re, Pr, Gr) \tag{7.60}$$

若自然对流的影响可以忽略不计，则从式（7.60）中去掉 Gr，关联式应为：

$$Nu = f(Re, Pr) \tag{7.61}$$

对于空气，Pr 可作为常数，故空气受迫流动传热时的准则关联式为：

$$Nu = f(Re) \tag{7.62}$$

对于自然对流传热，从式（7.60）中去掉 Re，则自然对流传热准则关联式为：

$$Nu = f(Gr, Pr) \tag{7.63}$$

这样，按上述关联式的内容整理实验数据，就能得到反映现象变化规律的实用关联式，从而解决了实验数据如何整理的问题。

在准则关联式中，Nu 是一个待定量，它包含了待求的对流表面传热系数，故通常把 Nu 称为待定准则。其他准则中的量都是已知量，故 Re，Pr，Gr 等又统称已定准则或定型准则。已定准则是决定现象的准则，已定准则数值确定后，待定准则也随之被确定了。

还要注意到各准则中的物理性质或几何量，均按定性温度和定型尺寸确定。定性温度和定型尺寸的选取方法不同，准则的数值必不相同。因此，在实验中应注意定性温度及定型尺寸的选择方法，而在利用准则关联式进行传热计算时，则必须使用该准则方程式所指定的定性温度及定型尺寸，否则会导致较大的误差。

3）判别相似的条件

判别现象是否相似的条件：凡同类现象，单值性条件相似，同名的已定准则相等，现象必定相似。单值性条件包含了准则中的各已知物理量，即影响过程特点的那些条件。现针对对流传热问题补充说明如下：

①几何条件：传热壁面几何形状、尺寸；壁面与流体的相对几何关系（平行于壁面、垂直于壁面等等）；壁面粗糙度等。

②物理条件：流体类别及物理性质（流体种类已定，则物性可由定性温度及压力等确定）。

③边界条件：进出口温度、壁面温度或壁面的热流密度、流体速度。

④时间条件：现象各物理量是否随时间变化，以及怎样变化。对于稳态现象，稳态本身就是时间条件。

例如，空气在长光滑圆管内稳态受迫对流传热，已知有两个现象分别是管径 $d_1 = 100$ mm，$d_2 = 50$ mm；流速 $u_1 = 30$ m/s，$u_2 = 54$ m/s；温度 $t_1 = 80$ ℃，$t_2 = 60$ ℃；壁温 $t_{w1} = 120$ ℃，$t_{w2} = 90$ ℃，须判断它们是否相似？根据判别相似的条件：①二者是同类现象；②同属稳态对流传热，时间条件一致，其他几何条件、边界条件及物理条件都分别成比例，故单值性条件相似已得到满足;③根据定性温度确定 $\nu_1 = 21.09\times10^{-6}\ m^2/s, \nu_2 = 18.97\times10^{-6}\ m^2/s$,计算出:

$$Re_1 = \frac{d_1 u_1}{\nu_1} = \frac{0.1 \times 30}{21.9 \times 10^{-6}} = 1.42 \times 10^5$$

$$Re_2 = \frac{d_2 u_2}{\nu_2} = \frac{0.05 \times 54}{18.97 \times 10^{-6}} = 1.42 \times 10^5$$

此现象应属于管内湍流。又因空气在温度变化范围不大时,可认为 Pr 不变,即 $Pr_1 = Pr_2$。至此,同名的已定准则相等也满足了,按式(7.62),两现象的流动及传热相似,Nu 也必定相等,如果通过实验已知其中一个现象的 Nu,那另一个现象的 Nu 也就知道了。

综上所述,相似三原理圆满地回答了本小节开始时提出的实验研究中会遇到的3个问题,概括起来其答案是:

①实验时测量各相似准则中包含的全部物理量,其中物性由实验系统中的定性温度确定。

②实验结果整理成准则关联式。

③实验结果可以推广应用到彼此相似的现象。在安排模型实验时,为保证实验设备中的现象(模型)与实际设备中的现象(原型)相似,必须保证模型与原型现象单值性条件相似,而且同名的已定准则数值上相等。

为加深理解,再用流体在长管内对流传热为例说明相似理论对实验研究的指导意义和方法。研究的目的是找出流体在长管内对流传热时对流表面传热系数与各影响因素间的关系,弄清对流传热的规律。按相似第一原理,在实验研究中只需测量式(7.60)中3个准则(Nu,Re,Pr)中所包含的物理量(h, u, t_f, t_w, l),通常实验要用几种工质在不同的流速和温度下进行,使实验现象的 Re,Pr 数有较大的变化范围;然后按相似第二原理,将实验数据按式(7.61)整理成函数关系,就得到了流体在长管内对流传热的准则关联式,它反映了该现象在所实验的范围内的规律;按第三相似原理,其结果可以适用于已研究过的同名已定准则的变化范围,也就是说,在以后的实际工程中遇到的任何同类现象,只要它的 Re,Pr 数没有超出实验的范围,都可以应用实验得到的关联式计算它的 Nu 数和对流表面传热系数。

7.5.3 实验数据的整理方法

相似原理表明同一类现象的各相似准则可以关联成一个函数,但是具体整理成什么函数形式,定性温度及定型尺寸如何确定,则带有经验的性质。但不论采用什么函数形式,怎样选择定性温度和定型尺寸,最终的目的是要使获得的准则关联式能够圆满地表达实验数据的规律性,体现被研究的现象的规律,而且关联式便于应用。

以下对通常采用的准则关联式形式及其有关常数的确定方法做一般介绍。

准则函数通常习惯于整理成幂函数形式,如:

$$\left.\begin{aligned} Nu &= CRe^n \\ Nu &= CRe^n Pr^m \\ Nu &= C(Gr \cdot Pr)^n \end{aligned}\right\} \tag{13}$$

式中:C, n, m 等都是需由实验数据确定的量。还有其他形式,如式(7.54)及第8章将推荐的某些关联式,但最基本的形式是式(13)。对某些特定范围内的对流传热问题,比如定型换热器产品,有时也将对流表面传热系数直接与某一些主要影响因素关联成幂函数,如空气自然对流传热：

$$h = C\left(\frac{\Delta t}{l}\right)^{n}$$

水在管内受迫对流传热：

$$h = Cu^{n}d^{m}$$

这样的关联式，使用方便，但没有表示成相似准则间的关系，不能明确反映对流传热与流态及物性等的关系，更要害的问题是不能按相似原理标明或判断它们的适用范围，而只能直接按已实验研究过的 $u,d,\Delta t,\cdots$ 来规定它的使用范围。

幂函数在十进位坐标图上是曲线，但在双对数坐标图上则是直线形，这样，把实验点标绘在双对数坐标图上来确定方程中的常量、分析实验点的分布规律就非常方便。各常量可由图解法、平均值法或最小二乘法确定。这种采用坐标变换从而使曲线改变成直线的方法，称为曲线的线性化，是工程上最广泛应用的数据整理方法。

以准则关联式 $Nu=CRe^{n}$ 为例，它在 $\lg Nu$ 和 $\lg Re$ 的坐标图上呈直线（见图 7.20），即：

$$\lg Nu = \lg C + n\lg Re \tag{7.64}$$

式(7.64)为直线方程：

$$y = a_0 + a_1 x$$

图 7.20 的直线斜率即式(7.64)的 n，截距即式中的 $\lg C$，即：

$$n = \tan\varphi = \frac{l_2}{l_1} \tag{7.65}$$

$$C = \frac{Nu}{Re^{n}} \tag{7.66}$$

注意：式(7.66)中的 Nu 及 Re 值是关联线上任意一点的坐标，而不是实验点的数据。在有大量实验数据点的情况下，可靠的方法是由最小二乘法确定各常量。

图 7.21 以 $\lg(Nu/Pr^{0.4})$ 为纵坐标，以 $\lg Re$ 为横坐标，标绘在图上的是管内湍流对流传热实验数据点及所得准则关联式的代表线。

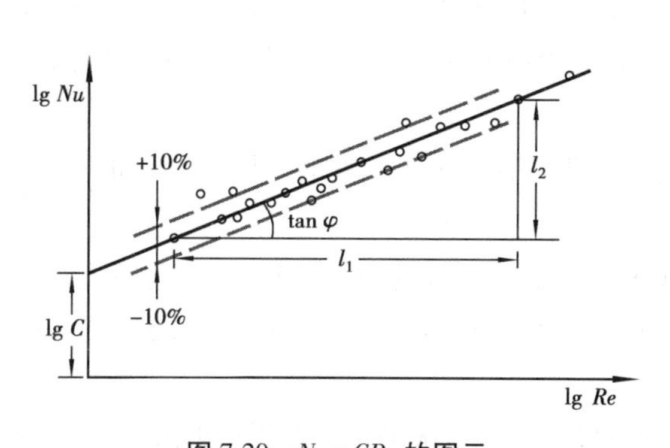

图 7.20　$Nu=CR_e$ 的图示

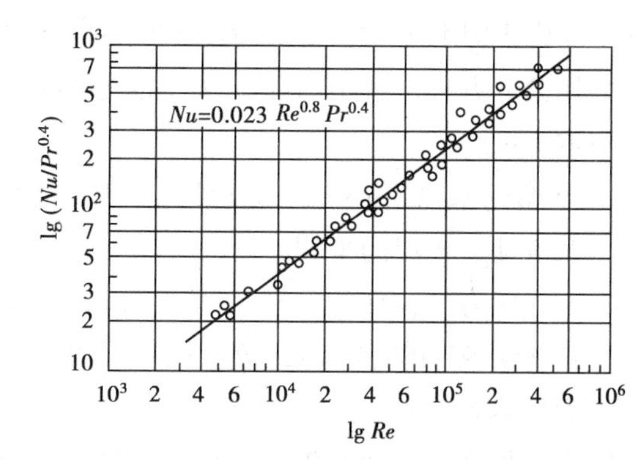

图 7.21　管内湍流传热实验点准则关联式

由于各种原因，得到的准则关联式与实验数据点之间总会有一定的偏差，实验点分散在代表线的两侧，如图 7.20 所示的虚线范围内。虚线与实线偏离的大小反映实验点收敛程度或关联式的正确程度。通常用正负百分数表示绝大部分实验点与关联式偏差的大小。例如，某项实验研究的数据点 90%是在与关联式偏差±10%内,而另一个实验是±5%,则在实验准确度相同的情况下,后者比前者更能表达现象的规律。实验点与关联式的偏差亦可用全部实验点的平均偏差的百分数表示。

习 题

1. 外掠平壁层流边界层内,为什么存在壁面法线方向(y 向)的速度 v?
2. 在对流传热的理论分析中,边界层理论有何重要意义?
3. 根据数量级分析,边界层联连续性方程并未得到简化,为什么?
4. 解释边界层中$\dfrac{\partial p}{\partial y}=0$ 的物理意义。
5. $Pr>1$ 的流体,为什么 $\delta>\delta_t$?
6. 为什么热量传递和动量传递过程具有相似性?雷诺类比适用于什么条件?
7. Pr 大的流体一般黏度比较大,而经验告诉我们黏度大的流体对流传热一般比较微弱,但在对流传热准则函数关系式 $Nu=f(Re,Pr)$ 中,Pr 大的流体表面传热系数反而比 Pr 小的流体要大,这与经验是否矛盾?解释其原因。
8. 外掠平壁层流边界层稳态流动,取无量纲坐标 $\eta=\dfrac{1}{2}y\sqrt{\dfrac{u_\infty}{\nu x}}$,无量纲流函数 $f=\dfrac{\psi}{\sqrt{u_\infty \nu x}}$。试推导求相似解的无量纲动量方程,并写出相应的边界条件。
9. 根据动量守恒定律,证明常物性流体在水平圆管中层流稳态流动时,流动充分发展段的动量微分方程式为:$\dfrac{1}{r}\dfrac{\partial}{\partial r}\left(r\dfrac{\partial u}{\partial r}\right)=\dfrac{1}{\mu}\left(\dfrac{\partial p}{\partial x}\right)$。证明时坐标原点取在管中心线上,沿流向为 x 轴,径向为 r 轴。
10. 压强 1.013×10^5 Pa,温度为 20 ℃的空气掠过温度为 40 ℃的平壁表面,速度为 10 m/s。试用微分方程求解距前缘 $x=0.5$ m 处的 δ,$C_{f,x}$,h_x 及 0~0.5 m 内的对流传热量 Φ(壁的宽度取 1 m)。
11. 15 ℃的水以 3 m/s 的速度外掠平壁,试计算距平壁前缘 100 mm 处的边界层内的质量流量及流动边界层的平均厚度。
12. 大气压力下,温度 $t_f=52$ ℃的空气以 $u_\infty=10$ m/s 的速度外掠壁温 $t_w=148$ ℃的平板。试求距前缘 50,100,150 mm 处的流动边界层厚度、热边界层厚度、局部表面传热系数和平均表面传热系数。
13. 平板长 0.3 m,以 0.9 m/s 的速度在 25 ℃的水中纵向运动,求平板上边界层的最大厚度,并绘出它的速度分布曲线(积分方程解)。
14. 若平板上流动边界层的速度分布为$\dfrac{u}{u_\infty}=\dfrac{y}{\delta}$,求层流边界层厚度与流过距离 x 的关系(按积分方程推导)。

15. 应用连续性方程$\frac{\partial u}{\partial x}+\frac{\partial v}{\partial y}=0$和速度分布$\frac{u}{u_\infty}=\frac{3}{2}\left(\frac{y}{\delta}\right)-\frac{1}{2}\left(\frac{y}{\delta}\right)^3$，并已知$\frac{\delta}{x}=\frac{4.64}{\sqrt{Re_x}}$，导出$\frac{v}{u_\infty}$的分布方程。

16. 由上题的推导结果，证明任意 x 截面处，边界层外缘线上具有 v 的最大值 v_{max}。按 11 题条件求出 v_{max}，并与 u_∞ 比较。根据比较的结果进一步思考，在数量级分析中，如 $u \sim O(1)$，$v \sim O(\delta)$是否合理？

17. 由边界层动量微分方程式(7.8)沿边界层厚度积分，直接推导出边界层动量积分方程(7.32)。

18. 温度 $t_f=80$ ℃的空气外掠 $t_w=30$ ℃的平板，平板长为 0.3 m，宽为 0.5 m，已知 $h_x=4.4x^{-1/2}$，试求对流传热量(不计板宽的影响)。

19. 空气以 40 m/s 的速度掠过长宽均为 0.2 m 的薄板，$t_f=80$ ℃，$t_w=120$ ℃，实测空气掠过此板上、下两表面时的摩擦力为 0.075 N。试计算此板与空气间的传热量(设此板仍作为无限宽的平板处理，不计板宽方向的影响)。

20. 煤气以平均速度 $u_m=20$ m/s 流过内径 $d=16.9$ mm，$L=2$ m 的管道，由于不知道它的表面传热系数，令实测得管道两端煤气的压降 $\Delta p=35$ N/m^2。试问能否确定煤气与管壁的平均表面传热系数？已知该煤气的物性为：$\rho=0.333\ 5$ kg/m^3，$c_p=4.198$ kJ/(kg·K)，$\nu=47.38\times 10^{-6}$ m^2/s，$\lambda=0.191$ W/(m·K)。

21. 水以 1.3 m/s 的速度通过内径 19 mm，长为 5.5 m 的管子，压降为 42 mmHg，管壁平均温度为 80 ℃，管内水的平均温度为 55 ℃。试用类比律求表面传热系数。

22. 在一个大气压下，温度为 30 ℃的空气以 45 m/s 的速度掠过长为 0.6 m，壁温为 250 ℃的平板。试计算单位宽度的平板传给空气的总热量、层流边界层区域的传热量和湍流边界层区域的传热量。

23. 如临界雷诺数 $Re_c=3\times10^5$，试推导出代替式(7.54)的外掠平壁湍流平均传热准则关联式。

24. 在一台缩小成为实物的 1/8 的模型中，用 20 ℃的空气来模拟实物中平均温度为 200 ℃的空气的加热过程。实物中空气的平均速度为 6.03 m/s，问模型中的流速应为多少？若模型中的平均表面传热系数为 195 W/(m^2·K)，求相应实物中的值。在这一实验中，模型与实物中 Pr 数并不严格相等，你认为这样的模化实验有无实用价值？

25. 2 根管子，a 管内径为 16 mm，b 管为 30 mm，当同一种流体流过时，a 管内流量是 b 管的 2 倍，已知两管温度场完全相同，问管内流态是否相似？如不相似，在流量上采取什么措施才能相似？

26. 夏季的微风以 0.8 m/s 的速度沿宽度方向掠过一金属建筑物壁面，壁面高 3.6 m，宽 6 m。壁面吸收太阳能的热流密度为 350 W/m^2，并通过对流传热把热量散发给周围的空气。假设外掠壁面的空气温度为 25 ℃。试计算在平衡状态下，壁面的平均温度。

27. 有人设想把南极的冰山拖运到 10 000 km 以外的干旱地区以解决淡水供应。设冰山可视为长 1 km，宽 0.5 km，厚 0.25 km 的大平板，拖运速度为 1 km/h。途中冰块与海水、冰面与空气的平均温差均为 10 ℃，忽略冰面的辐射传热，试估计冰山拖运中水上与水下两部分的融化量及其比例(已知 $Re_c=5\times10^5$，融解热 3.341 0^5 J/kg；计算中可将冰块的侧面积全部归于水下部分；海水与冰传热时的物性按纯水计算)。

28. 在相似理论指导下进行实验,研究空气在长圆管内稳态受迫对流传热的规律,请问:①本项实验将涉及哪几个相似准则?②实验中应直接测量哪些参数才能得到所涉及的准则数据?③现通过实验并经初步计算得到下表所示数据,试计算各实验点 *Re* 数及 *Nu* 数?④实验点 1,2,3,4 的现象是否相似?⑤将实验点标绘在 lg *Nu* 及 lg *Re* 图上。⑥可用什么形式的准则方程式来整理这些数据?试整理这些数据并确定准则方程式中的系数。⑦现有一根长圆管,$d=80$ mm,管内空气速度为 28.9 m/s,$t_w=150$ ℃,$t_f=50$ ℃,试确定管内传热现象与上表中哪个现象是相似的?并用上表实验结果确定此管内的表面传热系数。⑧有一未知流体的传热现象,已知其热扩散率 $a=30.2\times10^{-6}$ m²/s;$\lambda=0.030\ 5$ W/(m·K);$\nu=21.09\times10^{-6}$ m²/s;$d=65$ mm,管内流速 23 m/s。它是否与上表中的实验现象相似?是否可以用上表实验结果来计算它的表面传热系数?为什么?如果能用,请计算其 *Nu* 数和表面传热系数。

长管内空气传热实验数据表

实验点	壁温 t_w/℃	流体温度 t_f/℃	流速 u/(m·s⁻¹)	表面传热系数 h/[W/(m²·K)]	管内径 d/mm
1	30	10	3.01	15.0	50
2	50	10	8.00	31.5	50
3	70	10	17.0	57.5	50
4	90	10	35.9	106	50

第 7 章习题详解

8

单相流体对流传热及其实验关联式

单相流体对流传热是各类换热器、传热物体和器件中最常见的对流传热问题。单相流体对流传热包括:受迫对流传热;自然对流传热;混合对流传热。由于对流传热的复杂性,大部分对流传热问题(特别是湍流对流传热)还不能通过理论方法求解,而要依靠实验获得传热关联式,以供实际工程应用。第7章中我们已经讨论过了外掠平壁对流传热,本章的重点是叙述管内受迫对流传热、横向外掠单管或管束传热、大空间及其有限空间中的自然对流传热等,分析各自的传热特征并推荐实验关联式。

8.1 管内受迫对流传热

8.1.1 入口段与充分发展段

在边界层分析中曾经指出,流体以均匀速度流入圆管后,由于流体的黏性作用,在管壁面上形成了轴对称的环状流动边界层。在管子入口处,边界层厚度 $\delta=0$,以后 δ 沿流动方向逐渐增厚,从入口处起经历了某一距离 l 后,边界层在管中心汇合,此时 $\delta=R$(圆管半径)。边界层在管中心汇合之前的这一段距离称流动入口段。之后,流态定型,对于稳态流动,截面上的速度分布不再发生变化,进入流动充分发展段。流动充分发展段的流态由 $Re=\dfrac{u_m d}{\nu}$来判定:

$Re<2\ 300$	层流
$2\ 300<Re<10^4$	过渡流
$Re>10^4$	旺盛湍流

式中:u_m 为管截面平均速度,m/s;定型尺寸为管内径 d,m。

在流动充分发展段,流体的径向(r 向)速度 v 为零,轴向(x 向)速度 u 不再随 x 变化,即:

$$v=0;\quad \frac{\partial u}{\partial x}=0;\quad u=f(r)$$

同理,在有对流传热的情况下,管内流动也存在热入口段与热充分发展段。由于传热,任意 x 截面处的流体平均温度 $t_{f,x}$ 将随 x 发生变化,即 $t_{f,x}=f(x)$;壁温 t_w 则视边界条件也可能发生变化。如果流体被加热,则 $dt_{f,x}/dx>0$;如被冷却,则 $dt_{f,x}/dx<0$。但实验发现[1],在热充分发展段,常物性流体在常热流和常壁温边界条件下,无量纲温度 $\Theta=\dfrac{t-t_w}{t_{f,x}-t_w}$ 不随 x 发生变化,即:

$$\frac{\partial}{\partial x}\left(\frac{t-t_w}{t_{f,x}-t_w}\right)=0 \tag{1}$$

式中 t——管内任意点的流体温度,$t=f(r,x)$。

因为 Θ 仅仅是 r 的函数,若对 r 求导,并当 $r=R$(管内半径)时,则:

$$\left.\frac{\partial\Theta}{\partial r}\right|_{r=R}=\frac{\partial}{\partial r}\left(\frac{t-t_w}{t_{f,x}-t_w}\right)_{r=R}=\frac{\left(\dfrac{\partial t}{\partial r}\right)_{r=R}}{t_{f,x}-t_w}=\text{常数} \tag{2}$$

应用傅里叶定律 $q_{w,x}=-\lambda\left(\dfrac{\partial t}{\partial r}\right)_{r=R}$ 及牛顿冷却公式 $q_{w,x}=h_x(t_{f,x}-t_w)$,由于二者描述的是同一热量,因此由式(2)可得:

$$\frac{h_x}{\lambda}=\frac{-\left(\dfrac{\partial t}{\partial r}\right)_{r=R}}{t_{f,x}-t_w}=\text{常数} \tag{8.1}$$

式(8.1)说明,常物性流体在热充分发展段受迫对流传热时,无论层流流动还是湍流流动,其局部对流表面传热系数 h_x=常数。这是热充分发展段传热的一个重要特征。

流动入口段与热入口段的长度不一定相等,这取决于 Pr。当 $Pr>1$ 时,流动入口段比热入口段短;当 $Pr<1$ 时,流动入口段比热入口段长。图 8.1 定性地表达了 $Pr=1$ 时,即流动与传热均同时达到充分发展段时,管内局部对流表面传热系数 h_x 随 x 的变化。对于层流,$x=0$ 时,$\delta=0$,h_x 具有最大值;随着 x 的增大,边界层厚度 δ 也增厚,h_x 降低;当 $x=l$ 时(入口段长度)时,h_x=常数。这一变化结果与理论分析解[2]的结果完全一致。对于湍流(图 8.1b),当 $Re<10^4$ 时,入口处仍然维持一段距离的层流,当层流转变为湍流后,h_x 将有一些回升,并迅速趋于不变值。

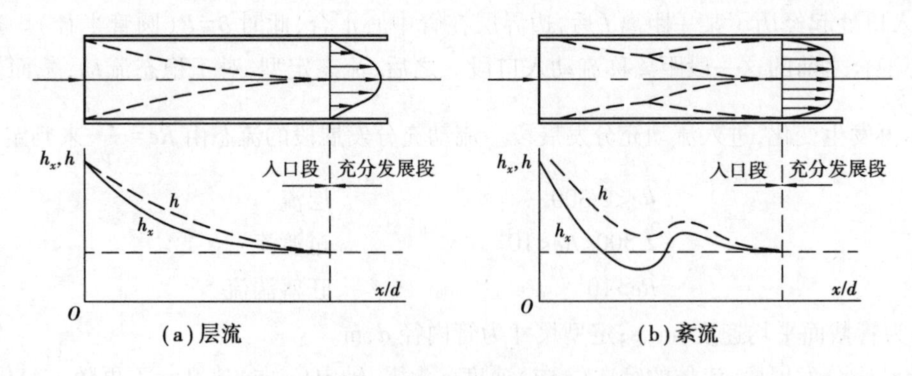

图 8.1 管内局部表面传热系数及 h 的变化

理论分析表明,对常物性流体层流流动,热入口段长度满足如下关系式:

常壁温条件下：
$$\frac{l}{d}\approx 0.05Re\cdot Pr \tag{3a}$$

常热流条件下：
$$\frac{l}{d}\approx 0.07Re\cdot Pr \tag{3b}$$

式(3)表明，层流热入口段长度 l 随 Pr 数增加而变长，常壁温条件下，如 $Pr=1$，$Re=2\ 000$，则热入口段要波及 $100d$ 的长度，而常热流条件下热入口段波及的长度较常壁温时大40%。湍流热入口段比层流短得多，$l/d\approx 10\sim 45$。[3,4]

鉴于热入口段 h_x 的变化，管内受迫流动对流表面传热系数的计算应区分为短管和长管。对短管，应考虑 h_x 在热入口段的变化对总平均对流表面传热系数的影响，当采用适用于长管的实验关联式进行计算时，应乘以入口段影响修正系数 ε_l（$\varepsilon_l>1$）。对于长管，由于热入口段波及的长度相对整个管长是很小的，其影响很小，可以不考虑修正。前已述及，层流热入口段波及的长度较大，因此层流流动通常需考虑入口段的影响。

8.1.2 管内流体平均速度与平均温度

1）管内流体平均速度

层流和湍流在速度分布上有明显差别。层流时管内速度分布呈现抛物线形状，理论分析表明，层流时管内截面平均速度 u_m 为管中心最大截面速度 u_{max} 的 1/2，即 $u_m/u_{max}=0.5$。湍流状态下，速度分布比较扁平，$u_m/u_{max}=f(Re)$，Re 越大，比值 u_m/u_{max} 亦越大。在实验关联式中，准则中的速度常用截面平均速度 u_m，它必须用积分平均的方法来加以确定，即：

$$u_m=\frac{1}{f}\int_f u\mathrm{d}f=\frac{2}{\pi R^2}\int_0^R \pi ru\mathrm{d}r=\frac{V}{f} \tag{8.2}$$

式中　u——管截面任意 r 处的局部流速，m/s；

f——管截面积，m^2；

V——体积流量，m^3/s。

式(8.2)中微元体的划分，参见图8.2。

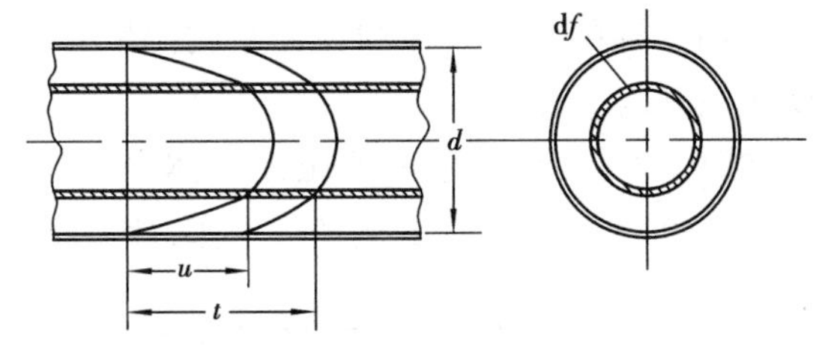

图 8.2　管截面平均流速与平均温度的计算

2）管内流体平均温度

管内流体平均温度分为管截面流体平均温度 $t_{f,x}$ 和全管长流体平均温度 t_f。通常在管内对流传热计算或实验研究中，常以 t_f 作为定性温度以确定物性参数，传热温差的计算也必须确定 t_f。为确定 t_f，首先必须求出管截面平均温度 $t_{f,x}$。对常物性流体，$t_{f,x}$ 按式(8.3)确定：

$$t_{f,x}=\frac{\int_f \rho c_p tu\mathrm{d}f}{\int_f \rho c_p u\mathrm{d}f}=\frac{1}{V}\int_0^R 2\pi rut\mathrm{d}r=\frac{2}{R^2u_m}\int_0^R rut\mathrm{d}r \tag{8.3}$$

由式(8.3)可见，为积分求解 $t_{f,x}$，必须知道管截面上的温度分布及速度分布，亦即必须知道 $t=f(r)$，$u=\varphi(r)$ 的函数关系。对于层流问题，通过求解动量方程和能量方程可获得速度分布与温度分布，从而按式(8.3)求出 $t_{f,x}$。但工程中的大部分对流传热问题是湍流问题，湍流问题的理论分析解比层流复杂得多。基于此,常采用实验测量的方法来确定 $t_{f,x}$,设法让该截面上的流体充分混合,则测出来的温度即为该截面的流体平均温度。

掌握流体截面平均温度 $t_{f,x}$ 和壁面温度 t_w 沿流向坐标 x 的变化规律,对于计算全管长平均温度 t_f 及传热温差具有重要意义。利用商的求导法则,对式(1)求导,得:

$$\frac{\left(\frac{\partial t}{\partial x}-\frac{\mathrm{d}t_w}{\mathrm{d}x}\right)(t_{f,x}-t_w)-\left(\frac{\mathrm{d}t_{f,x}}{\mathrm{d}x}-\frac{\mathrm{d}t_w}{\mathrm{d}x}\right)(t-t_w)}{(t_{f,x}-t_w)^2}=0$$

整理后得到:

$$\frac{\partial t}{\partial x}=\frac{\mathrm{d}t_w}{\mathrm{d}x}+\left(\frac{t-t_w}{t_{f,x}-t_w}\right)\left(\frac{\mathrm{d}t_{f,x}}{\mathrm{d}x}\right)-\left(\frac{t-t_w}{t_{f,x}-t_w}\right)\left(\frac{\mathrm{d}t_w}{\mathrm{d}x}\right) \tag{4}$$

对于不同的边界条件,分析式(4)可得出不同温度的变化规律。

1)常热流边界条件

对常热流边界条件,q_w=常数,由牛顿冷却公式得:

$$\frac{q_w}{h_x}=(t_{f,x}-t_w)_x$$

前已述,常物性流体在热充分发展段 h_x=常数,故对任意 x 截面,$(t_{f,x}-t_w)$=常数,求导:

$$\frac{\mathrm{d}t_{f,x}}{\mathrm{d}x}=\frac{\mathrm{d}t_w}{\mathrm{d}x} \tag{5a}$$

将上式代入式(4),对于 x 方向上的任意截面,在常热流边界条件下可得:

$$\frac{\partial t}{\partial x}=\frac{\mathrm{d}t_w}{\mathrm{d}x}=\frac{\mathrm{d}t_{f,x}}{\mathrm{d}x} \tag{5b}$$

说明壁温的变化规律和截面平均温度的变化规律是一致的。

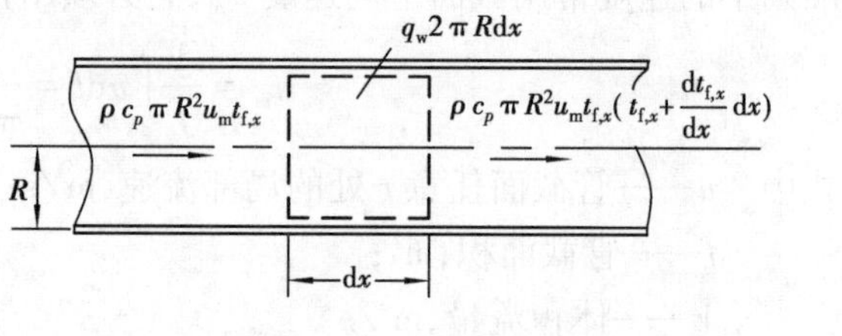

图 8.3 管内传热热平衡

如图 8.3 所示,对于不可压缩流体,忽略流动方向的导热,根据能量守恒定律,针对流体的加热过程可写出如下的热平衡方程式:

$$\mathrm{d}\Phi=\underset{①}{q_w 2\pi R\mathrm{d}x}=\underset{②}{h_x(t_w-t_{f,x})_x 2\pi R\mathrm{d}x}=\underset{③}{\rho c_p \pi R^2 u_m \frac{\mathrm{d}t_{f,x}}{\mathrm{d}x}\mathrm{d}x} \tag{6}$$

①=③,得:

$$\frac{\mathrm{d}t_{f,x}}{\mathrm{d}x}=\frac{2q_w}{\rho c_p u_m R} \tag{7}$$

综合式(5b)和式(7),注意到常物性流体、常热流边界条件,可得:

$$\frac{\partial t}{\partial x}=\frac{\mathrm{d}t_w}{\mathrm{d}x}=\frac{\mathrm{d}t_{f,x}}{\mathrm{d}x}=\frac{2q_w}{\rho c_p u_m R}=\text{常数} \tag{8.4}$$

这表明:常物性流体,常热流边界条件下,流体温度、流体截面平均温度和管壁面温度沿 x 方向均呈相同的线性变化规律(见图 8.4)。

由于热平衡方程式(6)对入口段也成立,故 $t_{f,x}$ 在全管长内均呈线性变化规律(见图 8.4)。

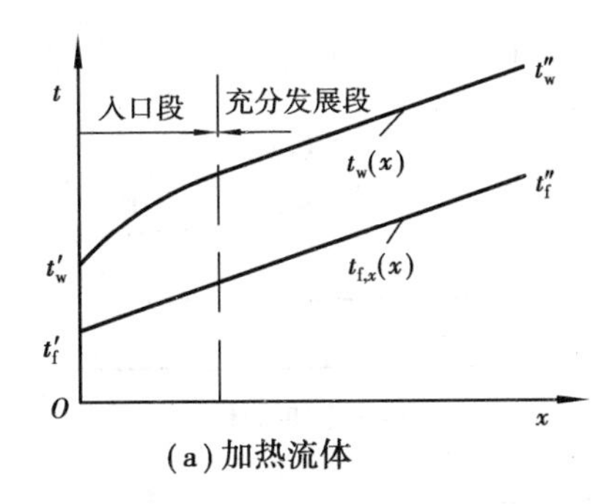

(a) 加热流体

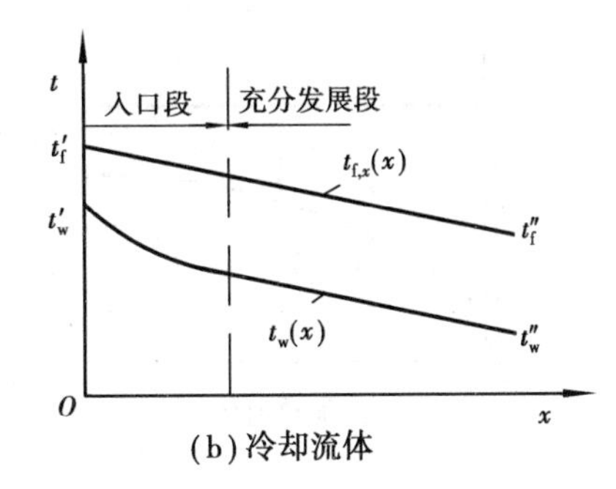

(b) 冷却流体

图 8.4　常热流边界条件下 $t_{f,x}$ 和 t_w 的变化

但式(5a)在入口段不成立,所以 t_w 在入口段非线性。全管长流体的平均温度为:

$$t_f = \frac{1}{2}(t'_f + t''_f) \tag{8.5a}$$

全管长流体与管壁间的平均温度差,可近似取进出口两端温度差的算术平均值,即:

$$\Delta t = \frac{1}{2}(\Delta t' + \Delta t'') \tag{8.5b}$$

其中,进口端平均温差 $\Delta t' = t'_w - t'_f$;出口端温差 $\Delta t'' = t''_w - t''_f$。

2) 常壁温边界条件

对常壁温边界条件,t_w = 常数,$\frac{dt_w}{dx} = 0$,代入式(4),得:

$$\frac{\partial t}{\partial x} = \left(\frac{t - t_w}{t_{f,x} - t_w}\right)\left(\frac{dt_{f,x}}{dx}\right) \tag{8}$$

由式(6),使②=③,得:

$$\frac{dt_{f,x}}{dx} = \frac{2h_x(t_w - t_{f,x})}{\rho c_p R u_m} \tag{9}$$

注意到 t_w = 常数,对上式从 0 到 x 积分,得:

$$\int_0^x \frac{d(t_{f,x} - t_w)}{t_{f,x} - t_w} = -\int_0^x \frac{2h_x}{\rho c_p R u_m} dx \tag{10}$$

当 $x=0$ 时,$t_{f,x} = t'_f$;且 $\int_0^x h_x dx = hx$,其中 h 为 0~x 之间的平均对流表面传热系数,若 x 足够大,入口段的影响很小,h 近似为常数。式(10)积分整理后可得:

$$t_{f,x} = t_w + (t'_f - t_w)\exp\left(-\frac{2hx}{\rho c_p R u_m}\right) \tag{8.6}$$

可见,常壁温边界条件下,流体截面平均温度 $t_{f,x}$ 沿 x 方向按指数规律变化,如图 8.5 所示。式(8.6)是在热平衡方程式(6)的基础上推导得出的,因此它对于热入口段和热充分发展段都是正确的。区别在于:热入口段 $h_x = f(x)$;热充分发展段 h_x = 常数。

当 $x = L$(管长)时,出口端温差 $\Delta t'' = t_w - t''_f$,此时由式(8.6)做进一步地推导(详见第 12 章),可得到全管长流体与壁面间的平均温度差 Δt_m:

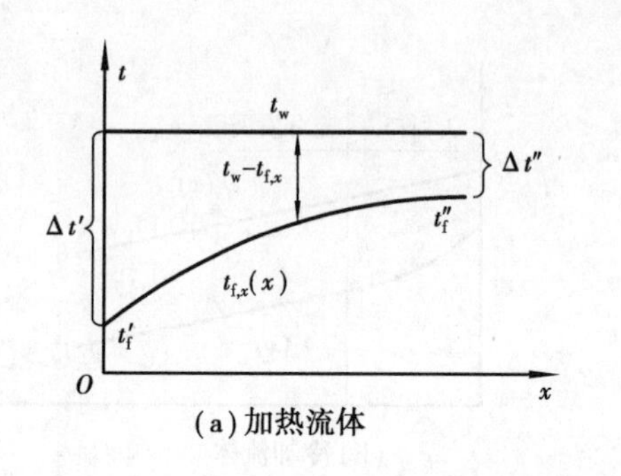

(a)加热流体

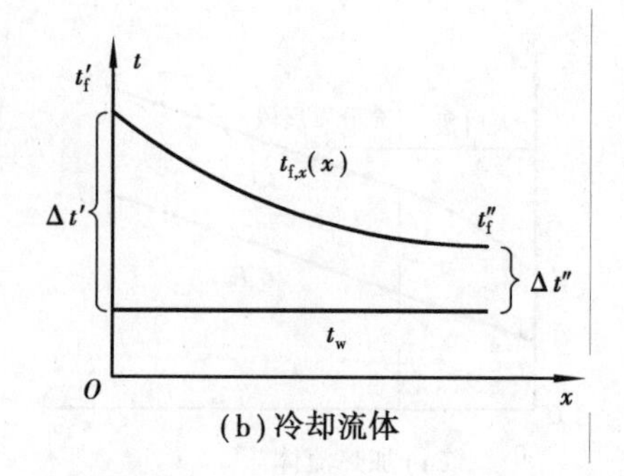

(b)冷却流体

图 8.5 常壁温边界条件下 $t_{f,x}$ 的变化

$$\Delta t_m = \frac{(t_w - t'_f) - (t_w - t''_f)}{\ln\dfrac{(t_w - t'_f)}{(t_w - t''_f)}} = \frac{\Delta t' - \Delta t''}{\ln\dfrac{\Delta t'}{\Delta t''}} \tag{8.7a}$$

Δt_m 称对数平均温差。但如满足条件$\dfrac{\Delta t'}{\Delta t''}<2$,则可用式(8.5b)代替式(8.7a)计算平均温差,误差将小于4%。

求得 Δt_m 后,可按下式计算全管长流体平均温度 t_f。

$$t_f = t_w \pm \Delta t_m \tag{8.7b}$$

式中,加热流体($t_w>t_f$)时用“-”号;冷却流体($t_w<t_f$)用“+”号。

综上所述,在计算全管长流体平均温度和对流传热平均温差时应注意不同的边界条件,采用不同的计算式进行计算。

8.1.3 影响管内受迫对流传热的其他因素

第6章中已分析了影响单相流体对流传热的主要因素,但当流体管内受迫流动传热时,还应考虑管内流动和传热的其他影响因素,通常给出的实验关联式都有一定的使用条件,并未完全考虑了这些影响因素。除8.1.1节中已述及的入口段与充分发展段以外,这些影响因素还包括:物性场的不均匀性;弯曲的流道;粗糙的管壁面。

1)物性场的不均匀性

在对流传热条件下,由于管中心和靠近管壁的流体温度不同,因而管中心和管壁处的流体物性也会存在差异,特别是黏度的不同将导致有温差时的速度场与等温流动时的速度场产生明显的差异。如图8.6所示,设曲线1为等温流时的速度分布,若管内流体为液体,液体的黏度随温升而降低,则当 $t_w<t_f$ 时,液体被冷却,壁面附近的液体黏度较管中心处高,黏性力增大,速度将低于等温流的情况,这时的速度分布将变成曲线2的情形。如 $t_w>t_f$,液体被加热,则速度分布将变成曲线3的情形。显然在壁面上曲线3的速度梯度大于曲线2的速度梯度。在流体平均温度相同的情况下,这种现象将造成加热液体时对流表面传热系数高于冷却液体时的对流表面传热系数。这就是不均匀物性场对传热的影响。对于气体,情形与液体相反,它的黏度随温升而增大。所以,气体由于热流方向不同引起黏度的变化对传热的影响恰与液体相反。上述分析,同样适用于管外对流传热。

应该指出，由于管内流体各处温度不同，密度也不同，密度差的存在必然会产生自然对流，它同样也会改变速度分布状况，从而影响对流传热过程，特别是大直径、低流速或大温差的管子，这种影响是不能忽略的。通常把自然对流的影响不可忽略时的受迫对流称为混合对流，有关混合对流的判据将在 8.3 节给出。

物性场不均匀性对传热的影响用修正系数 ε_m 来表示。对于液体，温度变化主要会引起黏度的变化，其他物性相比之下变化较小，可以忽略。因此对于液体：

$$\varepsilon_m = (\mu_f/\mu_w)^n \qquad (加热液体:n = 0.11;冷却液体:n = 0.25) \qquad (11)$$

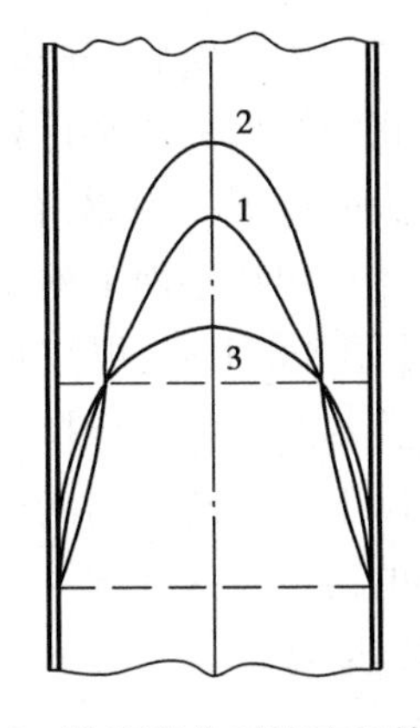

图 8.6　黏度变化对速度场的影响

1—等温流；2—冷却液体或加热气体；3—加热液体或冷却气体

如前所述，加热液体时，$t_w>t_f$，所以 $\mu_w<\mu_f$，$\varepsilon_m>1$；冷却液体时，$t_w<t_f$，所以 $\mu_w>\mu_f$，$\varepsilon_m<1$。对于气体，当温度变化时，除黏度外，其他物性亦会发生明显变化，而所有物性参数随热力学温度的变化都具有一定的函数关系。因此，对于气体：

$$\varepsilon_m = (T_f/T_w)^n \qquad (加热气体:n = 0.55;冷却气体:n = 0) \qquad (12)$$

还有一些文献则建议，不管是液体还是气体，都取 $\varepsilon_m=(Pr_f/Pr_w)^{0.25}$。当然，不同的修正方法，实验关联式中的常数项可能不同。

2）弯曲的流道

对于螺旋形管道或者弯曲管道，如螺旋形板式或管式传热器，流体的流道呈螺旋形。在弯曲的流道中流动产生的离心力将在流场中形成二次环流，如图 8.7 所示。二次环流与主流垂直，从管中心流向外侧，再沿管壁流向内侧。二次环流增加了对边界层的扰动，有利于传热，而且管子的曲率半径越小，二次环流的影响越大。故由长直管实验得到的准则关联式用于弯曲管道时尚须乘以流道弯曲影响修正系数 ε_R，由上述分析可知，$\varepsilon_R>1$。实验得到的 ε_R 计算式为：

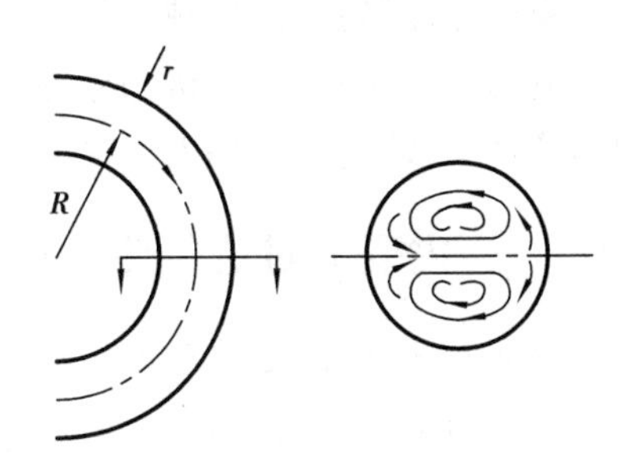

图 8.7　弯曲管二次环流

气体：
$$\varepsilon_R = 1+1.77\frac{d}{R} \qquad (13)$$

液体：
$$\varepsilon_R = 1+10.3\left(\frac{d}{R}\right)^3 \qquad (14)$$

式中　R——弯曲管曲率半径，m；

d——管直径，m。

3）粗糙管壁

流体力学对粗糙管（如铸铁管、冷拔管等）内的流动和阻力做了大量的实验研究，积累了丰富的阻力数据和相关的实验关联式，因此粗糙管内的传热计算可采用第 7 章中述及的类比公式。

传热学中的实验关联式更多地适用于光滑管,但在特殊的情况下,光滑管的实验关联式也可用于粗糙管壁的传热计算,但需加以修正。此外,近年来有关粗糙管壁的强化传热研究已取得了很大的进展。因此,有必要讨论管壁粗糙度对传热的影响。

流体在粗糙壁面上的流动,如图 8.8 所示,图中 k_s 表示粗糙点的平均高度。当流态为旺盛湍流时[图 8.8(b)],层流底层厚度 $\delta_c<k_s$,流体将越过凸出点在凹处引起涡流,使凹处的流动得到改善;此外,粗糙点扩大了传热面积,使传热得到强化,因此,对流表面传热系数 h 将大于同样情况下的光滑管内流动传热。当缺乏阻力数据,不能采用类比公式进行传热计算,且无实验获得的粗糙管内准则关联式时,可采用光滑管实验关联式进行传热计算,但关联式右边必须乘以粗糙管壁修正系数 ε_{ks},且 $\varepsilon_{ks}>1$。

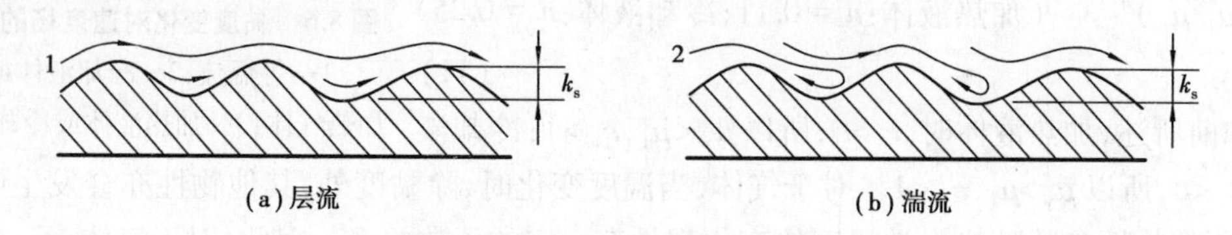

图 8.8 流体在粗糙壁面上的流动

对于层流,如图 8.8(a)所示,层流边界层厚度 $\delta>k_s$,粗糙点将被淹没,凹处的流动情况较差,对流作用减弱,虽然粗糙点也扩大了传热面积,但两种影响的综合结果显示出对流传热与管壁粗糙无关。故对于层流情况,可认为管壁粗糙对传热无影响,其对流传热计算可采用光滑管层流公式。

粗糙点能增强传热,减小设备面积,节省初投资,并带来其他效益,但同时粗糙点的存在增加了流动阻力,使泵或风机的外耗功率增大,运行费用增加。因此,只有在增强传热是主要目的的场合下,才宜采用提高粗糙度来增强传热。

8.1.4 管内受迫对流传热计算

综上所述,管内受迫对流传热计算应区分为光滑管和粗糙管,粗糙管内的传热计算前已述及,以下仅叙述光滑管内的受迫对流传热计算。

1)准则函数关系式

当不计及自然对流对传热的影响时,由第 7 章相似理论分析可知,各相似准则间存在如下函数关系:

$$Nu=f(Re,Pr)$$

上式可用如下幂函数的形式来表达:

$$Nu = CRe^n Pr^m$$

考虑到入口段的影响修正、不均匀物性场的影响修正和弯曲流道的影响修正,分别用 ε_1,ε_m 和 ε_R 来分别表示各修正系数后,准则函数关系式的形式可以写为:

$$Nu = CRe^n Pr^m \varepsilon_1 \varepsilon_m \varepsilon_R \tag{15}$$

其中,常数 C,n,m 由实验确定。式(15)为实验关联式的通常形式。

2）湍流传热

对于光滑管内湍流受迫对流传热，实用中使用最广泛的实验关联式为迪图斯—贝尔特（Dittus-Boelter）公式：

$$Nu_f = 0.023Re_f^{0.8}Pr_f^n \tag{8.8}$$

式中，下角标“f”表示定性温度采用全管长流体平均温度 t_f，定型尺寸为管内径 d，指数 n 具有如下的数值：

$$n = \begin{cases} 0.4 & \text{加热流体} \\ 0.3 & \text{冷却流体} \end{cases}$$

式（8.8）适用于流体与壁面具有中等以下温度差的场合。所谓中等以下温度差，其具体数字视计算准确程度而定，有一定的幅度。一般来说，对于气体不超过 50 ℃，对于水不超过 20～30 ℃，对于 $\frac{1}{\mu}\frac{d\mu}{dt}$ 大的油类不超过 10 ℃。该式的实验验证范围为：$Re_f = 10^4 \sim 1.2\times10^5$；$Pr_f = 0.7 \sim 120$；长直管 $L/d>60$。

当流体与管壁间存在较大温差时，西得（Sieder）和塔特（Tate）推荐的实验关联式为：

$$Nu_f = 0.027Re_f^{0.8}Pr_f^{1/3}(\mu_f/\mu_w)^{0.14} \tag{8.9}$$

式中　μ_f，μ_w——以 t_f 和壁温 t_w 作为定性温度的流体动力黏度，Pa · s。

显然，不均匀物性场影响修正系数 $\varepsilon_m = (\mu_f/\mu_w)^{0.14}$，对比式（11），这种修正比较符合液体被加热的情况。当冷却液体或者流体为气体时，ε_m 按式（11）和式（12）计算更符合实际情况。式（8.9）的实验验证范围与式（8.8）一样。

上述关联式适用于常壁温边界条件和常热流边界条件，但必须符合实验验证范围。式中已考虑了不均匀物性场影响的修正，但只能用于长直管，如不满足 $L/d>60$ 的条件，关联式右边应乘以入口段影响修正系数 ε_l；如用于弯曲管道，关联式右边应乘以流道弯曲影响修正系数 ε_R。ε_R 由式（13）和式（14）确定，ε_l 可按下式计算：

$$\varepsilon_l = 1 + \left(\frac{d}{L}\right)^{0.7} \tag{16}$$

上述关联式亦适用于非圆形截面的各种槽道，只是各准则中的定型尺寸应采用当量直径 d_e。d_e 按下式计算：

$$d_e = \frac{4f}{U} \tag{8.10}$$

式中　f——槽道的截面积，m^2；

U——润湿周边长度，即槽道壁与流体接触面的长度，m。

例如，对于内管外径为 d_1，外管内径为 d_2 的同心套管环状通道：

$$d_e = \frac{\pi(d_2^2 - d_1^2)}{\pi(d_2 + d_1)} = d_2 - d_1$$

大量的实验研究表明，如果不把加热和冷却、气体和液体都适用作为目标，而采用针对性强的实验关联式，则实验结果与关联式间的偏差可以减小[5,6]。例如，换热器生产厂家提供的产品说明书中往往给出其产品的实验关联式,这种关联式在其实验范围内往往具有较高的准确性。有实用价值的针对性强的实验关联式很多,这里不再罗列。应该指出,针对性强了,实验关联式的偏差必然可以缩小,不过也使它失去了适用范围上的广泛性。需要进行精确计算时,不妨采用针对性强的专用关联式。

如果将 $n=0.4$(加热流体)时的关联式(8.8)展开,则:

$$h=\frac{0.023c_p^{0.4}\lambda^{0.6}(\rho u_m)^{0.8}}{\mu^{0.4}d^{0.2}}$$

由此可见,当流体种类确定后,换热器设计中能改变的只有流速和管径。h 与流速的 0.8 次幂成正比,提高流速对强化传热效果十分显著。其次,h 与管径的 0.2 次幂成反比,所以采用小管径亦是强化传热的一种措施,但由于幂次较小,其效果不及提高流速显著。另一方面也要指出,这些措施都会同时增加流动阻力,且对流速的影响也最大。

【例 8.1】 水流过长 $L=5$ m 的光滑直管,从 $t_f'=25.4$ ℃被加热到 $t_f''=34.6$ ℃。管道内径 $d=20$ mm,水在管内的流速 $u_m=2$ m/s,求对流表面传热系数 h。

【解】 $L/d>60$。首先按式(8.8)计算,求出 h 以后再推算壁温,验证传热温差是否在式(8.8)的适用范围之内。

本题不能确定是否属于恒壁温边界条件,但是由于水的进出口温差不大,仍可按式(8.5a)计算水的平均温度,即:

$$t_f=\frac{1}{2}(t_f'+t_f'')=\frac{1}{2}(25.4+34.6)\text{℃}=30\ \text{℃}$$

以 $t_f=30$ ℃作为定性温度,从附录 5 中查得:

$$\lambda_f=0.618\ \text{W/(m·℃)};\nu_f=0.805\times10^{-6}\ \text{m}^2\text{/s};Pr_f=5.42$$

因此,

$$Re_f=\frac{u_m d}{\nu_f}=\frac{2\times0.02}{0.805\times10^{-6}}=4.97\times10^4>10^4$$

属于旺盛湍流。

由式(8.8),得:

$$Nu_f=0.023Re_f^{0.8}Pr_f^{0.4}=0.023\times(4.97\times10^4)^{0.8}\times5.42^{0.4}=258$$

$$h=\frac{\lambda_f Nu_f}{d}=\frac{0.618\times258}{0.02}\ \text{W/(m}^2\text{·℃)}=7\ 972\ \text{W/(m}^2\text{·℃)}$$

单位时间内水的吸热量应等于进出口的焓差,从附录 5 查得 $t_f=30$ ℃时,水的 $\rho=995.7\ \text{kg/m}^3$,$c_p=4.17$ kJ/(kg·℃),因此:

$$\Phi=\rho c_p u_m\frac{\pi d^2}{4}(t_f''-t_f')$$

$$=995.7\times4.174\times10^3\times2\times\frac{1}{4}\times3.14\times(0.02)^2\times(34.6-25.4)\ \text{W}$$

$$=2.4\times10^4\ \text{W}$$

壁温

$$t_w=t_f+\frac{\Phi}{hA}=\left(30+\frac{2.4\times10^4}{7\ 972\times3.14\times0.02\times5}\right)\text{℃}=39.6\ \text{℃}$$

温差 $t_w - t_f = 9.6$ ℃，在式(8.8)的适用范围之内，因此所求得的 h 值即为本题答案。

此题是管内受迫对流传热计算的最基本的方法，实际工程问题要复杂得多，见下例。

【例 8.2】 某厂空气加热器，已知管内径 $d = 0.051$ m，每根管内空气质量流量 $M = 0.041\ 7$ kg/s，管长 $L = 2.6$ m，空气进口温度 $t'_f = 30$ ℃，壁温保持 $t_w = 250$ ℃，试计算该加热器管内的对流表面传热系数。

【解】 本题为常壁温边界条件下管内受迫对流传热问题。按上题的思路解题，应该首先确定定性温度，据以查取物性参数，进而计算 Re 以判断流态。但本题中事先没有给定出口温度 t''_f，故定性温度也是未知数，这样空气物性参数就不能立即确定。因此，解题首先遇到的困难是出口温度 t''_f。在这种情况下，如果给定的条件充分，问题就有唯一解，一般可采用试算法求解，即先设定一个出口温度 t''_f，待求解后再进行校核比较方便，其过程是：

$$t''_f(\text{设定}) \rightarrow \Delta t_m \text{ 及 } t_f \begin{cases} \text{物性} \rightarrow Re \rightarrow Nu \rightarrow h_1 \\ c_p \rightarrow \Phi \rightarrow h_2 = \dfrac{\Phi}{A(t_w - t_f)} \end{cases}$$

要求 $h_1 \approx h_2$，否则需要重新设定 t''_f 再算。

设定 t''_f，是为了启动计算。本题的边界条件为常壁温，传热平均温度差 Δt_m 采用对数平均温差计算(如果已知 $\Delta t''/\Delta t' < 2$，则可用算术平均)，再按式(8.7b)确定流体的平均温度作为定性温度：

$$t_f = t_w - \Delta t_m \tag{a}$$

有了定性温度，就可确定物性；计算 Re；判断流态；选用准则关联式；进而按准则关联式计算出该设定出口温度 t''_f 下的对流表面传热系数，先记为 h_1。

另一方面，从热平衡关系看，当出口温度 t''_f 一经设定，则空气由 t'_f 加热到 t''_f 的对流传热量也就设定了，即：

$$\Phi = Mc_p(t''_f - t'_f) \tag{b}$$

这样，不经准则方程式，而是通过上述传热量就可由牛顿冷却公式直接计算出对流表面传热系数，把由传热量计算出来的对流表面传热系数记为 h_2，即：

$$\Phi = h_2 A(t_w - t_f) \tag{c}$$

显然，如果最初设定的 t''_f 是准确的，则由准则方程式计算的 h_1 应等于传热量计算的 h_2。因此，可以利用 $h_1 \approx h_2$ 这一条件来校核设定的 t''_f 是否是本题的解。如果 h_1 与 h_2 相差比较大，说明设定值偏离准确值，则需重新设定 t''_f，重复上述计算，直到校核条件得到满足。当然，要求二者严格相等也无必要，只要误差不超过工程上的允许范围即可。上述计算方法，是传热学中常用的试算法。

采用试算法解题，必须是有唯一解。分析本题的未知量有 4 个：h, t_f, t''_f, Φ，而上述式(1)～式(3)加上准则关联式(8.9)也是 4 个计算式。若用解联立方程的方法求解，比较繁杂，而用试算法就比较容易，且物理意义明确，这就是本题求解的思路和目的。因此，读者遇到这类问题的时候，不妨先利用传热学的知识定性地判断一下：在给定的条件下，流体的出口温度是否是唯一的。

本题的 t-A 关系，如图 8.5a 所示，为计算平均温度差 Δt_{m}，设 $t''_{\mathrm{f}}=150$ ℃，则：

$$\Delta t_{\mathrm{m}}=\frac{\Delta t'-\Delta t''}{\ln\dfrac{\Delta t'}{\Delta t''}}=\frac{220-100}{\ln\dfrac{220}{100}}\ ℃=152.2\ ℃$$

$$t_{\mathrm{f}}=t_{\mathrm{w}}-\Delta t_{\mathrm{m}}=250-152.2\ ℃=97.8\ ℃$$

查附录 4 中的空气物性表：

$\nu_{\mathrm{f}}=22.87\times10^{-6}\ \mathrm{m^2/s}$；　　$\rho=0.953\ \mathrm{kg/m^3}$；

$\lambda_{\mathrm{f}}=0.031\,9\ \mathrm{W/(m\cdot K)}$；　　$c_p=1.009\ \mathrm{kJ/(kg\cdot K)}$；

$\mu_{\mathrm{f}}=21.8\times10^{-6}\ \mathrm{N\cdot s/m^2}$；　　$\mu_{\mathrm{w}}=27.4\times10^{-6}\ \mathrm{N\cdot s/m^2}$；

$Pr=0.688$

平均流速：

$$u_{\mathrm{m}}=\frac{M}{\dfrac{\pi}{4}d^2\rho}=\frac{0.041\,7}{\dfrac{\pi}{4}\times0.051^2\times0.953}\ \mathrm{m/s}=21.4\ \mathrm{m/s}$$

$$Re=\frac{u_{\mathrm{m}}d}{\nu}=\frac{21.4\times0.051}{22.87\times10^{-6}}=47\,700$$

采用湍流对流传热关联式：

$$Nu_{\mathrm{f}}=0.027Re_{\mathrm{f}}^{0.8}Pr_{\mathrm{f}}^{1/3}(\mu_{\mathrm{f}}/\mu_{\mathrm{w}})^{0.14}$$

$$=0.027\times47\,700^{0.8}0.688^{1/3}(21.8/27.4)^{0.14}=127.7$$

$$h_1=Nu\frac{\lambda}{d}=127.7\times\frac{0.031\,9}{0.051}\ \mathrm{W/(m^2\cdot K)}=80\ \mathrm{W/(m^2\cdot K)}$$

校核　　$\Phi=\dot{M}c_p(t''_{\mathrm{f}}-t'_{\mathrm{f}})=0.041\,7\times1\,009\times(150-30)\ \mathrm{W}=5\,049\ \mathrm{W}$

由热量直接计算的表面传热系数是：

$$h_2=\frac{\Phi}{A(t_{\mathrm{w}}-t_{\mathrm{f}})}=\frac{5\,049}{\pi0.051\times2.6\times(250-97.8)}\ \mathrm{W/(m^2\cdot K)}=79.63\ \mathrm{W/(m^2\cdot K)}$$

对比计算，$h_1\approx h_2$，相差仅 0.4%，原设定的 t''_{f} 合理（试算过程省略）；在工程计算时，可取二者的平均值为计算结果。又本题的 $\Delta t''/\Delta t'>2$，采用对数平均计算 Δt_{m} 是正确的。

通过本例，读者可以全面理解管内对流传热计算所涉及的一些重要概念、计算式和方法，初步掌握试算法解题。本例的计算方法可自己编程，采用计算机求解。

3）层流传热

管内层流受迫流动传热的分析解已非常成熟，但使用分析解的结果时必须严格注意使用条件。对于常物性不可压缩流体在管内流动和热充分发展段的层流传热，由对流传热微分方程组结合定解条件获得的 Nu_{f} 给出于表 8.1 中。

表 8.1 不同截面形状管内流动和热充分发展时的 Nu_f

截面形状	圆形	边长分别为 a,b 的矩形						平行平面间的通道	等边三角形
b/a		1.0	1.43	2.0	3.0	4.0	8.0	∞	
常壁温时的 Nu_f	3.66	2.98	3.08	3.39	3.96	4.44	5.60	7.54	2.35
常热流时的 Nu_f	4.36	3.61	3.73	4.12	4.79	5.33	6.49	8.235	3.00

使用表 8.1 进行计算时应注意：

①流体的流动必须同时处于流动充分发展段和热充分发展段；

②非圆形管的定型尺寸采用当量直径 d_e，按式(8.10)计算。

由于层流入口段波及的长度比湍流大得多，因此层流传热的计算通常要计及入口段的影响，有关层流入口段的分析解可参考文献[1,2,7]。这样，采用分析解时必须分别计算入口段和充分发展段的 Nu，实用上不仅计算烦琐且不方便，因此工程计算中更多地采用实验关联式。对于光滑管，西得和塔特提出的常壁温层流传热实验关联式为：

$$Nu_f = 1.86Re_f^{1/3}Pr_f^{1/3}\left(\frac{d}{L}\right)^{1/3}\left(\frac{\mu_f}{\mu_w}\right)^{0.14} \tag{8.11a}$$

或

$$Nu_f = 1.86\left(Pe_f\frac{d}{L}\right)^{1/3}\left(\frac{\mu_f}{\mu_w}\right)^{0.14} \tag{8.11b}$$

其中，Pe 为贝克利准则，$Pe=Re\cdot Pr$。式中引用了几何参数准则 d/L 来考虑入口段的影响。该式的实验验证范围为：$0.48<Pr<16\ 700$；$0.004\ 4<\mu_f/\mu_w<9.75$，定性温度取全管长流体平均温度 t_f，定型尺寸为管内径 d。如果管子较长，满足：

$$\left(Pe_f\frac{d}{L}\right)^{1/3}\left(\frac{\mu_f}{\mu_w}\right)^{0.14} \leqslant 2$$

则可以不计及入口段的影响，采用表 8.1 计算对流表面传热系数。

还需要指出，式(8.11)没有考虑自然对流的影响，而在流速低，管径大或温差大的情况下，很难维持纯粹的层流，此时应按混合对流传热计算(详见 8.3.3 节)。

其他情况下，管内层流受迫对流传热的实验关联式可参阅文献[6]。

【例 8.3】 60 ℃的水以 0.02 m/s 的平均速度流进一管径为 2.54×10^{-2} m 的管子。如果管长为 3 m，壁温 $t_w=80$ ℃，试计算管子出口处的水温。

【解】 由于出口水温待求，先以 $t_f'=60$ ℃作为定性温度计算 Re_f，以确定流态，然后做校核计算。$t_f'=60$ ℃时，由附录 5 查得各物性参数为：

$\rho = 983.1\ \text{kg/m}^3$；$c_{p,f} = 4.179\ \text{kJ/(kg·K)}$；$\mu_f = 469.9\times10^{-6}\ \text{N·s/m}^2$

$\nu_f = 0.478\times10^{-6}\ \text{m}^2/\text{s}$；$\lambda_f = 0.659\ \text{W/(m·K)}$；$Pr_f = 2.99$；$t_w = 80$ ℃

$\mu_w = 355.1\times10^{-6}\ \text{N·s/m}^2$；

$$Re_{\mathrm{f}}=\frac{u_{\mathrm{m}}d}{\nu_{\mathrm{f}}}=\frac{0.02\times2.54\times10^{-2}}{0.478\times10^{-6}}=1\ 063<2\ 300$$

所以,流态为层流。

$$\left(Pe_{\mathrm{f}}\frac{d}{l}\right)^{1/3}\left(\frac{\mu_{\mathrm{f}}}{\mu_{\mathrm{w}}}\right)^{0.14}=\left(1\ 063\times2.99\times\frac{0.025\ 4}{3}\right)^{1/3}\times\left(\frac{469.9}{355.1}\right)^{0.14}=3.12>2$$

因此,可以应用式(8.11)进行计算。

$$Nu_{\mathrm{f}}=1.86\left(Pe_{\mathrm{f}}\frac{d}{l}\right)^{1/3}\left(\frac{\mu_{\mathrm{f}}}{\mu_{\mathrm{w}}}\right)^{0.14}=1.86\times3.12=5.8$$

$$h=\frac{\lambda_{\mathrm{f}}Nu_{\mathrm{f}}}{d}=\frac{0.659\times5.8}{0.025\ 4}\ \mathrm{W/(m^2\cdot ℃)}=150.4\ \mathrm{W/(m^2\cdot ℃)}$$

由热平衡方程得:

$$h\pi dL\left[t_{\mathrm{w}}-\frac{1}{2}(t'_{\mathrm{f}}+t''_{\mathrm{f}})\right]=\dot{M}c_{p,\mathrm{f}}(t''_{\mathrm{f}}-t'_{\mathrm{f}})\tag{a}$$

式中　t''_{f}——以 t'_{f} 作为定性温度下的流体出口温度,t''_{f} 是否是真实的出口温度,应进行校核计算验证;

$\dot{M}$——流体的质量流量,kg/s。

$$\dot{M}=\rho_{\mathrm{f}}\frac{\pi d^2}{4}u_{\mathrm{m}}=\frac{983.1\times3.14\times(0.025\ 4)^2\times0.02}{4}\ \mathrm{kg/s}=9.96\times10^{-3}\ \mathrm{kg/s}$$

将 $h,\dot{M}$ 代入热平衡方程式(a),可求得:

$$t''_{\mathrm{f}}=\frac{h\pi dL\left(t_{\mathrm{w}}-\frac{1}{2}t'_{\mathrm{f}}\right)+\dot{M}c_{p,\mathrm{f}}t'_{\mathrm{f}}}{\dot{M}c_{p,\mathrm{f}}+\frac{1}{2}h\pi dL}$$

$$=\frac{150.4\times3.14\times0.025\ 4\times3\times\left(80-\frac{60}{2}\right)+9.96\times10^{-3}\times4.179\times10^3\times60}{9.96\times10^{-3}\times4.179\times10^3+\frac{1}{2}\times3.14\times150.4\times0.025\ 4\times3}\ ℃=72.07\ ℃$$

求出 t''_{f} 以后,全管长流体平均温度 t_{f} 即可求出:

$$t_{\mathrm{f}}=\frac{1}{2}(t'_{\mathrm{f}}+t''_{\mathrm{f}})=66\ ℃$$

以 $t_{\mathrm{f}}=66$ ℃作为定性温度,重新进行校核计算。当 $t_{\mathrm{f}}=66$ ℃时,查得:

$\rho_{\mathrm{f}}=980\ \mathrm{kg/m^3}$;$c_{p,\mathrm{f}}=4.183\ 8\ \mathrm{kJ/(kg\cdot K)}$;$\mu_{\mathrm{f}}=431.62\times10^{-6}\ \mathrm{N\cdot s/m^2}$

$\nu_{\mathrm{f}}=0.44\times10^{-6}\ \mathrm{m^2/s}$;$\lambda_{\mathrm{f}}=66.44\times10^{-2}\ \mathrm{W/(m\cdot K)}$;$Pr_{\mathrm{f}}=2.726$;

$$Re_{\mathrm{f}}=\frac{u_{\mathrm{m}}d}{\nu_{\mathrm{f}}}=\frac{0.02\times0.025\ 4}{0.44\times10^{-6}}=1\ 154<2\ 300$$　(属层流)

$$\left(Pe_{\mathrm{f}}\frac{d}{L}\right)^{1/3}\left(\frac{\mu_{\mathrm{f}}}{\mu_{\mathrm{w}}}\right)^{0.14}=\left(1\ 154\times2.726\times\frac{0.025\ 4}{3}\right)^{1/3}\left(\frac{431.62}{355.1}\right)^{0.14}=3.07>2$$

仍然满足式(8.11)的使用条件:

$$Nu_f = 1.86\left(Pe_f \frac{d}{L}\right)^{1/3}\left(\frac{\mu_f}{\mu_w}\right)^{0.14} = 1.86 \times 3.07 = 5.71$$

$$h = \frac{\lambda_f Nu_f}{d} = \frac{66.44 \times 10^{-2} \times 5.71}{0.025\ 4} = 149.4\ \text{W/(m}^2 \cdot ℃)$$

$$\dot{M} = \rho_f \frac{\pi d^2}{4} u_m = \frac{980 \times 3.14 \times (0.025\ 4)^2 \times 0.02}{4}\ \text{kg/s} = 9.93 \times 10^{-3}\ \text{kg/s}$$

将 h,$\dot{M}$ 和以 $t_f = 66$ ℃作为定性温度查出的物性参数代入式(a),求得:

$$t_f'' = 72.03\ ℃$$

由于进、出口的水温变化不大,物性对计算的出口温度影响很小,因此迭代计算结果与第一次的假设计算结果几乎无差异。如果温差很大的情况,那么物性的变化可能会带来很大的影响。

本题采用的迭代法能够很容易地编制成计算机程序,各物性随温度的变化可利用表列函数拟合成函数关系式,以利于编制程序。

4)过渡流传热

对于 $Re_f = 2\ 300 \sim 10^4$ 的过渡流,温差大时亦有自然对流带来的复杂影响,选用计算式必须注意它的适用条件。本节推荐的关联式是格尼林斯基[9]在重新整理前人实验数据的基础上提供的关联式。

对于气体:

$$Nu_f = 0.021\ 4(Re_f^{0.8} - 100)Pr_f^{0.4}\left[1 + \left(\frac{d}{L}\right)^{2/3}\right]\left(\frac{T_f}{T_w}\right)^{0.45} \tag{8.12a}$$

实验验证范围为:

$$0.6 < Pr_f < 1.5;\quad 0.5 < \frac{T_f}{T_w} < 1.5;\quad 2\ 300 < Re_f < 10^4$$

对于液体:

$$Nu_f = 0.012(Re_f^{0.87} - 280)Pr_f^{0.4}\left[1 + \left(\frac{d}{L}\right)^{2/3}\right]\left(\frac{Pr_f}{Pr_w}\right)^{0.11} \tag{8.12b}$$

实验验证范围为:

$$1.5 < Pr_f < 500;\quad 0.05 < \frac{Pr_f}{Pr_w} < 20;\quad 2\ 300 < Re_f < 10^4$$

式中 L——管长,m。

以上 2 式所根据的数据中,90%与关联式的偏差在±20%以内。

【例 8.4】 空气在内径为 10 mm 的管内流动,流速 $u_m = 5$ m/s,$t_f = 20$ ℃,$t_w = 100$ ℃,管长与管内径的比值为 50,试求表面传热系数 h。

【解】 由定性温度 $t_f = 20$ ℃,从附录 4 中查得空气的物性为:

$$\nu_f = 15.06 \times 10^{-6}\ \mathrm{m^2/s};\lambda_f = 2.59 \times 10^{-2}\ \mathrm{W/(m \cdot K)};Pr_f = 0.703$$

所以 $$Re_f = \frac{u_m d}{\nu_f} = \frac{5 \times 10 \times 10^{-3}}{15.06 \times 10^{-6}} = 3\ 320$$

处于过渡流的范围内，且$\dfrac{T_f}{T_w}=\dfrac{20+273}{100+273}=0.786$也符合式(8.12a)的应用条件。

$$Nu_f = 0.021\ 4(Re_f^{0.8} - 100)Pr_f^{0.4}\left[1 + \left(\frac{d}{L}\right)^{2/3}\right]\left(\frac{T_f}{T_w}\right)^{0.45}$$

$$= 0.021\ 4 \times 556 \times 0.869 \times 1.074 \times 0.897 = 9.96$$

$$h = \frac{\lambda_f Nu_f}{d} = \frac{2.59 \times 10^{-2} \times 9.96}{10 \times 10^{-3}}\ \mathrm{W/(m^2 \cdot ℃)} = 25.8\ \mathrm{W/(m^2 \cdot ℃)}$$

8.2 外掠圆管对流传热

8.2.1 外掠单圆管

1)流动边界层特征

流体绕流圆管壁时，边界层内流体的压强、流速以及流向都将沿着弯曲面发生很大的变化，从而影响传热。其流动边界层的特征如图7.3和图8.9所示。关于这一现象的物理机理可定性描述如下：在边界层外，流体可视为无黏性流体，可用伯努利方程来描述流体的运动，即$p+\frac{1}{2}\rho u_\infty^2=$常数，沿着$x$方向微分得$\mathrm{d}p/\mathrm{d}x=-\rho u_\infty \frac{\mathrm{d}u_\infty}{\mathrm{d}x}$。按照边界层理论的分析，沿壁面法线方向$\mathrm{d}p/\mathrm{d}y=0$，因此主流区压力变化的规律同样适用于边界层内。大约在圆管的前半部分，主流速度沿程增加，压强沿程降低，即$\mathrm{d}p/\mathrm{d}x<0$；但在管子的后半部分，主流速度沿程降低，而压强沿程增大，即$\mathrm{d}p/\mathrm{d}x>0$。因此，在减压增速区，流体依靠本身的动能和正压差的推动作用来克服黏性力的阻碍，使得边界层内的流体保持向前流动的趋势。在增压减速区，速度沿程减小使得流体本身的动能也沿程减小，流体的这部分动能除需克服黏性力的滞缓以外，还需要克服负压差的阻碍，必然从壁面上某一位置开始速度梯度达到0，即$\left(\frac{\partial u}{\partial y}\right)_w=0$，壁面流体停止向前流动，并随后产生反向的回流，如图8.9中的0点。但稍微离开壁面不远处的流体，由于黏性力的影响逐渐减小以及主流区流体对它的带动作用，仍然保持向前流动的趋势。0点称分离点，也称绕流脱体的起点，随后出现分离区。在分离区，流体的前进与回流形成涡旋，涡束，从而破坏了正常流动的边界层。脱体点的位置取决于Re，由于湍流边界层中流体的动能大于层流，故湍流脱体点位置比层流靠后。对于圆管，一般当$Re\leqslant 1.5\times10^5$时，边界层保持层流，脱体点发生在80~85 ℃处，当$Re>1.5\times10^5$时边界层在脱体点前已转变为湍流，脱体可推移到$\varphi\approx 140°$。当然，若Re太小(如$Re<10$)，则称为蠕动流，此时不会出现脱体现象。

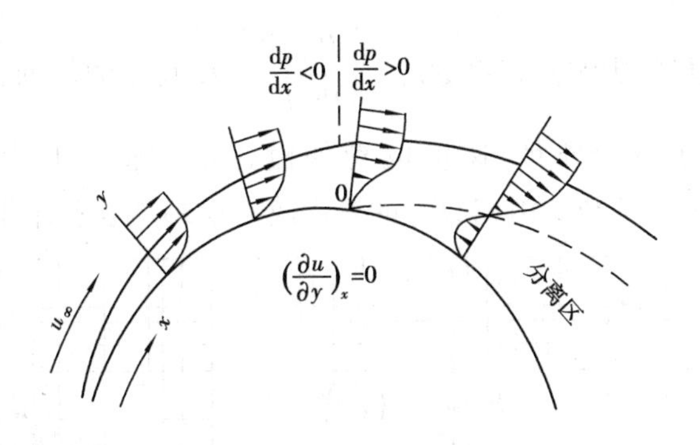

图 8.9 外掠圆管流动边界层

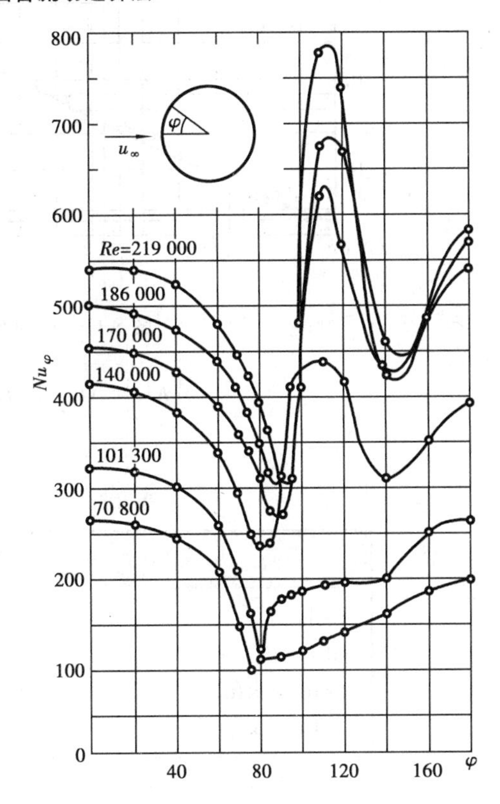

图 8.10 外掠圆管局部表面传热系数的变化

2)传热特征

外掠圆管表面边界层内的流动状况,决定了传热的特征。吉德特(Giedt)[10]对加热圆柱与空气间的对流传热进行了详细的研究,得到了如图 8.10 所示的圆柱表面局部 Nu_φ 的分布,图中圆点为实验点。从实验曲线可以看出,从管正面滞止点 $\varphi=0°$开始,由于层流边界层厚度的增加,局部对流表面传热系数下降。在低雷诺数($Re=70\ 800$ 和 $Re=101\ 300$)的情况下,对流表面传热系数的最低点出现在脱体点附近。随后对流表面传热系数因脱体区涡旋的扰动而趋于上升,表现为 Nu_φ 增大。在雷诺数较高时,可以观察到 2 个 Nu_φ 的最低点,第一个出现在层流边界层到湍流边界层的转折点,第二个则出现在湍流边界层与壁面脱离的地方。当边界层转变为湍流时,传热急剧增强,此外,脱体区内的涡旋运动也强化了传热。

3)传热计算

由于分离流动的复杂性,目前还不能用分析解的方法求得外掠圆管表面的 Nu_φ 分布或对流表面传热系数分布。工程计算中主要还是采用实验获得的准则关联式。图 8.11 为文献[11]提供的流体外掠单圆管对流传热的实验研究结果。由于实验的 Re_f 范围广,在双对数坐标图上实验数据呈曲线分布。为方便使用,将图中的曲线按 Re_f 分为 4 段,并用下式表达:

$$Nu_f = CRe_f^n Pr_f^{0.37}\left(\frac{Pr_f}{Pr_w}\right)^{0.25} \tag{8.13}$$

其中,不均匀物性场的影响修正系数$\varepsilon_m=\left(\frac{Pr_f}{Pr_w}\right)^{0.25}$,$C$ 及 n 的值列在表 8.2 中。定性温度为主流温度,定型尺寸为管外径,速度取管外流速最大值。上式的实验验证范围为:$0.7<Pr_f<500$;$1<Re_f<10^6$。当 $Pr_f>10$ 时,Pr_f 的幂次改为 0.36 与实验结果符合得更好。

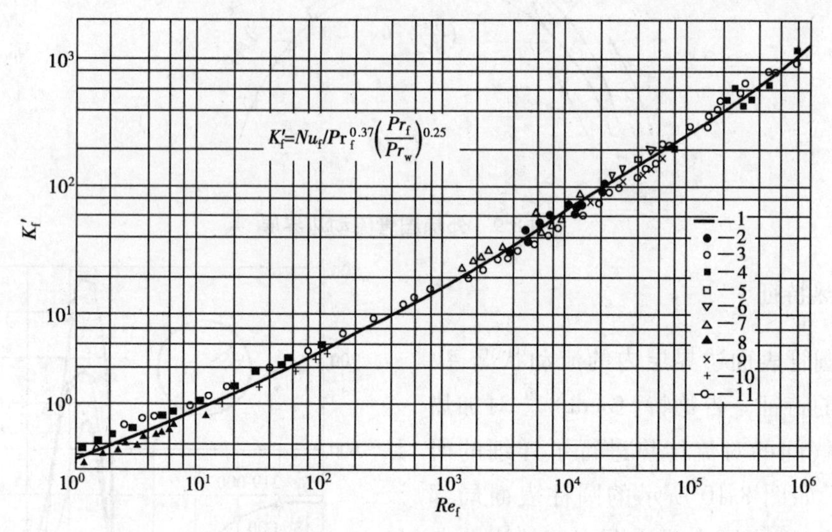

图 8.11　外掠单圆管平均 Nu

$$\left[K'_f=Nu_f\Big/\left(Pr_f^{0.37}\left(\frac{Pr_f}{Pr_w}\right)^{0.25}\right)\right]$$

表 8.2　式(8.13)的 C 及 n 值

Re_f	C	n
1~40	0.75	0.4
40~1×10³	0.51	0.5
1×10³~2×10⁵	0.26	0.6
2×10⁵~1×10⁶	0.076	0.7

8.2.2　外掠管束[3]

多数管式换热设备,管外流体一般多设计成从垂直管轴方向冲刷管束。本节主要讨论垂直冲刷管束时的情况。换热设备的管束排列方式很多,但以图 8.12 的顺排与叉排 2 种方式最为普遍。叉排时,流体在管间交替收缩和扩张的弯曲通道中流动,而顺排时则流道相对比较平直,并且当流速低或管间距 S_2 较小时,易在管的尾部形成滞流区。因此,在 Re 数较高的情况下,一般叉排时流体扰动较好,只要管间距设计合理,其传热可比顺排强(须经计算确认)。

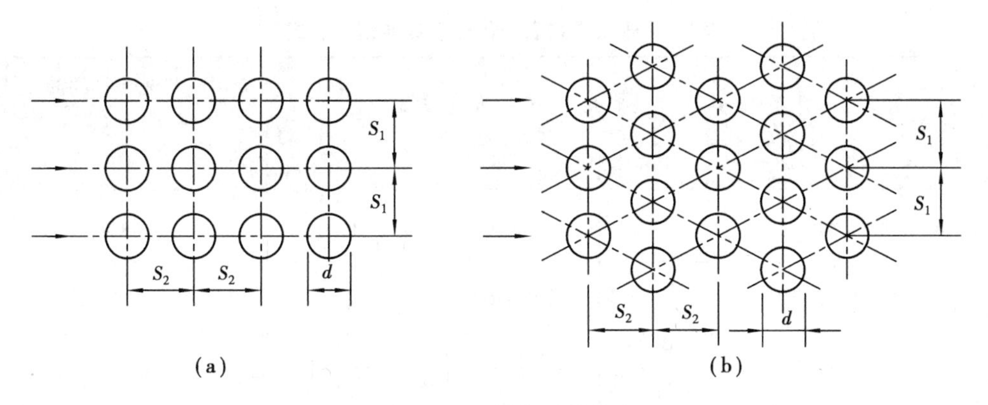

图 8.12　顺排与叉排管束

外掠管束传热的另一重要特点是,除第一排管子保持了外掠单管的特征外,从第二排起流动将被前几排管子引起的涡旋所干扰,流动状况比较复杂。在低 Re 下($Re<10^3$),前排管子的尾部出现的涡旋不强,受黏滞力的作用,这种涡旋会很快消失,对下一排管子的边界层影响很小,故管表面边界层层流占优势,可视为层流工况。随着 Re 增加,管子间的湍流漩涡加强,当 $Re=5\times10^2\sim2\times10^5$ 时,大约管的前半周表面为处于湍流漩涡影响下的层流边界层,后半周则是涡旋流,流动状态可视为混合工况,只有 $Re_f>2\times10^5$ 后,管子表面湍流边界层才占优势。除排列方式外,尚需考虑管子排数,管子直径以及管间距离(与流向垂直的横向距离 S_1 和与流向平行的纵向距离 S_2)等因素。作为一般的估计,后几排管子的表面传热系数可达到第 1 排的 1.3~1.7 倍。在本节推荐的管束传热关联式中采用$\left(\dfrac{Pr_f}{Pr_w}\right)^{0.25}$反映不均匀物性场的影响。故管束传热的准则函数关系式为:

$$Nu=f\left[Re,Pr,\left(\frac{Pr_f}{Pr_w}\right)^{0.25},\frac{S_1}{d},\frac{S_2}{d},\varepsilon_z\right]$$

写成幂函数形式为:

$$Nu=CRe^nPr^m\left(\frac{Pr_f}{Pr_w}\right)^{0.25}\left(\frac{S_1}{S_2}\right)^p\varepsilon_z \tag{8.14}$$

式中　$\dfrac{S_1}{S_2}$——相对管间距;

ε_z——排数影响的修正系数;

n,m,p——实验确定的常数。

式(8.14)的具体形式列于表 8.3 中[11],各式定性温度用流体在管束中的平均温度,定型尺寸为管外径;Re 中的速度用流通截面最窄处的流速(即管束中的最大流速)。因前排引起的扰动加强了后排的传热,故各排的传热将逐排增大,直到 20 排左右。表 8.3 所列的关联式是排数大于 20 时的平均对流表面传热系数。若排数低于 20,应采用表 8.4 的排数修正系数修正,它适用于 $Re>10^3$ 的情况。

正确选择管子排列方式及参数是换热设备设计中的重要问题。仅从流体输送耗能观点考虑,传热量与流速呈 0.6~0.8 次幂关系,而泵功率则与流速的 3 次幂成比例,把换热器的传热

表 8.3　管束平均表面传热系数准则关联式

排列方式	适用范围 $0.7<Pr_f<500$		准则关联式 Nu_f	对空气或烟气的简化式 $Pr=0.7$ Nu_f
顺排	$Re_f=10^3\sim2\times10^5$		$0.27Re_f^{0.63}Pr_f^{0.36}\left(\dfrac{Pr_f}{Pr_w}\right)^{0.25}$	$0.24Re_f^{0.63}$
	$Re_f=2\times10^5\sim2\times10^6$		$0.021Re_f^{0.84}Pr_f^{0.36}\left(\dfrac{Pr_f}{Pr_w}\right)^{0.25}$	$0.018Re_f^{0.84}$
叉排	$Re_f=10^3\sim2\times10^5$	$\dfrac{S_1}{S_2}\leqslant2$	$0.35Re_f^{0.6}Pr_f^{0.36}\left(\dfrac{Pr_f}{Pr_w}\right)^{0.25}\left(\dfrac{S_1}{S_2}\right)^{0.2}$	$0.31Re_f^{0.63}\left(\dfrac{S_1}{S_2}\right)^{0.2}$
	$Re_f=10^3\sim2\times10^5$	$\dfrac{S_1}{S_2}>2$	$0.40Re_f^{0.6}Pr_f^{0.36}\left(\dfrac{Pr_f}{Pr_w}\right)^{0.25}$	$0.35Re_f^{0.6}$
	$Re_f=2\times10^5\sim2\times10^6$		$0.022Re_f^{0.84}Pr_f^{0.36}\left(\dfrac{Pr_f}{Pr_w}\right)^{0.25}$	$0.019Re_f^{0.84}$

表 8.4　排数修正系数 ε_z

排 数	1	2	3	4	5	6	8	12	16	20
顺 排	0.69	0.80	0.86	0.90	0.93	0.95	0.96	0.98	0.99	1.0
叉 排	0.62	0.76	0.84	0.88	0.92	0.95	0.96	0.98	0.99	1.0

量与克服流体阻力所耗能量之比作为它的经济性指标，则叉排和顺排相比，在 $Re=5\times10^2\sim5\times10^4$ 内，顺排有利，尽管在此范围内，顺排对流表面传热系数不高。在更高 Re 下，各种管束的经济性则和它们的管间距有很大关系。

对于管壳式换热器(见图 12.4)管外侧流体，由于壳侧挡板的作用，流体有时与管束平行地流动，有时又近似垂直于管轴流动，同时还有漏流和旁通(管子与挡板间的缝隙，外壳与管束间的缝隙等)，故对流表面传热系数常达不到式(8.14)的计算值。对于流向与管轴夹角小于 90°时的对流表面传热系数修正系数 ε_φ，可参阅文献[12]。

对于供热通风工程，空气加热器和冷却器等都大量采用带肋片的管束，品种规格多，流动及传热与管束结构参数密切有关，情况较复杂，一般根据实际结构进行实验研究，将数据制作成线图，供工程设计查用。读者可参阅本书第 12 章的叙述及文献[13]。

【例 8.5】　试求空气流过管束加热器的对流表面传热系数。已知管束为 5 排，每排 20 根管，长为 1.5 m，外径 $d=25$ mm，叉排 $S_1=50$ mm，$S_2=37.5$ mm，管壁 $t_w=110$ ℃，空气进口温度 $t'_f=15$ ℃，空气流量 $V_0=5\ 000\ m^3/h$。

【解】　由于空气出口温度为未知数，为了确定物性数据，必须先假定出口温度 t''_f。仍采用试算法进行。为了减少试算次数，本题首先估计 t''_f 的可能范围，进行 2 次试算，然后采用图 6.12的两线交点法，得到待求的出口温度。先设定空气出口温度试算范围为 25 ℃和45 ℃，同时进行计算(见表 8.5)。计算过程如下表。

表 8.5　空气出口温度 t''_f 试算过程

计算项目	$t''_f=25$ ℃	$t''_f=45$ ℃	$t''_f=37.5$ ℃
空气进出口平均温度 $t_f=\dfrac{t'_f+t''_f}{2}$	$\dfrac{15+25}{2}=20$	30	26.2
物性数据： $\lambda/[W\cdot(m\cdot K)^{-1}]$ $\nu/[m^2\cdot s^{-1}]$ $c_p/[J\cdot(kg\cdot K)^{-1}]$	0.025 9 15.06×10^{-6} 1.005×10^3	0.026 7 16.0×10^{-6} 1.005×10^3	0.026 4 15.64×10^{-6} 1.005×10^3
空气体积流量/$(m^3\cdot h^{-1})$ $V=V_0\dfrac{T_f}{T_0}$	$5\ 000\times\dfrac{273.1+20}{273.1}=5\ 370$	5 550	5 480
最窄面处流速/$(m\cdot s^{-1})$ $u=\dfrac{V}{\sum f}$	$\dfrac{5\ 370}{0.75\times3\ 600}=1.99$	2.05	2.03
$Re_f=\dfrac{du}{\nu}$	$\dfrac{0.025\times1.99}{15.06\times10^{-6}}=3\ 303$	3 108	3 180
由表 8.4，$\varepsilon_z=0.92$ $\dfrac{S_1}{S_2}=\dfrac{50}{37.5}=1.33<2$ 由表(8.3)， $Nu_f=0.31Re_f^{0.63}\left(\dfrac{S_1}{S_2}\right)^{0.2}\varepsilon_z$	$0.31\times(3\ 303)^{0.63}\times1.33^{0.2}\times0.92=39.02$	37.62	38.2
$h=Nu_f\dfrac{\lambda}{d}$ $/[W\cdot(m^2\cdot K)^{-1}]$	$39.02\times\dfrac{0.025\ 9}{0.025}=40.4$	40.2	40.3
校核计算传热量/W $\Phi_1=hA(t_e-t_f)$	$40.4\times11.8\times(110-20)=4.29\times10^4$	3.79×10^4	3.99×10^4
校核计算空气获得热量/W $\Phi_2=Mc_p(t''_f-t'_f)$	$1.796\times1.005\times10^3\times(25-15)=1.80\times10^4$	5.42×10^4	4.06×10^4

相邻两管间最窄流通截面积 f：

$$f=l(S_1-d)=1.5\times(0.05-0.025)\ m^2=0.037\ m^2$$

每排 20 根管，叉排时总流通截面积 $\sum f$：

$$\sum f=20\times0.037\ m^2=0.75\ m^2$$

管束传热面积 A：

$$A = \pi dln = 3.14 \times 0.025 \times 1.5 \times 5 \times 20\ \text{m}^2 = 11.8\ \text{m}^2$$

空气质流量（标准状态下，$\rho_{空} = 1.293\ \text{kg/m}^3$）：

$$M = \frac{V_0 \rho_{空}}{3\ 600} = \frac{5\ 000 \times 1.293}{3\ 600}\ \text{kg/s} = 1.796\ \text{kg/s}$$

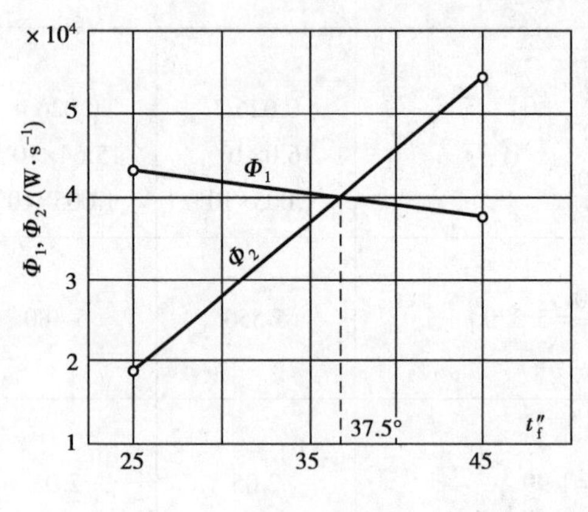

图 8.13

分 2 组按不同出口温度进行计算。把 2 组计算结果标绘在热量 Φ_1，Φ_2 和 t''_f 为坐标的图上，按直线规律分别做出 $\Phi_1 = f(t''_f)$ 和 $\Phi_2 = f(t''_f)$ 两线，如图 8.13 所示，它们的交点是 37.5 ℃。因为 Φ_1 或 Φ_2 与 t''_f 的关系是非线形的，故图 8.13 得到的结果严格的说是近似的，但由于试算的温度范围很窄，对工程计算已经有足够的精度，因此不需进行再校核。

从计算过程中可以发现，由于气体的热物性参数随温度的变化并不剧烈，因而定性温度的变化对对流表面传热系数的计算结果影响不大，对流表面传热系数也可不必试算，所得结果仍能满足工程计算所需的准确度。

8.3 自然对流传热

因温差引起流体的密度差产生浮升力而形成的流动传热，称为自然对流传热。自然对流传热因流体所处空间的情况不同可分为若干种类型。若流体处在大空间内，自然对流不受干扰的情况，如在无风车间内的热力管道表面的散热，冬天玻璃窗室内表面的散热等，称为无限空间自然对流传热。若流体被封闭在狭小空间内，如双层玻璃窗中的空气夹层，建筑围护结构中的封闭空气层，平板式太阳能集热器的空气间层等，自然对流运动受到狭小空间的限制，称有限空间自然对流传热。无限空间和有限空间是相对的，在许多实际问题中，虽然空间不大，但流体运动所产生的边界层并不互相干扰，因而可以应用无限空间自然对流传热的规律计算，即可以作为无限空间处理。如图 8.14 所示的封闭夹层，夹层宽度为 δ，高度为 H，壁温 $t_{w1} > t_{w2}$。当夹层内空气被加热形成的边界层厚度为 δ_1，被冷却形成的边界层厚度为 δ_2，且在任意高度均满足 $\delta > \delta_1 + \delta_2$ 时，冷热流体的运动不会互相干扰，此时可作为无限空间处理。由于 δ_1，δ_2 和温差及流体的物性等因素有关，不太容易确定，通常认为 $\delta/H > 0.3$ 时作为无限空间处理，否则就视为有限空间。本节仅论及典型的无限空间和有限空间的自然对流传热。

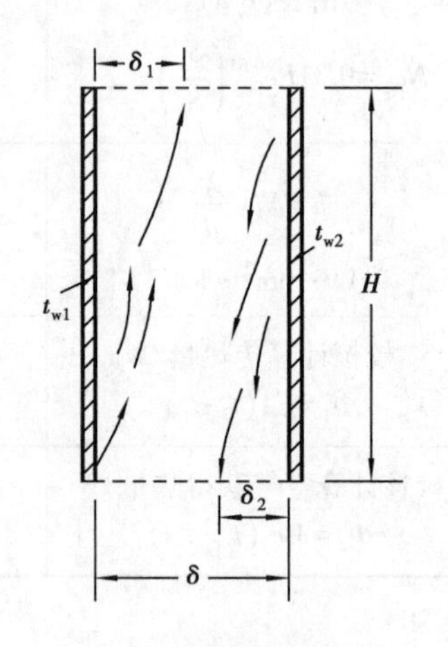

图 8.14　无限空间和有限空间的判别

8.3.1 无限空间自然对流传热

1) 流动与传热特征

图 8.15(a)是冷流体沿热壁自然对流运动的状况。当流体受浮力作用沿壁上升时,边界层开始为层流,如果壁有足够高度,达到某一位置后,流态将转变为湍流。自层流到湍流的转变点取决于壁面与流体间的温度差和流体的性质,由 Gr 及 Pr 之积来判断。一般认为,对于常壁温条件,当 $Gr \cdot Pr = 10^9$ 时,流态为湍流(竖壁自然对流由层流到湍流的转变,有一个较大的范围,$Gr \cdot Pr = 10^7 \sim 10^9$)。边界层的速度分布,如图 8.15(b)所示,在 $y=0$ 和 $y \geqslant \delta$ 处,u 均为 0(δ 为流动边界层厚度),其间有一最大流速可由理论解确定,层流边界层内最大的自然对流流速大约在$y=\delta/3$处。对于热边界层,厚度则为 δ_t,δ_t 不一定等于 δ,取决于 Pr,图 8.15(b)所示为$Pr>1$的情况,即 $y=0$,$t=t_w$;$y \geqslant \delta_t$,$t=t_f$。当 $Pr>1$ 时,在热边界层外,温差已不存在。因此,也不再有浮升力,而从图 8.15(b)中可见流体沿 x 方向的速度并不为零。这是由于流体黏性力的拖曳作用使未被加热的流体沿壁面向上流动的原因。

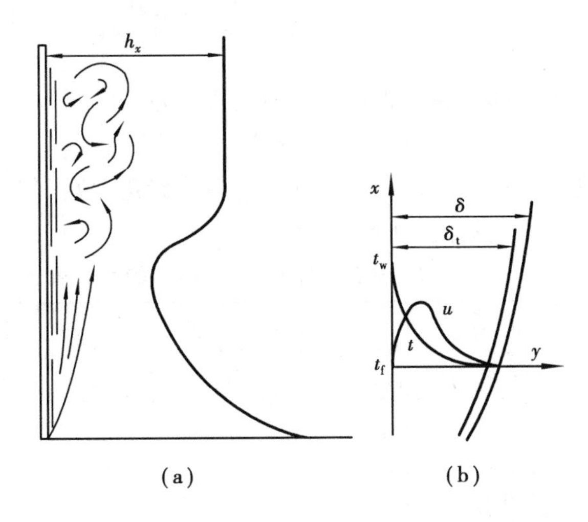

图 8.15 自然对流传热边界层及局部表面传热系数的变化

任何对流传热过程的规律都与流态有关,自然对流传热亦然。当边界层流态为层流时,局部对流表面传热系数将随着边界层厚度的增加逐渐降低,而当边界层由层流向湍流转变后,局部对流表面传热系数 h_x 将趋于增大。理论和实验研究都证明,在常壁温或常热流边界条件下当达到旺盛湍流时,h_x 将保持不变,即与壁的高度无关,如图 8.15(a)所示。

2) 传热计算

对于层流自然对流传热,可求解边界层对流传热微分方程组或积分方程组,获得分析解[2,4],分析解与实验所获得的准则关联式很接近。本节主要叙述实验关联式。

由第 7 章相似理论的分析可知,对于自然对流传热,准则函数关系式为:

$$Nu = f(Gr \cdot Pr)$$

通常将 t_w=常数时的实验结果整理成如下幂函数形式：

$$Nu = C(Gr \cdot Pr)^n = CRa^n \tag{8.15}$$

式中 Ra——瑞利准则，$Ra=Gr \cdot Pr$；

Gr——格拉晓夫准则，$Gr=\dfrac{g\alpha\Delta t l^3}{\nu^2}$；

α——体积膨胀系数，K^{-1}，对于理想气体 $\alpha=1/T$；

ν——运动黏度，m^2/s；

l——定型尺寸，m；

Δt——t_w 和 t_f 之差，t_f 为远离壁流体温度；

C,n——由实验确定的常数。

表 8.6 列出了各种情况下自然对流传热准则关联式的 C 及 n 值，各式的定性温度均为边界层平均温度 $t_m=(t_f+t_w)/2$。表中第 2 项为 q=常数的条件下竖平壁局部表面传热系数关联式。在常热流边界条件下 q 为已知量，而 t_w 为未知，则 Gr 中的 Δt 为未知量，为方便起见，在准则关联式中采用 Gr^*（称修正 Gr）代替 Gr，Gr^* 为：

$$Gr^* = Nu \cdot Gr = \frac{g\alpha q l^4}{\lambda \nu^2}$$

常热流边界条件下局部表面传热系数准则关联式为：

$$Nu_x = C(Gr_x^* \cdot Pr)^n \tag{8.16}$$

采用式(8.16)进行计算时，因 $t_{w,x}$ 为未知，$t_{m,x}$ 不能确定，故仍然要事先假定壁面 x 处的温度 $t_{w,x}$，然后通过试算以确定对流表面传热系数。

表 8.6　式(8.15)或式(8.16)中的 C,n 值

壁面形状，位置及边界条件	流动情况示意图	C,n			定型尺寸	适用范围	参考文献
		状态	C	n			
t_w=const，竖平壁及竖直圆筒		层流 湍流	0.59 0.1	1/4 1/3	高度 h	$Gr \cdot Pr$ $10^4 \sim 10^9$ $10^9 \sim 10^{14}$	[14]
q=const，竖平壁或竖直圆筒		层流 湍流	0.6 0.17	1/5 1/4	局部点的高度 x	$Gr \cdot Pr$ $10^4 \sim 10^9$ $2\times10^9 \sim 10^{14}$	[15]
t_w=const，水平圆筒		层流	0.53	1/4	外径 d	$Gr \cdot Pr$ $10^4 \sim 10^9$	[14]
		湍流	0.13	1/3		$10^9 \sim 10^{12}$	
t_w=const，平壁上表面加热或下表面冷却		层流 湍流	0.54 0.15	1/4 1/3	矩形取 2 个边长的平均值；非规则形取面积与周长之比；圆盘取 0.9d	$Gr \cdot Pr$ $2\times10^4 \sim 8\times10^6$ $8\times10^6 \sim 10^{11}$	[16]

续表

壁面形状,位置及边界条件	流动情况示意图	C,n			定型尺寸	适用范围	参考文献
		状态	C	n			
t_w=const,平壁下表面加热或上表面冷却		层流	0.58	1/5	同上	$Gr \cdot Pr$ $10^5 \sim 10^{11}$	[16]

计算中

$$\frac{d}{H} \geqslant \frac{35}{Gr_h^{1/4}} \tag{8.17}$$

对于竖直圆筒,只有当式(8.17)成立,才能按竖平壁处理,此时定型尺寸为竖直圆筒高度 H。对于直径小而又长的竖直圆筒,小曲率有强化传热作用。

值得注意的是,对于自然对流湍流,式(8.15)中 $n=1/3$ 或式(8.16)中 $n=1/4$,这样展开关联式后,两边的定型尺寸可以消去;它表明自然对流湍流的表面传热系数与定型尺寸无关,该现象称自模化现象。利用这一特征,湍流传热实验研究就可以采用较小尺寸的物体进行,只要求实验现象的 $Gr \cdot Pr$ 处于湍流范围。

关于自然对流传热的计算,丘吉尔(Churchill)和朱(Chu)[17]在整理大量文献数据的基础上推荐了竖壁和水平圆筒自然对流传热准则关联式,近年来这些关联式得到传热学术界的关注,虽然结构复杂些,但概括的范围广泛,使用计算机计算,可免除按 Ra 数选不同关联式的麻烦,而且准确性好,它们同时适用于 t_w=常数、q=常数 2 种边界条件。其中,竖壁关联式还可用于偏离垂直线倾角 θ 小于 60°的倾斜壁,但当 $Ra<10^9$ 时,Ra 中的 g 需乘以 $\cos\theta$;当$Ra>10^9$时,则不需任何修正。这些关联式是:

竖壁

$$Nu = \left\{0.825 + \frac{0.387Ra^{1/6}}{\left[1 + (0.492/Pr)^{9/16}\right]^{8/27}}\right\}^2 \tag{8.18}$$

适用范围:$0.1<Ra<10^{12}$。

水平圆筒

$$Nu = \left\{0.60 + \frac{0.387Ra^{1/6}}{\left[1 + (0.559/Pr)^{9/16}\right]^{8/27}}\right\}^2 \tag{8.19}$$

适用范围:$10^{-5}<Ra<10^{11}$。

把式(8.18)及式(8.19)用于求常热流边界条件下壁面的平均表面传热系数(亦即平均 Nu)时,应取壁面高度一半处的壁面温度与流体温度之差作为计算温差,以此处的边界层平均温度作为定性温度。对于常壁温边界条件,定性温度仍为 t_m。

【例 8.6】 一块竖壁高 0.3 m,温度为 52 ℃,周围环境空气温度为 24 ℃。试计算该壁面的自然对流表面传热系数。

【解】 本题属常壁温边界条件,定性温度:

$$t_m = \frac{1}{2}(t_w + t_f) = \frac{1}{2}(52 + 24)\ ℃ = 38\ ℃$$

查附录 4 空气物性:$\nu=16.77\times10^{-6}\ m^2/s$,$\lambda=2.74\times10^{-2}\ W/(m \cdot ℃)$

$$Pr=0.7,\alpha=\frac{1}{T_m}=\frac{1}{273+38}=3.2\times10^{-3}K^{-1}$$

$$Ra = Gr \cdot Pr = \frac{g\alpha \Delta t l^3}{\nu^2} Pr$$

$$= \frac{9.8 \times 3.21 \times 10^{-3} \times (52 - 24) \times 0.3^3 \times 0.7}{(16.77 \times 10^{-6})^2} = 5.92 \times 10^7 < 10^9 \quad (\text{属层流})$$

查表 8.6，$C=0.59$，$n=1/4$，有：

$$Nu = 0.59 Ra^{1/4} = 51.75$$

$$h = \frac{Nu \cdot \lambda}{l} = \frac{51.75 \times 2.74 \times 10^{-2}}{0.3} \text{ W/(m}^2 \cdot ℃) = 4.73 \text{ W/(m}^2 \cdot ℃)$$

与受迫对流传热相比，可见自然对流传热的表面传热系数是很小的。

本题也可采用式(8.18)计算，此时：

$$Nu = \left\{0.852 + \frac{0.387 Ra^{1/6}}{[1 + (0.492/Pr)^{9/16}]^{8/27}}\right\}^2 = 52.57$$

$$h = \frac{52.57 \times 2.74 \times 10^{-2}}{0.3} \text{ W/(m}^2 \cdot ℃) = 4.80 \text{ W/(m}^2 \cdot ℃)$$

可见，误差非常小。

【例 8.7】 一直立式平板空气加热器，不计表面辐射传热量时它的自然对流传热量沿高度不变，保持为 $q=255$ W/m^2，外界空气温度为 20 ℃，板高 0.5 m。试计算该壁面的平均对流表面传热系数。

【解】 本题为常热流边界条件下的自然对流传热，可用式(8.18)及式(8.16)计算。式(8.18)用于常热流边界条件时，取壁面一半高度处的温度差计算平均表面传热系数。因壁温为未知量，试算中设 $t_{w,H/2}$ 为 70 ℃，则：

$$t_m = \frac{t_{w,H/2} + t_f}{2} = (70 + 20)/2 \text{ ℃} = 45 \text{ ℃}$$

查附录 4，得：

$$\nu = 17.46 \times 10^{-6} \text{ m}^2/\text{s}; \lambda = 0.028 \text{ W/(m} \cdot \text{K)}; Pr = 0.699;$$

$$\alpha = 1/T_m = 1/(273.1 + 45) \text{K}^{-1} = 3.14 \times 10^{-3} \text{K}^{-1}$$

则

$$Gr \cdot Pr = \frac{g\alpha \Delta t H^3}{\nu^2} Pr$$

$$= \frac{9.81 \times 3.14 \times 10^{-3} \times (70-20) \times 0.5^3}{(17.46 \times 10^{-6})^2} \times 0.699 = 4.41 \times 10^8 \quad (\text{属层流})$$

代入式(8.18)：

$$Nu = \left\{0.852 + \frac{0.387 Ra^{1/6}}{[1 + (0.492/Pr)^{9/16}]^{8/27}}\right\}^2$$

$$= \left\{0.852 + \frac{0.387 \times (4.41 \times 10^8)^{1/6}}{[1 + (0.492/0.699)^{9/16}]^{8/27}}\right\}^2 = 95.35$$

平均对流表面传热系数：

$$h = Nu \frac{\lambda}{H} = 95.35 \times \frac{0.028}{0.5} \text{ W/(m}^2 \cdot \text{K)} = 5.34 \text{ W/(m}^2 \cdot \text{K)}$$

校核上述设定的 $t_{w,H/2}$ 值，由：

$$(t_{w,H/2} - t_f) = \frac{q}{h} = \frac{255}{5.34} \text{ ℃} = 47.8 \text{ ℃}$$

即 $t_{w,H/2} = (47.8+20)$ ℃ $=67.8$ ℃与原设定很接近。为提高计算精度，再用第一次试算结果作为第二次计算的初始值，即设定 $t_w = 67.8$ ℃，重复进行上述步骤的计算得：$h=5.3$ W/(m^2·K)；$t_w=68.1$ ℃。设定值与校核值误差小于0.5%。故本题壁面的结果是：

平均对流表面传热系数：

$$h = 5.3 \text{ W/(m}^2 \cdot \text{K)}$$

平均壁面温度：

$$t_w = 68.1 \text{ ℃}$$

当本题采用式(8.16)计算时，则应计算局部壁面温度 $t_{w,H/2}$ 及局部表面传热系数 $h_{H/2}$，作为平均表面传热系数。为省略试算过程，沿用上法计算的结果，设 $t_{w,H/2}=68$ ℃，则各项物性数据由 $t_m=(t_{w,H/2}+t_f)/2=(68+20)/2$ ℃ $=44$ ℃确定，即：

$$\nu = 17.36 \times 10^{-6} \text{m}^2/\text{s}$$

$$\lambda = 0.027\,9 \text{ W/(m} \cdot \text{K)}$$

$$\alpha = 1/T_m = 1/(273.1 + 44)\text{K}^{-1} = 3.15 \times 10^{-3} \text{ K}^{-1}$$

$$Pr = 0.699$$

则

$$Gr_{H/2}^* \cdot Pr = \frac{g\alpha q(H/2)^4 Pr}{\lambda \nu^2}$$

$$= \frac{9.81 \times 0.003\,15 \times 255 \times 0.25^4}{0.027\,9 \times (17.36 \times 10^{-6})^2} \times 0.699 = 2.56 \times 10^9$$

由式(8.16)及表8.6，得 $H/2$ 处局部表面传热系数相关联式：

$$Nu_{H/2} = 0.6(Gr^* \cdot Pr)^{1/5} = 0.6 \times (2.56 \times 10^9)^{1/5} = 46$$

$$h_{H/2} = Nu_{H/2} \frac{\lambda}{H/2} = 46 \times \frac{0.027\,9}{0.25} \text{ W/(m}^2 \cdot \text{K)} = 5.13 \text{ W/(m}^2 \cdot \text{K)}$$

校核 $t_{w,H/2}$：

$$t_{w,H/2} = t_f + q/h_{H/2} = (20 + 255/5.13)\text{℃} = 69.7 \text{ ℃}$$

与原设定误差<3%。至此，用两种方法计算同一问题得到的结果十分接近。

本例中采用了简单迭代的试算方法，因为本类型问题的计算过程具有收敛性，且收敛速度较快，一般迭代2次或3次可达足够精度。

8.3.2 有限空间中的自然对流传热

如果一个封闭的有限空间的两侧壁存在温度差，则靠近热壁的流体将因浮力而向上运动，而靠近冷壁的流体则因冷却而向下运动，这样，封闭空间传热是靠热壁和冷壁间的自然对流过程循环进行的。它与无限空间中的自然对流传热是明显不同的两类问题。

在封闭的有限空间中，流体自然对流的情况除与流体性质、两壁温差有关外，还将受空间位置、形状、尺寸比例等的影响，情况较复杂。本节将只叙及常见的扁平矩形封闭夹层。按它的几何位置可分为竖壁、水平壁及倾斜壁3种，如图8.16所示。

竖壁封闭夹层的自然对流传热问题可分为 3 种情况：

①夹层厚度 δ 与高度 H 之比 $\frac{\delta}{H}$ 较大（>0.3），冷热两壁的自然对流边界层不会互相干扰，如图 8.16a 所示，这时可按无限空间自然对流传热规律分别计算冷壁与热壁的自然对流传热以及夹层的总热阻。

②在夹层内冷热两股流动边界层能相互结合，出现行程较短的环流，整个夹层内可能有若干个这样的环流，如图 8.16b 所示；夹层内的流动特征取决于厚度 δ 为定型尺寸的 $Gr_\delta=\frac{g\alpha\Delta t\delta^3}{\nu^2}$ 或 $Gr_\delta \cdot Pr$。在 Gr_δ 低时为层流，高 Gr_δ 下具有湍流特征。

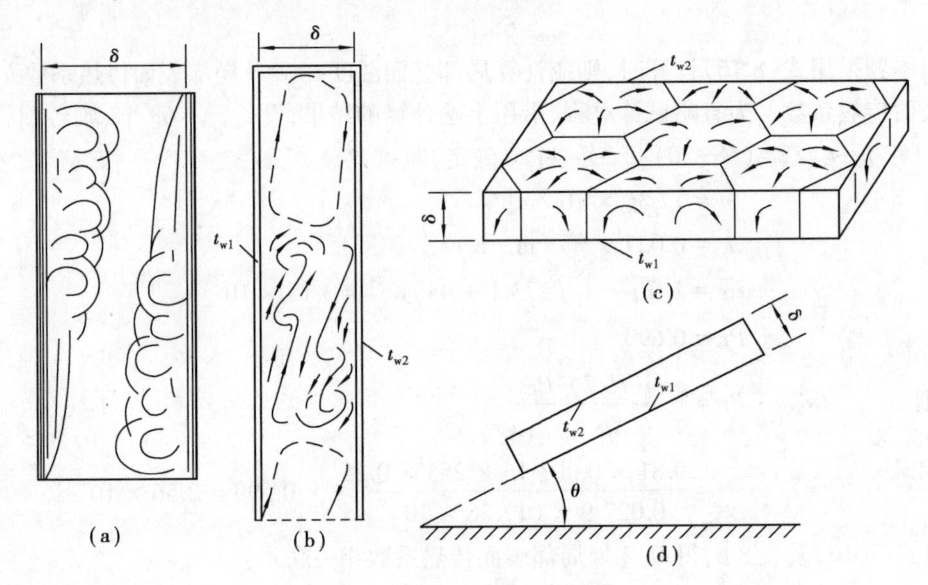

图 8.16　有限空间自然对流传热

③两壁的温差与夹层厚度都很小，Gr_δ 很低。当 $Gr_\delta=\frac{g\alpha\Delta t\delta^3}{\nu^2}<2\ 000$ 时，可认为夹层内没有流动发生，通过夹层的热量可按导热过程计算，此时 $Nu_\delta=1$。

对于水平夹层可有两种情况：

①热面在上，冷热面之间无流动发生，如无外界扰动，则应按导热问题分析。

②热面在下，对气体 $Gr_\delta<1\ 700$ 时，可按纯导热过程计算。$Gr_\delta>1\ 700$ 后，夹层内的流动将出现图 8.16c 的情形，形成有秩序的蜂窝状分布的环流。当 $Gr_\delta>5\ 000$ 后，蜂窝状流动消失，出现紊乱流动。

至于倾斜夹层，它与水平夹层相类似，当 $Gr_\delta \cdot Pr$ 超过 $1\ 700\ \frac{1}{\cos\theta}$ 时，将发生蜂窝状流动。

可见，热流通过有限空间是冷热两壁自然对流传热的综合结果，因此通常把两侧的传热用一个当量对流表面传热系数 h_e 来表达，通过夹层的热流密度 q 为：

$$q=h_e(t_{w1}-t_{w2}) \tag{8.20}$$

式中　t_{w1}, t_{w2}——热壁和冷壁的温度，℃；

h_e——当量对流表面传热系数，$W/(m^2 \cdot K)$。

封闭夹层传热准则关联式用下列形式表示：

$$Nu_\delta = C(Gr_\delta Pr)^m\left(\frac{\delta}{H}\right)^n \tag{8.21}$$

其中，Nu_δ 及 Gr_δ 的定型尺寸均为夹层厚度 δ(m)；Gr_δ 中的 $\Delta t = t_{w1} - t_{w2}$；定性温度为 $t_m = (t_{w1}+t_{w2})/2$；H 为竖直夹层的高度，单位为 m；C，m 和 n 已列于表 8.7 中。注意，倾斜夹层用 $Gr_\delta \cdot Pr \cdot \cos\theta$ 代替 $Gr_\delta \cdot Pr$。

可将式(8.20)亦改写为：

$$q = h_e \frac{\delta}{\lambda}\frac{\lambda}{\delta}(t_{w1} - t_{w2}) = Nu_\delta \frac{\lambda}{\delta}(t_{w1} - t_{w2}) \tag{1}$$

式中　Nu_δ——夹层传热努谢尔特数，$Nu_\delta = \frac{h_e\delta}{\lambda}$。

在有些文献中，把封闭夹层的传热强弱用当量导热系数 λ_e 来表达，则夹层的传热按平壁导热公式计算，即：

$$q = \frac{\lambda_e}{\delta}(t_{w1} - t_{w2}) \tag{2}$$

式(2)亦可改写为：

$$q = \frac{\lambda_e}{\lambda}\frac{\lambda}{\delta}(t_{w1} - t_{w2}) \tag{3}$$

式(1)和式(3)描写的是同一热量，比较后即可得出：

$$Nu_\delta = \frac{\lambda_e}{\lambda} \tag{4}$$

当自然对流非常微弱，从而作为纯导热处理时，$Nu_\delta = 1$，所以 $\lambda_e = \lambda$。λ 为夹层内空气的导热系数，W/(m·℃)。

表 8.7　式(8.21)中的 C，m，n 值

夹层位置	系数和指数			适用范围		参考文献
	C	m	n	$Gr_\delta \cdot Pr$	Pr	
竖壁夹层(气体)	0.197 0.073	1/4 1/3	1/9 1/9	2 000~2×10^5 2×10^5~1.1×10^7	0.5~2 0.5~2	[8]
热面在下的水平夹层(气体)	0.059 0.212 0.061	0.4 1/4 1/3	0 0 0	1 700~7 000 7 000~3.2×10^5 $>3.2\times10^5$	0.5~2 0.5~2 0.5~2	[8,3]
热面在下的倾斜夹层(气体)	0.229 0.157	0.252 0.285	0 0	$Gr_\delta \cdot Pr \cdot \cos\theta$ 5 900~9.32×10^4 9.32×10^4~10^6		[3]

【例 8.8】 计算垂直空气夹层对流表面传热系数及单位面积当量对流传热热阻为 $1/h_e$，已知夹层厚度 $\delta=25$ mm，高 500 mm，$t_{w1}=15$ ℃，$t_{w2}=-15$ ℃。

【解】 定性温度 $t_m=\frac{1}{2}(t_{w1}+t_{w2})=\frac{1}{2}(15-15)$ ℃ $=0$ ℃，查附录 4 空气物性数据：

$$\nu=13.28\times10^{-6}\ \mathrm{m^2/s};\lambda=0.024\ 4\ \mathrm{W/(m^2\cdot ℃)};Pr=0.707$$

$$\alpha=\frac{1}{273}=3.66\times10^{-3}\ \mathrm{K^{-1}}$$

$$Gr_\delta=\frac{g\alpha\Delta t\delta^3}{\nu^2}=\frac{9.81\times3.66\times10^{-3}\times(15+15)\times0.025^3}{(13.28\times10^{-6})^2}=9.54\times10^4$$

$$Gr_\delta\cdot Pr=9.54\times10^4\times0.707=6.745\times10^4$$

查表 8.7，有：$C=0.197,m=1/4,n=1/9$

$$Nu_\delta=0.197(Gr_\delta Pr)^{1/4}\left(\frac{\delta}{H}\right)^{1/9}=0.197\times(6.745\times10^4)^{1/4}\times(25/500)^{1/9}=2.28$$

$$h_e=\frac{Nu_\delta\lambda}{\delta}=\frac{2.28\times0.024\ 4}{0.025}\ \mathrm{W/(m^2\cdot ℃)}=2.23\ \mathrm{W/(m^2\cdot ℃)}$$

夹层单位面积当量对流传热热阻为：

$$R=1/h_e=1/2.23\ \mathrm{m^2\cdot ℃/W}=0.448\ \mathrm{m^2\cdot ℃/W}$$

对于房屋的外墙、窗户或其他保温设备，采用封闭夹层是简单而有效的保温节能措施之一。设计计算夹层传热时有两个问题需要注意：

①夹层散热量除自然对流外还应加上夹层内两表面间的辐射传热。

②充分考虑夹层的厚度对当量对流表面传热系数及热阻的影响。就竖壁夹层而言，在温度等参数不变的情况下，当厚度小到 $Gr_\delta=2\ 000$ 左右时，$Nu_\delta=1$，此时 h_e 最小，单位面积热阻最大，保温性能最好。如在此情况下，再降低厚度，热阻将迅速减小，反而对保温不利。对本例数据，当 $\delta=6\sim7$ mm 时，Gr_δ 达到 2 000 左右。对热面在下的水平夹层也有类似情况。

8.3.3 自然对流与受迫对流并存的混合对流传热

在受迫对流传热过程中，由于流体各部分温度的差异，将发生自然对流。本章第 1 节的分析没有考虑自然对流的影响，视为纯受迫对流传热。若在受迫对流中自然对流因素不可忽略，这种流动称为自然与受迫并存的混合流动。

图 8.17 列举了横管及竖管内受迫对流时速度场受自然对流干扰的情况。对于横管，当流体被冷却时，由于管芯温度高于管壁，将形成由管芯向上而沿管壁向下的垂直于受迫流动方向的环流，如图 8.17(a)所示，此环流加强了对边界层的扰动，将有利于对流传热。对于竖管，则如图8.17(b)，设流体是向上流动并被管壁冷却($t_w<t_f$)，则在管中心受迫对流与自然对流同向，而靠壁处则两者方向相反，这样管中心的速度比原来大，而壁面处则比原来小，速度场由图中的 1 变成 2，显然不利于传热。对于竖壁上受迫对流，亦有类似情况。仅从此二例，足以说明自然对流对受迫对流的影响将与壁面位置、受迫对流和自然对流流动方向等有关，但要使受迫对流受到明显影响，最主要的是必须具备足够大的自然对流浮升力。因此，判断是不是纯受

迫对流,或者混合对流,可根据浮升力与惯性力的相对大小来确定。从自然对流边界层动量微分方程[式(7.59)]中惯性力和浮升力数量级的对比中,可以导出两力相对大小的判断。

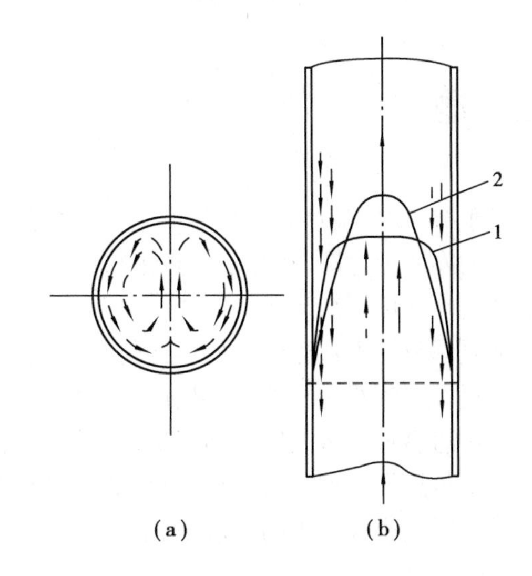

图 8.17 自然对流对速度场的干扰

浮升力的数量级:

$$g\alpha(t-t_f) \sim g\alpha(t_w-t_f)$$

式中,"~"表示"相当于"。

惯性力的数量级相当于 $u\dfrac{\partial u}{\partial x} \sim \dfrac{u_\infty^2}{l}$

则两力之比:

$$\frac{g\alpha\Delta t}{u_\infty^2/l} = \left[\frac{g\alpha\Delta t l^3}{\nu^2}\right]\left[\frac{\nu^2}{u_\infty^2 l^2}\right] \equiv Gr/Re^2 \tag{8.22}$$

一般情况下,可以认为 $Gr/Re^2 \geqslant 0.1$ 时,就不能忽略自然对流的影响;如果 $Gr/Re^2 \geqslant 10$,则可作为纯自然对流看待,而忽略受迫对流。按照这个原则,文献[18]对管内对流传热的实验数据进行分析,认为:自然对流对总传热量的影响低于10%的作为受迫对流;受迫对流对总传热量的影响低于10%的作为纯自然对流;这2部分都不包括的中间区域为自然对流与受迫对流并存的混合对流。图8.18及图8.19为按此原则建立起来的流动区域划分图,对问题的分区起指导作用。两图的适用范围为 $10^{-2}<Pr\dfrac{d}{l}<1$。图中,Gr 数根据管内径 d 及 $\Delta t=(t_w-t_f)$ 计算;定性温度采用平均温度 $t_m=(t_w+t_f)/2$。在传热壁面附近,自然对流与受迫对流方向相同时起强化传热作用,方向相反时起削弱传热的作用。这2种不同效果的实验数据,在整理图8.18时都已包括在内。

关于混合对流的实验关联式,有兴趣的读者可参阅文献[6,18]。

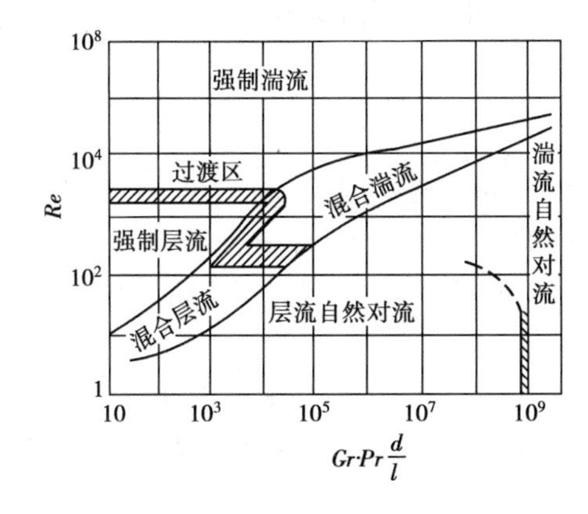

图 8.18 竖管内受迫、自然、混合

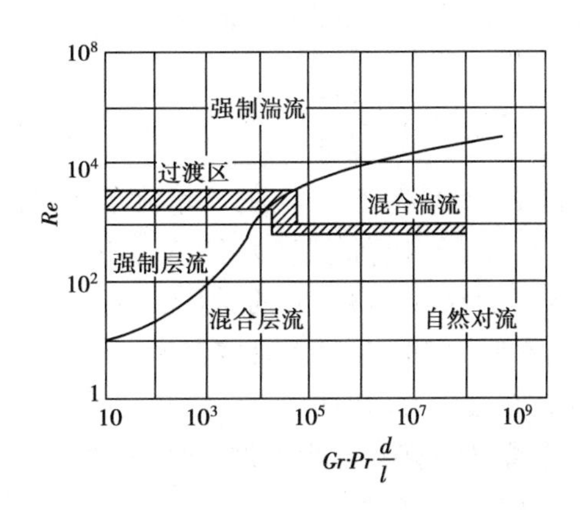

图 8.19 横管内受迫、自然混合流动区域的划分

习 题

1. 对于 $Pr>1$ 的流体管内层流受迫流动传热,参照图 8.1a,试定性地画出流动边界层和热边界层的发展示意图,并标示出热入口段和流动入口段。
2. 试定性分析下列问题:
   ①夏季与冬季顶棚内壁的表面传热系数是否一样?
   ②夏季与冬季房屋外墙外表面的表面传热系数是否相同?
   ③普通热水或蒸汽散热器片型高或矮对其外壁的表面传热系数是否有影响?
   ④从传热的观点看,为什么散热器一般都放在窗户的下面?
   ⑤相同流速或者相同的流量情况下,大管与小管(管内或管外)的表面传热系数会有什么变化?
3. 迪图斯—贝尔特公式采用什么方式来修正不均匀物性场对传热的影响?请分析修正方法的合理性。
4. 怎样计算流体在粗糙管中流动时的表面传热系数?粗糙管内的层流流动传热是否能采用光滑管公式计算,为什么?
5. 管内受迫对流传热时,对于横管和竖管中流体被加热和被冷却,自然对流的影响各有什么不同?什么情况下应考虑自然对流对受迫对流的影响?
6. 传热学中通常把“管内流动”称为内部流动,将“外掠平板、外掠圆管”称为外部流动,试说明它们的流动机制有什么差别。这些对流传热问题的数学描述有什么不同?
7. 对于竖壁表面的自然对流,当 $Pr>1$ 时,仍有 $\delta>\delta_t$,自然对流是因温差引起的,但 δ_t 至 δ 的流动边界层区域并不存在温差(温度近似等于 t_f),为什么流体仍然存在着流动速度?
8. 什么情况下可以把竖直夹层内空气的自然对流传热作为纯导热过程?为什么?
9. 常物性流体管内受迫层流稳态流动,在流动充分发展段,描述流体运动的动量微分方程式为:$\frac{1}{r}\frac{\partial}{\partial r}\left(r\frac{\partial u}{\partial r}\right)=\frac{1}{\mu}\left(\frac{\partial p}{\partial x}\right)$。根据微分方程,结合边界条件,证明流动充分发展段的速度分布为:$u=2u_m\left[1-\left(\frac{r}{R}\right)^2\right]$。其中,$R$ 为管内半径。
10. 润滑油以 0.031 5 kg/s 的质量流量在直径为 12.7 mm 的管内流动,油温从 93 ℃被冷却到 67 ℃,管子内壁面温度为 20 ℃。试计算满足冷却要求所需要的管长。
11. 4.5 ℃的水以 90 kg/h 的质量流量进入直径为 100 mm 的管子,在流经 3 m 长的距离流出时,水温为 38 ℃,试求管壁温度。
12. 流体在管内流动而被加热,已知管长 L,m;管径 d,m;管内流体质量流量 M,kg/s;进口温度 t_f',管壁为常热流边界条件,热流密度为 q,W/m^2。请写出计算表面传热系数 h 及管子进出口端壁温 t_w',t_w''的详细步骤。
13. 以薄壁不锈钢管作导体通电加热在管内流动的气体,管子裸露置于室内,试写出在稳态情况下,该管长 dx 微元段的热平衡关系。已知钢管电阻为 R,Ω/m;电流为 I,A。
14. 水以 0.5 kg/s 的质量流量流过一个内径为 25 mm,长 15 m 的直管道,入口水温为 10 ℃。

管道除了入口处很短的一段距离外,其余部分每个截面上的壁温都比该截面上的平均水温高 15 ℃。试计算水的出口温度,并判断此时的热边界条件。

15. 1.013×10^5 Pa 下的空气在内径为 76 mm 的直管内流动,入口温度为 65 ℃,入口体积流量为 0.022 m^3/s,管壁平均温度为 180 ℃。问管子要多长才能使空气被加热到 115 ℃?

16. 一常物性流体同时流过温度与之不同的 2 根直管 1 与 2,且 $d_1=2d_2$。流动与传热均处于湍流充分发展区域。试确定在下列两种情况下两管内平均表面传热系数的相对大小:
①流体以同样速度流过两管;
②流体以同样的质量流量流过两管。

17. 已知锅炉省煤器管壁平均温度为 250 ℃,水的进出口温度分别为 160 ℃和 240 ℃,平均流速要求为 1 m/s,热流密度 $q=3.84\times10^5$ W/m^2,试求所需管内径和长度(提示:先按湍流计算,再校核 Re)。

18. 一盘管式换热器,蛇形管内径 $d=12$ mm,盘的直径 $D=180$ mm(以管中心距离计),共有四圈盘管。若管内水的进口温度为 20 ℃,平均流速为 1.7 m/s,壁温为 90 ℃,试估计冷却水出口温度。

19. 水在热交换器管内被加热,管内径 $d=14$ m,管长 2.5 m,壁温保持为 110 ℃,求水在进口温度为 60 ℃及流速为 1.3 m/s 时,通过热交换器后的温度。

20. 管式实验台,管内径 0.16 m,长为 2.5 m,为不锈钢管。通以直流电加热管内水流,电压为 5 V,电流为 911.1 A,进口水温为 47 ℃,水流速度 $u=0.5$ m/s。试求它的表面传热系数及传热流体出口温度 t_f''和平均壁温 t_w(管子外绝热保温,可不考虑热损失)。

21. 空气在管内受迫对流传热,已知管内径 $d=51$ mm,管长 $L=2.6$ m,空气质量流量 $M=$ 0.041 7 kg/s,进口温度 $t_f'=30$ ℃,管壁的热流密度 $q=12\ 120$ W/m^2。试求:①平均表面传热系数 h;②空气在管子进口和出口端的局部表面传热系数 h',h'';③空气的出口温度t_f'';④管壁进口和出口端的壁温 t_w'和 t_w''。

22. 初温为 30 ℃的水,以 0.857 kg/s 的质量流量流经一套管式换热器的环形空间。水蒸气在该环形空间的内管中凝结,使内管外壁温维持在 100 ℃。换热器外壳绝热良好。环形夹层内管外径为 40 mm,外管内径为 60 mm。试确定为把水加热到 50 ℃套管要多长?在管子出口截面处的局部热流密度是多少?

23. 空气以 0.012 5 kg/s 的质量流量流过直径 50 mm,长为 6 m 的圆管,温度由 23.5 ℃加热到 62 ℃。试求在常壁温传热条件下的管壁温度 t_w,表面传热系数 h 及传热量 Φ。

24. 已知椭圆管的长轴 $2a=26$ mm,短轴 $2b=13$ mm,用它做成的换热器每根管子的水流量为 4×10^{-4} m^3/s。要求在壁温 90 ℃时把水从 32 ℃加热到 48 ℃。计算一根管的长度。如果采用与该椭圆管周长相同的圆管在同样条件下完成水的加热,又需多长的圆管?二者相比差多少(%)?分析引起差别的原因是什么(椭圆管的内壁周长可用下列计算式近似计算:$U=\pi[1.5(a+b)-\sqrt{ab}]$)?

25. 空气在管内以 3.5 m/s 的速度流动,管内径 $d=22$ mm,管长 $l=3$ m,空气的平均温度 $t_f=$ 60 ℃,管壁温度 $t_w=90$ ℃。试求空气的表面传热系数及对流传热量。

26. 进口温度为 5 ℃的水流经一管内径 $d=12.5$ mm,管长 $l=250$ mm 的管子,水的质量流量为 0.1 kg/s。若管壁温度 $t_w=100$ ℃,试计算水的出口温度。

27. 温度 30 ℃的空气以 50 m/s 的速度横向掠过外径为 $d=50$ mm 的圆柱,圆柱表面温度为

150 ℃。试计算单位长圆柱体的散热量。

28. 直径 14 mm,长为 1.5 m 的管状电加热器垂直置于速度为 3 m/s 的水流中,水流过管子前后的平均温度为 55 ℃,设加热器管表面允许最高温度为 95 ℃,试计算其最大允许电功率。

29. 10 ℃的空气以 1 m/s 的速度横向掠过外径为 5 mm 的铝线,铝线的温度为 90 ℃,其电阻率为 1/35 $\Omega \cdot mm^2/m$。试求表面传热系数及线内通过的电流。

30. 当电流通过热线式风速仪的金属丝时,可确定横掠而过的空气的流速。如果金属丝的直径 d=0.25 mm,长 l=13 mm,加热直流电压为 6 V,已测得通过电流为 84 mA,金属丝温度为 90 ℃。当 10 ℃的空气横掠而过时,试计算空气的流速。

31. 水预热器的管束为叉排布置,管子外径 d=30 mm,S_1=95 mm,S_2=75 mm,管排数为 30 排。高温烟气横向冲刷水预热器,其温度由进口处的 680 ℃降低到出口处的 340 ℃,烟气在管束中的最窄截面流速为 11 m/s。近似地把烟气视为空气,求烟气的表面传热系数。

32. 在 31 题中,其他条件均保持不变,只将叉排改为顺排布置,求烟气的表面传热系数,并与叉排相比较。

33. 空气横向掠过 12 排管子组成的叉排加热器,管外径 d = 25 mm,管间距 S_1 = 50 mm,S_2=45 mm。管束的最窄截面处流速为 5 m/s,空气的平均温度 t_f=60 ℃,试求管束平均表面传热系数。如管束改为顺排布置,其他条件均保持不变,则表面传热系数为多少?

34. 试求空气掠过黄铜管束的表面传热系数及出口温度。已知管束为叉排,共 4 排,每排 16 根管,管长 1 m,管外径 25 mm,管间距 S_1=50 mm,S_2=37.5 mm,管内为 1.43×10^5 Pa 绝对压力的蒸汽,空气进口温度 t_{f1} = 15 ℃,流量 V_0 = 7 500 m^3/h(提示:计算中略去蒸汽及管壁热阻)。

35. 试确定上题空气掠过管束时消耗的功率、单位面积传热量与功率消耗之比。已知该叉排管束的阻力系数为 f=0.75 $Re^{-0.2}$;流过管束的压力降为 $\Delta P = 2f\rho u^2\left(\dfrac{\mu_f}{\mu_w}\right)^{0.14} n$,$N/m^2$。式中,$n$ 为管排数,u 为管间最大流速,m/s。

36. 改变 34 题中的管间距,令 S_1, S_2按比例缩小或扩大,比例为 0.85,0.95,1.05,1.25 及 1.5 等,在其他条件不改变的情况下,求单位面积传热量与功率消耗之比的变化。

37. 由容积膨胀系数的定义式 $\alpha=\dfrac{1}{v}\left(\dfrac{\partial v}{\partial T}\right)_p$,证明理想气体(如常温常压下的空气)的$\alpha=1/T$。

38. 高与宽均为 0.3 m,表面温度为 93 ℃的薄板竖直地浸没在 15 ℃的水中进行初步的热处理,离板较远处的水完全保持静止。试计算水与薄板间的平均表面传热系数及对流传热量。

39. 大水箱中 27 ℃的水,被浸没在水箱一侧的热平板轻微地加热,平板高为 0.15 m,宽为 0.3 m。如平板对水必须传递 1 465 W 的热量,试计算平板表面应该保持的温度。

40. 水平蒸汽输送管外径 d=0.3 m,t_w=450 ℃,环境温度 t_f=30 ℃,试求每米管长外表面的自然对流散热损失。

41. 顶棚表面温度 13 ℃,室温 25 ℃,顶棚面积为 4 m×5 m。试求自然对流传热量及其表面传热系数。

42. 温度为 427 ℃的短圆柱经热处理后置于地面上,圆柱的平面之一与地面接触。圆柱高为 0.9 m,半径为 0.15 m,室温为 27 ℃。试计算圆柱的曲面与空气之间的表面传热系数。

43. 某项设计要求宽为0.3 m,温度为260 ℃的加热板以自然对流的方式传递热量给38 ℃的空气。如从板的一侧传递给空气的热量为60 W,试求板所需要的高度。
44. 一常壁温竖式散热器,已知高度为650 mm,在室温15 ℃时,它的平均自然对流表面传热系数为4.82 W/(m^2·℃),散热面积2 m^2。试确定表面温度。该散热器内充油,热源为市电,请计算它的自然对流散热的电功率。
45. 面积为1 m×1 m的加热板,垂直吊挂在空气中,每边的功率为3 100 W,设其中1/2是以自然对流方式散出的,空气温度为20 ℃,试计算板的局部表面温度及局部表面传热系数沿板高的变化,并绘出它的变化曲线(可每隔0.2 m为一个计算点)。
46. 若将上题中的板作为常壁温边界条件处理,计算它的壁面温度[用式(8.18)计算]。并与作为常热流边界条件处理时,板的半高度处的壁温相比较。
47. 一辐射采暖板 $t_{w1}=120$ ℃,空气温度 $t_f=13$ ℃,板高0.75 m,宽1.8 m,热面倾斜45°,求它的自然对流表面传热系数及其对流传热量。
48. 温度为371 ℃,面积为0.3 m×0.3 m的平板,从热处理炉中取出后,水平悬挂在车间内35 ℃的空气中冷却。试计算板和空气之间的平均表面传热系数。
49. 家用热水器中,面积为230 mm×230 mm,功率为3 500 W的加热元件放在水箱的底部。当水箱中的水温达到60 ℃时加热元件自动启动加热,试计算加热元件的稳态表面温度。
50. 一截面为正方形的管道输送冷空气穿过一室温为28 ℃的房间,管道外表面平均温度为12 ℃,截面尺寸为0.3 m×0.3 m。试计算每米长管道上冷空气通过外表面的自然对流散热损失。
51. 直径为0.15 m,长为6 m,表面温度为54 ℃的水平蒸汽输送管,穿过空气温度和壁温均为21 ℃的大房间,已求出辐射热损失为540 W,求该管道的总热损失。
52. 两层地板之间为厚50 mm的水平空气夹层,当底层表面温度为29 ℃,顶层表面温度为21 ℃时,试计算自然对流传热量。
53. 如上题中空气夹层的厚度增大一倍达到100 mm,此时的自然对流传热量为多少?增加还是减少了?为什么?
54. 某建筑物墙壁内空气夹层厚 $\delta=75$ mm,高2.5 m,两侧壁温分别为 $t_{w1}=15$ ℃,$t_{w2}=5$ ℃,求它的当量表面传热系数及对流传热量。
55. 在 $Gr_\delta<2\ 000$ 时,垂直空气夹层的传热过程相当于纯导热过程,试求在这种情况下导热量为最小时的夹层厚度及导热量(已知 $t_{w1}=15$ ℃,$t_{w2}=5$ ℃)。
56. 垂直平壁高2.5 m,表面温度为30 ℃,空气温度为10 ℃。试确定空气自下而上掠过此壁的速度高于若干m/s时,该壁的传热可作为纯受迫对流传热处理?低于若干m/s时,可作为纯自然对流传热处理?

第8章习题详解

9

凝结传热与沸腾传热

凝结传热与沸腾传热均属于高强度的对流传热，是相变传热的两种主要形式。在冷凝器、蒸发器、锅炉、蒸汽加热器等换热设备中，凝结传热与沸腾传热是最基本的传热过程，掌握这两种传热过程的机理和基本计算方法，对于换热设备的合理设计、开发和深入研究具有重要意义。

9.1 凝结传热

9.1.1 凝结传热现象

当蒸汽与低于其饱和温度的冷壁面接触时，就会发生凝结传热现象，蒸汽释放出汽化潜热，凝结成为液体。实验观察表明：蒸汽在冷壁面上凝结时，凝结液体以两种形式依附在壁面上，分别称为膜状凝结和珠状凝结。如果凝结液能很好地润湿壁面，如图 9.1(a)所示，汽、液分界面对壁面形成的边角 θ 小，则液体润湿能力强，它就在壁面上形成一层完整的液膜，液膜在重力作用下沿壁面向下流动，称为膜状凝结，这是最常见的凝结形式。膜状凝结时，蒸汽与壁面间隔着一层液膜，凝结只能在膜的表面进行，汽化潜热则以导热和对流方式通过液膜传递到壁面，处于层流流动的液膜，流动速度非常缓慢，因此传热方式主要依靠导热。这时，液膜层就成为凝结传热的主要热阻。如果凝结液不能很好地润湿壁面，边角 θ 较大，如图 9.1(b)所示。此时，凝结液体将在壁面上形成一颗颗的小液珠，称为珠状凝结。小液珠在冷壁面上形成，并不断地发展长大，在非水平的壁面上，受重力作用，液珠长大至一定尺寸时就沿壁面滚下。液珠滚下的过程中，一方面汇合沿程相遇的液珠，合并成为更大的液珠；另一方面它清扫了沿途的壁面，使壁面重新裸露并重复液珠的形成和成长过程。

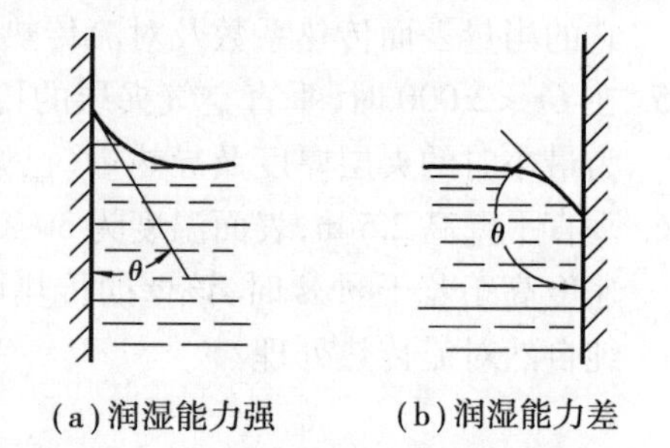

(a)润湿能力强　　(b)润湿能力差

图 9.1　不同润湿条件下汽液分界面对壁面形成的边角 θ

图 9.2 是珠状凝结的照片[1],从中可清楚地看出珠状凝结时壁面上不同大小液珠的存在情况。

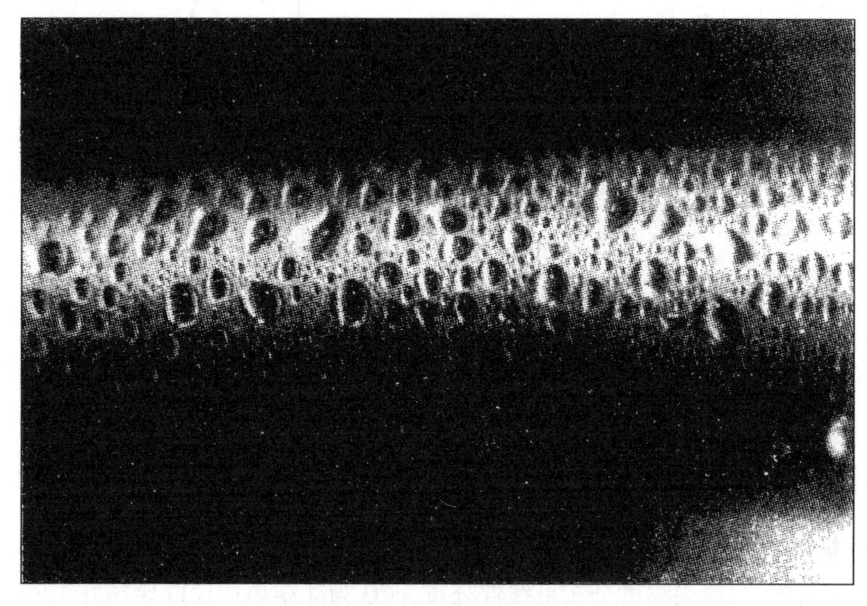

图 9.2 珠状凝结照片

珠状凝结时,壁面上除液珠覆盖的部分以外,其余壁面都裸露于蒸汽中。因此,凝结过程是在蒸汽与液珠表面及蒸汽和裸露的壁面之间进行的。由于液珠的表面积比其所占的壁面面积大很多,而且裸露的壁面上无液膜热阻,故珠状凝结具有很高的凝结表面传热系数。实验测量表明,大气压下的水蒸气呈珠状凝结时,凝结表面传热系数可达 $4\times10^4 \sim 10^5$ W/(m^2 · ℃),而相比之下,膜状凝结为 $6\times10^3 \sim 10^4$ W/(m^2 · ℃),二者相差 10 余倍[2]。但珠状凝结很不稳定,尽管采用材料改性处理技术[3]及加珠状凝结促进剂等技术措施,仍然难以使壁面上长久维持珠状凝结条件。因此,所有的冷凝换热设备都是根据膜状凝结条件设计的,以使换热设备在不利条件下仍能满足预定的传热要求。本章仅讨论蒸汽的膜状凝结。

9.1.2 膜状凝结传热

1)努谢尔特层流膜状凝结分析解

1916 年,努谢尔特首先提出了竖壁上纯净蒸汽层流膜状凝结的分析解[4]。努氏抓住了凝液膜层的导热热阻是凝结过程主要热阻这一点,忽略次要因素,建立了清晰简便的数学物理模型,通过分析求解,从理论上揭示了有关物理参数对凝结传热的影响。努谢尔特的分析解长期以来被公认为是运用理论分析求解凝结传热问题的一个典范。

如图 9.3 所示的竖直壁面上的层流膜状凝结,壁温 t_w 为常数,蒸汽温度为对应压力下的饱和温度 t_s,且 $t_w<t_s$。为建立数学物理模型,分析求解凝结表面传热系数,努谢尔特做了如下的假定:

①蒸汽为常物性纯净蒸汽;

②任意 x 截面上,汽、液交界面($y=\delta$ 处)的温度为蒸汽的饱和温度,即 $t_\delta=t_s$;

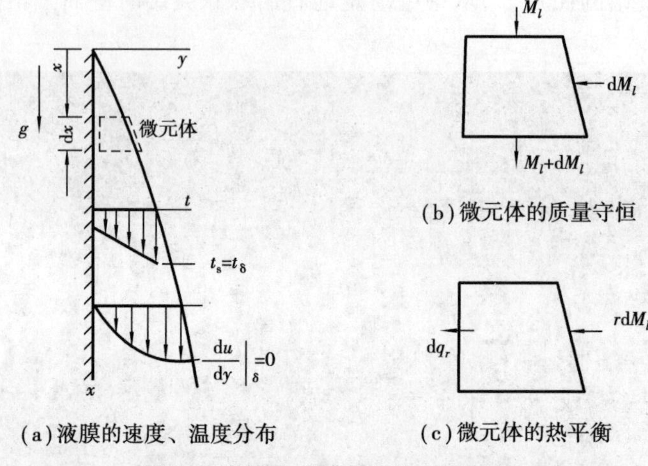

(a)液膜的速度、温度分布　　(b)微元体的质量守恒　　(c)微元体的热平衡

图 9.3　努谢尔特膜状凝结分析示意

③蒸汽速度为 0,且认为蒸汽对液膜表面无黏性应力作用,即 $\left(\frac{\partial u}{\partial y}\right)_\delta=0$;

④忽略凝液薄膜中加速度的影响;

⑤任意 x 截面上,膜内温度分布呈线性分布,即认为凝结热量仅以导热方式传递;

⑥忽略液膜的过冷度,即认为凝结焓即为饱和液体的焓。

凝结液膜的流动和传热符合边界层的薄层性质。如图 9.3 所示,把坐标 x 取为重力方向,直接引用二维稳态流动的边界层对流传热微分方程组,其中边界层动量微分方程式应加上体积力 ρg,即:

$$\rho\left(u\frac{\partial u}{\partial x}+v\frac{\partial u}{\partial y}\right)=\rho g-\frac{\partial p}{\partial x}+\mu\frac{\partial^2 u}{\partial y^2} \tag{9.1}$$

$$\frac{\partial p}{\partial y}=0 \tag{9.2}$$

$$\frac{\partial u}{\partial x}+\frac{\partial v}{\partial y}=0 \tag{9.3}$$

$$u\frac{\partial t}{\partial x}+v\frac{\partial t}{\partial y}=a\frac{\partial^2 t}{\partial y^2} \tag{9.4}$$

根据上述假定,可以对以上微分方程组做进一步的简化。由假定④,忽略液膜的加速度后,式(9.1)中左边的惯性力项可以舍去,$\frac{\partial^2 u}{\partial y^2}=\frac{d^2 u}{dy^2}$;由式(9.2)知,沿壁面法线方向($y$ 向)压强保持为常数,因此$\frac{\partial p}{\partial x}=\frac{dp}{dx}$,且可按 $y=\delta$ 时液膜表面的压强梯度计算,在 $y=\delta$ 处,$\left(\frac{du}{dy}\right)_\delta=0$,$\rho=\rho_v$,所以:

$$\frac{dp}{dx}=\rho_v g \tag{1}$$

式中　ρ,ρ_v——液膜和蒸汽的密度,kg/m^3。

动量方程式可简化为：

$$\mu \frac{d^2u}{dy^2} + (\rho - \rho_v)g = 0 \tag{2}$$

由假定⑤，忽略液膜以热对流方式传递的热量，式(9.4)可以简化为：

$$\frac{d^2t}{dy^2} = 0 \tag{3}$$

微分方程式(2)和式(3)中只含有 u,t 两个变量，不需补充其他方程即可求解，因此 y 向动量方程式(9.2)、连续性方程式(9.3)均可舍去。式(2)和式(3)应满足的边界条件是：

$$y = 0 \text{ 时}: u = 0; t = t_w \tag{4}$$

$$y = \delta \text{ 时}: \left(\frac{du}{dy}\right)_\delta = 0; t = t_s \tag{5}$$

式(2)~式(5)即为努谢尔特层流膜状凝结理论的数学描述。分别对式(2)和式(3)积分，并代入边界条件式(4)和式(5)，可得到液膜内速度分布和温度分布：

$$u = \frac{(\rho - \rho_v)g}{\mu}\left(\delta y - \frac{1}{2}y^2\right) \tag{6}$$

$$t = t_w + (t_s - t_w)\frac{y}{\delta} \tag{7}$$

上述速度分布和温度分布已分别表示在图 9.3(a)中，任意 x 处通过单位宽度的凝结液质量流量为：

$$\begin{aligned} M_l &= \int_0^\delta \rho u dy \times 1 \\ &= \frac{\rho(\rho - \rho_v)g}{\mu}\int_0^\delta \left(\delta y - \frac{1}{2}y^2\right) dy = \frac{\rho(\rho - \rho_v)g\delta^3}{3\mu} \end{aligned} \tag{8}$$

从质量守恒的观点来看(见图9.3(b))，蒸汽不断地在液膜表面上凝结，$M_l = f(x)$。因此，M_l 在微元距离 dx 内有增量 dM_l，从而使液膜厚度 δ 增大，经 dx 后有增量 $d\delta$。对式(8) 微分，得：

$$dM_l = \frac{\rho(\rho - \rho_v)g\delta^2}{\mu}d\delta \tag{9}$$

从能量守恒的观点来看(见图 9.3(c))，根据假定 ⑤，忽略液膜在 dx 微元段放出的显热，应有 dM_l 凝结液释放出的汽化潜热等于经液膜层的导热量，即：

$$r dM_l = \lambda \left(\frac{dt}{dy}\right)_w dx \tag{10}$$

式中 r——汽化潜热，J/kg；传热方向与 y 方向相反，因此等式右侧傅里叶定律去掉了“-”号。

由式(7)可求得温度梯度为：

$$\left(\frac{dt}{dy}\right)_w = \frac{t_s - t_w}{\delta} \tag{11}$$

将式(9)和式(11)代入式(10)，得：

$$\frac{r\rho(\rho - \rho_v)g\delta^2}{\mu}d\delta = \frac{\lambda}{\delta}(t_s - t_w)dx \tag{12}$$

对式(12)分离变量并积分,注意到边界条件:$x=0$,$\delta=0$。即可求出任意 x 截面处的液膜层厚度:

$$\delta = \left[\frac{4\lambda\mu(t_s - t_w)x}{r\rho(\rho - \rho_v)g}\right]^{\frac{1}{4}} \tag{13}$$

用牛顿冷却公式来描述凝结传热,应有 dx 微元段内的凝结传热量等于通过该段膜层的导热量,因此:

$$h_x(t_s - t_w)\mathrm{d}x = \lambda\frac{(t_s - t_w)}{\delta}\mathrm{d}x$$

得

$$\delta = \frac{\lambda}{h_x}$$

将上式代入式(13),消去 δ,得到局部凝结表面传热系数:

$$h_x = \left[\frac{\rho(\rho - \rho_v)g\lambda^3 r}{4\mu(t_s - t_w)x}\right]^{\frac{1}{4}} \tag{9.5}$$

设竖壁的高度为 l,则平均凝结表面传热系数为:

$$h = \frac{1}{l}\int_0^l h_x\mathrm{d}x = \frac{4}{3}h_{x=l} = 0.943\left[\frac{\rho(\rho - \rho_v)g\lambda^3 r}{\mu(t_s - t_w)l}\right]^{\frac{1}{4}} \tag{9.6}$$

式(9.5)和式(9.6)分别为竖直壁层流膜状凝结时局部和平均凝结表面传热系数的努谢尔特理论计算式。推导计算式时,考虑到蒸汽密度 ρ_v 对凝结传热的影响,对于高压下制冷剂蒸汽的凝结传热,ρ_v 与液体密度 ρ 相比是不可忽略的,此时完全有必要考虑 ρ_v 的影响。对于绝大部分常压下工作的凝结传热过程,$\rho_v \ll \rho$,完全可以忽略 ρ_v 的影响,此时式(9.5)和式(9.6)简化为:

$$h_x = \left[\frac{\rho^2 g\lambda^3 r}{4\mu(t_s - t_w)x}\right]^{\frac{1}{4}} \tag{9.7}$$

$$h = 0.943\left[\frac{\rho^2 g\lambda^3 r}{\mu(t_s - t_w)l}\right]^{\frac{1}{4}} \tag{9.8}$$

对于与水平面夹角为 θ 的倾斜壁,只需将竖壁计算式中的"g"用"$g\sin\theta$"代替即可。

对于水平放置的圆管外表面的膜状凝结,努谢尔特用图解积分的方法求得的平均凝结表面传热系数的理论计算式为:

$$h = 0.725\left[\frac{\rho^2 g\lambda^3 r}{\mu d(t_s - t_w)}\right]^{\frac{1}{4}} \tag{9.9}$$

式中 d——圆管外径,m;

ρ_v 已忽略不计。

上述计算式中,除汽化潜热 r 按蒸汽饱和温度确定以外,其余物性均按膜层平均温度 $t_m=(t_s+t_w)/2$ 确定。

式(9.8)和式(9.9)相比较,除系数不同以外,定型尺寸也不相同,竖直壁或者竖直圆管采用壁高或管长 l 作为定型尺寸,而水平管采用管径 d 作为定型尺寸。在其他条件相同时,圆管水平放置时的平均凝结表面传热系数与竖直放置时的平均凝结表面传热系数的比值为:

$$\frac{h_{水平}}{h_{竖直}} = 0.77\left(\frac{l}{d}\right)^{\frac{1}{4}} \tag{9.10}$$

当 $l/d=50$ 时,水平放置时平均凝结表面传热系数是竖直放置的 2 倍。因此,冷凝器通常采用水平放置的方案。

2)层流膜状凝结准则关联式

当竖壁高度足够大时,液膜的流态可由层流发展成为湍流。为判定膜层流态以及便于分析、对比和整理实验数据,一般都需要将计算公式整理成准则关联式的形式,所用到的准则是液膜雷诺数 Re_c 及凝结准则 C_0。

液膜雷诺数是根据液膜流动的特点,取当量直径为定型尺寸的雷诺数,即:

$$Re_c = \frac{d_e u_m}{\nu} = \frac{d_e \rho u_m}{\mu} \tag{14}$$

式中 u_m——壁底部液膜截面平均流速,m/s;

d_e——壁底部膜层截面的当量直径,m。

如图 9.4 所示,液膜宽度为 W,润湿周边 $U=W$,液膜截面积 $f=W\delta$,则当量直径 $d_e=\frac{4f}{U}=\frac{4W\delta}{W}=4\delta$,代入式(14),得

$$Re_c = \frac{4\delta\rho u_m}{\mu} = \frac{4M_l}{\mu} \tag{9.11}$$

其中,$M_l=\delta\rho u_m$ 是通过单位宽度的壁底部截面上的凝液质量流量,kg/(m·s)。由热平衡,1 m 宽平壁的凝结传热量等于质量为 M_l 凝液的汽化潜热,即:

$$h(t_s - t_w)l = M_l r \tag{15}$$

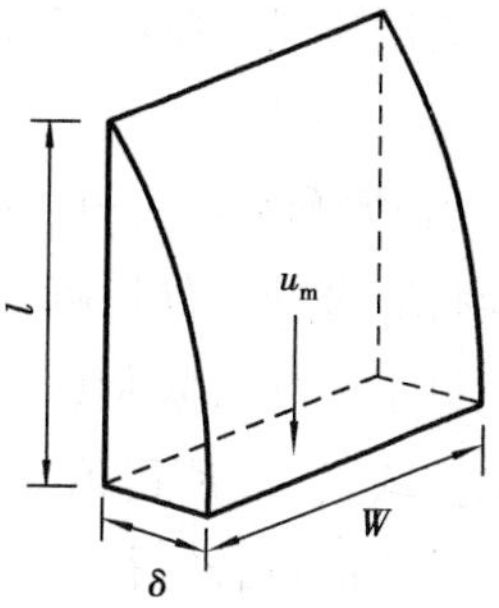

图 9.4 液膜的流动

代入式(9.11),得到 Re_c 的另一种表达形式:

$$Re_c = \frac{4h(t_s - t_w)l}{\mu r} \tag{9.12}$$

注意,采用式(9.12)计算水平圆管表面的液膜雷诺数时,应该用 πd 代替 l,这一点也可以从热平衡方程式(15)中看出。

凝结准则 C_0 仍然为无量纲数群,其大小反映了凝结传热的强弱。C_0 定义为:

$$C_0 = h\left[\frac{\lambda^3\rho^2 g}{\mu^2}\right]^{-\frac{1}{3}} \tag{16}$$

引入 Re_c 和 C_0 后,式(9.8)和式(9.9)可以改写为:

竖壁 $$C_0 = 1.47Re_c^{-\frac{1}{3}} \tag{9.13}$$

水平圆管 $$C_0 = 1.51Re_c^{-\frac{1}{3}} \tag{9.14}$$

由于 C_0 和 Re_c 中均含有待求的凝结表面传热系数 h,使用上并不方便。因此,通常采用显函数形式表示的计算式(9.8)和式(9.9)计算 h,然后校核 Re_c。实验证明,对于竖直壁,当 $Re_c>$

1 800后,液膜流态将转变为湍流。对于水平管,凝液从管壁两侧向下流动,层流到湍流的转变点为 $Re_c=3\ 600$,但因水平管直径相对于竖壁 l 小得多,不会出现湍流。还应指出,临界液膜雷诺数的取值范围较大($Re_c=1\ 600\sim2\ 000$(竖壁)),不同文献的取值是不相同的[1,5]。

3)**分析解的修正**

努谢尔特分析解的假定⑥中忽略了液膜的过冷度,事实上凝结液的温度总是低于蒸汽的饱和温度 t_s,蒸汽不但释放出汽化潜热,而且还具有显热。在满足假定⑤:膜内温度分布呈线性分布的条件下,可以证明[6],用潜热修正值 r' 代替式(9.8)、式(9.9)中的 r,可以修正忽略液膜过冷度所带来的计算误差,r' 的计算式为:

$$r' = r + \frac{3}{8}c_p(t_s - t_w) \tag{9.15}$$

式中 c_p——凝结液的定压比热容,J/(kg·℃)。

罗森诺(Rohsennow)[7]不但去掉了忽略液膜过冷的假定,并且考虑到温度分布的非线性(假定⑤认为液膜内温度分布呈线性分布)而采用逐次近似法积分能量方程式。对于竖直平壁上的层流膜状凝结,他所得到的潜热修正值的计算式为:

$$r' = r + 0.68c_p(t_s - t_w) \tag{9.16}$$

当 $Pr>0.5$,$c_p(t_s-t_w)/r<1$ 时,罗森诺的结果式(9.16)与实验结果符合得很好。

将竖直壁的分析解与实验关联式进行比较,如图 9.5 所示(图中曲线在 $1<Re_c<7\ 200$ 范围内经过水蒸气实验验证[8]),式(9.6)描写的竖直壁的 h 分析解在 $Re_c>30$ 以后就逐渐偏低于实验关联式[8,9]所得值。已查明:在 Re_c 较小时,实验观察表明液膜表面光滑,无波纹,故理论值与实验值符合得很好。但当 $30<Re_c<1\ 800$ 时,由于液膜的表面张力以及蒸汽与液膜间的黏性应力的作用,层流液膜表面发生了波动,它促进了膜内热量的对流传递,这正是分析解的假定条件④,⑤所忽略了的。因此,在实际计算中,当 $30<Re_c<1\ 800$ 时,一般可按分析解比实验数据平均偏低 20%来计算,将式(9.6)的系数乘以 1.2,以此作为竖直壁层流膜状凝结传热的实用计算式:

$$h = 1.13\left[\frac{\rho^2 g\lambda^3 r}{\mu l(t_s - t_w)}\right]^{\frac{1}{4}} \tag{9.17}$$

或

$$C_0 = 1.87Re_c^{-\frac{1}{3}} \tag{9.18}$$

当 $30<Re_c<1\ 800$ 时,式(9.13)和式(9.18)与实验关联式的比较示于图 9.5 中(图中实线表示实验关联式的计算结果)。

对于水平圆管,分析解与实验结果非常接近,可以不修正。

4)**湍流膜状凝结**

当 $Re_c>1\ 800$ 时,膜层流态为湍流。在湍流液膜中,热量的传递除了靠近壁面的极薄的层流底层仍依靠导热外,层流底层以外以湍流传递为主,这时,传热量将随 Re_c 的增大而增加,这与层流时的情况相反,如图 9.5 所示。

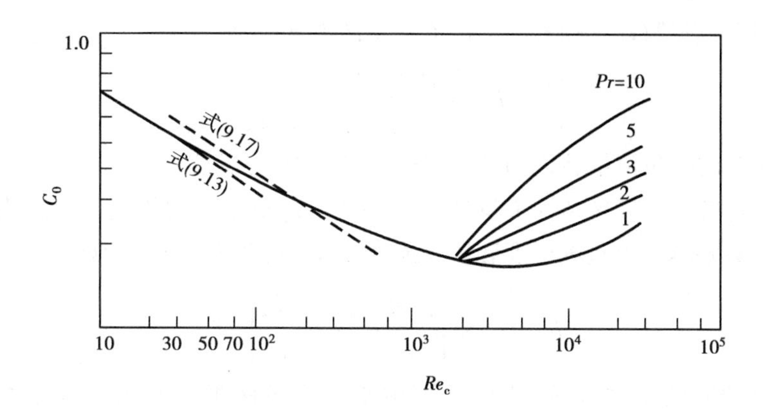

图 9.5　竖直壁膜状凝结分析解与实验关联式的比较[2]

蒸汽在壁面上形成凝结液膜，壁的上部仍将维持层流，只有当壁足够高时，在壁的下部才逐渐转变为湍流。因此，整个壁面将分成层流段和湍流段。

伊萨琴科[10]推导得到的湍流膜状凝结传热的局部准则关联式为：

$$C_{0x} = 0.023Re_{cx}^{\frac{1}{4}} Pr^{\frac{1}{2}} \tag{9.19}$$

式中：C_{0x}，Re_{cx}均以 x 作为定型尺寸，该式求出的凝结表面传热系数为局部凝结表面传热系数 h_x。式中所有物性参数均按蒸汽的饱和温度确定，该式的使用条件为：$1 \leqslant Pr \leqslant 25$；$6\times10^3 \leqslant Re_{cx} \leqslant 2.5\times10^5$。

在式(9.19)的基础上，可通过积分的方法[11]求得计算湍流段平均凝结表面传热系数的准则关联式为①：

$$C_0 = \frac{Re_c}{10\ 760 + 58Pr^{-0.5}(Re_c^{0.75} - 276)} \tag{9.20}$$

则整个壁面的平均凝结表面传热系数应按加权平均计算：

$$h = h_l \frac{x_c}{l} + h_t \left(1 - \frac{x_c}{l}\right) \tag{9.21}$$

式中　x_c——由层流转变为湍流的临界高度。

下标 l 为层流，t 为湍流；h_l 及 h_t 分别为层流段与湍流段的平均凝结表面传热系数。

凝结传热准则关联式都是凝结表面传热系数的隐函数，使用这些关联式计算凝结表面传热系数必须要采用试算的方法。

5）水平管内凝结传热

蒸汽在水平管内凝结时，凝结液在管内聚集并随蒸汽一起流动。因此，蒸汽流速对传热的影响很大。当蒸汽流速不高时，蒸汽在圆管内上部形成层流凝结液膜，然后沿管壁向下流动积聚在圆管底部而向下游流动，形成分层流动。

---

① 以 Re_c = 1 800 作为临界雷诺数，文献[2]给出的关联式为：$C_0 = \dfrac{Re_c}{8\ 750+58Pr^{-\frac{1}{2}}(Re_c^{\frac{3}{4}}-253)}$。

按管子进口蒸汽参数计算的管内蒸汽流动雷诺数 Re_v 为：

$$Re_v=\frac{\rho_v u_{m,v} d}{\mu_v}=\frac{G_v d}{\mu_v}$$

式中　G_v——蒸汽的质量流量，kg/(m²·s)；角标“v”表示蒸汽。

查托[12]认为，当进口蒸汽 $Re_v<3.5\times10^4$ 时，圆管底部凝结液的传热可以忽略不计。这时，凝结表面传热系数基本上与蒸汽干度和质量流速无关，可按下式进行计算：

$$h=0.555\left[\frac{\lambda^3 r'\rho(\rho-\rho_v)g}{\mu(t_s-t_w)d}\right]^{\frac{1}{4}} \tag{9.22}$$

考虑到靠壁的凝液是过冷液，式(9.22)中采用潜热修正值 r' 代替汽化潜热 r。r' 由式(9.16)计算。

对于管内蒸汽流速较高时的凝结传热，可参考文献[9]。

6)水平管束外平均凝结表面传热系数

卧式管壳式冷凝器由多排管子组成，上一层管子的凝液流到下一层管子上，使下一层管面的膜层增厚，故下一层管子上的 h 比上一层低，如图 9.6 所示。由式(9.9)计算的只是最上层管子的凝结表面传热系数。对于沿凝液流向有 n 排管的管束，一种近似但较方便的方法是以 nd 作为定型尺寸代入式(9.9)，求得全管束的平均凝结表面传热系数。这种计算的基本论点是认为当管间距离较小时，凝液是平静地从上一根管流到下一根管面上，且保持与高度 $l=nd$ 的竖直壁相当的层流状态。实际上，这是过分保守的估算，当管间距较大时，上层凝结液并不是平静地落在下层管上，而是在落下时要产生飞溅并对下层液膜产生冲击扰动，使得传热强化。飞溅和扰动的程度取决于管束的几何布置、流体物性等，情况比较复杂，设计时最好参考适合设计条件的实验资料。

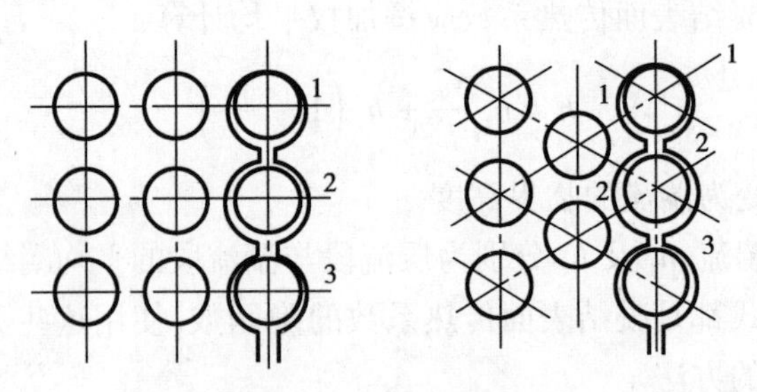

图 9.6　水平管束凝结

【例 9.1】　绝对压强 1.013×10^5 Pa 的干饱和蒸汽在高 0.45 m，宽 0.9 m，表面温度 $t_w=80$ ℃的冷壁面上凝结，求该壁面上 1 小时所产生的凝结水量。如考虑液膜过冷的影响，凝结水量为多少？

【解】　定性温度 $t_m=\frac{1}{2}(t_s+t_w)=\frac{1}{2}(100+80)$ ℃ $=90$ ℃

由附录 5 查得水的物性数据为：$\rho=965.3$ kg/m³；$\lambda=0.68$ W/(m·℃)；$\mu=314.9\times10^{-6}$ N·s/m²；$c_p=4\ 208$ J/(kg·K)

1.013×10^5 Pa 绝对压强下的饱和温度 $t_s=100$ ℃，由附录 6 查得 $r=2\ 257.1$ kJ/kg：

$$M=\frac{h(t_s-t_w)lW}{r}=\frac{(100-80)\times 0.45\times 0.9}{2\ 257.1\times 10^3}h=3.59\times 10^{-6}h(\text{kg/s})$$

按努谢尔特理论解计算:

$$h=0.943\left[\frac{\rho^2 g\lambda^3 r}{\mu(t_s-t_w)l}\right]^{\frac{1}{4}}=0.943\left[\frac{965.3^2\times 9.8\times 0.68^3\times 2\ 257.1\times 10^3}{314.9\times 10^{-6}\times(100-80)\times 0.45}\right]^{\frac{1}{4}}\text{W/(m}^2\cdot{}^\circ\text{C)}$$

$$=6\ 521\ \text{W/(m}^2\cdot{}^\circ\text{C)}$$

校核是否层流:

$$Re_c=\frac{4h(t_s-t_w)l}{\mu r}=\frac{4\times 6\ 521\times(100-80)\times 0.45}{314.9\times 10^{-6}\times 2\ 257.1\times 10^3}=330<1\ 800$$

属于层流,因此选用层流公式计算是正确的。

$$M=3.59\times 10^6\times 6\ 521\ \text{kg/s}=0.023\ 4\ \text{kg/s}=84.3\ \text{kg/h}$$

如考虑液膜过冷的影响,由式(9.16)得:

$$r'=r+0.68c_p(t_s-t_w)$$

$$=[2\ 257.1\times 10^3+0.68\times 4.208\times 10^3\times(100-80)]\text{J/kg}=2.314\times 10^6\ \text{J/kg}$$

$$h'=0.943\left[\frac{\rho^2 g\lambda^3 r'}{\mu(t_s-t_w)l}\right]^{\frac{1}{4}}=6\ 562\ \text{W/(m}^2\cdot{}^\circ\text{C)}$$

$$M'=\frac{h(t_s-t_w)lW}{r'}=0.023\ \text{kg/s}=82.7\ \text{kg/h}$$

误差$=\frac{84.3-82.7}{84.3}=0.019=1.9\%$。

努谢尔特层流膜状凝结分析解式(9.8)比实验结果偏低20%,使用该式计算是偏保守的,但对于冷凝器设计,偏保守的计算结果同时也是偏安全的。工程计算中,为获得更为真实的结果,竖壁层流膜状凝结计算更多地采用式(9.17)。

【例9.2】 冷凝器中顺排管束之一列是由10根自上而下排列,并相互具有一定间距的水平管组成。管的外径为15 mm,表面温度为60 ℃,它与温度为120 ℃的饱和水蒸气相接触。如水平管长为1.2 m,试计算:①每列水平管束上蒸汽每小时的总凝结量;②如排管竖直放置,蒸汽每小时的总凝结量为多少?

【解】 定性温度:$t_m=\frac{1}{2}(t_s+t_w)=\frac{1}{2}(120+60)\ {}^\circ\text{C}=90\ {}^\circ\text{C}$

由附录5查得水的物性数据为:

$\rho=965.3\ \text{kg/m}^3$;$\lambda=0.68\ \text{W/(m}\cdot{}^\circ\text{C)}$;$\mu=314.9\times 10^{-6}\ \text{N}\cdot\text{s/m}^2$;

$c_p=4\ 208\ \text{J/(kg}\cdot\text{K)}$;$t_s=110$ ℃时,由附录6查得$r=2\ 229.9\ \text{kJ/kg}$。

因温差较大,应考虑液膜过冷的影响:

$$r'=r+0.68c_p(t_s-t_w)$$

$$=[2.229\ 9\times 10^6+0.68\times 4\ 208\times(120-60)]\text{J/kg}=2.401\ 6\times 10^6\ \text{J/kg}$$

①求每列水平管束上蒸汽每小时的总凝结量:

$$M=\frac{hn\pi dl(t_s-t_w)}{r'}$$

$$=\frac{10\pi\times0.015\times1.2\times(120-60)}{2.401\ 6\times10^{6}}h=1.412\times10^{-5}h$$

$$h=0.725\left[\frac{\rho^{2}g\lambda^{3}r'}{\mu nd(t_{s}-t_{w})}\right]^{\frac{1}{4}}$$

$$=0.725\left[\frac{965.3^{2}\times9.8\times0.68^{3}\times2.401\ 6\times10^{6}}{314.9\times10^{-6}\times10\times0.015\times(120-60)}\right]^{\frac{1}{4}}\mathrm{W/(m^{2}\cdot ℃)}=5\ 092\ \mathrm{W/(m^{2}\cdot ℃)}$$

因此 $$M=1.412\times10^{-5}\times5\ 092\ \mathrm{kg/s}=7.19\times10^{-2}\ \mathrm{kg/s}=258.8\ \mathrm{kg/h}$$

校核雷诺数： $$M_{l}=\frac{M}{l}=\frac{7.19\times10^{-2}}{1.2}\mathrm{kg/(m\cdot s)}=6\times10^{-2}\ \mathrm{kg/(m\cdot s)}$$

$$Re_{c}=\frac{4M_{l}}{\mu}=\frac{4\times6\times10^{-2}}{314.9\times10^{-6}}=762<3\ 600$$

属于层流，选用层流公式正确

②求竖直放置时每小时的总凝结量：

热平衡方程与水平管束时一致，因此：

$$M=1.412\times10^{5}h$$

$$h=0.943\left[\frac{\rho^{2}g\lambda^{3}r'}{\mu l(t_{s}-t_{w})}\right]^{\frac{1}{4}}=3\ 938\ \mathrm{W/(m^{2}\cdot ℃)}$$

所以 $$M=1.412\times10^{-5}\times3\ 938\ \mathrm{kg/s}=0.055\ 6\ \mathrm{kg/s}=200\ \mathrm{kg/h}$$

校核雷诺数。竖直放置时，应计算单根管的雷诺数：

$$M_{l}=\frac{M}{n\pi d}=0.118\ \mathrm{kg/(m\cdot s)}$$

$$Re_{c}=\frac{4M_{l}}{\mu}=\frac{4\times0.118}{314.9\times10^{-6}}=1\ 499<1\ 800$$ 属于层流

可见，圆管竖直放置时，其凝结表面传热系数仅为水平管束的77%。如为单圆管水平放置，可求出其凝结表面传热系数 h=9 055 W/(m²·℃)，是竖直放置的2.3倍。在冷凝器设计时，采用水平放置能否增强凝结传热可用式(9.10)作为判据。此外，求解问题①时，水平管束竖向10排时，计算得到的 Re_{c} 比临界值仍然小很多，可见水平放置时不易出现湍流。

【例9.3】 去掉努谢尔特关于忽略液膜过冷的假定，在保留其余假定的条件下，利用能量守恒原理证明式(9.15)的正确性。

【解】 取图9.7中的微元段来建立能量守恒方程

考虑液膜过冷产生的显热，在 x 截面由凝液带入的能量应为：

$$\Phi_{x}=\int_{0}^{\delta}\rho u[H'+c_{p}(t-t_{s})]\mathrm{d}y$$

由 $x+\mathrm{d}x$ 截面由凝液带走的能量应为：

$$\Phi_{x+\mathrm{d}x}=\Phi_{x}+\frac{\mathrm{d}\Phi_{x}}{\mathrm{d}x}\mathrm{d}x$$

能量守恒方程为：

$$H''\mathrm{d}M_l + \Phi_x = \lambda\left(\frac{\mathrm{d}t}{\mathrm{d}y}\right)_{\mathrm{w}}\mathrm{d}x + \Phi_x + \frac{\mathrm{d}\Phi_x}{\mathrm{d}x}\mathrm{d}x$$

由于膜内温度为线性分布，$\left(\frac{\mathrm{d}t}{\mathrm{d}y}\right)_{\mathrm{w}} = \frac{t_{\mathrm{s}}-t_{\mathrm{w}}}{\delta}$。

$$\frac{\mathrm{d}\Phi_x}{\mathrm{d}x}\mathrm{d}x = \frac{\mathrm{d}}{\mathrm{d}x}\left\{\int_0^\delta \rho u[H' + c_p(t - t_{\mathrm{s}})]\mathrm{d}y\right\}\mathrm{d}x$$

代入能量守恒方程，得：

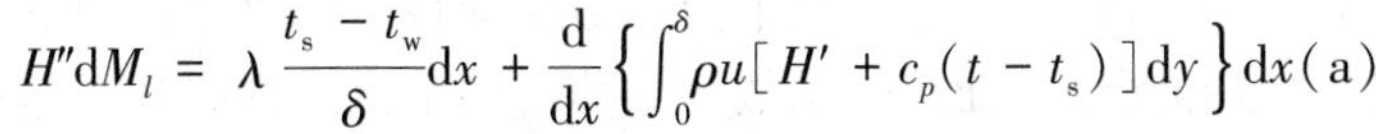

$$H''\mathrm{d}M_l = \lambda\frac{t_{\mathrm{s}} - t_{\mathrm{w}}}{\delta}\mathrm{d}x + \frac{\mathrm{d}}{\mathrm{d}x}\left\{\int_0^\delta \rho u[H' + c_p(t - t_{\mathrm{s}})]\mathrm{d}y\right\}\mathrm{d}x \text{(a)}$$

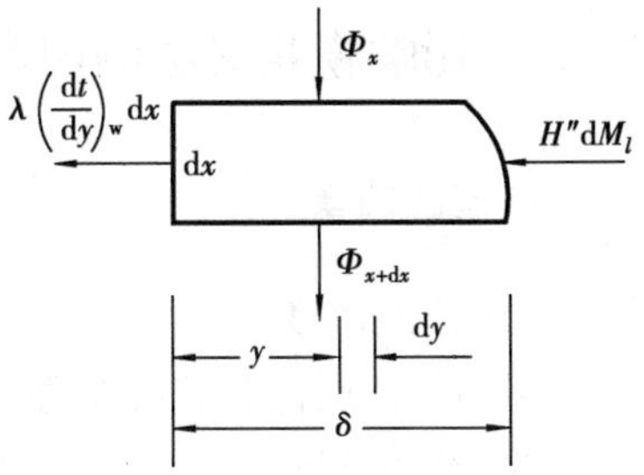

图 9.7　考虑液膜过冷时微元段的能量守恒

式中　H'——饱和液体的焓，J/kg；

　　　H''——饱和蒸汽的焓，J/kg。

由式(8)知：

$$\int_0^\delta \rho u H'\mathrm{d}y = H'M_l$$

$$\frac{\mathrm{d}}{\mathrm{d}x}\left(\int_0^\delta \rho u H'\mathrm{d}y\right)\mathrm{d}x = H'\mathrm{d}M_l\text{，且 } r = H'' - H'$$

式(a)改写为：

$$r\mathrm{d}M_l = \lambda\frac{t_{\mathrm{s}} - t_{\mathrm{w}}}{\delta}\mathrm{d}x + \frac{\mathrm{d}}{\mathrm{d}x}\left[\int_0^\delta \rho u c_p(t - t_{\mathrm{s}})\mathrm{d}y\right]\mathrm{d}x \tag{b}$$

等式右边的积分式代入速度分布式(6)及温度分布式(7)，积分后得：

$$\int_0^\delta \rho c_p\frac{(\rho - \rho_{\mathrm{v}})g}{\mu}\left(\delta y - \frac{1}{2}y^2\right)\left(\frac{y}{\delta} - 1\right)(t_{\mathrm{s}} - t_{\mathrm{w}})\mathrm{d}y = -\frac{1}{8}\rho c_p\frac{(\rho - \rho_{\mathrm{v}})}{\mu}(t_{\mathrm{s}} - t_{\mathrm{w}})\delta^3$$

$$\frac{\mathrm{d}}{\mathrm{d}x}\left[\int_0^\delta \rho u c_p(t - t_{\mathrm{s}})\mathrm{d}y\right]\mathrm{d}x = -\frac{3}{8}\rho c_p\frac{(\rho - \rho_{\mathrm{v}})g}{\mu}(t_{\mathrm{s}} - t_{\mathrm{w}})\delta^2\mathrm{d}\delta \tag{c}$$

注意到式(9)：

$$\mathrm{d}M_l = \frac{\rho(\rho - \rho_{\mathrm{v}})g\delta^2}{\mu}\mathrm{d}\delta \tag{9}$$

将式(9)和式(c)代入式(b)，整理后得：

$$\delta^3\mathrm{d}\delta = \frac{\mu\lambda(t_{\mathrm{s}} - t_{\mathrm{w}})}{\rho(\rho - \rho_{\mathrm{v}})g\left[r + \frac{3}{8}c_p(t_{\mathrm{s}} - t_{\mathrm{w}})\right]}\mathrm{d}x$$

积分后解得：

$$\delta = \left[\frac{4\mu\lambda(t_{\mathrm{s}} - t_{\mathrm{w}})x}{\rho(\rho - \rho_{\mathrm{v}})g\left[r + \frac{3}{8}c_p(t_{\mathrm{s}} - t_{\mathrm{w}})\right]}\right]^{\frac{1}{4}} \tag{d}$$

将上式与式(13)比较，过冷的影响在式中已表现出来，所以潜热修正值为 $r' = r + \frac{3}{8}c_p(t_{\mathrm{s}} - t_{\mathrm{w}})$，即为式(9.15)。

9.1.3 影响膜状凝结的因素及强化传热的措施

1)影响因素

(1)蒸汽速度

努谢尔特层流膜状凝结理论假定蒸汽速度为0,因此汽—液交界面上不存在黏性应力,所获得的分析解只适用于蒸汽速度较低的情况。如果蒸汽速度较大,必然在液膜表面产生明显的黏性应力。假如蒸汽速度垂直向下,黏性应力的作用是把液膜更快地拉向竖直壁面的下方,因此使液膜减薄,从而增大凝结传热量和凝结表面传热系数。如蒸汽向上流动,则趋向于阻止液膜向下流动,使液膜层增厚,减小凝结表面传热系数。但如果蒸汽速度很大,则不论是向上或向下流动,都会使得液膜脱离壁面,强化了凝结传热。

(2)不凝性气体

蒸汽中即使只含有微量的不凝性气体,如空气,也将会对凝结传热产生极其有害的影响。例如,在一般的冷凝温差下,当不凝性气体体积分数为2‰时,凝结表面传热系数将下降20%~30%;体积分数为5‰时,降低50%;而当体积分数达到1%时,凝结表面传热系数将仅达到纯净蒸汽的1/3[2]。不凝性气体对凝结传热产生影响的原因是:蒸汽凝结时,把不凝性气体也带到了液膜附近,因不能凝结而逐渐聚集在液膜表面,使这里的不凝性气体浓度(分压强)高于离膜面较远处的浓度,从而增加了蒸汽分子向液膜表面扩散的阻力。同时,由于总压强保持不变,故膜层表面的蒸汽分压强低于远处的蒸汽分压强,膜表面蒸汽的饱和温度降低,相应地降低了凝结温差,使传热量和凝结表面传热系数降低。因此,在冷凝器中有效地排除不凝性气体是非常重要的。增大蒸汽的流速能够破坏不凝性气体在液膜表面的聚集,使不凝性气体的影响减小。多组分蒸汽凝结时,凝结温度低的组分也具有不凝性气体的类似作用。

(3)过热蒸汽

在压缩式制冷机中,从压缩机进入冷凝器的制冷剂蒸汽是过热蒸汽,这时液膜表面仍将维持饱和温度,只有远离液膜表面的地方才维持过热温度,故凝结传热温差仍为(t_s-t_w)。实验证实,即使有很高的过热度,用前述公式计算凝结表面传热系数仍然误差不大,例如,在大气压力下,38 ℃的过热度h值仅增大约1%,可以忽略不计。但为了考虑蒸汽过热的影响,在采用上述公式计算时可用过热蒸汽和饱和液体的焓差代替汽化潜热r。

(4)蒸汽中含油

如果蒸汽中含有不溶于凝结液的油(如水蒸气和氨蒸汽中的润滑油),则油可能沉积在壁面上形成油垢,增加了热阻。

(5)表面粗糙

当Re_c较小时,凝结液易于积存在粗糙的壁面上,从而使液膜增厚,凝结表面传热系数可低于光滑壁的30%;但当$Re_c>140$以后,凝结表面传热系数又可高于光滑壁。这种现象类似于粗糙表面对单相流体对流传热的影响。

2)强化凝结传热的措施

强化凝结传热的关键是设法减薄凝液膜层的厚度,加速凝液的排泄,以及促成珠状凝结等。主要措施如下:

(1)采用高效冷凝表面

在竖壁或竖管上顺凝液流向开沟槽,在水平管上开螺旋槽或加低肋,可制成高效冷凝表面,从而使凝结表面传热系数成倍增加。其强化传热的机理一方面是槽(或肋)的脊背部分可起到肋片的作用,更主要的是凝结液将由于表面张力的作用被拉回到沟槽内,顺槽排泄,而槽的脊背上液膜厚度大为减薄,使膜层热阻大大降低。

(2)有效地排除不凝性气体

前已分析,不凝性气体对凝结传热的影响极大,因此应采取措施有效地排除不凝性气体。对于负压运行的冷凝器(如发电厂的冷凝器),由于空气容易渗入,应在这类设备中加装抽气装置。

(3)加速凝结液的排除

加装中间导流装置,使凝液在下流过程中分段排泄;使用离心力、低频振动和静电吸引等方法加速凝结液的排泄。

9.2 沸腾传热

9.2.1 沸腾传热现象与沸腾的分类

当壁温高于液体的饱和温度时,在液体内部产生气泡的现象称为沸腾,由于沸腾所产生的热量传递过程称为沸腾传热。沸腾传热在工业上的应用十分广泛,例如水在锅炉中的沸腾汽化、制冷剂在蒸发器中的沸腾蒸发等,都是通过沸腾传热来产生蒸汽的。

为了保持稳定的沸腾,必须不断地加入热量。加给沸腾液体的热量可以从加热的固体表面进入或者从液体容积进入。前者称为固体表面沸腾,气相在固体表面上的个别地方形成;后者称为容积沸腾,气相直接在液体容积中产生。只有在液体温度具有明显的过热时,才可能产生容积沸腾。例如,当系统中压力迅速降低而产生明显的过热时,才可能产生容积沸腾。在工程中最为普遍的沸腾现象是固体表面沸腾,本节将只讨论固体表面沸腾传热。

按照沸腾液体的流动特性,固体表面沸腾可分为大容器沸腾和受迫对流沸腾两类。大容器沸腾又称为池沸腾,是指加热的固体壁面沉浸在无宏观流速的液体中,加热面上产生气泡的沸腾。在大容器沸腾时,气泡的生成、长大、脱离壁面的运动以及气、液密度差引起的自然对流是液体运动的起因。大容器的尺寸相对很大,不影响加热面上气泡的脱离和运动。受迫对流沸腾又称为管沸腾,是指流体在外力驱使下以一定的速度流过加热管内部时,在管内表面上发生的沸腾。受迫对流沸腾时,流体的运动除了由于自然对流和气泡造成的扰动以外,流体还受外力的驱动做定向流动。这样,无相变的流动与气泡生成、成长和运动相互影响形成复杂的气液两相流,两相流动与沸腾传热又相互影响,形成了比大容器沸腾更为复杂的流动沸腾。

无论是大容器沸腾还是受迫对流沸腾,根据液体的主体温度 t_l、液体压强对应下的饱和温度 t_s 以及壁面温度 t_w 三者之间的关系,又可分为过冷沸腾和饱和沸腾。图 9.8 为 3 个温度的示意,当 $t_w>t_s>t_l$ 时,加热面上产生的气泡脱离壁面后在液体主流中会被重新凝结成为液体,这种沸腾称为过冷沸腾。例如，将被加热的金属放入液体槽中冷却，金属壁面上液体的沸腾就属于过冷沸腾。当 $t_w>t_l>t_s$ 时，由于液体具有一定的过热度，加热面上产生的气泡脱离壁面后又不断地受到液体的加热，可自由地穿过液体达到液面，最后逸入气体空间，中途不会在液体中重新凝结，这种沸腾称为饱和沸腾。

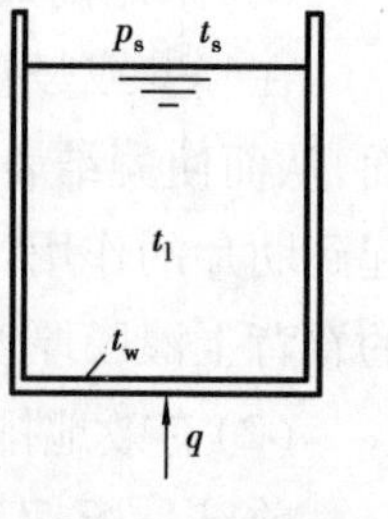

本节将重点讨论大容器饱和沸腾传热的机理以及实验研究的结果，并简要地叙述管内受迫对流沸腾的流动结构和传热特点。

图 9.8 大容器沸腾时的 3 个温度示意图

9.2.2 大容器饱和沸腾传热

1）沸腾过程和沸腾曲线

如前所述，一定压强下，当 $t_w>t_l>t_s$ 时的沸腾，称为饱和沸腾。饱和沸腾时，壁温 t_w 与饱和温度 t_s 之差称为沸腾温差，记作 Δt，即 $\Delta t=t_w-t_s$。Δt 对沸腾状态的影响很大，可通过沸腾时的热流密度 q 随 Δt 的变化来加以阐明。q 与 Δt 的关系曲线称为沸腾曲线。如图 9.9 所示，不断地增大 t_w（恒壁温加热），使得 Δt 不断增大，随着 Δt 的变化，呈现出 3 种沸腾状态：对流沸腾、核态沸腾（泡态沸腾）和膜态沸腾。

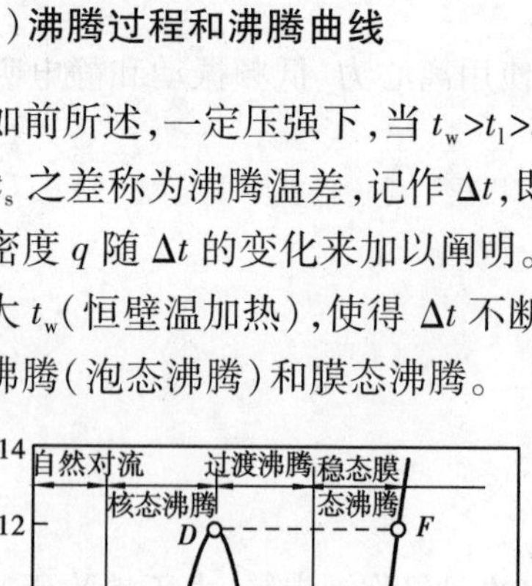

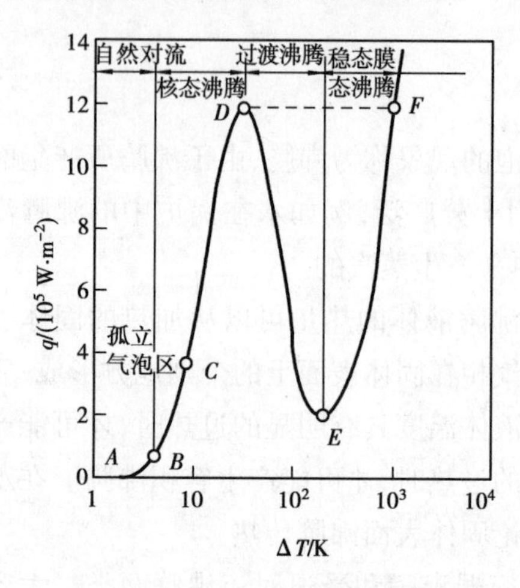

图 9.9 $p=1.013\times10^5$ Pa 时饱和水的沸腾曲线

当 Δt 很小时，见图 9.9 中 B 点以前，壁面上仅有极少量的气泡产生，而且产生的气泡不能脱离壁面和上浮，故看不到沸腾的景象，加热面和流体间的传热依靠自然对流，这时的沸腾称为自然对流沸腾。该过程可近似地视为单相流体的自然对流传热，表面传热系数 h 可按单相流体自然对流传热计算，即 $Nu=C(Gr\cdot Pr)^n$，其中 $n=\frac{1}{4}\sim\frac{1}{3}$，由此可知热流密度 q 随沸腾温差 Δt 的 $\frac{5}{4}\sim\frac{4}{3}$ 次幂发生变化。

进一步提高 t_w，使得 Δt 继续增大，到达 B 点以后壁面上某些称为汽化核心的地点开始产生气泡，沸腾过程开始。受气泡产生、长大和脱离的影响，随着沸腾温差的增大，壁面上热流密度的增大加速，如图 9.9 中的 BC 段所示，汽化核心处产生的气泡彼此互不干扰，称为孤立气泡区。随着 Δt 的进一步增加，汽化核心大量增加，气泡形成、长大和脱离的频率及其强度也随之增加。实测证明，此时沸腾液体的温度 t_l 大于饱和温度 t_s，具有一定的过热度，故气泡脱离壁面后还会继续被加热、长大，气泡间相互影响并合并形成喷出的气柱和气块，最后上升到液体表面而逸出。由于气泡大量迅速地生成和它的激烈运动，传热强度剧增，热流密度 q 随 Δt 的提高而急剧增大，直到达到热流密度的峰值 q_{cr}。q_{cr} 在图 9.9 中的相应点为 D，D 点称为沸腾临界点，与之对应的 Δt 记为 Δt_{cr}，称临界沸腾温差。在 BC 和 CD 这 2 个区域中，气泡的形成、长大和脱离，以及气泡的迅速浮升引起液体的剧烈扰动对传热起着决定性的影响，称为核态沸腾或泡态沸腾。核态沸腾具有温差小、传热强的特点,所以一般工业设备的沸腾传热都设计在这个范围内。

D 点以后,若继续提高 Δt,热流密度 q 呈降低趋势。这是因为生成的气泡太多,在加热面上形成气膜,开始时气膜是不稳定的,会突然裂开变成大气泡离开壁面。这种气膜阻碍了传热,导致传热状况恶化。当再次提高 Δt 到达 *E* 点以后,壁面将全部被一层稳定的气膜所覆盖,这时气化只能在气—液交界面上进行,气化所需热量依靠导热、对流和辐射通过气膜传递,因壁温过高,辐射传热量将随热力学温度的 4 次幂急剧增加,因此 *E* 点以后热流密度又继续增大。*E* 点以后的现象称为膜态沸腾,而 *DE* 段是不稳定的过渡态沸腾(不稳定的膜态沸腾)。

图 9.9 给出的是压力为 1.013×10^5 Pa 时水在大容器中的饱和沸腾曲线。$\Delta t<3\sim5$ ℃时为自然对流沸腾,临界沸腾温差 Δt_{cr} 为 30 ~ 50 ℃[11],相应的临界热流密度 q_{cr} 一般可超过 10^6 W/m^2。由于加热表面材料和加工方法等因素的影响,不同实验条件下所得到的上述数据往往可能有较大的差异,但不同工质沸腾状况的演变规律和沸腾曲线的特征是类似的。

应该指出,上述沸腾状况的演变是通过改变加热面温度来实现的,若依靠控制加热面热流密度来改变沸腾状况,则不可能实现过渡沸腾阶段。此时,随着热流密度的增加,沸腾在经历自然对流和核态沸腾阶段后,一旦达到或稍许超过 q_{cr},沸腾状况将由 *D* 点沿虚线跳跃到膜态沸腾状况,Δt 将猛升到近 1 000 ℃,相当于 *F* 点对应的沸腾温差。这时,加热面金属材料有可能承受不住这样高的温度而烧毁,所以 *D* 点又称为烧毁点。一般热力设备的设计热流密度都低于 q_{cr} 以避免烧毁。若从膜态沸腾开始降低热流密度,则只有在热流密度远低于 q_{cr} 达到 *E* 点时,膜态沸腾才恢复到核态沸腾的状况,这一过程也具有跳跃的性质。

2)泡态沸腾机理

通过前面的论述已经知道,换热设备运行的最佳区域是核态沸腾区域。在核态沸腾区域,产生的气泡越多,沸腾传热就越强烈。那么,气泡怎样产生,怎样长大,影响气泡形成的因素有哪些?这些问题可通过分析泡态沸腾机理来得到解释。

在如图 9.10 所示的大容器沸腾液体内部,取半径为 *R* 的气泡来进行分析。如该气泡能够在液体中平衡存在,即气泡既不长大,又不缩小,则必须同时满足力平衡、热平衡和相平衡条件。关于相平衡,因涉及更多的热力学知识,有兴趣的读者可参阅文献[11,13],这里仅讨论力平衡和热平衡条件。

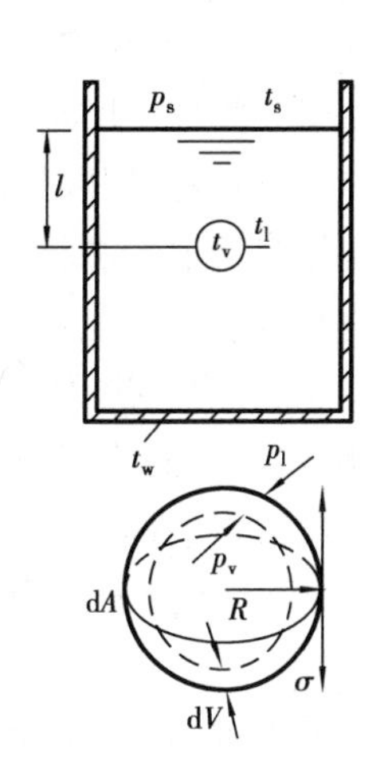

图 9.10 作用在气泡上的力

作用在气泡上的力有压强和表面张力,压强垂直作用于气泡表面积上,泡内压强为 p_v,泡外压强为 p_l;表面张力 σ 作用在液—汽周界上,是使气泡表面积缩小的力。因此,要使气泡能够长大,泡内压力必须克服表面张力对外做功。设在图 9.10 所示力的作用下,气泡体积增大了 d*V*,表面积增大了 d*A*,则做功量为:

$$dw=(p_v-p_l)dV-\sigma dA$$

当气泡处于既不长大、又不缩小的平衡状态时,做功 $dw=0$,因此:

$$(p_v-p_l)dV=\sigma dA$$

对于球形，$V=\frac{4}{3}\pi R^3$，$A=4\pi R^2$，微分并代入上式，得到：

$$(p_v - p_1) = \frac{2\sigma}{R} \tag{1}$$

式(1)即是气泡能够存在而不消失的力平衡条件，若

$$(p_v - p_1) > \frac{2\sigma}{R} \tag{2}$$

则气泡就能继续长大。

式(1)表明，由于表面张力 σ 的存在，将有 $p_v>p_1$，若忽略液体静压差的影响（图 9.10 中，静压差=ρgl），可近似认为 $p_1=p_s$。由于 p_s 对应的饱和温度为 t_s，p_v 对应的饱和温度为 t_v，因此应有 $t_v>t_s$。但另一方面，气泡既不长大又不缩小还应该满足热平衡条件，即：

$$t_v = t_1 \tag{3}$$

若 $t_v>t_1$，气泡将向液体传热，释放出汽化潜热从而凝结成为液体，气泡就将缩小以至崩溃。反之，若 $t_v<t_1$，则汽—液界面上的液体就会继续蒸发，气泡长大。

从力平衡知 $t_v>t_s$，从热平衡知 $t_v=t_1$，这充分说明沸腾液体并非通常想象的处于饱和状态，而是必须处于过热状态，过热度 $\delta t=t_1-t_s$，实验测量也充分地证实了这一点，即沸腾液体 $\delta t>0$。

由式(2)可知，一个气泡长大的压强差与它的半径成反比，与表面张力成正比，半径越小的气泡，就需要越大的压强差。按此推论，当 $R\to0$ 时，是否就意味着需要极大的压强差才能使气泡生成、长大？动力学成核理论研究指出，在纯液体的大量分子团中，能量分布并不均匀，部分分子团具有较多的能量，这些高于平均值的能量称活化能。气泡是在气泡核的基础上长大的，形成气泡核需要活化能，而在沸腾面的凹缝中形成气泡时所需的活化能量为最少，因此，借助于一些分子团足够的活化能，气泡能在凹缝上自发生成[14]。如图 9.11 所示，气泡核产生时，它必须挤开周围的液体，耗费一定的能量，而借助于凹缝等外部条件，所需的能量为最小，这就是观察水的沸腾现象时，看到壁面上气泡总是从一些固定地点产生的原因。孕育气泡核的这些点称为活化点或称气化核心。

总之，泡态沸腾能够生成的气泡核越多，则沸腾传热就越激烈，而生成气泡核的基本动力是沸腾温差，只需经过适当的推导，就可以从气泡半径和沸腾温差的关系中得出气泡核的最小半径，从而可解释核态沸腾现象。

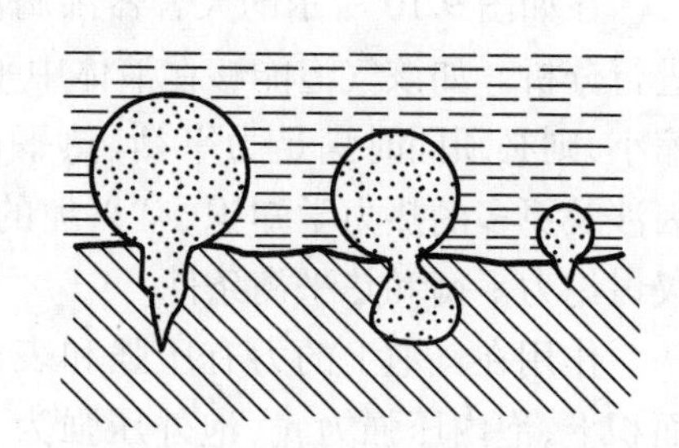

图 9.11　气泡在核化点上生成

因为压强和相应的饱和温度是一一对应的，所以压强差 p_v-p_1 可以用相应饱和温度对应的压强差来表示为：

$$p_v - p_1 = p(t_s + \delta t) - p(t_s)$$

上式按泰勒级数展开，得：

$$p_v - p_1 = p'\delta t + p''\frac{(\delta t)^2}{2} + \cdots \approx p'\delta t \tag{4}$$

其中，p'是汽、液两相饱和曲线上压强随温度的变化率，可用克劳修斯—克拉贝龙方程计

算,即:

$$p' = \left(\frac{\mathrm{d}p}{\mathrm{d}T}\right)_{\mathrm{s}} = \frac{r\rho_{\mathrm{v}}\rho_{\mathrm{l}}}{T_{\mathrm{s}}(\rho_{\mathrm{l}} - \rho_{\mathrm{v}})} \tag{5}$$

式中 ρ_{v},ρ_{l}——气泡内蒸汽和沸腾液体的密度,$\mathrm{kg/m^3}$。

当沸腾远离临界点时,$\rho_{\mathrm{v}} \ll \rho_{\mathrm{l}}$,则式(5)简化为:

$$p' = \left(\frac{\mathrm{d}p}{\mathrm{d}T}\right)_{\mathrm{s}} = \frac{r\rho_{\mathrm{v}}}{T_{\mathrm{s}}} \tag{6}$$

式中 r——饱和温度下的气化潜热,J/kg。

将式(6)代入式(4),再由式(1)可得:

$$R = \frac{2\sigma T_{\mathrm{s}}}{r\rho_{\mathrm{v}}(t_{\mathrm{l}} - t_{\mathrm{s}})} \tag{7}$$

对于一定的沸腾压强,式中 $\sigma, r, \rho_{\mathrm{v}}, T_{\mathrm{s}}$ 均为定值,这样 R 就仅与$(t_{\mathrm{l}}-t_{\mathrm{s}})$成反比。在沸腾的情况下,气泡核在壁面上生成,紧靠壁面处具有液体的最高温度,此时 $t_{\mathrm{l}}=t_{\mathrm{w}}$,用沸腾温差$\Delta t = t_{\mathrm{w}}-t_{\mathrm{s}}$ 代替液体过热度 $\delta t=t_{\mathrm{l}}-t_{\mathrm{s}}$,得到壁面上气泡核生成时的最小半径:

$$R_{\min} = \frac{2\sigma T_{\mathrm{s}}}{r\rho_{\mathrm{v}}\Delta t} \tag{8}$$

式(8)表明,在一定的 p 及 Δt 的条件下,初生的气泡核只有当它的半径 $R>R_{\min}$时,才能继续长大。故式(8)即为初生气泡核能站住脚的最小半径。由此可以解释两个现象:

①在加热壁面上,$t_{\mathrm{l}}=t_{\mathrm{w}}$,过热度最大,在这里生成气泡核所需的半径最小,所消耗的功也最小。故壁面上凹缝、孔隙是生成气泡核的最好地点。

②当沸腾温差 Δt 增大时,$R_{\min}$随之减小,这意味着将有更多的初生气泡核符合生成长大条件。故提高 Δt,气泡量急剧增加,沸腾传热更加强烈。

半径 $R \geqslant R_{\min}$的气泡核在气化核心处形成后,随着进一步的加热,它的体积将不断地增大。这时热量是以导热方式传递的,加热的途径一是由气泡周围的过热液体通过气—液界面传递,另一条途径是直接由气泡下面的气—固界面传递。由于液体的导热系数远大于蒸汽,故热量传递的途径主要是前者。不断传递的热量使气—液界面的液体继续蒸发,并克服表面张力形成更大的气泡。当气泡长大到某一直径时,作用在气泡上的浮升力超过壁面对它的附着力,气泡便脱离加热壁面向上浮升,该直径称为脱离直径。附着力的大小与液体对壁面的润湿情况有关,当液体能很好地润湿壁面时,$\theta<90°$,气泡成球形状,只有很少一部分与壁面粘接,较易脱离,如图 9.12 所示。水、煤油等属于润湿能力较强的液体。若液体不能很好地润湿湿壁面,$\theta>90°$,如水银,气泡附着在壁面上的面积较大,不易脱离,显然传热情况不好。弗里茨(W. Fritz)基于浮升力和表面张力的平衡,理论上推导出了下列计算气泡脱离直径的公式,即:

$$D_0 = 0.208\theta\sqrt{\frac{\sigma}{g(\rho_{\mathrm{l}} - \rho_{\mathrm{v}})}} \tag{9.23}$$

关于压强的影响。分析式(8),在一定的 Δt 下 $\sigma, r, T_{\mathrm{s}}, \rho_{\mathrm{v}}$ 这 4 个值中,只有 ρ_{v} 随压强的变化最大。p 增加时,ρ_{v} 的增加值将超过 T_{s} 的增值和 r 的减小,最终使 $R_{\min}$随 p 增大而减小,故对一定的 Δt,随着压强的提高,能够生成的气泡核更多,沸腾也随之加强。大容器核态沸腾的热流密度峰值,文献[15]给出的计算式为:

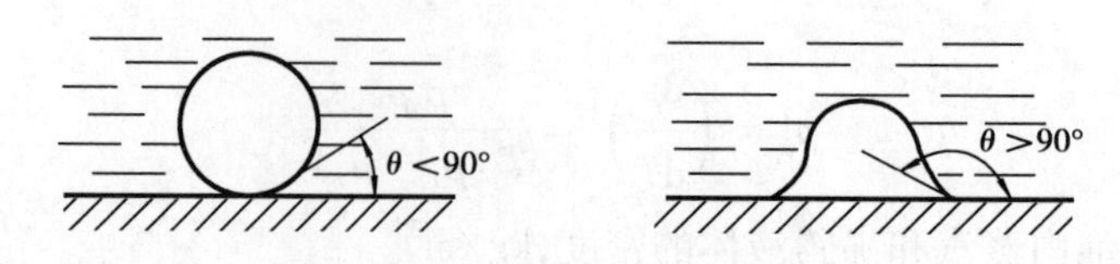

图 9.12 气泡在壁面上的形状

$$q_{\mathrm{cr}}=\frac{\pi}{24}\rho_{\mathrm{v}}^{\frac{1}{2}}r\left[g\sigma(\rho_{1}-\rho_{\mathrm{v}})\right]^{\frac{1}{4}} \tag{9.24}$$

该计算式与文献[11]的分析结果相同,但文献[11]中的常数为 0.149,与式(9.24)中的常数 $\pi/24=0.131$ 相比,二者相差 12%。

除此以外,不凝性气体含量、重力场、液位(沸腾面与自由液面间的距离)等对沸腾传热也都有一定影响,更详尽的论述可参考文献[14]。

3)大容器核态沸腾传热计算

在许多工业领域内,核态沸腾传热得到了广泛的应用,因而促进了对其机理和准则关联式的研究,现已积累了大量的研究资料。由于沸腾传热机理的复杂性,各种准则关联式之间的分歧仍然存在,有时偏差还不小。本节仅介绍 2 个广为采纳和应用的计算式,更深入地分析探讨可参考相关的专门文献。

(1)罗森诺公式

罗森诺认为[16],沸腾传热时,气泡的成长和脱离引起液体跟随气泡脱离的尾迹而产生局部干扰,强化了对流传热。基于这种设想,沸腾传热的计算仍采用下列类似于单相流体对流传热准则关联式的形式,即:

$$\left(\frac{Nu_{\mathrm{b}}}{Re_{\mathrm{b}}\cdot Pr_{1}}\right)^{-1}=CRe_{\mathrm{b}}^{n}\cdot Pr_{1}^{m} \tag{9}$$

式中 Nu_{b}——以气泡脱离直径 D_0 为定型尺寸的努谢尔特数,即:

$$Nu_{\mathrm{b}}=\frac{hD_{0}}{\lambda_{1}}=\frac{qD_{0}}{\lambda_{1}(t_{\mathrm{w}}-t_{\mathrm{s}})} \tag{10}$$

$Re_{\mathrm{b}}=\rho_{\mathrm{v}}u_{\mathrm{b}}D_0/\mu_1$ 是气泡的雷诺数。其中,u_{b} 是蒸汽容积流速,它表示单位加热表面上所有气泡脱离表面上升的平均速度,根据热平衡关系 $q=\rho_{\mathrm{v}}u_{\mathrm{b}}r$ 可以得到:

$$Re_{\mathrm{b}}=\frac{qD_{0}}{\mu_{1}r} \tag{11}$$

Pr_1 是液体的普朗特数,即 $Pr_1=\mu_1 c_{p,1}/\lambda_1$。将式(10)和式(11)及式(9.23)代入式(9),整理后得到:

$$\frac{c_{p,1}(t_{\mathrm{w}}-t_{\mathrm{s}})}{r}=c_{\mathrm{w},1}\left[\frac{q}{\mu_{1}r}\sqrt{\frac{\sigma}{(\rho_{1}-\rho_{\mathrm{v}})g}}\right]^{n}Pr_{1}^{m} \tag{9.25}$$

其中,$c_{\mathrm{w},1}=(0.208\theta)^{n}$,$C$ 仍为常数,它与液体和壁面材料的组合情况有关,由实验确定;一些不同组合的 $c_{\mathrm{w},1}$ 值,见表 9.1。物性参数按下标“l”和“v”分别取饱和液体和饱和蒸汽的物性值,σ 按液体的饱和温度计算。综合文献中有关的实验数据,得到式中的指数为:$n=1/3$;对于水 $m=1.0$,对于其他液体 $m=1.7$。

沸腾传热计算时,待求量是 q 或者 h。将上式写成显函数的形式,得:

$$q = \mu_1 r\left[\frac{g(\rho_1 - \rho_v)}{\sigma}\right]^{\frac{1}{2}}\left[\frac{c_{p,1}(t_w - t_s)}{c_{w1}Pr_1^m r}\right]^3 (w/m^2) \tag{9.26}$$

表 9.1　$c_{w,1}$ 值

表面—液体组合情况	$c_{w,1}$	表面—液体组合情况	$c_{w,1}$
水—有划痕的铜	0.006 8	水—化学侵蚀的不锈钢	0.013 3
水—金刚砂抛光的铜	0.012 8	正戊烷—金刚砂抛光的镍	0.012 7
水—金刚砂抛光并经石蜡处理的铜	0.014 7	正戊烷—金刚砂抛光的铜	0.015 4
水—磨光和抛光的不锈钢	0.008 0	正戊烷—精研磨的铜	0.004 9
水—机械方法抛光的不锈钢	0.013 2	四氯化碳—金刚砂抛光的铜	0.007 0

(2)米海耶夫公式

米海耶夫推荐水在$(1\sim40)\times10^5$ Pa 下的大容器沸腾表面传热系数的计算式为:

$$h = 0.533q^{0.7}p^{0.15}[w/(m^2 \cdot K)] \tag{9.27}$$

由 $q=h\Delta t$,式(9.27)亦可写为:

$$h = 0.122\Delta t^{2.33}p^{0.5}[w/(m^2 \cdot K)] \tag{9.28}$$

式中　p——沸腾绝对压强,Pa;

q——热流密度,W/m^2;

Δt——沸腾温差,$\Delta t=t_w-t_s$,℃。

在式(9.26)和式(9.28)中,热流密度与沸腾温差的关系前者为 3 次幂,后者为 3.33 次幂,可见 Δt 对 q 有重大影响。

【例 9.4】　在 1.013×10^5 Pa 的绝对压强下,纯水在 $t_w=117$ ℃的抛光铜质加热面上进行大容器核态沸腾,试用式(9.26)和式(9.28)分别计算沸腾传热表面传热系数。

【解】　由米海耶夫公式,$p=1.013\times10^5$ Pa 时,$t_s=100$ ℃, $\Delta t=t_w-t_s=17$ ℃,$h=0.122\Delta t^{2.33}p^{0.5}=2.86\times10^4$ W/(m² · ℃)。

由罗森诺公式,当 $t_s=100$ ℃时,查得各物性数据分别为:

$$\rho_1 = 958.4\ kg/m^3;\rho_v = 0.598\ kg/m^3;c_{p,1} = 4\ 220\ J/(kg \cdot ℃);$$

$$\mu_1 = 2.825 \times 10^{-4}\ N \cdot s/m^2;\sigma = 5.89 \times 10^{-2}\ N/m;Pr_1 = 1.57;$$

$$c_{w,1} = 0.012\ 8;r = 2\ 257 \times 10^3\ J/kg$$

式(9.26)等式右边各项分别为:

$$\mu_1 r = 2.825 \times 10^{-4} N \cdot s/m^2 \times 2\ 257 \times 10^3\ J/kg = 637.6\ kg \cdot m/s^2$$

$$\left[\frac{g(\rho_1 - \rho_v)}{\sigma}\right]^{\frac{1}{2}} = \left[\frac{9.81 \times (958.4 - 0.598)}{5.89 \times 10^{-2}}\right]^{\frac{1}{2}} = 399.4$$

$$\left[\frac{c_{p,1}(t_w - t_s)}{c_{w,1} r Pr_1^{1.0}}\right]^3 = \left[\frac{4\ 220 \times (117 - 100)}{0.012\ 8 \times 2\ 257 \times 10^3 \times 1.75}\right]^3 = 2.857$$

$$q = 637.6 \times 399.4 \times 2.857\ W/m^2 = 7.28 \times 10^5\ W/m^2$$

$$h=\frac{q}{\Delta t}=\frac{7.28\times10^{5}}{17}\text{W/(m}^{2}\cdot\text{℃)}=4.28\times10^{4}\ \text{W/(m}^{2}\cdot\text{℃)}$$

罗森诺公式的计算结果比米海耶夫公式约大50%。由此可以看出,不同的沸腾传热计算式其计算结果有很大的偏差。米海耶夫公式没有考虑不同液体和材料的组合情况,对于本题给出的条件,显然罗森诺公式的针对性更强,其计算结果的可信度更高。若本例采用"有划痕的铜"($c_{w,l}=0.006\ 8$)作为沸腾材料,在 q 保持不变的情况下,米氏公式的计算结果不会改变,而采用罗森诺公式计算,则 t_w 可降低到109.03 ℃。这说明材质虽然相同,但表面状况不同,后者的表面经过处理强化了沸腾传热。可见材料的表面状况对沸腾传热的影响很大,这一结论是经过大量的实验研究得到了证实的。

9.2.3 管内受迫对流沸腾(两相流)简述

液态制冷剂在管式蒸发器中的受迫对流沸腾属于典型的管内受迫对流沸腾。由于沸腾空间的限制,沸腾产生的蒸汽和液体混合在一起,出现多种不同形式的两相流结构,传热机理非常复杂。图9.13是低热流密度时竖直管内的沸腾情况,设初始进入管中的液体温度低于饱和温度,这时流体与壁面之间的传热为单相流体的对流传热。随后,向上流动的液体在壁面附近最先被加热到饱和温度,管壁上开始有气泡产生,但管中心流体尚处于未饱和状态,这种情况称为过冷沸腾。接着,液体在整个管截面上达到饱和温度,进入核(泡)态沸腾阶段,气泡充满管子整个截面。

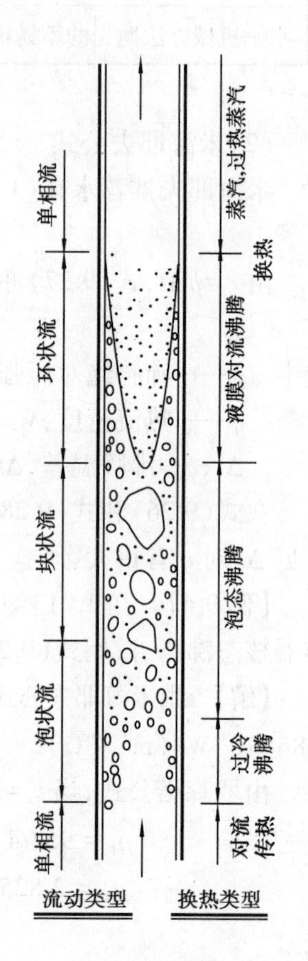

图9.13 竖直管内沸腾

起先气泡小而分散,后逐渐增多,称为泡状流。随着气泡越来越多,小气泡合并形成大气泡,流动状态逐渐变成块状流(或称为栓塞流、炮弹流),这时传热仍属于核(泡)态沸腾。继续加热,气液两相流中蒸汽所占的比例越来越大,大气泡将进一步合并,在管中心形成气芯,把液体排挤到壁面上,呈环状液膜,称为环状流。在这种情况下,热量主要以对流方式通过液膜,汽化过程主要发生在液气交界面上,称为液膜的对流沸腾。随着汽化过程的进行,液膜逐渐变薄,一直到汽化完毕,液层全部蒸发,称为干涸,或称蒸干(Dry out),成为干饱和蒸汽、过热蒸汽,传热又重新进入单相流体的对流传热过程。

对于水平管内的沸腾,在流速比较高的情况下,情形与竖直管基本类似。但当流速较低时,由于重力的影响,气液将分别趋于集中在管内的上半部和下半部,如图9.14所示。进入环状流后,液体就不一定是连续地环绕在管的圆周上,上半部可能局部地出现间隙干燥表面,不能被液体润湿,如图9.14中第(3)部分,这里的局部传热较差。随着液体的不断汽化,干燥面积不断扩大,直到成为干蒸汽,进入单相气体对流传热区。

由此可见,管内受迫对流沸腾传热还要取决于管的放置情况(竖直、水平或倾斜)、管长、管径、壁面状况、气液比例、液体初参数和流量等,情况比大容器沸腾传热复杂得多。有关管内

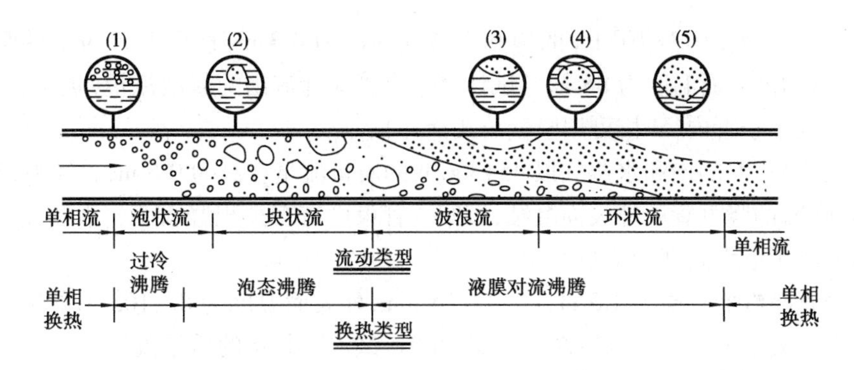

图 9.14　水平管内沸腾

沸腾传热计算的详细资料可参阅文献[14,17]。

习　题

1. 计算 1.013×10^5 Pa 绝对压强下干饱和水蒸气在外径 $d=40$ mm,长为 1 m 的竖管上的凝结液质量流量 m。已知壁面温度 $t_w=60$ ℃。
2. 上式的管子改为水平放置时,凝结液量又为多少？并对它们的差别进行分析。
3. 饱和水蒸气在高度为 1.5 m 的竖管外表面上层流膜状凝结。水蒸气压力为 2.5×10^5 Pa,管子表面温度为 123 ℃。试利用努谢尔特分析解计算离开管顶为 0.1,0.2,0.4,0.6,1 m 处的液膜厚度和局部表面传热系数。
4. 一工厂中采用 0.1 MPa 的饱和水蒸气在一金属竖直薄壁上凝结,对置于壁面另一侧的物体进行加热处理。已知竖壁与蒸汽接触的表面的平均壁温为 70 ℃,壁高 1.2 m,宽 300 mm。在此条件下,一被加热物体的平均温度可以在半小时内升高 30 ℃,试确定这一物体的平均热容量(不考虑散热损失)。
5. 垂直列上有 20 排管的顺排冷凝器,水平放置,求管束的平均表面传热系数与第一排的表面传热系数之比值。
6. 绝对压强为 1.013×10^5 Pa 的饱和水蒸气,用水平放置的壁温为 90 ℃的铜管来凝结。有下列两种选择:用一根直径为 100 mm 的铜管或用 10 根直径为 10 mm 的铜管。试问:
   ①这两种选择所产生的凝结液量是否相同？最多可以相差多少？
   ②要使凝结液量的差别最大,小管径系统应如何布置(不考虑容积的因素)？
   ③上述结论与蒸汽压强、铜管壁温是否有关(保证两种布置的其他条件相同)？
7. 绝对压强为 1.43×10^5 Pa 的干饱和水蒸气在直径 $d=50$ mm,长为 1.5 m 的竖管上凝结,管壁温度为 104 ℃,求凝结水量。如管子改为水平放置,当产生相同数量的凝结水时,管长应为多少？与竖管相比变化了多少(%)？
8. 饱和温度为 30 ℃的水蒸气在恒定温度的竖壁上凝结,试估算使液膜进入湍流的 $L\Delta t$ 之值。
9. 上题中饱和水蒸气的压强改为 1.013×10^5 Pa,试重做该题。在一般工业与民用水蒸气凝结的传热系统中,温差常在 5~10 ℃,由该题及上题的计算你可以得出什么看法？

10. 绝对压强为 1.013×10^5 Pa 的饱和水蒸气在高为 0.3 m,直径为 25 mm 的竖直管内凝结,管的内表面温度为 85 ℃。试计算竖直管底部流出的凝液流量(提示:当液膜最大厚度远小于管内径时,可用竖壁公式计算)。

11. 温度为 90 ℃的饱和水蒸气以 454 kg/h 的质量流量在高为 0.6 m,直径为25 mm,温度为 60 ℃的竖直管束外表面凝结,试问该管束中有多少根竖直管?液膜流动不出现湍流的管子最大高度为多少?

12. 一竖直凝汽器管高为 1.5 m,直径为 25 mm,外表面温度为 82,105 ℃的饱和水蒸气在其上面凝结。设管内的冷却水升温 56 ℃,试求冷却水的质量流量。

13. 比较 60,50,40 ℃下干饱和蒸汽在水平管外的凝结传热表面传热系数。壁温均保持为 20 ℃,管外径为 20 mm,长 1 m,工质有 6 种:水蒸气,氨气,R11,R22,R125a,R134a。作图显示表面传热系数与工质种类和饱和温度之间的关系。

14. 150 ℃的饱和蒸汽在直径为 50 mm,高 3 m,外表面温度为 93 ℃的竖直管外表面凝结。如凝结液的质量流量为 1.26 kg/s,试求所需的管子数 n。

15. 从泡态沸腾机理分析,为什么大容器核态沸腾时,沸腾液体具有一定的过热度?

16. 当液体在一定压力下做大容器饱和沸腾时,欲使表面传热系数增加 10 倍,沸腾温差应增加几倍?如果同一液体在圆管内充分发展段做单相湍流传热,为使表面传热系数增加 10 倍,流速应增加多少倍?维持流体流动所消耗的功将增加多少倍?设物性为常数。

17. 试从沸腾过程分析,为什么用电加热时容易发生电热管壁被烧毁的现象?而采用蒸汽加热则不会?

18. 温度为 100 ℃的饱和水在抛光铜质加热表面上进行大容器核态沸腾,加热表面温度分别为 108,117,125 ℃,问加热表面上的热流密度各为多少?加热表面上的表面传热系数各为多少?汇总计算结果,画出 $q=f(\Delta t)$ 的关系曲线。

19. 试求水在水平蒸发器管面上沸腾时的表面传热系数。管外径 $d=38$ mm,$t_w=195$ ℃,绝对压强为 10.13×10^5 Pa。

20. 习题 19 若 t_w 降为 183 ℃,其他条件不变,表面传热系数相应为若干?并与按自然对流关联式计算的结果相比较。

21. 电加热器为机械抛光不锈钢管,总长 4 m,加热功率 4 kW。试求水在标准大气压下沸腾时电加热器管表面温度及表面传热系数。

22. 直径 1 mm 的长加热丝,沉浸在 1 标准大气压下的纯水中,通电功率为 3 150 W/m,表面温度达到 126 ℃,试求它的沸腾表面传热系数,并计算系数 $C_{w,l}$。

第 9 章习题详解

10

热辐射的基本定律

物体间依靠热辐射方式进行的热量传递过程称为辐射传热。在工程技术以及日常生活中,辐射传热现象是屡见不鲜的。例如,太阳对大地的照射是最常见的辐射现象;高炉中灼热的火焰会烘烤得人们难以忍受。在供热供燃气与空调工程中也存在着大量热辐射和辐射传热问题,如辐射采暖、辐射干燥、利用辐射原理测量温度、炉内辐射传热的分析和计算等。特别是近年来人类对太阳能的利用,都大大促进了人们对辐射传热的研究。

本章首先介绍热辐射的基本概念和基本定律,然后在讨论黑体热辐射规律的基础上,研究实际物体表面的热辐射特性。在此基础上将在第 11 章进一步分析辐射传热的计算和气体辐射、太阳辐射等问题。

10.1 热辐射的基本概念

10.1.1 热辐射的本质和特点

发射辐射能是各类物质的固有特性。物质是由分子、原子、电子等基本粒子组成,当原子内部的电子受激或振动时,产生交替变化的电场和磁场,发出电磁波向空间传播,这就是辐射。物质会因受到各种不同方式激发而发射电磁波,如物质受到外来电子或中子的轰击,或者在振荡电路或化学反应的作用下,实现电磁波的发射和传播。由于激发的方法不同,所产生的电磁波波长就不同,它们投射到物体上产生的效应也不同。如果是由于自身温度或热运动的原因而激发产生的电磁波传播,则称为热辐射。只要物体的温度高于绝对零度,物体总是在不断地进行热辐射,并且辐射的能力将随物体温度高低而异。

电磁波以波长或频率来识别。电磁波的波长范围可从几万分之一微米(μm)到数千米,不同的电磁波位于电磁波谱的一定波长区段内,它们的名称和分类,如图 10.1 所示。

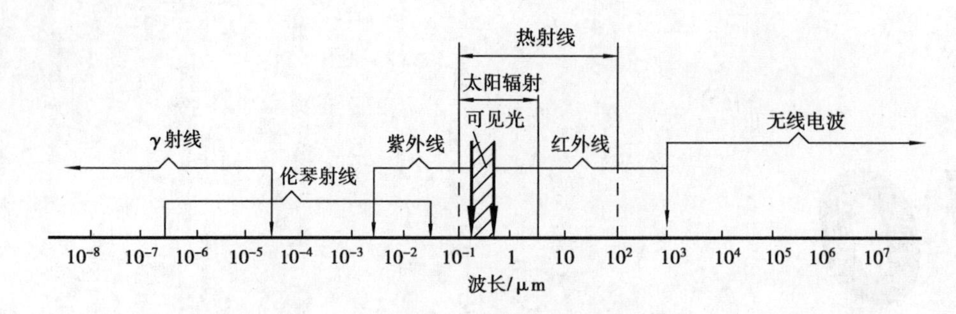

图 10.1　电磁波谱

波长 $\lambda=0.38\sim0.76$ μm 的电磁波属于可见光线；波长 $\lambda<0.38$ μm 的电磁波是紫外线、伦琴射线等；$\lambda=0.76\sim1\ 000$ μm 的电磁波称为红外线，红外线又分近红外线和远红外线，大体上以 25 μm 为界限，波长在 25 μm 以下的红外线称为近红外线，25 μm 以上的红外线称为远红外线；$\lambda>1\ 000$ μm 的电磁波是无线电波。通常把 $\lambda=0.1\sim100$ μm 的电磁波称为热射线，其中包括可见光、部分紫外线和红外线，它们投射到物体上能产生热效应。当然，波长与各种效应是不能截然划分的。工程上所遇到的温度范围一般在 2 000 K 以下，热辐射的大部分能量位于红外线区段的 0.76~20 μm 内，在可见光区段内热辐射能量所占的比重不大。显然，当热辐射的波长大于 0.76 μm 时，人的眼睛将看不见。太阳辐射的主要能量集中在 0.2~2 μm 的波长范围，其中可见光区段占有很大比重。因为在一般常见的工业温度条件下，其辐射波长均在这一范围，所以本课程所感兴趣的将是热射线。下面将专门讨论这一波长范围内电磁波的发射、传播和吸收的规律。

各种电磁波都以光速在介质中传播，这是电磁波的共性，热辐射也不例外，即：

$$c=\lambda v \tag{10.1}$$

式中　c——介质中的光速；

λ——波长；

v——频率。

热辐射的本质及其传播过程，除用电磁波理论说明其波动性之外，还可用量子理论解释其粒子性，即认为电磁波的传播是以不连续的量子（或称光子）的形式进行的。每个量子的能量为：

$$e=hv \tag{10.2}$$

式中　h——普朗克常数，$h=6.63\times10^{-34}$ J·s。

热辐射的本质决定了热辐射过程，其特点如下：

①辐射传热与导热、对流传热不同，它不依赖物体的直接接触而进行热量传递，如阳光能够穿越辽阔的低温太空向地面辐射，而导热和对流传热都必须由冷、热物体直接接触或通过中间介质相接触才能进行。

②辐射传热过程伴随着能量形式的两次转化，即物体的部分内能转化为电磁波能发射出去，当此波能到达另一个物体表面而被吸收时，电磁波能又转化为内能。

③一切物体只要其温度 $T>0$ K，都会不断地发射热射线。当物体间有温差时，高温物体辐射给低温物体的能量大于低温物体辐射给高温物体的能量，因此总的结果是高温物体把能量

传给低温物体。即使各个物体的温度相同,辐射传热仍在不断进行,只是每一物体辐射出去的能量,等于吸收的能量,从而处于动平衡的状态。

需要指出,物体表面在一定温度下向空间发射的辐射能是随射线波长变化的,如图 10.2(a)所示,常用热辐射的光谱性来表示这种关系。此外,实际物体表面在一定温度下,向半球空间不同方向发射的辐射能各不相等,形成表面辐射的方向分布,称为热辐射的方向特性,如图 10.2(b)所示。这些问题将在后面各节中深入讨论。

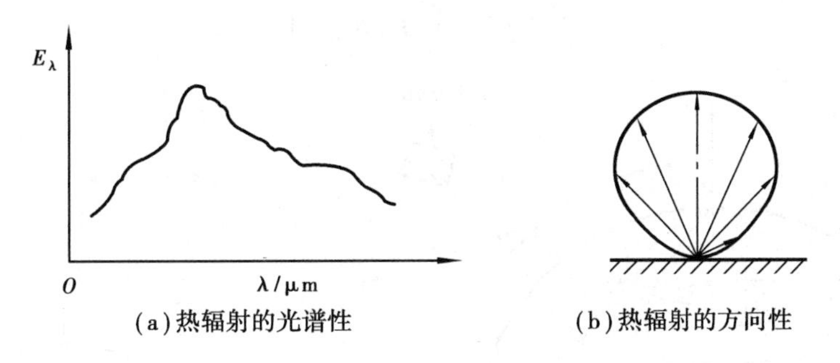

(a)热辐射的光谱性　　(b)热辐射的方向性

图 10.2　物体表面的热辐射

10.1.2　辐射强度和辐射力

前已述及,物体表面在一定温度下,会朝表面上方半球空间的各个不同方向,发射包括各种不同波长的辐射能。为了说明物体的这种热辐射能力,需要采用辐射强度和辐射力这两个基本概念。

1)辐射强度

在定义辐射强度之前,先介绍立体角的概念。立体角为一空间角度,用符号 ω 表示,其单位为 sr(球面度)。立体角的量度与平面角的量度相类似。以立体角的角端为中心,作一半径为 r 的半球,将半球表面上被立体角所切割的面积 A_2除以半径的平方 r^2,即得立体角的量度:

$$\omega = \frac{A_2}{r^2} \tag{10.3}$$

参看图 10.3,若取整个半球的面积 $A_2 = 2\pi r^2$,则得半球的立体角为 2π(sr)。若取微元面积 dA_2为切割面积,则得微元立体角:

$$d\omega = \frac{dA_2}{r^2}$$

根据图示的几何关系,则有:

$$d\omega = \frac{r d\theta r \sin\theta \, d\beta}{r^2} = \sin\theta \, d\beta d\theta \tag{10.3a}$$

(1)辐射强度

单位时间内,在某给定辐射方向上,物体在与发射方向垂直的方向上的每单位投影面积,在单位立体角内所发射全波长的能量称为该方向的辐射强度,用符号 I 表示,单位为 W/(m^2 · sr),如图 10.4 所示。按定义:

$$I(\theta,\beta)=\frac{\mathrm{d}\Phi(\theta,\beta)}{\mathrm{d}\omega\mathrm{d}A'}=\frac{\mathrm{d}\Phi(\theta,\beta)}{\mathrm{d}\omega\mathrm{d}A\cos\theta} \tag{10.4}$$

(2)单色辐射强度

单位时间内,与发射方向垂直的物体的每单位投影面积,在波长 λ 附近的单位波长间隔内、单位立体角内所发射的能量称单色辐射强度,用符号 I_λ 表示,单位为 $W/(m^2\cdot sr\cdot \mu m)$。显然:

$$I(\theta,\beta)=\int_0^\infty I_\lambda(\theta,\beta)\mathrm{d}\lambda \tag{10.5}$$

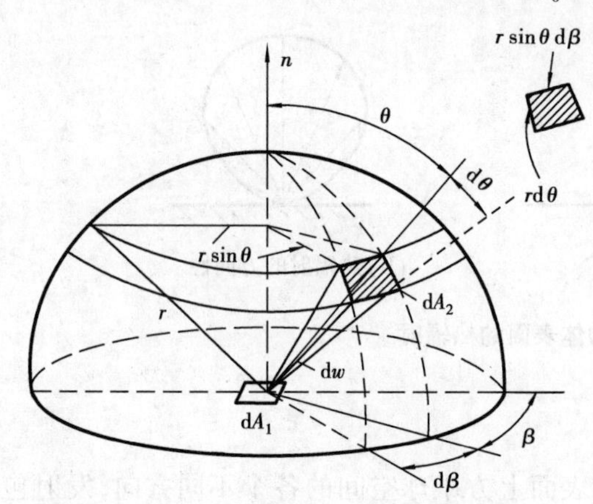

图 10.3 dA_1上某点对 dA_2所张的立体角

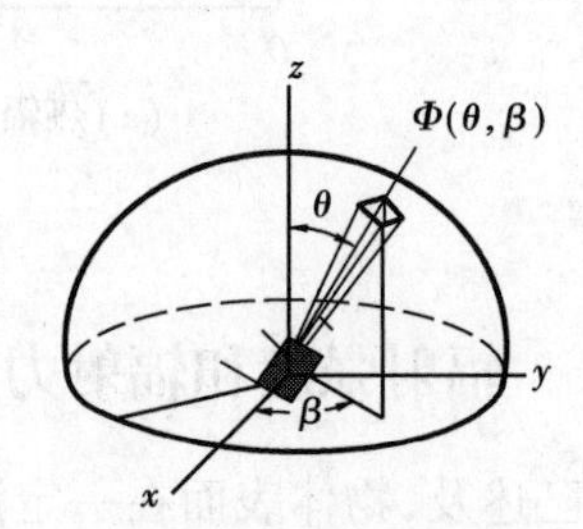

图 10.4 辐射强度

2)辐射力

(1)辐射力

单位时间内,物体的每单位面积向半球空间所发射全波长的总能量称为辐射力,用符号 E 表示,单位为 W/m^2。

辐射力全称为半球方向上的总辐射力,是辐射传热中使用最多的辐射参数之一。这一辐射能是热射线具有的所有波长的电磁波能量的总和。辐射力 E 与辐射强度 I 之间的关系为:

$$E=\int_{\omega=2\pi} I\cos\theta\,\mathrm{d}\omega \tag{10.6}$$

辐射力 E 与单色辐射强度 I_λ之间的关系为:

$$E=\int_{\omega=2\pi}\int_0^\infty I_\lambda\cos\theta\,\mathrm{d}\omega\mathrm{d}\lambda \tag{10.6a}$$

(2)单色辐射力

单位时间内,物体的每单位面积在波长 λ 附近的单位波长间隔内,向半球空间所发射的能量称为单色辐射力,用符号 E_λ表示,单位为 $W/(m^2\cdot\mu m)$。显然:

$$E_\lambda=\frac{\mathrm{d}E}{\mathrm{d}\lambda}\qquad 或 \qquad E=\int_0^\infty E_\lambda\mathrm{d}\lambda \tag{10.7}$$

(3)定向辐射力

单位时间内,物体的每单位面积、向半球空间的某给定辐射方向上,在单位立体角内所发射全波长的能量称为定向辐射力,用符号 E_θ表示,单位为 $W/(m^2\cdot sr)$。显然:

$$E_\theta = \frac{dE}{d\omega} \quad 或 \quad E = \int_{\omega=2\pi} E_\theta d\omega \tag{10.8a}$$

因为辐射力是以发射物体的单位面积作为计算依据,而辐射强度是以垂直于发射方向的单位投影面积作为计算依据,因此,由图10.4的几何关系可得:

$$E_\theta = I_\theta \cos\theta \tag{10.8b}$$

不难看出,在辐射表面的法线方向,因 $\theta=0°$,故有:

$$E_n = I_n \tag{10.8c}$$

(4)单色定向辐射力

单位时间内,物体的每单位面积、向半球空间的某给定辐射方向上,在单位立体角内所发射在波长 λ 附近的单位波长间隔内的能量称为单色定向辐射力,用符号 $E_{\lambda,\theta}$ 表示,单位为 $W/(m^2 \cdot sr \cdot \mu m)$。显然:

$$E_{\lambda,\theta} = \frac{dE}{d\lambda d\omega} \quad 或 \quad E = \int_{\omega=2\pi}\int_0^\infty E_{\lambda,\theta} d\lambda d\omega \tag{10.9}$$

10.2 热辐射的基本定律

黑体是一个理想的吸收体,它能吸收来自空间各个方向、各种波长的全部辐射能量。在辐射分析中,将它作为比较标准,对研究实际物体的热辐射特性具有重要的意义。图10.5所示等温空腔壁上的小孔,如果空腔直径和小孔直径之比足够大,则此小孔就是人工黑体。因为外界投射到小孔而进入空腔的能量,经空腔内壁多次吸收和反射,再经小孔射出的能量可忽略不计,投入的任何能量可认为全部吸收,所以小孔可近似为黑体。为了方便,凡与黑体辐射有关的物理量,均在其右下角标以“b”(Black body)。

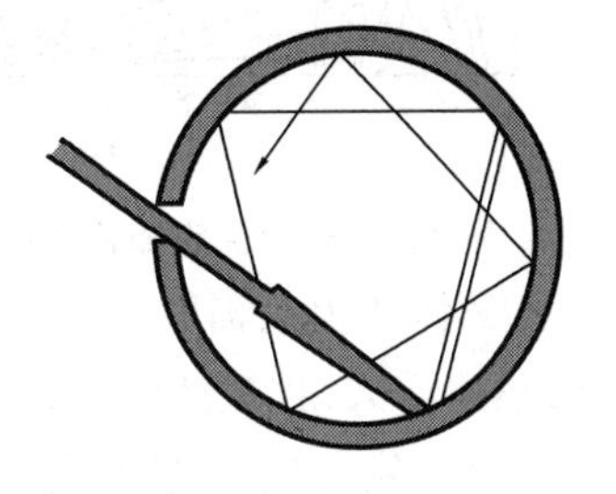

图10.5 人工黑体模型

黑体辐射的基本定律可以归结为以下4个定律:普朗克定律、维恩位移定律、斯蒂芬—玻尔兹曼定律和兰贝特定律。下面依次说明这些定律,再进一步讨论实际物体的辐射特性。

10.2.1 普朗克定律

1900年,德国科学家普朗克(M.Plank)用量子理论证明了黑体单色辐射力 $E_{b\lambda}$ 和黑体自身温度 T 及热射线波长 λ 的函数关系为:

$$E_{b\lambda} = \frac{C_1\lambda^{-5}}{\exp\left(\frac{C_2}{\lambda T}\right) - 1} \tag{10.10a}$$

式中 λ——波长,μm;

T——热力学温度,K;

C_1——普朗克第一常数,$C_1 = 3.743\times10^8\ W\cdot\mu m^4/m^2$;

C_2——普朗克第二常数,$C_2 = 1.439\times10^4\ \mu m\cdot K$。

普朗克定律的黑体光谱分布,如图 10.6 所示。

式(10.10a)还可写成更方便的通用形式。它不需要对每一温度值都提供一根单独曲线。将式(10.10a)的两边同时除以温度的 5 次方,于是有:

$$\frac{E_{b\lambda}}{T^5}=\frac{C_1}{(\lambda T)^5\left[\exp\left(\frac{C_2}{\lambda T}\right)-1\right]}=f(\lambda T) \tag{10.10b}$$

式(10.10b)给出的是以 λT 作为变量的$\frac{E_{b\lambda}}{T^5}$的值。根据这一关系绘出的曲线表示在图 10.7上。

由图 10.6 和图 10.7 可以看出黑体辐射的如下特点:

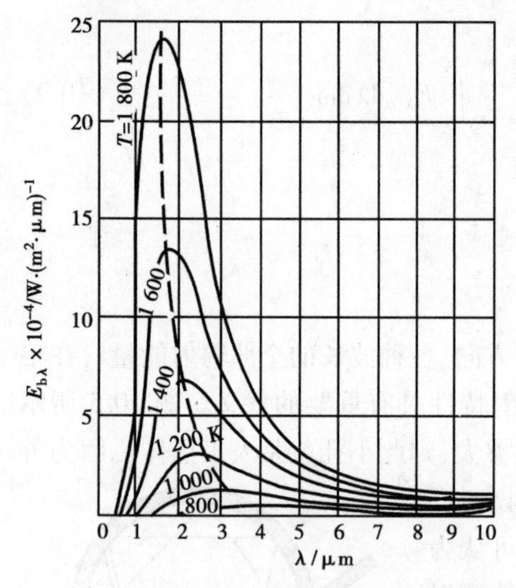

图 10.6 普朗克定律揭示的关系

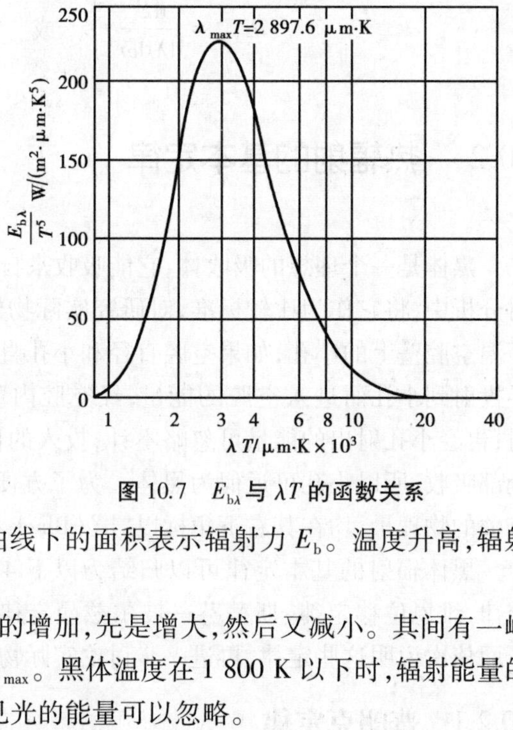

图 10.7 $E_{b\lambda}$ 与 λT 的函数关系

①黑体的单色辐射力随温度升高而增大。曲线下的面积表示辐射力 E_b。温度升高,辐射力 E_b 迅速增大,且短波区增大速度比长波区大。

②在一定温度下,黑体的单色辐射力随波长的增加,先是增大,然后又减小。其间有一峰值,记为 $E_{b\lambda,\max}$。$E_{b\lambda,\max}$对应的波长叫峰值波长 $\lambda_{\max}$。黑体温度在 1 800 K 以下时,辐射能量的大部分波长处在 0.76~10 μm。在此范围内,可见光的能量可以忽略。

③随着黑体温度的增高,单色辐射力分布曲线的峰值(最大单色辐射力)向左(移向较短波长)移动。对应于最大单色辐射力的波长 $\lambda_{\max}$ 与温度 T 之间存在如下的关系:

$$\lambda_{\max}T = 2\ 897.6\ \mu\text{m}\cdot\text{K} \tag{10.11}$$

此关系称为维恩(Wein)位移定律,是维恩在 1891 年用热力学理论推出的。该式也可直接由式(10.10)导出。维恩位移定律在图 10.6 中用虚线表示。

虽然现在可以通过普朗克定律对波长求一阶偏导并令其等于 0,方便地得到维恩位移定律,但是在历史上,维恩位移定律先于普朗克定律,是通过热力学理论得到的。

当测得太阳的辐射光谱后,已知 $\lambda_{\max}=0.48\ \mu\text{m}$,根据维恩定律,可估算出太阳表面温度为:

$$T=\frac{2\ 897.6}{0.48}\ \text{K}\approx 6\ 037\ \text{K}$$

从太阳的辐射光谱可以看到,可见光的辐射能量已占到总辐射能的40%以上。在工业中,常见温度是2 000 K以下,在该温度以下的辐射光谱表明,辐射能中波长为0.8~10 μm的红外线占主导地位。人们利用物体不同温度的辐射光谱不同这一特点,发展了温室技术。比如玻璃对2 μm以下波长呈现出较高的透射率,而对于3 μm以上的波长呈现极低的透射率。由于太阳的温度高,发射的辐射能中较短波长的部分占主导地位,因此太阳的辐射能可以顺利地透过玻璃进入室内;而室内的温度较低,室内物体发射的辐射能波长较长的部分占主导地位,于是辐射能就难以透过玻璃而传出室外,这样就产生了温室的加热效应。塑料薄膜等材料也具有这种性质。

【例10.1】 试分别计算温度为2 000 K,6 000 K的黑体最大单色辐射力所对应的波长λ_{max}。

【解】 可直接应用式(10.11)进行计算:

$T=2\ 000$ K时 $\qquad \lambda_{max}=\frac{2\ 897.6}{2\ 000}\ \mu\text{m}=1.45\ \mu\text{m}$

$T=6\ 000$ K时 $\qquad \lambda_{max}=\frac{2\ 897.6}{6\ 000}\ \mu\text{m}=0.483\ \mu\text{m}$

上例的计算表明,在工业上的一般高温范围内(2 000 K),黑体最大单色辐射的波长位于红外线区段,而在太阳表面温度(约6 000 K)下的黑体最大单色辐射的波长,则位于可见光范围。

10.2.2 斯蒂芬—玻尔兹曼定律

在辐射传热计算中,确定黑体的辐射力E_b(W/m²)是至关重要的。根据式(10.10)和式(10.7)可得:

$$E_b=\int_0^{\infty}E_{b\lambda}\text{d}\lambda=\int_0^{\infty}\frac{C_1\lambda^{-5}}{\exp\left(\frac{C_2}{\lambda T}\right)-1}\text{d}\lambda=\sigma_b T^4 \tag{10.12}$$

式中,$\sigma_b=5.67\times10^{-8}$ W/(m²·K⁴),称为黑体辐射常数。为了便于计算,式(10.12)也可写为:

$$E_b=C_b\left(\frac{T}{100}\right)^4 \tag{10.13}$$

式中,$C_b=5.67$ W/(m²·K⁴),称为黑体辐射系数。

式(10.12)和式(10.13)均是斯蒂芬—玻尔兹曼(Stefan-Boltzmann)定律的表达式,它说明黑体的辐射力和热力学温度4次方成正比,故又称四次方定律。早在普朗克提出量子理论之前,该定律1879年由斯蒂芬从实验得出,1884年玻尔兹曼用热力学理论推出,现可直接由普朗克定律导出。

斯蒂芬—玻尔兹曼定律不仅指出了只要黑体温度大于绝对零度就有辐射能力,而且也表明了在高温和低温2种情况下,辐射能力有显著的差别。

【例 10.2】 把一黑体表面置于室温为 27 ℃的房间中。试求在热平衡条件下黑体表面的辐射力。如将黑体加热到 627 ℃,它的辐射力又是多少?

【解】 在热平衡条件下,黑体温度与室温相同,即等于 27 ℃。按式(10.13),辐射力为:

$$E_{b1} = C_0\left(\frac{T_1}{100}\right)^4 = 5.67 \times \left(\frac{273 + 27}{100}\right)^4 \ \mathrm{W/m^2} = 459 \ \mathrm{W/m^2}$$

在 627 ℃时的黑体辐射力为:

$$E_{b2} = C_0\left(\frac{T_2}{100}\right)^4 = 5.67 \times \left(\frac{273 + 627}{100}\right)^4 \ \mathrm{W/m^2} = 37.2 \ \mathrm{kW/m^2}$$

因为辐射力与绝对温度的 4 次方成正比,所以随温度的升高辐射力急剧增大。上例的计算结果表明,虽然温度 T_2仅为 T_1的 3 倍,而两个辐射力之比却高达 81 倍。可见,随着温度的升高,辐射将成为传热的主要形式。

工程上有时需要计算某一波段范围内黑体的辐射能及其在辐射力中所占百分数。例如,太阳辐射能中可见光所占的比例和白炽灯的发光效率等。当温度已知时,黑体的这部分辐射能的值可用图 10.8 中的阴影面积表示。

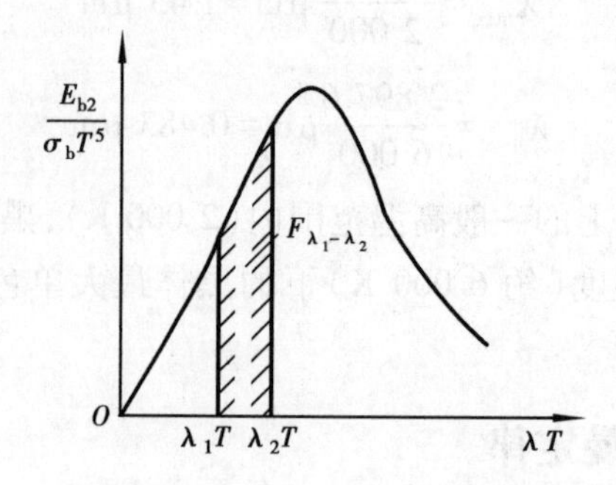

图 10.8 黑体在某一波段内的辐射能

若要计算波长由 λ_1到 λ_2段内的黑体辐射力 $E_{b(\lambda_1-\lambda_2)}$,由式(10.7)可得:

$$E_{b(\lambda_1-\lambda_2)} = \int_{\lambda_1}^{\lambda_2} E_{b\lambda}\,d\lambda = \int_0^{\lambda_2} E_{b\lambda}\,d\lambda - \int_0^{\lambda_1} E_{b\lambda}\,d\lambda = E_{b(0-\lambda_2)} - E_{b(0-\lambda_1)}$$

式中,$E_{b(0-\lambda)}$表示波长由 0 到 λ 波段的黑体的辐射力。通常,将黑体的波段辐射力表示成同温度下黑体辐射力 E_b的百分数,记为 $F_{b(0-\lambda T)}$。即:

$$F_{b(0-\lambda T)} = \frac{E_{b(0-\lambda)}}{E_b} = \frac{\int_0^{\lambda} E_{b\lambda}\,d\lambda}{\sigma_b T^4}$$

将式(10.10)代入上式得:

$$F_{b(0-\lambda T)} = \int_0^{\lambda T} \frac{C_1}{\sigma_b(\lambda T)^5\left(\exp\frac{C_2}{\lambda T} - 1\right)} d(\lambda T) = \int_0^{\lambda T} \frac{E_{b\lambda}}{\sigma_b T^5} d(\lambda T) = f(\lambda T) \qquad (10.14)$$

$F_{b(0-\lambda T)}$称为黑体辐射函数。为计算方便,已制成表格。$F_{b(0-\lambda T)}$可直接由表 10.1 查出。根据黑体辐射函数,可以计算出给定温度下$(\lambda_1-\lambda_2)$波段内的黑体辐射力 $E_{b(\lambda_1-\lambda_2)}$,即:

$$E_{b(\lambda_1-\lambda_2)} = E_b\left(F_{b(0-\lambda_2 T)} - F_{b(0-\lambda_1 T)}\right) \qquad (10.15)$$

【例10.3】 试分别计算温度为5 800,3 000,1 500,300 K的黑体辐射发射可见光(0.38~0.76 μm)和红外线(0.76~20 μm)的效率。

【解】 以5 800 K的黑体为例进行计算。

0.38 μm×5 800 K=2 204 μm·K,由表(10.1)查得 $F_{b(0-0.38)}=10.1\%$

0.76 μm ×5 800 K=4 408 μm·K,由表(10.1)查得 $F_{b(0-0.76)}=54.9\%$

20 μm ×5 800 K=116 000 μm·K,由表(10.1)查得 $F_{b(0-20)}=100\%$

表10.1 黑体辐射函数

λT /(μm·K)	$F_{0-\lambda T}$	λT /(μm·K)	$F_{0-\lambda T}$	λT /(μm·K)	$F_{0-\lambda T}$	λT /(μm·K)	$F_{0-\lambda T}$
200	0	3 200	0.318 1	6 200	0.754 2	11 000	0.932 0
400	0	3 400	0.361 8	6 400	0.769 3	11 500	0.939 0
600	0	3 600	0.403 6	6 600	0.783 3	12 000	0.945 2
800	0	3 800	0.443 4	6 800	0.796 2	13 000	0.955 2
1 000	0.000 3	4 000	0.480 9	7 000	0.803 2	14 000	0.963 0
1 200	0.002 1	4 200	0.516 1	7 200	0.819 3	15 000	0.969 0
1 400	0.007 8	4 400	0.548 8	7 400	0.829 6	16 000	0.973 9
1 600	0.019 7	4 600	0.579 3	7 600	0.839 2	18 000	0.980 9
1 800	0.039 4	4 800	0.607 6	7 800	0.848 1	20 000	0.985 7
2 000	0.066 7	5 000	0.633 8	8 000	0.856 3	40 000	0.998 1
2 200	0.100 9	5 200	0.658	8 500	0.874 7	50 000	0.999 1
2 400	0.140 3	5 400	0.680 4	9 000	0.890 1	75 000	0.999 8
2 600	0.183 1	5 600	0.701 1	9 500	0.903 2	100 000	1.000 0
2 800	0.227 9	5 800	0.720 2	10 000	0.914 3		
3 000	0.273 3	6 000	0.737 9	10 500	0.923 8		

因此,5 800 K黑体发射可见光的效率为:

$$F_{b(0.38-0.76)}=F_{b(0-0.76)}-F_{b(0-0.38)}=54.9\%-10.1\%=44.8\%$$

发射红外线的效率为:

$$F_{b(0.76-20)}=F_{b(0-20)}-F_{b(0-0.76)}=100\%-54.9\%=45.1\%$$

同理,另外3个温度的计算结果列成下表:

T/K	$F_{b(0.38-0.76)}$	$F_{b(0.76-20)}$
3 000	11.6%	88.2%
1 500	0.14%	99.39%
300	0	73.81%

由计算结果可知:5 800 K 黑体辐射特性和太阳辐射的相似,因此太阳辐射中可见光占有的比例是很高的。3 000 K 的黑体辐射近似为白炽灯钨丝的辐射,从结果可看出普通白炽灯的发光效率极低,绝大部分辐射能转化成了不可见的红外辐射。1 500 K 的黑体表面为橘黄色,即使在此高温下,可见光所占比例仍然很少,几乎全部是红外辐射。300 K 的常温黑体不发出可见光,大部分辐射能集中在红外波段内,还有一部分分布在 20~1 000 μm 的远红外波段。

10.2.3 兰贝特余弦定律

黑体发射的辐射能中还有一个重要的问题,就是辐射能在半球空间各方向的分布。黑体辐射在空间的分布遵循兰贝特(Lambert)定律。理论上可以证明,黑体表面具有漫辐射的特性,且在半球空间各个方向上的辐射强度相等,即:

$$I_{\theta 1} = I_{\theta 2} = \cdots = I_n \tag{10.16a}$$

式(10.16a)说明黑体在任何方向上的辐射强度与方向无关,这就是兰贝特定律的表达式。

根据式(10.8b),黑体的定向辐射力:

$$E_\theta = I_\theta \cos\theta = I_{\text{n}} \cos\theta = E_n \cos\theta \tag{10.16b}$$

式(10.16b)是兰贝特定律的另一表达式,它说明黑体的定向辐射力随方向角 θ 按余弦规律变化,法线方向的定向辐射力最大,故兰贝特定律亦称余弦定律。

从这里可以引出漫辐射表面的概念。漫辐射表面是指表面的辐射、反射强度在半球空间各方向上均相等(各向同性)的表面。显然黑体是漫辐射表面,只有漫辐射表面才遵守兰贝特定律。

漫辐射表面,根据式(10.6),辐射力为:

$$E = \int_{\omega = 2\pi} I \cos\theta \, \mathrm{d}\omega$$

由于 $\mathrm{d}\omega = \dfrac{\mathrm{d}A_2}{r^2} = \sin\theta \, \mathrm{d}\beta \mathrm{d}\theta$,把它代入上式,积分后可得:

$$E = \int_{\theta=0}^{\pi/2} \int_{\beta=0}^{2\pi} I \cos\theta \sin\theta \, \mathrm{d}\beta \mathrm{d}\theta = I\pi \tag{10.17}$$

因此,对于漫辐射表面,辐射力是任意方向辐射强度的 π 倍。

10.3 实际物体的热辐射特性

10.3.1 实际物体的发射率

实际物体的辐射不同于黑体。它的单色辐射力 E_λ 随波长和温度的变化往往是不规则的,并不遵守普朗克定律。图 10.9(a)表示了某一实际物体的单色辐射力以及同温度下黑体的单色辐射力随波长变化曲线。显然,曲线下的面积分别表示各自的辐射力大小。同样地,实际物体在半球空间各方向上的辐射强度亦不相同,如图 10.9(b)所示。如前所述,由于自然界一切物体的辐射力都小于同温度下黑体的辐射力,故常用物体的发射率(亦称黑度)来表示其辐射能力接近黑体的程度。发射率被定义为物体的辐射力 E 与同温度下黑体的辐射力 E_b之比,记为 ε,即:

$$\varepsilon = \frac{E}{E_b} \tag{10.18}$$

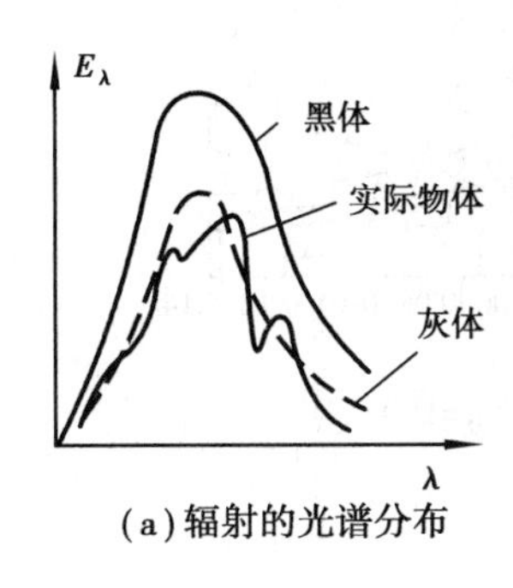

(a)辐射的光谱分布

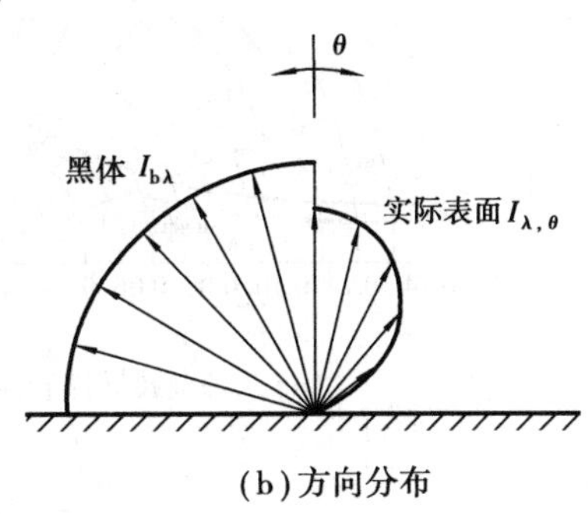

(b)方向分布

图 10.9　实际物体的辐射与黑体辐射的比较

根据辐射力的几种定义,还可以得到以下几种发射率:

单色发射率
$$\varepsilon_\lambda = \frac{E_\lambda}{E_{b\lambda}} \tag{10.18a}$$

定向发射率
$$\varepsilon_\theta = \frac{E_\theta}{E_{b\theta}} \tag{10.18b}$$

单色定向发射率
$$\varepsilon_{\lambda,\theta} = \frac{E_{\lambda,\theta}}{E_{b\lambda,\theta}} \tag{10.18c}$$

温度为 T 时单色定向发射率
$$\varepsilon_{\lambda,\theta,T} = \frac{E_{\lambda,\theta,T}}{E_{b\lambda,\theta,T}} \tag{10.18d}$$

因此,式(10.18)又可改写为:

$$\varepsilon = \frac{E}{E_b} = \frac{\int_0^\infty E_\lambda \mathrm{d}\lambda}{E_b} = \frac{\int_0^\infty \varepsilon_\lambda E_{b\lambda} \mathrm{d}\lambda}{\int_0^\infty E_{b\lambda} \mathrm{d}\lambda}$$

如果已知某物体的发射率 ε,则该物体的辐射力可用下式确定:

$$E = \varepsilon E_b = \varepsilon \sigma_b T^4 = \varepsilon C_b \left(\frac{T}{100}\right)^4 \tag{10.19}$$

应该指出:实际物体的辐射力并不严格同其热力学温度的 4 次方成正比,但在工程计算中,为了方便计算,仍认为实际物体的辐射力与该物体热力学温度的 4 次方成正比,把由此引起的修正划归到由实验方法确定的发射率中去。因此,发射率除了与物体本身性质有关外,还与物体的温度有关。

事实证明,实际物体的辐射并不完全遵循兰贝特定律,其辐射强度在半球空间的不同方向上有些变化,即定向发射率在不同方向上有些不同。图 10.10 中以一些有代表性的导电体和非导电体材料为例,用极坐标表示出定向发射率随 θ 角的变化关系。

由图可以看出,ε_θ 不等于常数。图 10.10(a)是对磨光的金属表面,θ 角在 0°~40°内,ε_θ 可作为常数。当 θ>40°,随着 θ 增大,ε_θ 也随之增大。图 10.10(b)是对非导体,θ 角在 0°~60°内,ε_θ 可作为常数。当 θ>60°时,ε_θ 的数值减小得很快,并趋近于零。

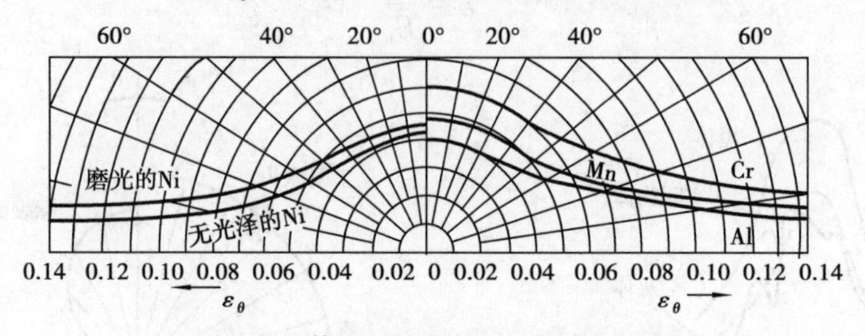

(a)几种金属导体表面的定向发射率分布(t=150 ℃)

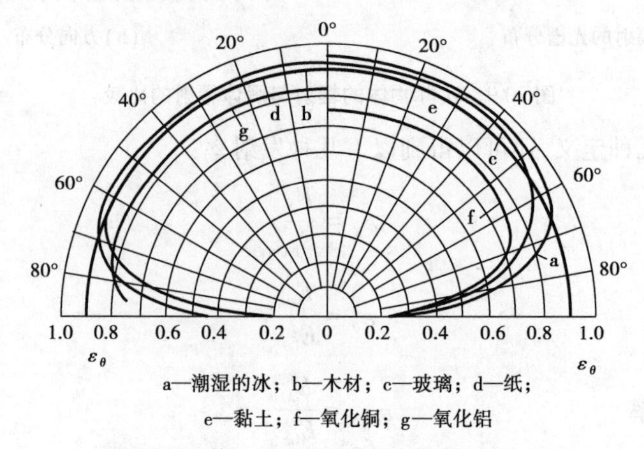

a—潮湿的冰;b—木材;c—玻璃;d—纸;

e—黏土;f—氧化铜;g—氧化铝

(b)几种非导体表面的定向发射率分布(t=0~93.3 ℃)

图 10.10 实际物体表面定向发射率分布

实际物体表面的定向发射率 ε_θ 尽管有上述变化,但实验测定表明半球平均发射率 ε 与法向发射率 ε_n 的比值变化并不大,一般可采用如下修正:

对非金属表面:$\varepsilon=(0.95\sim1.0)\varepsilon_n$

对磨光金属表面:$\varepsilon=(1.0\sim1.2)\varepsilon_n$

因此,对于大多数工程材料,往往不考虑物体方向辐射特性的变化,认为是近似服从兰贝特定律。本书所涉及的辐射传热物体均作为漫表面处理,对非漫表面有兴趣的读者可参考有关文献。

10.3.2 实际物体的吸收、反射与透射特性

当热射线投射到实际物体上时,和可见光一样也有吸收,反射和穿透现象发生,设投射到物体上全波长范围的总能量为 G,其中一部分 G_α 在进入表面后被吸收,另一部分 G_ρ 被物体反射,其余部分 G_τ 穿透物体,如图 10.11 所示。

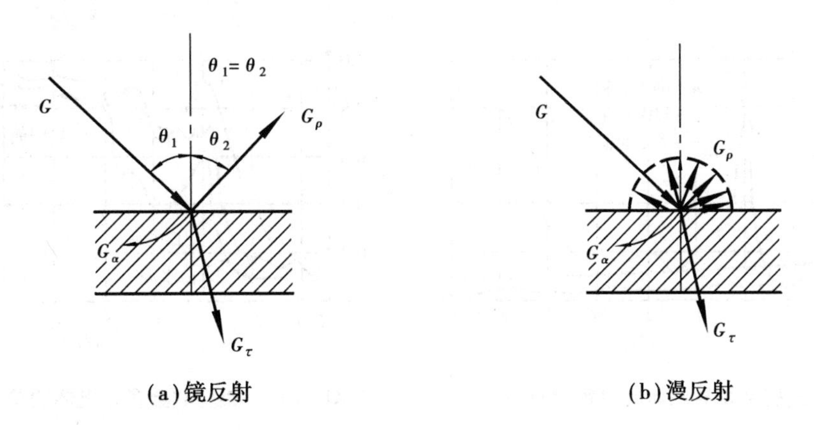

(a)镜反射

(b)漫反射

图 10.11 热射线的吸收、反射和透射

1)吸收率

设投射到物体上全波长范围的总能量为 G,被物体吸收的部分为 G_α,则比值 G_α/G 称为物体的吸收率,记作 α,即:

$$\alpha = \frac{G_\alpha}{G} \tag{10.20}$$

若投射辐射是某一波长下的辐射能量即单色投射辐射 G_λ,且被吸收的部分为 $G_{\lambda,\alpha}$,则:

$$\alpha_\lambda = \frac{G_{\lambda,\alpha}}{G_\lambda} \tag{10.21}$$

α_λ 称为物体的半球向单色吸收率,简称单色吸收率。

根据式(10.20)和式(10.21),可导得吸收率与单色吸收率的关系式为:

$$\alpha = \frac{\int_0^\infty \alpha_\lambda G_\lambda \mathrm{d}\lambda}{\int_0^\infty G_\lambda \mathrm{d}\lambda} \tag{10.22}$$

若投射辐射为单色定向投射辐射 $G_{\lambda,\theta}$,被物体吸收的部分为 $G_{\lambda,\theta,\alpha}$,则可定义出单色定向吸收率 $\alpha_{\lambda,\theta}$为:

$$\alpha_{\lambda,\theta} = \frac{G_{\lambda,\theta,\alpha}}{G_{\lambda,\theta}} \tag{10.23}$$

由式(10.20)~式(10.23)可知,物体的吸收率即为物体对投射辐射所吸收的百分数。对于黑体,$\alpha_\lambda = \alpha = 1.0$;而所有实际物体的吸收率 α 和 α_λ 均小于 1.0。

影响实际物体吸收率的因素比较多。图 10.12 和图 10.13 分别示出了某些金属导电体和非金属导电体材料在室温下单色吸收率随波长变化的曲线。有些材料,如图 10.12 中磨光的铝和铜,单色吸收率随波长变化不大。另一些材料,如图 10.13 中的白瓷砖,在波长小于 2 μm 的范围内,其 α_λ 小于 0.2,而在波长大于 5 μm 的范围,α_λ 却高于 0.9,α_λ 随波长 λ 变化很大。

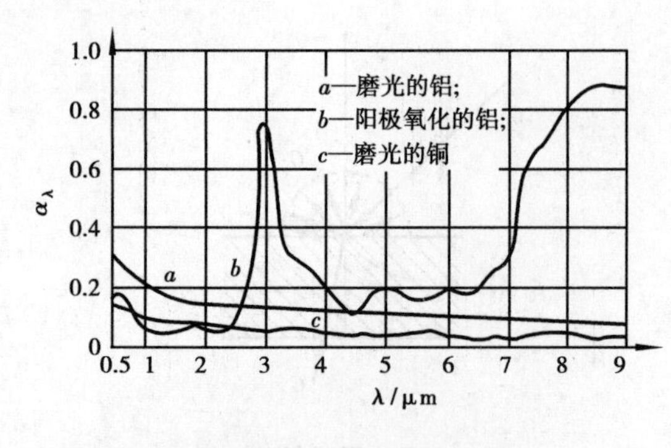

图 10.12　某些金属导电体的单色吸收率

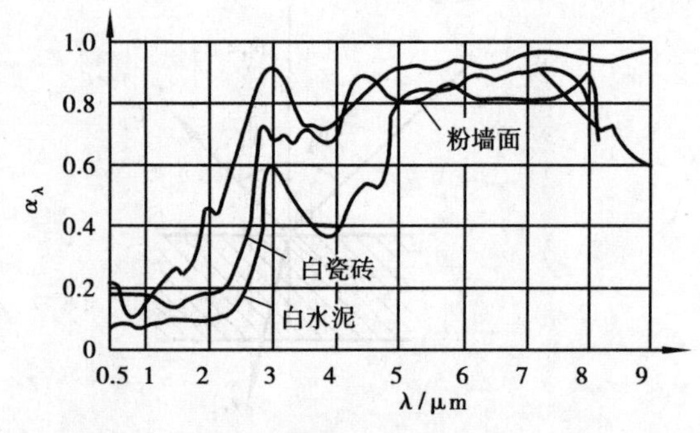

图 10.13　某些非金属导电体的单色吸收率

由此可见,物体对投射辐射的总吸收取决于两个方面:一方面取决于物体自身的情况,如物体种类,表面温度、颜色、粗糙度、氧化程度等;另一方面还与投射辐射按波长的能量分布有关。比如,有 2 个强度相等的投射辐射分别投射到相同的两块白瓷砖上,但一个投射辐射 G_1 来自太阳,另一个投射辐射 G_2来自常温物体,显然白瓷砖对 G_2的总吸收比对 G_1的总吸收要高得多。当然,如果分别投射到白瓷砖和磨光的铜上,白瓷砖对 G_2的吸收要比磨光的铜对 G_1的吸收多得多。

实际物体的吸收率与投射辐射有关这一特性,给工程计算带来困难。为使辐射分析得以简化,引入灰体这一概念。灰体是指单色吸收率与波长无关的物体,或者说单色发射率也不随波长而变化,即 $\varepsilon_\lambda \neq f(\lambda)$ 的物体。

所以,灰体的吸收率只取决于其本身的情况,而与投射辐射无关。当然,像黑体一样,灰体也是一种理想物体,灰体的单色辐射力与同温度黑体单色辐射力随波长的变化曲线相似,见图 10.9,但引入它是有实际意义的。工业上通常遇到的热辐射(物体温度在 2 000 K 以下),主要波段位于红外线范围内(绝大部分能量处于 0.76~20 μm 波段内)。在此范围内,把大多数工程材料当作灰体处理所引起的误差是允许的,而这种简化处理会给辐射传热分析带来很大的方便。

概括以上讨论,如果一个表面可以看作灰表面,则它的单色吸收率和单色发射率与波长无关;如果一个表面可以看作漫射灰表面,它吸收来自任何方向和任何波长的投射辐射是某一固定份额,亦即 $\alpha_{\lambda,\theta}=\alpha_\lambda=\alpha=$常数<1。

2)反射率与透射率

如图 10.11 所示,比值 G_ρ/G 称为物体的反射率,记为 ρ,即:

$$\rho=\frac{G_\rho}{G} \tag{10.24}$$

反射率 ρ 表示投射辐射总能量中被反射的能量所占份额。如果投射辐射和反射辐射是单色的,则 $G_{\rho,\lambda}/G_\lambda=\rho_\lambda$ 称为单色反射率。

热射线投射到物体表面后的反射现象和可见光一样,会有镜面反射和漫反射之分,这主要取决于表面不平整尺寸的大小,即表面的粗糙程度。当表面的不平整尺寸小于投射辐射的波长时,形成镜面反射,此时反射角等于入射角,如图 10.11(a)所示。高度磨光的金属表面是镜面反射的实例。当表面的不平整尺寸大于投射辐射的波长时，则形成漫反射，此时反射能均匀分布在各个方向，如图10.11(b)所示。一般工程材料的表面较粗糙，故接近漫反射。

如图10.11所示，G_τ/G称为物体的透射率，记为τ，即：

$$\tau = \frac{G_\tau}{G} \tag{10.25}$$

透射率τ表示投射总能量中被透射的能量所占份额。单色透射率可表示为$\tau_\lambda = G_{\tau,\lambda}/G_\lambda$。

根据能量守恒定律可有：

$$G_\alpha + G_\rho + G_\tau = G$$

若等式两端同除以G，得：

$$\alpha + \rho + \tau = 1 \tag{10.26a}$$

$$\alpha_\lambda + \rho_\lambda + \tau_\lambda = 1 \tag{10.26b}$$

热射线进入固体或液体表面后，在一个极短的距离内就被完全吸收，并被转换成热能使物体的温度升高。对于金属导体，这个距离仅有1 μm的数量级；对于大多数非导电体材料，这个距离亦小于1 mm。实用工程材料的厚度一般都大于这个数值，所以，可认为热射线不能穿透固、液体，即$\tau=0$。于是，对于固、液体，式(10.26a)可简化为：

$$\alpha + \rho = 1 \tag{10.27a}$$

$$\alpha_\lambda + \rho_\lambda = 1 \tag{10.27b}$$

因而，吸收率大的固、液体反射率就小，而吸收率小的固、液体反射率就大。例如夏天人们总是喜欢穿白色衣服，这就是利用白色对可见光反射能力强这一特点，使衣服吸收的可见光减少，达到凉爽的目的。应当指出，固、液体对热射线的吸收和反射几乎都在表面进行，因此物体表面状况对其吸收和反射特性的影响至关重要。

热射线投射到气体界面上时，情形则不同于固体和液体。气体对辐射能几乎没有反射能力，可认为$\rho=0$。于是，对于气体，式(10.26a)可简化为：

$$\alpha + \tau = 1 \tag{10.28}$$

显然，穿透性好的气体吸收率小，而穿透性差的气体吸收率大。气体的辐射和吸收是在整个气体容积中进行，气体的吸收和穿透特性与气体内部特征有关，与其表面状况无关。

如果物体能全部吸收外来射线，即$\alpha=1$，则这种物体被定义为黑体。如果物体能全部反射外来射线，即$\rho=1$，不论是镜反射或漫反射，均称为白体。如物体能被外来射线全部透射，即$\tau=1$，则称为透明体。

自然界中并不存在黑体、白体与透明体，它们只是实际物体热辐射性能的理想模型。例如煤烟的$\alpha\approx0.96$，高度磨光的纯金$\rho\approx0.98$。必须指出，这里的黑体、白体、透明体都是对全波长射线而言。在一般温度条件下，由于可见光在全波长射线中只占有一小部分，所以物体对外来射线吸收能力的高低，不能凭物体的颜色来判断，白颜色的物体不一定是白体，例如雪对可见光是良好的反射体，对肉眼来说是白色的，但对红外线却几乎能全部吸收，非常接近黑体。白布和黑布对可见光的吸收率不同，但对红外线的吸收率却基本相同。普通玻璃对波长小于2 μm射线的吸收率很小，从而可以把照射到它上面的大部分太阳能透射过去。但玻璃对2 μm以上的红外线几乎是不透明的。

10.3.3 基尔霍夫定律

前面讨论了实际物体的辐射和吸收性质,那么实际物体的辐射和吸收之间有什么内在联系呢? 1859 年基尔霍夫(Kirchhoff)用热力学方法揭示了实际物体发射辐射的能力与吸收投射辐射的能力之间的关系。

某物体表面 dA_1 放置在黑空腔中,如图 10.14 所示。

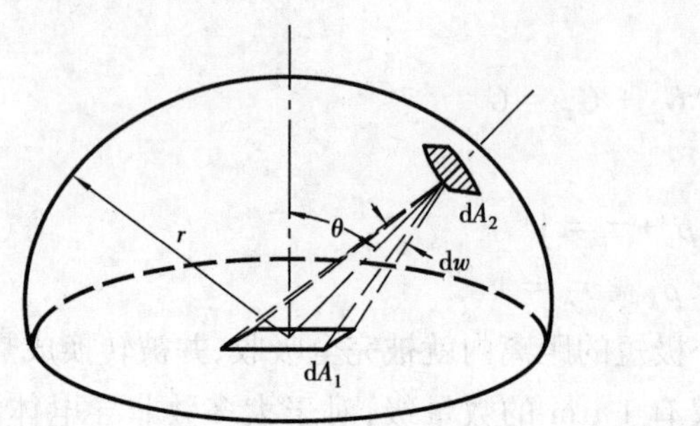

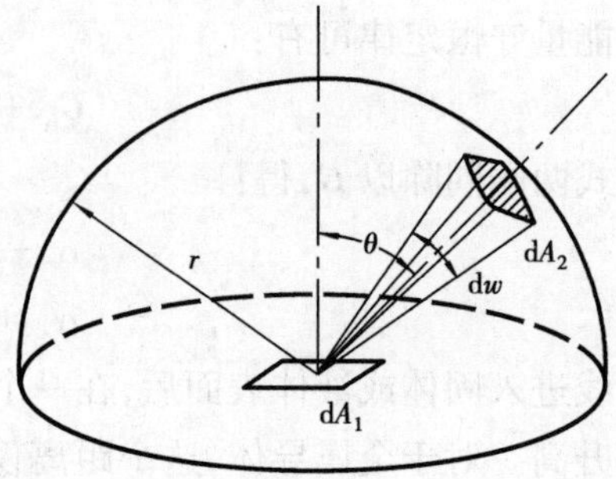

图 10.14 定向辐射和吸收特性

假设 dA_1 温度等于黑体空腔温度,在热平衡条件下,它的能量收支情况是:单位时间从给定方向在 $d\lambda$ 波长范围内,由黑空腔上微表面 dA_2 投射到 dA_1 表面上的能量为:

$$dq_i = I_{b\lambda,T} dA_2 d\Omega d\lambda$$

式中 $I_{b\lambda,T}$——温度为 T 的黑体单色辐射强度。根据立体角定义,$d\Omega = \dfrac{dA_1 \cos\theta}{r^2}$,于是:

$$dq_i = I_{b\lambda,T} dA_2 \frac{dA_1 \cos\theta}{r^2} d\lambda$$

被 dA_1 表面所吸收的能量为:

$$dq_a = \alpha_{\lambda,\theta,T} I_{b\lambda,T} dA_2 \frac{dA_1 \cos\theta}{r^2} d\lambda \tag{10.29}$$

式中 $\alpha_{\lambda,\theta,T}$——$dA_1$ 表面在温度 T 和 θ 方向的单色定向吸收率。

另一方面,dA_1 微表面在单位时间内,朝着 θ 方向在 $d\lambda$ 波长范围内发射的能量为:

$$dq_e = I_{\lambda,\theta,T} dA_1 \cos\theta \, d\omega d\lambda$$

式中 $I_{\lambda,\theta,T}$——表面在 θ 方向的单色辐射强度。它可用该方向的单色定向发射率来表示,即

$I_{\lambda,\theta,T} = \varepsilon_{\lambda,\theta,T} I_{b\lambda,T}$。并且立体角 $d\omega = \dfrac{dA_2}{r^2}$,于是:

$$dq_e = \varepsilon_{\lambda,\theta,T} I_{b\lambda,T} dA_1 \cos\theta \frac{dA_2}{r^2} d\lambda \tag{10.30}$$

由于热平衡条件,应有 $dq_e = dq_a$,比较式(10.29)与式(10.30),得:

$$\varepsilon_{\lambda,\theta,T} = \alpha_{\lambda,\theta,T} \tag{10.31}$$

式(10.31)为基尔霍夫定律最基本的表达式。它表明在热平衡条件下,表面单色定向发射率等于它的单色定向吸收率。

实验证明：$\varepsilon_{\lambda,\theta,T}$和$\alpha_{\lambda,\theta,T}$均为物体表面的辐射特性，它们取决于自身的温度，即使不是热平衡条件，表面间存在辐射传热，但式(10.31)仍然成立。

对漫射表面，由于辐射性质与方向无关，故基尔霍夫定律也可表达为：

$$\varepsilon_{\lambda,T} = \alpha_{\lambda,T} \tag{10.32}$$

对灰表面，由于辐射性质与波长无关，故基尔霍夫定律又可表达为：

$$\varepsilon_{\theta,T} = \alpha_{\theta,T} \tag{10.33}$$

如果表面是漫射灰表面，则辐射性质不仅与方向无关，而且与波长无关，即 $\varepsilon_\lambda = \alpha_\lambda \neq f(\lambda)$，$\varepsilon_\theta = \alpha_\theta \neq f(\theta)$。因此，对漫—灰表面的基尔霍夫定律可表达为：

$$\varepsilon(T) = \alpha(T) \tag{10.34}$$

在工程辐射传热计算中，只要参与辐射各物体的温差不过分悬殊，把物体表面当作漫射灰表面，就可应用 $\varepsilon=\alpha$ 的关系，不致造成太大的误差。

从设计手册查取材料的发射率 ε 是对全波长在一定温度下各方向发射率 ε_θ的积分平均值，如果把它们用于局部波长或不同温度条件可能引起较大的误差。

实际物体吸收率不仅与本身性质和状况有关，还取决于投射辐射的特性。日常生活中也有明显例子：红光投射到红玻璃上时，玻璃背面有红光透出，说明红玻璃对红光的吸收率不大；但当绿光投射到红玻璃上时，玻璃背面无光透出，说明红玻璃对绿光的吸收率很大。可见，投射光的波长对红玻璃的吸收率有很大的影响。

基于实际物体表面的非灰性质，其 α 可采用如下方法确定：对温度为 T_1的非金属表面，其 α 可按投射物体的表面温度 T_2查取该非金属表面的发射率。对于温度为 T_1的金属表面，α 可按$T_m = \sqrt{T_1 T_2}$查取该金属表面的发射率。

【例 10.4】 有一温度为 500 K 的漫射表面，其单色吸收率，如图 10.15 所示。试求该表面的发射率。当它接受来自 800 K 的黑体辐射时，其吸收率为多少？

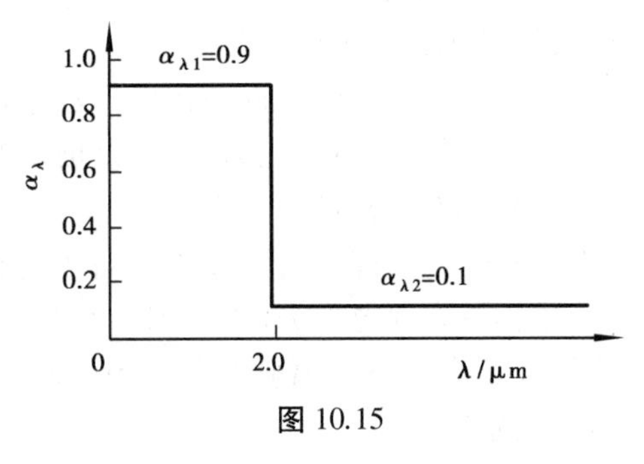

图 10.15

【解】 因表面为漫射面，故有 $\varepsilon_{\lambda,T} = \alpha_{\lambda,T}$。

①表面温度为 500 K 时的发射率 ε。根据式(10.18)可以写出：

$$\varepsilon = \frac{\int_0^\infty \varepsilon_\lambda E_{b\lambda} d\lambda}{\int_0^\infty E_{b\lambda} d\lambda} = \frac{\int_0^{\lambda_1} \alpha_{\lambda_1} E_{b\lambda} d\lambda + \int_{\lambda_1}^{\infty} \alpha_{\lambda_2} E_{b\lambda} d\lambda}{\int_0^\infty E_{b\lambda} d\lambda} = \alpha_{\lambda_1} F_{b(0-\lambda_1 T)} + \alpha_{\lambda_2}(1.0 - F_{b(0-\lambda_1 T)})$$

当 $\lambda_1 T = 2\times500\ \mu m \cdot K = 1\ 000\ \mu m \cdot K$ 时，由表 10.1 查得 $F_{b(0-\lambda_1 T)} = 0.000\ 323$。故该漫射表面的发射率为 $\varepsilon = 0.9\times0.000\ 323 + 0.1(1-0.000\ 323) = 0.100\ 3$。

②对来自 800 K 的黑体辐射。根据式(10.22)及 $G_\lambda = E_{b\lambda}$，则有：

$$\alpha = \frac{\int_0^{\lambda_1} \alpha_{\lambda_1} E_{b\lambda} d\lambda + \int_{\lambda_1}^{\infty} \alpha_{\lambda_2} E_{b\lambda} d\lambda}{E_b} = \alpha_{\lambda_1} F_{b(0-\lambda_1 T)} + \alpha_{\lambda_2}[1.0 - F_{b(0-\lambda_1 T)}]$$

根据 $\lambda_1 T = 2\times800\ \mu m \cdot K = 1\ 600\ \mu m \cdot K$，由表 10.1 查得 $F_{b(0-\lambda_1 T)} = 0.019\ 79$，故得：

$$\alpha = 0.9 \times 0.019\ 79 + 0.1(1 - 0.019\ 79) = 0.115\ 8$$

上述计算表明,对于非灰表面 $\varepsilon=0.100\ 3$,$\alpha=0.115\ 8$,二者是不相等的。因此,式(10.34)的关系对非灰表面是不适用的。

习 题

1. 辐射和热辐射之间有什么区别和联系?热辐射有什么特点?
2. 太阳与地球之间存在着广阔的真空地带,它是怎样把能量传到地球上的?
3. 两物体的温度分别为 100 ℃及 200 ℃,若将其温度各提高 450 ℃维持其温差不变,其辐射传热热流量是否变化?
4. 若严冬和盛夏时室内温度均维持 20 ℃,人裸背站在室内,其冷热感是否冬夏相同?
5. 钢铁表面约 500 ℃,表面看上去为暗红色。当表面约 1 200 ℃时,看上去变为黄色。这是为什么?
6. 何谓黑体、白体、透体、灰体?
7. 试解释为什么白天从远处看房屋的窗孔有黑洞洞的感觉?
8. 为什么太阳灶的受热表面要做成粗糙的黑色表面,而辐射采暖板不需要做成黑色?
9. 已知某材料表面在温度 T 时具有如图 10.16 所示辐射特性,试定性绘出其单色辐射力 E_λ 随波长变化的大致曲线。假定同温度下黑体的 $\lambda_{max}<\lambda_1<\lambda_2$。
10. 在什么条件下物体表面的发射率等于它的吸收率($\varepsilon=\alpha$)?在什么情况下 $\varepsilon\neq\alpha$?当 $\varepsilon\neq\alpha$ 时,是否意味着物体的辐射违反了基尔霍夫定律?
11. 一种玻璃对 0.3~2.7 μm 波段电磁波的透射比为0.87,对其余波段电磁波的透射比为零,求该玻璃对5 800 K 和 300 K 黑体辐射的总透射比。

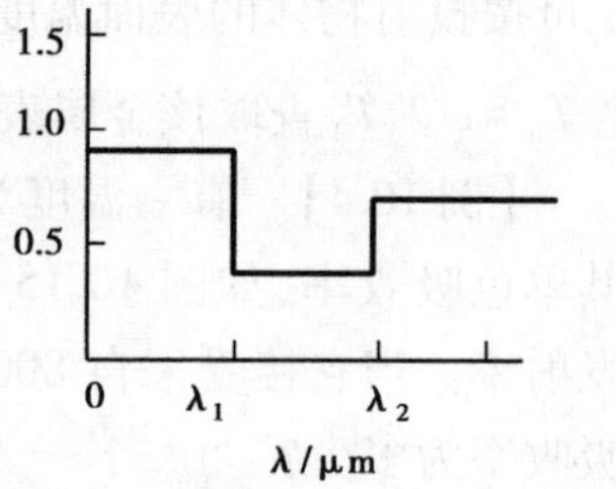

图 10.16

12. 钢铁表面温度升高时,它发出的可见光由暗红色向白亮转变,求钢铁表面温度为1 127 ℃和 927 ℃时可见光的强度是 827 ℃时的多少倍?
13. 表面面积为 4 cm^2,辐射力为 5×10^4 W/m^2,求表面法向的定向辐射力及与法向成45 ℃方向的定向辐射力。
14. 表面的光谱发射率 ε_λ 曲线,如图 10.17 所示。求表面温度分别为 500 ℃和1 500 ℃时的总发射率 ε。
15. 试分别计算当温度分别为 800 ℃和1 400 ℃时,表面积为 0.5 m^{2}的黑体表面在单位时间内所辐射出的热量。
16. 试分别计算当温度分别为 2 000 ℃和5 000 ℃时,可见光和红外线辐射在黑体辐射中所占的比例。
17. 证明:$\lambda\to\infty$ 时,$E_{b\lambda}\to0$。
18. 地球和太阳都看作是黑体,太阳表面温度为5 800 K,直径为 1.39×10^9 m,地球直径为1.29×10^7 m,两者相距 1.5×10^{11}m,求稳态时地球的温度。

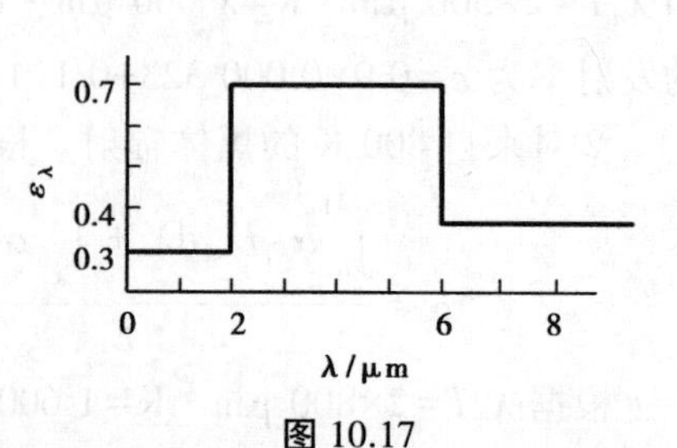

图 10.17

19. 有一温度为 500 K 的漫射表面，其单色吸收率为：$\lambda \leqslant 2$ μm 时 $\alpha_\lambda = 0.9$；$\lambda > 2$ μm 时 $\alpha_\lambda = 0.1$。试求该表面的发射率 ε。当它分别吸收来自 800 K 和 5 800 K 的黑体辐射时，其吸收率 α 各为多少？

20. 灯泡电功率为 100 W，灯丝表面温度为 2 800 K，发射率为 0.3，灯丝有效辐射面积为 9.565×10^{-5} m²。求灯丝发出可见光（0.38～0.76 μm）的效率。

21. 一直径为 20 mm 热流计探头，用以测定一微小表面积 A_1 的辐射热流。该表面积的面积为 4×10^{-4} m²，温度 $T_1 = 1\ 200$ K。探头与 A_1 的相互位置，如图 10.18 所示。探头测得的热流为 2.14×10^{-3} W。设 A_1 是漫射表面，探头表面的吸收率可取为 1。试确定 A_1 的发射率（环境对探头的影响可忽略不计）。

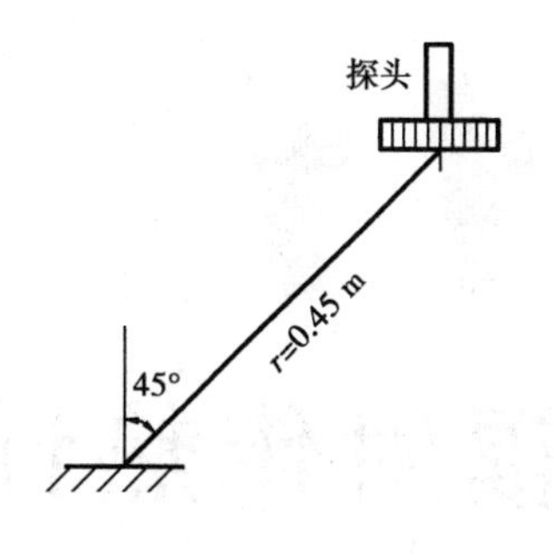

图 10.18　习题 21 附图

第 10 章习题详解

11 辐射传热计算

由热透明介质(如空气)分隔开的各个物体表面,如果它们的温度各不相同,彼此之间会发生辐射传热。影响辐射传热的主要因素包括物体表面的性质、形状、大小、空间位置以及物体的温度。

实际物体的辐射传热是一个十分复杂的过程,本章的重点内容是黑表面和漫射灰表面之间的辐射传热问题。简单介绍一下气体辐射和太阳辐射的内容。在分析和计算过程中,继续使用欧姆定律形式分析辐射热阻,使辐射传热计算简单明了。

11.1　黑表面间的辐射传热

自然界中不存在理论上的黑体,实际上只有少数物质表面对辐射能量的吸收能力接近于黑体,如炭黑、碳化硅等。自然界中对各种物质表面辐射能量的吸收、发射的本领有一个比较的标准。黑体所遵循的简单规律,可以作为自然界中各种千差万别的物质之间进行比较的标准。需要特别指明的是,“黑体”这个名字是由于物体吸收全波长的辐射能量——包括可见光范围的辐射线,因而该物体对人眼来讲表现为黑色的。但在工业温度范围内($T<2\ 000$ K),可见光波段内的辐射能占总辐射能的比例非常小。因此,黑色的物体不一定是黑体,白色的物体也不一定是白体。例如,刷白漆的壁面对红外辐射的吸收近似于黑体($\alpha=0.9\sim0.95$),但是它不吸收可见光范围的辐射热,因而对人眼就不表现为黑色;再如,雪对于红外辐射的吸收率是0.985,近乎黑体,但人眼看来却是白色的。

黑体是一个完全吸收体,也是一个完全发射体,它吸收的能量越大则往外辐射的能量也越大。黑体的辐射是各向同性的。黑体的辐射总能量是温度的单值函数。利用第10章介绍的吸收率和发射率的概念描述,黑体的吸收率和发射率等于1,即:$\alpha=\varepsilon=1$。黑体的这些辐射特性很适合于作为一般实际物体辐射的比较标准。应该指出,在上述论述中,虽然是对全波长的总辐射特性而言,实际上这些结论也同样适用于单色的黑体辐射。

11.1.1　两非凹黑表面间的辐射传热

如图 11.1 所示，考察任意放置的两非凹黑表面 A_1，A_2之间的辐射传热。它们的温度分别为 T_1，T_2，要求确定两表面之间的辐射传热量。分别从 A_1，A_2 表面上取微面积 $\mathrm{d}A_1$，$\mathrm{d}A_2$，二者的中心距离为 r，两表面的法线与连线 r 的夹角分别为 θ_1，θ_2，立体角分别为 $\mathrm{d}\omega_1$ 和 $\mathrm{d}\omega_2$，辐射强度分别为 I_{b1} 和 I_{b2}。

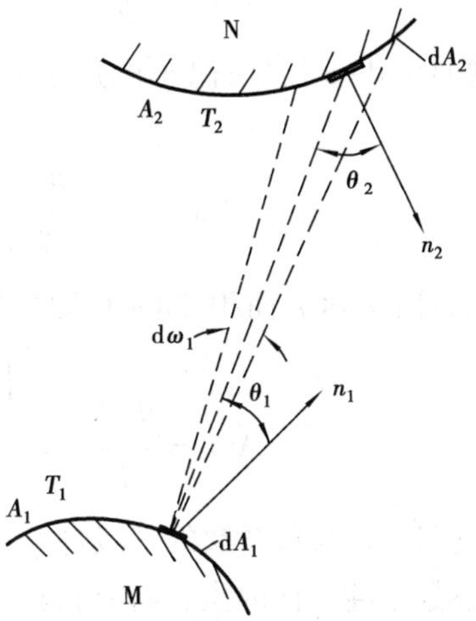

则微面积 $\mathrm{d}A_1$投射到微面积 $\mathrm{d}A_2$的辐射能为：

$$\Phi_{\mathrm{d}A_1-\mathrm{d}A_2} = I_{b1}\mathrm{d}A_1\cos\theta_1\mathrm{d}\omega_1 \tag{1}$$

因为黑体表面的辐射遵循兰贝特定律，故 $E_{b1}=\pi I_{b1}$；由立体角的定义式知，$\mathrm{d}\omega_1=\dfrac{\mathrm{d}A_2\cos\theta_2}{r^2}$，代入式(1)，可得：

$$\Phi_{\mathrm{d}A_1-\mathrm{d}A_2} = E_{b1}\frac{\cos\theta_1\cos\theta_2}{\pi r^2}\mathrm{d}A_1\mathrm{d}A_2 \tag{2}$$

图 11.1　任意位置两非凹黑表面的辐射传热

同理，从微面积 $\mathrm{d}A_2$投射到微面积 $\mathrm{d}A_1$的辐射能为：

$$\Phi_{\mathrm{d}A_2-\mathrm{d}A_1} = E_{b2}\frac{\cos\theta_1\cos\theta_2}{\pi r^2}\mathrm{d}A_1\mathrm{d}A_2 \tag{3}$$

微面积 $\mathrm{d}A_1$和 $\mathrm{d}A_2$之间的辐射传热量为：

$$\begin{aligned}\Phi_{\mathrm{d}A_1,\mathrm{d}A_2} &= \Phi_{\mathrm{d}A_1-\mathrm{d}A_2} - \Phi_{\mathrm{d}A_2-\mathrm{d}A_1}\\ &= (E_{b1}-E_{b2})\frac{\cos\theta_1\cos\theta_2}{\pi r^2}\mathrm{d}A_1\mathrm{d}A_2\end{aligned} \tag{4}$$

因此，黑表面 A_1和 A_2之间的辐射传热量为：

$$\Phi_{1,2} = \iint\limits_{A_1A_2}\Phi_{\mathrm{d}A_1,\mathrm{d}A_2} = (E_{b1}-E_{b2})\iint\limits_{A_1A_2}\frac{\cos\theta_1\cos\theta_2}{\pi r^2}\mathrm{d}A_1\mathrm{d}A_2 \tag{11.1}$$

式(11.1)中，$\iint\limits_{A_1A_2}\dfrac{\cos\theta_1\cos\theta_2}{\pi r^2}\mathrm{d}A_1\mathrm{d}A_2$ 是一个纯几何量，它在辐射传热中起到非常重要的作用，关于它的定义和特性将在下一个问题中详述。

11.1.2　角系数的定义

从图 11.1 可以看出，由 A_1发射出的辐射能中只有一部分落到 A_2上；同时，由 A_2发射出的辐射能中也只有一部分落到 A_1上。为此，引入角系数概念。它表示表面发射出的辐射能中直接落到另一表面上的百分数。可采用 $X_{1,2}$表示 A_1辐射的能量中落到 A_2上的百分数，称为 A_1对 A_2的平均角系数。同理，A_2对 A_1的平均角系数可写成 $X_{2,1}$。角系数中的第一个角标指发射体，第二个角标指接受体。值得注意的是，角系数仅表示投射辐射能中到达另一表面的百分数，而与另一表面的吸收能力无关。它是一个纯粹的几何量，仅取决于表面的大小和相互位置。

微面积 dA_1 对微面积 dA_2 的角系数 X_{dA_1,dA_2}：

$$X_{dA_1,dA_2}=\frac{\Phi_{dA_1-dA_2}}{\Phi_{dA_1}}=\frac{E_{b1}\dfrac{\cos\theta_1\cos\theta_2}{\pi r^2}dA_1dA_2}{E_{b1}dA_1}=\frac{\cos\theta_1\cos\theta_2}{\pi r^2}dA_2$$

微面积 dA_1 对表面积 A_2 的角系数 X_{dA_1,A_2}：

$$X_{dA_1,A_2}=\frac{\Phi_{dA_1-A_2}}{\Phi_{dA_1}}=\frac{\int_{A_2}\Phi_{dA_1-dA_2}}{\Phi_{dA_1}}=\int_{A_2}\frac{\cos\theta_1\cos\theta_2}{\pi r^2}dA_2$$

表面积 A_1 对表面积 A_2 的角系数 $X_{1,2}$：

$$X_{1,2}=\frac{\Phi_{A_1-A_2}}{\Phi_{A_1}}=\frac{\iint_{A_1A_2}\Phi_{dA_1-dA_2}}{\Phi_{A_1}}=\frac{1}{A_1}\iint_{A_1A_2}\frac{\cos\theta_1\cos\theta_2}{\pi r^2}dA_1dA_2 \tag{11.2a}$$

式(11.2a)为角系数的一般计算式，虽然是从黑体表面辐射传热推导出来的，但从该式可知，角系数是纯几何因素，与辐射物体是否是黑体无关，它同样适用非黑体表面间的辐射传热。不过，在以上推导中应用了2个假设：物体表面为漫辐射面；物体表面的辐射物性均匀，即温度均匀、发射率及反射率均匀、投射辐射也均匀。只有这样，才能将非几何因素排除。

同理，表面积 A_2 对表面积 A_1 的角系数 $X_{2,1}$：

$$X_{2,1}=\frac{\Phi_{A_2-A_1}}{\Phi_{A_2}}=\frac{1}{A_2}\iint_{A_1A_2}\frac{\cos\theta_1\cos\theta_2}{\pi r^2}dA_1dA_2 \tag{11.2b}$$

从式(11.2a)及式(11.2b)可以看出：

$$X_{1,2}A_1=X_{2,1}A_2 \tag{11.3}$$

式(11.3)表示了2个表面在辐射传热时的互换性，此性质称为角系数的互换性，是角系数的主要性质之一。

利用角系数的互换性，可以迅速求解一些特殊情况的角系数。如图11.2半径为 r 的封闭半球壳，按积分法求 $X_{2,1}$ 比较困难，但是由角系数的互换性有：

$$X_{1,2}=1$$
$$A_1=\pi r^2$$
$$A_2=2\pi r^2$$

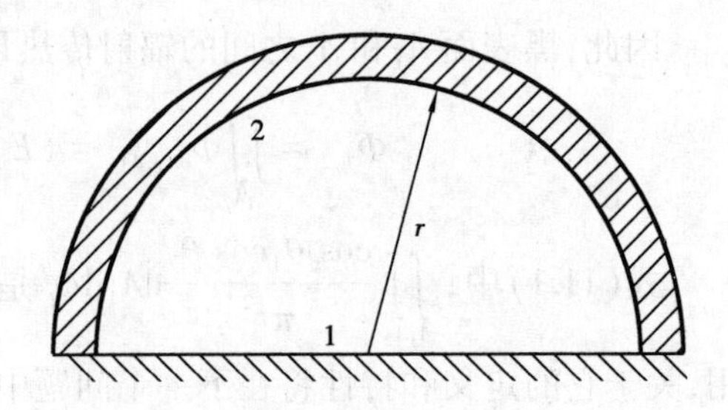

图11.2 利用角系数互换性求解图例

则：
$$X_{2,1}=\frac{X_{1,2}A_1}{A_2}=\frac{1}{2}$$

此时应用角系数的互换性求解 $X_{2,1}$ 就使问题变得非常简单。

对任意2个表面 A_i 及 A_j，互换性可以写成：

$$A_iX_{i,j}=A_jX_{j,i}$$

11.1.3 角系数的其他性质

从前面可以看出,用积分的方法来确定角系数是十分困难的。对经常见到的简单表面情况,除了应用角系数的几何特征求解之外,还可以应用角系数的另外一些简单的性质来求解。

1)角系数的完整性

如图 11.3 所示,对于由 $n(n=1,2,3,\cdots)$ 个表面组成的封闭空腔,根据角系数定义及封闭空腔特点,任意一个表面与组成空腔各表面的角系数应存在下面的关系。

$$X_{1,1}+X_{1,2}+X_{1,3}+\cdots+X_{1,n}=1$$

当表面 1 为非凹表面时(如图 11.3 中的实线),$X_{1,1}=0$;为凹表面时(如图 11.3 中的虚线),$X_{1,1}\neq 0$。

由 n 个表面组成的封闭空腔,角系数的完整性可以表述为:

$$\sum_{j=1}^{n} X_{i,j}=1 \qquad i=1,2,\cdots,n \tag{11.4}$$

对于表面间未形成封闭空腔的情况,只要做出辅助表面将空腔封闭即可应用角系数的完整性的概念去求解。

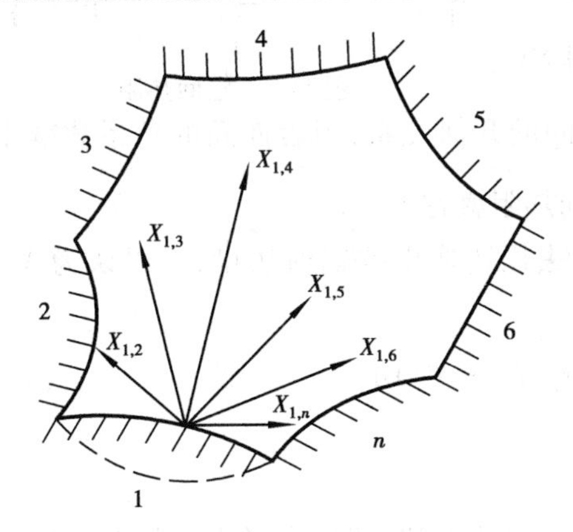

图 11.3　封闭空腔中角系数的完整性

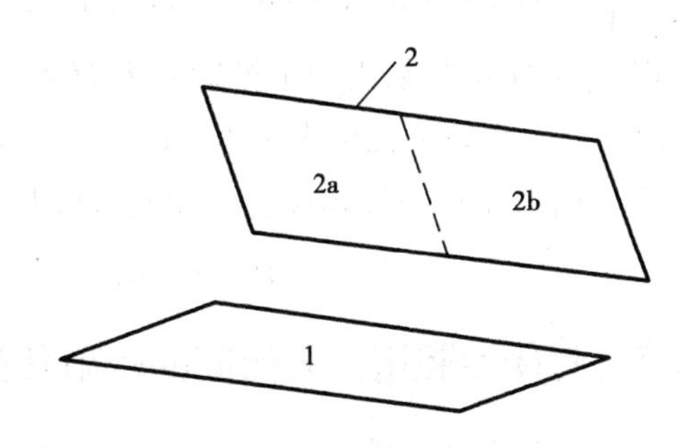

图 11.4　角系数的分解性

2)角系数的分解性

如图 11.4 所示,表面 1 和表面 2,其中表面 2 可由 2a 和 2b 组合而成。由于从表面 1 辐射到表面 2 上面的能量等于落到 2a 和 2b 上的能量之和,因此:

$$A_1E_1X_{1,2}=A_1E_1X_{1,2a}+A_1E_1X_{1,2b}$$

$$X_{1,2}=X_{1,2a}+X_{1,2b}$$

如果要写出 $X_{2,1}$ 的分解性形式,就不能简单地写成 $X_{2,1}=X_{2a,1}+X_{2b,1}$。这时从表面 2 辐射到表面 1 上的能量仍然等于 2a,2b 落到 1 上面的能量之和,因此有:

$$A_2E_2X_{2,1}=A_{2a}E_2X_{2a,1}+A_{2b}E_2X_{2b,1}$$

所以

$$X_{2,1}=\frac{1}{A_2}(A_{2a}X_{2a,1}+A_{2b}X_{2b,1})$$

上式是角系数分解性的另一种表达形式。

对于更一般的情况，若将 A_i 分为 n 份，将 A_j 分为 m 份，则：

$$A_i X_{i,j} = \sum_{k=1}^{n} \sum_{p=1}^{m} A_{ik} X_{ik,jp} \tag{11.5}$$

11.1.4 辐射空间热阻

依据上述分析，将式(11.2)代入式(11.1)，任意放置两黑表面间的辐射传热计算式可以写成：

$$\Phi_{1,2} = (E_{b1} - E_{b2}) X_{1,2} A_1 = (E_{b1} - E_{b2}) X_{2,1} A_2 \tag{11.6}$$

显然，要计算 $\Phi_{1,2}$ 的关键是确定表面间的辐射角系数。有关角系数的确定方法将在 11.3 节中介绍，这里暂且把它作为已知值。

式(11.6)亦可写为：

$$\Phi_{1,2} = \frac{E_{b1} - E_{b2}}{\dfrac{1}{X_{1,2} A_1}}$$

把它和欧姆定律相比，$(E_{b1} - E_{b2})$ 比作电位差，$\dfrac{1}{X_{1,2}A_1}$ 比作电阻，则电流就是辐射传热量 $\Phi_{1,2}$。因此，两黑表面间的辐射传热可以用简单的热网络图 11.5 来模拟，$\dfrac{1}{X_{1,2}A_1}$ 称为空间热阻或形状热阻，它取决于表面间的几何关系，当表面间的角系数越小或表面积越小，则能量从表面 1 投射到表面 2 上的空间热阻就越大。

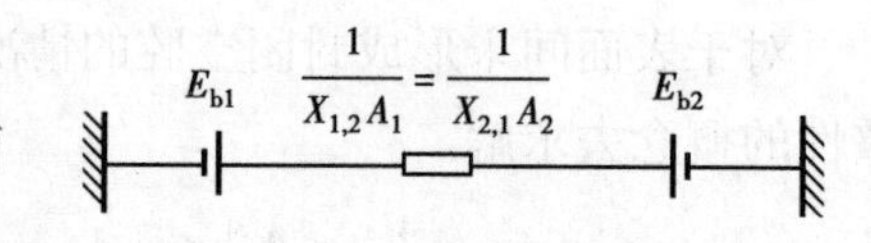

图 11.5 空间热阻

对于 2 个平行的黑体大平壁($A_1 = A_2 = A$)，若略去周边逸出的辐射热量，可以认为 $X_{1,2} = X_{2,1} = 1$ 且由斯蒂芬—波尔兹曼定律知，此时

$$\Phi_{1,2} = (E_{b1} - E_{b2}) A = \sigma_b (T_1^4 - T_2^4) A \tag{11.7}$$

11.1.5 封闭空腔诸黑表面间的辐射传热

参与辐射传热诸黑表面间实际上总是构成一个封闭的空腔，即使有时表面间有开口亦可设定假想面予以封闭，这就是计算物体间辐射传热的基本方法之一——空腔法。

设有 n 个黑表面组成空腔（见图 11.6），每个表面各有温度 $T_1, T_2, T_3, \cdots, T_n$，需要计算某一表面与其余表面间的辐射传热。空腔 i 表面与所有表面辐射传热量的总和为：

$$\Phi_i = \Phi_{i,1} + \Phi_{i,2} + \cdots + \Phi_{i,n} = \sum_{i=1}^{n} \Phi_{i,j} \tag{11.8}$$

若要计算黑表面 i 与所有其他黑表面间的辐射传热量 Φ_i，依据角系数的完整性，可以得到：

$$\Phi_i = \sum_{j=1}^{n} (E_{bi} - E_{bj}) X_{i,j} A_i = \sum_{j=1}^{n} E_{bi} X_{i,j} A_i - \sum_{j=1}^{n} E_{bj} X_{i,j} A_i$$

根据角系数完整性和互换性，上式可写成：

$$\Phi_i = E_{bi} A_i - \sum_{j=1}^{n} E_{bj} X_{j,i} A_j \tag{11.9}$$

可以看到，黑表面 i 和周围诸黑表面的总辐射传热量，即为表面 i 发射的能量与诸表面向 i 表面投射能量的差额，是为了维持 i 表面温度为 T_i 时所必须提供的净热量，所以 Φ_i 称作 i 表面的净辐射传热量。

对于多个黑表面间的辐射传热网络，可以仿照图 11.6，即在任意 2 个黑表面间均连接一相应的空间热阻即成。例如，由 3 个黑表面组成的封闭空腔，其辐射网络如图 11.7 所示，每个黑表面按其温度各有相应的电位节点 E_b。对于 n 个黑表面组成的封闭空腔，就有 n 个电位节点。

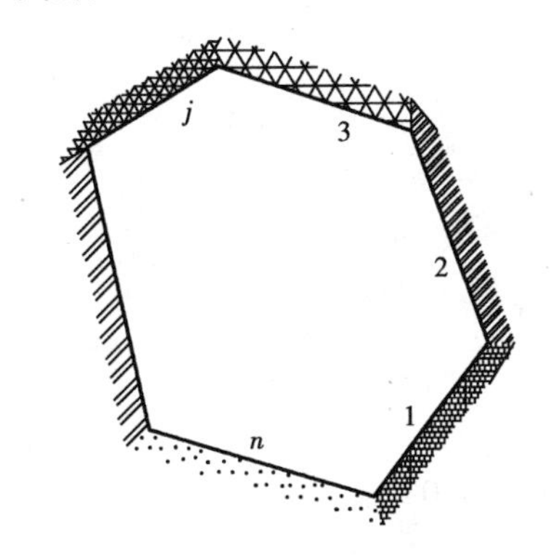

图 11.6　多个黑体表面组成的空腔

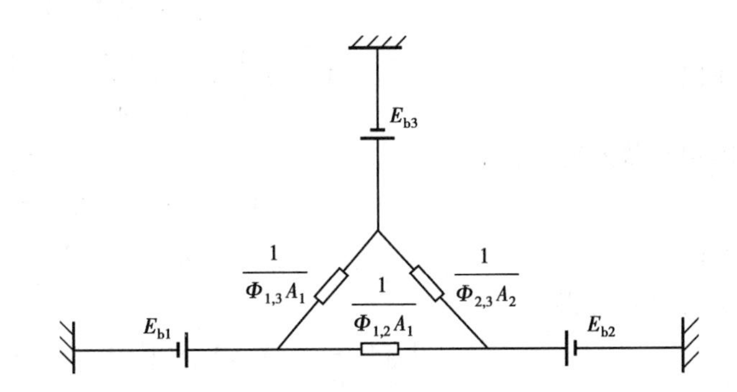

图 11.7　3 个黑表面组成空腔的辐射网络

在组成封闭空腔诸表面中，若有某个表面 j 为绝热时，它在参与辐射过程中没有净热量交换，即 $\Phi_j = 0$，则该表面所表示的节点不必和外电源相连接，该表面的辐射力或温度相应的电位就成为不固定的浮动电位。通常，炉子中的反射拱，辐射加热器中的反射屏，如忽略其热损失，则可作为绝热表面处理，这种表面也称重辐射面。它的特点是：虽将投射来的辐射能全部反射出去，但可将空间某一方向投射来的能量，转到空间的另一个方向上去，所以它对辐射系统还是有影响的。

【例 11.1】　有一半球形容器 $r=1$ m，底部的圆形面积上有温度为 200 ℃的表面 1 和温度为 40 ℃的表面 2（见图 11.8），它们各占圆形面积的 1/2。1，2 表面均系黑表面，容器壁面 3 是绝热表面。试计算表面 1，2 间的净辐射传热量和容器壁 3 的温度。

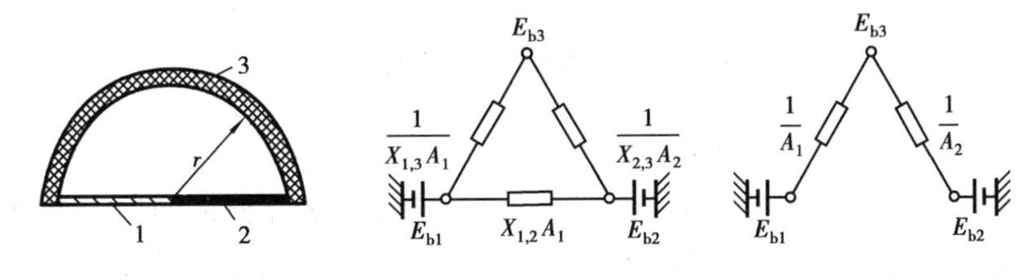

图 11.8

【解】　本题系由 3 个表面组成的封闭空腔，每个表面的净辐射传热量按式（11.9），可得：

$$\Phi_1 = E_{b1}A_1 - \sum_{j=1}^{3} E_{bj}X_{j,1}A_j \tag{a}$$

$$\Phi_2 = E_{b2}A_2 - \sum_{j=1}^{3} E_{bj}X_{j,2}A_j \tag{b}$$

$$\Phi_3 = E_{b3}A_3 - \sum_{j=1}^{3} E_{bj}X_{j,3}A_j = 0 \tag{c}$$

各个表面间的角系数，根据已知的几何形状，可得：

$$X_{1,1} = X_{1,2} = X_{2,1} = X_{2,2} = 0$$

$$X_{1,3} = X_{2,3} = 1$$

由角系数的互换性：

$$X_{1,3}A_1 = X_{3,1}A_3$$

$$X_{2,3}A_2 = X_{3,2}A_3$$

所以

$$X_{3,1} = \frac{A_1}{A_3}X_{1,3} = \frac{\pi r^2/2}{2\pi r^2} = \frac{1}{4} = X_{3,2}$$

由角系数完整性：

$$X_{3,1} + X_{3,2} + X_{3,3} = 1$$

所以

$$X_{3,3} = 1/2$$

从式(c)，可得：

$$E_{b3}A_3 - E_{b1}X_{1,3}A_1 - E_{b2}X_{2,3}A_2 - E_{b3}X_{3,3}A_3 = 0$$

应用斯蒂芬—波尔兹曼定律 $E_b = \sigma_b T^4$，解得：

$$T_3^4 = \frac{T_1^4 + T_2^4}{2}$$

代入已知条件，可求得绝热表面3的表面温度：

$$T_3 = 415\ \text{K} \quad 或 \quad 142\ ℃$$

表面1,2的净辐射传热量，可由式(a)和式(b)计算，因为3是绝热表面，故 $\Phi_1 = -\Phi_2$。从式(a)得：

$$\begin{aligned}\Phi_1 &= E_{b1}A_1 - E_{b1}X_{1,1}A_1 - E_{b2}X_{2,1}A_2 - E_{b3}X_{3,1}A_3 \\ &= E_{b1}A_1 - \frac{1}{4}E_{b3}A_3 \\ &= A_1\sigma_b(T_1^4 - T_3^4) \\ &= \frac{\pi}{2}5.67 \times 10^{-8}(473^4 - 415^4) \\ &= 1\ 800\ \text{W}\end{aligned}$$

本题如用网络法求解可简便直观，由于 $X_{1,2}=0$，把图11.8左侧的网络图简化为右侧的网络图，故可把表面1,2间的连接热阻断开。此时，表面1,2间的总辐射热阻由表面1,3间和表面2,3间的空间热阻之和组成，即：

$$\sum R = \frac{1}{A_1} + \frac{1}{A_2} = \frac{A_1 + A_2}{A_1A_2}$$

故

$$\Phi_1 = \Phi_{1,2} = \frac{E_{b1} - E_{b2}}{\sum R} = \frac{\sigma_b(T_1^4 - T_2^4)}{4/\pi} = \frac{\pi}{4} \times 5.67(4.73^4 - 3.13^4)\ \text{W} = 1\ 800\ \text{W}$$

至于绝热表面3的温度 T_3 或相应的浮动节点电位 E_{b3}，也可从网络图中很方便求得。

11.2 灰表面间的辐射传热

11.2.1 有效辐射

灰表面只能部分吸收投射的辐射能,其余则被反射出去,形成其与黑表面间辐射传热的异同点。为此,在灰表面间的辐射传热计算中,引入一个描述灰表面辐射特性的概念——有效辐射 J,可以使分析计算简化。

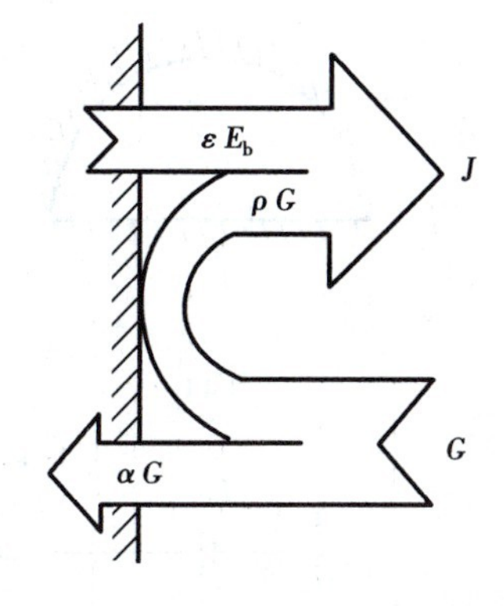

图 11.9 灰表面有效辐射示意图

图 11.9 表示灰表面的有效辐射 J,它是表面本身的辐射 εE_b 与反射辐射 ρG 之和,即:

$$J = \varepsilon E_b + \rho G = \varepsilon E_b + (1 - \alpha) G \tag{1}$$

式中 G——外界对灰表面的投射辐射,W/m^2;

ε——灰表面的发射率;

ρ——灰表面的反射率;

α——灰表面的吸收率。

辐射测量用探测仪所测到的灰表面的辐射能,实际上都是有效辐射。

11.2.2 辐射表面热阻

灰表面每单位面积的辐射传热量可以从两方面来分析,从表面外部来看,应是该表面的有效辐射与投射辐射之差,从表面内部来看,则应是本身辐射与吸收辐射之差,即:

$$\Phi/A = J - G = \varepsilon E_b - \alpha G \tag{2}$$

从式(1)和式(2)消去 G。对漫—灰表面,由于 $\alpha=\varepsilon$,因此可得:

$$\Phi = \frac{\varepsilon}{1-\varepsilon}A(E_b - J) = \frac{E_b - J}{\dfrac{1-\varepsilon}{\varepsilon A}} \tag{11.10}$$

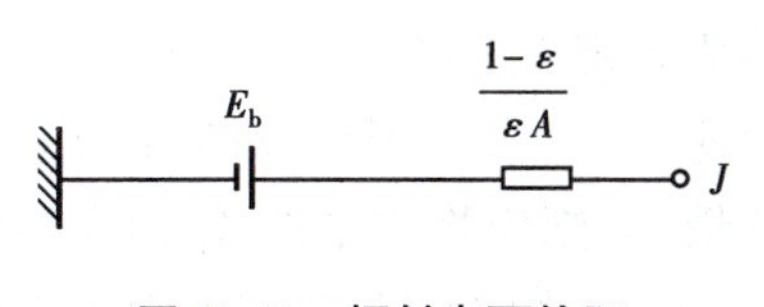

图 11.10 辐射表面热阻

式(11.10)给灰表面间辐射传热的网络模拟提供了依据。前节提到黑表面间的辐射传热是将黑表面的辐射力 E_b 比做电位,但对灰表面来说,应把它的有效辐射 J 比做电位,而把$\frac{1-\varepsilon}{\varepsilon A}$比作 E_b 和 J 之间的表面辐射热阻或简称表面热阻,如图 11.10 所示。可以看出,当表面的吸收率或发射率越大,即表面越接近黑体,则此阻力就越小,对黑表面来说,表面热阻为零,此时 J 就是 E_b。

11.2.3 组成封闭空腔的两灰表面间的辐射传热

将前述黑表面间辐射传热网络图应用于灰表面间的辐射传热,只要在每个节点和电源之间加入一个相应的表面热阻$\frac{1-\varepsilon_i}{\varepsilon_i A_i}$即可。对于由两灰表面组成的封闭空腔,表面间的辐射传热

网络,如图 11.11 所示。它是一串联热阻网络,由此不难得出组成封闭空腔的两灰表面间辐射传热计算式为:

$$\Phi_{1,2} = \frac{E_{b1} - E_{b2}}{\dfrac{1-\varepsilon_1}{\varepsilon_1 A_1} + \dfrac{1}{X_{1,2}A_1} + \dfrac{1-\varepsilon_2}{\varepsilon_2 A_2}} \tag{11.11a}$$

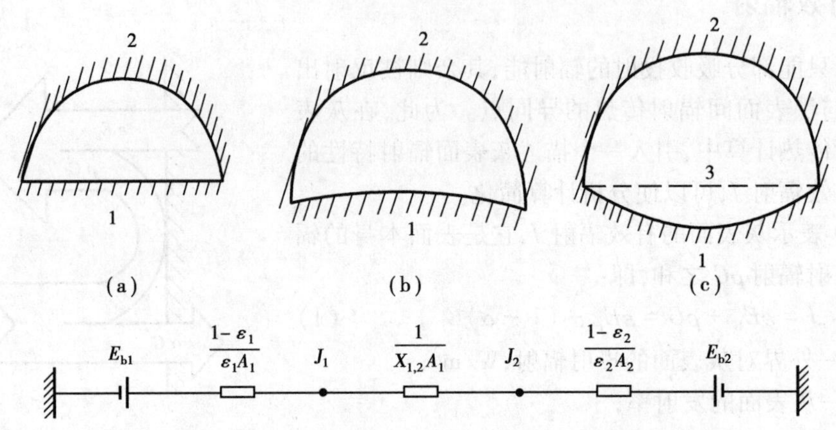

图 11.11 两灰表面组成封闭空腔的辐射传热网格

如果用 A_1 作为计算表面积,式(11.11a)可写为:

$$\Phi_{1,2} = \frac{A_1(E_{b1} - E_{b2})}{\left(\dfrac{1}{\varepsilon_1} - 1\right) + \dfrac{1}{X_{1,2}} + \dfrac{A_1}{A_2}\left(\dfrac{1}{\varepsilon_2} - 1\right)} = \varepsilon_s X_{1,2} A_1 (E_{b1} - E_{b2}) \tag{11.11b}$$

式中

$$\varepsilon_s = \frac{1}{1 + X_{1,2}\left(\dfrac{1}{\varepsilon_1} - 1\right) + X_{2,1}\left(\dfrac{1}{\varepsilon_2} - 1\right)}$$

将式(11.11b)与式(11.6)相比,多了一个修正因子 ε_s。它是考虑由于灰表面的发射率小而引起多次吸收与反射对传热量影响的因子,其值小于 1,称为系统发射率。

另需注意,式(11.11)所表达的两灰表面间辐射传热量的计算,仅适于计算图11.11a、图 11.11b 两种情况,即 A_1 为平直面或凸面,对于图 11.11(c)的情形,则应将式中的 A_1 用虚线所示的 A_3 代替,因为由 A_1 辐射到 A_2 的热量都是通过 A_3 到达 A_2 的。式(11.11)还可针对如下两种常见的辐射问题予以简化:

1)两无限大平行灰平壁的辐射传热

由于 $A_1 = A_2 = A$,且 $X_{1,2} = X_{2,1} = 1$,式(11.11)可简化为:

$$\Phi_{1,2} = \frac{A(E_{b1} - E_{b2})}{\dfrac{1}{\varepsilon_1} + \dfrac{1}{\varepsilon_2} - 1} = \varepsilon_s A \sigma_b (T_1^4 - T_2^4) \tag{11.12}$$

其中，系统发射率：

$$\varepsilon_s = \frac{1}{\dfrac{1}{\varepsilon_1} + \dfrac{1}{\varepsilon_2} - 1}$$

【例 11.2】　两平行表面间有一空气间层，热表面温度 $t_1 = 300$ ℃，冷表面温度 $t_2 = 50$ ℃。两表面的发射率 $\varepsilon_1 = \varepsilon_2 = 0.85$。当表面尺寸远大于空气层厚度时，求每单位表面积的辐射传热量。

【解】　由于表面尺寸远大于间层厚度，故属无限大平行平壁的辐射传热。由式（11.12）可知，单位面积的辐射传热量为：

$$q_{1,2} = \frac{E_{b1} - E_{b2}}{\dfrac{1}{\varepsilon_1} + \dfrac{1}{\varepsilon_2} - 1}$$

$$= \frac{5.67 \times 10^{-8}[(300 + 273)^4 - (50 + 273)^4]}{\dfrac{1}{0.85} + \dfrac{1}{0.85} - 1}\ \text{W/m}^2 = 4\ 061.4\ \text{W/m}^2$$

若在两表面贴上铝箔，发射率成为 $\varepsilon_1 = \varepsilon_2 = 0.2$，则单位面积的辐射传热量 $q_{1,2} = 610.6\ \text{W/m}^2$。辐射传热量仅为原来的 1/6.65。

2）空腔与内包壁面之间的辐射传热

如果内包壁面 1 系凸形壁面，则 $X_{1,2} = 1$（见图 11.12），此时式（11.11）可简化为：

$$\Phi_{1,2} = \frac{A_1(E_{b1} - E_{b2})}{\dfrac{1}{\varepsilon_1} + \dfrac{A_1}{A_2}\left(\dfrac{1}{\varepsilon_2} - 1\right)} \tag{11.13}$$

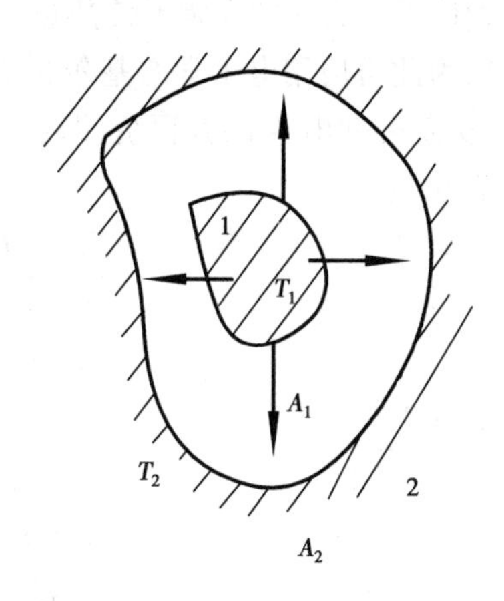

图 11.12　空腔与内包壁间的辐射传热

如果 $A_1 \ll A_2$，且 ε_2 的数值较大，例如车间内的辐射采暖板、热力管道等，其面积远比周围墙表面积小，此时 A_1/A_2 是一个很小的值，$\left(\dfrac{1}{\varepsilon_2}-1\right)$ 也很小，二者的乘积与 $1/\varepsilon_1$ 相比较可以忽略不计，则式（11.11）可改写为：

$$\Phi_{1,2} = \varepsilon_1 A_1(E_{b1} - E_{b2}) \tag{11.14}$$

【例 11.3】　某车间的辐射采暖板尺寸是 $1.8 \times 0.75\ \text{m}^2$，板面的发射率 $\varepsilon_1 = 0.94$，温度 $t_1 = 107$ ℃。已知墙面温度 $t_1 = 12$ ℃。如果不计辐射板背面及侧面的辐射作用，求辐射板面与车间墙面间的辐射传热量。

【解】　辐射板面 A_1 比周围墙面 A_2 小得多（$A_1 \ll A_2$），故可用式（11.14）来计算：

$$\Phi_{1,2} = \varepsilon_1 A_1(E_{b1} - E_{b2})$$

$$= 0.94 \times 1.8 \times 0.75 \times 5.67 \times 10^{-8}[(107 + 273)^4 - (12 + 273)^4]\ \text{W} = 1\ 025.6\ \text{W}$$

此时，车间墙面的发射率对计算结果无影响，你能否从物理概念上加以解释？

11.2.4 封闭空腔中诸灰表面间的辐射传热

1)网络法求解

先讨论较简单的多个表面间的辐射传热——由 3 个灰表面组成的封闭空腔,各表面间的辐射传热网络可在图 11.7 的基础上增加各节点的表面热阻,如图 11.13 所示。

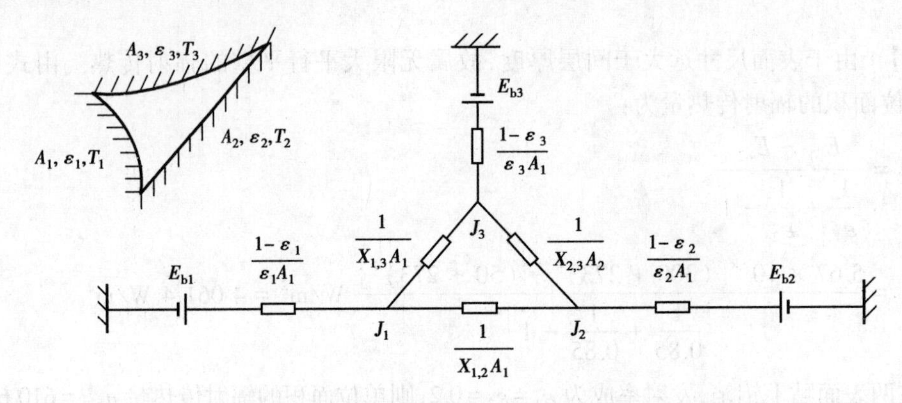

图 11.13 3 个灰体表面组成的封闭空腔辐射传热网格

为计算各表面的净辐射传热量,需先确定各个表面的有效辐射 J_i(相当于网络中的节点电位 J_i),为此可应用电工学的基尔霍夫电流定律——流入每个节点的电流(相当于热流)总和为零,从而可列出 J_i 的方程组,即:

节点 1:

$$\frac{E_{b1}-J_1}{\dfrac{1-\varepsilon_1}{\varepsilon_1 A_1}}+\frac{J_2-J_1}{\dfrac{1}{X_{1,2}A_1}}+\frac{J_3-J_1}{\dfrac{1}{X_{1,3}A_1}}=0 \tag{3}$$

节点 2:

$$\frac{E_{b2}-J_2}{\dfrac{1-\varepsilon_2}{\varepsilon_2 A_2}}+\frac{J_1-J_2}{\dfrac{1}{X_{1,2}A_1}}+\frac{J_3-J_2}{\dfrac{1}{X_{2,3}A_2}}=0 \tag{4}$$

节点 3:

$$\frac{E_{b3}-J_3}{\dfrac{1-\varepsilon_3}{\varepsilon_3 A_3}}+\frac{J_1-J_3}{\dfrac{1}{X_{1,3}A_1}}+\frac{J_2-J_3}{\dfrac{1}{X_{2,3}A_2}}=0 \tag{5}$$

联立求解后,可得出各表面的有效辐射值。

如果诸灰表面中有某表面 i 为绝热面(属于重辐射面之一),由于 $\Phi_i=0$,网络中该节点可不与电源相连,其有效辐射 J_i 值是浮动的。这样,即使在节点上加表面热阻 $\frac{1-\varepsilon_i}{\varepsilon_i A_i}$ 也不会影响节点电位。这表明绝热面的温度与其发射率无关。

2）数值解法

上述由网络图列出节点方程组的方法，当组成空腔的表面为数不多时，分析计算是十分方便的，但当空腔内参与辐射传热的表面较多时，画网络图就显得麻烦。为此，可从分析各表面的有效辐射入手，推导出有效辐射通用表达式以建立节点方程组。

设有 n 个灰表面组成空腔，对其中的 j 表面作分析，它与周围各表面辐射传热时，其有效辐射为本身辐射加反射辐射。表达式(1)中的有效辐射用 J_j 表示，投射辐射 $G_j = \sum_{i=1}^{n} J_i X_{i,j} A_i$，即 i 表面投射到 j 表面的能量。因 $\alpha_j = \varepsilon_j$，可得：

$$J_j A_j = \varepsilon_j E_{bj} A_j + (1 - \varepsilon_j) \sum_{i=1}^{n} J_i X_{i,j} A_i \tag{11.15}$$

互换性

$$\sum_{i=1}^{n} J_i X_{i,j} A_i = A_j \sum_{i=1}^{n} J_j X_{j,i}$$

代入式(11.15)，两侧消去 A_j，可得 j 表面有效辐射为：

$$J_j = \varepsilon_j E_{bj} + (1 - \varepsilon_j) \sum_{i=1}^{n} J_j X_{j,i} \tag{11.16}$$

它不仅取决于表面本身的情况，还和周围诸表面的有效辐射值有关。

式(11.16)可写成：

$$\sum_{i=1}^{n} J_j X_{j,i} - \frac{J_j}{1 - \varepsilon_j} = \left(\frac{\varepsilon_j}{\varepsilon_j - 1}\right) \sigma_b T_j^4 \tag{11.17}$$

对于 $j=1,2,3,\cdots,n$ 表面组成的空腔，可以得到 n 个方程，即：

$$J_1\left(X_{1,1} - \frac{1}{1-\varepsilon_1}\right) + J_2 X_{1,2} + J_3 X_{1,3} + \cdots + J_n X_{1,n} = \left(\frac{\varepsilon_1}{\varepsilon_1 - 1}\right) \sigma_b T_1^4$$

$$J_1 X_{2,1} + J_2\left(X_{2,2} - \frac{1}{1-\varepsilon_2}\right) + J_3 X_{2,3} + \cdots + J_n X_{2,n} = \left(\frac{\varepsilon_2}{\varepsilon_2 - 1}\right) \sigma_b T_2^4$$

$$\vdots$$

$$J_1 X_{n,1} + J_2 X_{n,2} + J_3 X_{n,3} + \cdots + J_n\left(X_{n,n} - \frac{1}{1-\varepsilon_n}\right) = \left(\frac{\varepsilon_n}{\varepsilon_n - 1}\right) \sigma_b T_n^4 \tag{11.18}$$

式(11.18)线性方程组可用迭代法求解，得到各表面的有效辐射 $J_1, J_2, \cdots, J_n$。它的计算程序已在导热的数值计算中介绍，在此不再重复。已知各表面的温度、发射率和几何尺寸，即可由有效辐射求得各表面的净辐射热量：

$$\Phi_i = \frac{E_{bi} - J_i}{\dfrac{1 - \varepsilon_i}{\varepsilon_i A_i}} \qquad (i = 1,2,\cdots,n) \tag{11.19}$$

但必须指出，在上述方法中，用两灰表面有效辐射之差 $J_i - J_j$ 计算的 $\dfrac{J_i - J_j}{\dfrac{1}{X_{i,j} A_i}}$，只能在上述方法中应用，它是辐射传热计算的中间参数，并不等于封闭空腔中任意两个表面 i，j 的辐射传热量。

【**例 11.4**】 2 个相距 300 mm,直径为 300 mm 的平行放置的圆盘。相对两表面的温度分别为 $t_1 = 500$ ℃ 及 $t_2 = 227$ ℃,发射率分别为 $\varepsilon_1 = 0.2$ 及 $\varepsilon_2 = 0.4$,两表面间的辐射角系数 $X_{1,2}=0.38$。圆盘的另外 2 个表面不参与传热。当将此两圆盘置于一壁温为 $t_3 = 27$ ℃的一个大房间内,试计算每个圆盘的净辐射散热量及大房间壁面所得到的辐射热量。

【**解**】 根据题意,这是 3 个灰表面间的辐射传热问题。因大房间壁的表面积 A_3 很大,其表面热阻$\dfrac{1-\varepsilon_3}{\varepsilon_3 A_3}$可取为零。其辐射网络图,如图 11.14 所示。

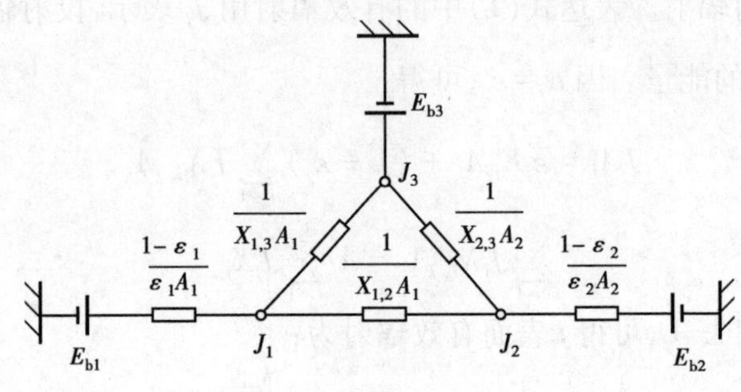

图 11.14

根据角系数互换性和完整性可知:

$$X_{1,2} = X_{2,1} = 0.38$$

$$X_{1,3} = X_{2,3} = 1 - X_{1,2} = 1 - 0.38 = 0.62$$

计算网络中的各热阻值:

$$A_1 = A_2 = \frac{1}{4}\pi d^2 = \frac{1}{4} \times 3.14 \times (0.3)^2 \text{ m}^2 = 0.071 \text{ m}^2$$

$$\frac{1-\varepsilon_1}{\varepsilon_1 A_1} = \frac{1-0.2}{0.2 \times 0.071} \text{ m}^{-2} = 56.34 \text{ m}^{-2}$$

$$\frac{1-\varepsilon_2}{\varepsilon_2 A_2} = \frac{1-0.4}{0.4 \times 0.071} \text{ m}^{-2} = 21.13 \text{ m}^{-2}$$

$$\frac{1}{X_{1,2}A_1} = \frac{1}{0.38 \times 0.071} \text{ m}^{-2} = 37.06 \text{ m}^{-2}$$

$$\frac{1}{X_{1,3}A_1} = \frac{1}{X_{2,3}A_2} = \frac{1}{0.62 \times 0.071} \text{ m}^{-2} = 22.72 \text{ m}^{-2}$$

根据基尔霍夫定律,流入每个节点的电流总和等于零。列出 J_1 和 J_2 的节点方程式:

$$\frac{E_{b1} - J_1}{56.34} + \frac{J_2 - J_1}{37.06} + \frac{E_{b3} - J_1}{22.72} = 0$$

$$\frac{E_{b2} - J_2}{21.13} + \frac{J_1 - J_2}{37.06} + \frac{E_{b3} - J_2}{22.72} = 0$$

其中:

$$E_{b1} = \sigma_b T_1^4 = 5.67 \times 10^{-8} \times 773^4 \text{ W/m}^2 = 20\ 244 \text{ W/m}^2$$

$$E_{b2} = \sigma_b T_2^4 = 5.67 \times 10^{-8} \times 500^4 \text{ W/m}^2 = 3\ 544 \text{ W/m}^2$$

$$E_{b3} = \sigma_b T_3^4 = 5.67 \times 10^{-8} \times 300^4 \text{ W/m}^2 = 459 \text{ W/m}^2$$

将 E_{b1},E_{b2},E_{b3}的值代入方程,联立求解得:

$$J_1 = 5\ 114\ \text{W/m}^2$$

$$J_2 = 2\ 754\ \text{W/m}^2$$

热圆盘的净辐射热量为:

$$\Phi_1 = \frac{E_{b1} - J_1}{\dfrac{1 - \varepsilon_1}{\varepsilon_1 A_1}} = \frac{20\ 244 - 5\ 114}{56.34}\ \text{W} = 268.5\ \text{W}$$

冷圆盘的净辐射热量为:

$$\Phi_2 = \frac{E_{b2} - J_2}{\dfrac{1 - \varepsilon_2}{\varepsilon_2 A_2}} = \frac{3\ 544 - 2\ 754}{21.13}\ \text{W} = 35.4\ \text{W}$$

大房间墙壁所得到的净辐射热量为:

$$\Phi_3 = -(\Phi_1 + \Phi_2) = -(268.5 + 35.4)\text{W} = -303.9\ \text{W}$$

2 个圆盘的净辐射传热量 Φ_1 及 Φ_2 均为正值,说明 2 个圆盘都向环境放出热量,按能量守恒定律,这些热量必为壁面所吸收。

【例 11.5】 假定上例中两圆盘被置于一绝热大房间中,在其他条件不变时,试计算高温圆盘的净辐射热量。

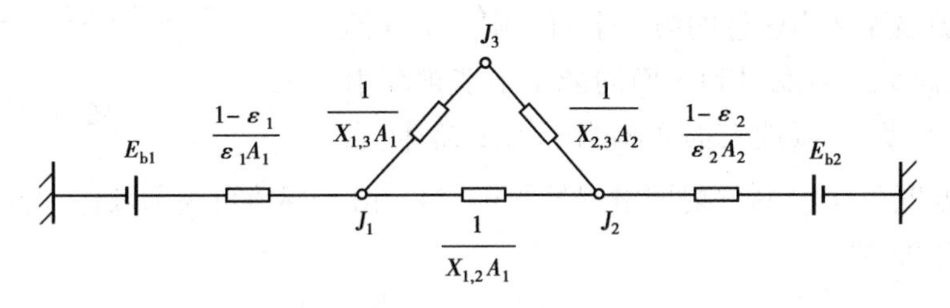

图 11.15

【解】 本例题与上题的区别在于大房间的壁面是绝热面(又称重辐射面),不能将热量传向外界,其辐射网络图,如图 11.15 所示。因其他条件不变,上例中各热阻值及 E_{b1},E_{b2}的值在本例中仍有效。这些值为:

$$R_1 = \frac{1 - \varepsilon_1}{\varepsilon_1 A_1} = 56.34\ \text{m}^{-2}$$

$$R_2 = \frac{1 - \varepsilon_2}{\varepsilon_2 A_2} = 21.13\ \text{m}^{-2}$$

$$R_{1,2} = \frac{1}{X_{1,2} A_1} = 37.06\ \text{m}^{-2}$$

$$R_{1,3} = R_{2,3} = \frac{1}{X_{1,3} A_1} = 22.72\ \text{m}^{-2}$$

$$E_{b1} = 20\ 244\ \text{W/m}^2$$

$$E_{b2} = 3\ 544\ \text{W/m}^2$$

在 E_{b1}与 E_{b2}之间的总热阻为:

$$\sum R = R_1 + \frac{1}{\frac{1}{R_{1,2}} + \frac{1}{R_{1,3} + R_{2,3}}} + R_2$$

$$= \left(56.34 + \frac{1}{\frac{1}{37.06} + \frac{1}{22.72 + 22.72}} + 21.13\right) \text{m}^{-2} = 97.88 \text{ m}^{-2}$$

高温圆盘的净辐射热量为：

$$\Phi_{1,2} = \frac{E_{b1} - E_{b2}}{\sum R} = \frac{20\ 244 - 3\ 544}{97.88} \text{ W} = 170.62 \text{ W}$$

大房间改为绝热面后，辐射传热情况发生了变化：高温圆盘的净辐射散热量减少了约35.79%。

【例 11.6】 直径为 0.75 m 的圆筒形加热炉尺寸，如图 11.16 所示。圆筒侧壁和底面采用电加热，温度分别为 500 K 和 650 K，发射率分别为 0.75 和 0.65。求当加热炉顶盖移去后，加热炉底面和侧面的净辐射散热量以及通过顶盖逸出的辐射能（环境温度为 300 K）。

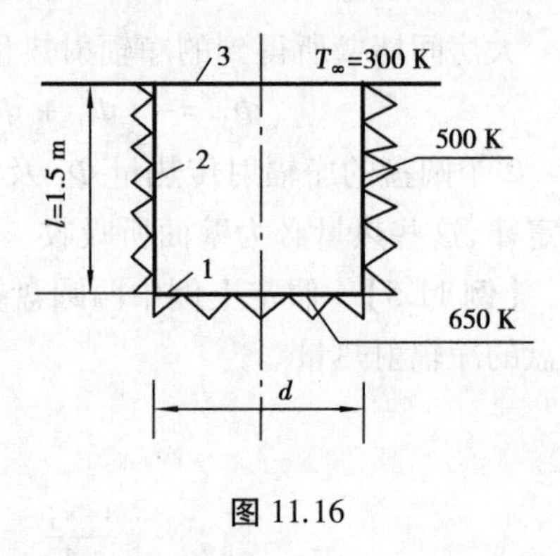

图 11.16

【解】 加热炉盖移去后，侧面和底面不能组成封闭空腔。将加热炉顶面视为假想的第三个面。则 1,2,3 面组成封闭空腔，而 1,2 面发射到 3 面的能量不能被反射回来，被环境全部吸收，因此表面 3 相当于人工黑体，它的温度是环境温度 300 K，其辐射网络图见图 11.14。由于环境可视为黑体，所以 $J_3 = E_{b3}$。

依据上述分析，则：

$$\frac{E_{b1} - J_1}{\frac{1 - \varepsilon_1}{\varepsilon_1 A_1}} + \frac{J_2 - J_1}{\frac{1}{X_{1,2} A_1}} + \frac{J_3 - J_1}{\frac{1}{X_{1,3} A_1}} = 0$$

$$\frac{E_{b2} - J_2}{\frac{1 - \varepsilon_2}{\varepsilon_2 A_2}} + \frac{J_1 - J_2}{\frac{1}{X_{2,1} A_2}} + \frac{J_3 - J_2}{\frac{1}{X_{2,3} A_2}} = 0$$

角系数 $X_{1,3}$ 的计算方法将在 11.3 中叙述，本题中作为已知值给出：

已知 $X_{1,3} = 0.05$

$$X_{1,2} = 1 - X_{1,3} = 1 - 0.05 = 0.95$$

$$X_{2,1} = \frac{A_1 X_{1,2}}{A_2} = \frac{\frac{\pi}{4} \times (0.75)^2 \times 0.95}{\pi \times 0.75 \times 1.5} = 0.12 = X_{2,3}$$

$$E_{b1} = \sigma T_1^4 = 5.67 \times 10^{-8} \times (650)^4 \text{ W/m}^2 = 10\ 121.3 \text{ W/m}^2$$

$$E_{b2} = \sigma T_2^4 = 5.67 \times 10^{-8} \times (500)^4 \text{ W/m}^2 = 3\ 543.8 \text{ W/m}^2$$

$$J_3 = E_{b3} = \sigma T_3^4 = 5.67 \times 10^{-8} \times (300)^4 \text{ W/m}^2 = 459.3 \text{ W/m}^2$$

$$\frac{1-\varepsilon_1}{\varepsilon_1 A_1}=\frac{1-0.65}{0.65\times\frac{\pi}{4}\times(0.75)^2}=1.219$$

$$\frac{1-\varepsilon_2}{\varepsilon_2 A_2}=\frac{1-0.75}{0.75\times\pi\times0.75\times1.5}=0.094$$

则：　　$J_1=7\ 781.7\ \text{W/m}^2$；　　$J_2=3\ 586.5\ \text{W/m}^2$

底面的净辐射散热量为：

$$\Phi_1=\frac{E_{b1}-J_1}{\dfrac{1-\varepsilon_1}{\varepsilon_1 A_1}}=1\ 918.6\ \text{W}$$

侧面的净辐射散热量：

$$\Phi_2=\frac{E_{b2}-J_2}{\dfrac{1-\varepsilon_2}{\varepsilon_2 A_2}}=-452.5\ \text{W}\qquad（负号表示辐射能的方向）$$

从顶部逸出的能量：

$$\Phi_3=-(\Phi_1+\Phi_2)=-(1\ 918.6-452.5)\text{W}=-1\ 466.1\ \text{W}$$

【例 11.7】 某辐射采暖房间尺寸为 4 m×5 m×3 m（见图 11.17a），在楼板中布置加热盘管，根据实测结果：楼板 1 的内表面温度 $t_1=25$ ℃，表面发射率 $\varepsilon_1=0.9$；外墙 2 的内表面温度 $t_2=10$ ℃，3 面内墙的内表面温度 $t_3=13$ ℃，墙面的发射率 $\varepsilon_2=\varepsilon_3=0.8$；地面 4 的表面温度 $t_4=11$ ℃，发射率 $\varepsilon_4=0.6$。试求：①楼板的总辐射传热量；②地面的总吸热量。

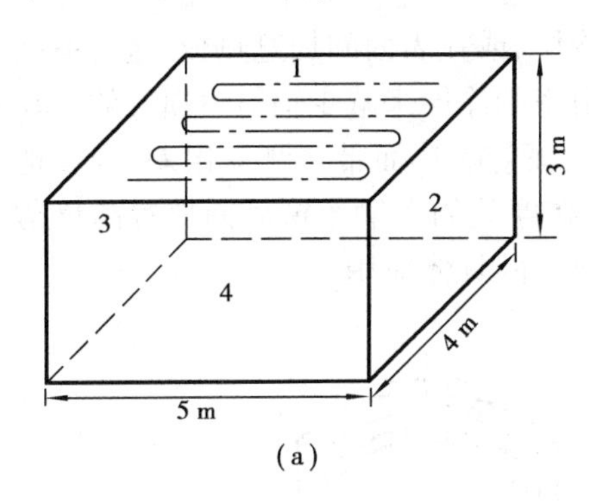

(a)

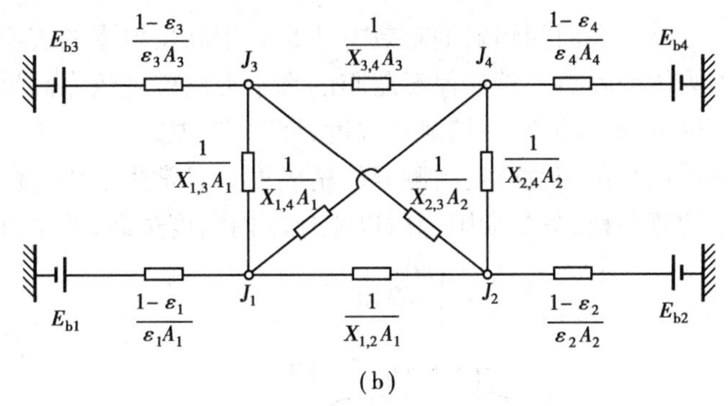

(b)

图 11.17

【解】 3 面内墙的温度和发射率相同，为简化起见，可将它们作为 1 个表面看待，把房间看作 4 个表面组成的封闭空腔。根据各表面的尺寸和几何关系，可以确定各表面间的辐射角系数，具体方法将在 11.3 节中叙述，这里暂且作为已知值，它们是：

$$X_{1,1}=0, X_{1,2}=0.15, X_{1,3}=0.54, X_{1,4}=0.31$$

$$X_{2,1}=0.25, X_{2,2}=0, X_{2,3}=0.50, X_{2,4}=0.25$$

$$X_{3,1}=0.27, X_{3,2}=0.14, X_{3,3}=0.32, X_{3,4}=0.27$$

$$X_{4,1}=0.31, X_{4,2}=0.15, X_{4,3}=0.54, X_{4,4}=0$$

用网络法画出 4 个表面间的辐射网络，如图 11.17b 所示，由式(11.18)列出节点方程组为：

$$10J_1 - 0.15J_2 - 0.54J_3 - 0.31J_4 = 9 \times 5.67 \times 2.98^4$$
$$-0.25J_1 + 5J_2 - 0.5J_3 - 0.25J_4 = 4 \times 5.67 \times 2.83^4$$
$$-0.27J_1 - 0.14J_2 + 4.68J_3 - 0.27J_4 = 4 \times 5.67 \times 2.86^4$$
$$-0.31J_1 - 0.15J_2 - 0.54J_3 + 2.5J_4 = 1.5 \times 5.67 \times 2.84^4$$

联立求解可得:

$$J_1 = 440.45\ \mathrm{W/m^2};\quad J_2 = 370.28\ \mathrm{W/m^2};$$
$$J_3 = 382.69\ \mathrm{W/m^2};\quad J_4 = 380.80\ \mathrm{W/m^2}$$

表面1和地面4的净辐射传热量由式(11.19)计算:

$$\Phi_1 = \frac{E_{b1} - J_1}{\frac{1-\varepsilon_1}{\varepsilon_1 A_1}} = \frac{5.67 \times 10^{-8}(298)^4 - 440.45}{\frac{1-0.9}{0.9 \times 20}}\ \mathrm{W} = 1\ 205\ \mathrm{W}\quad (放热)$$

$$\Phi_4 = \frac{E_{b4} - J_4}{\frac{1-\varepsilon_4}{\varepsilon_4 A_4}} = \frac{5.67 \times 10^{-8}(284)^4 - 380.8}{\frac{1-0.6}{0.6 \times 20}}\ \mathrm{W} = -\ 358.3\ \mathrm{W}\quad (吸热)$$

讨论如下问题:

①由有效辐射能否计算出 $\Phi_{1,4}$,Φ_1 和 Φ_4 与 $\Phi_{1,4}$ 有何区别?

②本例把内墙3作为一整体处理。实际上内墙3是由3块面积大小不同的墙形成的,若考虑非均匀投射的影响,仍作为6个表面组成的空腔,将其计算结果与本例比较讨论。

11.2.5 遮热板

减少表面间辐射的有效方法是采用高反射率的表面涂层,或在表面间加遮热板,这类措施称为辐射隔热。例如保温瓶胆的真空夹层就是依靠高反射率的涂层来减少辐射热损失的。在有热辐射的场合,用接触式温度计测量气温时,常因不注意辐射隔热而带来测量误差,合理地采用遮热措施就能提高测温的精确度。日常生活中,夏季在停放的车辆车窗后面放置高反射率的遮阳板,减少太阳辐射以避免车内温度过高,就是遮热板的具体应用。

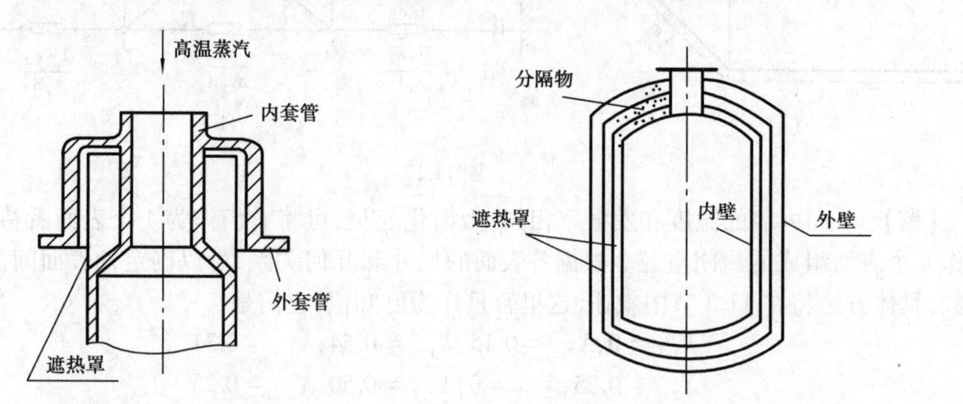

图 11.18　汽轮机进汽连接处的遮热罩　　图 11.19　多层遮热板绝热容器示意图

辐射屏蔽技术在工程上应用很多,如图11.18所示,在汽轮机内、外套管间加遮热罩,可以大大减少内套向外套的辐射传热量。另外,用于储存低温液体的超级绝热容器,结构如图11.19所示,也是遮热板的具体应用。

遮热板原理，如图 11.20 所示。设有两块无限大平行平板 1 和 2，它们的温度、发射率分别为 T_1,ε_1 和 T_2,ε_2，且 $T_1>T_2$。在未加遮热板时的辐射传热量可按式(11.12)计算，对单位表面积：

$$q_{1,2}=\frac{\sigma_b(T_1^4-T_2^4)}{\frac{1}{\varepsilon_1}+\frac{1}{\varepsilon_2}-1} \tag{6}$$

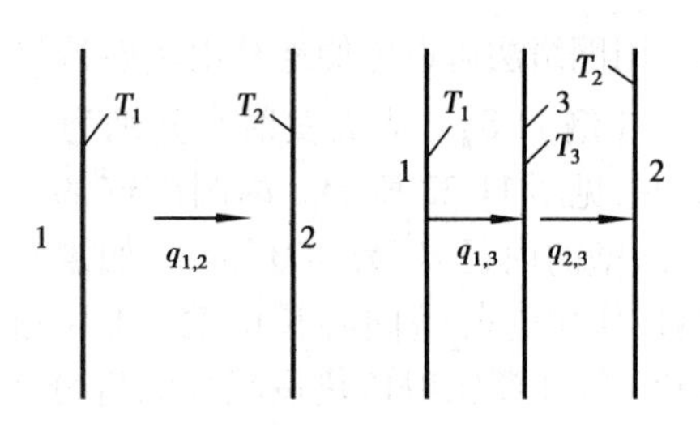

图 11.20　遮热板原理

当在板间加入遮热板 3 后，使辐射传热过程中增加了阻力，辐射温差减小。此时，热量不是由板 1 通过辐射直接给板 2，而是由板 1 先辐射给遮热板 3，再由遮热板 3 辐射给板 2。如板 3 很薄，其导热系数又较大，则板两侧的温度可认为相等，设此温度为 T_3。设板 3 两侧发射率均为 ε_3，可得板 1,3 和板 3,2 的辐射传热量 $q_{1,3}$ 和 $q_{3,2}$，它们分别为：

$$q_{1,3}=\frac{\sigma_b(T_1^4-T_3^4)}{\frac{1}{\varepsilon_1}+\frac{1}{\varepsilon_3}-1} \tag{7}$$

$$q_{3,2}=\frac{\sigma_b(T_3^4-T_2^4)}{\frac{1}{\varepsilon_3}+\frac{1}{\varepsilon_2}-1} \tag{8}$$

在稳态条件下，$q_{1,3}=q_{3,2}=q_{1,2}$。为了便于比较，可假设各表面的发射率均相等，即 $\varepsilon_1=\varepsilon_2=\varepsilon_3=\varepsilon$。因此，从式(7)和式(8)可得：

$$T_3^4=\frac{1}{2}(T_1^4+T_2^4)$$

把 T_3 代入式(7)或式(8)，得：

$$q_{1,2}=\frac{1}{2}\frac{\sigma_b(T_1^4-T_2^4)}{\frac{1}{\varepsilon_1}+\frac{1}{\varepsilon_2}-1} \tag{9}$$

比较式(6)和式(9)，可发现在加入一块与壁面发射率相同的遮热薄板后，壁面的辐射传热量将减少为原来的 1/2。可以推论，当加入 n 块与壁面发射率相同的遮热板后，则传热量将减少为原来的 $1/(n+1)$。这表明遮热板层数越多，遮热效果越好。以上是按壁面反射率均相同时，分析得出的结论。实际上由于选用反射率较高的材料(如铝箔)做遮热板，ε_3 要远小于 ε_1 和 ε_2，此时的遮热效果比以上分析要显著得多。在一些要求不影响人们视线的地方，可选用能透过可见光而不透过长波热射线的材料如塑料薄膜、玻璃等。有些场合可利用水幕形成的流动屏障来减少热辐射，由于水对热射线的吸收率较高而且在流动，故在吸收辐射热后可及时把热量带走，因此能起到良好的隔热作用。

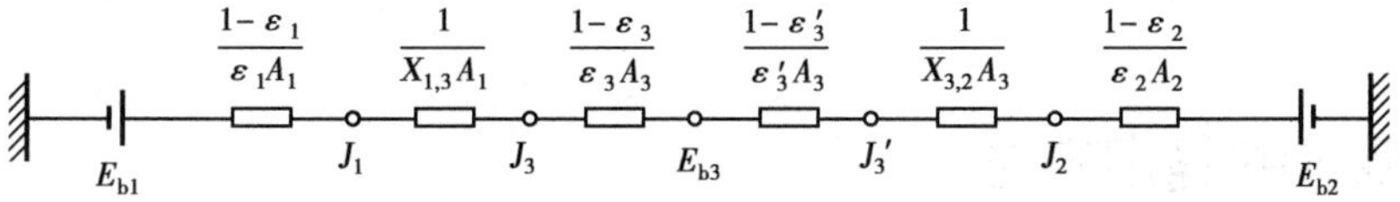

图 11.21　两平行大平壁或管壁中间有一块遮热板时的辐射网格

用网络法来分析遮热效果是非常方便的，图 11.21 表示了两平行大平壁或管壁中间有一块遮热板时的辐射网络，它由 4 个表面热阻和 2 个空间热阻串联而成。当各表面的发射率不同时,用网络法可以方便地算出辐射传热量和遮热板温度。

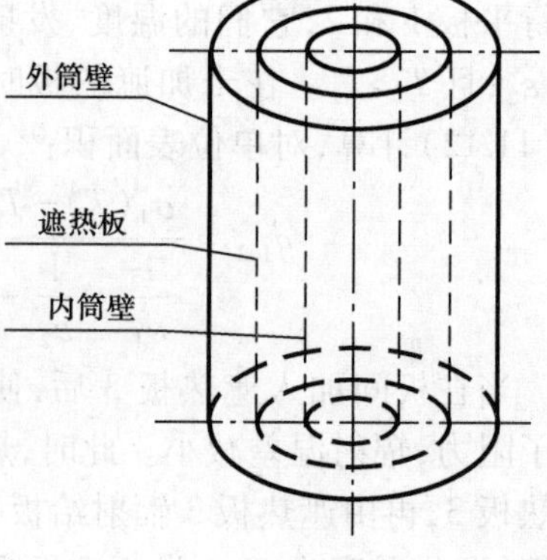

【例 11.8】 表面发射率分别为 0.4 和 0.7 的两同心圆筒壁,见图 11.22 所示。内圆筒壁的外径 d_1 为 100 mm,外圆筒壁的内径 d_2 为 400 mm。如果在中间插入一个起遮热板作用的薄壁同心长圆筒,其两侧表面的发射率均为 0.05,试计算辐射传热量减少的百分率。

外筒壁

遮热板

内筒壁

图 11.22

【解】 按单位长圆筒壁来计算传热面积。

未插入遮热板,计算辐射传热量:

$$A_1 = \pi d_1 \times 1 = 0.1\pi \text{ m}^2$$

$$A_2 = \pi d_2 \times 1 = 0.4\pi \text{ m}^2$$

$$\frac{1}{\varepsilon_1} = \frac{1}{0.4} = 2.5$$

$$\frac{1-\varepsilon_2}{\varepsilon_2} = \frac{1-0.7}{0.7} = 0.429$$

$$\Phi_{1,2} = \frac{A_1\sigma_b(T_1^4 - T_2^4)}{\dfrac{1}{\varepsilon_1} + \dfrac{1-\varepsilon_2}{\varepsilon_2}\cdot\dfrac{A_1}{A_2}} = \frac{A_1\sigma_b(T_1^4 - T_2^4)}{2.5 + 0.429 \times \dfrac{0.1\pi}{0.4\pi}} = \frac{A_1\sigma_b(T_1^4 - T_2^4)}{2.61}$$

插入遮热板,因遮热筒壁很薄,内、外侧表面积可视为相等,即

$$A_3 = \pi d_3 \times 1 = \pi\left(d_1 + \frac{d_2 - d_1}{2}\right) = 0.25\pi \text{m}^2$$

插入遮热板后,$\Phi'_{1,2}$,可按图 11.22 的辐射网络图导出为:

$$\Phi'_{1,2} = \frac{A_1\sigma_b(T_1^4 - T_2^4)}{\dfrac{1}{\varepsilon_1} + \dfrac{A_1}{A_3}\left(\dfrac{2}{\varepsilon_3}\right) + \dfrac{A_1}{A_2}\left(\dfrac{1}{\varepsilon_2} - 1\right)}$$

$$= \frac{A_1\sigma_b(T_1^4 - T_2^4)}{\dfrac{1}{0.4} + \dfrac{0.1}{0.25} \times \left(\dfrac{2}{0.05}\right) + \dfrac{0.1}{0.4}\left(\dfrac{1}{0.7} - 1\right)}$$

$$= \frac{A_1\sigma_b(T_1^4 - T_2^4)}{18.61}$$

辐射传热量减少的百分率:

$$\frac{18.61 - 2.6}{18.61} \times 100\% = 86\%$$

可见,用遮热板后可大幅度减少辐射传热量,但经过一段时间后遮热板表面氧化,发射率增大,遮热板效果会下降。

11.3 角系数的确定方法

在辐射传热计算中,分析求解角系数是主要的计算工作之一。在大多数情况下角系数的计算相当复杂和困难,甚至单用计算的方法很难求得。在 11.1 节中讨论角系数的特性时,曾

利用这些特性把一些复杂的计算变为比较简单的计算。但是还有很多情况仍然不能达到简化的目的,而必须求出部分角系数作为已知量,才能把其余的角系数求出来。求解角系数的方法很多,这里只讨论一些主要方法。

11.3.1 计算法

角系数的计算法一般只适用于比较有规则的几何形状。这种方法的要点是:根据角系数的基本表达式直接对面积积分或者用一些数学变换得出角系数的计算公式。

【例 11.9】 求微元面积 dA_1 对矩形表面 A_2 的辐射角系数。它们之间的相互位置如图 11.23所示。

【解】 将直角坐标系取在 dA_1 上,并在面积 A_2 上任取微元面积 dA_2。

$$r^2 = x^2 + y^2 + c^2$$

$$\cos\theta_1 = \cos\theta_2 = \frac{c}{r}$$

$$X_{dA_1,A_2} = \int_{A_2} \frac{\cos\theta_1 \cos\theta_2}{\pi r^2} dA_2 = \int_0^a \int_0^b \frac{c^2}{\pi r^4} dx dy = \int_0^a \int_0^b \frac{c^2}{\pi (x^2 + y^2 + c^2)^2} dx dy$$

积分整理后

$$X_{dA_1,A_2} = \frac{1}{2\pi}\left[\frac{A}{\sqrt{1+A^2}}\cot\left(\frac{B}{\sqrt{1+A^2}}\right) + \frac{B}{\sqrt{1+B^2}}\cot\left(\frac{A}{\sqrt{1+B^2}}\right)\right]$$

式中,$A=a/c$,$B=b/c$。

【例 11.10】 求一个微元面 dA_1 对与它平行的圆盘之间的辐射角系数,几何尺寸见图 11.24。

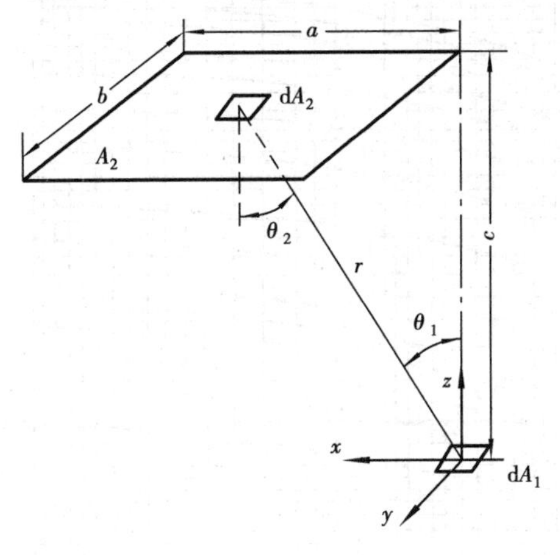

图 11.23

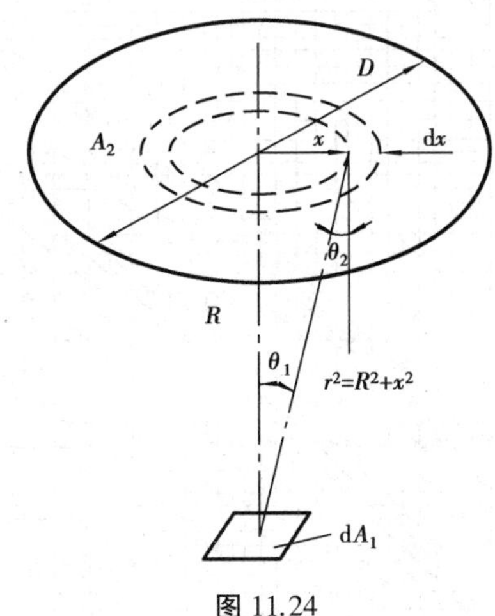

图 11.24

【解】 在 A_2 上取一距圆心为 x,宽度为 dx 的环形微面积 $dA_2 = 2\pi x dx$,对于不同 x,$\theta_1=\theta_2$,$r=\sqrt{R^2+x^2}$,$\cos\theta_1=\cos\theta_2=\frac{R}{\sqrt{R^2+x^2}}$。

依据角系数表达式:

$$X_{dA_1,A_2} = \int_{A_2} \frac{\cos\theta_1 \cos\theta_2}{\pi r^2} dA_2 = \int_{A_2} \frac{R^2 2\pi x dx}{\pi (R^2 + x^2)^2}$$

$$= R^2\int_0^{D/2}\frac{2x\mathrm{d}x}{(R^2+x^2)^2} = \frac{D^2}{4R^2+D^2}$$

实际应用中,为了简化运算,将相对位置不同的表面之间的角系数绘成图表。如图 11.25~图 11.28 所示。从这些图中可以看出,由于变量均为无量纲数,因此相似的几何系统,对应的角系数相等。

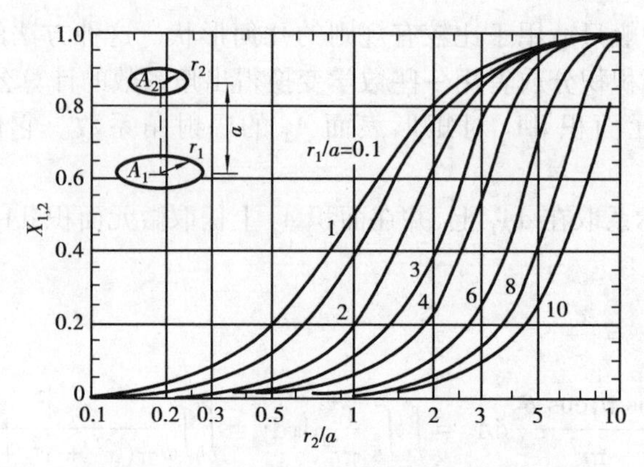

图 11.25 两个同轴平行圆表面间的角系数

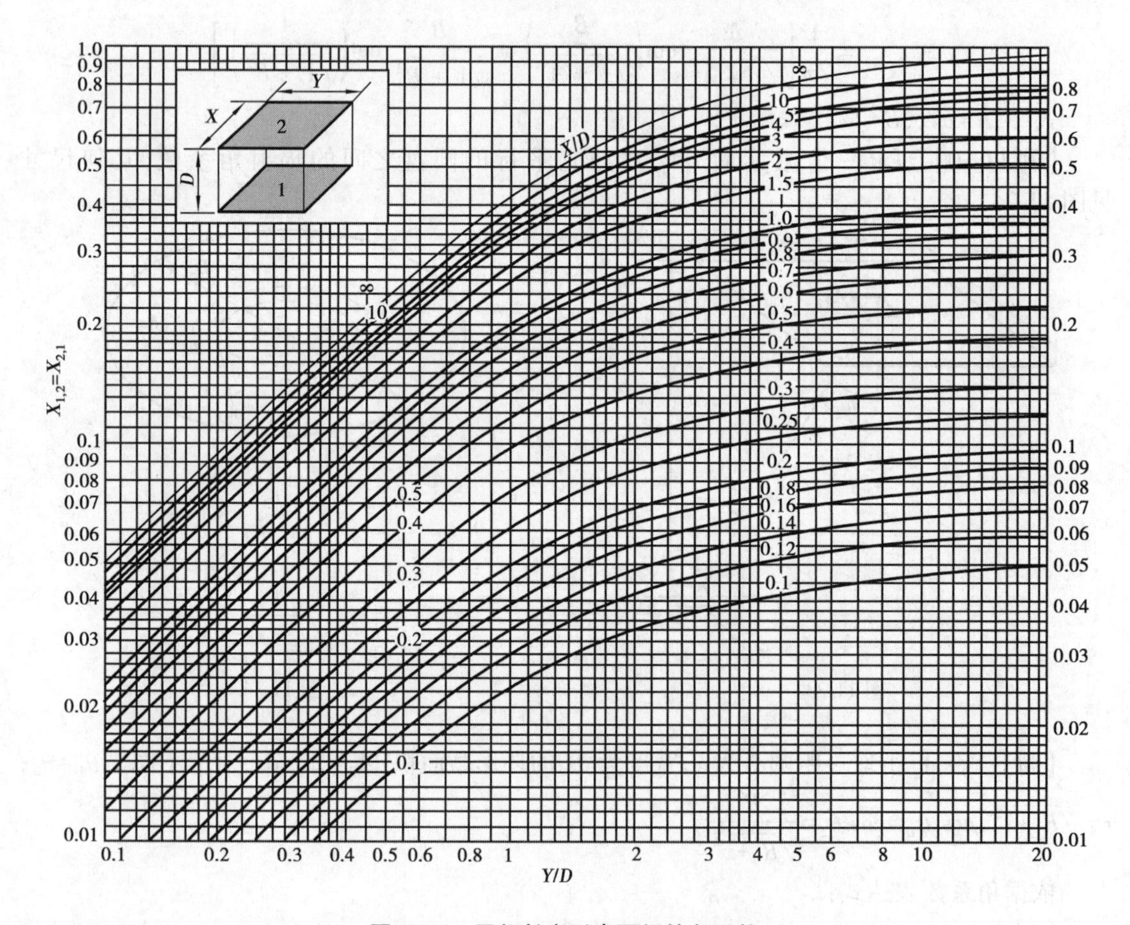

图 11.26 平行长方形表面间的角系数

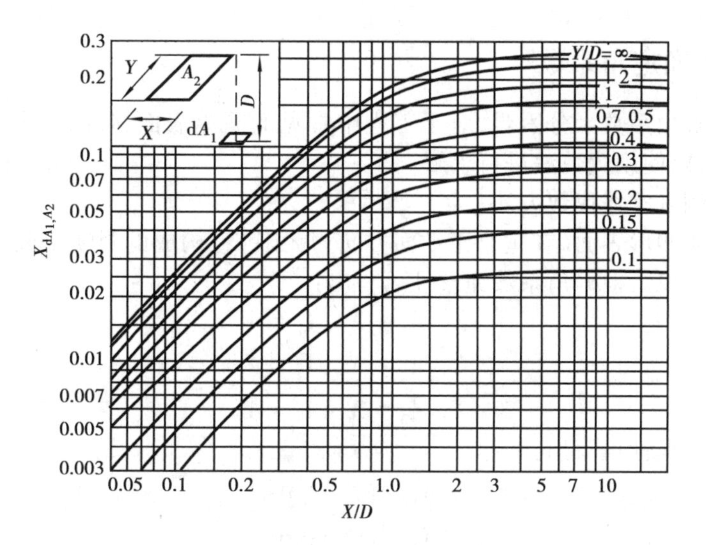

图 11.27 微元面对长方形表面的角系数

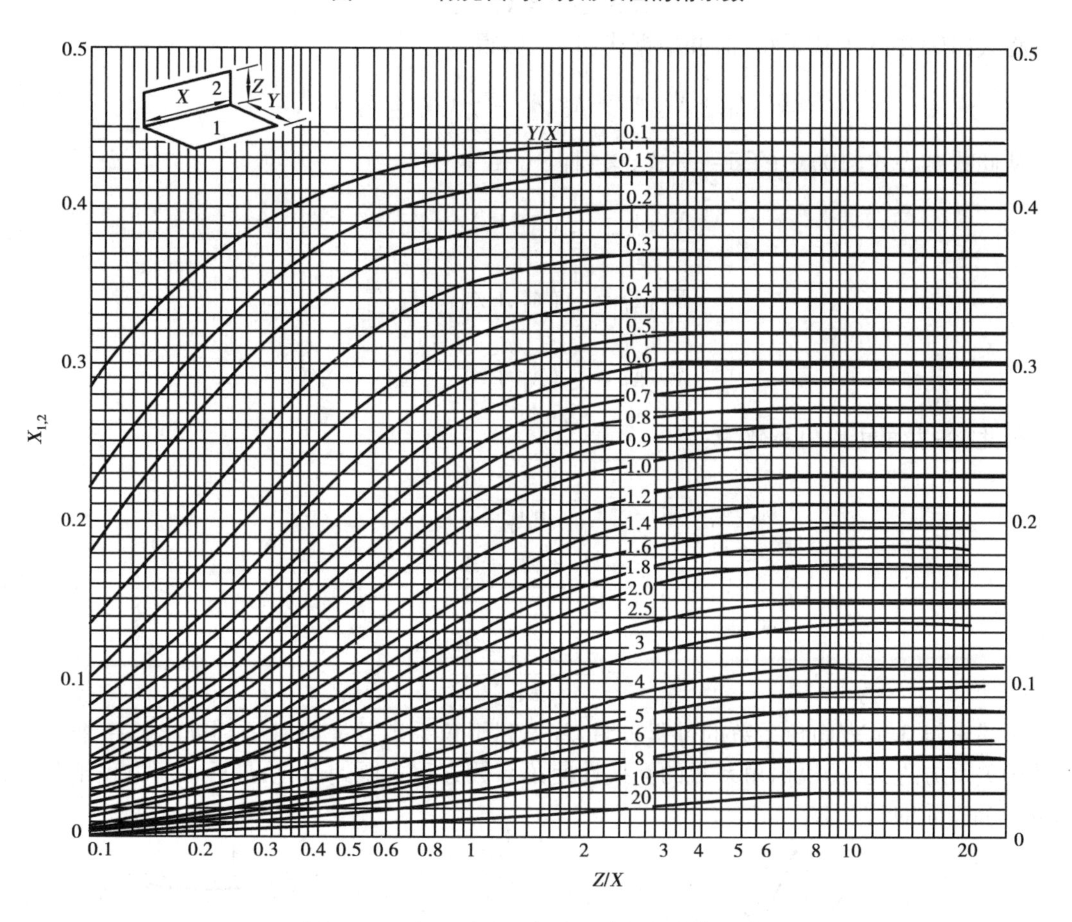

图 11.28 相互垂直两长方形表面间的角系数

11.3.2 代数法确定角系数

用积分法求解角系数十分困难,对于工程中常见的简单表面情况,依据 11.1 节中介绍的角系数的性质,可以使用代数法进行求解。

下面通过举例来阐述代数方法:

一个由 3 个非凹形表面(在垂直于纸面方向为无限长)构成的封闭空腔,其表面积分别为 A_1, A_2, A_3(见图 11.29),根据角系数完整性可写出:

$$\begin{aligned} X_{1,2}A_1 + X_{1,3}A_1 &= A_1 \\ X_{2,1}A_2 + X_{2,3}A_2 &= A_2 \\ X_{3,1}A_3 + X_{3,2}A_3 &= A_3 \end{aligned} \tag{10}$$

根据角系数互换性可写出:

$$\begin{aligned} X_{1,2}A_1 &= X_{2,1}A_2 \\ X_{1,3}A_1 &= X_{3,1}A_3 \\ X_{2,3}A_2 &= X_{3,2}A_3 \end{aligned} \tag{11}$$

将式(10)中 3 个式子相加,并根据式(11),可得:

$$X_{1,2}A_1 + X_{1,3}A_1 + X_{2,3}A_2 = \frac{1}{2}(A_1 + A_2 + A_3)$$

从此式减去式(10)中的每一等式,得到:

$$X_{2,3}A_2 = \frac{1}{2}(A_2 + A_3 - A_1)$$

$$X_{1,3}A_1 = \frac{1}{2}(A_1 + A_3 - A_2)$$

$$X_{1,2}A_1 = \frac{1}{2}(A_1 + A_2 - A_3)$$

因此,各表面间的角系数为:

$$\begin{aligned} X_{1,2} &= \frac{A_1 + A_2 - A_3}{2A_1} \\ X_{1,3} &= \frac{A_1 + A_3 - A_2}{2A_1} \\ X_{2,3} &= \frac{A_2 + A_3 - A_1}{2A_2} \end{aligned} \tag{11.20}$$

上述求解 3 个表面角系数的过程表明,首先利用角系数的完整性分别列出每一个表面角系数的关系方程式,再根据角系数的互换性使角系数方程式得到简化,最后求解方程组分别得到每一个表面的角系数。

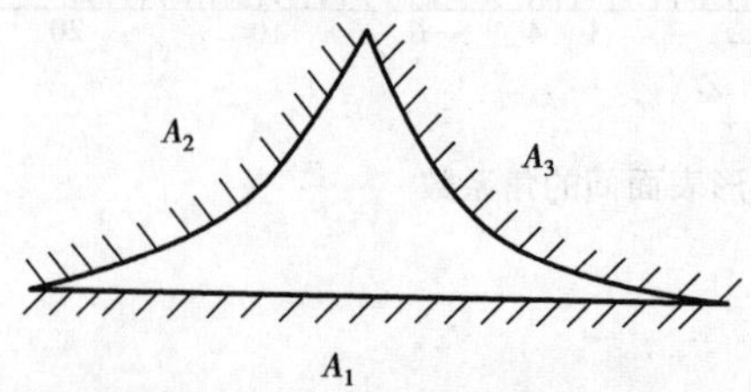

图 11.29 3 个非凹表面组成的空腔

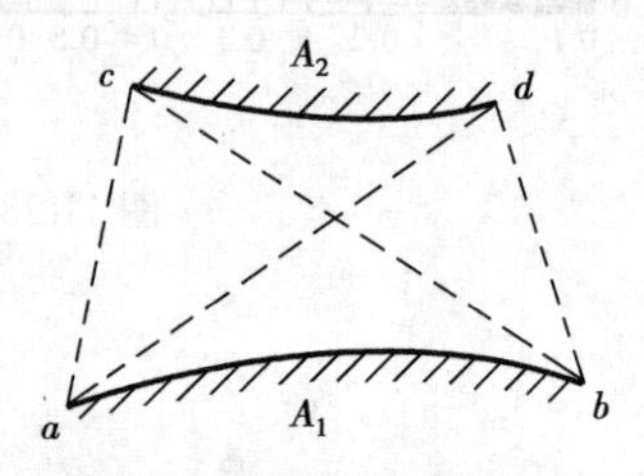

图 11.30

下面应用代数法确定图11.30所示辐射系统中表面 A_1 和 A_2 之间的角系数。

2个非凹表面,在垂直于纸面的方向上无限长(见图11.30),面积分别为 A_1 和 A_2,求角系数 $X_{1,2}$。只有封闭系统才能应用角系数的完整性,为此作无限长假想面 ac 和 bd,ad 和 bc 使系统封闭。因此:

$$X_{1,2} = X_{ab,cd} = 1 - X_{ab,ac} - X_{ab,bd} \tag{12}$$

同时,也可以把图形 abc 和 abd 看成两个各由3个表面组成的封闭空腔。然后直接应用式(11.20),可写出2个角系数的表达式:

$$X_{ab,ac} = \frac{ab + ac - bc}{2ab} \tag{13}$$

$$X_{ab,bd} = \frac{ab + bd - ad}{2ab} \tag{14}$$

将式(13)和式(14)代入式(12),可得:

$$X_{ab,cd} = \frac{(bc + ad) - (ac + bd)}{2ab} \tag{11.21}$$

按照上式的组成,可写成如下的形式:

$X_{1,2}$ =(交叉线之和 - 不交叉线之和)/(2 × 表面 A_1 的断面长度)

以上方法有时称为交叉线法。

【例11.11】 计算图11.31所示2个表面1,4之间的辐射角系数 $X_{1,4}$。

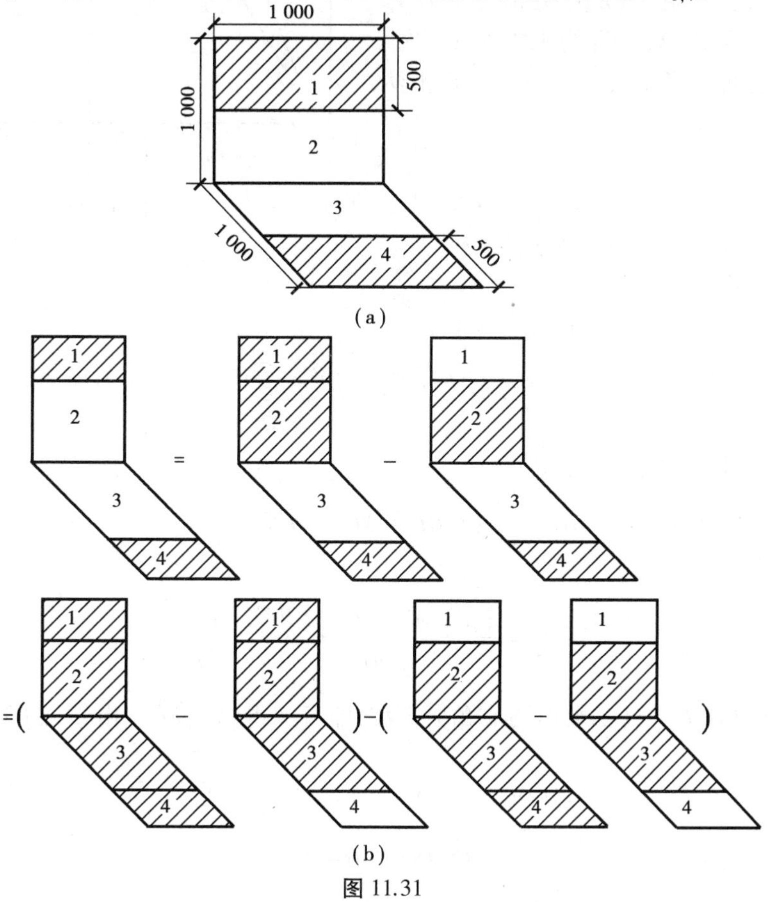

图11.31

【解】 利用角系数分解性(见图 11.31),将图 11.31(a)所示的 2 个表面分解为图 11.31(b)所示,可得:

$$A_1X_{1,4}=A_{(1+2)}X_{(1+2),4}-A_2X_{2,4}=$$
$$\left[A_{(1+2)}X_{(1+2),(3+4)}-A_{(1+2)}X_{(1+2),3}\right]-\left[A_2X_{2,(3+4)}-A_2X_{2,3}\right]$$

由已知条件,查图 11.26,可得:

$$X_{(1+2),(3+4)}=0.2;\quad X_{(1+2),3}=0.15;\quad X_{2,(3+4)}=0.29;\quad X_{2,3}=0.24。$$
$$A_1=0.5\ \text{m}^2;\quad A_{(1+2)}=1\ \text{m}^2;\quad A_2=0.5\ \text{m}^2$$

所以 $X_{1,4}=[(1\times0.2-1\times0.15)-(0.5\times0.29-0.5\times0.24)]/0.5=0.05$

利用这样的分析方法,扩大线算图使用,可以得出很多几何结构的角系数。

【例 11.12】 如图 11.32 所示,在宽为 $2b$ 的水平面的对称中心线的上方 h 距离处,有一直径为 d 的水平圆柱体。如果圆柱体和水平面在垂直于纸面方向均可无限延长,圆柱体的侧表面和水平面均为漫射面,试求:①水平面 A_1 和圆柱体侧表面 A_2 间的角系数计算式;②已知:$h=1.2$ m,$d=0.5$ m,$b=1$ m,计算 X_{A_1,A_2}。

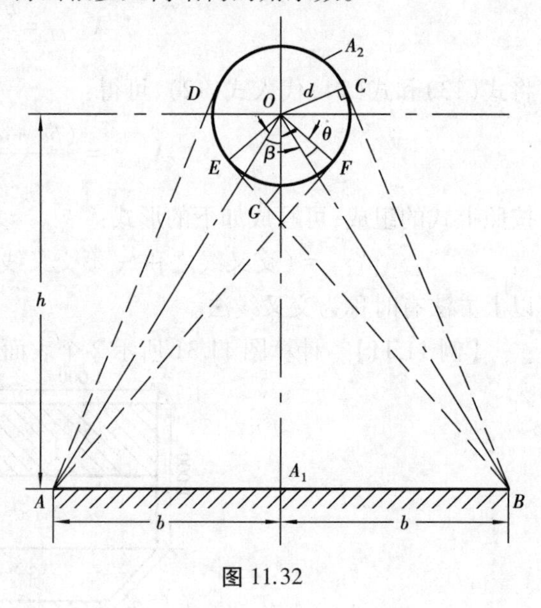

图 11.32

【解】 设圆柱体和水平面在系统横断面上的线段为圆 O 及 $\overline{AB}$。由 A,B 点分别对圆 O 作切线 AD 和 BC。可知,X_{A_1,A_2}即为水平面 A_1 和圆弧曲面 DGC 之间的角系数。采用交叉线法求解。

①X_{A_1,A_2}计算式:

由 A,B 二点对圆 O 作切线 AF 和 BE,可以得到 $ABCGD$,$ABCF$ 和 $ABED$ 三个封闭空腔。对于空腔 $ABCGD$,可写出

$$X_{A_1,A_2}=X_{AB,CGD}$$
$$=\frac{(\overline{AF}+\widehat{FC}+\overline{BE}+\widehat{ED})-(\overline{BC}+\overline{AD})}{2\,\overline{AB}}\tag{a}$$

由几何对称性,可得:

$$\overline{BC}=\overline{AD}=\overline{BE}=\overline{AF},\quad \widehat{FC}=\widehat{ED}$$

代入式(a),得:

$$X_{A_1,A_2}=\frac{2(\overline{AF}+\widehat{FC})-2\,\overline{BC}}{2\,\overline{AB}}=\frac{\widehat{FC}}{\overline{AB}}\tag{b}$$

连接 A,O 和 B,O。只要求出圆心角$\angle FOC$,即可解得弧长$\widehat{FC}$。由于$\triangle AOF\cong\triangle BOC$,故$\angle BOC=\angle AOF$。

又 $$\angle FOC=\angle BOC-\theta=\angle AOF-\theta=2\beta$$

因此 $$\widehat{FC}=\frac{d}{2}\times2\beta=d\beta$$

又 $$\tan\beta=\frac{b}{h},\quad \beta=\tan^{-1}\left(\frac{b}{h}\right)$$

所以 $$\widehat{FC}=d\cdot\tan^{-1}\left(\frac{b}{h}\right)$$ 。代入式(b),得

$$X_{A_1,A_2}=\frac{d}{2b}\tan^{-1}\left(\frac{b}{h}\right) \tag{c}$$

②计算 X_{A_1,A_2} 的值,将给定参数值一并代入式(c),得:

$$X_{A_1,A_2}=\frac{0.5}{2\times1}\tan^{-1}\left(\frac{1}{1.2}\right)=0.174$$

11.4 气体辐射

11.4.1 气体辐射的特点

在前面讨论固体表面辐射传热时,忽略了对固体表面间存在的介质(气体)对辐射传热的影响。一般情况,固体表面间存在的是空气,包括氧气、氢气、氮气或惰性气体等单原子或对称型双原子气体。这些气体既不吸收也不发射辐射能,对热射线是透明体,则上述分析方法完全正确。若固体表面间的介质是水蒸气(H_2O),CO_2,CO,SO_2,CH_4,NH_3 或氟利昂等多原子气体或极性双原子气体以及包含这些气体的混合气体,由于这些气体具有较强的吸收和发射辐射能力,会对固体表面间的辐射传热产生较大的影响。特别是在工程中遇到的高温燃气和烟气对辐射的影响更大,必须加以研究,提高分析辐射传热问题的精确性。在诸多具有吸收和发射辐射能力的气体分子中,水蒸气(H_2O)和 CO_2 是主要成分。因此,本节气体辐射分析主要集中在这两种气体,以及包含这两种气体成分的混合气体。

气体辐射和固体辐射相比,有以下两个特点:

①通常固体表面的辐射和吸收光谱是连续的,而气体只能辐射和吸收某一定波长范围内的能量,即气体的辐射和吸收具有明显的选择性。气体辐射和吸收的波长范围称为光带,对于光带以外的热射线,气体成为透明体。图 11.33 是黑体、灰体及气体的辐射光谱和吸收光谱的比较,图中有剖面线的是气体的辐射和吸收光带。表 11.1 中列出了二氧化碳和水蒸气辐射和吸收的 3 个主要光带,可以发现,它们有的部分是重复的。

表 11.1 水蒸气和二氧化碳的辐射和吸收光带

光带	H_2O		CO_2	
	波长自 $\lambda_1\sim\lambda_2/\mu m$	$\Delta\lambda/\mu m$	波长自 $\lambda_1\sim\lambda_2/\mu m$	$\Delta\lambda/\mu m$
第一光带	2.24~3.27	1.03	2.36~3.02	0.66
第二光带	4.8~8.5	3.7	4.01~4.8	0.79
第三光带	12~25	13	12.5~16.5	4.0

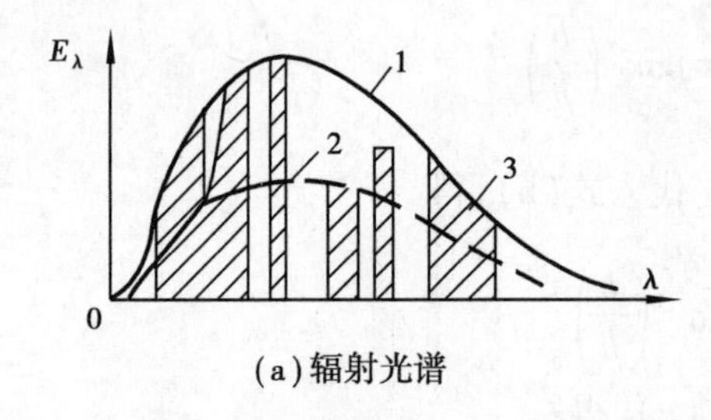

(a)辐射光谱

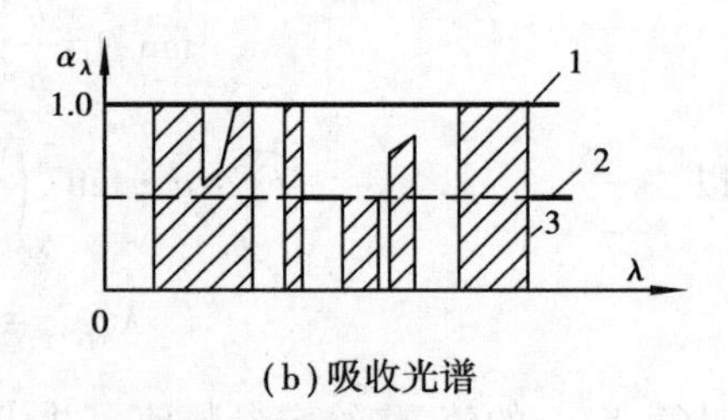

(b)吸收光谱

图 11.33　黑体、灰体、气体的辐射光谱和吸收光谱的比较

1—黑体;2—灰体;3—气体

气体对吸收光带内的投入辐射,可以吸收和透过而不计反射和散射①,但对于透明的固体不仅有吸收、透过,还有反射,即:

对气体　　　　$\alpha+\tau=1$

对透明固体　　　　$\alpha+\rho+\tau=1$

②固体的辐射和吸收是在很薄的表面层中进行,而气体的辐射和吸收则是在整个气体容积中进行。当光带中的热射线穿过气体层时,沿途被气体吸收而使强度逐渐减弱,这种减弱的程度取决于沿途所遇到的分子数目,遇到的分子数越多,被吸收的辐射能也越多。所以射线减弱的程度就直接和穿过气体的路程以及气体的温度和分压有关。射线穿过气体的路程称为射线行程或辐射层厚度。在一定分压条件下,气体温度越高,单位容积中的分子数就越少,可参加吸收和辐射的分子量降低。因此,气体的单色吸收率是气体温度 T,气体分压 P 与辐射层厚度 s 的函数,即:

$$\alpha_\lambda=f(T,P,s)$$

11.4.2　气体吸收定律

光带中的热射线穿过气体层时,射线能量沿途不断减弱(图 11.34)。设 $x=0$ 处的单色辐射强度为 $I_{\lambda,0}$,经 x 距离后强度减弱为 $I_{\lambda,x}$。

在薄层 $\mathrm{d}x$ 中的减弱可表达为:

$$\mathrm{d}I_{\lambda,x}=-K_\lambda I_{\lambda,x}\mathrm{d}x \qquad (1)$$

式中　K_λ——单位距离单色辐射强度减弱的百分数,称为单色减弱系数,单位是 m^{-1}。它与气体的性质、压强、温度以及射线波长有关。负号表明辐射强度随着气体层厚度增加而减弱。

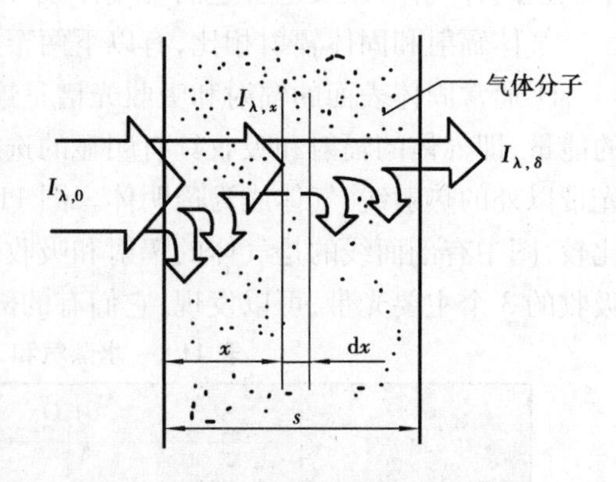

图 11.34　单色射线穿过气体层时的减弱

将式(1)分离变量并积分,如把 K_λ 作为与 x 无关的常数时,可有:

$$\int_{I_{\lambda,0}}^{I_{\lambda,s}}\frac{\mathrm{d}I_{\lambda,x}}{I_{\lambda,x}}=-K_\lambda\int_0^s\mathrm{d}x$$

① 散射:指射线通过介质时,沿途被改变方向以致强度有所减弱的现象。

积分后

$$\frac{I_{\lambda,s}}{I_{\lambda,0}} = \mathrm{e}^{-K_\lambda \cdot s} \tag{11.22a}$$

即

$$I_{\lambda,s} = I_{\lambda,0}\mathrm{e}^{-K_\lambda \cdot s} \tag{11.22b}$$

这就是气体吸收定律,也称为布格尔(Bouguer)定律。可以看出,穿过气体层时,单色辐射强度是按指数规律减弱的。

应当指出,气体既有吸收能力也必定有辐射能力,此定律只从气体吸收方面来看辐射强度的变化,没有涉及气体本身的辐射能力。

11.4.3 气体的发射率和吸收率

发射率和吸收率对固体和气体的含义不同,前者是表面的辐射特性,后者具有容积辐射的特性。

1)气体的单色吸收率和单色发射率

将式(11.22a)与透射率定义式相联系知,$\frac{I_{\lambda,s}}{I_{\lambda,0}}$正是厚度为 s 的气体层的单色透射率τ_λ。对于气体,反射率 $\rho_\lambda=0$,于是 $\alpha_\lambda+\tau_\lambda=1$,由此可得厚度为 s 的气体层的单色吸收率为:

$$\alpha_\lambda = 1 - \mathrm{e}^{-K_\lambda \cdot s}$$

可见,当气体层厚度 s 很大时,α_λ 趋于 1,即在该波长下气体层具有黑体的性质。

由于 K_λ 与沿途的气体分子数有关,即在一定的温度条件下与气体的分压有关,故可将上式改写为:

$$\alpha_\lambda = 1 - \mathrm{e}^{-K_\lambda \cdot Ps} \tag{2}$$

式中 P——气体的分压,Pa;

K_λ——在 1.013×10^5 Pa 气压下,单色减弱系数,$(\mathrm{m}\cdot\mathrm{Pa})^{-1}$,它与气体的性质及其温度有关。

气体单色发射率和单色吸收率之间的关系,根据基尔霍夫定律,可有:

$$\varepsilon_\lambda = \alpha_\lambda = 1 - \mathrm{e}^{-K_\lambda \cdot Ps} \tag{11.23}$$

2)气体的发射率 ε_g

在实际计算中需要把式(11.23)扩大到全波长,气体辐射的全波长能量应为:

$$E_g = \int_0^\infty \varepsilon_{\lambda,g} E_{b\lambda} \mathrm{d}\lambda = \int_0^\infty (1 - \mathrm{e}^{-K_\lambda \cdot Ps}) E_{b\lambda} \mathrm{d}\lambda \tag{11.24}$$

如果用下式来定义气体的发射率 ε_g,即:

$$E_g = \varepsilon_g E_b = \varepsilon_g \sigma_b T_g^4$$

比较以上二式,可得:

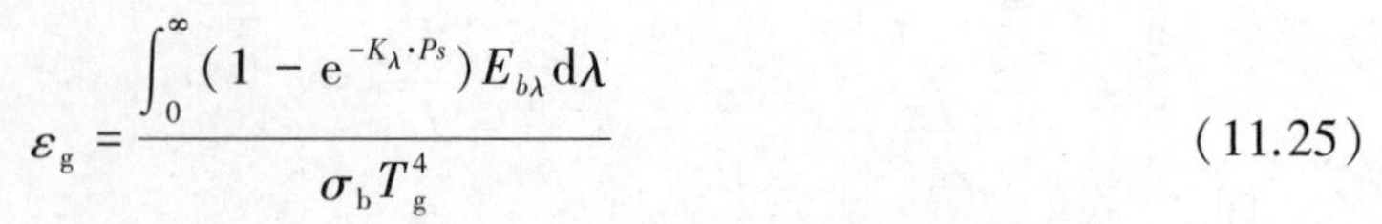

$$\varepsilon_g = \frac{\int_0^{\infty}(1 - e^{-K_\lambda \cdot Ps})E_{b\lambda}\mathrm{d}\lambda}{\sigma_b T_g^4} \tag{11.25}$$

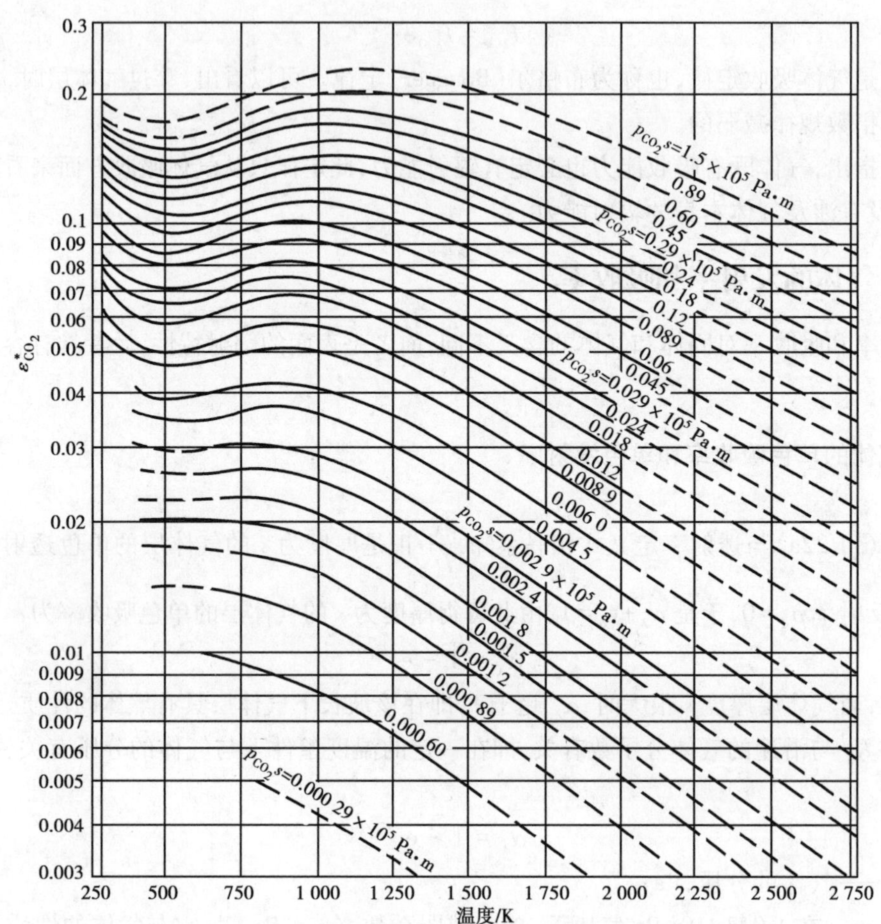

图 11.35　二氧化碳的发射率

影响气体发射率的因素是:

①气体温度 T_g。

②射线平均行程 s 与气体分压 P 的乘积。

③气体分压和气体所处的总压。在实用上可以从霍脱尔(H.C.Hottel)等实验提供的线图 11.35 和图 11.36 查得,图中虚线系外推而得,未经证实,但多在高温区。

图 11.36 是由透明性气体与 CO_2 组成的混合气体的发射率,总压为 1.013×10^5 Pa。当混合气体的总压不是 1.013×10^5 Pa 时,压强对 $\varepsilon^*_{CO_2}$ 的修正值 C_{CO_2} 可查图 11.37。对于 CO_2,分压的单独影响可以忽略,故:

$$\varepsilon^*_{CO_2} = f_1(T_g, P_{CO_2}s) \qquad \varepsilon_{CO_2} = C_{CO_2}\varepsilon^*_{CO_2} \tag{11.26}$$

图 11.36 是不同 $P_{H_2O}s$ 及温度 T 下的水蒸气的发射率,由于水蒸气分压 P_{H_2O} 还单独对发射率有影响,所以从图中查得的 $\varepsilon^*_{H_2O}$ 相当于在总压力为 1.013×10^5 Pa,而 $P_{H_2O}=0$ 的理想条件下

的值(它是将 ε_{H_2O} 单独随 P_{H_2O} 的变化外推到 $P_{H_2O}=0$ 得出的。作为基准值以便修正 P_{H_2O} 构成的影响,故 $\varepsilon_{H_2O}^*$ 又可称为基准发射率)。总压与分压对 $\varepsilon_{H_2O}^*$ 影响的修正值 C_{H_2O} 可查图 11.38。

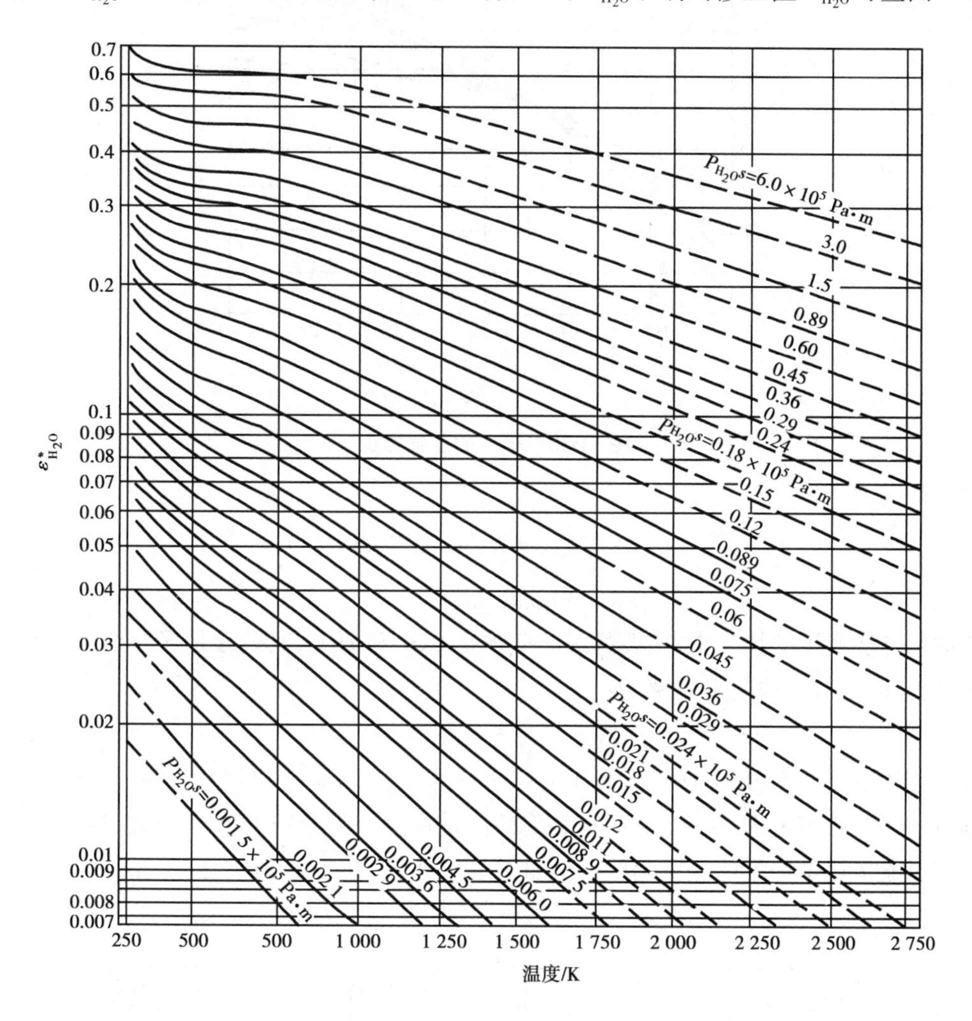

图 11.36　水蒸气的发射率

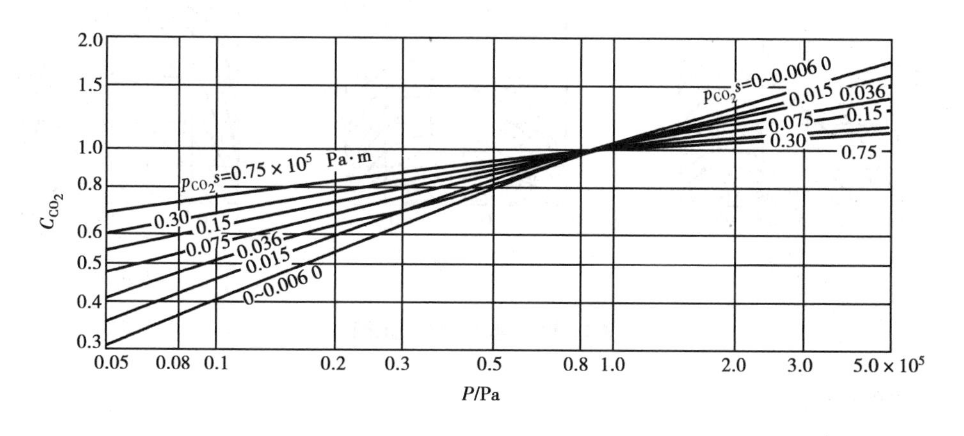

图 11.37　CO_2 的压强修正

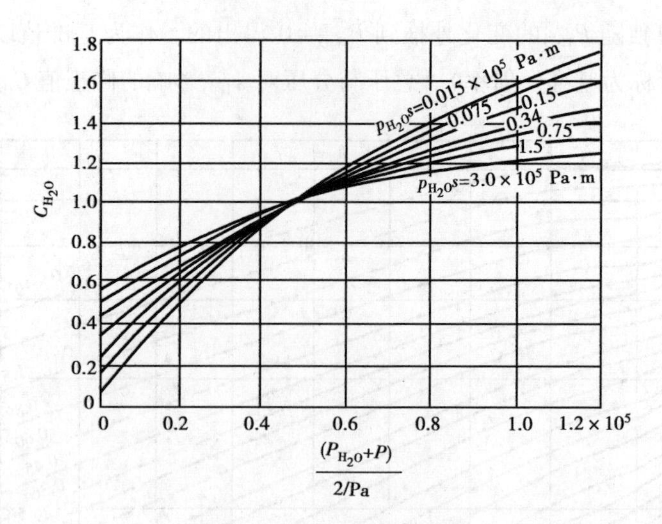

图 11.38 H_2O 的压强修正

故：

$$\begin{aligned} \varepsilon_{H_2O}^* &= f_2(T_g, P_{H_2O}s, P_{H_2O}) \\ \varepsilon_{H_2O} &= C_{H_2O}\varepsilon_{H_2O}^* \end{aligned} \tag{11.27}$$

考虑到燃烧产生的烟气中，主要的吸收气体是 CO_2 和 H_2O，其他多原子气体含量极少，可略去不计，此时混合气体的发射率为：

$$\varepsilon_g = \varepsilon_{CO_2} + \varepsilon_{H_2O} - \Delta\varepsilon \tag{11.28}$$

其中，$\Delta\varepsilon$ 是考虑到 CO_2 和 H_2O 吸收光带有部分重叠的修正值，当两种气体并存时，CO_2 辐射的能量有一部分被 H_2O 所吸收，而 H_2O 辐射的能量也有一部分被 CO_2 所吸收，这样就使混合气体的辐射能量比单种气体分别辐射的能量总和要少些，因此要减去 $\Delta\varepsilon$。$\Delta\varepsilon$ 的数值可由图 11.39 确定。

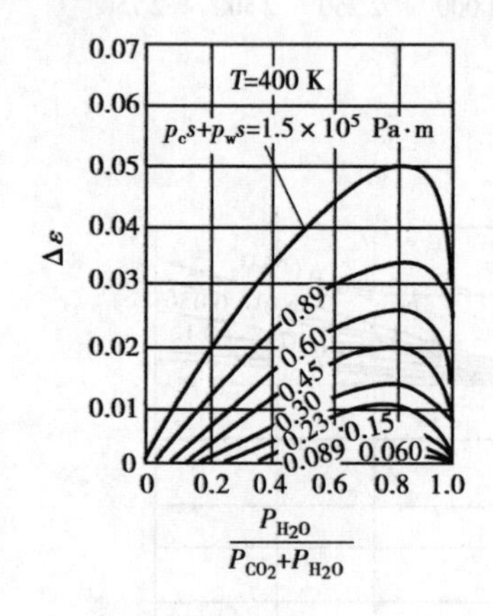

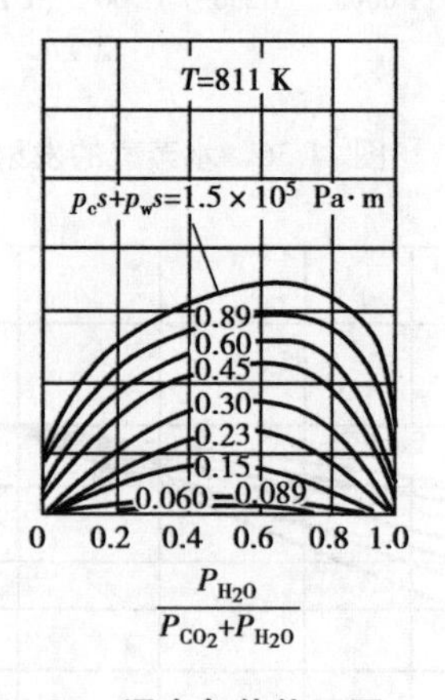

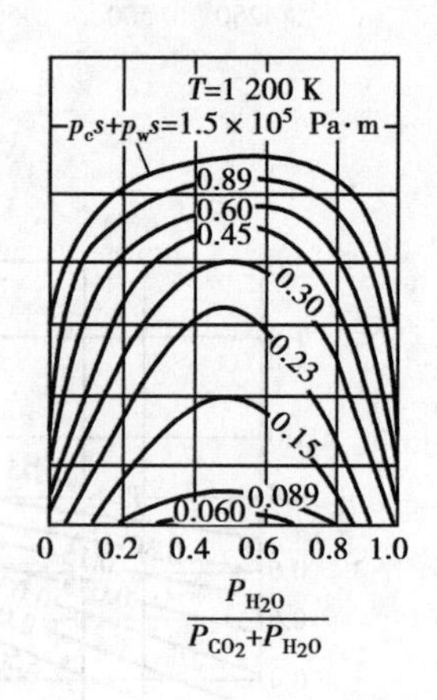

图 11.39 混合气体修正图

3）气体的吸收率 α_g

气体辐射具有选择性，不能把它作为灰体对待，所以气体的吸收率 α_g 并不等于气体的发

射率 ε_g。正如固体吸收率一样,气体的吸收率不仅取决于气体本身的分压力、射线平均行程和温度,而且还取决于外界投射来的辐射的性质。含有 CO_2 和 H_2O 的烟气,对温度为 T_w 的黑体外壳的辐射的吸收率 α_g,可做如下的近似计算:

$$\alpha_g = \alpha_{CO_2} + \alpha_{H_2O} - \Delta\alpha \tag{11.29}$$

其中,

$$\alpha_{CO_2} = C_{CO_2}\varepsilon_{CO_2}^*\left(\frac{T_g}{T_w}\right)^{0.65}$$

$$\alpha_{H_2O} = C_{H_2O}\varepsilon_{H_2O}^*\left(\frac{T_g}{T_w}\right)^{0.45}$$

$$\Delta\alpha = (\Delta\varepsilon)_{T_w} \tag{11.30}$$

式中,$\varepsilon_{CO_2}^*$和 $\varepsilon_{H_2O}^*$的数值,应按外壳温度为横坐标,以 $P_{CO_2}s\left(\frac{T_w}{T_g}\right)$,$P_{H_2O}s\left(\frac{T_w}{T_g}\right)$ 作为新的参数分别查图 11.35 和图 11.36。同样修正 C_{CO_2}和 C_{H_2O}分别查图 11.37 和图 11.38。

4)射线平均行程

利用式(2)或式(11.23)确定气体发射率和吸收率时,必须要确定变量 s。s 表示辐射层的有效厚度或者气体容积的平均射线行程。射线行程取决于气体容积的形状和尺寸大小。包壁中的气体,如图 11.40(a)所示,包壁上不同位置发出的热射线到达同一部位(表面 A)所经过的行程是不一样的。为此采用平均射线行程来表示包壁中所有气体,对辐射的平均吸收行程和平均发射行程。

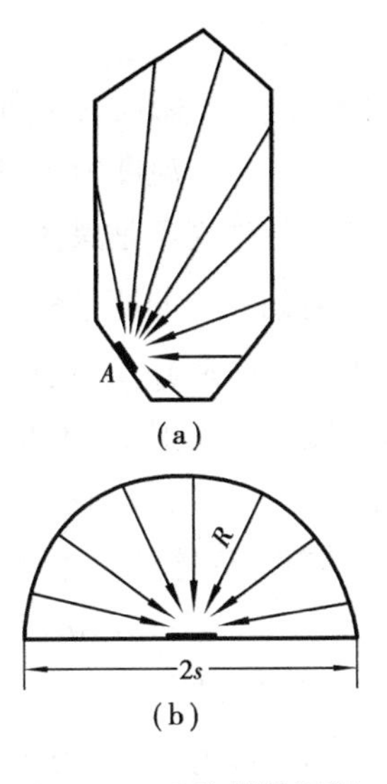

图 11.40 平均射线行程

如图 11.40(b)所示,封闭半球中气体的成分、温度、压力与图 11.40(a)一般形状容器中的一样,将图 11.40(a)中的面积 A 置于球心处,则如果半球中气体对球心面积 A 发射辐射的吸收比等于图 11.40(a)中一般形状包壁中气体,对其余表面向 A 面积发射辐射的吸收比,则等效半球的半径即为图 11.40(a)中气体,对其余表面投向 A 面积热射线的平均吸收行程,称为平均射线行程 s。同样地,R 也为一般形状包壁中气体对 A 面积发射辐射的平均射线行程。对于一般形状包壁中气体的平均射线行程 s 可按下式计算:

$$s = 3.6\frac{V}{A} \tag{11.31}$$

式中 V——包壁容积(气体体积),m^3;

A——包壁内表面积,m^2。

对各种不同形状的气体容积,平均射线行程 s 可查表 11.2。

表 11.2　平均射线行程

空间的形状	s	空间的形状	s
1.直径为 D 的球体对表面的辐射	$0.65D$	5.高度与直径均为 D 的圆柱,对底面中心的辐射	$0.71D$
2.直径为 D 的长圆柱,对侧表面的辐射	$0.95D$	6.厚度为 D 的气体层对表面或表面上微面的辐射	$1.8D$
3.直径为 D 的长圆柱,对底面中心的辐射	$0.90D$	7.边长为 a 的立方体对表面的辐射	$0.60a$
4.高度与直径均为 D 的圆柱,对全表面的辐射	$0.60D$		

11.4.4　气体与外壳间的辐射传热

烟气与炉膛周围受热面之间的辐射传热,就是气体与外壳间辐射传热的一个例子,如把受热面当作黑体,计算就可简化,这对工程上是完全合适的。设外壳温度为 T_w,它的辐射力为 $\sigma_b T_w^4$,其中被气体所吸收的部分为 $\alpha_g\sigma_b T_w^4$;如气体的温度为 T_g,它的辐射力为 $\varepsilon_g\sigma_b T_g^4$,此辐射能全部被黑外壳所吸收。因此,外壳单位表面积的辐射传热量为:

$$q = \text{气体发射的热量} - \text{气体吸收的热量} =$$

$$\varepsilon_g\sigma_b T_g^4 - \alpha_g\sigma_b T_w^4 = \sigma_b(\varepsilon_g T_g^4 - \alpha_g T_w^4) \tag{11.32}$$

式中　ε_g——温度为 T_g 时气体的发射率;

α_g——温度为 T_g 时气体对来自温度为 T_w 的外壳辐射的吸收率。

如果外壳不是黑体,可当作发射率为 ε_w 的灰体来考虑。这样,对灰表面可有 $\varepsilon_w=\alpha_w$。气体辐射到外壳的能量 $\varepsilon_g\sigma_b T_g^4$ 中,外壳只吸收 $\varepsilon_w\varepsilon_g\sigma_b T_g^4$,其余部分 $(1-\varepsilon_w)\varepsilon_g\sigma_b T_g^4$ 反射回气体,其中 $\alpha'_g(1-\varepsilon_w)\varepsilon_g\sigma_b T_g^4$ 被气体自身所吸收,而 $(1-\alpha'_g)(1-\varepsilon_w)\varepsilon_g\sigma_b T_g^4$ 被反射回外壳。如此反复进行吸收和反射,灰体外壳从气体辐射中吸收的总热量为:

$$\varepsilon_w\varepsilon_g A\sigma_b T_g^4[1 + (1 - \alpha'_g)(1 - \varepsilon_w) + (1 - \alpha'_g)^2(1 - \varepsilon_w)^2 + \cdots] \tag{3}$$

同理,气体从灰体外壳辐射中吸收的总热量为:

$$\varepsilon_w\alpha_g A\sigma_b T^4[1 + (1 - \alpha_g)(1 - \varepsilon_w) + (1 - \alpha_g)^2(1 - \varepsilon_w)^2 + \cdots] \tag{4}$$

式(3)和式(4)中的 α'_g 和 α_g 虽都是气体的吸收率,但它们之间有所区别,前者是对来自气体自身辐射(温度为 T_g)的吸收率,后者是对来自壁面辐射(温度为 T_w)的吸收率。

气体与灰外壳间的辐射传热应当是式(3)和式(4)之差,如各取两式中的第一项,也就是只考虑第一次吸收,则:

$$\Phi = \varepsilon_w\varepsilon_g A\sigma_b T_g^4 - \varepsilon_w\alpha_g A\sigma_b T_w^4 = \varepsilon_w A\sigma_b(\varepsilon_g T_g^4 - \alpha_g T_w^4) \tag{11.32a}$$

如果壁面的发射率越大,则式(11.32a)的计算越可靠。若黑外壳 $\varepsilon_w=1$,则此式就成为式(11.32)。为了修正由于略去式(3)和(4)中第二项以后各项所带来的误差,可用外壳有效发射率 ε'_w 来计算辐射传热量,即:

$$\Phi = \varepsilon'_w A\sigma_b(\varepsilon_g T_g^4 - \alpha_g T_w^4) \tag{11.32b}$$

ε'_w 介于 ε_w 和 1 之间,为简化起见可采用 $\varepsilon'_w=(\varepsilon_w+1)/2$。对 $\varepsilon_w>0.8$ 的表面是可以满足工程计算精度要求的。

11.4.5 火焰辐射

随着燃料种类与燃烧方式的不同,在炉膛中燃烧生成的火焰可分为3种类型:

(1)不发光火焰

天然气、液化石油气等气体和低挥发分固体燃料(如无烟煤)作层状燃烧时生成的火焰呈蓝色,属不发光火焰。在不发光火焰中没有固体颗粒,其辐射主要是燃烧产物中CO_2,水蒸气辐射,可按气体辐射计算。

(2)半发光火焰

低挥发固体粉状燃料作悬浮燃烧时生成半发光火焰,此时火焰的辐射除气体辐射外,还应涉及火焰中焦炭粒子和灰粒的辐射。

(3)发光火焰

液体燃料及高挥发分固体燃料(如烟煤)的燃烧则产生发光火焰,在发光火焰中含有大量烃类热分解产物——炽热的碳黑微粒。发光火焰的辐射主要是燃烧产物中碳黑的辐射。火焰中发光固体微粒的存在使火焰的辐射能力大大增强,可比单纯的气体辐射高好几倍。发光火焰的辐射和吸收光谱是连续的,这不同于气体辐射而和固体辐射相类似。当火焰的射线平均行程超过3 m时,发光火焰的发射率可接近于1,也就把火焰辐射作为黑体辐射来看待。对于发光火焰的辐射计算,基尔霍夫定律仍可适用。

碳黑对火焰辐射的影响可分为两方面,一是火焰中碳黑的浓度,二是碳黑的辐射性质。影响燃料燃烧生成碳黑的主要因素有:燃料的物理化学性质,如表达燃料成分的碳氢比值越大,则燃烧产生的碳黑浓度也大;燃烧所需空气量的供应,用过量空气系数来表示,空气量供应不足时,会使碳黑的浓度增大;燃料与空气的混合情况,燃烧所处的温度与压力等也对碳黑的生成有影响。

发光火焰的单色发射率和单色吸收率可用下式来确定:

$$\varepsilon_{\lambda,\mathrm{f}} = \alpha_{\lambda,\mathrm{f}} = 1 - \mathrm{e}^{-K_\lambda s} \tag{11.33}$$

式中 s——火焰容积的射线平均行程,m;

K_λ——火焰中碳黑的单色减弱系数,m^{-1}。

可以看到,K_λ 的确定对火焰辐射起着重要作用,霍脱尔的实验提供如下关系式:

对 $\lambda>0.8\ \mu\mathrm{m}$ 的红外线:

$$K_\lambda = \frac{C_1\mu}{\lambda^{0.95}} \tag{11.34}$$

对 $\lambda=0.3\sim0.8\ \mu\mathrm{m}$ 的可见光:

$$K_\lambda = \frac{C_2\mu}{\lambda^{1.39}} \tag{11.35}$$

这两个关系式中 C_1,C_2 为常数,μ 是碳黑的容积浓度,表示单位容积中碳黑所占的容积。火焰的发射率类似于式(11.25)的分析,应为:

$$\varepsilon_\mathrm{f} = \frac{\int_0^\infty \varepsilon_{\lambda,\mathrm{f}} E_{\mathrm{b}\lambda}\mathrm{d}\lambda}{\sigma_\mathrm{b} T^4} = \frac{\int_0^\infty (1 - \mathrm{e}^{-K_\lambda s}) E_{\mathrm{b}\lambda}\mathrm{d}\lambda}{\sigma_\mathrm{b} T^4} \tag{11.36}$$

目前,对火焰中碳黑的浓度可用专门仪器来测定,有关这方面的内容可参考文献[1]。

11.5 太阳辐射

太阳能是自然界中可供人们利用的一种巨大能源。地球上的一切生物的成长都和太阳辐射有关,近年来人们在太阳能利用方面有不少进展。太阳是一个超高温气团,其中心进行着剧烈的热核反应,温度高达数千万度。由于高温的缘故,它向宇宙空间辐射的能量中有 99%集中在 $0.2\leqslant\lambda\leqslant3\ \mu\text{m}$的短波区,太阳辐射能量中紫外线部分($\lambda<0.38\ \mu\text{m}$)占 8.7%,可见光部分($0.38\leqslant\lambda\leqslant0.76\ \mu\text{m}$)占 43.0%,红外线部分($\lambda>0.76\ \mu\text{m}$)占 48.3%。从大气层外缘测得的太阳单色辐射力表明它和温度为 5 762 K 的黑体辐射相当,其最大单色辐射力的波长 $\lambda_{\max}\approx0.5\ \mu\text{m}$(见图 11.41)。

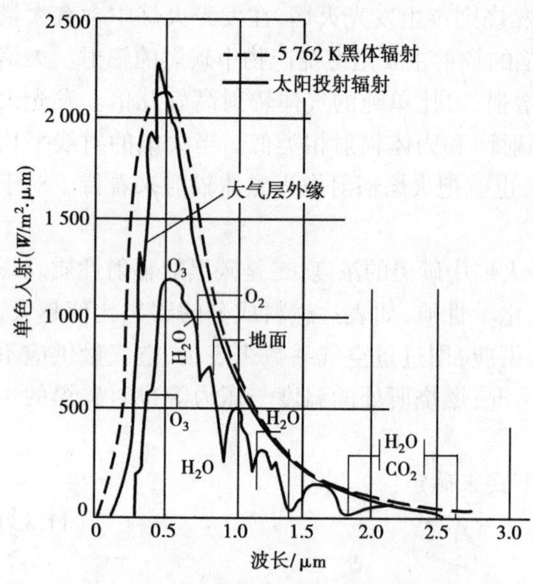

图 11.41 大气层外缘及地面上的太阳辐射光谱

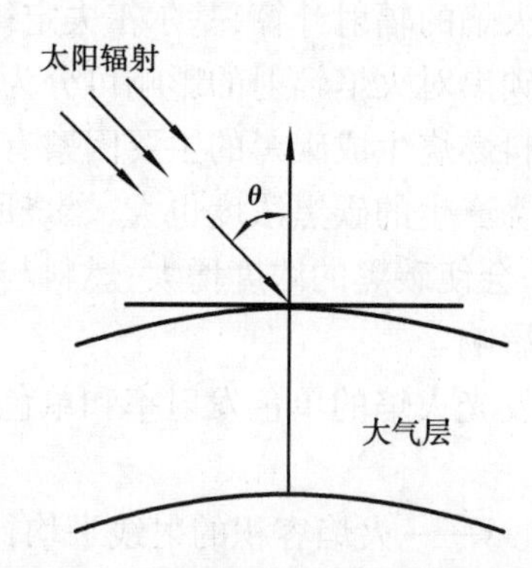

图 11.42 大气层外缘太阳辐射的示意图

太阳向周围辐射的能量中只有极少部分射向地球,到达地球大气层外缘的能量可做如下的估算:把地球作为半径 $r=6\ 436$ km的圆球,距离太阳为 $R=150.6\times10^6$ km。因此,太阳向周围辐射的能量中投射到地球大气层外缘的百分数为:

$$\frac{\pi r^2}{4\pi R^2}=\frac{\pi\times6\ 436^2}{4\pi(150.6\times10^6)^2}=4.56\times10^{-8}\%$$

如把太阳当作黑体看待,它的直径 $d_s=1.397\times10^5$ km,表面积 $A_s=6.131\times10^{18}\ \text{m}^2$,可得太阳向周围辐射的能量为:

$$\sigma_b A_s T^4=5.67\times10^{-8}\times6.131\times10^{18}\times5\ 762^4\ \text{W}=3.832\times10^{26}\ \text{W}$$

到达地球大气层外缘的能量为:

$$3.832\times10^{26}\times4.56\times10^{-8}\%\ \text{W}=17.48\times10^{16}\ \text{W}$$

此能量折算到垂直于射线方向每单位表面积的辐射能为:

$$17.48\times10^{16}/\pi(6\ 436\times10^3)^2\ \text{W/m}^2=1\ 343\ \text{W/m}^2$$

经过多年对太阳辐射的实测资料表明,当地球位于和太阳的平均距离上,在大气层外缘并与太阳射线相垂直的单位表面所接受到的太阳辐射能为 1 353 W/m^2,称为太阳常数,用符号 s_c 表示,此值与地理位置或在一天中所处的时间无关。至于某地区在大气层外缘水平面上每单位面积的太阳投射能量应为:

$$G_s = f s_c \cos\theta \tag{11.37}$$

式中 f——考虑到地球绕太阳运行轨道非圆形而作的修正,$f=0.97\sim1.03$;

θ——太阳射线与水平面法线的夹角,称天顶角(见图 11.42)。

由于大气层中存在的 CO_2,H_2O,O_3 以及尘埃等对太阳辐射有吸收、散射和反射作用,所以实际到达地面与太阳射线垂直的单位面积上的辐射能,将小于太阳常数。即使在比较理想的大气透明度条件下,在中纬度地区,中午前后能到达地面的太阳辐射只是大气层外的 70%~80%,在城市中由于大气污染,还将减弱 10%~20%。

太阳辐射在大气层中的减弱与以下因素有关:

①大气层中的 H_2O,CO_2,O_3,O_2 对太阳辐射有吸收作用,且具有明显的选择性。大气中的臭氧主要吸收紫外线,$\lambda<0.3\ \mu m$ 短波辐射几乎全部被臭氧吸收;水蒸气和二氧化碳主要吸收红外区域的能量;在可见光区域,氧和臭氧能吸收其中一部分。此外,大气中的尘埃和污染物也对各类射线有吸收作用。所以,到达地面的太阳能几乎集中在 0.3~3 μm 的波长范围内。他的辐射光谱分布与大气层外缘不同,如图 11.41 中下面一条曲线所示。

②太阳辐射在大气中遇到空气分子和微小尘埃就会产生散射。气体分子直径比射线波长小得多,这种散射属瑞利散射,其特点是各向同性且对短波散射占优,这是天空呈蓝色的原因。尘埃的粒径与射线波长属同一数量级时产生米氏散射,这种散射具有方向性,沿射线方向散射能量较多。

③大气中的云层和较大的尘粒,对太阳辐射起反射作用。把部分太阳辐射反射回宇宙空间,其中云层的反射作用最大。

④与太阳辐射通过大气层的行程有关。中午时刻射线通过大气层的行程最小,早、晚则增大,故从太阳辐射获得的能量对垂直于射线的单位面积来说并不相等,中午获得的比早、晚要大。另外由于大气层的密度分布不均匀,下层大于上层,即使同样行程长度,位于下层时对太阳辐射的衰减作用要比在上层强。

地球周围的大气层也同样起着对地面的保温作用,大气层能让大部分太阳辐射透过到达地面,而地面辐射中 95%以上的能量分布在 $\lambda=3\sim50\ \mu m$ 内,它不能穿透大气层,这就减少了地面的辐射热损失,其作用与玻璃保温室类似,即大气层的温室效应。

投射到地面的太阳辐射可分为直接辐射和天空散射,在天空晴朗时两者之和称为太阳总辐射密度,或称为太阳总辐射照度,W/m^2。当天空多云时,总辐射就可能只有散射,它们都有专用的仪器测量。对建筑物的不同朝向的墙面和屋面来说,它们所受的太阳总辐射照度是不同的,这主要是由于它们受到不同的太阳直接辐照所致。

由于太阳辐射能主要集中在 0.3~3 μm 的波长范围内,而实际物体对短波的单色辐射吸收率和对长波的单色吸收率有时会有很大的差别。因此,在太阳能的利用中,作为太阳能吸收器的表面材料,要求它对 0.3~3 μm 波长范围的单色吸收率尽可能接近 1,而对 $\lambda>3\ \mu m$ 波长范围的单色吸收率尽可能接近零。这意味着该表面能从太阳辐射中吸收较多的能量,而自身的辐射热损失又极小。对于某些金属材料,经表面镀层处理后可具有这种性能,这种表面称为选择性表面。理想的选择性表面特性,如图 11.43(a)所示;实际上镍黑镀层的特性,如图 11.43(b)所示。可以看出,镍黑镀层对太阳辐射的吸收率较高,在可见光范围内的单色吸收率可达 0.9 左右,而在使用温度下自身的辐射力却很低,$\lambda>5\ \mu m$ 的单色发射率还不到 0.1。

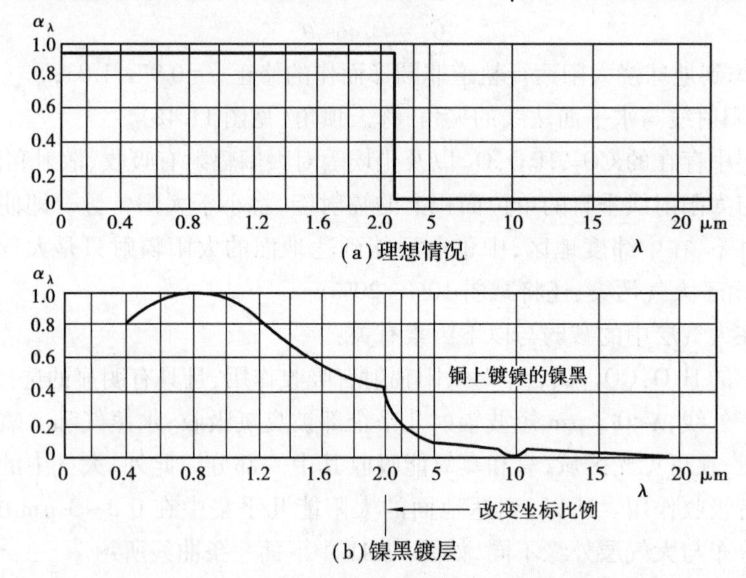

图 11.43 选择性吸收表面的单色吸收率随波长的变化

大气层外宇宙空间的温度接近绝对零度,是个理想冷源,但大气层阻碍了地面物体直接向太空辐射散热。然而,在 8~13 μm 的波段内,大气层中所含 CO_2,H_2O 的吸收率很小,透射率较大,且此波段正处于地面物体本身辐射远红外区,所以通常称此波段为大气的远红外窗口。地面物体通过这个窗口向宇宙空间辐射热,达到一定冷却效果。窗口的透明度与天气和方向有关。天空有云层时,透明度降低,晴朗无云的夜晚易结霜就是这个道理。垂直于地面方向上的大气层最薄,透明度比其他方向高。为增强冷却效果,可在冷却物体表面涂上选择性涂料,使表面在 8~13 μm 的波段内有很高的发射率,而降低其他波段的发射率,让物体的能量尽可能多地变成 8~13 μm 波段的辐射能量,穿过大气窗口散失到宇宙空间中去。

玻璃是太阳能利用中的一种重要材料,普通玻璃窗可以透过 2 μm 以下的射线,所以把投射在它上面的太阳辐射大部分透射进入室内。然而,玻璃窗对 3 μm 以上的长波辐射基本上是不透射的,因此室内常温下物体所辐射的长波射线就被阻隔在室内,从而产生了所谓的温室效应。玻璃中氧化铁含量对透光率有很大影响,氧化铁含量增加则透光率下降。当氧化铁含量超过 0.5%时,可见光和近红外波段的透过率都有明显下降,这种玻璃呈天蓝色,又称吸热玻璃。还有在窗玻璃表面涂膜制成的特殊玻璃,它对太阳光有高的透射率,但对长波辐射则有很高的反射率。这类玻璃称为热镜,在节能建筑中逐步被采用。

【例 11.13】 平板型太阳能集热器的吸热表面对太阳辐射的吸收率为 0.92,表面发射率为 0.15,集热器表面积为 20 m^2,表面温度为 80 ℃,周围空气温度为 18 ℃,表面传热系数为 3 W/(m^2·K)。当集热器表面的太阳总辐射照度为 800 W/m^2,天空温度为 0 ℃时,试计算该集热器可利用到的太阳辐射热和它的效率。

【解】 对吸热表面作热平衡,即:

(太阳辐射得热+天空辐射得热)-(对流失热+表面辐射失热)= 可利用太阳辐射热

(1)太阳辐射得热量

$$20 \times 800 \times 0.92\ \text{W} = 14\ 720\ \text{W}$$

(2)天空辐射得热

考虑到天空温度为 0 ℃(273 K),它的辐射光谱与表面温度为 80 ℃的辐射光谱相近,故可以认为表面对天空辐射的吸收率近似与表面发射率相等。因此,天空辐射得热为:

$$20 \times 5.67 \times 10^{-8} \times 273^4 \times 0.15\ \text{W} = 945\ \text{W}$$

(3)对流散热

$$20 \times 3 \times (80 - 18)\ \text{W} = 3\ 720\ \text{W}$$

(4)表面辐射散热

$$20 \times 5.67 \times 10^{-8} \times 353^4 \times 0.15\ \text{W} = 2\ 641\ \text{W}$$

(5)可利用的太阳辐射热

$$14\ 720 + 945 - 3\ 720 - 2\ 641\ \text{W} = 9\ 304\ \text{W}$$

(6)效率

$$9\ 304/(800 \times 20) \times 100\% = 58\%$$

从上述计算可知,自然对流散热损失较大。要进一步提高效率,应采取措施,减少自然对流散热损失。

习 题

1. 任意位置两表面之间用角系数来计算辐射传热,这对物体表面做了哪些基本假设?
2. 为了测量管道中的气流温度,在管道中设置温度计。试分析由于温度计头部和管壁之间的辐射传热而引起的测温误差,并提出减少测温误差的措施。
3. 有两平行黑表面,相距很近,它们的温度分别为 1 000 ℃和 500 ℃。试计算它们的辐射传热量。当"冷"表面温度增至 700 ℃,则辐射传热量变化为多少? 如果它们是灰表面发射率分别为 0.8 和 0.5,它们的辐射传热量又为多少?
4. 抽真空的保温瓶胆两壁面均涂银,发射率 $\varepsilon_1 = \varepsilon_2 = 0.02$,内壁面温度为 100 ℃,外表面温度为 20 ℃,当表面积为 0.25 m^2 时,试计算此保温瓶的辐射热损失。
5. 图 11.44 所示的表面间的角系数可否表示为:

$$X_{3,(1+2)} = X_{3,1} + X_{3,2}$$
$$X_{(1+2),3} = X_{1,3} + X_{2,3}$$

如有错误,请予更正。

6. 有 2 块平行放置的平板的表面发射率均为 0.8,温度分别为 $t_1 = 527$ ℃及 $t_2 = 27$ ℃,板间距远小于板的宽度和高度。试计算:①板 1 的本身辐射;②对板 1 的投入辐射;③板 1 的反射辐射;④板 1 的有效辐射;⑤板 2 的有效辐射;⑥板 1,2 间的辐射传热量。

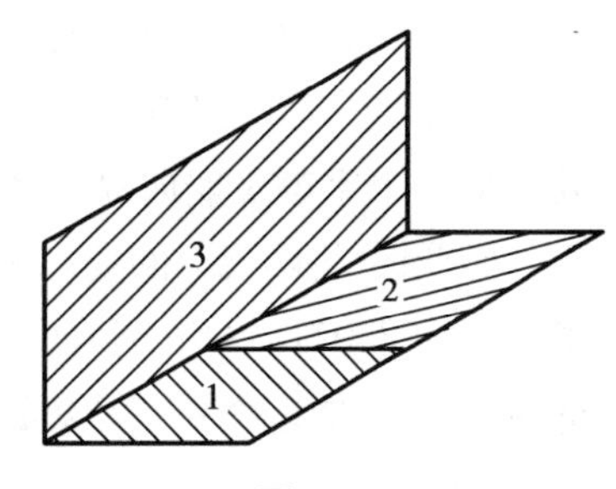

图 11.44

7. 一外径为 100 mm 的钢管横穿过室温为 27 ℃的大房间,管外壁温度为 100 ℃,表面发射率为 0.85。试确定单位管长的辐射散热损失。
8. 有一 3 m×4 m 的矩形房间,高 2.5 m,地表面温度为 27 ℃,顶表面温度为 12 ℃。房间四周的墙壁均是绝热的,所有表面的发射率均为 0.8,试用网络法计算地板和顶棚的净辐射传热量和墙表面的温度。
9. 求出图 11.45 所示各种情况的辐射角系数 $X_{1,2}$。

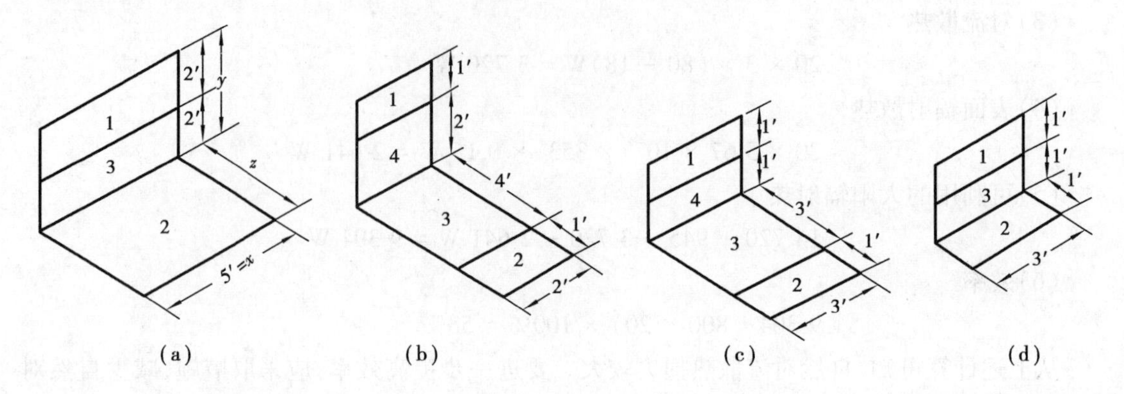

图 11.45

10. 在一块辐射率为 0.5 的金属上加工一个圆锥孔。金属表面上圆孔的直径为 2.5 cm,孔深为 5 cm。如果将金属块加热到 550 ℃,试计算这个圆锥孔所发射出的辐射能,以及它的当量发射率。当量发射率的定义为圆锥孔实际辐射出的能量与面积等于圆锥孔面积、温度等于其内表面温度的一个黑表面的辐射能之比。
11. 在 7.5 cm 厚的金属板上钻一个直径为 2.5 cm 的通孔,金属板的温度为 260 ℃,孔之内表面加一层发射率为 0.07 的金属箔衬里。将一个 425 ℃,发射率为 0.5 的加热表面放在金属板一侧的孔仍是敞开的。425 ℃的表面同金属板无传导传热。试计算从敞开的孔中辐射出去的能量。
12. 在厚为 x 的金属板上钻一直径为 d 柱开圆孔。假设通过平板每侧圆孔所辐射出的能量只是由于平板温度而引起的,那么试以 x/d 和平板辐射率 ε 为函数,导出圆孔当量辐射率的表达式。
13. 有一间 3 m×3 m 的房间,其一面墙壁的温度为 260 ℃,地板温度为 90 ℃,其余 4 个表面完全绝热。假设所有的表面都是黑的,试计算热墙壁与冷地板间的传热量。
14. 有一面积为 3 m×3 m 的方形房间,地板温度为 25 ℃,天花板温度为 13 ℃,四面墙壁都是绝热的,房间高 2.5 m,所有的表面的辐射率皆为 0.8。试应用网络法求解地板和天花板间的净传热量,以及墙壁的温度。
15. 要求从一个宇宙飞船向另一个宇宙飞船传递能量。为此,每个飞船有一块边长为 1.5 m 的正方形平板,将两飞船的姿态调至两平板互相平行,且间距为 30 cm。一板的温度为 800 ℃,另一板为 280 ℃,发射率分别为 0.5 和 0.8。假设外部空间为 0 K 的黑体,试求:①飞船间的净传热量为多少 W?②热板的总热损失多少瓦?

16. 有 2 块面积为 $90\times60\ cm^2$,间距为 60 cm 的平行平板,一块板的温度为 550 ℃,发射率为 0.6;另一块板是绝热的,将这 2 块板置于一个温度为 10 ℃的大房间内,试求绝热板及加热平板的热损失。

17. 如图 11.46(a)所示有 3 个无限大的平行平板。平板 1 的温度为 1 200 K,平板 3 温度为 60 K,且 $\varepsilon_1=0.2,\varepsilon_2=0.5,\varepsilon_3=0.8$。若板 2 不从外部热源接受任何热量,试求它的温度。

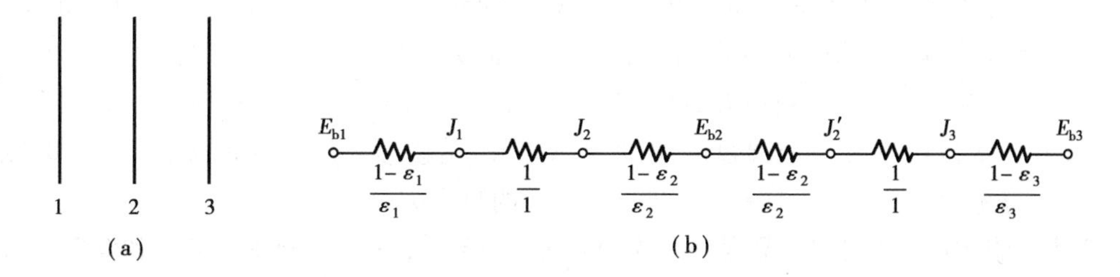

图 11.46

18. 辐射率分别为 0.3 和 0.5 的 2 个大的平行平板,其温度分别维持在 800 ℃和 370 ℃,在它们中间放一个两面发射率皆为 0.05 的辐射遮热板。试计算:①没有辐射遮热板时,单位面积的传热率是多少?②有辐射遮热板时,单位面积的传热率是多少?③辐射遮热板的温度。

19. 有 2 块 $1.2\ m\times1.2\ m$ 的平行平板,间距为 1.2 m。板的辐射率和温度分别为0.4,0.6 以及 760,300 ℃。两面辐射率皆为 0.05 的 $1.2\ m\times1.2\ m$ 的辐射遮热板等间距地放在两平行板之间,然后把这样的装置放到一个温度为 40 ℃的大房间里,试计算:①没有辐射遮热板时,每块板的传热量;②在辐射热板时,每块板的传热量;③辐射遮热板的温度。

20. 有一高为 60 cm,宽为 30 cm 的垂直平板在壁温为 20 ℃的房间内保持温度为 95 ℃,房间内空气的压力为 $1.013\ 25\times10^5$ Pa,温度亦为 20 ℃。若平板的辐射率为 0.8,试计算平板散失的热量。

21. 在壁温为 38 ℃的房间内,有一长 6 m,直径为 12.5 cm 的水平管道,管道的温度为 150 ℃。房间内的空气温度为 20 ℃,压力为 $1.013\ 25\times10^5$ Pa。若管道的发射率 $\varepsilon=0.7$,试计算管道通过对流和辐射一共耗散多少热量?

22. 在一个大的加热导管中,安装一个热电偶以测量通过导管流动的气体温度。导管壁温为 425 ℃,热偶所指示的温度为 170 ℃,气体与热偶间的对流传热系数为 150 W/(m^2·℃),热偶材料的发射率为 0.43,问气体的温度是多少?

23. 有一环形空间,其内充满发射率和透射率分别为 0.3 和 0.7 的气体。环形空间的内、外直径是 30 cm 和 60 cm,表面发射率分别为 0.5 和 0.3。内表面的温度为 760 ℃,外表面温度为 370 ℃。计算从热表面到冷表面,每单位长度的净传热量及气体的温度各为多少(忽略对流的影响)?

24. 对于 2 块无限大的平行平板,以同样温度和辐射率的条件重做习题 23,求出平板单位面积的传热率。

25. 假设有一平板置于高速气流中。我们这样来定义它的辐射平衡温度:如果是绝热的,那么平板因气动加热所接受到的能量刚好等于它对环境的辐射热损失,即:

$$hA(T_w - T_{a,w}) = -\sigma A_\varepsilon(T_w^4 - T_s^4)$$

这里假定周围环境是无限大的,并且温度为 T_s,平板表面的辐射率为 ε。现将一块长 70 cm,宽 1.0 m,发射率为 0.8 的平板放到 $M=3, p=\frac{1}{20}\times1.013\ 25\times10^5$ Pa, $T_s=-40$ ℃的风洞中,试计算它的辐射平衡温度。

26. 在晴朗的夜晚,天空的有效辐射温度可取为-70 ℃。假定无风且空气与聚集在草上的露水间的对流传热系数为 28 W/(m^2·℃)。试计算为防止产生霜冻,空气所必须有的最低温度。计算时可略云露水的蒸发作用,且草与地面间无热传导,并取水的发射率为 1.0。
27. 有 2 个直径为 10 cm 的平行圆盘,间距为 2.5 cm。一个圆盘的温度为 540 ℃且为完全漫反射,其发射率为 0.3;另一个圆盘的温度为 260 ℃,是镜射—漫射反射体,其 $\rho_D=0.2, \rho_S=0.4$,环境温度为 20 ℃,试计算每个圆盘内表面的热损失。
28. 有 2 块无限大的平行平板,温度分别为 800 ℃和 35 ℃,发射率分别为 0.5 和 0.8。为减少辐射传热率将一辐射遮热板放到两板中间。辐射遮热板的两个表面都是镜—漫反射,其 $\rho_D=0.4, \rho_S=0.4$。试计算有遮热板与无遮热板时的传热率,并将上述结果同当遮热板为完全漫反射且 $\rho=0.8$ 时所得的结果进行比较。
29. 一块 30 cm×60 cm,发射率 $\varepsilon=0.6$ 的平板放在一个大房间里,板的温度为 370 ℃,该板只有一个表面同房间发生热交换。同样尺寸的一块高反射率板($\rho_S=0.7, \rho_D=0.1$)和热板相垂直地放着,且使其 60 cm 的一边互相接触。反射板的 2 个表面都与房间进行传热,房间的温度为 90 ℃。试计算有反射板与无反射板时,热板所散失的热量。反射板的温度是多少(忽略对流的影响)?
30. 将一块白色大理石平板置于 1 070 W/m^{2}的太阳辐射通量之下,假设天空的有效辐射温度为-70 ℃。白色大理石平板的辐射特性是:对于太阳辐射的吸收率为 0.46,对于低温辐射的吸收率为 0.95。试计算平板的辐射平衡温度(计算中可略去导热和对流的影响)。
31. 27 ℃,1.013 25×10^5 的空气以 2 m/s 的速度流过一块 30 cm×30 cm 的正方形平板,板上喷以太阳吸收率为 0.16,低温吸收率为 0.09 的白漆。将它置于 110 W/m^{2}的太阳辐射通量之下,并同周围环境以对流方式达到平衡。假设板的下表面是绝热的,试计算该板的平衡温度。
32. 有 2 块 30 cm×30 cm,间距为 10 cm 的垂直平板,放在一间空气温度为 20 ℃的房间内。一块板的温度是 150 ℃,而另一块板的温度依据它同 150 ℃平板及环境间的辐射和对流传热而定。2 块板的辐射率皆为 0.8。试应用自然对流的近似关系式来计算另一块板的温度。
33. 一个直径为 2.5 cm 长圆柱形加热器,温度为 650 ℃,发射率为 0.8。这个加热器被放到一个壁面温度为 25 ℃的大房间里。如果用一个发射率为 0.2,直径为 30 cm 的铝辐射屏把加热器包起来,那么加热器的辐射热损失会减少多少?辐射屏的温度又是多少?

第 11 章习题详解

12

传热和换热器

前面各章已分别研究了导热、对流传热和辐射传热等问题,了解了它们的传热规律和计算方法。在第3章中,作为第三类边界条件下的导热问题,也已对平壁和圆筒壁的传热过程进行了基本分析。本章将首先讨论有关传热的其他两个问题:肋壁传热和复合传热;并在此基础上阐述各类间壁式热交换器的构造原理和传热计算方法;最后将介绍强化传热和削弱传热。本章中的传热计算仅涉及因温差而发生的热传递(显热),对于建筑环境与能源应用工程专业中常见的热质交换同时发生的传递过程(既有显热交换,又有潜热交换),将在《热质交换原理与设备》一书中进行介绍。

12.1 通过肋壁的传热

肋壁是一种用来增大传热面积,从而减小传热总热阻的扩展表面。广泛应用于动力、化工、空调工程和制冷工程中的翅片(肋片)管式换热器即为肋壁应用的实例。肋的形状有多种,如片状、条形、针形、柱形、齿形等,其传热过程的分析方法都相同。第3章肋壁导热中仅分析了肋壁中通过单块肋片(以细杆为例)的导热。本节将详细地分析求解通过肋壁的传热。图12.1为一段肋壁,设肋和壁为同一种材料整体制成,壁厚δ,导热系数λ,肋壁表面积为A_2(A_2等于肋片表面积A_2''与肋间的壁表面积A_2'之和),无肋的光壁表面积为A_1。光壁侧流体1的对流表面传热系数为h_1,温度为t_{f1};肋壁侧流体2的对流表面传热系数为h_2,温度为t_{f2};光壁面温度为t_{w1},肋基壁面温度为t_{w2},肋片A_2''的表面平均温度为$t_{w2,m}$。设$t_{f1}>t_{f2}$,则在稳态传热的情况下,通过肋壁的传热量可按顺序写出:

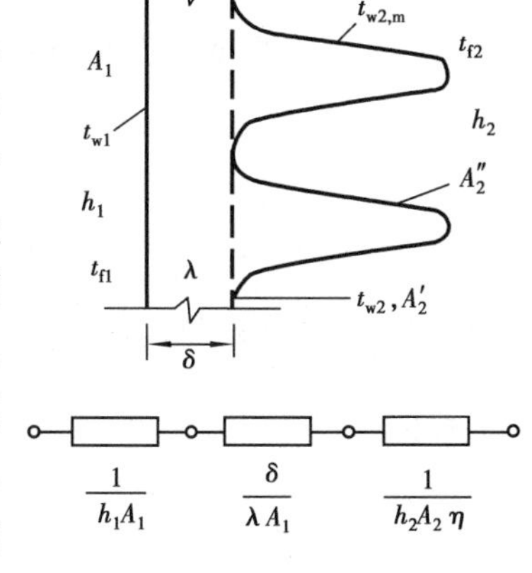

图12.1　通过肋壁的传热

光壁对流传热:

$$\Phi = h_1 A_1 (t_{f1} - t_{w1}) \tag{1}$$

壁体导热:

$$\Phi = \frac{\lambda}{\delta} A_1 (t_{w1} - t_{w2}) \tag{2}$$

肋壁对流传热:

$$\Phi = h_2 A_2' (t_{w2} - t_{f2}) + h_2 A_2'' (t_{w2,m} - t_{f2}) \tag{3}$$

按第 3 章肋片效率的定义式,肋壁上单块肋片的肋片效率为:

$$\eta_f = \frac{h_2 A_2'' (t_{w2,m} - t_{f2})}{h_2 A_2'' (t_{w2} - t_{f2})} = \frac{t_{w2,m} - t_{f2}}{t_{w2} - t_{f2}} \tag{4}$$

将式(4)代入式(3),得:

$$\Phi = h_2 (A_2' + A_2'' \eta_f)(t_{w2} - t_{f2}) = h_2 A_2 \eta (t_{w2} - t_{f2}) \tag{5}$$

式中 η——肋壁总效率,由式(5)可得:

$$\eta = \frac{A_2' + A_2'' \eta_f}{A_2} \tag{12.1}$$

或

$$\eta = \frac{\Phi}{h_2 A_2 (t_{w2} - t_{f2})} \tag{6}$$

由式(6)可看出 η 的物理意义是:肋壁的实际散热量 Φ 与假定整个肋壁表面都处在肋基温度时的理想散热量的比值。

整理以上式(1),式(2),式(5),写成以两侧流体温差表示的肋壁传热公式,得:

$$\Phi = \frac{t_{f1} - t_{f2}}{\frac{1}{h_1 A_1} + \frac{\delta}{\lambda A_1} + \frac{1}{h_2 A_2 \eta}} = \frac{t_{f1} - t_{f2}}{\frac{1}{h_1} + \frac{\delta}{\lambda} + \frac{A_1}{h_2 A_2 \eta}} A_1 \tag{12.2}$$

按传热过程热阻绘制的模拟电路亦示于图 12.1 上。将式(12.2)写成:

$$\Phi = k_1 A_1 (t_{f1} - t_{f2}) \tag{12.3}$$

式中 k_1——以光壁面面积为基准的传热系数,W/(m² · K)。

$$k_1 = \frac{1}{\frac{1}{h_1} + \frac{\delta}{\lambda} + \frac{1}{h_2 \beta \eta}} \tag{12.4}$$

式中 β——肋化系数,$\beta = \frac{A_2}{A_1}$,β 值大于 1,$\beta\eta$ 仍大于 1。

若将式(12.2)分子分母同乘以肋壁面积 A_2,并经整理得出以 A_2 为基准的传热系数,以 k_2 表示,即:

$$\Phi = \frac{t_{f1} - t_{f2}}{\frac{A_2}{h_1 A_1} + \frac{\delta A_2}{\lambda A_1} + \frac{1}{h_2 \eta}} A_2 = \frac{t_{f1} - t_{f2}}{\frac{1}{h_1}\beta + \frac{\delta}{\lambda}\beta + \frac{1}{h_2 \eta}} A_2 = k_2 A_2 (t_{f1} - t_{f2}) \tag{12.5}$$

其中 k_2 为:

$$k_2 = \frac{1}{\frac{1}{h_1}\beta + \frac{\delta}{\lambda}\beta + \frac{1}{h_2\eta}} \tag{12.6}$$

式(12.3)和式(12.5)都是肋壁传热公式,其不同点只是计算传热量的面积基准不同,显然 $A_2>A_1$,$k_1>k_2$,$k_1A_1=k_2A_2$,在使用传热公式时应特别加以注意。此外,如果壁面两侧分别具有污垢热阻 R_{f1} 和 R_{f2},则模拟电路图中亦应该加上 2 个串联的污垢热阻,此时 k_1 和 k_2 应为[1]:

$$k_1 = \frac{1}{\frac{1}{h_1} + R_{f1} + \frac{\delta}{\lambda} + \frac{R_{f2}}{\beta\eta} + \frac{1}{h_2\beta\eta}} \tag{12.7}$$

$$k_2 = \frac{1}{\beta\left(\frac{1}{h_1} + R_{f1} + \frac{\delta}{\lambda}\right) + \frac{R_{f2}}{\eta} + \frac{1}{h_2\eta}} \tag{12.8}$$

式中　R_{f1},R_{f2}——光壁侧和肋壁侧单位面积的污垢热阻,$(m^2 \cdot ℃)/W$。

由式(12.4)可见,加肋后肋壁侧传热热阻为 $1/h_2\beta\eta$,因 $\beta\eta>1$,它比无肋时的光壁传热热阻 $1/h_2$ 小,减低的程度与 $1/\beta\eta$ 有关,而这又涉及肋片的高度、间距、厚度、形状、肋的材料以及制造工艺等因素的影响。其中减小肋的间距,肋的数量增多,肋壁的表面积相应增大,能使 β 值增大,有利于减少热阻;此外,适当减小肋间距还可增强肋间流体的扰动,使对流表面传热系数 h_2 提高。但减小肋间距是有限的,一般肋间距不应小于热边界层厚度的两倍,以免肋间流体的温度升高,降低了传热温差。为了避免肋面上的边界层发展过厚而影响传热效果,顺流动方向肋片不应过长:因此,有些肋壁采用不连续的断续肋,如柱形、齿形等,以破坏边界层的发展,增强肋壁传热,有利于缩小肋间距,提高 β 值。至于肋高的影响,必须同时考虑它与 β 和 η 两项因素的关系。第 3 章肋壁导热讨论中已经指出,增加肋高将引起肋片效率 η_f 下降,但却能使肋表面积增加,β 增大。因此,在其他条件不变的情况下,应针对具体传热情况,综合考虑上述这些因素,合理确定肋高,使 $1/(h_2\beta\eta)$ 项达到某一最佳值,这样就能获得最佳传热系数。工程中,加肋的主要目的是强化传热,计算表明,当壁两侧的对流表面传热系数相差 3~5 倍时,如制冷系统中的冷凝器,可采用低肋化系数的螺纹管;当两侧对流表面传热系数相差 10 倍以上时,如蒸汽—空气加热器,可采用高肋化系数的肋片管。显然,这些情况下的肋片都必须加装在对流表面传热系数较低的一侧,使加肋后的热阻同另一侧的热阻大小相当,以充分发挥肋的强化传热效果。当换热器两侧的对流表面传热系数都很低时,如气体换热器,双侧均为气体,则可在两侧表面均肋化,12.3 节所述板翅式换热器就是其中一例。

12.2　复合传热

在前述的平壁、圆筒壁、肋壁传热中,当壁面上除存在与周围流体的对流传热以外,还同时存在与周围环境物体间的辐射传热时,这种对流传热与辐射传热并存的传热现象称为复合传热[2],是工程中常见的现象①。例如,第1章中图1.2所示就是两侧均为复合传热的平壁传热过程;又如,架空的热力管道表面的散热损失:一方面靠表面与空气间的对流传热,另一方面还有与周围环境物体间的辐射传热。总之,当流体为气体时,就可能需要考虑表面的辐射传热。大部分气体(包括最常见的空气)的辐射和吸收能力都很微弱,可以认为是透明体。因此,辐射传热是在表面与周围环境的物体表面间进行的。在这种情况下,人们提出了有复合传热时的传热计算问题。

在传热过程的分析中,传热的各项热阻都是先分别按对流传热或导热过程计算出来,然后再进行叠加。按此推理,在有复合传热时,应先计算出复合传热热阻或复合传热表面传热系数。一种较为方便的方法是把辐射传热与对流传热分开计算,然后把辐射传热量按对流传热公式折算成辐射表面传热系数,它与对流表面传热系数之和即为复合传热表面传热系数。如图12.2所示,设壁温为 t_w,气体介质温度 t_f,周围环境物体温度 t_{am},对流表面传热系数 h_c,壁与周围环境间的系统发射率为 ε_s,则对流传热热流密度:

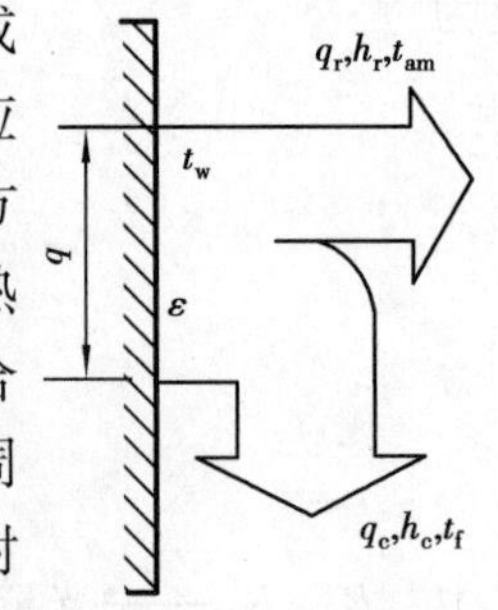

图12.2 复合传热

$$q_c = h_c(t_w - t_f) \tag{1}$$

辐射热流密度:

$$q_r = \varepsilon_s C_b \left[\left(\frac{T_w}{100}\right)^4 - \left(\frac{T_{am}}{100}\right)^4\right] \tag{2}$$

当引入温度差(t_w-t_f),并用牛顿冷却公式的形式来计算辐射热流密度时,上式可写为:

$$q_r = \left\{\varepsilon_s C_b \frac{\left[\left(\frac{T_w}{100}\right)^4 - \left(\frac{T_{am}}{100}\right)^4\right]}{t_w - t_f}\right\}(t_w - t_f) = h_r(t_w - t_f) \tag{3}$$

式中 h_r——辐射表面传热系数,W/(m²·K),即:

$$h_r = \varepsilon_s C_b \frac{T_w^4 - T_{am}^4}{T_w - T_f} \times 10^{-8} \tag{12.9}$$

采用式(12.9)计算辐射表面传热系数 h_r 时,特别要注意系统发射率 ε_s 的正确计算。ε_s 不一定与壁面的发射率 ε 相等,只有壁面为非凹表面,其表面面积远小于周围环境面积,且周围环境表面的发射率较大时,二者才相等。

如是复合传热,热流密度为:

$$q = q_c + q_r = (h_c + h_r)(t_w - t_f) = h(t_w - t_f) \tag{12.10}$$

式中 h——复合传热表面传热系数,是对流传热与辐射传热表面传热系数之和,即 $h=(h_c+h_r)$,W/(m²·K)。其中 h_r 与一般对流表面传热系数不同,它除了与 t_w,t_f 有关外,还与发射率 ε 及周围环境物体的温度 t_{am} 等因素有关(在某些情况下,t_f 和 t_{am} 可能相等)。

① 有的文献把辐射、导热并存的热量传递亦作为复合传热,如多孔材料中的热量传递;玻璃吸收红外辐射时的导热等。为不使问题复杂化,更好地阐明传热计算的基本方法,本节所分析的复合传热仅指对流—辐射并存的传热过程。

在采暖和保温等工程计算中,有时把复合传热表面传热系数作为常数处理,它对设计计算是方便的,但具有一定误差;只有当温差较小时,才宜这样处理。

值得注意的是,应用复合传热表面传热系数的概念,对于常见的温度情况,即 $t_w>t_f$ 和 $t_w>t_{am}$,或者 $t_w<t_f$ 和 $t_w<t_{am}$,较为方便。如果温度情况是 $t_{am}<t_w<t_f$,或者 $t_{am}>t_w>t_f$,则辐射表面传热系数将为负值,为了避免在应用式(12.9)和式(12.10)时引起混乱,应注意分析传热过程的热流方向,采用热平衡方法确定壁面参数和相应的热流密度。

【例 12.1】 冬季某车间的外墙内壁温度 $t_w=10$ ℃;车间的内墙壁温度 $t_{am}=16.7$ ℃;车间内气温 $t_f=20$ ℃。已知内墙与外墙间的系统发射率 $\varepsilon_s=0.9$,外墙内壁对流表面传热系数 $h_c=3.21$ W/(m^2·K)。求外墙热流密度,外墙内壁复合传热表面传热系数,热损失中辐射散热所占比例。

【解】 由式(12.9)知,因 $t_f>t_{am}>t_w$,故辐射表面传热系数为:

$$h_r=\varepsilon_s C_b\frac{T_{am}^4-T_w^4}{T_f-T_w}\times10^{-8}$$

$$=0.9\times5.67\times\frac{289.7^4-283^4}{293-283}\times10^{-8}\ \mathrm{W/(m^2\cdot K)}$$

$$=3.21\ \mathrm{W/(m^2\cdot K)}$$

即

$$h=h_c+h_r=3.21+3.21\ \mathrm{W/(m^2\cdot K)}=6.42\ \mathrm{W/(m^2\cdot K)}$$

则壁的散热热流密度:

$$q=h(t_w-t_f)=6.42\times(10-20)\ \mathrm{W/(m^2\cdot K)}=-64.2\ \mathrm{W/(m^2\cdot K)}$$

辐射散热所占比例:

$$\frac{h_r}{h}=\frac{3.21}{6.42}=0.5$$

计算结果表明,即使在一般常温下,如果对流表面传热系数较小,辐射散热损失所占比例就不可忽略。因此,不要认为温度水平不高,就可以不考虑辐射,而应针对具体情况去分析;同时,本例也说明,在各因素中,周围环境温度 t_{am} 对车间热损失的影响最大,进一步计算表明,在此温度水平下,t_{am} 降低或升高 1 ℃,热损失将增加或减少 5%以上。人体表面也是以复合传热的方式散热的,在这样的环境下工作,如果环境物体的温度太低,即使室内温度比较高,也会因辐射因素造成不舒服的感觉。

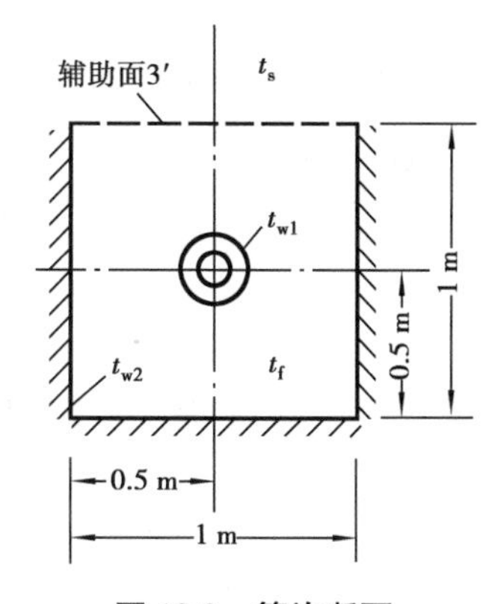

图 12.3 管沟断面

【例 12.2】 没有盖板的断面尺寸为 1 m×1 m 的室外管沟,其中央架设一热力管道,如图 12.3 所示。冬夜已测得管保温层外表面温度为 47 ℃,管沟壁面温度为 16 ℃,沟内空气温度为13 ℃;已知管壁经保温后外直径 $d=100$ mm,发射率 $\varepsilon_1=0.8$;管沟壁面发射率 $\varepsilon_2=0.9$,该地区冬夜夜空有效辐射温度 $t_s=-33$ ℃。试求此热力管保温层外表面的复合传热表面传热系数及单位管长的热损失。

【解】 热力管保温层外表面与沟内空气间存在自然对流传热,与沟壁和太空间均存在辐射传热,因此属于复合传热问题。

①求对流传热量 q_{lc}:

$$t_m = \frac{1}{2}(t_{w1} + t_f) = \frac{1}{2}(47 + 13)℃ = 30 ℃$$

按定性温度 t_m 查得空气的物性数据为:

$$\nu = 16 \times 10^{-6} m^2/s; \lambda = 2.67 \times 10^{-2} W/(m \cdot ℃);$$

$$Pr = 0.701; \alpha = \frac{1}{T_m} = 3.3 \times 10^{-3} K^{-1}$$

$$Gr \cdot Pr = \frac{g\alpha \Delta t d^3}{\nu^2} Pr = \frac{9.8 \times 3.3 \times 10^{-3} \times (47 - 13) \times 0.1^3 \times 0.701}{(16 \times 10^{-6})^2} = 301.1 \times 10^4$$

查第 8 章表 8.6,当 $Gr \cdot Pr = 10^4 \sim 10^9$ 时,$C = 0.53, n = 0.25$

$$Nu = C(Gr \cdot Pr)^n = 0.53 \times (301.1 \times 10^4)^{0.25} = 22.1$$

$$h_c = \frac{Nu\lambda}{d} = \frac{22.1 \times 2.67 \times 10^{-2}}{0.1} W/(m^2 \cdot ℃) = 5.9 W/(m^2 \cdot ℃)$$

因此,单位管长的自然对流传热量为:

$$q_{1c} = h_c(t_{w1} - t_f)\pi d = 5.9 \times (47 - 13) \times 3.14 \times 0.1 W/m = 63 W/m$$

②求辐射传热量 q_{1r}:

本题可视为 3 个表面组成的封闭空腔间的辐射传热问题。辐射传热网络图如图 12.4 所示。引辅助面 3′,由对称关系可得:

$$X_{1,3} = X_{1,3'} = \frac{1}{4}; X_{1,2} = \frac{3}{4}; X_{3',1} = \frac{A_1 X_{1,3}}{A_{3'}} = \frac{\pi d}{4} = 0.078\ 5$$

$$X_{3',2} = 1 - X_{3',1} = 0.921\ 5; X_{2,3'}A_2 = X_{3',2}A_3'; X_{2,3'} = X_{2,3}$$

各表面热阻为:

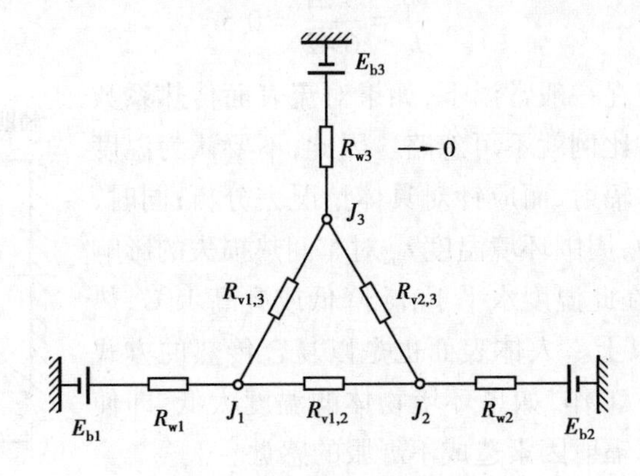

图 12.4 辐射传热网络

各表面热阻为:

$$R_{w1} = \frac{1 - \varepsilon_1}{\varepsilon_1 A_1} = \frac{1 - 0.8}{0.8 \times 3.14 \times 0.1} = 0.796\ 2$$

$$R_{w2} = \frac{1 - \varepsilon_2}{\varepsilon_2 A_2} = \frac{1 - 0.9}{0.9 \times 3} = 0.037$$

$R_{w3} = \dfrac{1-\varepsilon_3}{\varepsilon_3 A_3}$,$A_3$ 为太空面积,$A_3 \to \infty$,$R_{w3} = 0$

可见,由于太空面积 $A_3\to\infty$,可认为表面投射到太空去的辐射能被太空全部吸收。因此,可把太空视为黑体,$J_3=E_{b3}=E_{bs}$。

各空间热阻为:

$$R_{v1,2}=\frac{1}{X_{1,2}A_1}=\frac{1}{0.75\times3.14\times0.1}=4.246\ 3$$

$$R_{v1,3}=\frac{1}{X_{1,3}A_1}=\frac{1}{0.25\times3.14\times0.1}=12.74$$

$$R_{v2,3}=\frac{1}{X_{2,3}A_2}=\frac{1}{X_{3',2}A'_3}=\frac{1}{0.921\ 5\times1}=1.085\ 2$$

由电路的基尔霍夫定律,可建立节点方程式:

$$\frac{E_{b1}-J_1}{R_{w1}}+\frac{J_2-J_1}{R_{v1,2}}+\frac{E_{b3}-J_1}{R_{v1,3}}=0$$

$$\frac{E_{b2}-J_2}{R_{w2}}+\frac{J_1-J_2}{R_{v1,2}}+\frac{E_{b3}-J_2}{R_{v2,3}}=0$$

联立解得:$J_1=543.5\ \mathrm{W/m^2}$;$J_2=390\ \mathrm{W/m^2}$。

单位管长的辐射传热量为:

$$q_{lr}=\frac{E_{b1}-J_1}{R_{w1}}=\frac{56.7\times3.2^4-543.5}{0.796\ 2}=64\ \mathrm{W/m}$$

③求单位管长的热损失 q_l:

$$q_l=q_{lc}+q_{lr}=63+64=127\ \mathrm{W/m}$$

④求复合传热表面传热系数 h:

$$h=\frac{q_l}{(t_{w1}-t_f)\pi d}=\frac{127}{(47-13)\times3.14\times0.1}=11.9\ \mathrm{W/(m^2\cdot ℃)}$$

其中,辐射表面传热系数为:

$$h_r=h-h_c=11.9-5.9=6\ \mathrm{W/(m^2\cdot ℃)}$$

通过本题的分析计算可以看出,对于 3 个及其以上的表面构成的封闭空腔内的辐射传热问题,由于系统发射率 ε_s 不能确定,因此不能完全套用式(12.9)计算辐射表面传热系数 h_r,此时应按前面各章所学的知识分别计算对流传热量和辐射传热量,然后把辐射传热量按牛顿冷却公式折算求出 h_r。

【例 12.3】 车间内一架空的热流体管道,钢管内径 $d_1=135$ mm,壁厚 2.5 mm,外包保温层厚度为 30 mm,材料的导热系数 $\lambda=0.11\ \mathrm{W/(m\cdot K)}$,已知管道内热流体平均温度 $t_{f1}=163$ ℃,对流表面传热系数 $h_1=29\ \mathrm{W/(m^2\cdot K)}$。车间内温度 $t_f=18$ ℃,周围墙壁温度 $t_{am}=13$ ℃。为了减少管道的散热,管道保温层外表面有两种不同的处理方法可供选择:①刷白漆,$\varepsilon=0.9$;②外包薄铝皮 $\varepsilon=0.1$。试比较两种情况下的管道的传热系数、单位长管道的散热量,并做出分析(计算中可忽略钢管热阻和白漆及铝皮所附加的热阻)。

【解】 按题意,本题管道包保温层后的外径达到 $d_2=0.2$ m。为自然对流传热与辐射传热并存的复合传热,确定外壁温度 t_{w2} 是解题的关键,需要采用试算法。

①第 1 种情况,保温层外表面刷白漆 $\varepsilon=0.9$。

设 $t_{w2}=45.5$ ℃，则定性温度 $t_m=\dfrac{t_{w2}+t_f}{2}=(45.5+18)/2$ ℃ $=31.7$ ℃，按 t_m 查空气物性数据：

$$\nu = 16.17 \times 10^{-6}\ \text{m}^2/\text{s};\lambda = 0.026\ 86\ \text{W}/(\text{m}\cdot℃);Pr = 0.70$$

$$\alpha = 1/T = 1/(273.1 + 31.7)\text{K}^{-1} = 3.28 \times 10^{-3}\ \text{K}^{-1}$$

$$Gr \cdot Pr = \frac{g\alpha\Delta t d^3}{\nu^2} Pr$$

$$= \frac{9.81 \times 3.28 \times 10^{-3} \times (45.5 - 18) \times 0.2^3}{(16.17 \times 10^{-6})^2} \times 0.70 = 1.895 \times 10^7$$

查表 8.6 中水平管常壁温条件下自然对流传热关联式，当 $Gr\cdot Pr=1.895\times10^7$ 时，选用：

$$Nu = 0.53(Gr \cdot Pr)^{1/4} = 0.53 \times (1.895 \times 10^7)^{1/4} = 35$$

因此，外壁自然对流表面传热系数为：

$$h_c = Nu\frac{\lambda}{d} = 35 \times \frac{0.026\ 86}{0.2}\ \text{W}/(\text{m}^2\cdot\text{K}) = 4.7\ \text{W}/(\text{m}^2\cdot\text{K})$$

外壁的辐射表面传热系数，由式(12.9)计算，此时，$\varepsilon=\varepsilon_s$。

$$h_r = \varepsilon C_b \frac{T_{w2}^4 - T_{am}^4}{t_w - t_f} \times 10^{-8}$$

$$= 0.9 \times 5.67 \times \frac{318.5^4 - 286^4}{45.5 - 18} \times 10^{-8}\ \text{W}/(\text{m}^2\cdot\text{K}) = 6.68\ \text{W}/(\text{m}^2\cdot\text{K})$$

得外壁复合传热表面传热系数：

$$h_2 = h_c + h_r = 4.7 + 6.68\ \text{W}/(\text{m}^2\cdot\text{K}) = 11.38\ \text{W}/(\text{m}^2\cdot\text{K})$$

则每米长管道保温层外壁散热量为：

$$q_{l2} = h_2(t_{w2} - t_f)\pi d_2 = 11.38 \times (45.5 - 18) \times 0.2\pi\ \text{W/m} = 196.53\ \text{W/m}$$

利用 q_{l2} 计算保温层内壁温度 t_{w1}，即：

$$t_{w1} = q_{l2}\left(\frac{1}{2\pi\lambda}\ln\frac{d_2}{d_1}\right) + t_{w2} = 196.53 \times \left(\frac{1}{2\pi \times 0.11}\ln\frac{0.2}{0.14}\right) + 45.5\ ℃ = 147\ ℃$$

则管内传热量为：

$$q_{l1} = h_1(t_{f1} - t_{w1})\pi d_1 = 29 \times (163 - 147) \times 0.135\pi\ \text{W/m} = 196.69\ \text{W/m}$$

因为 q_{l1} 和 q_{l2} 相差很小，原假定 t_{w2} 是合理的。故管道每米散热量取：

$$q_l = (q_{l1} + q_{l2})/2 = (196.53 + 196.69)/2\ \text{W/m} = 196.6\ \text{W/m}$$

传热系数为：

$$k = \frac{1}{\dfrac{1}{h_1\pi d_1} + \dfrac{1}{2\pi\lambda}\ln\dfrac{d_2}{d_1} + \dfrac{1}{h_2\pi d_2}}$$

$$= \frac{1}{\dfrac{1}{29 \times 0.135\pi} + \dfrac{1}{2\pi \times 0.11}\ln\dfrac{0.2}{0.14} + \dfrac{1}{11.38 \times 0.2\pi}} = 1.36\ \text{W}/(\text{m}\cdot\text{K})$$

②第 2 种情况，保温层外包薄铝皮 $\varepsilon=0.1$。

计算方法同上，计算结果为：

铝皮表面温度　　$t_{w2}=62.3$ ℃

自然对流表面传热系数　　$h_c=5.17$ W/(m^2·K)

辐射表面传热系数　　$h_r=0.762$ W/(m^2·K)

复合传热表面传热系数　　$h_2=5.93$ W/(m^2·K)

传热系数　　$k=1.14$ W/(m^2·K)

管道每米散热　　$q_l=165.5$ W/m

上述计算表明,用发射率低的材料处理管道表面,可显著降低散热损失,两种情况相差达到16%,这主要靠减低辐射热损失。但从温度的对比中,铝皮表面温度却比白漆还高17 ℃,如果用手触摸这两种管道表面,一定会误认为铝皮包裹保温层的效果不如白漆,请读者用传热原理分析一下原因。进一步的计算还表明,本例所用的保温材料性能较差,按国家标准要求保温材料的$\lambda<0.12$ W/(m·K),本例的导热系数已经接近上限。如果改用导热系数小的保温材料,如岩棉微孔硅酸钙等,$\lambda=0.03\sim0.05$ W/(m·K),则上述两种情况的散热损失都降低50%左右;但采用铝皮包裹管道,其散热损失仍能比白漆低10%(当保温材料$\lambda=0.04$ W/(m·K)时,白漆处理的管道,$q_l=88$ W/m;而铝皮包裹的管道,$q_l=79$ W/m)。可见,采用好的保温材料并同时降低管道表面的发射率ε,是节约能源的有效措施。此外,t_f与t_{am}的高低,也对复合传热表面传热系数具有很大影响。总之,复合传热中对流与辐射两者作用的大小,将与整个传热过程密切相关。在本例计算中,请注意思考为什么在本例的情况下可以采用管表面的发射率ε代替系统发射率ε_s计算辐射传热?

12.3 换热器的形式和基本构造

换热器是实现2种及其以上温度不同的流体相互传热的设备。按工作原理可分为3类:

①间壁式换热器。冷热流体被壁面隔开,如暖风机、燃气加热器、冷凝器、蒸发器。

②混合式换热器。冷热流体直接接触,彼此混合进行传热,在热交换时存在质交换,如空调工程中喷淋室冷却塔、蒸汽喷射泵等。

③回热式换热器。换热器由蓄热材料构成,并分成两半,冷热流体轮换通过它的一半通道,从而交替式地吸收和放出热量,即热流体流过换热器时,蓄热材料吸收并储蓄热量,温度升高,经过一段时间后切换为冷流体,蓄热材料放出热量加热冷流体。如锅炉中回转式空气预热器,全热回收式空气调节器等。

作为换热器的基础知识,本章仅介绍间壁式换热器。间壁式换热器种类很多,从构造上主要可分为:管壳式、肋片管式、板式、板翅式、螺旋板式等,其中以前两种使用最为广泛,后三种称为紧凑式换热器。

12.3.1 管壳式换热器

图12.5为一种最简单的管壳式换热器示意图。它由许多管子组成管束,管束构成换热器的传热面,此类换热器又称为列管式换热器。换热器的管子固定在管板上,而管板又与外壳连

接在一起。为了增加流体在管外空间的流速,以提高换热器壳程的对流表面传热系数,改善换热器的传热情况,在筒体内间隔安装了许多折流挡板。换热器的壳体和两侧管箱上(对偶数管程,则在一侧)开有流体的进出口,有时还在其上装设检查孔,为安置仪表用的接口管、排液孔和排气孔等。在换热器中,一种流体从一侧管箱(称为前管箱)流进管道里,经另一侧管箱(称为后管箱)流出(对奇数单管程换热器),或绕过管箱,流回进口侧前管箱流出(对偶数管程换热器),这条路径称为管程,管内流体从一侧流到另一侧称为一个管程。另一种流体从筒体上的连接管进出换热器壳体,流经管束外,这条路径称为壳程。图 12.5 所示即为二管程、单壳程,工程上称为 1-2 型换热器(1 表示壳程数,2 表示管程数)。

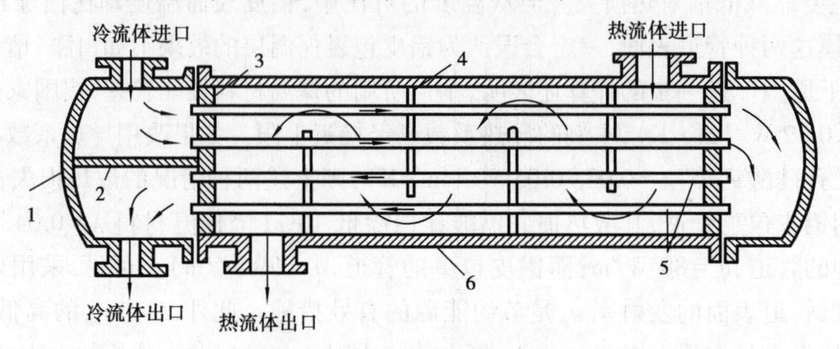

图 12.5 管壳式换热器示意图

1—封头;2—隔板;3—管板;4—挡板;5—管子;6—外壳

当管子总数及流体流量一定时,管程数分得越多,则管内流速越高。图 12.6(a)为 2 壳程 4 管程(2-4 型)换热器;图 12.6(b)为 3 壳程 6 管程(3-6 型)换热器。套管式换热器(见图 12.7)和 U 形管式换热器也属管壳式换热器之类。

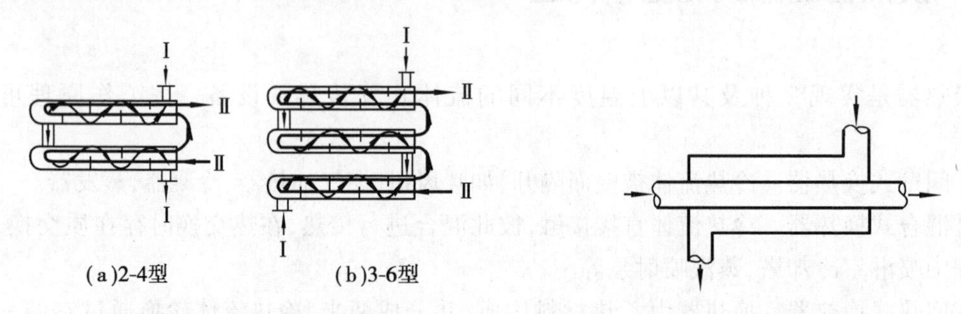

图 12.6 多壳程与多管程换热器

图 12.7 套管式换热器

管壳式换热器制造容易、生产成本低、选材范围广、清洗方便、适应性强、处理量大、工作可靠,且能适应高温高压。虽然它在结构紧凑性、传热强度和单位金属消耗量方面无法与板式或者板翅式换热器相比,但它由于具有上述优点,因而在化工、石油、能源、制冷等行业的应用中仍然处于主导地位。在换热器向高温、高压、大型化发展的今天,随着新型高效传热管的不断出现,使得管壳式换热器的应用范围仍在扩大。

12.3.2 肋片管式换热器

肋片管式换热器亦称为翅片管式换热器,在动力、化工、石油化工、空调工程和制冷工程中应用得非常广泛,如空调工程中使用的表面式空气冷却器、空气加热器、风机盘管,制冷工程中使用的冷风机蒸发器、无霜冰箱蒸发器等。图 12.8 是直接蒸发式空气冷却器的构造示意图。该冷却器属于典型的肋片管式换热器,在空调工程中应用得非常普遍。其工作原理为:液态制冷剂经过等长的毛细管均匀送入各路肋片管,吸收外掠肋片管的空气的热量后变为蒸汽,然后回到压缩机。外掠肋片管的空气降温再经适当处理后即可送入空调房间,使空调房间维持合适的温湿度,达到空调的目的。

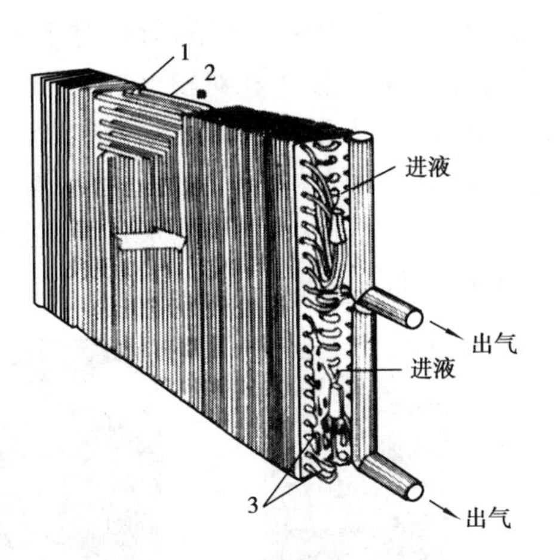

图 12.8 直接蒸发式空气冷却器

1—翅片;2—蒸发管;3—毛细管

当换热器两侧流体的对流表面传热系数相差较大时,在对流表面传热系数小的流体一侧加上肋片,可扩大传热面表面积并促进流体的扰动减小传热热阻,有效地增大传热系数,从而增加传热量。或者在传热量不变的情况下,减小传热器的体积,达到高效紧凑的目的。例如,当传热面一侧流体是气体,另一侧流体是强迫对流传热的液体,此时气体侧对流表面传热系数比液体侧对流表面传热系数小得多,一般小 10~50 倍。再如,图 12.8 所示的空气—制冷剂型换热器,管内制冷剂沸腾传热,管外空气强迫对流传热,这种情况下管内、外侧的对流表面传热系数相差也是非常悬殊的。诸如此类的情况,对流表面传热系数小的流体侧加上肋片,可以有效地增强换热器的传热。应该指出:对于空气侧自然对流传热的情况,采用肋片作为扩展表面对增强传热也是特别有效的,如采暖系统中的空气散热器就是如此。

肋片管式换热器是人们在改进管式传热面的过程中最早也是最成功的发现之一。目前,这一方法仍是所有各种管式传热面强化传热方法中运用得最为广泛的一种。它不仅适用于单相流体的流动,而且对相变传热也有很大的价值。20 世纪 60 年代以前,普通的肋片管式换热器多采用表面结构未做任何处理的平肋片,这种类型的肋片除增大传热面积来达到强化传热的效果以外,再无其他强化传热的作用。由于空冷技术的发展,以及在换热器中使用气体介质的趋向日益增加。因此,肋片管式换热器越来越受到人们的重视,特别是在 Bergles 关于强化传热的报告[3]在第六次国际传热学会议上发表以来,大量的高效传热肋片表面结构不断地被研制出来。而且,大部分用于洁净气体的肋片管式换热器采用了新型高效的肋片表面结构,获得了显著的强化传热效果。

12.3.3 板式换热器

板式换热器是由若干传热板片及密封垫片叠置压紧组装而成,在两块板边缘之间由垫片隔开,形成流道,垫片的厚度就是两板的间隔距离,故流道很窄,通常只有 3~4 mm。板四角开有圆孔,供流体通过,当流体由一个角的圆孔流入后,经两板间流道,由对角线上的圆孔流出,该板的另外 2 个角上的圆孔与流道之间则用垫片隔断,使冷热流体在相邻的 2 个流道中逆向流动,进行传热。为强化流体在流道中的扰动,板面都做成波纹形,图 12.9 列举了平直波纹、人字形波纹、锯齿形及斜纹形 4 种板型。图 12.10为一种基本型板式换热器流道示意图。冷、热流体分别由板的上、下角的圆孔进入换热器,并相间流过奇数及偶数流道,然后再分别从下、上角孔流出,图中也显示了奇数与偶数流道的垫片不同,以此安排冷热流体的流向。传热板片是板式换热器的关键元件,不同类型的板片直接影响到传热系数、流动阻力和承受压力的能力。板片的材料通常为不锈钢，对于腐蚀性强的流体（如海水冷却器），可用钛板。板式换热器传热系数高、阻力相对较小（相对于高传热系数）、结构紧凑、金属消耗量低、拆装清洗方便、传热面可以灵活变更和组合（例如，1 种热流体与 2 种冷流体同时在一个换热器内进行传热）等，已广泛应用于供热采暖系统及食品、医药、化工等部门。目前，板式换热器性能已达：最佳传热系数 7 000 $W/(m^2 \cdot K)$（水—水）；最大处理量1 000 m^3/m^2；最高操作压强 28×10^5 Pa；紧凑性 250~1 000 m^2/m^3；金属消耗 16 kg/m^2[4]。

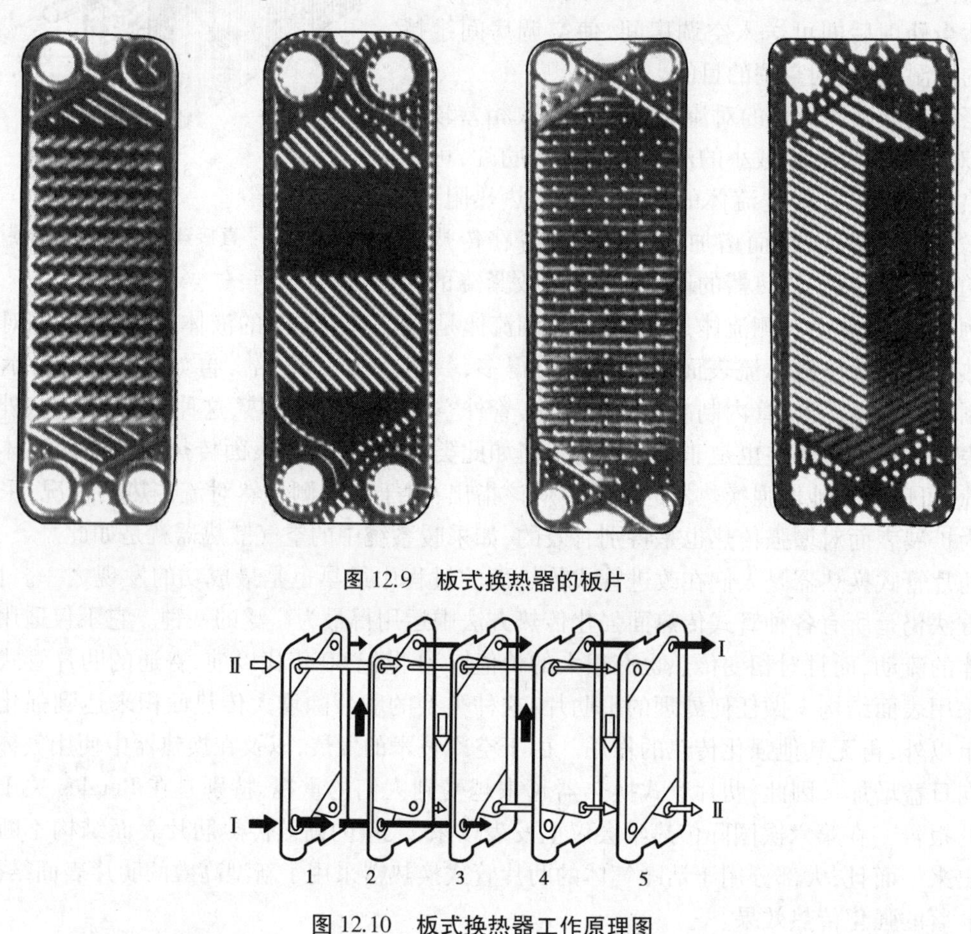

图 12.9 板式换热器的板片

图 12.10 板式换热器工作原理图

12.3.4 板翅式换热器

板翅式换热器板束的结构与基本元件，如图 12.11 所示。它是由隔板、翅片、封条、导流片组成，在相邻两隔板之间放置翅片、导流片及封条组成一夹层，称为通道，将这样的夹层根据流体的不同方式叠置起来，钎焊成一整体便组成板束，板束是板翅式换热器的核心，配以必要的封头、接管、支承等就组成了板翅式换热器。

翅片是板翅式换热器的基本元件，板翅式换热器中的传热过程主要是通过翅片的热传导以及翅片与流体之间的对流传热来完成的。翅片的作用是：

①扩大传热面积，提高换热器的紧凑性，翅片可看成隔板的延伸与扩展，同时由于翅片具有比隔板大得多的比表面积，因而使紧凑性明显增大。

②提高传热效率，由于翅片的特殊结构，流体在流道中形成强烈扰动，使边界层不断破裂、

更新,从而有效地降低了热阻,提高了传热效率。

③提高了换热器的强度和承压能力,由于翅片起着加强筋的作用,使板束形成牢固的整体,所以尽管翅片与隔板都很薄但却能承受一定的压力。

根据不同工质与各种传热工况,可以采用不同结构形式的翅片,常用几种翅片的结构形式,如图 12.11 所示。

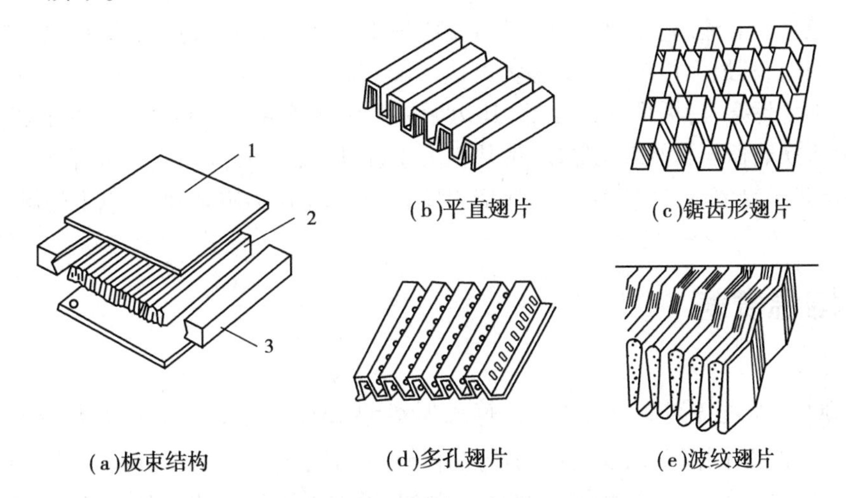

图 12.11　板翅式换热器的板束结构及翅片形式

1—隔板;2—翅片;3—封条

a.板束结构,略。

b.平直翅片。由薄金属片冲压而成,其传热与流体动力特性和管内流动相似,相对于其他结构形式的翅片来讲,其特点是对流表面传热系数、流动阻力系数都比较小,这种翅片一般用在要求比较小的流体阻力而其自身的对流表面传热系数又比较大(如液侧或发生相变)的传热场合。平直翅片一般具有较高的强度。

c.锯齿翅片。锯齿翅片可看作平直翅片切成许多短小的片段并互相错开一定间隔而形成的间断式翅片。这种翅片对促进流体的扰动,破坏流动边界层十分有效,属于高效传热翅片。但流体通过锯齿翅片时其流动阻力相应增大。锯齿翅片普通用在需要强化传热(尤其是气侧)的场合。

d.多孔翅片。多孔翅片先在薄金属片上打孔,然后再冲压成型。翅片上密布的小孔使流动边界层不断破裂、更新,从而提高了传热性能,也有利于流体均布,但在冲孔的同时也使翅片传热面积减小,翅片强度降低。多孔翅片主要用于导流片及流体中夹杂着颗粒或相变传热的场合。

e.波纹翅片。波纹翅片是将薄金属片冲压或滚轧成一定的波形,形成弯曲流道,使流体在其中不断改变流动方向,以促进流体的扰动,分离或破坏流动边界层,其效果相当于翅片的断裂。波纹愈密,波幅愈大,强化传热效果越好。

板翅式换热器传热效率高、轻巧、紧凑,每立方米体积中容纳的传热面积可达到 1 000~2 500 m^2;且适应性强,可适用于气—气、气—液、液—液等各种流体之间的传热及相变传热。板翅式换热器通过流道的布置和组合能够适应逆流、交叉流、多股流等不同的传热工况。但它容易堵塞、不耐腐蚀、清洗检修很困难、制造工艺复杂。它适用于不易结垢、不易沉积的清洁和无腐蚀的流体传热。

12.3.5 螺旋板式换热器

螺旋板式换热器结构原理,如图 12.12 所示。它是由 2 块平行的金属板卷制起来,构成 2 个螺旋通道,再加上、下盖及连接管即成换热器,制造工艺简单。冷、热 2 种流体分别在 2 个螺旋通道中流动,图中所示为逆流式,流体 1 从中心进入,沿螺旋形通道从周边流出;流体 2 则由周边进入,沿螺旋通道从中心流出。除此以外,还可做成顺流方式。螺旋流道有利于提高传热系数。例如,水—水传热时,其最大传热系数 k 最大可达 3 000 W/(m^2 · K)[1]。螺旋流道的冲刷效果好,自洁能力强、不易污塞,污垢形成速度低,其污垢热阻仅是管壳式换热器污垢热阻的 70%左右。此外,螺旋板式换热器还具有结构紧凑、散热损失小、传热温差小、温差应力小等优点。螺旋板式换热器的缺点是不易清洗、修理困难、承压能力低,一般用于压力 10×10^5 Pa以下的场合。

12.4 平均温度差

前述各章中,通过各类壁面的传热计算式为 $\Phi=kA\Delta t$,其中 $\Delta t=t_{f1}-t_{f2}$是热、冷两种流体间的传热温差,在平壁、圆筒壁以及肋壁的传热计算中,均把 t_{f1}和 t_{f2}作为定值。在一些特定的情况下,t_{f1}和 t_{f2}变化不大,作为定值是合理的。例如,通过平壁的传热,室内、外空气温度视为常数;输送饱和蒸汽的热力管道,管内蒸汽温度为特定压力下的饱和温度,管外空气温度也可视为常数。但在换热器中,冷、热流体温度均沿传热面发生变化,冷流体温度沿流动方向升高,热流体温度沿流动方向降低,温差 Δt 是不断变化的。如图 12.13 所示,各为冷热流体顺流和逆流时温度沿传热面变化的示意图。图中下角标 1 和 2 分别表示热流体和冷流体;上角标“′”和“″”分别表示进口端温度和出口端温度。从图中可见,Δt 沿传热面是变化的。因此,必须导出沿整个传热面的平均温度差,记作 Δt_m,这样,传热计算式就可表示为 $\Phi=kA\Delta t_m$。

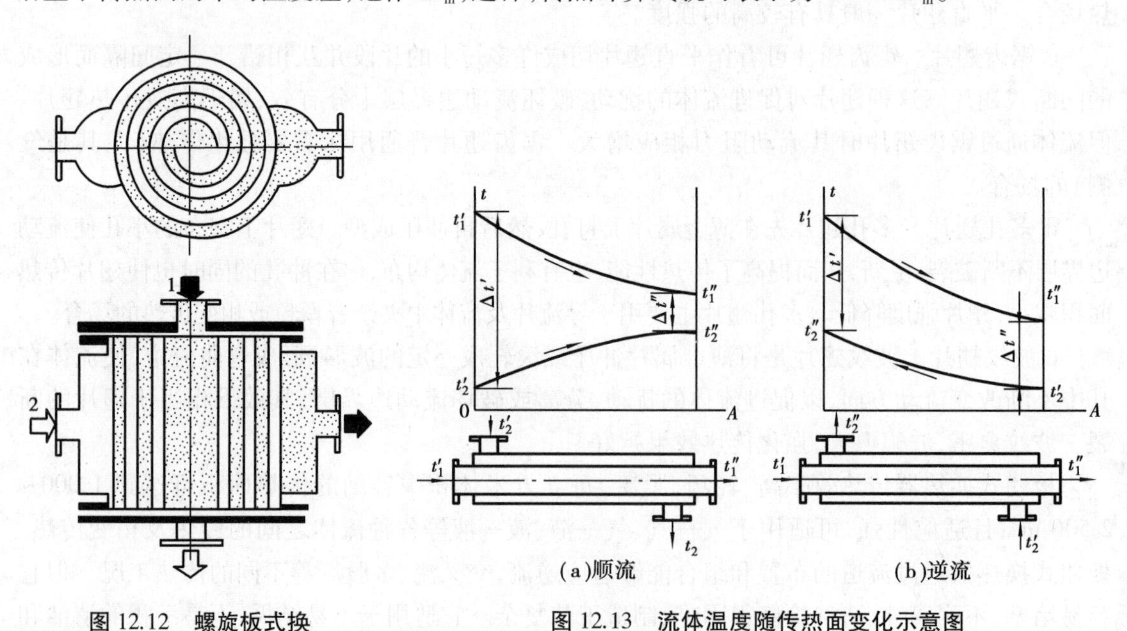

图 12.12 螺旋板式换热器结构原理

图 12.13 流体温度随传热面变化示意图

12.4.1　顺流 Δt_m 的推导

顺流和逆流是流体在换热器中最简单的两种流动方式,图 12.13 即为套管式换热器中的顺流和逆流。现以顺流为例,推导出平均温度差 Δt_m(图 12.14)。推导时假定:

①在整个传热面上,冷、热流体的质量流量 M_1,M_2 和定压比热容 c_{p1},c_{p2}均为常数。

②在整个传热面上,传热系数为常数。

③换热器外表面无散热损失。

④传热面沿流动方向的导热量可以忽略不计。

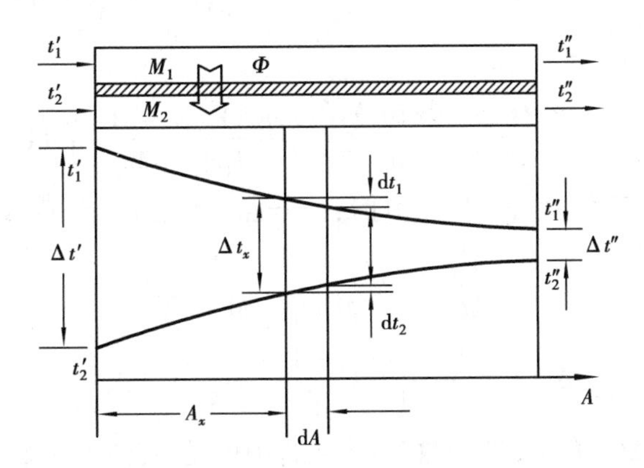

图 12.14　顺流 Δt_m 的推导

⑤在换热器中,任意一种流体都不能既有相变又有单相介质传热。

在距流体进口端 A_x 处取一微元面积 dA,通过 dA 的传热量应为:

$$d\Phi = k(t_1 - t_2)_x dA \tag{1}$$

则换热器的传热量可由式(1)积分求得,即:

$$\Phi = k\int_0^A (t_1 - t_2)_x dA = k\Delta t_m A \tag{2}$$

式(2)中,Δt_m 即为换热器的平均温度差,可表示为:

$$\Delta t_m = \frac{1}{A}\int_0^A (t_1 - t_2)_x dA = \frac{1}{A}\int_0^A \Delta t_x dA \tag{3}$$

如果寻找出 $\Delta t_x = f(A_x)$ 的函数关系,则可由式(3)积分求出 Δt_m。

经微元面积 dA 后,热流体温度降低了 dt_1,放出的热量为:

$$d\Phi = - M_1 c_{p1} dt_1 \tag{4}$$

冷流体温度升高了 dt_2,吸收的热量为:

$$d\Phi = M_2 c_{p2} dt_2 \tag{5}$$

式中　M——流体的质量流量,kg/s;

　　c_p——流体的定压比热容,J/(kg · K)。

Mc_p 表示质流量为 M 的流体温度变化 1 ℃所吸收或放出的热量,称为流体的比热容量,W/K。在满足假定的条件下,热流体放热 = 冷流体吸热,因此,式(4)和式(5)描述的热量相等。请注意,从式(4)和式(5)可看出,如果某一侧流体处于相变状态,即凝结(冷凝器)或沸腾(蒸发器),则因为相变传热时流体温度没有变化,它的 $dt=0$,这种情况下该侧流体的比热容量 Mc_p 可以认为是无穷大。

将式(4)和式(5)分别改写成:

$$dt_1 = -\frac{d\Phi}{M_1 c_{p1}}$$

$$dt_2 = \frac{d\Phi}{M_2 c_{p2}}$$

则
$$dt_1 - dt_2 = d(t_1 - t_2)_x = -d\Phi\left(\frac{1}{M_1 c_{p1}} + \frac{1}{M_2 c_{p2}}\right) \tag{6}$$

将式(1)代入式(6),得:

$$\frac{d(t_1 - t_2)_x}{(t_1 - t_2)_x} = \frac{d(\Delta t_x)}{\Delta t_x} = -k\left(\frac{1}{M_1 c_{p1}} + \frac{1}{M_2 c_{p2}}\right) dA \tag{7}$$

将式(7)从 0 到 A_x 积分,注意到 $A_x=0$ 时,$\Delta t_x=\Delta t'$;A_x 处时,仍有 $\Delta t_x=\Delta t_x$。得:

$$\ln\frac{\Delta t_x}{\Delta t'} = -k\left(\frac{1}{M_1 c_{p1}} + \frac{1}{M_2 c_{p2}}\right) A_x \tag{8}$$

或
$$\Delta t_x = \Delta t' \exp\left[-k\left(\frac{1}{M_1 c_{p1}} + \frac{1}{M_2 c_{p2}}\right) A_x\right] \tag{12.11}$$

式(12.11)表示了 $\Delta t_x=f(A_x)$ 的函数关系,从式中可见,传热温差 Δt_x 沿传热面变化的规律呈指数函数。由该式可以求得换热器中任意 A_x 处冷热流体间的温度差。

将式(12.11)代入式(3),积分后得到:

$$\begin{aligned}\Delta t_m &= \frac{1}{A}\int_0^A \Delta t' \exp\left[-k\left(\frac{1}{M_1 c_{p1}} + \frac{1}{M_2 c_{p2}}\right) A_x\right] dA \\ &= \frac{\Delta t'}{-k\left(\frac{1}{M_1 c_{p1}} + \frac{1}{M_2 c_{p2}}\right) A}\left\{\exp\left[-k\left(\frac{1}{M_1 c_{p1}} + \frac{1}{M_2 c_{p2}}\right) A\right] - 1\right\}\end{aligned} \tag{9}$$

将式(7)从 0 到 A 积分,注意到 $A_x=0$ 时,$\Delta t_x=\Delta t'$;$A_x=A$ 时,$\Delta t_x=\Delta t''$,得:

$$\ln\frac{\Delta t''}{\Delta t'} = -k\left(\frac{1}{M_1 c_{p1}} + \frac{1}{M_2 c_{p2}}\right) A \tag{10}$$

或
$$\frac{\Delta t''}{\Delta t'} = \exp\left[-k\left(\frac{1}{M_1 c_{p1}} + \frac{1}{M_2 c_{p2}}\right) A\right] \tag{11}$$

将式(10)和式(11)代入式(9),得到以冷热流体进、出口温度表示的平均温度差表达式为:

$$\Delta t_m = \frac{\Delta t' - \Delta t''}{\ln\frac{\Delta t'}{\Delta t''}} \tag{12.12}$$

式(12.12)称为对数平均温差(简称 LMTD,Logarithmic Mean Temperature Difference),第 8 章中曾经给出了该计算式。

对于逆流式换热器,也可用同样的方法推导出与式(12.12)形式完全相同的结果,此时式中的 $\Delta t'$ 和 $\Delta t''$ 分别为换热器两端的冷热流体的温度差(图 12.13 中已清楚地表示出了 $\Delta t'$

和 $\Delta t''$)。

对于顺流,$\Delta t' > \Delta t''$;但对于逆流,有可能 $\Delta t'' > \Delta t'$,如记 $\Delta t_{\max} = \mathrm{MAX}\{\Delta t', \Delta t''\}$。$\Delta t_{\min} = \mathrm{MIN}\{\Delta t', \Delta t''\}$,则无论顺流还是逆流,当满足 $\Delta t_{\max}/\Delta t_{\min}<2$ 时,可用算术平均温差代替对数平均温差,误差小于4%,即:

$$\Delta t_{\mathrm{m}} = \frac{1}{2}(\Delta t' + \Delta t'')$$

12.4.2 其他流型 Δt_{m} 的计算

流体在换热器中的流动方式,除顺流、逆流外,根据流体在换热器中的安排,还有其他多种流动形式。图12.15(a)(b)分别为顺、逆流;图12.15(c)为横流或称交叉流,是两种流体在相互垂直的方向流动;图12.15(d)(e)(f)则是3种不同组合的流动方式,称为混合流。例如,图12.5中所示的管壳式换热器就属于图12.15(d)的情况,空调工程中常用的各种肋片管式换热器多属于图12.15(f)的情况。除顺、逆流以外,其他各种复杂流型的平均温差均可通过理论推导得到,详细的推导过程可参阅文献[1,5,6],但获得的计算式都很复杂。为便利于计算,也为了比较其他流型接近逆流的程度(在相同进、出口温度的情况下,逆流具有最大的平均温差),通常都将推导出来的平均温差计算式整理成温差修正系数图。对于确定的流型,温差修正系数 $\varepsilon_{\Delta t}$ 可以表达为:

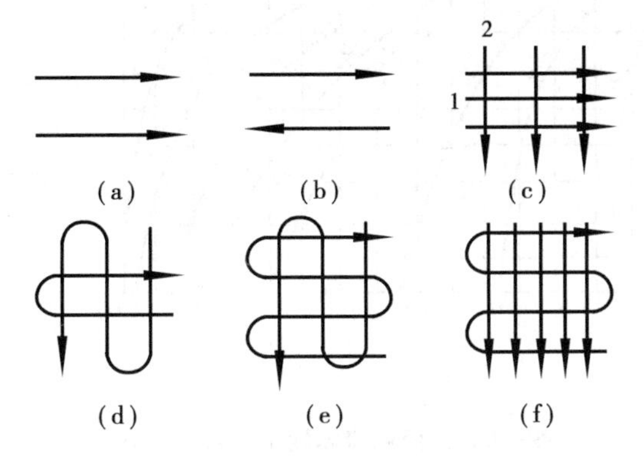

图12.15 流体在换热器中的流动

$$\varepsilon_{\Delta t} = f(R, P)$$

式中 R, P——无因次量,其表达式分别为:

$$\left.\begin{aligned} R &= \frac{t_1' - t_1''}{t_2'' - t_2'} \\ P &= \frac{t_2'' - t_2'}{t_1' - t_2'} \end{aligned}\right\} \tag{12.13}$$

注意,R, P 表达式中温度角标"1","2"仅表示流体1和流体2,流体1和流体2已在温差修正系数图右侧流型图中示意出来。

各种流型的平均温差 Δt_{m} 按下列步骤计算:

①根据已知流体的进、出口温度计算逆流的平均温差 $\Delta t_{\mathrm{m,n}}$;

②参照流型示意图,计算无因次量 R, P;

③由已知流型和 R,P，从温差修正系数图上查得温差修正系数 $\varepsilon_{\Delta t}$；

④按下式计算 Δt_{m}：

$$\Delta t_{\mathrm{m}} = \varepsilon_{\Delta t}\Delta t_{\mathrm{m,n}} \tag{12.14}$$

图 12.16~图 12.18 列举了 3 种常见流型的温差修正系数图，图右侧为该流型的流动示意图。

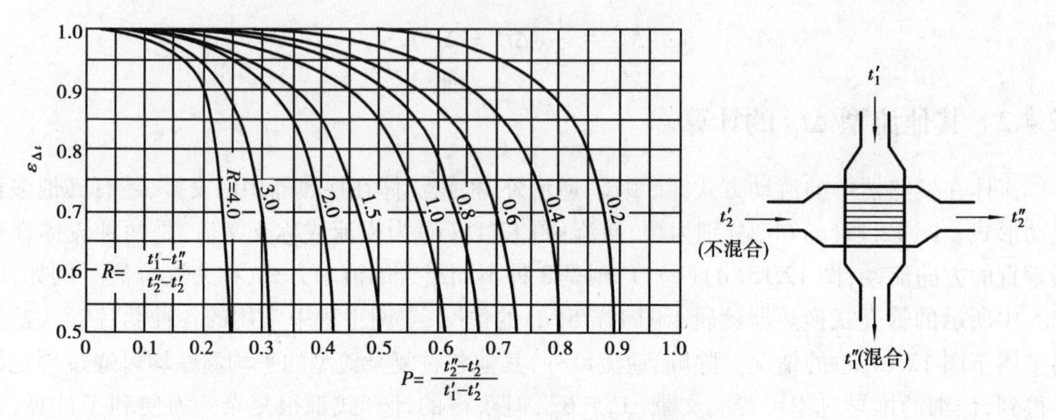

图 12.16 一侧流体混合，一侧流体不混合时的 $\varepsilon_{\Delta t}$

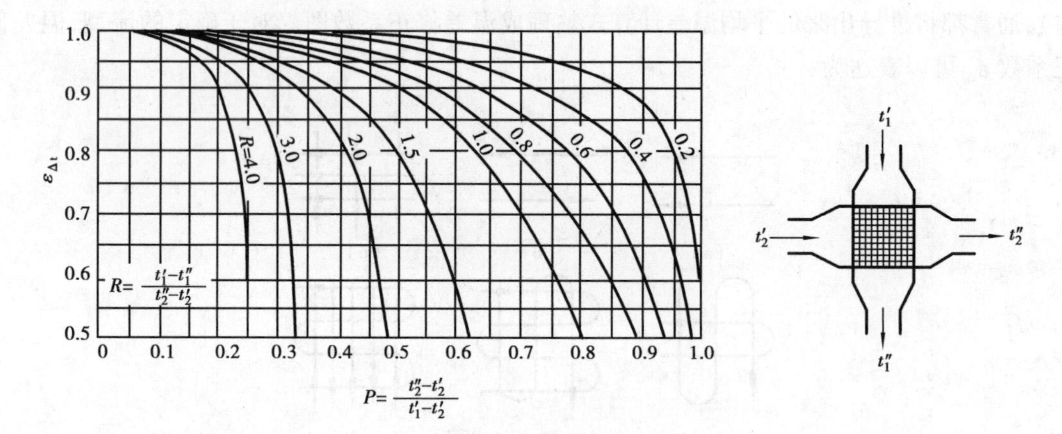

图 12.17 两侧流体均不混合时的 $\varepsilon_{\Delta t}$

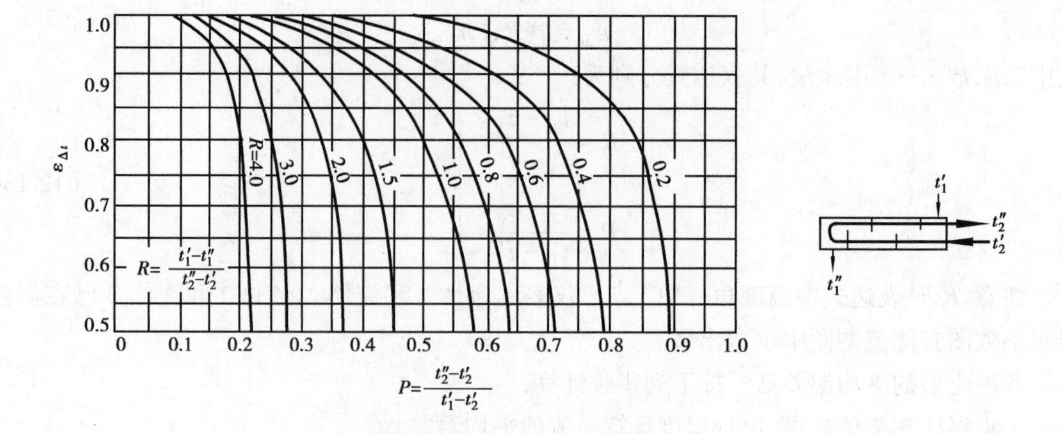

图 12.18 单壳程 2,4,6 管程的 $\varepsilon_{\Delta t}$

图 12.16 为一次交叉流,它的一种流体在传热过程中本身不断混合,另一种流体则从进口到出口本身不混合,图 12.17 为一次交叉流,但两种流体各自都不混合;图 12.18 为单壳程及 2,4,6 管程的管壳式换热器。例如,肋片管式热水—空气加热器(假定热水为一管程),热水在管内流动,为本身不混合流动,空气在管外肋片间流动,亦可认为已被肋片分隔而不混合。因此,它是一次交叉流中两种流体均不混合的情况。如果加热器是光管式的,则热水不混合而空气为混合,这时流动就成了一种流体混合和另一种流体不混合的一次交叉流。当流体本身不混合时,则在平行和垂直于流动方向上都有温度变化。当流体本身混合时,则在垂直于流动方向上的温度将趋于均匀。故流体混合或不混合,会影响平均温差的数值。除上述 3 种流型以外,其他各种流型的 $\varepsilon_{\Delta t}$ 可从有关手册中查取[7~9]。在查图中,若 R 超过了图中的范围,或者对于 R 曲线与 P 坐标趋于平行的部分,可以用 PR 和 $1/R$ 分别代替 P 和 R 值查图(因 $f(P,R)=f(PR,1/R)$,即二者存在互易性关系)。

12.4.3 各种流动形式的比较

在各种流动形式中,顺流和逆流可以看作两种极端情况。在相同的进、出口温度条件下,逆流的平均温差最大,顺流的平均温差最小,其他流型的平均温差介于顺、逆流之间,这一点也可以从温差修正系数图上明显看出,表现为其他流型的 $\varepsilon_{\Delta t} \leqslant 1$。此外,顺流时冷流体的出口温度总是低于热流体的出口温度,而逆流时却有可能高于热流体的出口温度。依此来看,换热器应当尽量布置成逆流,而尽可能避免顺流布置。但逆流也有缺点,即热流体和冷流体的最高温度都集中在换热器的同一端,使得该处的壁温特别高。对于高温换热器来说,这是应该注意避免的。

在蒸发器或冷凝器中,冷、热流体之一将发生相变。相变时流体在整个传热面积上保持其饱和温度。冷凝器和蒸发器中冷、热流体的温度变化分别示于图 12.19。由于一侧流体温度恒定不变,这类换热器无所谓顺流和逆流。

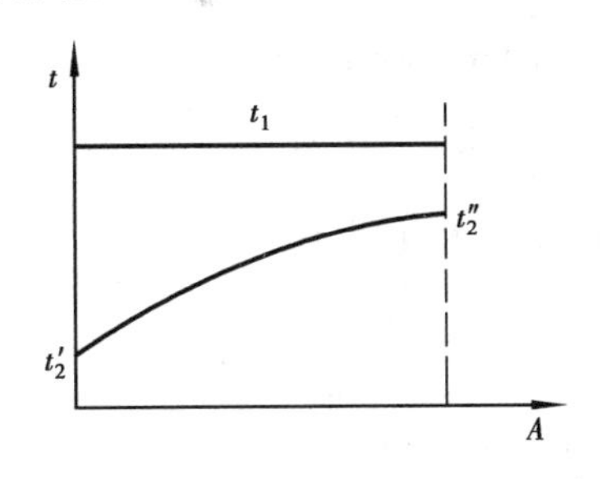

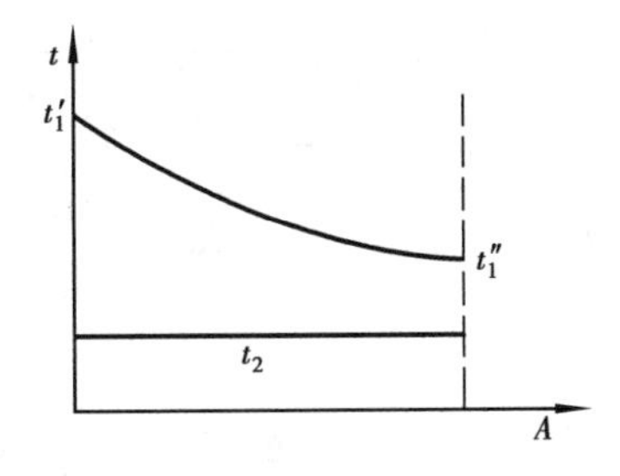

图 12.19 相变时的温度变化

如果热流体为过热蒸汽,因过热蒸汽的温度是变化的,在计算温度差时,如过热度不大,仍可近似按饱和温度计算平均温差,但计算热量时要把过热度的热量包括进去。传热系数对过热蒸汽段和饱和蒸汽段也取同一数值,这也是近似的。一般在过热蒸汽段的壁温低于饱和温度时,在壁面上仍有蒸汽凝结,故 k 可近似取同一值。

理论分析表明:对于工程上常见的总流动趋势为逆流的多次交叉流(见图 12.20a)和总流动趋势为顺流的多次交叉流(见图 12.20b),当交叉次数大于 4 次时(图 12.20 中交叉次数为 6 次),就可作为纯逆流和纯顺流来计算 Δt_m,误差不大,完全满足工程计算要求。

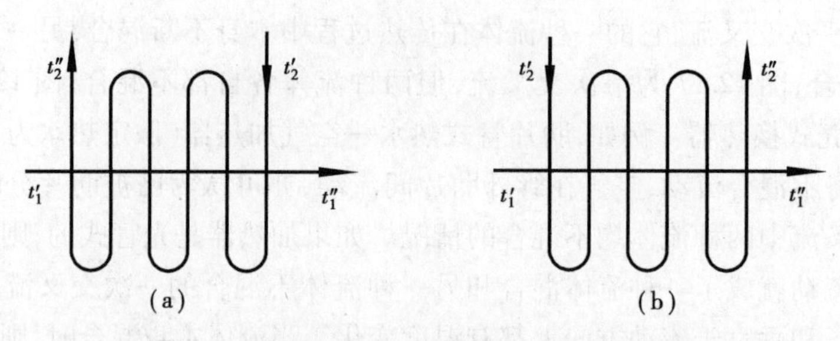

图 12.20 总流动趋势为逆流和顺流时的多次交叉流

【例 12.4】 在 1 台螺旋板式换热器中，热水质量流量为 0.5 kg/s，冷水质量流量为 0.75 kg/s，热水进口温度 $t_1'=80$ ℃，冷水进口温度 $t_2'=10$ ℃。如果要求将冷水加热到 $t_2''=30$ ℃，试求顺流和逆流时的对数平均温差，并与算术平均温差相比较。

【解】 由热平衡方程式：

$$M_1 c_{p1}(t_1'-t_1'')=M_2 c_{p2}(t_2''-t_2')$$

在题设温度范围内，水的比定压热容 $c_{p1}=c_{p2}=4.18$ kJ/(kg·℃)。代入上式：

解得：

$$t_1''=50\ ℃$$

①顺流时：

$$\Delta t'=t_1'-t_2'=(80-10)℃=70\ ℃$$

$$\Delta t''=t_1''-t_2''=(50-30)℃=20\ ℃$$

对数平均温差

$$\Delta t_{\mathrm{m}}=\frac{\Delta t'-\Delta t''}{\ln\dfrac{\Delta t'}{\Delta t''}}=\frac{70-20}{\ln\dfrac{70}{20}}℃=39.9\ ℃$$

算术平均温差

$$\Delta t_{\mathrm{m}}=\frac{1}{2}(\Delta t'+\Delta t'')=\frac{1}{2}\times(70+20)\ ℃=45\ ℃$$

②逆流时：

$$\Delta t'=t_1'-t_2''=(80-30)℃=50\ ℃$$

$$\Delta t''=t_1''-t_2'=(50-10)℃=40\ ℃$$

对数平均温差

$$\Delta t_{\mathrm{m}}=\frac{50-40}{\ln\dfrac{50}{40}}℃=44.8\ ℃$$

算术平均温差

$$\Delta t_{\mathrm{m}}=\frac{1}{2}\times(50+40)℃=45\ ℃$$

可见，逆流布置时 Δt_{m} 比顺流时大 12.3%。也就是说，在同样的传热面积和同样的传热系数下，只要将顺流布置改为逆流布置就可以增加 12.3%的传热量，或者在满足传热量的情况下完成同样的加热工作，逆流布置可使换热器的传热面积减小 12.3%，节省了金属材料用量，并可减小流动阻力，因此一般情况下换热器都应尽可能地采用逆流布置。本例中的顺流，$\dfrac{\Delta t_{\max}}{\Delta t_{\min}}=\dfrac{\Delta t'}{\Delta t''}=3.5$，不能按算术平均温差计算，否则误差太大，而在逆流情况下$\dfrac{\Delta t_{\max}}{\Delta t_{\min}}=\dfrac{\Delta t'}{\Delta t''}=1.25<2$，可以采用算术平均温差，误差小于 4%。

【例 12.5】 上例中,如改用 1-2 型管壳式换热器,冷水走壳程,热水走管程,求平均温差。

【解】 按题意属图 12.18 的情况,从流型图中可看出,“1”为冷流体,“2”为热流体。

$$P=\frac{t_2''-t_2'}{t_1'-t_2'}=\frac{50-80}{10-80}=0.43$$

$$R=\frac{t_1'-t_1''}{t_2''-t_2'}=\frac{10-30}{50-80}=0.67$$

由图 12.18 查得温差修正系数 $\varepsilon_{\Delta t}=0.95$。

上例中已求得逆流时的平均温差 $\Delta t_{m,n}=44.8$ ℃。因此,采用 1-2 型管壳式换热器时:

$$\Delta t_m=\varepsilon_{\Delta t}\Delta t_{m,n}=0.95\times 44.8\ ℃=42.6\ ℃$$

$\varepsilon_{\Delta t}=0.95$,说明流动形式很接近于逆流。如果 $\varepsilon_{\Delta t}$ 太小,说明流动距逆流较远,对传热是不利的。工程设计中,除非出于必须降低壁温的目的,否则总要求使 $\varepsilon_{\Delta t}>0.9$,至少不小于0.8。如果达不到上述要求,则应改选其他流型。

12.5 换热器的传热计算[2,10]

12.5.1 设计计算与校核计算

换热器的传热计算依目的不同分为 2 种类型,即设计计算与校核计算。设计计算是根据生产任务给定的传热条件和要求,确定换热器的形式、面积及结构参数;校核计算则是根据现有的换热器,校核它是否满足预定的传热要求,一般是校核流体的出口温度和传热量能否达到要求。无论是设计计算还是校核计算,使用的基本公式都是传热方程式及热平衡方程式:

$$\Phi=kA\Delta t_m \tag{12.15}$$

$$\Phi=M_1c_{p1}(t_1'-t_1'')=M_2c_{p2}(t_2''-t_2') \tag{12.16}$$

其中,Δt_m 不是独立变量,因为只要冷、热流体的进、出口温度确定了,就可以算出 Δt_m 来。因此,上述 2 个方程式中的变量可分为 8 个,它们是 $kA,M_1c_{p1},M_2c_{p2},t_1',t_1'',t_2',t_2''$ 和 Φ,必须给定其中 5 个变量才能进行计算。

在设计计算时,给定的是 M_1c_{p1},M_2c_{p2} 和 4 个进、出口温度中的 3 个,最终求得 kA。例如,某工厂利用蒸馏塔排放的高温废热水来加热自来水,用于浴室。此时高温废热水的排放量 M_1,定压比热 c_{p1} 和水温 t_1' 已知;浴室所需水量 M_2,自来水定压比热 c_{p2} 及进出口水温 t_2',t_2'' 也已知。需计算换热器所需的传热面积,确定换热器的形式及其结构参数。这种计算即为设计计算。

在校核计算时,给定的是 kA,M_1c_{p1},M_2c_{p2} 和 2 个进口温度 t_1' 和 t_2',待求解的是出口温度 t_1'',t_2'' 和 Φ。例如,上例中为了利用蒸馏塔排放的高温废热,而工厂中有 1 台闲置的换热器,A 已知,k 可计算求得。在 M_1c_{p1},M_2c_{p2},t_1' 和 t_2' 已知的情况下,需校核 t_2'' 能达到多少,是否能满足洗浴的要求;经传热后,t_1'' 有多高,能否达到排放标准。这种计算即为校核计算。

值得注意的是,传热系数 k 通常需利用前面各章中所学的知识进行计算。由于 k 与换热器间壁两侧的对流表面传热系数 h_1,h_2 有关,对于设计计算,求 h 必须知道流速等基本数据,而流速又须涉及换热器的主要结构参数(如流道截面、管径、管子根数、长度等),困难就在于设计前结构参数也是未知的,这是一个矛盾,解决的办法就是试算。即在设计前,根据经验和资料假定一些换热器的主要结构参数,以便能计算对流表面传热系数,并进行设计计算,待设计结束后,再与原先假定的结构参数进行核对,要求基本相符,如不相符,则需重新再算,直至达到设计要求。建筑环境与能源应用工程专业中,通常进行的是定型产品的选型设计计算,此时换热器的结构参数是确定的,只需算出传热系数后,确定满足传热要求的传热面积。对于校核计算,仍然需假设一种流体的出口温度,进而确定定性温度,然后采用准则关联式或定型产品的实验公式计算 h,再计算传热系数 k,待求出出口温度后再加以校核。

此外,换热器运行一段时间后,传热面上会积起水垢、污泥、油污、烟灰之类的覆盖物垢层。所有这些覆盖物垢层都表现为附加的热阻,使传热系数减小,换热器性能下降。由于垢层厚度及其导热系数难于确定,通常采用它所表现出来的热阻值来计算。这个热阻称为污垢热阻 R_f(又称污垢系数):

$$R_f = \frac{1}{k} - \frac{1}{k_0} \tag{12.17}$$

式中 k_0——洁净传热面的传热系数;

k——有污垢的传热面的传热系数。

实际设计计算必须考虑在有一定污垢后换热器仍能够胜任工作,所以必须用 k 值而不是用 k_0 值进行计算。为了保证污垢系数不超过最大允许值,换热器的定期清洗是非常重要的。污垢系数只能通过实验确定,本书附录 12 中给出了一些单侧污垢系数的参考值。

无论是设计计算还是校核计算,常用的基本计算方法有 2 种:平均温差法(LMTD 法)和效能—传热单元数法(ε-NTU 法)。

12.5.2 平均温差法

平均温差法常用于设计计算,其具体步骤为:

①根据已知条件,由式(12.16)求出进、出口温度中的那个待定温度及热流量 Φ。

②由冷、热流体的 4 个进、出口温度确定平均温差 Δt_m,计算时要注意保持温差修正系数 $\varepsilon_{\Delta t}$具有合适的数值。

③初步布置传热面,并计算出相应的传热系数 k,注意求 k 时应考虑污垢热阻。

④由式(12.15)求出所需的传热面积 A,并校核传热面两侧流体的流动阻力。

⑤若流动阻力过大,则应修改方案重新设计。

利用平均温差法进行校核计算时,若把传热系数 k 作为已知量,则式(12.5)和式(12.6)中包含的 8 个量中,已知量为 $kA, M_1c_{p1}, M_2c_{p2}, t_1'$ 和 t_2',可以求解出剩余的未知量。然而,k 值随着解得的 t_1'' 和 t_2''值的不同会稍有变化,因此实际计算往往采用逐次逼近法。不过,因为 k 值变化不大,几次试算即能满足要求。其具体计算步骤如下:

①先假设任意一流体的出口温度,由热平衡方程式求出另一流体的出口温度。

②根据 4 个进、出口温度求出平均温差 Δt_m。

③根据换热器的结构,求出相应工作条件下的传热系数 k。

④已知 kA 和 Δt_m,按传热方程式求出热流量,记作 Φ_1。由于假设了流体的出口温度,因此 Φ_1 未必是真实的数值。

⑤根据 4 个进、出口温度,用热平衡方程式求出另一热流量,记作 Φ_2;同理,Φ_2 也是假设性的。

⑥比较 Φ_1 与 Φ_2，一般说来，二者总是不同的，说明以上假设的出口温度非真值。重新假设一个出口温度，重复以上步骤①—⑥，直到 Φ_1 与 Φ_2 彼此接近时为止。至于二者接近到何种程度方称满意，则由所需求的计算精确度而定。一般认为，二者之间相对误差小于5%即可。

比较可见，平均温差法在校核计算中需作多次假设计算才能达到满意的结果，因此不太方便。但目前的换热器计算多采用计算机，这一缺点是可以克服的。平均温差法的另一个缺点是 $\varepsilon_{\Delta t}=f(R,P)$ 曲线在某些范围内的 $d\varepsilon_{\Delta t}/dP$ 很大，如果 P 值稍有偏差，$\varepsilon_{\Delta t}$ 值就会相差很多，对计算结果的准确性影响很大。针对这一缺点，努谢尔特提出了另一种方法，称为效能—传热单元数法（ε-NTU 法），以下介绍这种方法。

12.5.3 效能—传热单元数法

1）无因次量

①换热器的效能 ε。

换热器的作用常常是对冷流体进行加热或对热流体进行冷却。当无热损失或无相变发生时，传热量可用式（12.16）来进行计算。

假设热、冷流体在面积为无限大的逆流式换热器中传热，其温度沿传热面的分布存在3种情况，如图12.21所示。由图可见，无论哪一种情况，根据热力学第二定律，流体在换热器中可能的最大温差都是 $t_1'-t_2'$，因此理论上换热器的最大可能的传热量为：

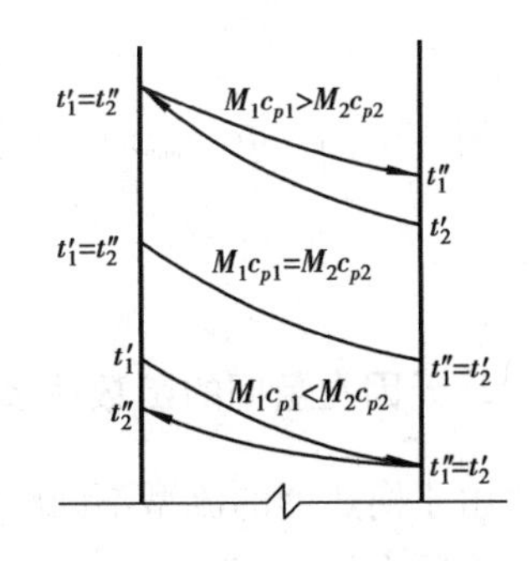

图 12.21 无限大传热面积的逆流式换热器中可能的温度分布

$$\Phi_{\max} = (Mc_p)_{\min}(t_1' - t_2') \tag{12.18}$$

式中 $\Phi_{\max}$——热力学上的极限传热量，实际使用的换热器传热量均低于此值；$(Mc_p)_{\min}$ = MIN$\{M_1c_{p1}, M_2c_{p2}\}$。

为了衡量实际使用的换热器在传热量方面接近于理论传热量的程度，提出了换热器的效能这一无因次量，其定义为：

$$\varepsilon = \frac{\Phi}{\Phi_{\max}} \tag{12.19}$$

即换热器效能等于换热器的实际传热量与理论上的最大可能传热量之比。

若热流体具有较小的比热容量，即 $(Mc_p)_{\min}=M_1c_{p1}$，由式（12.19）可得：

$$\varepsilon = \frac{\Phi}{\Phi_{\max}} = \frac{M_1c_{p1}(t_1' - t_1'')}{M_1c_{p1}(t_1' - t_2')} = \frac{t_1' - t_1''}{t_1' - t_2'} \tag{12.20a}$$

若冷流体具有较小的比热容量，即 $(Mc_p)_{\min}=M_2c_{p2}$，则：

$$\varepsilon = \frac{\Phi}{\Phi_{\max}} = \frac{M_2c_{p2}(t_2'' - t_2')}{M_2c_{p2}(t_1' - t_2')} = \frac{t_2'' - t_2'}{t_1' - t_2'} \tag{12.20b}$$

由于 ε 的最后表现形式为换热器中具有最小比热容量的流体温差与换热器中最大可能温差之比，因此 ε 又被称为换热器的温度效率。

②传热单元数 NTU。

传热单元数 NTU（Number of Transfer Units）定义为：

$$\mathrm{NTU}=\frac{kA}{(Mc_p)_{\min}} \tag{12.21}$$

从定义式可知,NTU 是一个无量纲量。NTU 反映了换热器传热量的大小。其中,如果 k 或 A 较大,则传热量也必然大。A 和 k 可以分别反映换热器的初投资和运行费用,故 NTU 是一个反映换热器综合技术经济性能的指标。

③热容量比 C_r。

热容量比 C_r 定义为两传热流体中较小比热容量与较大比热容量之比,以 C_r 表示,即:

$$C_r=\frac{(Mc_p)_{\min}}{(Mc_p)_{\max}}=\frac{C_{\min}}{C_{\max}} \tag{12.22}$$

其中,$C=Mc_p$。

当 $M_1c_{p1}=(Mc_p)_{\min}$ 时:

$$C_r=\frac{M_1c_{p1}}{M_2c_{p2}}=\frac{t_2''-t_2'}{t_1'-t_1''} \tag{12.23a}$$

当 $M_2c_{p2}=(Mc_p)_{\min}$ 时:

$$C_r=\frac{M_2c_{p2}}{M_1c_{p1}}=\frac{t_1'-t_1''}{t_2''-t_2'} \tag{12.23b}$$

2)无因次量间的函数关系

由于换热器的流型不同将使换热器具有不同的性能,因而在不同的流型下,描写换热器性能的无因次量 ε,NTU 和 C_r 之间具有不同的函数关系,现以顺流为例来推导它们之间的函数关系式。

12.4 节推导对数平均温差曾经得出顺流情况下换热器两端温度差之比:

$$\frac{\Delta t''}{\Delta t'}=\frac{t_1''-t_2''}{t_1'-t_2'}=\exp\left[-k\left(\frac{1}{M_1c_{p1}}+\frac{1}{M_2c_{p2}}\right)A\right] \tag{1}$$

由式(12.16)可得:

$$t_1''=t_1'-\frac{M_2c_{p2}}{M_1c_{p1}}(t_2''-t_2') \tag{2}$$

将式(2)代入式(1),得:

$$\frac{t_1'-\dfrac{M_2c_{p2}}{M_1c_{p1}}(t_2''-t_2')-t_2''}{t_1'-t_2'}=\exp\left[-kA\left(\frac{1}{M_1c_{p1}}+\frac{1}{M_2c_{p2}}\right)\right]$$

整理上式可得:

$$\frac{(t_1'-t_2')-(t_2''-t_2')-\dfrac{M_2c_{p2}}{M_1c_{p1}}(t_2''-t_2')}{t_1'-t_2'}=\exp\left[-\frac{kA}{M_2c_{p2}}\left(1+\frac{M_2c_{p2}}{M_1c_{p1}}\right)\right]$$

若 $M_2c_{p2}=(Mc_p)_{\min}$,则 $C_r=\dfrac{(Mc_p)_{\min}}{(Mc_p)_{\max}}=\dfrac{M_2c_{p2}}{M_1c_{p1}}$,$\mathrm{NTU}=\dfrac{kA}{M_2c_{p2}}$。根据式(12.20b),可将上式改写为:

$$1-\varepsilon-C_r\varepsilon=\exp[-\text{NTU}(1+C_r)]$$

即

$$\varepsilon=\frac{1-\exp[-\text{NTU}(1+C_r)]}{1+C_r} \tag{12.24}$$

若 $M_1c_{p1}=(Mc_p)_{\min}$，则推导出来的结果与式(12.24)完全一致。

同理，也可导出逆流时的 ε 表达式：

$$\varepsilon=\frac{1-\exp[-\text{NTU}(1-C_r)]}{1-C_r\exp[-\text{NTU}(1-C_r)]} \tag{12.25}$$

其他各种流型的 $\varepsilon=f(\text{NTU},C_r)$ 函数关系式均可通过理论推导得出[8]。为便于使用，已将上述函数关系式描绘在以 ε 为纵坐标，NTU 为横坐标，$C_r=C_{\min}/C_{\max}$ 为参变量的图上，如图 12.22~图 12.26 所示。

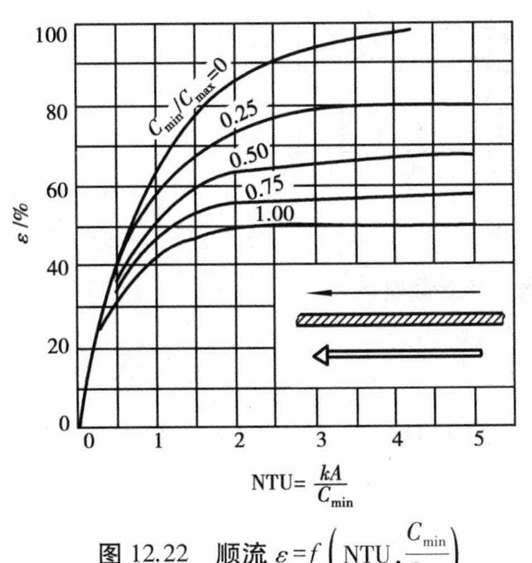

图 12.22　顺流 $\varepsilon=f\left(\text{NTU},\frac{C_{\min}}{C_{\max}}\right)$

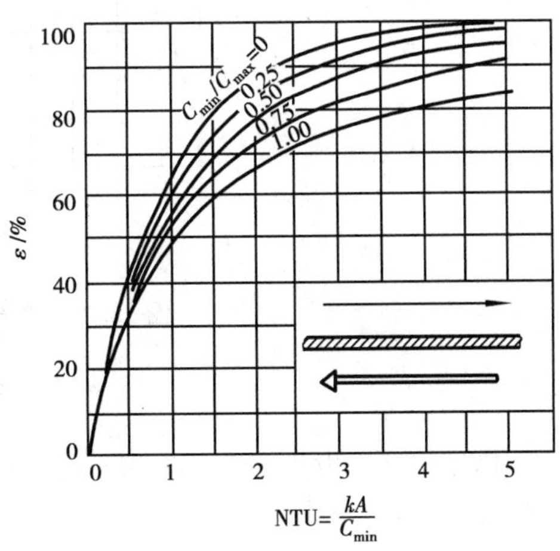

图 12.23　逆流 $\varepsilon=f\left(\text{NTU},\frac{C_{\min}}{C_{\max}}\right)$

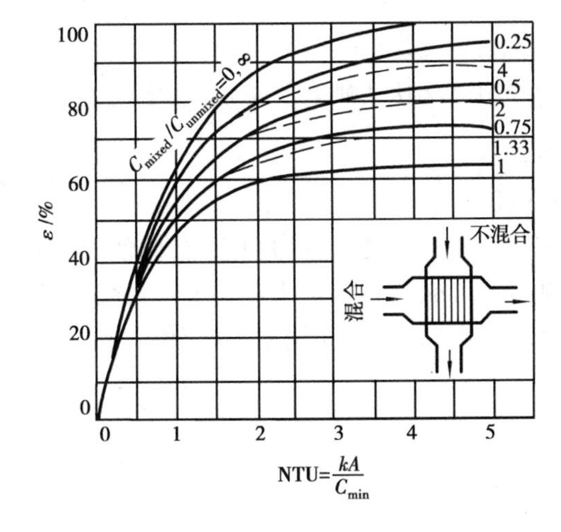

图 12.24　一次交叉流(一种流体混合，一种不混合)

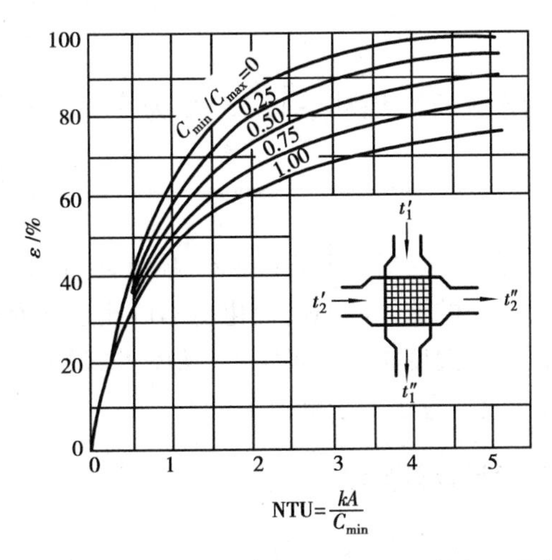

图 12.25　一次交叉流(两种流体都不混合)

注意，图 12.24 的情况特殊一些，曲线的参变量不是$\frac{C_{\min}}{C_{\max}}$，而是采用$\frac{C_{\text{mixed}}}{C_{\text{unmixed}}}$。

即：

$$\varepsilon = f\left(\text{NTU}, \frac{C_{\text{mixed}}}{C_{\text{unmixed}}}\right)$$

式中，“mixed”表示混合流体；“unmixed”表示不混合流体。

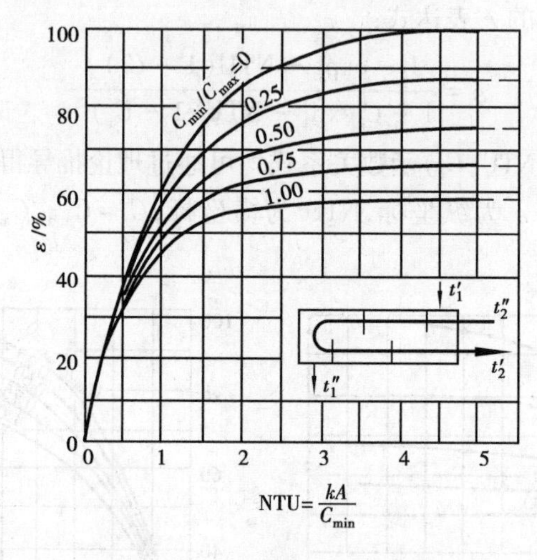

图 12.26　单壳程 2,4,6 管程

$$\varepsilon = f\left(\text{NTU}, \frac{C_{\min}}{C_{\max}}\right)$$

当冷、热流体之一发生相变，即$(Mc_p)_{\max}$趋于无穷大时，$C_r \to 0$，式(12.24)和式(12.25)均可简化成式(11.26)：

$$\varepsilon = 1 - \exp(-\text{NTU}) \tag{12.26}$$

当冷、热流体的比热容量相等，即 $C_r = 1$ 时，顺流的 ε 表达式(12.24)简化成

$$\varepsilon = \frac{1 - \exp(-2\text{NTU})}{2} \tag{12.27}$$

而逆流的 ε 表达式(12.25)成为$\frac{0}{0}$型不定式，应用洛必达法则对其求极限，解得 $C_r \to 1$ 时：

$$\varepsilon = \frac{\text{NTU}}{1 + \text{NTU}} \tag{12.28}$$

可见，$C_r = 1$ 时，当 $\text{NTU} \to \infty$，顺流 $\varepsilon = 1/2$，而逆流 $\varepsilon \to 1$。这是因为顺流时，即使 A 无限大，比热容量小的流体的温度变化也不可能达到换热器中可能达到的最大温差 $t_1' - t_2'$，充其量冷热流体的出口温度相等。事实上，从图 12.22 和图 12.23 可以看出，无论 C_r 为何值，当 NTU 值增大时，逆流 ε 总是大于顺流 ε 的。

3）设计计算步骤

ε-NTU 法用于换热器设计计算的具体步骤如下：

①由式(12.16)求出未知温度，然后按式(12.20)求出 ε。

②根据选定的流型，已知 ε 和 C_r，由相关线图查出 NTU。

③初步布置传热面,并计算出相应的传热系数 k。

④由 $A=\mathrm{NTU}\dfrac{(Mc_p)_{\min}}{k}$ 确定换热器所需的传热面积,同时校核换热器两侧流体的流动阻力。

⑤如流动阻力过大,则应修改方案重新设计。

与平均温差法比较,在设计计算中,两种方法的计算工作量不分上下,而采用平均温差法时,通过温差修正系数 $\varepsilon_{\Delta t}$ 的大小,可以看出所选流型与逆流之间的差距,有助于流型的选择,因此较 ε-NTU 法略为有利。

4)校核计算步骤

ε-NTU 法用于换热器校核计算的具体步骤如下:

①根据已有换热器的结构,给定的进口温度和假定的出口温度求出传热系数 k。

②计算 NTU 和热容量比 C_r。

③根据换热器中流体的流动形式,由相应线图查出与 NTU,C_r 对应的 ε。

④根据冷、热流体进口温度等已知量,由式(12.20)求出一个出口温度。

⑤由热平衡方程式求出另一个出口温度及热流量 Φ。

与平均温差法比较,在校核计算中,两种方法均需假设出口温度,然后计算传热系数,待求出流体出口温度后再加以校正,因此 ε-NTU 法也不能完全避免试算。但由于 k 随流体出口温度的变化而引起的变化不大,试算几次即能满足要求。此外,由于 ε-NTU 法中未知的出口温度表示成了已知量的显示关系,因此具有一定的优越性。特别是当传热系数 k 已知时,由 ε-NTU法可直接求得结果,要比 LMTD 法方便得多。

【例 12.6】 质量流量为 3.783 kg/s 的水在一个管壳式换热器中从 37.78 ℃被加热至 54.44 ℃。进口温度为 93.33 ℃的热水作为加热流体从壳侧单程流动,其质量流量为 1.892 kg/s。换热器的以管内径作为计算基准的传热系数 k=1 419 W/(m^2·℃),在管内径为 19.05 mm 的管内,水的平均流速为 0.366 m/s。由于空间的限制,管长不大于 1.8 m。为了满足这个条件,试计算该管壳式换热器所需要的管程数,每个管程的管子数目及管长。

【解】 采用平均温差法进行计算。先假定为逆流式单管程,如图 12.13b 所示。但内管为管束。然后校核其是否满足本题的要求。

在 37.78 ~ 93.33 ℃的温度范围内,水的定压比热容变化很小,近似取 $c_{p1}=c_{p2}=$ 4 182 J/(kg·℃)。由热平衡方程:

$$\Phi = M_1c_{p1}(t_1'-t_1'') = M_2c_{p2}(t_2''-t_2')$$

求得:

$$\Phi = M_2c_{p2}(t_2''-t_2') = 3.783\times 4\ 182\times(54.44-37.78)\ \mathrm{W} = 263\ 570\ \mathrm{W}$$

$$t_1'' = t_1' - \frac{\Phi}{M_1c_{p1}} = 93.33 - \frac{263\ 570}{1.892\times 4\ 182}\ ℃ = 60\ ℃$$

逆流:

$$\Delta t_m = \frac{\Delta t'-\Delta t''}{\ln\dfrac{\Delta t'}{\Delta t''}} = \frac{(93.33-54.44)-(60-37.78)}{\ln\left(\dfrac{93.33-54.44}{60-37.78}\right)}\ ℃ = 29.78\ ℃$$

由传热方程式 $\Phi=kA\Delta t_m$，求得传热面积为：

$$A=\frac{\Phi}{k\Delta t_m}=\frac{263\ 570}{1\ 419\times 29.78}\ \mathrm{m}^2=6.24\ \mathrm{m}^2$$

以冷水平均温度 $t_{m2}=\frac{1}{2}(t_2'+t_2'')=46.11$ ℃时，查附录3，水的密度 $\rho_2=990\ \mathrm{kg/m^3}$。因此，水的过流截面积为：

$$f=\frac{M_2}{\rho_2 u}=\frac{3.783}{990\times 0.366}\ \mathrm{m}^2=0.010\ 4\ \mathrm{m}^2$$

设管子数目为 n，则由 $f=n\frac{\pi d^2}{4}$ 解得：

$$n=\frac{4f}{\pi d^2}=\frac{4\times 0.010\ 4}{\pi(0.019\ 05)^2}=36.5$$

取 $n=36$。设管长为 L，则由

$$A=n\pi dL$$

解得：

$$L=\frac{A}{n\pi d}=\frac{6.24}{36\pi\times 0.019\ 05}\ \mathrm{m}=2.898\ \mathrm{m}$$

这个长度大于允许管长为 1.8 m，所以必须采用多管程。选定 1-2 型管壳式换热器，管程数为 2，此时必须考虑温差修正系数 $\varepsilon_{\Delta t}$。

查图 12.18，由流型图可见，壳程流体“1”为本例热流体，管程流体“2”为本例冷流体，与温度下角标一致。因此：

$$P=\frac{t_2''-t_2'}{t_1'-t_2'}=\frac{54.44-37.78}{93.33-37.78}=0.3\qquad R=\frac{t_1'-t_1''}{t_2''-t_2'}=\frac{93.33-60}{54.44-37.78}=2$$

由图 12.18 查得：$\varepsilon_{\Delta t}=0.88$，因此：

$$\Delta t_m=\varepsilon_{\Delta t}\Delta t_{m,n}=0.88\times 29.78\ ℃=26.21\ ℃$$

$$A=\frac{\Phi}{k\Delta t_m}=\frac{263\ 570}{1\ 419\times 26.21}\ \mathrm{m}^2=7.087\ \mathrm{m}^2$$

由于流速的要求，每个管程的管子数目仍然取 36。这样，对于 1-2 型管壳式换热器，总传热面积与管长的关系为：

$$A=2n\pi dL$$

所以

$$L=\frac{7.087}{2\times 36\pi\times 0.019\ 05}\ \mathrm{m}=1.645\ \mathrm{m}<1.8\ \mathrm{m}$$

满足要求。

最终选定的设计参数为：每管程管子数为 36；管程数为 2；每管程的管长为 1.645 m。

本例中，传热系数 k 是给定的。如果 k 未给定，则需利用前面所学的内容计算 k。本例给出的条件可以计算管侧流体的对流表面传热系数，而要计算壳侧的对流表面传热系数还需补充必要的结构参数。

【例 12.7】 1 台卧式管壳式氨冷凝器，总传热面积为 114 m²，冷却水质量流量 $M_2=24\ \mathrm{kg/s}$，管程数为 8，冷却水进口温度 $t_2'=28$ ℃，氨冷凝温度 $t_s=38$ ℃，已知 $k=900\ \mathrm{W/(m^2\cdot K)}$，用 LMTD

法及 ε-NTU 法求冷却水出口温度及冷凝传热量。

【解】

①LMTD 法。

须先设定 t_2''，试算后再校核。现设定 $t_2''=34.4$ ℃，则：

$$\Delta t_m = \frac{\Delta t' - \Delta t''}{\ln \dfrac{\Delta t'}{\Delta t''}} = \frac{(38-28)-(38-34.4)}{\ln \dfrac{38-28}{38-34.4}} \text{℃} = 6.264 \text{ ℃}$$

$$\Phi = kA\Delta t_m = 900 \times 114 \times 6.264 \text{ W} = 6.43 \times 10^5 \text{ W}$$

校核：由 t_2'' 设定值查附录 4，$c_{p2}=4\ 174$ J/(kg·K)

$$t_2'' = \Phi/(M_2 c_{p2}) + t_2' = 6.43 \times 10^5/(24 \times 4\ 174) + 28 \text{ ℃} = 34.42 \text{ ℃}$$

设定值与校核值一致。

②ε-NTU 法。

本例中水的比热容量小，计算 NTU 需要知道定压比热 c_{p2}。设水的进出口平均温度处于 30~35 ℃，则 $c_{p2}=4\ 174$ J/(kg·K)。

$$\text{NTU} = \frac{kA}{C_{\min}} = \frac{900 \times 114}{24 \times 4\ 174} = 1.024$$

$$\frac{C_{\min}}{C_{\max}} = 0$$

利用式(12.26)，求得：

$$\varepsilon = 1 - \exp(-\text{NTU}) = 1 - e^{-1.024} = 0.640\ 9$$

$$t_2'' = \varepsilon(t_1' - t_2') + t_2' = 0.640\ 9 \times (38-28) + 28 \text{ ℃} = 34.4 \text{ ℃}$$

此温度下查物性表得出的 c_{p2} 值与最初设定一致，因此：

$$\Phi = M_2 c_{p2}(t_2'' - t_2') = 24 \times 4\ 174 \times (34.4 - 28) \text{ W} = 6.41 \times 10^5 \text{ W}$$

本例说明采用 LMTD 法计算时，需设定 t_2''，并进行校核，设定值与校核值间的误差不得超过允许范围，因此要进行多次重复计算。采用 ε-NTU 法计算，只需设定定压比热容，计算工作量少，比 LMTD 法简便。

【例 12.8】 一肋片管式余热换热器，废气进口 $t_1'=300$ ℃，出口 $t_1''=100$ ℃；水由 $t_2'=35$ ℃加热升至 $t_2''=125$ ℃，水的质量流量 $M_2=1$ kg/s。废气定压比热容 $c_{p1}=1\ 000$ J/(kg·K)，以肋片侧面积为基准的传热系数 $k=100$ W/(m²·K)，试用 LMTD 法及 ε-NTU 法确定肋片侧的传热面积。

【解】 按题意该换热器为两侧流体各自都不混合的一次交叉流。

①由 LMTD 法计算。

为确定该换热器的温差修正系数，计算辅助量 P，R 值：

$$P = \frac{t_2'' - t_2'}{t_1' - t_2'} = \frac{125-35}{300-35} = 0.34$$

$$R = \frac{t_1' - t_1''}{t_2'' - t_2'} = \frac{300-100}{125-35} = 2.22$$

由图 12.17 查得 $\varepsilon_{\Delta t}=0.87$。因此：

逆流时：
$$\Delta t_m = \frac{\Delta t' - \Delta t''}{\ln \dfrac{\Delta t'}{\Delta t''}} = \frac{(t_1' - t_2'') - (t_1'' - t_2')}{\ln \dfrac{t_1' - t_2''}{t_1'' - t_2'}}$$

$$= \frac{(300 - 125) - (100 - 35)}{\ln \dfrac{300 - 125}{100 - 35}} ℃ = 111 ℃$$

$$A = \frac{\Phi}{k\Delta t_m \varepsilon_{\Delta t}} = \frac{M_2 c_{p2}(t_2'' - t_2')}{k\Delta t_m \varepsilon_{\Delta t}} = \frac{4\ 195 \times (125 - 35)}{100 \times 111 \times 0.87} \mathrm{m}^2 = 39.1\ \mathrm{m}^2$$

②由 ε-NTU 法计算。

水侧平均温度 $t_{2,m} = \dfrac{t_2' + t_2''}{2} = \dfrac{35+125}{2}$ ℃ = 80 ℃，查附录 7，$c_{p2} = 4\ 195$ J/(kg·K)。

$$M_2 c_{p2} = 1 \times 4\ 195\ \mathrm{W/K} = 4\ 195\ \mathrm{W/K}$$

$$M_1 c_{p1} = M_2 c_{p2} \frac{t''_2 - t'_2}{t'_1 - t''_1} = 4\ 195 \times \frac{125 - 35}{300 - 100} \mathrm{W/K} = 1\ 889\ \mathrm{W/K}$$

即 $M_2 c_{p2} > M_1 c_{p1}$，故：

$$\varepsilon = \frac{t_1' - t_1''}{t_1' - t_2'} = \frac{300 - 100}{300 - 35} = 0.755$$

由
$$\frac{C_{\min}}{C_{\max}} = \frac{M_1 c_{p1}}{M_2 c_{p2}} = \frac{1\ 889}{4\ 195} = 0.45$$

查图 12.25，得 NTU = 2.1。因此：

$$A = \frac{\mathrm{NTU} \times C_{\min}}{k} = \frac{2.1 \times 1\ 889}{100} \mathrm{m}^2 = 39.7\ \mathrm{m}^2$$

本例为校核计算，没有试算过程，两种方法计算工作量一样。由于都要借助线图确定系数，这是造成误差的主要原因。

12.6 强化传热与削弱传热

所谓强化传热，是指从分析影响传热的各种因素出发，采取某些技术措施提高换热设备单位时间、单位传热面积上的传热量，使换热设备趋于紧凑、质量轻、节省金属材料以及降低动力消耗等；工业上某些生产工艺对强化传热技术也有特殊要求，如快速加热、急冷、高强度传热等。而削弱传热，是指采取隔热保温措施减少通过物体或者换热设备表面的热损失，以达到节能、安全防护及满足工艺要求等目的。本节从分析影响传热过程的因素出发，扼要地叙述强化传热与削弱传热的方法。

12.6.1 强化传热的方法

换热器计算所依据的基本方程之一是传热方程式：$\Phi = kA\Delta t_m$，它揭示了传热量 Φ 与传热系数 k，传热面积 A 和平均温差 Δt_m 之间的关系。根据该式，无论是增大 A，Δt_m，还是增大 k，均

能使 Φ 增大。单纯增大传热面积 A 并不符合强化传热的思想；相反，强化传热追求的是相同传热量时尽量减小 A。在冷、热流体进、出口温度相同时，采用逆流布置的换热器可以获得最大的平均温差，但当换热器已按逆流布置或已尽可能地接近逆流布置时，Δt_m 不可能再增加；降低冷流体进口温度或增大热流体进口温度均会受到诸多方面的限制。因此，强化传热的积极有效措施是设法提高换热设备的传热系数。传热系数是由传热过程中的各项分热阻决定的。当需要强化一个传热过程时，首先应当判断哪一个传热环节的分热阻最大，针对这个传热分热阻采取强化措施收效最为显著。例如，对于换热设备最常用的金属薄壁传热面，其导热热阻很小，常可忽略不计，当不计入污垢热阻时，传热系数可以写成下式：

$$k = \frac{1}{\dfrac{1}{h_1} + \dfrac{1}{h_2}} = \frac{h_1 h_2}{h_1 + h_2} = \left(\frac{h_1}{h_1 + h_2}\right) h_2 = \left(\frac{h_2}{h_1 + h_2}\right) h_1 \tag{12.29}$$

式中　h_1, h_2——传热壁面两侧流体的对流表面传热系数。

由式(12.29)可见，$\dfrac{h_1}{h_1+h_2}$和$\dfrac{h_2}{h_1+h_2}$都小于1，k 值将比 h_1 和 h_2 中最小的一个还要小，对 k 值影响最大的将是 h_1 和 h_2 中的最小者。例如，某蒸汽—空气加热器，空气侧 $h_1 = 40\ \text{W/(m}^2 \cdot ℃)$；蒸汽侧相变传热，$h_2 = 5\ 000\ \text{W/(m}^2 \cdot ℃)$，若忽略金属壁面的导热热阻，则：

$$k = \frac{h_1 h_2}{h_1 + h_2} = \frac{40 \times 5\ 000}{40 + 5\ 000}\ \text{W/(m}^2 \cdot ℃) = 39.7\ \text{W/(m}^2 \cdot ℃)$$

若 h_2 提高 1 倍，则 $k = 39.8\ \text{W/(m}^2 \cdot ℃)$，$k$ 值几乎没有变化；若 h_1 提高 1 倍，则 $k = 78.8\ \text{W/(m}^2 \cdot ℃)$，$k$ 值几乎增加了 1 倍。这就是在分析肋壁强化传热时指出的应在 h 小的一侧加肋的原因，加肋也是强化传热的方法之一。

污垢热阻有时会成为传热过程的主要热阻，必须给予足够的重视。例如，1 mm 的水垢层相当于 40 mm 厚钢板的热阻；1 mm 厚的烟渣层相当于 400 mm 厚钢板的热阻。随着强化传热技术的进展，各种换热设备的对流传热热阻已能大幅度降低，污垢已日益成为保证换热设备正常工作的主要障碍。为了减小污垢热阻，在换热设备运行中对流体进行严格的预处理，以及合理安排清洗周期是十分重要的。

如前所述，为增大传热系数，应设法提高对流表面传热系数，即强化对流传热。当然，如 h 为复合传热表面传热系数，则还应考虑增强辐射传热。从第 6~8 章的论述中可以得出这样的结论：破坏流动边界层或者层流底层，增强流体携带热量转移的能力，均是强化对流传热的有力措施。通常采用的方法有：

1）提高流速

提高流体的流速可以改变流体的流态，增加流体的湍流脉动强度，减小层流底层厚度，增强流体携带热量转移的能力，对强化传热效果显著。例如，管内湍流时对流表面传热系数与流速的 0.8 次幂成正比，外掠管束流动时对流表面传热系数与流速的 0.6~0.84 次幂成正比。

2）增强流体的扰动

增强流体的扰动可有效地破坏或减薄湍流时的层流底层，第 8 章中已做过分析，垂直于流动方向的二次环流能有效地破坏层流底层,达到强化传热的目的。这方面的主要措施有:在流道中加插入物增强扰动,插入物若能紧密接触管壁,则尚能起到肋壁的作用;采用旋转流动装置,使流体在一定压力下从切线方向进入管内作剧烈旋转运动;采用射流方法喷射传热表面,能直接破坏传热表面上的边界层;采用各种内螺纹管、波纹管或异形管,粗糙表面管、三维内、外肋壁管等,均能起到增加流体的扰动、扩展传热面积,从而增强传热的作用。

3)使边界层分段发展

这种技术主要使用在肋片表面上。采用机械冲压、轧制等方法,在肋片等扩展表面上开孔、开缝等,形成特殊形状的肋片,如百叶窗片、穿孔片、齿型片等,可使这类表面上的流动边界层分段发展,如图 12.27 所示。图 12.27(a)为连续肋片,图 12.27(b)为开孔(缝)后形成的间断肋片。间断肋片能使边界层分段发展,有效地减小了边界层的平均厚度;此外,孔、缝的存在使扰动增强,同样取得强化传热的效果。

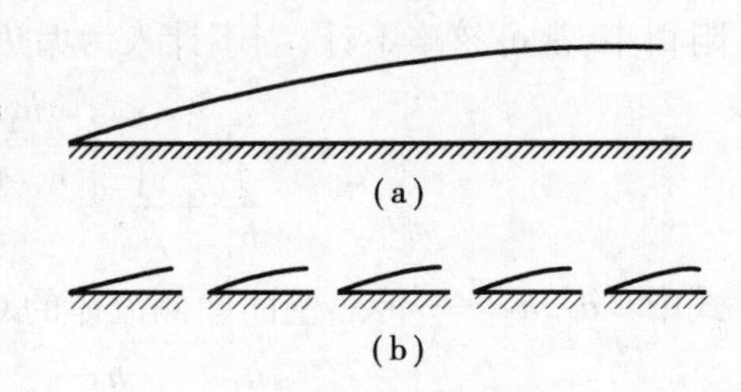

图 12.27 肋片表面上分段发展的边界层

应该指出,上述强化传热的方法同时也增大了流动阻力,致使外耗功率增大。因此,在采用强化传热方法时应该进行技术经济比较。

4)改变流体的物性

流体热物性中的导热系数和体积比热容对对流表面传热系数的影响较大。在流体中加入一些添加剂可以改变流体的某些热物理性能,达到强化传热的效果。如在气体中添加少量的固体颗粒(如石墨、黄沙、铅粉、玻璃球等),形成气—固悬浮系统。添加固体颗粒能强化传热的原因是:固体颗粒具有较高的体积比热容,从而提高了流体的热容量,增加了流体携带热量转移的能力。同时,固体颗粒还能增加气流的扰动,撞击壁面时能起到破坏边界层的作用,增强热辐射。在蒸汽中加入油酸、硬脂酸等珠状凝结促进剂,能使凝结传热得到强化。

此外,采用小直径管、椭圆管,外加超声波,附加静电场等措施,均能起到强化传热的作用。

近几十年来,由于世界性的能源危机,开发尖端技术以及对降低成本的要求,推进了对强化传热技术的广泛深入的研究,取得了丰富的成果,详细资料可参阅文献[11,12]。

12.6.2 削弱传热的方法

与强化传热相反,削弱传热则要求降低传热系数。削弱传热的目的是减少换热设备、热力输送管道以及建筑围护结构的热损失,以节省能源,满足生活及生产的需要并提高经济效益。削弱传热已经发展成为传热学应用技术中的一个重要分支。

在建筑环境与能源应用工程专业中,削弱传热对建筑节能具有非常重要的意义。据统计,我国的建筑用能占全国能源总消费的比例已超过 27.5%,与气候条件接近的发达国家相比,单位建筑面积采暖能耗为它们的 3 倍左右,而建筑热舒适情况则远不如发达国家。这说明我国高能耗建筑十分普遍,能源浪费极端严重。随着经济的快速发展,建筑能耗占全国总能耗的比例将快速上升到 1/3 以上。建筑节能问题已引起了国家前所未有的高度重视。

在公共建筑的全年能耗中,10%～30%由外围护结构的传热所消耗。本节以削弱建筑围护结构的传热为例,扼要叙述削弱传热的方法。

1)**采用节能建筑材料**

膨胀珍珠岩、聚苯乙烯泡沫塑料、岩棉、矿渣棉等均是隔热性能很好(其导热系数处于0.03～0.07 W/(m·℃)以内)的节能建筑材料,它们具有质轻、隔热、吸声、不燃或难燃的特点。以膨胀珍珠岩为例,如在砖混与砌块建筑的墙体预留空腔中,填充数厘米厚的憎水膨胀珍珠岩散料,便可使墙体的热阻值增加1倍以上;以大、小粒径的膨胀珍珠岩作粗、细骨料,可配制轻质混凝土,用于浇注或预制各种质轻、隔热性能好的墙板、楼板和屋面板等建筑围护构件。这种建筑构件比普通混凝土构件质量减少25%以上,而热阻值却提高几倍,甚至十几倍,使建筑围护结构的热损失大大减小。

2)**覆盖隔热保温材料**

在围护结构内、外表面上覆盖隔热保温材料是工程中最常见的削弱传热的方法,这种方法特别适用于高能耗建筑的节能改造。例如,在墙体内表面设置聚苯乙烯泡沫板,然后在它的表面上直接进行抹灰粉刷或贴纸面石膏板;在墙体外表面设置聚苯乙烯板,在其表面做涂塑玻纤布增强的抗裂砂浆层,构成外保温复合墙体。

3)**采用空气间隔层**

采用空心砖砌体作为墙体,采用中空玻璃窗等,由于空气的导热系数很低[0.02～0.03 W/(m·℃)],均可获得削弱传热的效果。实测结果证实,中空玻璃的导热系数比普通玻璃低1倍左右,因此热阻能显著提高。值得注意的是,在材质、窗型构造相同的情况下,空气间层越大,传热热阻也越大。但空气间层厚度达到一定程度后,传热热阻的增大率就很小了,这是因为空气间层增大到一定程度后,由于玻璃之间温差的作用产生了对流作用,从而降低了空气层增厚的作用。通风中空玻璃是国外近期的研究成果,国内已有应用的实例。夏季时,外侧玻璃温度高于内侧玻璃,间层空气受热后产生了自然流动,热空气从外侧开口流出,冷空气由下侧开口流入,流动的空气带走了吸收的热量,因此能产生明显的削弱传热的效果。

4)**削弱辐射传热**

利用热反射玻璃或者在普通玻璃上粘贴反射率很高的热反射薄膜,均具有良好的隔热作用。据有关资料介绍,在3 mm厚的普通玻璃窗上粘贴热反射薄膜后,能使太阳辐射热的透射量减少70%以上。其隔热效果等效于吸热玻璃经镀膜处理而制成的热反射玻璃。当热反射薄膜粘贴于玻璃窗的内侧时,则可使散热量减低约17%,略优于双层窗的隔热效果。此外,在外窗上设置遮阳板等,也可有效地削弱辐射传热。

上述围护结构削弱传热的方法也可应用于换热设备及热力管道,其基本思想是一致的。

习 题

1. 举例说明同时存在导热和辐射传热的传热现象,如何计算这种现象的传热量?
2. 在高温壁面加热,能否获得降低壁温的效果,试证明。
3. 为什么“混合”或“不混合”的流体分布会影响换热器的性能?
4. 为什么逆流换热器的效能 ε 可接近1,而顺流则不可能?
5. 试从传热的机理分析,中空玻璃窗为什么能起到削弱传热的作用。
6. 选用管壳式换热器,两种流体在下列情况下,哪一种应安排在管内?哪一种应安排在管外?①清洁的和不清洁的;②腐蚀性小的和强的;③温度高的和常温的;④高压的和常压的;⑤质量流量大的和小的;⑥黏度大的和黏度小的;⑦密度大的和密度小的。如果不限于管壳式,试针对以上几种情况,应选用何种换热器合适?
7. 试推导圆管内外两侧均加肋的情况下,以管内和管外肋表面积为基准的传热系数计算式。
8. 98 ℃的热水流经一内径为50 mm的水平钢管,水流速为0.25 m/s,钢管外径为60 mm,管壁导热系数为54 W/(m·℃)。钢管外表面是压强为 1.013×10^5 Pa,温度为20 ℃的空气。如不考虑钢管外表面与周围环境间的辐射传热,自然对流表面传热系数采用简化公式:$h=1.32\left(\dfrac{\Delta t}{d}\right)^{1/4}$ 计算。试计算以管外表面积为基准的传热系数,并分析各项热阻。
9. 习题8中,为达到强化传热的目的,拟在空气侧加肋,已知肋壁总效率为0.8,最合理的肋化系数 β 应为多少?
10. 一根横穿某大车间的水平蒸汽输送管,外径 $d_2=50$ mm,表面温度 $t_{w2}=150$ ℃。管外包有一层厚75 mm的保温材料,其导热系数 $\lambda=0.11$ W/(m·℃)、发射率 $\varepsilon=0.6$。现已测得保温层外表面温度 $t_{w3}=40$ ℃,车间空气温度 $t_f=22$ ℃,车间壁面温度 $t_{w4}=20$ ℃。试求:①蒸汽单位输送管长的热损失 q_l;②保温层外表面的辐射表面传热系数;③保温层外表面与空气间的自然对流表面传热系数。
11. 一块边长0.2 m的正方形电热板,表面发射率 $\varepsilon=0.6$,该板水平悬吊在室温为20 ℃的大房间内,通电加热稳态后测得电热板表面温度为60 ℃,大房间壁温为17 ℃。试求:①电热板表面的对流传热量;②辐射传热表面传热系数;③电热板消耗的电功率。
12. 某火墙采暖房间平面尺寸为6 m×4 m,房间高4 m,火墙面积为4 m×4 m,墙表面为石灰粉刷,发射率 $\varepsilon=0.87$,已知表面温度 $t_w=40$ ℃,室温 $t_f=16$ ℃,顶棚、地板及四周壁面的发射率相同,温度亦为16 ℃。求该火墙总散热量,其中辐射散热所占比例为多少?
13. 一所平顶屋,屋面材料厚 $\delta=0.2$ m,导热系数 $\lambda=0.6$ W/(m·℃),屋面两侧的发射率 ε 均为0.9。冬初,室内温度维持 $t_{f1}=18$ ℃,室内四周壁面温度亦为18 ℃,且它的面积远大于顶棚面积。天空有效辐射温度为−60 ℃。室内顶棚对流表面传热系数 $h_1=0.592$ W/(m²·℃),屋顶 $h_2=21.1$ W/(m²·℃)。问当室外气温降到多少度时,屋面即开始结霜($t_{w2}=0$ ℃),此时室内顶棚温度为多少?本题是否可算出复合传热表面传热系数及其传热系数?
14. 某设备的垂直薄金属壁温度为 $t_{w1}=350$ ℃,发射率 $\varepsilon_1=0.6$。它与保温外壳相距 $\delta_2=30$ mm,构

成一空气夹层，夹层高 $H=1$ m。保温材料厚 $\delta_3=20$ mm，导热系数 $\lambda_3=0.65$ W/(m·℃)。它的外表面温度 $t_{w3}=50$ ℃，内表面 $\varepsilon_2=0.85$。夹层内空气物性为常数：$\lambda=0.045\ 36$ W/(m·℃)、$\nu=47.85\times10^{-6}$ m²/s，$Pr=0.7$。试求解通过此设备保温外壳的热流通量及金属壁的辐射表面传热系数。

15. 一换热器，重油从 300 ℃冷却到 180 ℃，而石油从 20 ℃被加热到 150 ℃，若换热器流动方式被安排成①顺流；②逆流；③交叉流（石油为不混合），问平均温差各为多少？

16. 进口温度为 t_i 的流体流入壁温为 t_w = 常数的平行平板通道，通道长为 L，流体质量流量为 M，比定压热容为 c_p。设流体与平板间的表面传热系数 h 为常数，试证明流经该通道后流体与平板间的传热量为：

$$\Phi = Mc_p(t_w - t_i)\left[1 - \exp\left(-\frac{2hL}{Mc_p}\right)\right]$$

17. 设在一顺流式换热器中传热系数 k 与局部温差呈线性关系，即 $k=a+b\Delta t$，其中 a，b 为常数，Δt 为任意截面上的局部温差。试证明该换热器的总传热量为：

$$\Phi = A\frac{k''\Delta t' - k'\Delta t''}{\ln\dfrac{k''\Delta t'}{k'\Delta t''}}$$

18. 90 ℃的水进入一个套管式换热器，将一定量的油从 25 ℃加热到 47.25 ℃，热流体离开换热器时的温度为 44.5 ℃。求该换热器的效能和传热单元数。

19. 冷却器内工作液从 77 ℃冷却到 47 ℃，工作液质量流量为 1 kg/s，比定压热容 c_p = 1 758 J/(kg·K)。冷却水入口温度为 13 ℃，质量流量为 0.63 kg/s。求解在 k = 310 W/(m²·℃)不变的条件下采用下列不同流动方式时所需的传热面积。①逆流；②一壳程两管程；③交叉流（壳侧混合，管侧为冷却水）。

20. 为将质量流量为 7.5 kg/s 的水从 85 ℃加热到 99 ℃，设计一个管壳式换热器，利用绝对压强为 2.7×10^5 Pa 的饱和水蒸气的冷凝来作为加热热源。拟采用单壳程、二管程的换热器，每管程含有 30 根外径为 25 mm 的管子。假设以管外径为基准的传热系数为 2 800 W/(m²·K)，试计算所需要的管长。

21. 某套管式换热器，内管内径为 100 mm，外径为 108 mm，其导热系数 $\lambda=36$ W/(m·℃)。热介质在内管内流过，温度从 60 ℃降低到 39 ℃，表面传热系数 $h_1=1\ 000$ W/(m²·℃)；质量流量为 0.2 kg/s 的冷水在管套间（内管外）流过，温度从 15 ℃被加热到 40 ℃，表面传热系数 $h_2=1\ 500$ W/(m²·℃)。试求：①该换热器的管长；②换热器最大可能传热量；③该换热器的效能；④传热单元数。

22. 采用一个大型制冷系统−15 ℃的盐水来冷却某大楼空调设备中需要冷却的水，制冷量为 105 kW。从空调设备表冷器中出来需要予以冷却的水，以 10 ℃的温度进入一个管壳式换热器。该换热器使冷却水的出口温度不低于 5 ℃，传热系数为 850 W/(m²·℃)。如果被冷却的水于管内流动，试画出以盐水出口温度为函数的换热器面积曲线。

23. 一光管式空气加热器为交叉流，一侧不混合，标准状态下空气体积流量为 1 000 m³/min，温度从 5 ℃加热到 30 ℃。热介质为工厂废水，温度从 85 ℃降低到 50 ℃。试用 ε-NTU 法及 LMTD 法确定它的换热面积[已知传热系数为 25 W/(m²·℃)]。

24. 有一台套管式换热器,在下列条件下运行,传热系数保持不变:冷流体质量流量为0.125 kg/s,比定压热容为 4 200 J/(kg·K),入口温度 40 ℃,出口温度 95 ℃。冷流体质量流量仍为0.125 kg/s,比定压热容为 2 100 J/(kg·K),入口温度210 ℃。试求:①最大可能传热量;②效能;③为减少面积,换热器应按顺流还是逆流方式运行,这两种方式下传热面积之比为多少。
25. 热烟气流经一台肋片管式叉流换热器肋片侧,温度从 300 ℃降低到 100 ℃,而质量流量为 1 kg/s 的水流经管内,从 35 ℃上升到 125 ℃。烟气比定压热容为 1 000 J/(kg·K),以肋壁面积为基准的传热系数为 100 W/(m^2·℃)。试用 ε-NTU 法确定该换热器的肋壁表面积。
26. 一逆流套管式换热器,其中油从 100 ℃冷却到 60 ℃,水由 20 ℃加热到 50 ℃,传热量为 2.5×10^4 W,传热系数为 350 W/(m^2·℃),油的比定压热容为 2.131 kJ/(kg·K)。求传热面积?如使用后产生污垢,垢阻为 0.004 m·K/W,流体入口温度不变,问:此时换热器的传热量和两流体出口温度各为多少?
27. 供热用水—水管壳式换热器,高温水在管内,质量流量 1.6 kg/s,温度从 160 ℃降低到 90 ℃。如选用卧式两管程换热器,管内径 25 mm,壁厚 2.5 mm,每管程管数 48 根,管间总断面积 0.079 8 m^2,当量直径 84.8 mm,低温水进口 65 ℃,质量流量为 12 kg/s,求换热器所需面积。若运行后水垢层厚 0.3 mm,水垢 $\lambda=2$ W/(m·℃),那么设计时考虑传热面积应增大多少?
28. 质量流量为 50 000 kg/h,入口温度为 300 ℃的水,通过 2 壳程、4 管程的换热器,能将另一侧质量流量为 10 000 kg/h 的冷水从 35 ℃加热到 120 ℃。设此时传热系数为 1 500 W/(m^2·℃),但在运行 2 年后,冷水只能被加热到 95 ℃,而其他条件未变,试求产生的污垢热阻为多少。
29. 一台 2 管程蒸汽冷凝器由外径 16 mm,内径 13.4 mm 的黄铜管组成,每个管程有 125 根管子,管长为 1.8 m。已知冷却水进口为 25 ℃,平均流速 1.37 m/s,求 1 h 能够冷凝绝对压强为 1.013×10^5 Pa 的干饱和蒸汽为多少。设壳侧冷凝表面传热系数为11 356 W/(m^2·℃)。

第 12 章习题详解

三套真题试卷及详解

附　录

附录 1　各种材料的密度、导热系数、比热容及蓄热系数

材料名称	t /℃	ρ /(kg·m^{-3})	λ /[W·(m·K)$^{-1}$]	c /[kJ·(kg·K)$^{-1}$]	蓄热系数(24 h) /[W·(m^2·K)$^{-1}$]
钢 0.5%C	20	7 833	54	0.465	—
1.5%C	20	7 753	36	0.486	—
铸钢	20	7 830	50.7	0.469	—
镍铬钢 18%Cr,8%Ni	20	7 817	16.3	0.46	—
铸铁 0.4%C	20	7 272	52	0.420	—
纯铜	20	8 954	398	0.384	—
黄铜 30%Zn	20	8 522	109	0.385	—
青铜 25%Sn	20	8 666	26	0.343	—
康铜 40%Ni	20	8 922	22	0.410	—
纯铝	27	2 702	237	0.903	—
铸铝 4.5%Cu	27	2 790	168	0.883	—
硬铝 4.5%Cu,1.5%Mg,0.6%Mn	27	2 770	177	0.875	—
硅	27	2 330	148	0.712	—
金	20	19 320	315	0.129	—
银 99.9%	20	10 524	411	0.236	—
泡沫混凝土	20	232	0.077	0.88	1.07
泡沫混凝土	20	627	0.29	1.59	4.59
钢筋混凝土	20	2 400	1.54	0.84	14.95
碎石混凝土	20	2 344	1.84	0.75	15.33
普通黏土砖墙	20	1 800	0.81	0.88	9.65
红黏土砖	20	1 668	0.43	0.75	6.26
铬砖	900	3 000	1.99	0.84	19.1

续表

材 料 名 称	t /℃	ρ /(kg·m^{-3})	λ /[W·(m·K)$^{-1}$]	c /[kJ·(kg·K)$^{-1}$]	蓄热系数(24 h) /[W·(m^2·K)$^{-1}$]
耐火黏土砖	800	2 000	1.07	0.96	12.2
水泥砂浆	20	1 800	0.93	0.84	10.1
石灰砂浆	20	1 600	0.81	0.84	8.90
黄土	20	880	0.94	1.17	8.39
菱苦土	20	1 374	0.63	1.38	9.32
砂土	12	1 420	0.59	1.51	9.59
黏土	9.4	1 850	1.41	1.84	18.7
微孔硅酸钙	50	182	0.049	0.867	0.169
次超轻微孔硅酸钙	25	158	0.046 5	—	—
岩棉板	50	118	0.035 5	0.787	0.155
珍珠岩粉料	20	44	0.042	1.59	0.46
珍珠岩粉料	20	288	0.078	1.17	1.38
水玻璃珍珠岩制品	20	200	0.058	0.92	0.88
防水珍珠岩制品	25	229	0.063 9	—	—
水泥珍珠岩制品	20	1 023	0.35	1.38	6.0
玻璃棉	20	100	0.058	0.75	0.56
石棉水泥板	20	300	0.093	0.34	1.31
石膏板	20	1 100	0.41	0.84	5.25
有机玻璃	20	1 188	0.20	—	—
玻璃钢	20	1 780	0.50	—	—
平板玻璃	20	2 500	0.76	0.84	10.8
聚苯乙烯塑料	20	30	0.027	2.0	0.34
聚苯乙烯硬质塑料	20	50	0.031	2.1	0.49
脲醛泡沫塑料	20	20	0.047	1.47	0.32
聚异氰脲酸酯泡沫塑料	20	41	0.033	1.72	0.41
聚四氯乙烯	20	2 190	0.29	1.47	8.24
红松(热流垂直木纹)	20	377	0.11	1.93	2.41
刨花(压实的)	20	300	0.12	2.5	2.56
软木	20	230	0.057	1.84	1.32
陶粒	20	500	0.21	0.84	2.53
棉花	20	50	0.027~0.064	0.88~1.84	0.29~0.65
松散稻壳	—	127	0.12	0.75	0.91
松散锯末	—	304	0.148	0.75	1.57
松散蛭石	—	130	0.058	0.75	0.56
冰	—	920	2.26	2.26	18.5
新降雪	—	200	0.11	2.1	1.83
厚纸板	—	700	0.17	1.47	3.57
油毛毡	20	600	0.17	1.47	3.30

注:引自《传热学》(第四版)章熙民编。

附录2　几种保温、耐火材料的导热系数与温度的关系

材料名称	最高允许温度 /℃	ρ /(kg·m^{-3})	λ /[W·(m·K)$^{-1}$]
超细玻璃棉毡、管	400	18~20	0.033+0.002 3t
矿渣棉	550~600	350	0.067 4+0.000 215t
水泥蛭石制品	800	420~450	0.103+0.000 198t
水泥珍珠岩制品	600	300~400	0.065 1+0.000 105t
膨胀珍珠岩	1 000	55	0.042 4+0.000 137t
岩棉保温板	560	118	0.027+0.000 17t
岩棉玻璃布缝板	600	100	0.031 4+0.000 198t
A 级硅藻土制品	900	500	0.039 5+0.000 19t
B 级硅藻土制品	900	550	0.047 7+0.000 2t
粉煤灰泡沫砖	300	300	0.099+0.000 2t
微孔硅酸钙	560	182	0.044+0.000 1t
微孔硅酸钙制品	650	≯250	0.041+0.000 2t
耐火黏土砖	1 350~1 450	1 800~2 040	(0.7~0.84)+0.000 58t
轻质耐火黏土砖	1 250~1 300	800~1 300	(0.29~0.41)+0.000 26t
超轻质耐火黏土砖	1 150~1 300	540~610	0.093+0.000 16t
超轻质耐火黏土砖	1 100	270~330	0.058+0.000 17t
硅砖	1 700	1 900~1 950	0.93+0.000 7t
镁砖	1 600~1 700	2 300~2 600	2.1+0.000 19t
铬砖	1 600~1 700	2 600~2 800	4.7+0.000 17t

注：引自《传热学》(第四版)章熙民编，表中 t 均为材料的平均温度。

附录3　高斯误差补函数的一次积分值

x	ierfc(x)	x	ierfc(x)	x	ierfc(x)	x	ierfc(x)	x	ierfc(x)
0.00	0.564 2	0.17	0.410 4	0.34	0.288 2	0.52	0.190 2	0.86	0.076 7
0.01	0.554 2	0.18	0.402 4	0.35	0.281 9	0.54	0.181 1	0.88	0.072 4
0.02	0.544 4	0.19	0.394 4	0.36	0.275 8	0.56	0.172 4	0.90	0.068 2
0.03	0.535 0	0.20	0.386 6	0.37	0.272 2	0.58	0.164 0	0.92	0.064 2
0.04	0.525 1	0.21	0.378 9	0.38	0.263 7	0.60	0.155 9	0.94	0.060 5
0.05	0.515 6	0.22	0.371 3	0.39	0.257 9	0.62	0.148 2	0.96	0.056 9
0.06	0.506 2	0.23	0.363 8	0.40	0.252 1	0.64	0.140 7	0.98	0.053 5
0.07	0.496 9	0.24	0.356 4	0.41	0.246 5	0.66	0.133 5	1.00	0.050 3
0.08	0.487 8	0.25	0.349 1	0.42	0.240 9	0.68	0.126 7	1.10	0.036 5
0.09	0.478 7	0.26	0.341 9	0.43	0.235 4	0.70	0.120 1	1.20	0.026 0
0.10	0.469 8	0.27	0.334 8	0.44	0.230 0	0.72	0.113 8	1.30	0.018 3
0.11	0.461 0	0.28	0.327 8	0.45	0.224 7	0.74	0.107 7	1.40	0.012 7
0.12	0.452 3	0.29	0.321 0	0.46	0.219 5	0.76	0.102 0	1.50	0.008 6
0.13	0.443 7	0.30	0.314 2	0.47	0.214 4	0.78	0.096 5	1.60	0.005 8
0.14	0.435 2	0.31	0.307 5	0.48	0.209 4	0.80	0.091 2	1.70	0.003 8
0.15	0.426 8	0.32	0.301 0	0.49	0.204 5	0.82	0.086 1	1.80	0.002 5
0.16	0.418 6	0.33	0.294 5	0.50	0.199 6	0.84	0.081 3	1.90	0.001 6

注：表中 $\mathrm{ierfc}(x) = \int_x^{\infty} \mathrm{erfc}(x)\,\mathrm{d}x = \frac{1}{\sqrt{\pi}}\exp(-x^2) - x\mathrm{erfc}(x)$；

$\mathrm{erfc}(x) = 1 - \mathrm{erf}(x) = 1 - \frac{2}{\sqrt{\pi}}\int_0^x \exp(-x^2)\,\mathrm{d}x$。

附录4　干空气的热物理性质

($p=1.013\times10^5$ Pa)

t /℃	ρ /(kg·m^{-3})	c_p /[kJ·(kg·K)$^{-1}$]	λ /[10^{-2}W·(m·K)$^{-1}$]	a /(10^{-6}m^2·s^{-1})	μ /(10^{-6}N·s·m^{-2})	ν /(10^{-6}m^2·s^{-1})	Pr
-50	1.584	1.013	2.04	12.7	14.6	9.23	0.728
-40	1.515	1.013	2.12	13.8	15.2	10.04	0.728
-30	1.453	1.013	2.20	14.9	15.7	10.80	0.723
-20	1.395	1.009	2.28	16.2	16.2	11.61	0.716
-10	1.342	1.009	2.36	17.4	16.7	12.43	0.712
0	1.293	1.005	2.44	18.8	17.2	13.28	0.707
10	1.247	1.005	2.51	20.0	17.6	14.16	0.705
20	1.205	1.005	2.59	21.4	18.1	15.06	0.703
30	1.165	1.005	2.67	22.9	18.6	16.00	0.701
40	1.128	1.005	2.76	24.3	19.1	16.96	0.699
50	1.093	1.005	2.83	25.7	19.6	17.95	0.698
60	1.060	1.005	2.90	27.2	20.1	18.97	0.696
70	1.029	1.009	2.96	28.6	20.6	20.02	0.694
80	1.000	1.009	3.05	30.2	21.1	21.09	0.692
90	0.972	1.009	3.13	31.9	21.5	22.10	0.690
100	0.946	1.009	3.21	33.6	21.9	23.13	0.688
120	0.898	1.009	3.34	36.8	22.8	25.45	0.686
140	0.854	1.013	3.49	40.3	23.7	27.80	0.684
160	0.815	1.017	3.64	43.9	24.5	30.09	0.682
180	0.779	1.022	3.78	47.5	25.3	32.49	0.681
200	0.746	1.026	3.93	51.4	26.0	34.85	0.680
250	0.674	1.038	4.27	61.0	27.4	40.61	0.677
300	0.615	1.047	4.60	71.6	29.7	48.33	0.674
350	0.566	1.059	4.91	81.9	31.4	55.46	0.676
400	0.524	1.068	5.21	93.1	33.0	63.09	0.678
500	0.456	1.093	5.74	115.3	36.2	79.38	0.687
600	0.404	1.114	6.22	138.3	39.1	96.89	0.699
700	0.362	1.135	6.71	163.4	41.8	115.4	0.706
800	0.329	1.156	7.18	138.8	44.3	134.8	0.713
900	0.301	1.172	7.63	216.2	46.7	155.1	0.717
1 000	0.277	1.185	8.07	245.9	49.0	177.1	0.719
1 100	0.257	1.197	8.50	276.2	51.2	199.3	0.722
1 200	0.239	1.210	9.15	316.5	53.5	233.7	0.724

附录5 饱和水的热物理性质

t/ ℃	p/ (10^5Pa)	ρ/ (kg·m^{-3})	H'/ (kJ·kg^{-1})	c_p/ [kJ·(kg·K)$^{-1}$]	λ/ (10^{-2}W·m^{-1}·K^{-1})	a/ (10^{-8} m^2·s^{-1})	μ/ (10^{-6}N·s·m^{-2})	ν/ (10^{-6} m^2·s^{-1})	β/ (10^{-4} K^{-1})	σ/ (10^{-4} N·m^{-1})	Pr
0	0.006 11	999.9	0	4.212	55.1	13.1	1 788	1.789	−0.81	756.4	13.67
10	0.012 27	999.7	42.04	4.191	57.4	13.7	1 306	1.306	+0.87	741.6	9.52
20	0.023 38	998.2	83.91	4.183	59.9	14.3	1 004	1.006	2.09	726.9	7.02
30	0.042 41	995.7	125.7	4.174	61.8	14.9	801.5	0.805	3.05	712.2	5.42
40	0.073 75	992.2	167.5	4.174	63.5	15.3	653.3	0.659	3.86	696.5	4.31
50	0.123 35	988.1	209.3	4.174	64.8	15.7	549.4	0.556	4.57	676.9	3.54
60	0.199 20	983.1	251.1	4.179	65.9	16.0	469.9	0.478	5.22	662.2	2.99
70	0.311 6	977.8	293.0	4.187	66.8	16.3	406.1	0.415	5.83	643.5	2.55
80	0.473 6	971.8	355.0	4.195	67.4	16.6	355.1	0.365	6.40	625.9	2.21
90	0.701 1	965.3	377.0	4.208	68.0	16.8	314.9	0.326	6.96	607.2	1.95
100	1.013	958.4	419.1	4.220	68.3	16.9	282.5	0.295	7.50	588.6	1.75
110	1.43	951.0	461.4	4.233	68.5	17.0	259.0	0.272	8.04	569.0	1.60
120	1.98	943.1	503.7	4.250	68.6	17.1	237.4	0.252	8.58	548.4	1.47
130	2.70	934.8	546.4	4.266	68.6	17.2	217.8	0.233	9.12	528.8	1.36
140	3.61	926.1	589.1	4.287	68.5	17.2	201.1	0.217	9.68	507.2	1.26
150	4.76	917.0	632.2	4.313	68.4	17.3	186.4	0.203	10.26	486.6	1.17
160	6.18	907.0	675.4	4.346	68.3	17.3	173.6	0.191	10.87	466.0	1.10
170	7.92	897.3	719.3	4.380	67.9	17.3	162.8	0.181	11.52	443.4	1.05
180	10.03	886.9	763.3	4.417	67.4	17.2	153.0	0.173	12.21	422.8	1.00
190	12.55	876.0	807.8	4.459	67.0	17.1	144.2	0.165	12.96	400.2	0.96
200	15.55	863.0	852.0	4.505	66.3	17.0	136.4	0.158	13.77	376.7	0.93
210	19.08	852.3	897.7	4.555	65.5	16.9	130.5	0.153	14.67	354.1	0.91
220	23.20	840.3	943.7	4.614	64.5	16.6	124.6	0.148	15.67	331.6	0.89
230	27.98	827.3	990.2	4.681	63.7	16.4	119.7	0.145	16.80	310.0	0.88
240	33.48	813.6	1 037.5	4.756	62.8	16.2	114.8	0.141	18.08	285.5	0.87
250	39.78	799.0	1 085.7	4.844	61.8	15.9	109.9	0.137	19.55	261.9	0.86
260	46.94	784.0	1 135.7	4.949	60.5	15.6	105.9	0.135	21.27	237.4	0.87
270	55.05	767.9	1 185.7	5.070	59.0	15.1	102.0	0.133	23.31	214.8	0.88
280	64.19	750.7	1 236.8	5.230	57.4	14.6	98.1	0.131	25.79	191.3	0.90
290	74.45	732.3	1 290.0	5.485	55.8	13.9	94.2	0.129	28.84	168.7	0.93
300	85.92	712.5	1 344.9	5.736	54.0	13.2	91.2	0.128	32.73	144.2	0.97
310	98.70	691.1	1 402.2	6.071	52.3	12.5	88.3	0.128	37.85	120.7	1.03
320	112.90	667.1	1 462.1	6.574	50.6	11.5	85.3	0.128	44.91	98.10	1.11
330	128.65	640.2	1 526.2	7.244	48.4	10.4	81.4	0.127	55.31	76.71	1.22
340	146.08	610.1	1 594.8	8.165	45.7	9.17	77.5	0.127	72.10	56.70	1.39
350	165.37	574.4	1 671.4	9.504	43.0	7.88	72.6	0.126	103.7	38.16	1.60
360	186.74	528.0	1 761.5	13.984	39.5	5.36	66.7	0.126	182.9	20.21	2.35
370	210.53	450.5	1 892.5	40.321	33.7	1.86	56.9	0.126	676.7	4.709	6.79

注：表中β值选自 Steam Tables in SI-Units, 2nd ed., Ed.by Ulrich Grigull, Springer-Verlag, 1984。

附录 6　干饱和水蒸气的热物理性质

t/℃	p/(10^5Pa)	ρ''/(kg·m^{-3})	H''/(kJ·kg^{-1})	r/(kJ·kg^{-1})	c_p/[kJ·(kg·K)$^{-1}$]	λ/[10^{-2}W·(m·K)$^{-1}$]	a/(10^{-3} m^2·h^{-1})	μ/(10^{-6}N·s·m^{-2})	ν/(10^{-6} m^2·s^{-1})	Pr
0	0.006 11	0.004 847	2 501.6	2 501.6	1.854 3	1.83	7 313.0	8.022	1 655.01	0.815
10	0.012 27	0.009 396	2 520.0	2 477.7	1.859 4	1.88	3 881.3	8.424	896.54	0.831
20	0.023 38	0.017 29	2 538.0	2 454.3	1.866 1	1.94	2 167.2	8.84	509.90	0.847
30	0.042 41	0.030 37	2 556.5	2 430.9	1.874 4	2.00	1 265.1	9.218	303.53	0.863
40	0.073 75	0.051 16	2 574.5	2 407.0	1.885 3	2.06	768.45	9.620	188.04	0.883
50	0.123 35	0.083 02	2 592.0	2 382.7	1.898 7	2.12	483.59	10.022	120.72	0.896
60	0.199 20	0.130 2	2 609.6	2 358.4	1.915 5	2.19	315.55	10.424	80.07	0.913
70	0.311 6	0.198 2	2 626.8	2 334.1	1.936 4	2.25	210.57	10.817	54.57	0.930
80	0.473 6	0.293 3	2 643.5	2 309.0	1.961 5	2.33	145.53	11.219	38.25	0.947
90	0.701 1	0.423 5	2 660.3	2 283.1	1.992 1	2.40	102.22	11.621	27.44	0.966
100	1.013 0	0.597 7	2 676.2	2 257.1	2.028 1	2.48	73.57	12.023	20.12	0.984
110	1.432 7	0.826 5	2 691.3	2 229.9	2.070 4	2.56	53.83	12.425	15.03	1.00
120	1.985 4	1.122	2 705.9	2 202.3	2.119 8	2.65	40.15	12.798	11.41	1.02
130	2.701 3	1.497	2 719.7	2 173.8	2.176 3	2.76	30.46	13.170	8.80	1.04
140	3.614	1.967	2 733.1	2 144.1	2.240 8	2.85	23.28	13.543	6.89	1.06
150	4.760	2.548	2 745.3	2 113.1	2.314 5	2.97	18.10	13.896	5.45	1.08
160	6.181	3.260	2 756.6	2 081.3	2.397 4	3.08	14.20	14.249	4.37	1.11
170	7.920	4.123	2 767.1	2 047.8	2.491 1	3.21	11.25	14.612	3.54	1.13
180	10.027	5.160	2 776.3	2 013.0	2.595 8	3.36	9.03	14.965	2.90	1.15
190	12.551	6.397	2 784.2	1 976.6	2.712 6	3.51	7.29	15.298	2.39	1.18
200	15.549	7.864	2 790.9	1 938.5	2.842 8	3.68	5.92	15.651	1.99	1.21
210	19.077	9.593	2 796.4	1 898.3	2.987 7	3.87	4.86	15.995	1.67	1.24
220	23.198	11.62	2 799.7	1 856.4	3.149 7	4.07	4.00	16.338	1.41	1.26
230	27.976	14.00	2 801.8	1 811.6	3.331 0	4.30	3.32	16.701	1.19	1.29
240	33.478	16.76	2 802.2	1 764.7	3.536 6	4.54	2.76	17.073	1.02	1.33
250	39.776	19.99	2 800.6	1 714.4	3.772 3	4.84	2.31	17.446	0.873	1.36
260	46.943	23.73	2 796.4	1 661.3	4.047 0	5.18	1.94	17.848	0.752	1.40
270	55.058	28.10	2 789.7	1 604.8	4.373 5	5.55	1.63	18.280	0.651	1.44
280	64.202	33.19	2 780.5	1 543.7	4.767 5	6.00	1.37	18.750	0.565	1.49
290	74.461	39.16	2 767.5	1 477.5	5.252 8	6.55	1.15	19.270	0.492	1.54
300	85.927	46.19	2 751.1	1 405.9	5.863 2	7.22	0.96	19.839	0.430	1.61
310	98.700	54.54	2 730.2	1 327.6	6.650 3	8.06	0.80	20.691	0.380	1.71
320	112.89	64.60	2 703.8	1 241.0	7.721 7	8.65	0.62	21.691	0.336	1.94
330	128.63	76.99	2 670.3	1 143.8	9.361 3	9.61	0.48	23.093	0.300	2.24
340	146.05	92.76	2 626.0	1 030.8	12.210 8	10.70	0.34	24.692	0.266	2.82
350	165.35	113.6	2 567.8	895.6	17.150 4	11.90	0.22	26.594	0.234	3.83
360	186.75	144.1	2 485.3	721.4	25.116 2	13.70	0.14	29.193	0.203	5.34
370	210.54	201.1	2 342.9	452.6	76.915 7	16.60	0.04	33.989	0.169	15.7
374.15	221.20	315.5	2 107.2	0.0	—	23.79	0.0	44.992	0.143	—

附录7　几种饱和液体的热物理性质

液体名称	t/℃	p/(10^5Pa)	ρ/(kg·m^{-3})	r/[kJ·kg^{-1}]	c_p/[kJ·(kg·K)$^{-1}$]	λ/[W·(m·K)$^{-1}$]	a/(10^{-7} m^2·s^{-1})	ν/(10^{-6} m^2·s^{-1})	β/(10^{-4} K^{-1})	Pr
氟利昂-12 (CF_2Cl_2)	−40	0.642 4	1 517	170.9	0.883 4	0.10	0.747	0.28	19.76	3.79
	−30	1.004 7	1 487	167.3	0.896 0	0.095 3	0.717	0.254	20.86	3.55
	−20	1.506 9	1 456	163.5	0.908 5	0.091 0	0.686	0.236	21.90	3.44
	−10	2.191 1	1 425	159.4	0.921 1	0.086 0	0.656	0.220	20.0	3.36
	0	3.085 8	1 394	154.9	0.933 7	0.081 4	0.625	0.211	23.75	3.38
	30	7.434 7	1 293	138.6	0.983 9	0.067 4	0.531	0.194	27.2	3.66
	60	15.182 2	1 167	116.9	1.117 9	0.053 5	0.411	0.184	37.70	4.49
氟利昂-22 (CHF_2Cl)	−70	0.204 8	1 489	250.6	0.950 4	0.124 4	0.878	0.434	15.69	3.94
	−60	0.374 6	1 465	245.1	0.983 9	0.119 8	0.833	0.323	16.91	3.88
	−50	0.647 3	1 439	239.5	1.017 4	0.116 3	0.794	0.275	19.50	3.46
	−40	1.055 2	1 411	233.8	1.046 7	0.111 6	0.753	0.249	19.84	3.31
	−30	1.646 6	1 382	227.6	1.080 2	0.108 1	0.722	0.232	20.82	3.20
	−20	2.461 6	1 350	220.9	1.113 7	0.103 5	0.689	0.218	23.74	3.17
	−10	3.559 9	1 318	214.4	1.147 2	0.10	0.661	0.210	24.52	3.18
	0	5.001 6	1 285	207.0	1.180 7	0.095 3	0.628	0.204	29.72	3.25
	10	6.855 1	1 249	198.3	1.214 2	0.090 7	0.608	0.199	29.53	3.32
	20	9.169 5	1 213	188.4	1.247 7	0.087 2	0.578	0.197	30.51	3.41
	30	12.023 3	1 176	177.3	1.277 0	0.082 6	0.550	0.196	33.70	3.55
	40	15.485 2	1 132	164.8	1.310 5	0.079 1	0.531	0.196	39.95	3.67
	50	19.643 4	1 084	155.3	1.344 0	0.074 4	0.511	0.196	45.50	3.78
	60		1 032	141.9	1.373 3	0.070 9	0.50	0.202	54.60	3.92
	70		969	125.6	1.406 8	0.073 3	0.492	0.208	68.83	4.11
	80		895	104.7	1.440 3	0.062 8	0.486	0.219	95.71	4.41
R152a	−50	0.280 8	1 063.3	351.69	1.560			0.382 2	16.25	
	−40	0.479 8	1 043.5	343.54	1.590			0.337 4	17.18	
	−30	0.779 9	1 023.3	335.01	1.617			0.300 7	18.30	
	−20	1.214	1 002.5	326.06	1.645	0.127 2	0.771	0.270 3	19.64	3.506
	−10	1.821	981.1	316.63	1.674	0.121 3	0.739	0.244 9	21.23	3.314
	0	2.642	958.9	306.66	1.707	0.115 5	0.706	0.223 5	23.17	3.166
	10	3.726	935.9	296.04	1.743	0.109 7	0.673	0.205 2	25.50	3.049
	20	5.124	911.7	284.67	1.785	0.103 9	0.638	0.189 3	28.38	2.967
	30	6.890	886.3	272.77	1.834	0.098 2	0.604	0.175 6	31.94	2.907
	40	9.085	859.4	259.15	1.891	0.092 6	0.570	0.163 5	36.41	2.868
	50	11.770	830.6	244.58	1.963	0.087 2	0.535	0.152 8	42.21	2.856

续表

液体名称	t/ ℃	p/ (10^5Pa)	ρ/ (kg·m^{-3})	r/ [kJ·kg^{-1}]	c_p/ [kJ·(kg·K)$^{-1}$]	λ/ [W·(m·K)$^{-1}$]	a/ (10^{-7} m^2·s^{-1})	ν/ (10^{-6} m^2·s^{-1})	β/ (10^{-4} K^{-1})	Pr
R134a	-50	0.299 0	1 443.1	231.62	1.229	0.116 5	0.657	0.411 8	18.81	6.268
	-40	0.516 4	1 414.8	225.59	1.243	0.111 9	0.636	0.355 0	19.77	5.582
	-30	0.847 4	1 385.9	219.35	1.260	0.107 3	0.164	0.310 6	20.94	5.059
	-20	1.329 9	1 356.2	212.84	1.282	0.102 6	0.590	0.275 1	22.37	4.663
	-10	2.007 3	1 325.6	205.97	1.306	0.098 0	0.566	0.246 2	24.14	4.350
	0	2.928 2	1 293.7	198.68	1.335	0.093 4	0.541	0.222 2	26.33	4.107
	10	4.145 5	1 260.2	190.87	1.367	0.088 8	0.515	0.201 8	29.05	3.918
	20	5.716 0	1 224.9	182.44	1.404	0.084 2	0. 490	0.184 3	32.52	3.761
	30	7.700 6	1 187.2	173.29	1.447	0.079 6	0.463	0.169 1	36.98	3.652
	40	10.164	1 146.2	163.23	1.500	0.075 0	0.436	0.155 4	42.86	3.564
	50	13.176	1 102.0	152.04	1.569	0.070 4	0.407	0.143 1	50.93	3.516

附录 8　几种油的热物理性质

油类名称	温度 /℃	ρ /(kg·m^{-3})	c /[kJ·(kg·K)$^{-1}$]	λ /[W·(m·K)$^{-1}$]	a /(10^{-7}m^2·s^{-1})	ν /(10^{-6}m^2·s^{-1})	Pr
汽　油	0	900	1.80	0.145	0.897		
	50		1.842	0.137	0.667		
柴　油	20	908.4	1.838	0.128	0.947	620	8 000
	40	895.5	1.909	0.126	1.094	135	1 840
	60	882.4	1.980	0.124	1.236	45	630
	80	870.0	2.052	0.123	1.367	20	290
	100	857.0	2.123	0.122	1.506	10.8	162
润滑油	0	899	1.796	0.148	0.894	4 280	47 100
	40	876	1.955	0.144	0.861	242	2 870
	80	852	2.131	0.138	0.806	37.5	490
	120	829	2.307	0.135	0.750	12.4	175
锭子油	20	871	1.851	0.144	0.894	15.0	168
	40	858	1.934	0.143	0.861	7.93	92.0
	80	832	2.102	0.141	0.806	3.40	42.1
	120	807	2.269	0.138	0.750	1.91	25.5
变压器油	20	866	1.892	0.124	0.758	36.5	481
	40	852	1.993	0.123	0.725	16.7	230
	60	842	2.093	0.122	0.692	8.7	126
	80	830	2.198	0.120	0.656	5.2	79.4
	100	818	2.294	0.119	0.633	3.8	60.3

附录9　对流传热微分方程组各方程式在圆柱坐标系中的表达形式

1）连续性方程 $\rho(r,\theta,x)$

$$\frac{\partial\rho}{\partial\tau}+\frac{1}{r}\frac{\partial}{\partial r}(\rho r v_r)+\frac{1}{r}\frac{\partial}{\partial\theta}(\rho v_\theta)+\frac{\partial}{\partial x}(\rho v_x)=0$$

2）速度 $V(r,\theta,x)$ 的散度

$$\nabla V=\frac{1}{r}\frac{\partial}{\partial r}(r v_r)+\frac{1}{r}\frac{\partial v_\theta}{\partial\theta}+\frac{\partial v_x}{\partial x}$$

3）黏性应力 $\tau(r,\theta,x)$

$$\tau_{rr}=2\mu\frac{\partial v_r}{\partial r}-\frac{2}{3}\mu\nabla V \qquad \tau_{\theta\theta}=2\mu\left(\frac{1}{r}\frac{\partial v_\theta}{\partial\theta}+\frac{v_r}{r}\right)-\frac{2}{3}\mu\nabla V$$

$$\tau_{xx}=2\mu\frac{\partial v_x}{\partial x}-\frac{2}{3}\mu\nabla V \qquad \tau_{r\theta}=\tau_{\theta r}=\mu\left[r\frac{\partial}{\partial r}\left(\frac{v_\theta}{r}\right)+\frac{1}{r}\frac{\partial v_r}{\partial\theta}\right]$$

$$\tau_{rx}=\tau_{xr}=\mu\left(\frac{\partial v_x}{\partial r}+\frac{\partial v_r}{\partial x}\right) \qquad \tau_{\theta x}=\tau_{x\theta}=\mu\left(\frac{\partial v_\theta}{\partial x}+\frac{\partial v_x}{\partial\theta}\right)$$

4）常物性流体的动量方程

$$r:\rho\left(\frac{\partial v_r}{\partial\tau}+v_r\frac{\partial v_r}{\partial r}+\frac{v_\theta}{r}\frac{\partial v_r}{\partial\theta}-\frac{v_\theta^2}{r}+v_x\frac{\partial v_r}{\partial x}\right)=\rho g_r-\frac{\partial p}{\partial r}+\mu\left[\frac{\partial}{\partial r}\left(\frac{1}{r}\frac{\partial}{\partial r}r v_r\right)+\frac{1}{r^2}\frac{\partial^2 v_r}{\partial\theta^2}-\frac{2}{r^2}\frac{\partial v_\theta}{\partial\theta}+\frac{\partial^2 v_r}{\partial x^2}\right]$$

$$\theta:\rho\left(\frac{\partial v_\theta}{\partial\tau}+v_r\frac{\partial v_\theta}{\partial r}+\frac{v_\theta}{r}\frac{\partial v_\theta}{\partial\theta}+\frac{v_r v_\theta}{r}+v_x\frac{\partial v_\theta}{\partial x}\right)=\rho g_\theta-\frac{1}{r}\frac{\partial p}{\partial\theta}+\mu\left[\frac{\partial}{\partial r}\left(\frac{1}{r}\frac{\partial}{\partial r}r v_\theta\right)+\frac{1}{r^2}\frac{\partial^2 v_\theta}{\partial\theta^2}+\frac{2}{r^2}\frac{\partial v_r}{\partial\theta}+\frac{\partial^2 v_\theta}{\partial x^2}\right]$$

$$x:\rho\left(\frac{\partial v_x}{\partial\tau}+v_r\frac{\partial v_x}{\partial r}+\frac{v_\theta}{r}\frac{\partial v_x}{\partial\theta}+v_x\frac{\partial v_x}{\partial x}\right)=\rho g_x-\frac{\partial p}{\partial x}+\mu\left[\frac{1}{r}\frac{\partial}{\partial r}\left(r\frac{\partial v_x}{\partial r}\right)+\frac{1}{r^2}\frac{\partial^2 v_x}{\partial\theta^2}+\frac{1}{r^2}\frac{\partial v_x}{\partial\theta}+\frac{\partial^2 v_x}{\partial x^2}\right]$$

5）常物性流体的能量方程 $t(r,\theta,x)$

$$\rho c_p\left(\frac{\partial t}{\partial\tau}+v_r\frac{\partial t}{\partial r}+\frac{v_\theta}{r}\frac{\partial t}{\partial\theta}+v_x\frac{\partial t}{\partial x}\right)=\lambda\left[\frac{1}{r}\frac{\partial}{\partial r}\left(r\frac{\partial t}{\partial r}\right)+\frac{1}{r^2}\frac{\partial^2 t}{\partial\theta^2}+\frac{\partial^2 t}{\partial x^2}\right]+\alpha T\left(\frac{\partial p}{\partial\tau}+v_r\frac{\partial p}{\partial r}+\frac{v_\theta}{r}\frac{\partial p}{\partial\theta}+v_x\frac{\partial p}{\partial x}\right)+\mu\Phi$$

6）耗散函数 $\mu\Phi(r,\theta,x)$

$$\mu\Phi=2\mu\left[\left(\frac{\partial v_r}{\partial r}\right)^2+\left(\frac{1}{r}\frac{\partial v_\theta}{\partial\theta}+\frac{v_r}{r}\right)^2+\left(\frac{\partial v_x}{\partial x}\right)^2\right]+\mu\left[r\frac{\partial}{\partial r}\left(\frac{v_\theta}{r}\right)+\frac{1}{r}\frac{\partial v_r}{\partial\theta}\right]^2+$$

$$\mu\left[\frac{1}{r}\frac{\partial v_x}{\partial\theta}+\frac{\partial v_\theta}{\partial x}\right]^2+\mu\left[\frac{\partial v_r}{\partial x}+\frac{\partial v_x}{\partial r}\right]^2-\frac{2}{3}\mu\left[\frac{1}{r}\frac{\partial}{\partial r}(r v_r)+\frac{1}{r}\frac{\partial v_\theta}{\partial\theta}+\frac{\partial v_x}{\partial x}\right]^2$$

附录 10　常用材料表面的法向发射率

材料名称及表面状况	温度/℃	ε_n
铝:高度抛光,纯度 98%	50~500	0.04~0.06
工业用铝板	100	0.09
严重氧化的	100~150	0.2~0.31
黄铜:高度抛光的	260	0.03
无光泽的	40~260	0.22
氧化的	40~260	0.46~0.56
铬:抛光板	40~550	0.08~0.27
铜:高度抛光的电解铜	100	0.02
轻微抛光的	40	0.12
氧化变黑的	40	0.76
金:高度抛光的纯金	100~600	0.02~0.035
钢铁:钢,抛光的	40~260	0.07~0.1
钢板,轧制的	40	0.65
钢板,严重氧化的	40	0.80
铸铁,抛光的	200	0.21
铸铁,新车削的	40	0.44
铸铁,氧化的	40~260	0.56~0.68
不锈钢,抛光的	40	0.07~0.17
银:抛光的或蒸镀的	40~540	0.01~0.03
锡:光亮的镀锡铁皮	40	0.04~0.06
锌:镀锌,灰色的	40	0.28
铂:抛光的	230~600	0.05~0.1
铂带	950~1 600	0.12~0.17
铂丝	30~1 200	0.036~0.19
水银:	0~100	0.09~0.12
砖:粗糙红砖	40	0.88~0.93
耐火黏土砖	500~1 000	0.80~0.90
木材:	40	0.80~0.90
石棉:板	40	0.96
石棉水泥	40	0.96
石棉瓦	40	0.97
碳:灯黑	40	0.95~0.97
石灰砂浆:白色、粗糙	40~260	0.87~0.92
黏土:耐火黏土	100	0.91
土壤(干)	20	0.92
土壤(湿)	20	0.95
混凝土:粗糙表面	40	0.94

续表

材料名称及表面状况	温度/℃	ε_n
玻璃:平板玻璃	40	0.94
派力克斯铅玻璃	260~540	0.95~0.85
瓷:上釉的	40	0.93
石膏:	40	0.80~0.90
大理石:浅色,磨光的	40	0.93
油漆:各种油漆	40	0.92~0.96
白色喷漆	40	0.80~0.95
光亮黑漆	40	0.90
纸:白纸	40	0.95
粗糙屋面焦油毡纸	40	0.90
橡胶:硬质的	40	0.94
雪	-12~-7	0.82
水:厚度 0.1 mm 以上	0~100	0.96
人体皮肤	32	0.98

附录 11　不同材料表面的绝对粗糙度

材　料	管子内壁状态	k_s/mm
黄铜、铜、铝、塑料、玻璃	新的、光滑的	0.001 5~0.01
钢	新的冷拔无缝钢管	0.01~0.03
	新的热拉无缝钢管	0.05~0.10
	新的轧制无缝钢管	0.05~0.10
	新的纵缝焊接钢管	0.05~0.10
	新的螺旋焊接钢管	0.10
	轻微锈蚀的	0.10~0.20
	锈蚀的	0.20~0.30
	长硬皮的	0.50~2.0
钢	严重起皮的	>2
	新的涂沥青的	0.03~0.05
	一般的涂沥青的	0.10~0.20
	镀锌的	0.12~0.15
铸　铁	新的	0.25
	锈蚀的	1.0~1.5
	起皮的	1.5~3.0
	新的涂沥青的	0.10~0.15
木　材	光　滑	0.2~1.0
混凝土	新的抹光的	<0.15
	新的不抹光的	0.2~0.8

附录 12　传热设备的 h 及 k 概略值

(a)对流传热表面传热系数 h[单位:$W/(m^2 \cdot K)$]

(1)加热和冷却空气时　1~60

(2)加热和冷却过热蒸汽时　20~120

(3)加热和冷却油类时　60~1 800

(4)加热和冷却水时　200~12 000

(5)水沸腾时　600~50 000

(6)蒸汽膜状凝结时　4 500~18 000

(7)蒸汽珠状凝结时　45 000~140 000

(8)有机物的蒸汽凝结时　600~2 300

(b)传热系数 k[单位:$W/(m^2 \cdot K)$]

(1)气体—气体　30

(2)气体—水(肋管热交换器,水在管内)30~60

(3)气体—蒸汽(肋管热交换器,蒸汽在管内)30~300

(4)水—水　900~1 800

(5)水—蒸汽凝结　3 000

(6)水—油类　100~350

(7)水—煤油　350

(8)蒸汽凝结—煤油、汽油　300~1 200

(9)水—氟利昂 12　280~850

(10)水—氨　850~1 400

附录 13　污垢系数的参考值

单位:$m^2 \cdot K/W$

水的污垢系数				
热液体温度/℃	<115		115~205	
水温/℃	<52		>52	
水速/($m \cdot s^{-1}$)	<1	>1	<1	>1
海水	0.000 1	0.000 1	0.000 2	0.000 2
硬度不高的自来水和井水	0.000 2	0.000 2	0.000 4	0.000 4
河水	0.000 6	0.000 4	0.000 8	0.000 6
硬水(>257 g/m^3)	0.000 6	0.000 6	0.001	0.001
锅炉给水	0.000 2	0.000 1	0.000 2	0.000 2
蒸馏水	0.000 1	0.000 1	0.000 1	0.000 1
冷水塔或喷水池				
经过处理的水	0.000 2	0.000 2	0.000 4	0.000 4
未经过处理的水	0.000 6	0.000 6	0.001	0.000 8
多泥沙的水	0.000 6	0.000 4	0.000 8	0.000 6

几种流体的污垢系数					
油		蒸气和气体		液　体	
燃料油	0.001	有机蒸气	0.000 2	有机物	0.000 2
润滑油,变压器油	0.000 2	水蒸气(不含油)	0.000 1	制冷剂液	0.000 2
		废水蒸气(含油)	0.000 2	盐水	0.000 4
		制冷剂蒸气(含油)	0.000 4		
		压缩空气	0.000 4		
		燃气、焦炉气	0.002		
		天然气	0.002		

附录 14　第一类贝塞尔(Bessel)函数选择

x	$J_0(x)$	$J_1(x)$	x	$J_0(x)$	$J_1(x)$	x	$J_0(x)$	$J_1(x)$
0.0	1.000 0	0.000 0	1.0	0.765 2	0.440 0	2.0	0.223 9	0.576 7
0.1	0.997 5	0.049 9	1.1	0.719 6	0.470 9	2.1	0.166 6	0.568 3
0.2	0.990 0	0.099 5	1.2	0.671 1	0.498 3	2.2	0.110 4	0.556 0
0.3	0.977 6	0.148 3	1.3	0.620 1	0.522 0	2.3	0.055 5	0.539 9
0.4	0.960 4	0.196 0	1.4	0.566 9	0.541 9	2.4	0.002 5	0.520 2
0.5	0.938 5	0.242 3	1.5	0.511 8	0.557 9			
0.6	0.912 0	0.286 7	1.6	0.455 4	0.569 9			
0.7	0.881 2	0.329 0	1.7	0.398 0	0.577 8			
0.8	0.846 3	0.368 8	1.8	0.340 0	0.581 5			
0.9	0.807 5	0.405 9	1.9	0.281 8	0.581 2			

附录 15　误差函数选摘

x	erf$x$	x	erf$x$	x	erf$x$
0.00	0.000 00	0.36	0.389 33	1.04	0.858 65
0.02	0.022 56	0.38	0.409 01	1.08	0.873 33
0.04	0.045 11	0.40	0.428 39	1.12	0.886 79
0.06	0.067 62	0.44	0.466 22	1.16	0.899 10
0.08	0.090 08	0.48	0.502 75	1.20	0.910 31
0.10	0.112 46	0.52	0.537 90	1.30	0.934 01
0.12	0.134 76	0.56	0.571 62	1.40	0.952 28
0.14	0.156 95	0.60	0.603 86	1.50	0.966 11
0.16	0.179 01	0.64	0.634 59	1.60	0.976 35
0.18	0.200 94	0.68	0.663 78	1.70	0.983 79
0.20	0.222 70	0.72	0.691 43	1.80	0.989 09
0.22	0.244 30	0.76	0.717 54	1.90	0.992 79
0.24	0.265 70	0.80	0.742 10	2.00	0.995 32
0.26	0.286 90	0.84	0.765 14	2.20	0.998 14
0.28	0.307 88	0.88	0.786 69	2.40	0.999 31
0.30	0.328 63	0.92	0.806 77	2.60	0.999 76
0.32	0.349 13	0.96	0.825 42	2.80	0.999 92
0.34	0.369 36	1.00	0.842 70	3.00	0.999 98

注：误差函数 $\mathrm{erf}x = \frac{2}{\sqrt{\pi}}\int_0^x e^{-t^2}\mathrm{d}t$；误差余函数 $\mathrm{erfc}x = 1 - \mathrm{erf}x$。

附录 16　长圆柱中心温度诺谟图

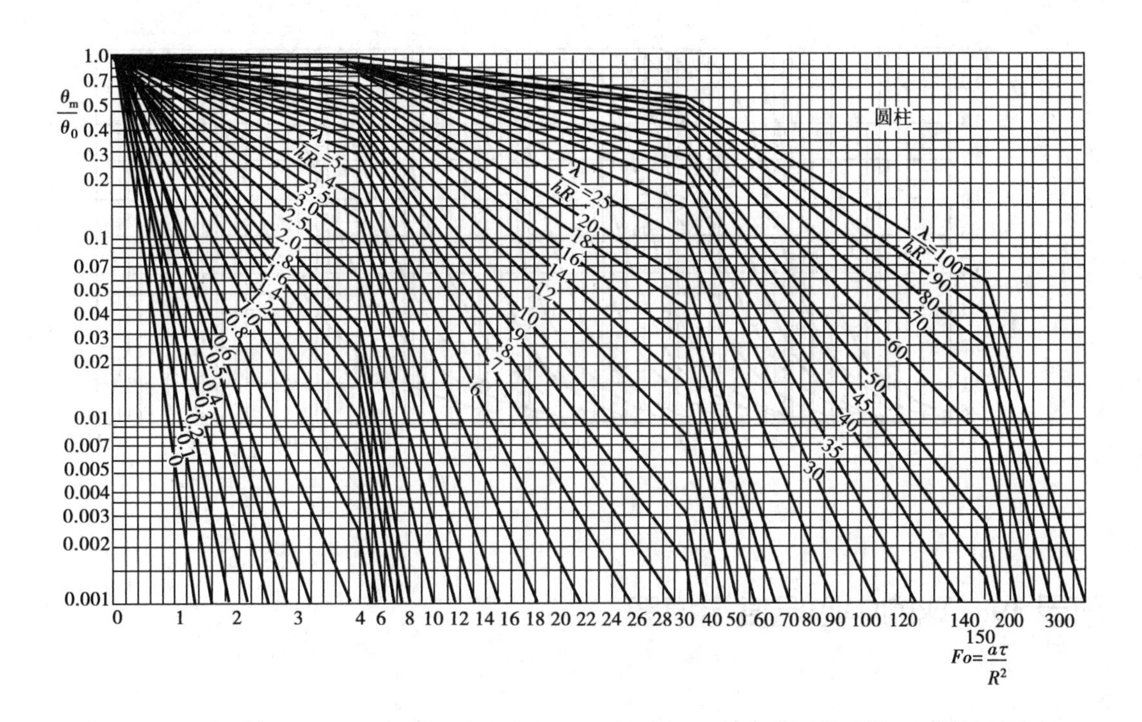

附录 17　长圆柱的 θ/θ_m 曲线

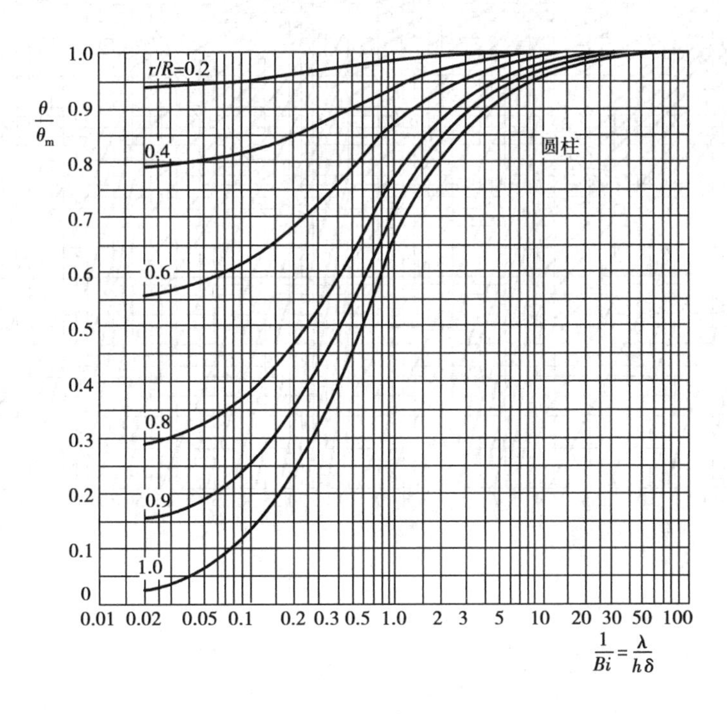

附录 18 长圆柱的 Q/Q_0 曲线

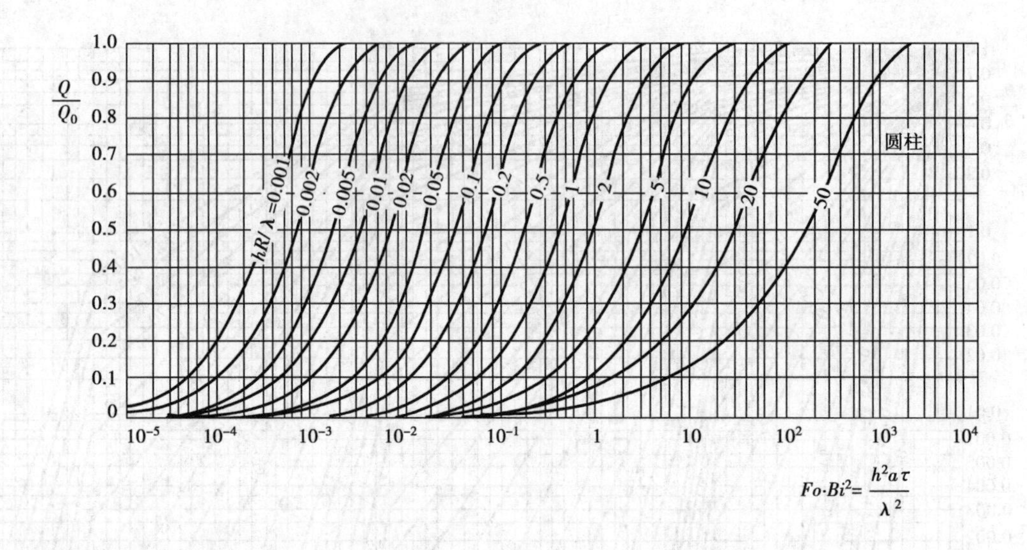

附录 19 球的中心温度诺谟图

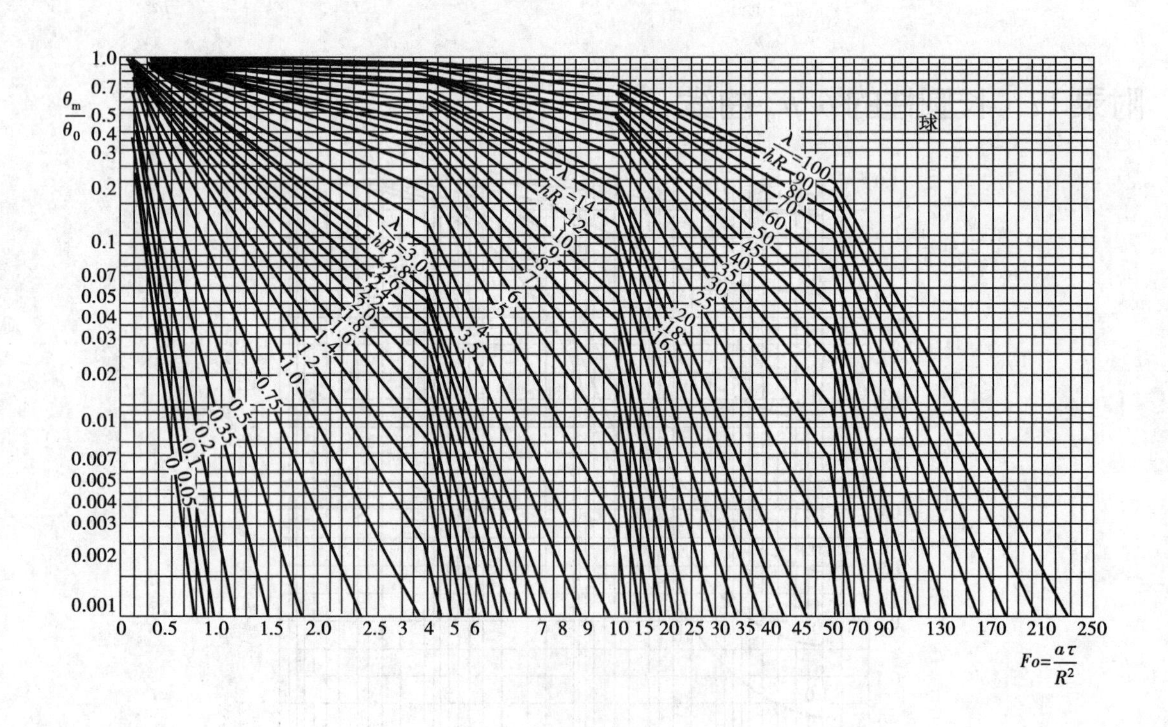

附录 20　球的 θ/θ_m 曲线

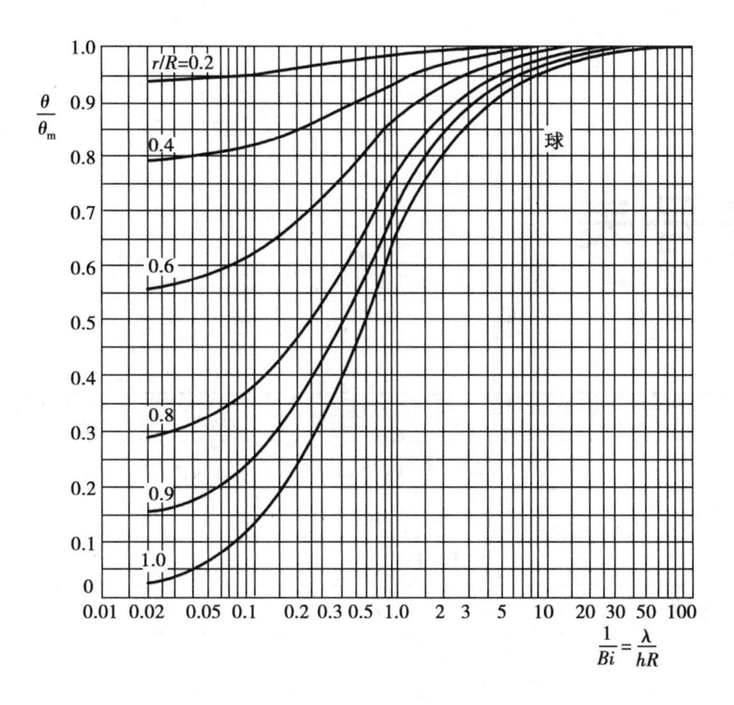

附录 21　球的 Q/Q_0 曲线

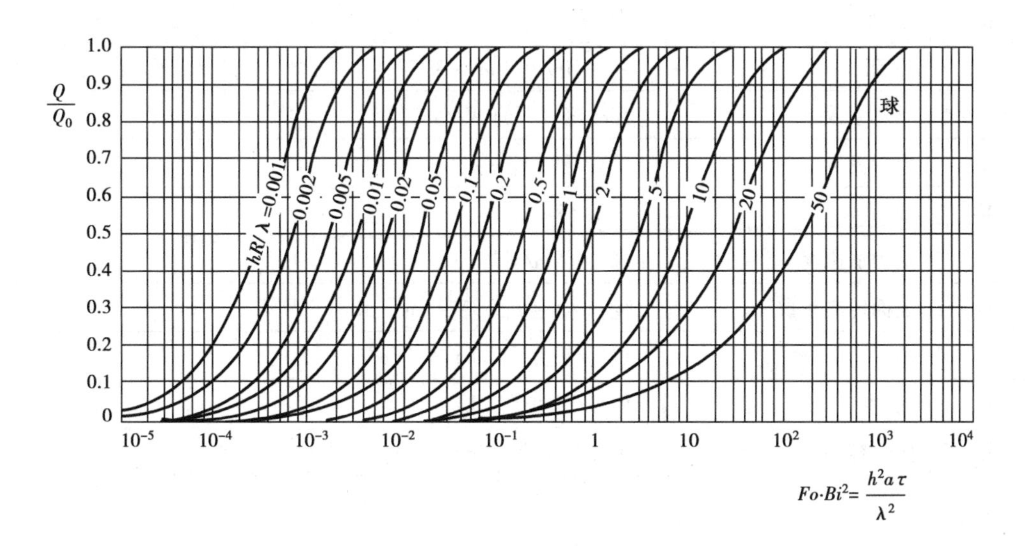

基本符号表

符号	物理量	常用单位
Φ	热流量	焦耳/秒 [J/s]；瓦[W]
q	热流密度	瓦/米^2[W/m^2]
Q	热 量	焦耳 [J]
T	热力学温度	开尔文 [K]
T	波动周期	秒 [s]
t	摄氏温度	度 [℃]
A	表面积	米^2[m^2]
A	温度波振幅	开尔文 [K]
δ	厚 度	米 [m]
R	热 阻	米^2·开/瓦 [m^2·K/W]
λ	导热系数	瓦/(米·开)[W/(m·K)]
M	质量流量	千克/秒 [kg/s]
M	质 量	质量 [kg]
g	重力加速度	米/秒^2[m/s^2]
h	表面传热系数	瓦/(米^2·开) [W/(m^2·K)]
h	焓	焦耳/千克 [J/ kg]
e	内 能	焦耳/千克 [J/ kg]
c	比热容	焦耳/(千克·开) [J/ kg·K]
Δ	差 值	
k	传热系数	瓦/(米^2·开) [W/(m^2·K)]
a	热扩散率	米^2/秒 [m^2/s]

续表

符 号	物 理 量	常 用 单 位
B	大气压强	牛顿/米^2[N/m^2];帕[Pa];千克/(米·秒^2)[kg/(m·s^2)]
C	辐射系数	瓦/(米^2·开^4)[W/(m^2·K^4)]
C	摩擦系数	
f	管内摩擦系数	
r	半 径	米[m];毫米[mm]
l	长 度	米[m]
l	定型尺寸	米[m]
d	直 径	米[m];毫米[mm]
S	距 离	米[m]
s	蓄热系数	焦耳/(米^2·秒·开)[J/(m^2·s·K)]
E	辐射力	瓦/米^2[W/m^2]
G	投射辐射	瓦/米^2[W/m^2]
I	辐射强度	瓦/(米^2·球面度)[W/(m^2·Sr)]
J	有效辐射	瓦/米^2[W/m^2]
P	功 率	瓦[W];焦耳/秒[J/s]
p	压 强	牛顿/米^2[N/m^2];帕[Pa];千克/(米·秒^2)[kg/(m·s^2)]
NTU	传热单元数	
γ	气化潜热	焦耳/千克[J/kg]
M_l	单位宽度凝液质流量	千克/(米·秒)[kg/m·s]
U	周边长度	米[m]
u	速 度	米/秒[m/s]
V	容积;体积流量	米^3[m^3];米^3/秒[m^3/s]
v	速 度	米/秒[m/s]
w	速 度	米/秒[m/s]
X	角系数	
α	吸收率	
α	体积膨胀系数	1/开[1/K]
β	肋化系数	
ε	发射率	
ε	换热器效能	
η	效 率	
Θ	无量纲过余温度	

续表

符 号	物 理 量	常 用 单 位
θ	过余温度	开［K］
μ	动力黏度	牛顿·秒/米^2［$N \cdot s/m^2$］
ν	运动黏度	米^2/秒［m^2/s］
v	衰减度	
ζ	延迟时间	秒［s］;时［h］
ρ	密 度	千克/米^3［kg/m^3］
ρ	反射率	
τ	透射率	
t	时 间	秒［s］;时［h］
τ	黏性力	牛顿/米^2［N/m^2］
ω	角速度	弧度/秒［rad/s］
σ	表面张力	牛顿/米［N/m］
H	高 度	米［m］;毫米［mm］

相似准则名称

$Bi=\dfrac{hl}{\lambda}$——毕渥(Biot)准则(λ 为固体的导热系数)

$Co=h\left[\dfrac{\lambda^3\rho^2 g}{\mu^2}\right]^{-1/3}$——凝结(Condensation)准则

$Fo=\dfrac{a\tau}{l^2}$——傅里叶(Fourier)准则

$Gr=\dfrac{gl^3\alpha\Delta t}{\nu^2}$——格拉晓夫(Grashof)准则

$Nu=\dfrac{hl}{\lambda}$——努谢尔特(Nusselt)准则(λ 为液体的导热系数)

$Pr=\dfrac{\nu}{a}$——普朗特(Prandtl)准则

$Re=\dfrac{ul}{\nu}$——雷诺(Reynolds) 准则

$Pe=Re\cdot Pr=\dfrac{ul}{a}$——贝克利(Peclet)准则

$Ra = Gr \cdot Pr = \dfrac{\alpha g l^3 \Delta t}{\nu a}$——瑞利(Rayleigh)准则

$St = \dfrac{Nu}{Re \cdot Pr} = \dfrac{h}{\rho c_p u}$——斯坦登(Stanton)准则

主要下标符号

f——流体(Fluid)

w——壁面(Wall)

c——临界(Critical)

e——当量,等效(Equivalent)

s——饱和(Saturation)

l——单位管长(Length)

m——平均(Mean)

min——最小(Minimum)

max——最大(Maximum)

参考文献

第2章　参考文献

[1] 奚同庚.无机材料热物性学[M].上海:上海科学技术出版社,1981.

[2] Touloukian Y S, Powell R W, Ho C Y, Klemens P G. Thermophysical Properties of Matter, Vol1-3[M]. New York: IFI/Plenum Press, 1970.

[3] Vargaftik N B. Tables on the Thermophysical Properties of Liquids and Gases[M]. 2nd Ed. New York: John Wiley & Sons, Inc., 1975.

[4] 全国能源基础与管理标准化技术委员会.GB/T 4272—2008 设备及管道绝热技术通则[S].北京:中国标准出版社,2008.

[5] 沈韫元,白玉珍,陈玉梅,等.建筑材料的热物理性能[M].北京:中国建筑工业出版社,1997.

[6] 陕西省建筑设计院.建筑材料手册[M].4版.北京:中国建筑工业出版社,1997.

[7] 张洪济.热传导[M].北京:高等教育出版社,1992.

[8] 埃克特 E R G,德雷克 R M.传热与传质分析[M].航青,译.北京:科学出版社,1983.

[9] 钱壬章,俞昌铭,林文贵.传热分析与计算[M].北京:高等教育出版社,1987.

[10] 屠传经,沈珞婵,吴子静.热传导[M].北京:高等教育出版社,1992.

[11] Schneider P J. Conduction Heat Transfer[M]. Massachusetts: Addison-Wesley Publishing Co., 1955.

[12] 姜任秋.热传导、质扩散与动量传递中的瞬态冲击效应[M].北京:科学出版社,1997.

[13] A.B.雷科夫.热传导理论[M].裘列均,丁履德,译.北京:高等教育出版社,1955.

[14] Apaci V S. Conduction Heat Transfer[M]. Massachusetts: Addison-Wesley Publishing Co., 1966.

第3章 参考文献

[1] Holman J P.Heat Transfer[M]. 9th ed. New York: McGraw-Hill Book Co.,2002.

[2] Aziz A.The critical thickness of insulation[J]. Heat Transfer Engineering,1997,18(2):61-93.

[3] 张洪济.热传导[M].北京:高等教育出版社,1992.

[4] Kakac S,Yener Y.Heat conduction[M]. 2nd ed.Washington:Hemisphere Publishing Corporation,1986.

[5] Rohsenow W M,Hartnett J P,Ganic E N. Handbook of heat transfer,fundamentals[M]. 2nd ed.New York:McGraw-Hill Book Company,1985.

[6] Look D C.1-D fin tip boundary condition corrections[J]. Heat Transfer Engineering,1997,18(2):46-49.

[7] Howell J R, Mengüç M P, Siegel R. Thermal Radiation Heat Transfer[M]. 6th ed. New York: Taylor & Francis Group,2016.

[8] Rohsenow W M. Handbook of Heat Transfer[M]. New York: McGraw-Hill Book Co.,1998.

[9] Hahne E, Grigull U. Formfactor und Formwiederstand der stationären mehrdimensionalen Wärmeleitung[J]. International Journal of Heat and Mass Transfer,1975,18(6):751-767.

第4章 参考文献

[1] 李元杰. 数学物理方程与特殊函数[M]. 北京:高等教育出版社,2009.

[2] Ozisik M N. Heat Conduction[M]. 3rd ed. New York: John Wiley & Sons, 2012.

[3] Schneider P J. Conduction Heat Transfer[M]. Massachusetts: Addison-Westey Publishing Co.,1957.

[4] Schneider P J. Temperature Response Charts[M]. New York: John Wiley & Sons, 1963.

[5] 雷科夫 A B. 热传导理论[M]. 裘列均,丁履德,译. 北京:高等教育出版社,1955.

[6] Исаченко В П. Оипова В А. Теплопередача[M]. МосkВа: Энергия, 1965.

[7] Campo A. Rapid Determination of Spatio-Temporal Temperatures and Heat Transfer in Simple Bodies Cooled by Convection: Usage of Calculators in Lieu of Heisler-Gröber Charts[J]. International Communications in Heat and Mass Transfer, 1997, 24(4): 553-564.

[8] Heisler M P. Temperature Charts for Conduction and Constant Temperature Heating[J]. Trans ASME, 1947, 69(1): 227-236.

[9] Incropera F P, De Witt D P. Introduction to Heat Transfer[M]. 4th ed.. New York: John Wiley & Sons,2001.

[10] 张洪济. 热传导[M]. 北京:高等教育出版社,1992.

[11] Eckert E R G, Drake R M. Analysis of Heat and Mass Transfer[M]. McGraw-Hill Book

Co., 1972.

[12] Kakac S, Yener Y. Heat Conduction[M]. 3rd ed. London: Taylor & Francis Group, 1993.

[13] 伊萨琴科 B П. 传热学[M]. 王丰,冀守礼,周筠清,等,译. 北京:高等教育出版社,1987.

[14] 王补宣. 工程传热传质学(上册)[M].2 版.北京:科学出版社,1998.

[15] 林瑞泰. 热传导理论与方法[M]. 天津:天津大学出版社,1992.

[16] 威尔蒂 J R. 工程传热学[M]. 任泽霈,罗棣庵,译. 北京:人民教育出版社,1982.

[17] Langton L S. Heat Transfer from Multidimensional Objects Using One-Dimensional Solutions for Heat Loss[J]. International Journal of Heat and Mass Transfer, 1982, 25(1): 149-150.

第 5 章　参考文献

[1] 陶文铨.数值传热学[M].2 版.西安:西安交通大学出版社,2001.

[2] 郭宽良,孔祥谦,陈善年.计算传热学[M].合肥:中国科学技术大学出版社,1988.

[3] 钱壬章,俞昌铭,林文贵.传热分析与计算[M].北京:高等教育出版社,1987.

[4] 杨小琼.计算机辅助教学丛书——传热学[M].西安:西安交通大学出版社,1992.

[5] 中国工程热物理学会计算传热专业组.计算传热研究与应用发展[M].北京:高等教育出版社,1994.

[6] 复旦大学数学系.有限元素法选讲[M].北京:科学出版社,1976.

[7] 孔祥谦.有限单元法在传热学中的应用[M].3 版.北京:科学出版社,1998.

[8] Kaleka B V, Desmond R M. Engineering Heat Transfer[M]. West Publishing Co., 1977.

[9] Holman J P.Heat Transfer[M]. 9th ed.New York: McGraw-Hill Book Co., 2002.

[10] 南京大学数学系.偏微分方程数值解法[M].北京:科学出版社,1979.

[11] Ozisik M N, Basic Heat Transfer[M]. New York: McGraw-hill Book Co., 1977.

[12] 陶文铨.计算流体力学与传热学[M].北京:中国建筑工业出版社,1991.

[13] 俞昌铭.热传导及其数值分析[M].北京:清华大学出版社,1981.

第 6 章　参考文献

[1] 任泽霈.对流换热[M].北京:高等教育出版社,1995.

[2] 章熙民,等.传热学[M].6 版.北京:中国建筑工业出版社,2014.

[3] 蔡增基,龙天渝.流体力学泵与风机[M].5 版.北京:中国建筑工业出版社,2014.

[4] Schlichting H. Boundary Layer Theory: [M]. 9th ed. Berlin, Heidelbera: Springer-Verlag, 2017.

[5] 蒋汉文,邱信立.热力学原理及应用[M].上海:同济大学出版社,1990.

[6] Eckert E R G, Drake R M. Anilysis of Heat and Mass Transfer[M]. New York: McGraw-Hill Book Co., 1972.

[7] 陈景仁.流体力学及传热学[M].北京:国防工业出版社,1984.

第7章　参考文献

[1] 帕坦卡 S V.传热和流体流动的数值方法[M].郭宽良,译.合肥:安徽科学技术出版社,1984.
[2] 陶文铨.数值传热学[M].2版.西安:西安交通大学出版社,2001.
[3] 任泽霈.对流换热[M].北京:高等教育出版社,1995.
[4] 陈景仁.流体力学及传热学[M].北京:国防工业出版社,1984.
[5] Van Dyke M.Pertubation Method in Fluid Mechanics[M]. New York:Academic Press,1984.
[6] 王启杰.对流传热传质分析[M]. 西安:西安交通大学出版社,1991.
[7] Blasius H.Grenzschichten in Flüssigkeiten mit Kleiner Reibung[M]. Mathphys,1908.
[8] Kays W M, Crawford M E. Convective Heat and Mass Transfer[M]. 4th ed. New York: McGraw-Hill College, 2004.
[9] Howarth L.On the Solution of the Laminer Boundary Layer Equation[M]. London: Proceedings of the Royal Society A, 1938.
[10] 伊萨琴科 в д.传热学[M].王韦,译. 北京:高等教育出版社,1981.
[11] 威尔特 J R,等.动量、热量、质量传递原理[M].李为正,等,译. 北京:国防工业出版社,1984.
[12] Eckert E R G,Drake R M. Analysis of Heat and Mass Transfer[M]. New York: McGraw-Hill Book Co.,1972.
[13] 茹卡乌斯卡斯 A A.换热器内的对流传热[M].马昌文,等,译.北京:科学出版社,1986.
[14] Incropera F P,Dewitt D P.Fundamental of Heat and Mass Transfer[M]. 7th ed. New York: John Wiley & Sone Inc,2011.
[15] 蔡增基,龙天渝.流体力学泵与风机[M].5版.北京:中国建筑工业出版社,2014.
[16] 章熙民,等.传热学[M].6版.北京:中国建筑工业出版社,2014.
[17] 王丰. 相似理论及其在传热学中的应用[M]. 北京:高等教育出版社,1990.

第8章　参考文献

[1] Kays W M, Craword M E.Convective Heat and Mass Transfer[M]. 4th ed. New York:McGraw-Hill College,2004.
[2] 任泽霈.对流换热[M].北京:高等教育出版社,1995.
[3] 章熙民,等.传热学[M].6版.北京:中国建筑工业出版社,2014.
[4] Incropera F P,Dewitt D P .Fundamentals of Heat and Mass Transfer[M]. 7th ed. New York: John Wiley & Sons,2011.
[5] 杨世铭,陶文铨.传热学[M].4版.北京:高等教育出版社,2014.

[6] Rohsenow W M, Hartnett J P. Handbook of Heat Transfer[M]. 2nd ed. New York: McGraw-Hill College,1985.

[7] Shah R K,London A L .Laminar Flow Forced Convection in Ducts[M]. New York: Academic Press,1978.

[8] 霍尔曼 J P.传热学[M].马庆芳,等,译.北京:机械工业出版社,2011.

[9] Gnielinski V. Forschung auf dem Gebiete des[J]. Forschung im Ingenieurwesen A,1975:7-16.

[10] Giedt W H. Investigation of Variation of Point Unit-heat-transfer Coefficient Around a Cylinder Normal to an Air Stream. Journal of Heat Transfer-Transactions of the ASME, 1949, 71: 375-381.

[11] Irvine T F, Hartnett J P. Advances in Heat Transfer[M]. Vol.8.Academic Press,1972.

[12] 钱滨江,伍贻文,等.简明传热手册[M].北京:高等教育出版社,1984.

[13] 凯斯 W M, 伦敦 A L.紧凑式热交换器[M].宣益民,译.北京:科学出版社,1997.

[14] Mcadams W H. Heat Transmission[M]. 3rd ed. New York: McGraw-Hill Book Company, 1954.

[15] Vliet G C.Natural Convection Local Heat Transfer on Constant Heat Flux Inclined Surfaces [J]. Journal of Heat Transfer-Transactions of the ASME, 1969,91C:511.

[16] Fujii T,Imura H. Natural Convection Heat Transfer from a Plate with Arbitrary Inclination[J]. International Journal of Heat and Mass Transfer , 1972,15:755.

[17] Churchill S W, Chu H H S. Correlating Equations for Laminar and Turbulent Free Convection from a Vertical Plate[J]. International Journal of Heat and Mass Transfer, 1975.

[18] Metais B, Eckert E R G. Forced, Mixed, and Free C Convection Regimes[J]. Journal of Heat Transfer-Transactions of the ASME, 1964,86:295-296.

第9章 参考文献

[1] 杨世铭,陶文铨.传热学[M].4 版.北京:高等教育出版社,2014.

[2] 章熙民,等.传热学[M].6 版.北京:中国建筑工业出版社,2014.

[3] Zhang DongChang, Lin Zaiqi, Lin Jifang. Proceedings of the Eighth International Heat Transfer Conference[J]. International Journal of Heat and Fluid Flow, 1986:1677.

[4] Nusselt W. ZVDI. Vol.60,1916,s.541

[5] 威尔特 J R,等.动量、热量、质量传递原理[M]. 李为正,等,译.北京: 国防工业出版社,1984.

[6] 杰姆斯·苏赛克.传热学[M]. 俞佐平,等,译. 北京:人民教育出版社, 1982.

[7] Rohsenow W M. Heat Transfer and Temperature Distribution in Laminar Film Condensation[J]. Journal of Heat Transfer-Transactions of the ASME November, 1956: 1645-1648.

[8] Incropera F P, Dewitt D P. Fundamentals of Heat Transfer and Mass Transfer[M]. 7th ed. John Wiely & Sons, 1985.

[9] 科利尔 J G. 对流沸腾与凝结[M]. 魏先英,等,译. 北京: 科学出版社, 1982.

[10] Исачено ВП. Теплообмен ПРИ Конденсадия[M]. МоскВа: Энергия,1977.
[11] 任泽霈. 对流换热[M]. 北京: 高等教育出版社, 1995.
[12] Chato J G. Laminar Condensation inside Horizontal and Inclined Tubes[J]. ASHRAE Journal, 1962(4): 52-60.
[13] 蒋汉文, 邱信立. 热力学原理及应用[M]. 上海: 同济大学出版社, 1990.
[14] 林瑞泰. 沸腾换热[M]. 北京: 科学出版社, 1988.
[15] Zuber N, Tribus M, Westwater J W. Conference on Developments in Heat Transfer[M]. New York: ASME, 1962.
[16] Rohsenow W M.A Method of Liquids[J]. Journal of Heat Transfer-Transactions of the ASME, 1952, 74:1969.
[17] Collier J G, Thome J R.Convective boiling and Condensation[M]. 3rd ed. Oxford: Clarendon Press, 1994.

第 10 章　参考文献

[1] 章熙民,等.传热学[M].6 版.北京:中国建筑工业出版社,2014.
[2] 霍尔曼 J P.传热学[M].马庆芳,等,译.北京:机械工业出版社,2011.
[3] 埃克特 E R G,德雷克 R M.传热与传质分析[M].航青,译.北京:科学出版社,1983.
[4] 姚仲鹏,等.传热学[M].2 版.北京:北京理工大学出版社,2003.
[5] 张奕.传热学[M].南京:东南大学出版社,2004.

第 11 章　参考文献

[1] 章熙民,任泽霈,等.传热学[M].6 版.北京:中国建筑工业出版社,2014.
[2] 杨世铭,陶文铨.传热学[M].4 版.北京:高等教育出版社,2014.
[3] 杨贤荣,马庆芳.辐射传热角系数手册[M].北京:国防工业出版社,1982.
[4] 霍尔曼 J P.传热学题解[M].马重芳,马庆芳,等,译.北京:人民教育出版社,1981.
[5] 姚仲鹏,王瑞君,张习军.传热学[M].2 版.北京:北京理工大学出版社,2003.
[6] 张奕.传热学[M].南京:东南大学出版社,2004.
[7] 王补宣.工程传热学:上册[M].北京:科学出版社,1982.

第 12 章　参考文献

[1] 钱颂文. 换热器设计手册[M]. 北京:化学工业出版社,2002.
[2] 章熙民,等. 传热学[M].6 版. 北京:中国建筑工业出版社,2014.
[3] Bergles A E. Enhancement of Heat Transfer[C]. The 6th International Heat Transfer Confer-

ence, Vol.1978,6:89-108.
[4] 史美中,等. 热交换器原理与设计[M].5 版. 南京:东南大学出版社,2014.
[5] Jakob M. Elements of Heat Transfer[M]. New York: John Wiley & Sons, Inc., 1957.
[6] 靳明聪,等. 换热器[M]. 重庆:重庆大学出版社,1990.
[7] Rohsenow W M., Hartner J P.Handbook of Heat Transfer[M]. 2nd ed. New York: McGraw-Hill Companies, 1985.
[8] 尾花英朗.热交换器设计手册[M]. 徐宗权,译.北京:石油工业出版社,1981.
[9] 钱滨江,等. 简明传热手册[M]. 北京:高等教育出版社,1983.
[10] 杨世铭. 传热学[M].4 版. 北京:高等教育出版社,2014.
[11] Bergles A E. Recent Developments in Corective Heat Transfer Augmentation[J]. Applied Mechanics Reviews, 1973,26(6).
[12] 林宗虎. 强化传热及工程应用[M]. 北京:机械工业出版社, 1987.